纤维混凝土强度与本构关系

徐礼华　池　寅　黄　乐　著

科学出版社

北　京

内 容 简 介

本书针对纤维混凝土强度和本构关系进行较为系统的研究，涵盖纤维混凝土的基本强度、应力-应变关系、弹塑性本构关系、弹塑性损伤本构关系、基于数据驱动的本构模型、黏结-滑移本构关系等内容。

本书基于作者及其研究团队在该领域内十多年来不断累积的研究成果撰写而成，内容翔实丰富、表述由浅及深，是一本专业性和可读性兼备的参考书。

本书可供土木工程领域的工程师、科研人员和高等院校相关专业的师生参考使用。

图书在版编目（CIP）数据

纤维混凝土强度与本构关系 / 徐礼华, 池寅, 黄乐著. -- 北京 : 科学出版社, 2024. 8. -- ISBN 978-7-03-079183-2

Ⅰ. TU528.572

中国国家版本馆 CIP 数据核字第 2024NE8359 号

责任编辑：李 海 李程程 / 责任校对：王万红
责任印制：吕春珉 / 封面设计：东方人华平面设计部

科学出版社出版
北京东黄城根北街 16 号
邮政编码：100717
http://www.sciencep.com

北京九州迅驰传媒文化有限公司印刷
科学出版社发行 各地新华书店经销

*

2024 年 8 月第 一 版 开本：787×1092 1/16
2024 年 8 月第一次印刷 印张：18 1/2
字数：439 000

定价：199.00 元

（如有印装质量问题，我社负责调换）
销售部电话 010-62136230 编辑部电话 010-62135319-2030

序

古代人经过长期实际探索发现，在建筑工程常用的无机胶结料中加入纤维能够降低其脆性、减少开裂。在古代庙宇中，先民们在修建泥塑时，通常掺加植物纤维，防止泥塑层开裂；粉墙用的泥浆也通常掺有稻壳和短切稻草纤维；石灰浆中使用麻刀等增韧纤维。始于公元3世纪的世界著名的敦煌壁画使用的薄泥底就是由泥浆、短切麦草纤维和稻草纤维等混合而成的，展现出良好的韧性。古罗马人也使用过短切马鬃掺于石膏、石灰或火山灰水泥中。在古埃及人制作的陶制物品中也发现了稻草纤维或动物毛发增韧成分。

1910年，美国波特（Porter）提出了钢纤维混凝土的概念，建议把短纤维均匀分散在混凝土中用以强化基体材料，发表了有关以短纤维增强混凝土的研究报告。1963年，罗穆阿尔迪（Romualdi）和巴特森（Batson）发表关于纤维混凝土增强理论研究报告，首次提出了纤维间距理论，进一步推进了钢纤维混凝土的研究和应用。在20世纪70年代，我国的高等院校、科研院所和施工单位开始了纤维混凝土的科学研究和工程应用。赵国藩①1986年在大连主持召开了全国第一届纤维水泥与纤维混凝土科研及应用成果交流会，标志着我国纤维混凝土的研究与应用进入了快车道。

我们可以发现，纤维混凝土是一种典型的多相非均质复合材料，在外荷载作用下的力学行为往往呈现出高度的非线性特征。相比普通混凝土，由于纤维种类、体积掺量和纤维形状等特征参数的多样化，纤维混凝土的非线性行为表现得更加复杂多变。如何科学地分析纤维混凝土结构全寿命周期非线性力学行为、实现工程结构合理设计与灾变过程控制，是工程师面临的重要挑战；纤维混凝土本构关系的合理描述，也是工程界和力学界共同关注的焦点。一是由于纤维混凝土材料组分多样，作用机理复杂；二是由于涉及建筑结构和生命财产安全，事关重大；三是由于土木工程未来的发展趋势是建造智能化，它包括了建筑结构的设计、施工、服役、退化、修复和破坏等多个方面，需要综合应用材料学、力学和计算机科学等专业知识，其中，纤维混凝土材料本构关系的合理构建是结构性能数值仿真及智能设计的核心要素。现代纤维混凝土根据其性能设计可分为应变软化材料和应变硬化材料。应变软化材料可称为准脆性材料，应变硬化材料可称为准韧性材料。这两种材料的本构关系也具有显著不同。

该书围绕准脆性应变软化类纤维混凝土的强度和本构关系这一核心问题，进行了系统、深入的研究，从纤维混凝土的基本强度及强度理论到应力-应变关系，从弹塑性本

---

① 1950年8月调入大连工学院（1988年更名为大连理工大学）；1954年越级晋升教授，担任结构工程博士研究生导师；1997年当选为中国工程院院士。

构关系到弹塑性损伤本构关系，再到弹塑性随机损伤本构关系，由浅入深、由表及里。全书内容丰富、体系完整、深入浅出、图文并茂，面向国际学术前沿，基础研究成果创新，面向国家重大需求，工程应用特色鲜明。

该书第一作者徐礼华教授，作为国内较早从事纤维混凝土理论研究的学者之一，结合国家工程建设需要，围绕纤维混凝土材料失效破坏机理和损伤演化规律等关键科学问题，带领武汉大学高性能混凝土材料与结构团队潜心研究纤维混凝土强度理论和本构关系。在多项国家自然科学基金项目的大力资助下，团队开展了大量研究工作，取得了丰硕而系列性创新成果，这本著作正是该系列创新成果的总结与凝练。

该书可供高校师生、科研人员及工程技术人员参考。得知科学出版社组织安排该书的出版，非常欣慰，特为序。

（徐世烺）

中国科学院院士

前言

近几十年来，随着我国社会经济的不断发展，基础设施建设规模不断扩大，混凝土用量不断增加。混凝土材料具有原料丰富、施工方便、易于成型、价格低廉等诸多优点，但也存在收缩大、抗拉强度低、易开裂，以及断裂韧性低等缺点。随着混凝土抗压强度的大幅度提高，干燥收缩更大，脆性问题更加突出。为全面克服混凝土的缺点、增强混凝土的综合性能，比较有效的方法之一是掺加纤维。

纤维混凝土是一种典型的多相非均质复合材料，在外荷载作用下的力学行为往往呈现出高度的非线性特征。相比普通混凝土，由于纤维种类、体积掺量和纤维形状等特征参数的多样化，纤维混凝土的非线性行为表现得更加复杂多变。如何科学地分析纤维混凝土结构全寿命周期非线性力学行为、实现工程结构合理设计与灾变过程控制，是工程师面临的重要挑战。纤维混凝土本构关系的合理描述，也是工程界和力学界共同关注的焦点，原因有3个：一是纤维混凝土材料组分多样，作用机理复杂；二是涉及建筑结构和生命财产安全，事关重大；三是土木工程未来的发展趋势是建造智能化，它包括了建筑结构的设计、施工、服役、退化、修复和破坏等多个方面，需要综合应用材料学、力学和计算机科学等专业知识，其中，纤维混凝土材料本构关系的合理构建是结构性能数值仿真及智能设计的核心要素。

我国自20世纪70年代以来，以赵国藩、孙伟①为代表的一批专家学者开始从事纤维混凝土的理论研究，取得了丰富的研究成果，促进了纤维混凝土在道路、桥梁、建筑、水利、港口、军事等领域的应用。20世纪80年代末，本人从攻读硕士研究生起开始涉足纤维混凝土领域，30多年来围绕纤维混凝土强度和本构关系这一核心问题，进行了系统深入的研究，从纤维混凝土的基本强度及强度理论到应力-应变关系，从弹塑性本构关系到弹塑性损伤本构关系，再到弹塑性随机损伤本构关系，由浅入深、由表及里；同时，实时跟踪纤维混凝土领域的研究前沿，广泛检索相关文献，在此基础上，对所做的研究工作进行阶段性总结，撰写本书。

全书共7章。其中，第1章为绪论，全面评述纤维混凝土强度与本构关系的研究现状及发展动态。第2章阐述纤维混凝土强度，包括纤维混凝土单轴及多轴强度；阐明纤维混凝土在单轴和多轴应力状态下的强度变化规律，深入分析纤维特征参数对强度的影响，并建立强度表达式。第3章论述纤维混凝土应力-应变关系，对试验测定的应力-应变全曲线进行分析，参考《混凝土结构通用规范》（GB 55008—2021）中混凝土应力-应变关系，给出纤维混凝土轴心受压和受拉、双轴受压和三轴受压的应力-应变关系数学表达式。第4、5章重点论述纤维混凝土本构关系，从弹塑性本构关系到弹塑性损伤

① 2005年当选为中国工程院院士。

本构关系，再到弹塑性随机损伤本构关系；分析纤维特征参数对强度准则、硬化（软化）法则及塑性流动法则的影响，推导增量型弹塑性本构关系的一般形式，在此基础上，阐明纤维混凝土的塑性发展规律、损伤演化规律及其随机性特征，基于不可逆热力学框架，结合连续损伤力学和弹塑性理论，建立纤维混凝土弹塑性损伤本构模型。第 6 章介绍数据驱动的纤维混凝土本构模型。第 7 章论述纤维混凝土黏结-滑移本构关系，揭示纤维特征参数对界面黏结性能的影响规律，建立钢纤维-纤维混凝土基体和钢筋-纤维混凝土的黏结应力-滑移本构模型。

在本书撰写过程中，本人的一批研究生做出了积极的贡献：博士研究生夏冬桃、张元元、刘胜兵、池寅、徐浩然、梅国栋、黄乐、韦翠梅、邓方茜、李彪、孟宽、崔凯等，硕士研究生晏伟、汪雷、李舒等。池寅和黄乐还分别承担了部分内容的撰写。此外，余敏对本书第 6 章内容给予了指导，博士研究生邓方茜、余春雷，硕士研究生杨寅杰、邬毅文、任重德、龙莹参与了资料收集和书稿整理等辅助性工作。

本书的研究工作得到了国家自然科学基金项目（项目编号：51078295、51278388、51478367 和 51608397）和教育部博士点基金等多方支持。另外，本书还参阅、引用了大量国内外学者的相关文献。在此，一并表示衷心的感谢！

由于作者水平有限，书中难免存在不妥之处，恳请广大读者不吝指正。

徐礼华

目　录

第1章　绪　　论

混凝土具有原料丰富、施工方便、易于成型、价格低廉等显著优点，是土木工程领域应用最广泛的材料之一。然而，混凝土抗拉强度低、断裂韧性差、易开裂，在重大工程应用中受到限制。近几十年来，社会经济不断发展，基础设施建设规模不断扩大，各种高耸、大跨、重载混凝土建（构）筑物以及极端环境下服役的混凝土结构（如跨海大桥、海底隧道、重载铁路、核反应堆等）建造量不断增加。这些重大工程施工难度极大，维修成本很高，增强混凝土材料综合性能迫在眉睫。为克服混凝土的固有缺点、提升其力学性能，有效的方法之一是在混凝土中掺入纤维。中国工程院资深院士、国际著名混凝土专家吴中伟先生曾指出：复合化是水泥基材料高性能化的主要途径，其中纤维增强是其核心。在混凝土中掺入单一纤维形成单一纤维混凝土，能够提升混凝土某一方面的性能，在混凝土中掺入两种或两种以上不同类型纤维形成的混杂纤维增强混凝土，能够在多层次、多阶段、多方面改善混凝土的综合性能[1]。

随着纤维混凝土的推广应用，众多学者围绕其强度、变形及本构关系开展了大量的研究工作，取得了丰硕的成果。这些研究成果促进了纤维混凝土在道路、桥梁、铁路轨道、高层建筑、采油平台、核反应堆容器等大型结构和生命线工程（图 1-1）中的推广应用，在推动国民经济发展、保障人民生命财产安全等方面发挥了重要作用。

（a）大跨桥梁　（b）机场跑道　（c）铁路轨道

（d）高层建筑　（e）采油平台　（f）核反应堆容器

图 1-1　纤维混凝土的工程应用

材料的本构关系是揭示复杂结构疲劳性能及破坏规律，发现结构整体可靠性形成机制，实现重大工程结构损伤发展及灾变过程控制的重要基础。相比普通混凝土，由于纤维种类、体积掺量和纤维形状等特征参数的多样化，纤维混凝土的非线性力学行为表现得更加复杂多变。如何科学地分析纤维混凝土结构全寿命周期非线性力学行为、实现工程结构合理设计与灾变过程控制，是工程师面临的重要挑战。如何基于普适的物理、数学和力学定律化公理体系，建立本构模型来描述纤维混凝土微结构损伤累积及其引起的性能劣化演变规律，是复杂工程结构全寿命周期设计理论亟待解决的挑战性难题。此外，由于土木工程的发展趋势是建造智能化，包括建筑结构的设计、施工、服役、退化、修复和破坏等多个方面，需要综合应用材料学、力学和计算机科学等专业知识。其中，纤维混凝土材料本构关系的合理构建是结构性能数值仿真及智能设计的核心要素，如图 1-2 所示。

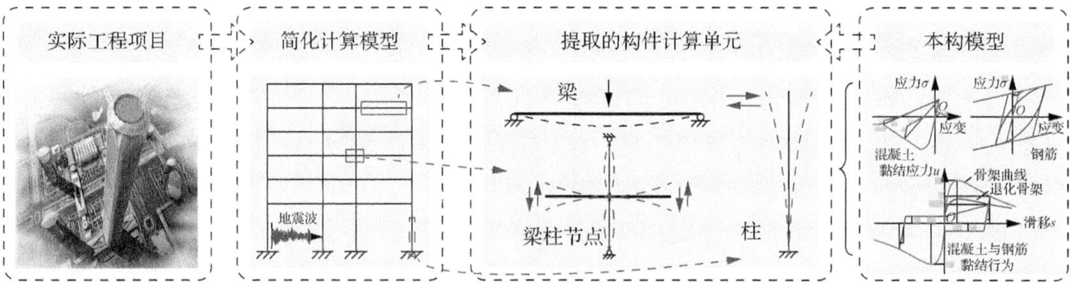

图 1-2 结构性能设计与材料本构模型的联系

1.1 纤维混凝土的材性特点和增强机理

1.1.1 材料组分与内部结构

混凝土是以水泥为主要胶结材料，加入一定比例的砂、石子、水以及少量的外加剂，经过搅拌、振捣、养护等工序后，逐渐凝固硬化而成的多相复合材料。在此基础上，掺入乱向分布的纤维，形成新型高性能复合材料——纤维混凝土。其中，纤维主要起增强、增韧、阻裂的作用，不同种类的纤维发挥着不同程度的作用。在实际工程中根据建筑结构的功能需求，通常将两种或两种以上的纤维以不同的组合方式混杂掺入到混凝土基体中，以综合改善混凝土基体力学性能和结构构件受力性能。

纤维尺寸的大小通常横跨宏观（>mm）、细观（μm～mm）、微观（100nm～μm）和纳观（<100nm）四个尺度，如图 1-3 所示。例如，钢纤维（steel fiber，SF）、碳纤维（carbon fiber，CF）等粗纤维，属于宏观尺度的纤维；聚丙烯纤维（polypropylene fiber，PPF）、聚乙烯醇纤维（polyvinyl alcohol fiber，PVA 纤维）等单丝纤维，属于微细观尺度的纤维；碳纳米纤维素纤维（carbon nano-cellulose fiber，CNF）、碳纳米管纤维（carbon nanotube fiber，CNTF）等，属于纳观尺度的纤维。

图 1-3　不同尺度的代表性纤维

纤维根据弹性模量的大小可分为：①高弹模纤维，如钢纤维、不锈钢纤维、钢棉等金属纤维，石棉、矿棉、玻璃纤维、玄武岩纤维、碳纤维、陶瓷纤维等无机非金属纤维，芳纶纤维、聚乙烯纤维等合成纤维；②低弹模纤维，如纤维素纤维、剑麻纤维、草纤维等天然有机纤维，聚丙烯纤维、聚乙烯醇纤维、聚丙烯腈纤维、尼龙纤维等合成纤维。

实际工程应用中几种常见的纤维如图 1-4 所示，其几何特征和物理力学性能如表 1-1 所示。

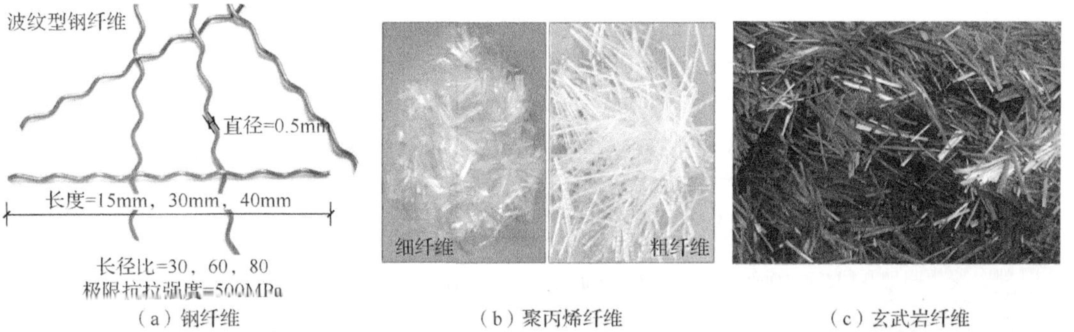

（a）钢纤维　（b）聚丙烯纤维　（c）玄武岩纤维

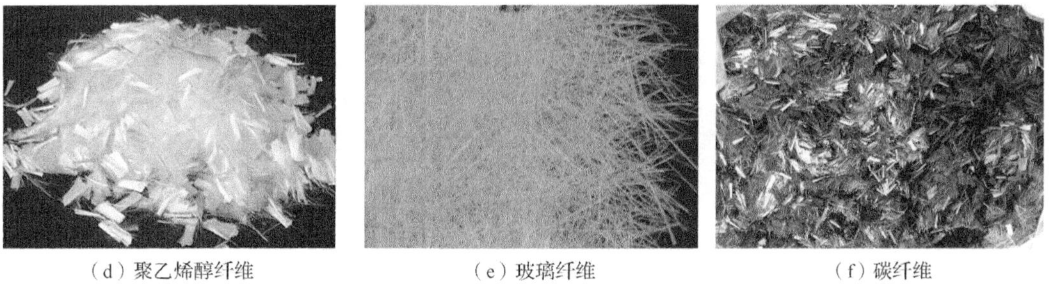

（d）聚乙烯醇纤维　（e）玻璃纤维　（f）碳纤维

图 1-4　实际工程应用中几种常见的纤维

表 1-1　部分常见纤维的几何特征和主要物理力学指标参考值

纤维品种	弹性模量/GPa	密度/（g·cm^{-3}）	抗拉强度/MPa	极限伸长率/%	泊松比
钢纤维	200	7.80	≥600	0.5～3.5	0.30～0.33
聚丙烯纤维	3～10	0.91	250～800	15～30	0.29～0.46

续表

纤维品种	弹性模量/GPa	密度/（g·cm^{-3}）	抗拉强度/MPa	极限伸长率/%	泊松比
玄武岩纤维	95～110	2.67	3800～4900	2.5～3.5	
聚乙烯醇纤维	28～45	1.20	1600～2500	3.0～4.5	
玻璃纤维	70～80	2.70	1400～2500	2.0～3.5	0.22
碳纤维	275～500	1.74	1750～2900	1.5～2.0	0.20～0.40

工程实践和试验结果表明，为了平衡纤维混凝土拌合物的工作性能和纤维增强效果，常用的纤维特征参数如下：对于金属纤维，如钢纤维，长度宜为20～60mm，直径为0.3～0.9mm，长径比为30～80，体积掺量为0.5%～2.0%；对于合成纤维或矿物纤维，如聚丙烯纤维，长度为4～25mm，直径为10～100μm，长径比为150～400，体积掺量为0.05%～0.30%。

纤维的掺入改变了混凝土基体内部微结构，主要体现在以下三个方面。

（1）基体孔隙结构

已有研究表明，在保证混凝土浇筑质量的前提下，当纤维体积掺量在合理范围内变化时，随着纤维掺量的提高，混凝土基体孔隙结构得到了不同程度的优化，孔隙结构的特征参数将持续降低，有效减少了初始微缺陷对混凝土力学性能的影响。有研究表明，当钢纤维的体积掺量从 0 增加到 1.5%时，混凝土基体的总孔隙率、孔体积和孔面积分别下降 32.13%、28.54%和 42.78%，孔隙结构得到了明显优化，聚丙烯纤维的作用与钢纤维类似，如图 1-5 所示。

（a）V_{sf}=0　（b）V_{sf}=0.5%　（c）V_{sf}=1.0%　（d）V_{sf}=1.5%

（e）V_{pf}=0　（f）V_{pf}=0.05%　（g）V_{pf}=0.10%　（h）V_{pf}=0.15%

C-S-H—水化硅酸钙；AFt—钙矾石。

图 1-5　钢纤维和聚丙烯纤维的体积掺量对混凝土基体微观结构的影响

（2）骨料-基体界面微结构

大量试验表明，在混凝土拌合物中离粗骨料表面越近的区域，其水胶比越大，粗骨料周围伴有水膜形成。由硫酸钙（石膏）、铝酸钙等化合物溶解而产生的钙离子、硫酸根离子、氢氧根离子和铝离子相结合而形成针状钙矾石晶体和六方片状氢氧化钙晶体［图 1-6（a）和（b）］。当水灰比较高时，这些粗骨料界面附近的结晶产物相对粗大，从而形成一个比普通水泥基相或砂浆更多孔隙的结构。但研究发现，纤维的掺入能够有效缓解混凝土早期硬化时的离析泌水现象，减小失水面积，对混凝土的水化过程产生有利影响［图 1-6（c）］。因此，与普通混凝土相比，纤维混凝土的水化更为充分，骨料与基体界面的孔隙被更多水化产物填充，如板层状氢氧化钙晶体和针状钙矾石晶体与蠕虫状水化物 C-S-H 凝胶紧密缠绕，可以形成更为致密的水泥石，改善了骨料-基体界面结构和性能。

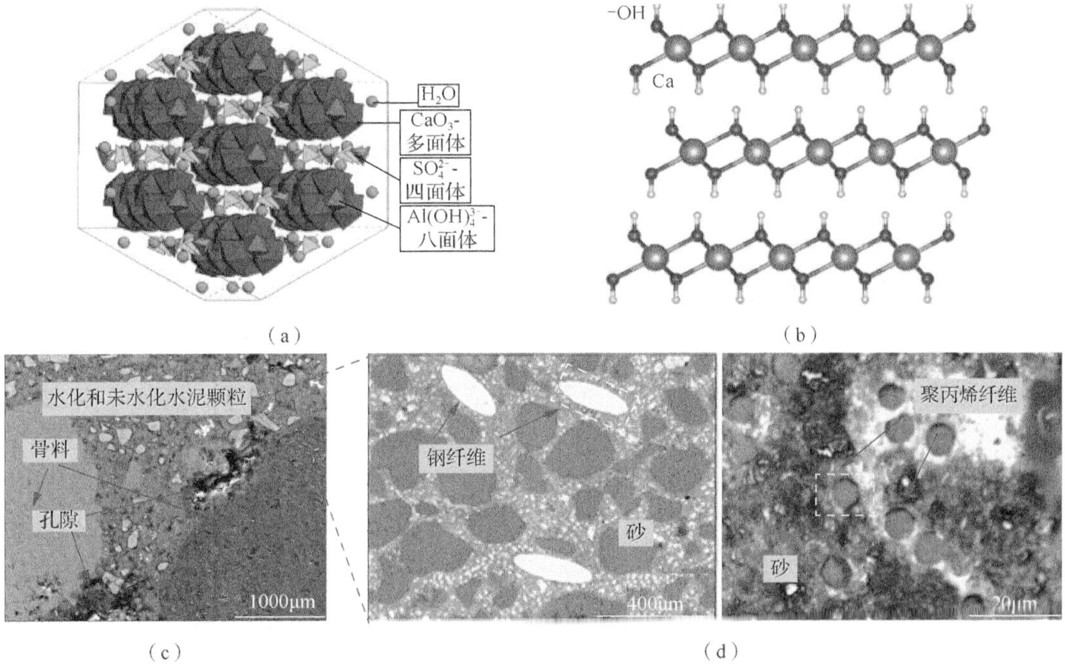

图 1-6　纤维混凝土骨料-基体界面

（3）微筋网络结构

在混凝土基体中掺入乱向分布的纤维，形成了一个广布微筋网络结构（图 1-7），从而可增强混凝土的强度和变形能力。混凝土内部不可避免地存在着大量的初始裂缝、孔隙夹杂等微缺陷，在外力作用下，这些缺陷极易产生应力集中现象，进而诱发裂缝扩展。掺入的纤维能够有效桥接裂缝，分担荷载，降低裂缝尖端应力强度因子，钝化基体对初始缺陷和外力作用的敏感性。对于混杂纤维混凝土，由于掺入的不同种类纤维能够在不同尺度、不同受力阶段对混凝土基体发挥不同程度的增强、阻裂和增韧作用，从而能够更为有效地抑制微观裂缝扩展和宏观裂缝形成。

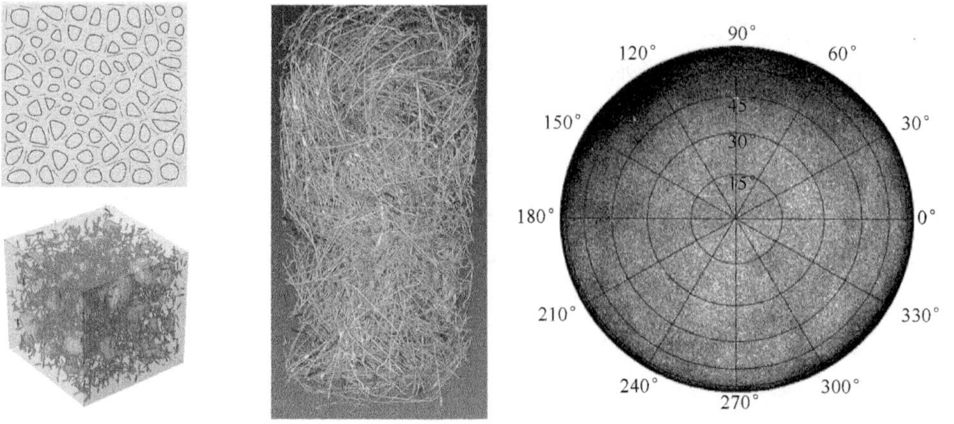

（a）示意图（上：二维，下：三维）　（b）X射线计算机体层成像扫描实测图（左：侧视图，右：正交投影）

图 1-7　纤维在混凝土基体中乱向分布形成的微筋网络

1.1.2　材料基本特点

纤维的掺入，通过改变材料组分和内部结构，提升其力学性能，具体体现在以下几点。

（1）提高强度

普通混凝土的抗拉强度只有抗压强度的1/10左右，在外荷载作用下呈现脆性破坏。掺入纤维后，当混凝土基体出现裂缝时，一部分荷载转移到纤维上，从而提高了混凝土的抗拉强度。以钢纤维为例，当体积掺量为2%～3%时，可提高混凝土抗压强度5%～20%、抗拉强度30%～60%、抗剪强度30%～70%、抗弯强度40%～110%。混凝土的破坏形态得到明显改善，由脆性锥形劈裂破坏形态转变为含有多次生裂缝的剪切破坏形态，如图1-8所示。其他如碳纤维、PVA纤维等对混凝土力学性能也有不同程度的增强作用。钢-聚丙烯混杂纤维混凝土的抗拉强度相比普通混凝土提高50%～90%，抗压强度提高5%～30%，抗弯强度提高60%～180%，抗剪强度提高60%～120%，与钢筋的黏结强度提高20%～35%，明显高于单一纤维增强混凝土的强度。

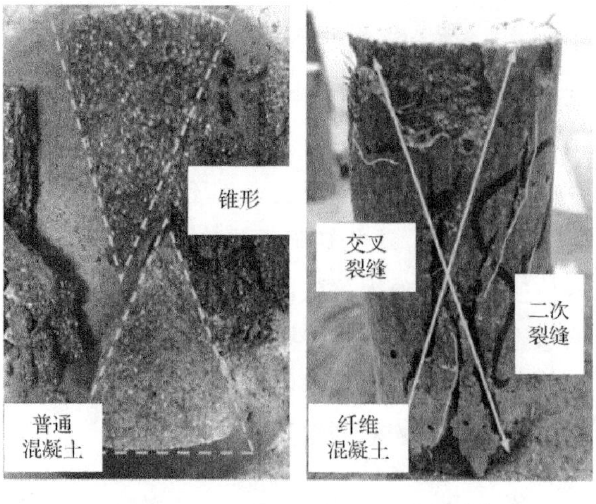

图 1-8　掺入纤维对混凝土破坏形态的改善和基本力学性能的增强

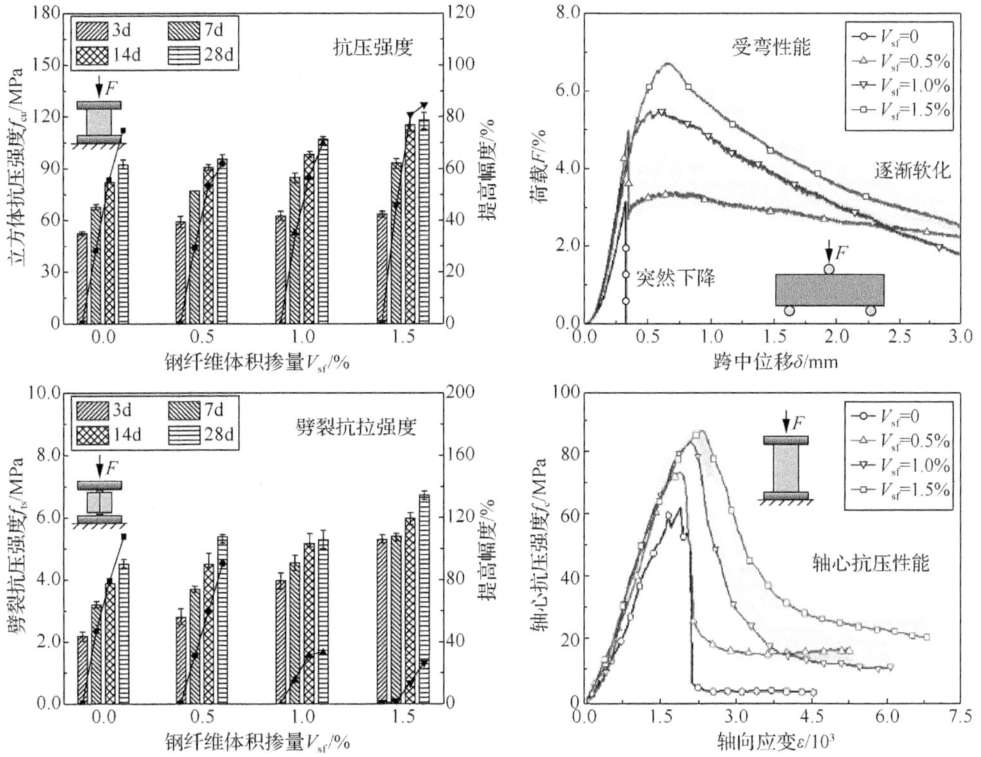

图 1-8（续）

（2）抑制裂缝

在纤维混凝土中，纤维的主要作用是限制混凝土基体裂缝的扩展。在拉力或弯矩作用初期，混凝土基体与纤维共同承受外力；当基体开裂后，跨越裂缝的纤维成为外力的主要承受者。不同类型的纤维（如钢纤维、PVA 纤维、聚丙烯纤维等）在不同尺度下、不同受力阶段发挥不同的阻裂作用。当混凝土中掺入混杂纤维时，混凝土基体呈现出多层次、跨尺度的逐级阻裂特点，如图 1-9 所示。低弹模的合成纤维主要起到桥接微观裂缝的作用；高弹模的钢纤维则主要在混凝土开裂后起到桥接宏观裂缝的作用，能够抑制裂缝的进一步扩展。

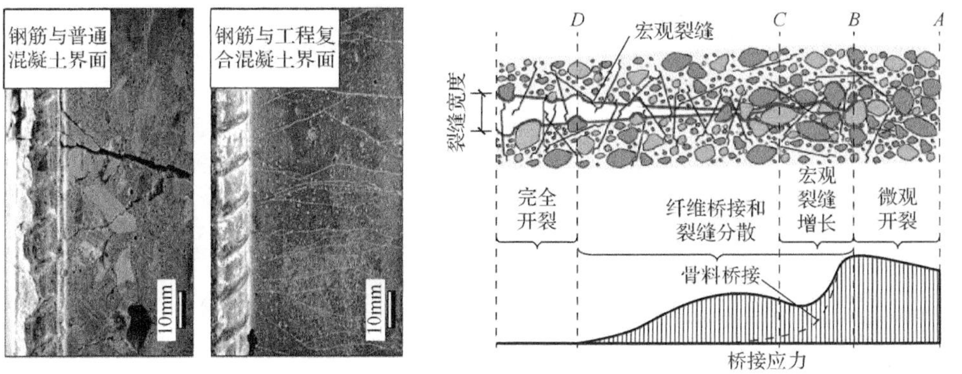

图 1-9 混杂纤维混凝土受力后的裂缝分布及纤维阻裂机制示意图

（3）增强韧性

与普通混凝土相比，纤维混凝土因其阻裂作用而具有更好的峰后延性、耗能能力、抗冲击性能等。采用 PVA 纤维制备的高延性混凝土，其单轴拉伸应变可以达到 3%～7%，远大于普通混凝土的峰值拉应变（约为 0.1%）；同时从受力开裂到极限破坏的过程中将产生许多间距仅为 1～2mm、宽度保持在 60μm 以下的细小裂缝，呈现出明显的多裂缝、裂而不坏、应变硬化等力学特性，如图 1-10 所示。

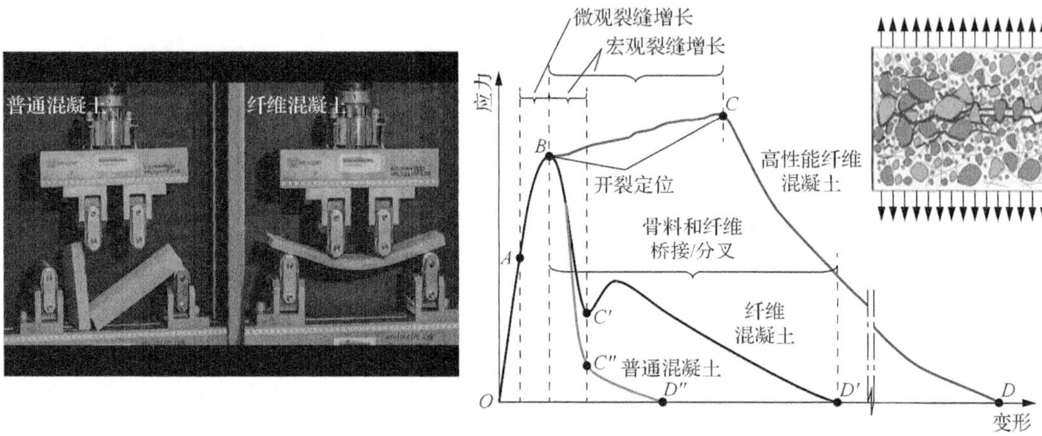

图 1-10　纤维混凝土与普通混凝土四点弯曲试验的破坏形态和应力-应变曲线

（4）提高耐久性能

钢纤维或聚丙烯纤维均匀分布在混凝土基体中，形成密布的微筋网格，可以有效抑制混凝土硬化过程中塑性裂缝的产生，使混凝土基体更加密实，防止后期有害物质的侵入，提高材料的耐久性能。已有研究表明，玄武岩纤维混凝土具有优良的抗裂及抗冲击性能、抗冻及抗渗性能，有利于提高混凝土耐久性和延长混凝土结构使用寿命，如图 1-11 所示。

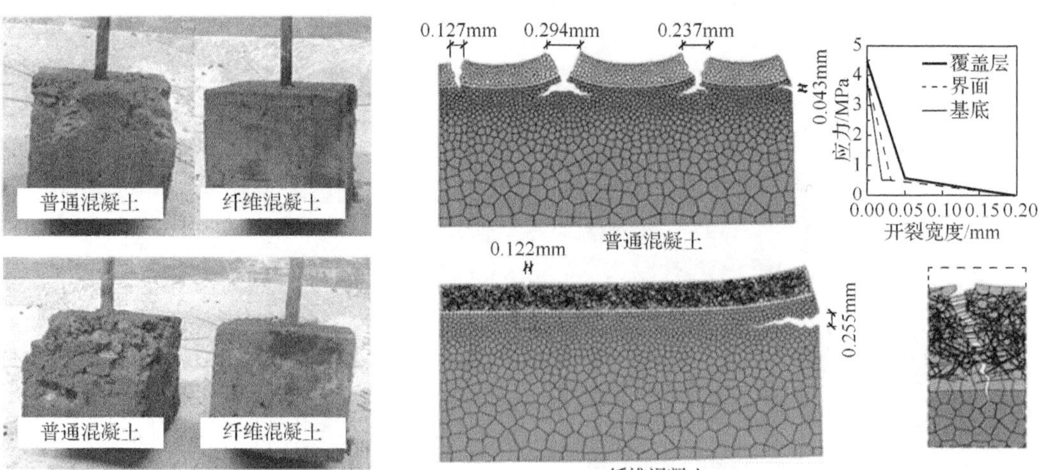

图 1-11　纤维混凝土与普通混凝土耐久性能及其破坏形态的对比

1.1.3　纤维增强的一般机理

目前，对于纤维增强机理的认识，主要有纤维间距理论（fiber spacing theory）和复合材料理论（composite materials theory）（图 1-12），两种理论从不同角度揭示了纤维对混凝土基体力学性能的增强作用。

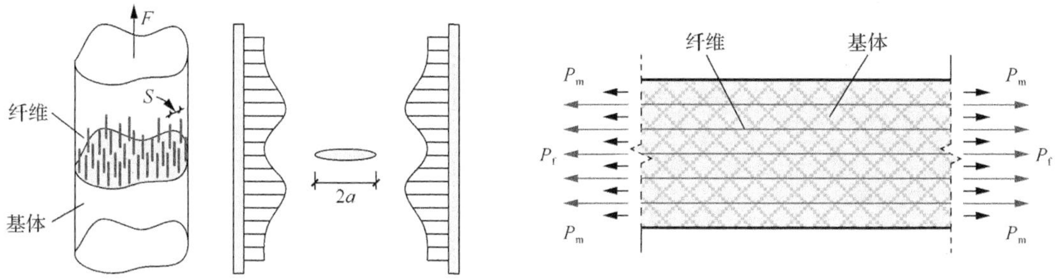

（a）纤维间距理论模型　　（b）复合材料理论模型

F—作用力；S—纤维间距；$2a$—裂缝宽度；P_m—基体应力；P_f—纤维应力。

图 1-12　纤维增强机理

1. 纤维间距理论

纤维间距理论又称纤维阻裂理论，是由 Romualdi 和 Batson[2]于 1963 年共同提出的。该理论基于传统的线弹性断裂力学，认为混凝土内部存在着不同尺度的微裂缝和微孔隙等缺陷。在外力作用下，这些部位极易产生应力集中，诱发裂缝的扩展，从而导致结构破坏；而纤维掺入后，可以有效地提高材料抵抗裂缝萌发和扩展的能力，延缓结构损伤破坏进程，达到增强增韧的效果。

根据纤维间距理论，当纤维混凝土中的裂缝长度等于纤维的平均中心间距时，纤维混凝土初裂抗拉强度 $f_{t,f}^{cr}$ 和极限抗拉强度 $f_{t,f}^{u}$ 可分别按式（1-1）和式（1-2）计算：

$$f_{t,f}^{cr} = \frac{K_c}{\sqrt{\beta \bar{S}}} \tag{1-1}$$

$$f_{t,f}^{u} = k\left(\frac{1}{\sqrt{\bar{S}}} - \frac{1}{\sqrt{S_c}}\right) + f_t \tag{1-2}$$

式中，K_c 为纤维混凝土的临界应力强度因子；β 为与裂缝形状有关的常数；$\bar{S}$ 为纤维的平均中心间距，其值取决于纤维的不同取向和四周的边界条件，具体计算式列于表 1-2 中；S_c 为纤维能起到增强作用的间距上限值；k 为与纤维黏结强度相关的常数；f_t 为普通混凝土的抗拉强度。

表 1-2　纤维混凝土纤维平均中心间距计算式[3-6]

提出者	计算式	备注
Romualdi, Batson	$\bar{S}=13.8d/\sqrt{V_f}$	d ——纤维直径； V_f ——纤维体积掺量； V_1 ——单根纤维的体积； b ——矩形截面纤维的宽度； h ——矩形截面纤维的高度； l ——纤维长度； l' ——纤维长度的半数值； η ——常数，取决于纤维的几何形状； K_1 ——纤维黏结长度系数； η_0 ——纤维取向系数（一维：1.0，二维：0.637，三维：0.405）； SFS ——单位体积纤维混凝土中纤维的表面积
Kee	$\bar{S}=\sqrt[3]{V_1V_f}$	
Krenchel	$\bar{S}=8.85d/\sqrt{V_f}$ （一维） $\bar{S}=11.1d/\sqrt{V_f}$ （二维） $\bar{S}=12.5d/\sqrt{V_f}$ （三维）	
Parimi, Rao	$\bar{S}=11.1d/\sqrt{V_f}$ （三维）	
Haynes	$\bar{S}=8.80d/\sqrt{V_f}$ （一维） $\bar{S}=11.0d/\sqrt{V_f}$ （二维）	
Bail, Grim	$\bar{S}=15.6\sqrt{bh/V_f}$	
Gtenehoba	$\bar{S}=12.5d\sqrt{l/V_f}$	
Kar, Pal	$\bar{S}=8.85d\sqrt{1/V_f\eta\cdot\dfrac{l'}{K_1d}\left(1-\dfrac{l'}{6K_1d}\right)}$	
小林一辅、赵力采	$\bar{S}=5/\sqrt{\pi/\eta_0}\cdot d/\sqrt{V_f}$	
沈荣熹	$\bar{S}=3.31\sqrt{V_f}/\mathrm{SFS}$ （一维） $\bar{S}=3.89\sqrt{V_f}/\mathrm{SFS}$ （二维） $\bar{S}=4.88\sqrt{V_f}/\mathrm{SFS}$ （三维）	

纤维间距理论提出 60 多年来，一直被用于解释钢纤维对混凝土基体的增强作用。然而，众多学者的试验结果表明，该理论计算值与试验值相差较大。这说明该理论本身还存在不足：一是没考虑纤维自身的复合增强作用；二是没考虑纤维与基体黏结强度及纤维尺寸的影响；三是没考虑纤维的随机分布。

2. 复合材料理论

复合材料理论又称混合率法则，是由 Swamy 和 Mangat[7]于 1974 年共同提出的。该理论将复合材料视为多相体系，其综合性能为各相性能的加权值，体现了各相材料强度及其相对含量对复合材料性能的贡献，并假定：①纤维与基体均呈弹性变形，且横向变形相等；②纤维的取向与受力方向一致，连续均匀平行排列；③纤维与基体黏结良好，无相对滑移，受力时产生相同的应变。

基于上述假定，可得到复合材料弹性模量的计算式如下：

$$E_{fc}=E_c\cdot\rho_c+E_f\cdot\rho_f=E_c[1+(N-1)\rho_f] \tag{1-3}$$

式中，E_{fc}、E_c、E_f 分别为复合材料、基体和纤维的弹性模量；ρ_c、ρ_f 分别为基体和纤维的体积比，$\rho_c+\rho_f=1$；N 为纤维和基体的弹性模量之比，$N=E_f/E_c$。

考虑短纤维乱向分布和不连续分布的影响，引入纤维取向系数和长度有效系数，得到复合材料的初裂抗拉强度 $f_{t,f}^{cr}$ 和极限抗拉强度 $f_{t,f}^{u}$ 的计算式分别为式（1-4）和式（1-5）：

$$f_{t,f}^{cr}=f_{t,0}[1+(\eta_0N-1)\rho_f] \tag{1-4}$$

$$f_{\mathrm{t,f}}^{\mathrm{u}}=2\eta_0\eta_1\frac{l}{d}\tau V_{\mathrm{f}} \tag{1-5}$$

式中，$f_{\mathrm{t,0}}$ 为混凝土基体的极限抗拉强度；η_0 为纤维取向系数（表 1-2）；η_1 为纤维有效长度系数；l/d 为纤维的长径比；τ 为纤维与混凝土的平均黏结强度。

纤维间距理论和复合材料理论都是基于混凝土材料线弹性力学提出的，并不能充分解释纤维对混凝土基体的增强机理。复合材料理论忽略了纤维对基体的阻裂作用，即忽略了复合材料的耦合效应；纤维间距理论忽略了纤维自身复合增强作用，并且只考虑了纤维间距的影响。两种理论都有应用局限性，而应力传递理论、界面效应理论、能量耗散理论、多缝开裂理论等的相继提出，对两种理论做出了补充和完善，可进一步加深人们对纤维增强机理的认知。

3. 混杂效应

大量试验研究表明，掺有不同种类、不同尺寸和不同形状纤维的混杂纤维混凝土，其力学性能与单一纤维混凝土的力学性能有显著差异，表现出了混杂效应[8-10]。这主要是因为混凝土材料破坏的根本原因是裂缝的萌生、扩展和贯通，其各项力学性能的优劣很大程度上取决于内部微观裂缝和宏观裂缝的扩展情况。微观裂缝是宏观裂缝产生的源头，而宏观裂缝是微观裂缝萌发的驱动。掺入的不同种类纤维将会在混凝土基体中形成一个乱向均匀分布的多层次、逐级阻裂的“级配筋”网络，从而改变混凝土基体的力学性能。纤维对微观裂缝的抑制能够延缓宏观裂缝的产生，而纤维对宏观裂缝的桥接又能够阻碍新微观裂缝的萌生，混杂纤维的协同工作机制导致混杂效应现象的产生。因此，对于混杂纤维混凝土，在上述纤维增强机理的基础上还需要考虑不同纤维间的混杂效应。

关于混杂效应的量化计算，国内外学者开展了很多有益的探索，如采用混杂纤维混凝土与普通混凝土的强度比值、混杂纤维的相对体积含量、混杂纤维的分散度系数以及混杂纤维混凝土与普通混凝土的断裂伸长比等指标计算混杂效应，取得了较好的效果。其中，Banthia 等[11]提出的基于力学性能指标的混杂效应计算式，表述直观，计算简单，适用范围宽泛。

$$\mathrm{synergy}=\frac{X_{\mathrm{hf}}-X_{\mathrm{c}}}{(X_{\mathrm{f,1}}-X_{\mathrm{c}})+(X_{\mathrm{f,2}}-X_{\mathrm{c}})}-1 \tag{1-6}$$

式中，X 代表混凝土材料任意需要考察的性能指标，如强度、变形等；X_{hf}、$X_{\mathrm{f,1}}$ 或 $X_{\mathrm{f,2}}$、X_{c} 分别代表混杂纤维混凝土、单一纤维混凝土和普通混凝土的力学性能指标。相比普通混凝土，若混杂纤维混凝土的某一力学性能增量大于各单一纤维混凝土的力学性能增量总和，则混杂效应在数值上大于 0，为正混杂效应；反之，则为负混杂效应。

1.2 纤维混凝土的研究概况与工程应用

纤维混凝土作为一种新型水泥基复合材料，是继钢筋混凝土、预应力混凝土之后的又一次重大技术突破，是工程材料领域的热点问题。以钢纤维、聚丙烯纤维、玄武岩纤维、聚乙烯醇纤维以及玻璃纤维为代表的各类纤维，由于生产加工工艺不断完善，物理力学性能稳定可靠，受到国内外学术界和工程界的高度关注，相关研究成果和工程应用呈现出快速增长的发展态势。据不完全统计，截至 2021 年，国内外关于纤维混凝土的学术论文数量已突破四万篇，其中，有关混杂纤维混凝土的学术论文数量占纤维混凝土领域论文总数的 1/7 左右，如图 1-13 所示。在工程应用方面，政府工作报告、行业调研分析和企业动态新闻显示，纤维混凝土已在地铁、隧道、机场、桥梁、高速公路、高层建筑等混凝土建（构）筑物以及严酷环境下服役的工程结构中得到了广泛应用，并取得了良好的社会效益和经济效益。

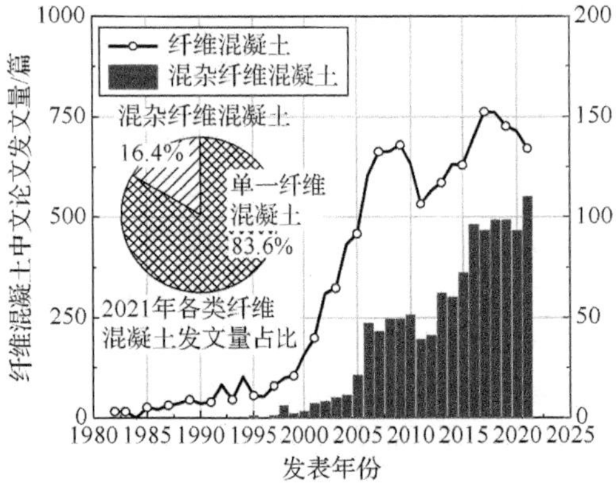

（a）国内

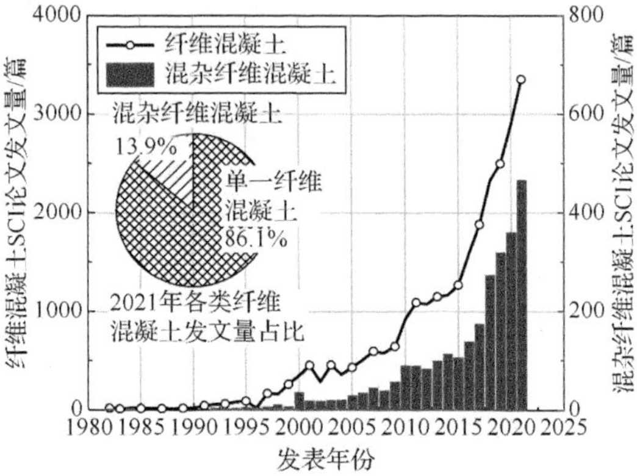

（b）国外

图 1-13 国内外有关纤维混凝土的学术论文数量

1.2.1 单一纤维混凝土

1. 钢纤维混凝土

钢纤维混凝土（steel fiber reinforced concrete，SFRC）是当前工程领域用途最广、用量最大的一种纤维混凝土[4]。早在 20 世纪初，俄国学者涅克拉索夫率先提出将金属纤维掺入混凝土中用于增强力学性能。1910 年，美国工程师波特（Porter）发表了钢纤维混凝土抗拉性能的研究报告；次年，美国学者格雷厄姆（Graham）通过宏观力学性能试验，证实了钢纤维确实可以提高混凝土的强度和稳定性。随后，英国、法国和日本等国家陆续开展了钢纤维混凝土的耐磨性和抗裂性、钢纤维混凝土制造工艺、钢纤维与混凝土基体间黏结性能等问题的研究，并公开了很多发明专利。第二次世界大战期间，由于战争中军事、防护工程的迫切需求，钢纤维混凝土也得到了一定发展。例如，日本将钢纤维混凝土应用到防空洞、碉堡等抗爆结构中。直到 1963 年，Romualdi 和 Batson[2]发表了有关钢纤维阻裂机理的论文，提出了著名的纤维间距理论，钢纤维混凝土开始被广泛应用。美国巴特尔（Battelle）公司在 20 世纪 70 年代发明的钢纤维熔抽技术，大大降低了钢纤维的制造成本，进一步推动了钢纤维混凝土的发展。

我国对钢纤维混凝土的研究始于 20 世纪 70 年代中后期，相比于欧美国家、日本等，起步较晚，但发展迅速。1989 年和 1992 年先后颁布了《钢纤维混凝土试验方法》（CECS 13—1989）［已废止，现行规范为《纤维混凝土试验方法标准》（CECS 13—2009）[12]］、

《钢纤维混凝土结构设计与施工规程》（CECS 38—1992）［已废止，现行规范为《纤维混凝土结构技术规程》（CECS 38—2004）[13]］等纤维混凝土标准和技术规程，有力推动了钢纤维混凝土的工程应用。

（1）钢纤维混凝土优越的力学性能

与普通混凝土相比，钢纤维混凝土具有优越的力学性能[14-18]：

1）具有较高的抗拉、抗压、抗弯和抗剪强度。大量研究表明，在混凝土中掺入适量的钢纤维，单轴抗拉强度可提高 40%～80%，抗压强度可提高 5%～25%，抗弯强度可提高 50%～150%，抗剪强度可提高 50%～100%。

2）具有优越的抗冲击性能和抗疲劳性能。由于钢纤维的增强、阻裂作用，当钢纤维体积掺量为 1.0%～2.0%时，混凝土在冲击荷载下的韧性可提高 50～100 倍，在疲劳荷载作用下的抗疲劳开裂能力大幅度提升。

3）具有更好的变形能力。钢纤维的掺入对抗压弹性模量影响不大，但能显著提升抗拉弹性模量，并且对混凝土长期收缩变形性能影响较大，收缩率降低 10%～30%。

此外，混凝土的抗磨性、抗冻性等性能均有不同程度的提高。

（2）钢纤维混凝土的工程应用

钢纤维混凝土的工程应用主要涉及以下几个方面：

1）机场路面、桥面铺装，加固桥梁墩头局部受荷部位等路桥工程。

2）建筑结构节点、刚性屋面、悬挑结构、地下防水工程等建筑工程。

3）隧道、矿山、军事工程的支护和加固，包括加固不良地层、围岩及防空洞、掩体等结构。

4）溢洪道、船闸、水闸、渡槽、大坝防渗面板及护坡等水利工程。

钢纤维混凝土的工程应用示例如图 1-14 所示。

（a）三峡大坝二期门槽结构　　　　（b）广州解放大桥桥面铺装层

图 1-14　钢纤维混凝土的工程应用示例

2. 聚丙烯纤维混凝土

聚丙烯纤维混凝土（polypropylene fiber reinforced concrete，PFRC）是最早使用的合成纤维增强混凝土。它的研究可追溯到 20 世纪 60 年代，美国工程师 Goldfein[19]在参与一项工兵部队军用防爆工程建设时，提出了在混凝土中掺入聚丙烯纤维，用以改善混凝土的延性和抗冲击能力。20 世纪 70 年代，美国大力开发丝束相连的聚丙烯膜裂纤维，用以代替钢筋网片来控制混凝土的收缩；同期，英国研究人员也尝试将短切聚丙烯膜裂纤维用于桩壳、墙板、浮体等预制混凝土构件中，并制订了相关国家标准。随后，聚丙烯纤维在道路工程、港口工程、水利工程等大型工程中陆续得到了应用，用以提升混凝土的弯曲韧性、耐久性能、抗折强度等。根据有关资料统计，以聚丙烯纤维混凝土为主的合成纤维混凝土目前在美国的使用量占混凝土总用量的7%左右，超过了钢纤维混凝土。

在我国，自20世纪80年代末、90年代初，合成纤维的大量进口及其国产化比例的增加，大力推动了聚丙烯纤维混凝土的研发和工程应用。为适应工程应用需要，《钢纤维混凝土结构设计与施工规程》（CECS 38—1992）修订为《纤维混凝土结构技术规程》（CECS 38—2004）[13]，新增了合成纤维混凝土的有关技术规定。

一般认为，聚丙烯纤维的掺入对混凝土基体的影响主要体现在以下几个方面[20-22]：

1）可以在搅拌浇筑时均匀分散于混凝土基体中，构成“次级加强筋”网络，从而有效增强混凝土的抗拉强度和断裂韧性等力学性能。

2）可以在凝结硬化期充分抑制混凝土中原有微裂缝的扩展和后续新裂缝的萌生，减少混凝土的早期收缩裂缝和温度裂缝，从而明显改善混凝土的防渗、耐腐、抗冻等性能。

3）可以在高温熔融后快速形成相互畅通的微孔通道，以释放混凝土内部的蒸汽压力，从而显著提高混凝土的高温防爆抗裂能力。

此外，聚丙烯纤维对混凝土的抗冲击、耐磨、徐变、蠕变等性能也有不同程度的改善。

聚丙烯纤维混凝土在以下工程中应用较为广泛：

1）道路路面、机场跑道、停机坪、停车场地面、桥面和运动场地面等。

2）刚性防水屋面、地下室底板、储水池、游泳池等。

3）坝面面层、堆石坝面板等。

聚丙烯纤维混凝土的工程应用示例如图1-15所示。

（a）国家大剧院基础底板

（b）中央电视台总部大楼基础筏板

图1-15　聚丙烯纤维混凝土的工程应用示例

3. 玄武岩纤维混凝土

玄武岩纤维是一种以天然玄武岩矿石为原料，将其机械破碎后加入到熔窑中，经

1450～1500℃高温熔融后，通过铂铑合金拉丝漏板高速拉制而成的连续纤维。2002 年，我国将“玄武岩连续纤维及其复合材料”列入国家高技术研究发展计划（简称 863 计划），并在国防研究计划、产业化等方面加大了玄武岩纤维理论研究和产业发展的支持力度。2005 年，我国通过自主创新获得了全电熔的连续玄武岩纤维生产技术，具备了批量生产玄武岩纤维的能力，并将其列为继碳纤维、芳纶、超高分子聚乙烯之后重点发展的第四大高性能纤维。

与其他合成纤维相比，玄武岩纤维的成本相对低廉，具有价格优势，并且具有极强的耐高温、低温性能，可在-269～700℃范围内连续工作，耐酸、耐碱、耐腐蚀性能好，抗拉强度高，弹性模量大，耐磨性好，此外还具备绝缘性、抗辐射性、良好的透波性等特点。由于玄武岩纤维本身属于特种无机非金属材料，也是一种典型的硅酸盐材料，与混凝土具备天然的相容性，是用于增强混凝土基体的优良纤维品种。

玄武岩纤维对混凝土基体的影响主要体现在以下几个方面[23-25]：

1）混凝土的力学性能得到明显提升。适量的玄武岩纤维（如体积分数 0.1%或质量掺量 2.5kg/m^3）可以明显改善普通混凝土的破坏形态，提高抗拉强度 0.5～1 倍、延伸率 3～5 倍、弯曲韧性指数 4～6 倍、冲击韧性 0.5～2 倍。

2）混凝土的工作性能得到明显改善。玄武岩纤维在混凝土中容易分散，新拌玄武岩纤维混凝土（basalt fiber reinforced concrete，BFRC）具有良好的和易性，能够提高纤维混凝土的浇筑质量。

3）混凝土的耐久性能得到大幅增强。相比其他大多数纤维，玄武岩纤维自身的抗老化性能优越，体积稳定性良好，因此，能够长时间持续可靠地对混凝土基体发挥防渗抗裂、增加韧性、耐磨性、抗冲蚀性等作用，延长混凝土建（构）筑物的使用寿命。

玄武岩纤维混凝土以其优越的物理力学性能，在海港码头、核电设施、水利工程、军事设施及建筑工程等领域得到了广泛应用，应用示例如图 1-16 所示。

（a）四川省江油市涪江二桥桥面铺装改造

（b）广西壮族自治区百色水利枢纽主坝和消力池

图 1-16　玄武岩纤维混凝土的工程应用示例

4. 聚乙烯醇纤维混凝土

聚乙烯醇纤维混凝土（polyvinyl alcohol fiber reinforced concrete，PVA-FRC）是由美国密歇根大学李维克多（Victor C.Li）教授研发的一种基于微观力学设计的纤维增强水泥基复合材料，也常称为高延性纤维增强水泥基复合材料。通过去除粒径较大的粗骨料而代之以粒径 100μm 左右的细砂，并掺入适量的（体积分数为 1.5%～2.0%）聚乙烯醇纤维，PVA 纤维混凝土能够有效控制基体的断裂韧度和初始缺陷尺寸，实现材料的拉伸应变硬化。通常，其极限拉应变均在 3%以上，甚至可以达到 8%左右，峰后耗能能力显著提升。

相比其他种类的纤维混凝土，PVA 纤维混凝土最突出的力学特性是超高韧性、高抗拉应变和高抗破裂能力。这是因为 PVA 纤维的物理化学性质（表 1-1）较好地满足了微观力学的一些基本条件，如弹性模量不小于基体弹性模量（>30GPa），直径较小（30～50μm），较高的抗拉强度（>1000MPa），较大的抗拉应变（>3%），密度适中（<2g/m^3），与水泥材料的黏结可靠（3～6MPa），且在水泥中化学性质稳定。在过去的几十年里，大量的研究都集中在如何提高 PVA 纤维混凝土的延性和强度，采用的手段包括改变纤维的几何形状和物理特性（如对 PVA 纤维进行热处理），在基体中加入粉煤灰，或使用润滑剂对纤维表面进行处理，适当降低其与水泥材料的化学胶结力，从而使混凝土受力开裂过程中纤维被拔出而非拉断。

PVA 纤维混凝土常作为混凝土表面保护层材料，用于结构的维修加固，即使下部混凝土断裂，仍能承受一定的荷载和变形；也常作为耗能构件的材料用于结构抗震关键部位，如梁柱节点、框架填充墙、阻尼器等。PVA 纤维混凝土还可作为关键构件的材料，用于控制裂缝宽度，提高混凝土结构耐久性能，在高层建筑、高速公路和桥梁工程等领域得到了广泛应用，如图 1-17 所示。

（a）日本东京某高层建筑的连梁等关键构件

（b）芜湖至雁翅高速公路 01、02、05 标段路面铺装

图 1-17　PVA 纤维混凝土的工程应用示例

5. 玻璃纤维混凝土

玻璃纤维混凝土（glass fiber reinforced concrete，GFRC），是在普通混凝土中掺入乱向分布的短耐碱玻璃纤维所形成的一种新型多相复合材料，通过桥接基体内部微细观裂缝来改善混凝土的力学性能。与其他纤维相比，玻璃纤维强度高、比重轻、价格适中，且具有优越的热性质、耐水性和良好的电绝缘性。

早在 20 世纪 50 年代末，苏联、美国和波兰等国家就开始研究玻璃纤维混凝土，当时采用的都是中碱或无碱玻璃纤维，对混凝土内部的碱环境适应性较差，容易老化甚至粉化，所以仅能在短期内对混凝土基体起到很好的增强作用，一年后混凝土的强度呈现大幅度下降趋势。有关玻璃纤维混凝土的研究曾中止过很长一段时间，直到 1968 年，英国的 Majumdar[26]发明了含锆的耐碱玻璃纤维，对玻璃纤维混凝土的研究才逐渐兴起。其后，英国建筑研究中心对玻璃纤维混凝土的耐久性进行了大量研究，结果表明，其耐久性依然较差，10 年后的混凝土抗压强度仅为初始强度的 38%～43%。为了满足混凝土结构的性能需求，各国又陆续研发了高强玻璃纤维、高模量玻璃纤维、耐高温玻璃纤维、耐酸玻璃纤维，以及抵抗腐蚀的耐碱玻璃纤维。20 世纪 70 年代后期，中国建筑材料研究院提出了抗碱玻璃纤维与低碱度水泥相匹配的技术，可以有效防止玻璃纤维由于遭受水泥水化产物碱蚀而导致的脆化，明显提高了玻璃纤维混凝土的耐久性能。

玻璃纤维混凝土特别适用于薄壳渡槽、钢丝网水泥闸门等建筑物的补强加固，较多应用于建筑结构的装饰构件，如欧陆风情的罗马柱、装饰线条和门窗套等。此外，也应用于公路、隧道、建筑地面、刚性防水、结构复杂应力区、大型设备基座、抗冲磨结构等工程中，如图 1-18 所示。

（a）某房屋建筑外立面装饰　　（b）山东省青岛市崂山隧道隔墙

图 1-18　玻璃纤维混凝土的工程应用示例

1.2.2　混杂纤维混凝土

混杂纤维增强复合材料这一概念，是由日本的林（Hayashi）教授于 1972 年率先提出的，当时使用的基体材料是环氧树脂，主要应用于航空航天等领域。受此启发，Walton 和 Majumdar[27]于 1975 年对混杂纤维增强水泥基复合材料进行了试验研究，结果表明，有机纤维和无机纤维的混杂可以有效提高基体的抗拉强度和抗冲击性能。但是，这项研究报告当时并没有引起太多的学者关注。直到 1987 年，Rossi 等[28-29]有关混杂纤维增强混凝土力学性能的系列成果问世以后，混杂纤维混凝土才逐渐受人瞩目。其间，1982 年 Kobayashi 和 Cho[30]研究钢-聚乙烯混杂纤维混凝土的弯曲性能，首次使用了“混杂纤维”的名称，并沿用至今。此后，佐藤（Sato）、马尔科维奇（Marković）、范·米尔（van Mier）、斯塔利（Stahli）、班提亚（Banthia）、孙伟、姚武、华渊、胡曙光、丁一宁、徐礼华等学者对钢纤维、聚乙烯纤维、聚丙烯纤维、碳纤维等不同纤维之间的混杂进行了探索，对各类混杂纤维混凝土的力学性能及纤维混杂效应等问题进行了深入系统的研究，取得了丰富的成果。

1. 混杂纤维混凝土的分类

关于混杂纤维混凝土的分类，根据 Bentur 和 Mindess[31]建议的两个基本原则，即不同功能纤维的混杂和不同尺度纤维的混杂，大体可以分为四种类型：主要纤维与辅助纤维的混杂、不同尺度的同一种类纤维的混杂、尺度相近的不同种类纤维的混杂、不同尺度的不同种类纤维的混杂。

1）主要纤维与辅助纤维的混杂。掺入的纤维在功能性质或作用机理上明显不同，其中，某一种纤维起主导作用，另一种纤维起辅助作用。例如，在某些纤维增强预制水泥制品中，利用维纶、腈纶等纤维起增强和增韧作用，同时掺加某种木浆纤维或海泡石纤维来吸附水泥并控制料浆过滤速率。

2）不同尺度的同一种类纤维的混杂。掺入不同尺度的同种纤维，其中，短而细的纤维主要用于阻止和延缓微细裂纹在混凝土基体中的扩展，长而粗的纤维主要用于桥接基体中产生的较大裂缝，以延缓裂缝的进一步扩展。例如，孙伟等[32]的研究表明，利用三种尺度的钢纤维制造的混杂钢纤维增强混凝土比利用单一尺度钢纤维制造的纤维混凝土在阻裂、抗渗和减少收缩方面均有更明显的效果。

3）尺度相近的不同种类纤维的混杂。尽管掺入的纤维在尺度上比较相近，但由于材料性质不同，在基体中发挥着不同的作用。例如，将弹性模量较高的钢纤维或碳纤维与弹性模量较低的某些合成纤维混杂掺入混凝土基体，当基体中出现较小裂缝时，钢纤维或碳纤维首先发挥增强作用；而当出现较大裂缝时，合成纤维才能更充分地发挥其增强作用。

4）不同尺度的不同种类纤维的混杂。掺入的纤维在尺度和性质上均大不相同。例如，工程中常见的钢-聚丙烯混杂纤维混凝土就是一个典型代表，它掺有长而粗的钢纤维和短而细的聚丙烯纤维，能够在不同尺度上相互补充、不同工况下协同工作，从而综合增强混凝土力学性能。

2. 混杂纤维混凝土的研究概况

纵观国内外学者的研究成果，当前主要集中于材料基本力学性能、配合比、混杂效应以及构件受力性能等几个方面。

（1）基本力学性能

20 世纪 90 年代中期，国内学者对混杂纤维混凝土基本力学性能开展了研究。华渊和曾艺[33]重点考虑纤维长径比的影响，研究混杂纤维混凝土（碳-聚丙烯混杂纤维、钢-聚丙烯混杂纤维、玻璃-聚乙烯混杂纤维）抗压、抗弯及劈裂抗拉强度。结果表明，碳纤维、玻璃纤维的特征尺寸对混凝土抗弯强度有显著影响，碳-聚丙烯混杂纤维混凝土中碳纤维的合理长径比为 500～700；玻璃-聚乙烯纤维混凝土中耐碱玻璃纤维的合理长径比为 450～600，聚丙烯纤维的长径比不宜超过 100。孙伟等[32]针对钢纤维、聚乙烯醇纤维、聚丙烯纤维的混杂，研究了不同混杂比例对基体混凝土强度和抗渗性能的增强作用。结果表明，与单一纤维混凝土相比，混杂纤维混凝土的初裂抗弯强度平均提高了 30%左右，混凝土的抗渗性能明显提高，且混杂纤维尺寸层次越多，混凝土抗渗性能越好。

姚武等[34]对低掺量（纤维体积掺量 0.5%）下钢-碳混杂纤维、碳-聚丙烯混杂纤维、钢-聚丙烯混杂纤维高性能混凝土的力学性能进行了研究。结果表明，不同种类的纤维混杂均可以提高混凝土的抗压强度和弹性模量；其中，钢-碳混杂纤维对抗压强度和弹性模量的提高最为明显，分别为 31.4%和 32.9%。某学者通过试验探讨了不同基体强度下的钢-聚丙烯混杂纤维混凝土的力学性能。结果表明，基体强度为 C40 时，混杂纤维混凝土抗压强度受纤维的混杂方式和纤维掺量的影响较大；当基体强度达 C60 时，混杂纤维混凝土劈裂抗拉强度的提高幅度最大。研究人员[35-41]对混杂纤维增强（超）高性能混凝土的抗压强度、抗拉强度、抗弯强度以及抗冲击性能进行了系统研究。结果表明，混杂纤维的掺入可以综合改善混凝土基体，表现出了比单一纤维增强混凝土更为优越的力学性能。

在国外，Hsie 等[42]对不同尺度聚丙烯混杂增强混凝土力学性能进行了研究。结果表明，混杂纤维使基体混凝土抗压强度提高了 14.60%～17.31%，劈裂强度提高了 8.88%～13.35%，断裂模量提高了 8.99%～24.60%；聚丙烯混杂纤维可以减小基体混凝土干缩应变。Song 等[43]重点研究了钢-聚丙烯混杂纤维对基体混凝土抗冲击性能、开裂强度和破坏强度的影响。研究表明，混杂纤维对基体混凝土开裂前的抗冲击性能影响很小，但对开裂后的性能有较大提高；混杂纤维混凝土的开裂强度和破坏强度均有不同程度的提高；基于试验结果，提出了破坏强度预测公式。Pantazopoulou 和 Zanganeh[44]对普通混凝土、聚丙烯纤维混凝土、钢纤维混凝土以及混杂纤维混凝土进行了轴心受压和三轴试验研究。结果表明，聚丙烯纤维和钢纤维对混凝土的增强机理有所不同，聚丙烯纤维主要靠自身的高延性来增强混凝土的后期变形能力，当混凝土受拉时聚丙烯纤维仍然能够保持弹性，卸载以后聚丙烯纤维混凝土的变形能够恢复；而钢纤维由于其高弹性模量和强度可提高混凝土基体的整体性和强度，裂缝产生以后，钢纤维的拔出可提高混凝土基体的变形能力。

（2）配合比

王浩[45]采用统计分析软件 SPSS，对钢-聚丙烯混杂纤维混凝土配合比进行了正交分析，着重考虑了聚丙烯纤维体积掺量、钢纤维体积掺量、砂率、水胶比、单位用水量以及粉煤灰掺量对基体混凝土力学性能的影响。正交试验和扩展试验的结果表明，混杂纤维混凝土最优配合比为：聚丙烯纤维体积掺量为 0.1%，钢纤维体积掺量为 1%，单位用水量为 180kg/m^3，水胶比为 0.35，砂率为 40%，粉煤灰掺量为胶凝材料掺量的 10%。同样，王正友等[46]以钢纤维体积掺量、聚丙烯纤维体积掺量、水灰比、用水量、砂率、粉煤灰掺合料以及减水剂掺量为试验参数，对混杂纤维混凝土基本力学性能指标进行了探讨，分析了低掺量下混杂纤维混凝土各组分对基体混凝土性能的影响程度。分析表明，当钢纤维体积掺量为 1.8%、聚丙烯纤维体积掺量为 0.1%时，混杂纤维的增强效果最优。Qian 和 Stroeven[47]分析了纤维尺寸、掺量以及水泥、粉煤灰掺量对混杂纤维混凝土抗压强度、断裂模量和劈裂强度的影响。结果表明，混杂纤维混凝土最优配合比为：聚丙烯纤维体积掺量为 0.15%、水泥掺量为 400kg/m^3、粉煤灰掺量为 100kg/m^3。

（3）混杂效应

华渊和曾艺[33]对碳-聚丙烯纤维、钢-聚丙烯纤维和玻璃-聚乙烯纤维增强混凝土的混杂效应进行了研究。通过定义混杂系数以及对抗压、抗弯和抗拉强度的混杂系数计算，分析纤维正、负混杂效应与纤维体积分数之间的定量关系，解释引起混杂纤维混凝土正、负混杂效应的主要原因是：高弹模纤维和高延性纤维在混凝土受荷载作用的不同阶段和不同层次上发挥协同作用，但当单位体积中纤维间距小于某一临界值时，纤维之间会产生相互干扰的作用。

Banthia 和 Gupta[48]对高强纤维混凝土（基体抗压强度为 85MPa）的维勃稠度、抗压强度、断裂模量以及弯曲韧性等问题进行了研究，采用单一纤维、两种纤维混杂和三种纤维混杂等组合方式，根据裂后强度来判断纤维的混杂效应。研究表明，波纹型聚丙烯粗纤维、碳纤维以及聚丙烯细纤维混杂能够达到最佳混杂效果；小直径聚丙烯纤维产生的混杂效应高于大直径的，特别是掺入了碳纤维后这种现象更为明显。

（4）构件受力性能

迄今，国内外关于混杂纤维混凝土构件受力性能的研究，主要集中于梁、柱、框架节点等构件。

在国内，谢志红和郭永昌[49]对钢-聚丙烯混杂纤维增强混凝土梁受弯性能进行了试验研究，分析了混杂纤维的掺入对梁开裂、裂缝发展、刚度以及延性的影响。结果表明，混杂纤维的掺入可以延缓梁裂缝的出现，提高开裂荷载，并有效抑制裂缝扩展，提高梁的受弯承载力和刚度。罗辉涛[50]对普通混凝土梁、单一纤维混凝土梁、钢-聚丙烯混杂纤维混凝土梁的受弯性能进行了试验研究。结果同样表明，混杂纤维的掺入显著提高了梁的抗裂性能和正截面受弯承载能力，有效抑制了裂缝发展，防止脆性破坏的发生；与单一纤维相比，混杂纤维的掺入对提高构件受力性能的效果更好。刘胜兵和徐礼华[51-52]对钢-聚丙烯混杂纤维混凝土深梁、徐礼华等[53-54]对钢-聚丙烯混杂纤维混凝土柱、韦翠梅[55]和 Xu 等[56]对梁-柱节点的静力性能和抗震性能进行了试验研究和数值分析，阐明了混杂纤维特征参数的影响规律，建立了承载能力计算公式，如图 1-19 所示。研究表明，适量混杂纤维的掺入可以大幅度增强上述构件的受力性能，如混杂掺入 0.8%～1.0%的钢纤维和 0.05%～0.10%的聚丙烯纤维，即可提高深梁的开裂弯矩 10%～40%、屈服弯矩 50%～100%、极限弯矩 1～2 倍，同时可改善深梁的受弯韧性。

在国外，Ganesan 等[57]研究了 12 个框架边节点的抗震性能，包括 1 个高强混凝土框架节点、1 个钢纤维高强混凝土框架节点、1 个聚丙烯纤维高强混凝土框架节点和 9 个混杂纤维高强混凝土框架节点。结果表明，混杂纤维对高强混凝土框架节点的抗裂性能和抗震性能的增强效果最好，其次是钢纤维，聚丙烯纤维的效果不明显。与高强混凝土框架节点相比，纤维高强混凝土框架节点破坏形态由核心区剪切破坏转为梁端弯曲破坏；裂缝宽度更小，裂缝数量更多；框架节点的承载力、耗能能力和延性更好；变形能力增大，刚度退化减慢；当钢纤维和聚丙烯纤维的体积掺量分别为 1.0%和 0.15%时，框架节点的初裂荷载和峰值荷载分别增大 37%和 62%，耗能能力增大 3.6 倍，延性系数增大 3.1 倍。Chidambaram 和 Agarwal 等[58]通过 6 个框架边节点的拟静力试验研究，分析了聚丙烯纤维分别与端钩型钢纤维、镀铜钢纤维和钢丝绒混杂掺入，对框架节点抗震性能的增强效果。结果表明，混杂纤维的掺入能显著增强框架节点的抗震性能。

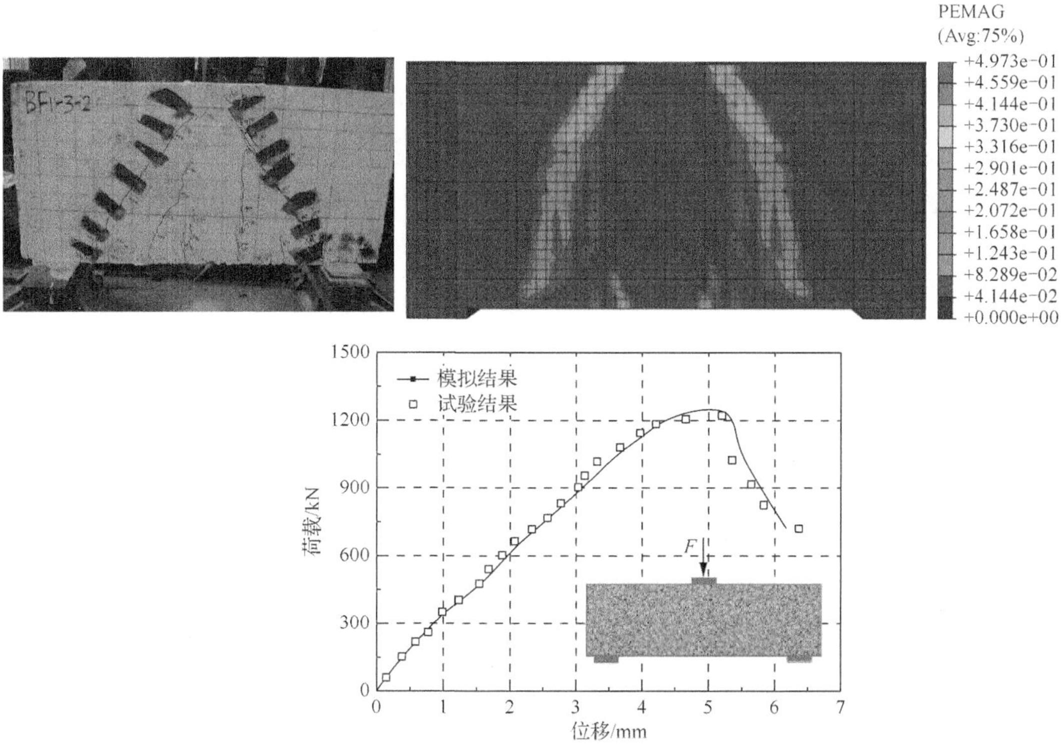

（a）混杂纤维混凝土深梁的破坏形态和荷载-位移曲线[51-52]

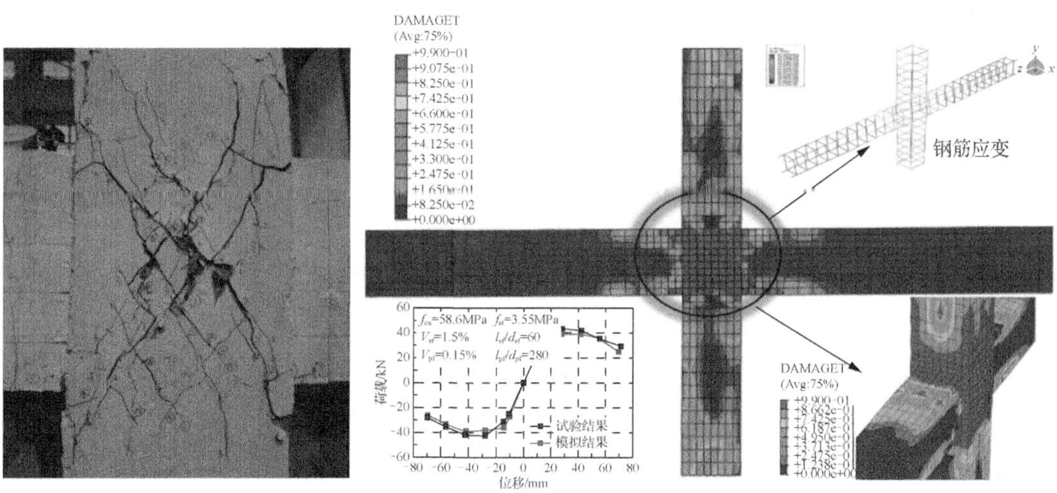

（b）混杂纤维混凝土梁-柱节点的破坏形态和荷载-位移骨架曲线[55]

图 1-19 混杂纤维混凝土构件受力性能

3. 混杂纤维混凝土的工程应用

混杂纤维混凝土以其增强、增韧、阻裂、抗渗、抗冲击、抗冻融、抗震等优越性能，已经在道路、桥梁、隧道、水利水电、市政、房屋建筑乃至核电站等工程领域得到比较广泛的应用。

（1）在水利水电工程中的应用

在水利水电工程中，复杂的水流条件对水工建筑物的淘刷、冲击、磨损、渗透等作用十分明显，因此，水工建筑物对混凝土的抗裂、抗冲击、抗渗、抗磨损等性能提出了更高的要求，为了满足这些要求，以掺有钢纤维、聚丙烯纤维为代表的混杂纤维混凝土在水利水电工程的隧道衬砌、水池、护坦、消力池、大坝面板、泄洪洞、排沙孔道、闸门、门槽、溢流槽等水工建筑物以及施工道路路面中得到广泛应用，取得了显著的社会效益和经济效益。如图 1-20 所示，目前世界上最高的混凝土面板堆石坝——水布垭水电站的面板采用了钢-聚丙烯腈混杂纤维混凝土，充分发挥了聚丙烯腈纤维早期防裂和钢纤维增强、增韧的作用；南水北调中线工程中的输水渡槽采用了掺有不同尺寸的聚丙烯混杂纤维增强高性能细灰混凝土，有效抑制了温差导致的混凝土开裂，减少了水流渗漏的工程隐患。

（a）水布垭水电站面板混凝土　　（b）南水北调中线工程的某段渡槽

图 1-20　混杂纤维混凝土在水利水电工程中的应用

（2）在房屋建筑工程中的应用

在房屋建筑工程中，梁-柱节点是连接梁和柱的关键，处在压弯剪复合受力状态，节点核心区受力情况更加复杂。为增强框架节点的静力性能和抗震性能，实际工程中多采用在节点核心区配置大量箍筋的方法，但这会导致节点部位混凝土浇筑困难，浇筑质量难以得到保证。在框架节点中掺入混杂纤维，可有效增强框架节点抗震性能，减少核心区配箍量。对于受弯构件，混杂纤维的掺入可以改变梁的破坏形态，使脆性的剪切破坏转变为延性的弯曲破坏，可以显著提高混凝土梁的受弯承载力、受剪承载力以及抵抗变形的能力；同时抑制裂缝的出现和发展。如图 1-21 所示，武昌滨江天街项目 D2 地块商业裙房的框架节点采用钢-聚丙烯混杂纤维混凝土，有效减少了裂缝的开展，减少了钢筋的用量，提高了混凝土的浇筑质量。此外，在保证提高承载力的前提下，混杂纤维加固构件具有更大的变形能力和更低的成本，加固效率高。

(a) 商业体框架结构

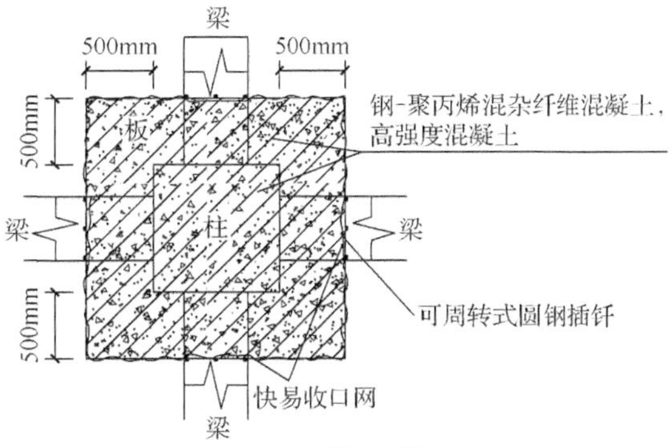

(b) 幕墙工程

图 1-21　混杂纤维混凝土在房屋建筑工程中的应用

(3) 在道路、桥梁工程中的应用

公路路面和桥面铺装等结构长期承受车辆荷载和摩擦作用，对混凝土的抗裂、抗冲击、抗磨损等性能要求高。将混杂纤维混凝土用于道路、桥梁工程中，能有效提高混凝土的抗拉、抗弯、抗疲劳和抗冲击性能，在相同承载力和使用性能要求下，可显著减小结构尺寸，减轻结构自重，提高承载能力；大幅度减少施工中的干燥收缩裂缝和施工扰动裂缝，提升防水性能，延长使用寿命，降低结构全寿命周期使用成本。湖北省恩施州318 国道某路段路面工程采用了层布式钢-聚丙烯腈混杂纤维混凝土（图 1-22），与普通混凝土路面相比，厚度由 25cm 降至 16cm，降低了工程造价。

(a) 桥面铺装

(b) 公路路面

图 1-22　混杂纤维混凝土在道路、桥梁工程中的应用

(4) 在地铁隧道工程中的应用

盾构管片是隧道支护的主体，其质量直接关系着隧道结构的承载能力、防水性能和耐久性能。为了克服传统钢筋混凝土管片自重大、抗拉强度低、脆性大等缺陷，国内外已经开展了纤维混凝土管片技术的研究，制造技术日趋成熟，实际应用不断增加，如图 1-23 所示。德国在埃森市地铁北线第 34 工区使用混杂纤维混凝土管片建造了 100m 长的试验线，荷兰在海涅诺德第二公路隧道中使用混杂纤维混凝土管片建造了 16 环的试验隧道，厄瓜多尔在长达 11.4km 的马纳比输水隧道工程中使用了混杂纤维混凝土管片，国内的北京地铁 10 号线的北土城站至芍药居站盾构区间也应用了混杂纤维混凝土。实践表明，采用混杂纤维混凝土盾构管片，外观光滑、平整、棱角整齐，在装卸载和安

装过程中没有开裂现象，减少了后期的维修费用。

（a）预制盾构管片　（b）装饰面板

图 1-23　混杂纤维混凝土在地铁隧道工程中的应用

（5）在其他工程中的应用

混杂纤维混凝土由于具有优异的抗硫酸盐侵蚀、抗氯离子渗透、抗收缩开裂、抗冻融、抗高温爆裂等性能，还经常被应用于港口码头或离岸岛礁、机场跑道、停机坪、隧道初期支护、预制混凝土声屏障、大型机器设备底座、高温炉防护等工程中（图 1-24）。

（a）港口码头

（b）机场跑道

（c）隧道初期支护

（d）预制混凝土声屏障

图 1-24　混杂纤维混凝土在其他工程中的应用

1.3　纤维混凝土本构关系的研究现状及发展趋势

科学合理地描述混凝土受力行为一直是结构工程领域的一个关键问题。混凝土本构关系研究源于 1943 年 Whitney（惠特尼）进行的混凝土受压全过程试验研究。20 世纪 50 年代中期，连续介质力学和不可逆热力学的发展，为材料本构行为的准确预测奠定了坚实的理论基础，混凝土本构关系研究热潮开始兴起。20 世纪 70 年代，随着先进材料试验系统的出现和计算机技术的不断发展，诞生了许多对后来混凝土本构理论产生巨大影响的本构模型，如塑性理论模型、损伤本构模型、内时理论模型等。从 20 世纪 80 年代开始，随着纤维混凝土的逐步推广应用，部分学者开始进行纤维混凝土本构关系研究，提出了不同本构模型，用以描述纤维混凝土在不同加载路径下的力学响应，为纤维混凝土结构设计和分析提供了有力的理论基础和技术保障。

1.3.1　普通混凝土本构关系

早期，国内外学者通过大量的单轴单调、循环加载试验和双轴、三轴试验测得稳定可靠的应力-应变曲线，基于试验数据拟合得到相应的应力-应变关系数学表达式。代表性的研究成果有 Hognestad 模型[59]、Saenz 模型[60]、Shah 模型[61]、CEB/FIP 模型[62]、Popovics 模型[63]、Sargin 模型[64]、Bažant 模型[65-66]、Suzuki（铃木）模型、过镇海等模型[67]、Krajcinovic-Fanella 模型[68]等。

在理论研究方面，各国学者最初通过改变加载过程中的弹性模量予以描述混凝土的非线性行为，并提出了一些非线性弹性模型，如 Palaniswamy-Shah 模型[69]、Cedolin 等模型[70]、Kotsovos 和 Newman 模型[71]等。这类模型使用方便，缺点是无法描述混凝土卸载时的非线性行为。20 世纪 50 年代起，大量试验研究表明混凝土破坏面的形状在 Haigh-Westergaard（赫艾-韦斯特加德）三维应力空间坐标系中为锥形。基于此，各国学者提出了许多考虑多参数的混凝土破坏准则，包括二参数 Mohr-Coulomb（莫尔-库仑）模型和 Drucker-Prager（德鲁克-普拉格）模型，三参数 Bresler-Pister（布雷斯勒-皮斯特）模型、Chen-Chen 模型[72]、Menétrey-Willam 模型[73]，四参数 Reimann（赖曼）模型、Ottosen（奥托森）模型，五参数 Willam-Warnke（维拉姆-沃恩克）模型以及 Barcelona（巴塞罗那）模型等。这些模型通过在数学上对子午线和偏平面的形状进行恰当的描述，以反映混凝土破坏曲面的形状特征（图 1-25）。在弹塑性理论框架内定义塑性势函数、硬化法则和塑性流动法则，能够较为准确地描述混凝土的非线性力学响应。1976 年，Bažant 和 Bhat[74]采用内时理论研究了混凝土本构行为，取得了令人满意的成果。该理论运用内蕴时间函数来表示非弹性应变，摆脱了塑性理论中需要定义屈服条件的束缚。但是该模型需要定义大量的参数，且在循环荷载或动力荷载作用下容易产生非稳定解。由于混凝土材料内部的塑性行为十分复杂，有关塑性流动大小及方向难以通过试验直接进行验证，因此，学者们通常基于一些基本假定提出唯象模型，表征混凝土宏观塑性力学行为，但没有严格的细观力学或物理机制依据。

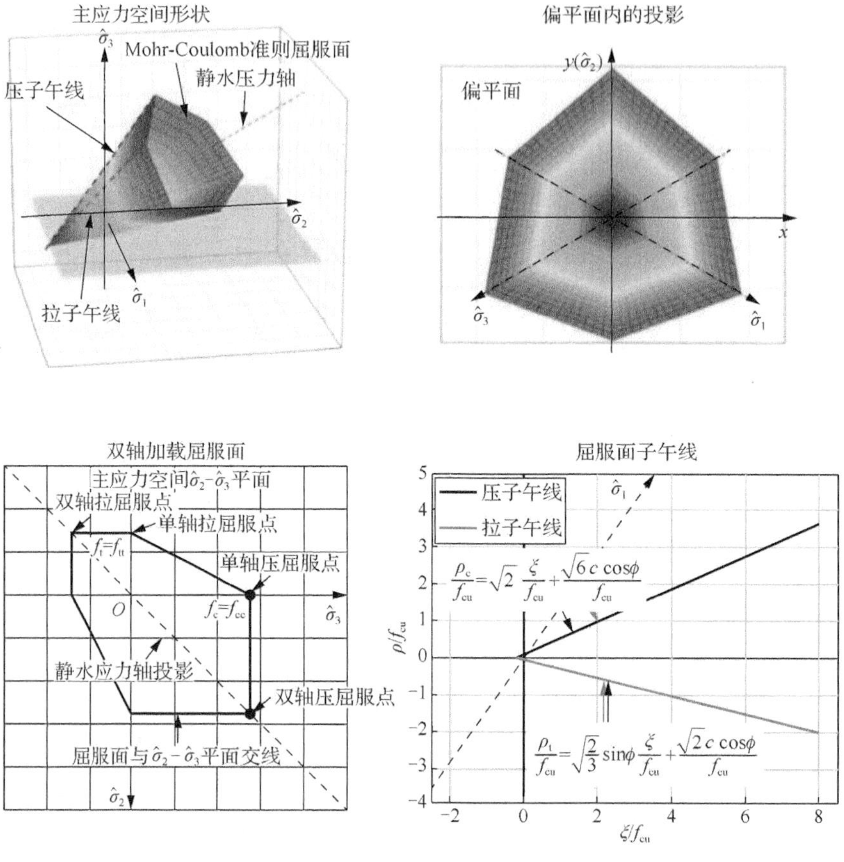

（a）Mohr-Coulomb模型

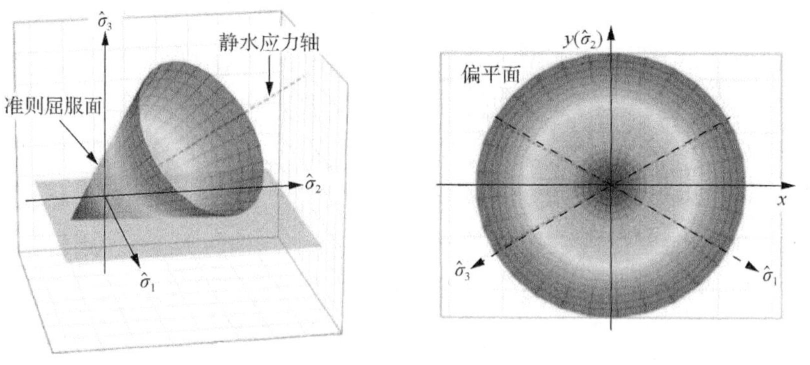

图 1-25　常见的几种混凝土破坏准则

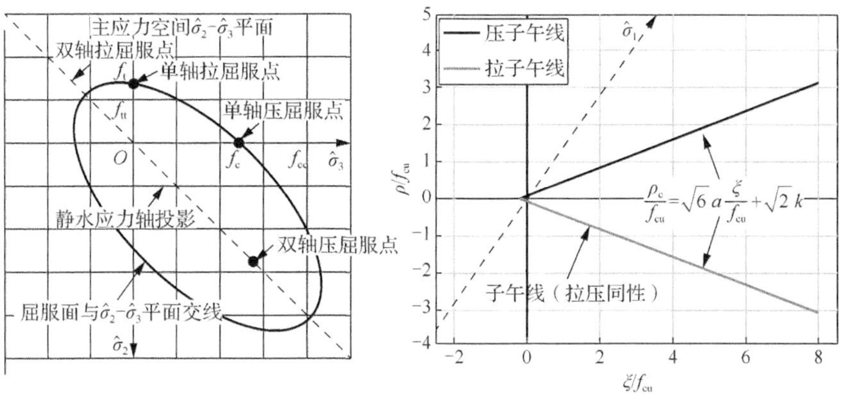

（b）Drucker-Prager模型

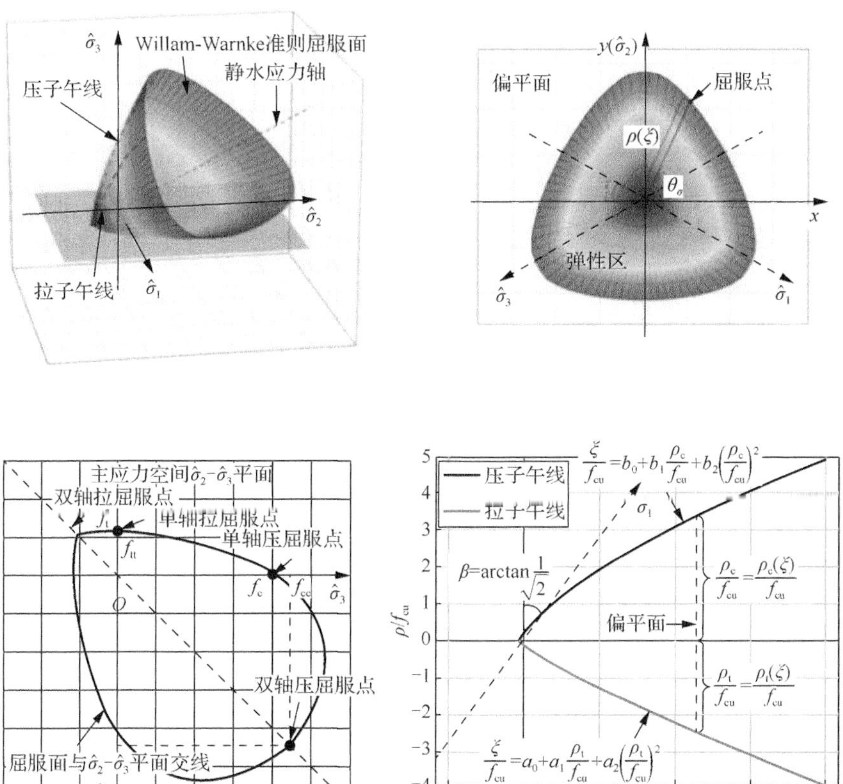

（c）Willam-Warnke五参数模型

图 1-25（续）

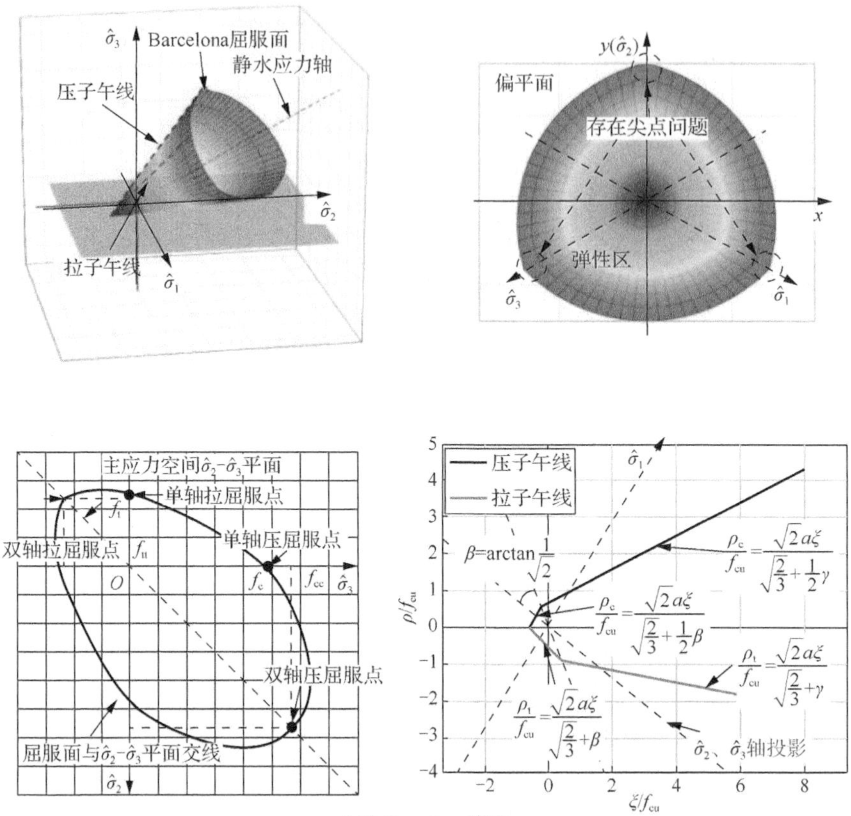

（d）Barcelona模型

$\hat{\sigma}_1$、$\hat{\sigma}_2$、$\hat{\sigma}_3$—主应力；f_t—轴心抗拉强度；f_{tt}—双轴抗拉强度；f_c—轴心抗压强度；f_{cc}—双轴抗压强度；f_{cu}—立方体抗压强度；ρ_c—压子午线上的偏应力；ρ_t—拉子午线上的偏应力；ξ—静水压力；c—黏聚力；ϕ—内摩擦角；a、k—与子午线相关的材料常数；a_0、a_1、a_2—与拉子午线相关的材料常数；b_0、b_1、b_2—与压子午线相关的材料常数；γ—非负塑性流动因子。

图 1-25（续）

针对这一问题，国内外学者从损伤力学的角度对混凝土材料非线性力学行为进行了系统的研究，主要研究历程如表 1-3 所示。最早，Kachanov[75]、Rabotnov（拉博特诺夫）、Lemaitre（勒迈特雷）等基于传统的连续损伤力学，对混凝土类材料损伤演化过程进行了系统研究，逐步建立了混凝土损伤力学。1976 年，Dougill[76]首次将损伤力学应用于混凝土非线性力学行为描述中。1979 年，Dragon 和 Mróz[77]在研究岩石蠕变行为时提出，岩石的宏观塑性形变机制是由其内部微裂纹的累积扩展引起的。自 20 世纪 70 年代后期开始，学者们发现损伤力学理论能够很好地描述混凝土类材料的刚度退化和应变软化等力学特征，损伤理论开始应用于混凝土损伤演化模型研究。1981 年，Sidoroff[78]首次提出了“能量等效假设”和“损伤面”的概念。同年，Krajcinovic 和 Fonseka[79]基于自由能和势能提出了“损伤面”概念，为热力学损伤理论奠定了基础。1985 年，Krajcinovic[80]提出了细观尺度上的平行杆模型（又称弹簧模型）来描述材料的损伤，这为建立混凝土随机损伤模型夯实了基础。1986 年，Mazars[81]根据试验数据拟合得到了基于弹性应变的损伤演化方程，可以区分混凝土受拉、受压非线性行为的拉压异性，但未考虑单边效应（即在拉压交替时由于裂缝闭合而导致的强度和刚度的恢复效应）。20世纪80年代末至21世纪初，混凝土损伤力学迎来了大发展，一些基于热力学约束条件、考虑混凝土材料损伤物理机制的研究开始起步，损伤变量由早期的各向同性、拉压同性改进为更符合混凝土材料实际损伤过程的各向异性和拉压异性。1987年，Resende[82]提出了混凝土张拉损伤与剪切损伤两种主要损伤机制，这一概念的提出为混凝土损伤模型的发展奠定了细观力学基础。1989年，Mazars和Pijaudier-Cabot[83]在热力学框架内利用应力张量分解给出了弹性损伤能释放率的定义；Rice（里瑟）、Tracey（特雷西）、Gurson（格森）等从混凝土材料的微细观结构出发研究其变化的物理力学过程，发展了混凝土细观损伤力学，使得细观损伤力学、多尺度力学成为与宏观热力学损伤理论平行发展的分支。1990年，Ju[84]引入一个四阶损伤张量来描述各向异性损伤过程；同年，Breysse[85]给出了混凝土损伤的细观力学物理解释，并提出了损伤演化概率公式。1995年，Kandarpa[86]基于Krajcinovic的弹簧损伤模型，考虑弹簧断裂的随机性，建立了受拉随机本构模型，成为混凝土随机损伤模型的基石。1998年，Lee和Fenves[87]采用两个独立标量分别描述混凝土在拉伸和压缩时的损伤规律；Faria 等[88]采用拉压双标量损伤解释混凝土裂缝闭合的单边效应。2001年，Comi和Perego[89]提出了基于应力张量球偏分解的混凝土受压损伤机制。此后，Voyiadjis等[90]、李杰等[91-92]、任晓丹和李杰[93]不断发展和丰富混凝土损伤理论，研究重点逐渐从损伤演化的宏观表征转向损伤的细观机制、多尺度损伤模型、多场耦合和损伤各向异性等方面。

表1-3　普通混凝土损伤力学主要研究历程

时期	主要研究进展	部分代表性学者
1970年以前	引入了损伤的概念	Kachanov[75]、Rabotnov
1970～1980年	连续损伤力学萌芽	Lemaitre、Janson和Hult[94]
1980～1990年	建立了宏观连续损伤力学的热力学框架；从材料细观结构出发的细观损伤力学也同步起源并发展	Sidoroff[78]、Lemaitre[95]、Mazars[81]、Loland[96]、Oliver等[97]、Simo和Ju[98]、Krajcinovic[80]、Ju[84]、Chow和Wang[99]
1990～2000年	逐步引入了混凝土损伤的各向异性、拉压异性；初步搭建宏观-细观多尺度损伤模型的桥梁	Chow和Wang[99]、Ju[84]、Kandarpa[86]、Faria等[88]、Lee和Fenves[87]、Oliver等[97]、Voyiadjis等[90]
2000～2010年	发展了热力学框架下拉压双标量损伤的弹塑性损伤本构模型；丰富了随机损伤模型	同济大学有关课题组（李杰、吴建营、任晓丹等）[91-93]；路易斯安纳大学有关课题组（Voyiadjis、Umit Cicekli、Taqieddin等）
2010年至今	多尺度损伤模型，跨尺度损伤模型，改性混凝土、复合材料本构模型	Voyiadjis、李杰、吴建营、任晓丹、Oliver、Notta-Cuvier等[100]

1.3.2　单一纤维混凝土本构关系

20世纪80年代，国内外学者开始对单一纤维混凝土本构关系进行研究，借鉴普通混凝土的相关理论成果，基于单轴拉压和多轴拉压试验结果，分析纤维特征参数对应力-应变关系的影响，在此基础上建立了相应的应力-应变关系数学模型。1982年，Tanigawa等[101]基于纤维混合律与普通混凝土轴心受压和受拉的应力-应变关系曲线，建立了钢纤维混凝土本构模型。1993年，Li等[102]分别对钢纤维和聚丙烯纤维混凝土的应力-裂缝宽度关系进行了研究，基于试验数据拟合了应力-裂缝宽度的数学表达式。1994 年，Lin 和 Hsu[103]基于单轴压缩试验测得了有约束和无约束情况下钢纤维混凝土的受压应力-应变全曲线，提出了相应的本构方程。1996 年，Taerwe 和 Gysel[104]通过单轴受压试验分析了纤维掺量对高强钢纤维混凝土应力-应变曲线的影响。2008 年，Bencardino 等[105]对含有不同纤维体积掺量的钢纤维混凝土进行单轴受压试验，并对已有经验模型进行了评估验证。1990 年，程铁生等[106]采用滚动联接试件进行人工控制卸载，在普通万能试验机上测得了钢纤维混凝土单轴受拉应力-应变全曲线，阐明了钢纤维混凝土轴心受拉破坏过程和破坏机理，并建立了以钢纤维特征值为参数的分段式钢纤维混凝土轴心受拉本构模型。钱春香等[107]和高丹盈[108]通过单轴拉伸试验测得了钢纤维混凝土轴心受拉应力-应变关系曲线，并提出了相应的受拉本构方程。1993 年，高路彬[109]基于复合材料理论提出了钢纤维混凝土单轴受压本构方程。2001 年，邓宗才和孙成栋[110]通过循环加载试验，建立了钢纤维混凝土循环加卸载曲线方程。2006 年，焦楚杰等[111]采用不同的应变加载速率对钢纤维混凝土进行了轴心受压试验，提出了率相关应力-应变方程。对于纤维混凝土的受压应力-应变关系，学者们根据不同受力阶段的曲线形态特点，提出了许多不同类型的本构方程。考虑到纤维的掺入对混凝土基体的开裂行为具有显著的改善作用，研究人员从不同角度分析了纤维特征参数对混凝土弹性模量、峰值强度和峰后延性等关键力学性能指标的影响，提出了多种用于描述纤维混凝土受拉应力-应变关系、拉应力-裂缝宽度关系的数学模型，如图 1-26 所示。

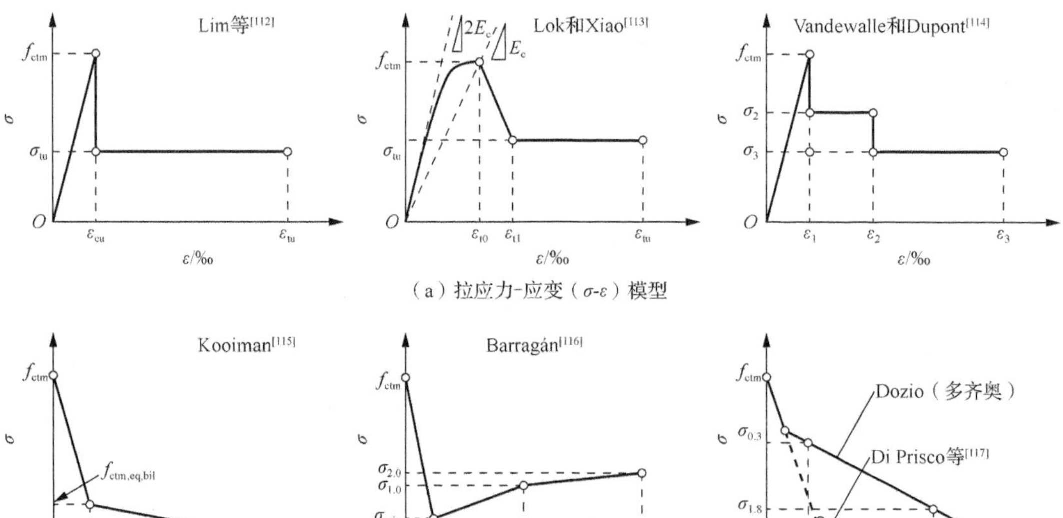

（a）拉应力-应变（σ-ε）模型

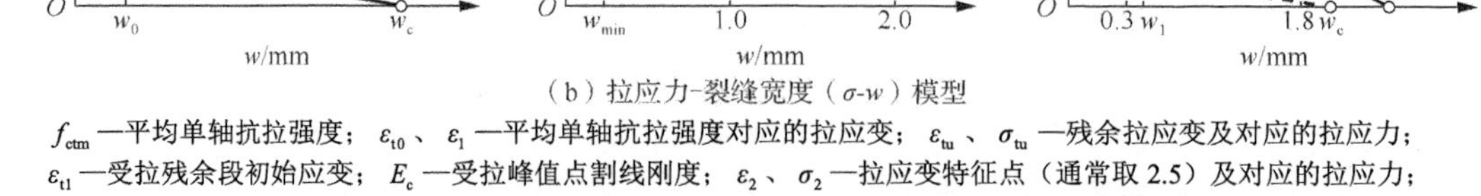

（b）拉应力-裂缝宽度（σ-w）模型

f_{ctm} —平均单轴抗拉强度；ε_{t0}、ε_1 —平均单轴抗拉强度对应的拉应变；ε_{tu}、σ_{tu} —残余拉应变及对应的拉应力；ε_{t1} —受拉残余段初始应变；E_c —受拉峰值点割线刚度；ε_2、σ_2 —拉应变特征点（通常取 2.5）及对应的拉应力；ε_3、σ_3 —拉应变特征点（通常取 15.0）及对应的拉应力；$f_{ctm,eq,bil}$、w_0 —等效开裂后强度及其对应的裂缝宽度；w_{min}、σ_{min} —最小裂缝宽度及对应的拉应力；$\sigma_{0.3}$ —裂缝宽度为 0.3mm 时的拉应力；$\sigma_{1.0}$ —裂缝宽度为 1.0mm 时的拉应力；$\sigma_{2.0}$ —裂缝宽度为 2.0mm 时的拉应力；$\sigma_{1.8}$ —裂缝宽度为 1.8mm 时的拉应力；w_1 —特征裂缝宽度，与最大骨料尺寸和抗压强度有关；w_c —临界裂缝宽度。

图 1-26　几种常见纤维混凝土受拉本构方程对应的曲线形状

上述本构关系都是建立在试验基础上的，具有一定的局限性。为了适应纤维混凝土在复杂结构中的应用需要，学者们通过理论分析和试验研究，提出基于弹性力学、塑性力学、断裂力学、损伤力学的本构模型。在弹塑性模型方面，国内外学者重点分析了纤维特征参数对混凝土破坏曲面的影响。例如，1992 年，Murugappan 等[118]在 Ottosen 四参数模型的基础上，通过双轴受压试验分析了钢纤维对破坏曲面的影响；2005 年，Seow 和 Swaddiwudhipong[119]在 Willam-Warnke 五参数的基础上引入了纤维影响系数，并通过双轴受压试验对拉子午线方程进行了修正，提出了钢纤维混凝土的统一破坏模型；2006 年，Lu 和 Hsu[120]基于常规三轴试验对 Willam-Warnke 模型进行了修正，建立了适用于高强钢纤维混凝土的压子午线方程；2009 年，Hinchberger[121]提出了含纤维特征参数的破坏准则，可以准确预测钢纤维混凝土的破坏过程。

在弹塑性损伤模型方面，现有研究成果可以分为两类：一类是将纤维混凝土视为宏观均质材料，仿照普通混凝土做法，建立纤维混凝土损伤本构关系；另一类是将纤维混凝土视为普通混凝土基体和纤维两个部分，分别建立本构模型，在此基础上，运用复合材料力学理论建立多尺度本构模型，如图 1-27 所示。其中，代表性研究成果有：2000 年，Peng 和 Meyer[122]通过引入一个标量损伤因子来描述混凝土非线性行为，考虑混凝土的各向异性、单边效应和纤维掺量影响，建立损伤本构模型。2004 年，Lee 等[123]考虑纤维拔出和裂缝成核的影响，建立了能够模拟纤维混凝土损伤和破坏行为的本构模型，并提出了简单可行的数值计算方法。2008 年，Oliver 等[124]在热力学框架下，定义了混凝土基体弹塑性损伤本构模型和理想化纤维-基体界面滑移本构方程，建立了钢纤维混凝土二维和三维微-细观损伤本构模型；2009 年，Pavan 等[125]采用类似方法考虑了纤维的方向，基于混合理论建立了多尺度模型。2010 年，Kato 和 Ramm[126]将纤维复合材料考虑为基体、纤维及其界面三个部分，其中纤维和基体均考虑为指数损伤本构模型，考虑基体和纤维的界面滑移，建立了纤维增强复合材料损伤本构模型。2012 年，Luccioni 等[127]考虑了纤维掺量、纤维分布和拔出响应等的影响，运用均质化方法，建立了从微观尺度到宏观尺度的钢纤维混凝土各向异性损伤本构模型。2013 年，Wu 等[128]基于虚拟场理论，建立了增量割线平均场的弹塑性损伤本构模型。同年，任晓丹等针对钢纤维混凝土提出了多尺度损伤理论，分别对钢纤维夹杂和混凝土基体建立细观尺度能量积分，通过计算细观尺度应力-应变场而得到均匀化的应力-应变关系和损伤演化方程。2014 年，Notta-Cuvier（诺塔-居维叶）等假定混凝土基体适用弹塑性损伤本构模型，采用非关联塑性流动法则，并将纤维方向分为不同方向区间进行均质化表示，根据应力平衡条件，建立了纤维混凝土损伤本构模型。2018 年，李长宁[129]基于钢纤维混凝土循环受压试验，提出了可考虑纤维影响的损伤变量计算方法，建立了可描述钢纤维混凝土非线性加卸载行为的一维弹塑性损伤模型。

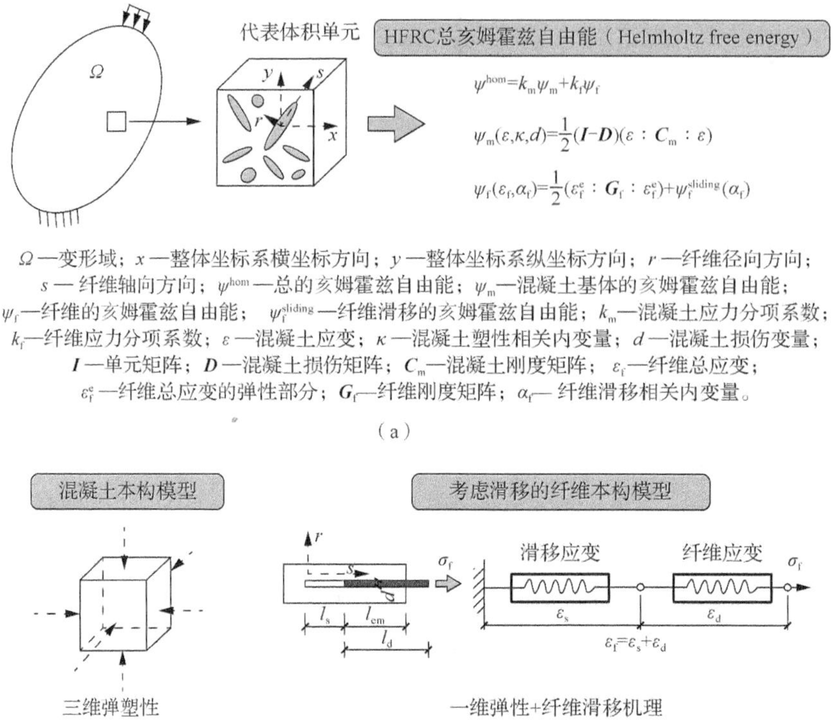

Ω—变形域；x—整体坐标系横坐标方向；y—整体坐标系纵坐标方向；r—纤维径向方向；s—纤维轴向方向；ψ^{hom}—总的亥姆霍兹自由能；ψ_m—混凝土基体的亥姆霍兹自由能；ψ_f—纤维的亥姆霍兹自由能；$\psi_f^{sliding}$—纤维滑移的亥姆霍兹自由能；k_m—混凝土应力分项系数；k_f—纤维应力分项系数；ε—混凝土应变；κ—混凝土塑性相关内变量；d—混凝土损伤变量；$\boldsymbol{I}$—单元矩阵；$\boldsymbol{D}$—混凝土损伤矩阵；$\boldsymbol{C}_m$—混凝土刚度矩阵；ε_f—纤维总应变；ε_f^e—纤维总应变的弹性部分；$\boldsymbol{G}_f$—纤维刚度矩阵；α_f—纤维滑移相关内变量。

（a）

l_s—纤维滑移量；l_{em}—纤维埋置长度；l_d—纤维拔出过程中的长度；d—纤维直径；ε_s—滑移应变；ε_d—纤维应变；σ_f—纤维应力。

（b）

图 1-27　考虑纤维滑移的混凝土弹塑性损伤本构模型

1.3.3　混杂纤维混凝土本构关系

随着混杂纤维混凝土的推广应用，20 世纪 90 年代，国内外学者开始进行混杂纤维混凝土本构关系的研究。

1995 年，Komloš 等[130]对含有不同纤维掺量的钢-聚丙烯混杂纤维混凝土进行了循环加载试验，根据试验结果建立了应力-应变关系表达式。2004 年，Poon 等[131]进行了钢-聚丙烯混杂纤维混凝土高温下的单轴受压试验，提出了高温单轴受压应力-应变关系表达式。2007 年，王世合[132]对混杂纤维增强高强混凝土单轴受压应力-应变曲线进行了研究，分析了混杂纤维对高强混凝土受压力学性能和破坏形态的影响。2009 年，任景阳[133]研究了高分子纤维与钢纤维混杂对混凝土干燥收缩、弯曲韧性、受压应力-应变关系曲线等物理力学性能的影响规律。2009 年，韩丽娟[134]将聚丙烯、聚酯纤维、钢纤维进行两两混杂形成混杂纤维高强混凝土，根据试验结果建立了受压应力-应变关系分段式本构方程。2010 年，张元元[3]对钢-聚丙烯混杂纤维混凝土轴心受压本构关系进行了试验研究，提出了含有纤维特征参数的轴心受压本构关系数学表达式，并通过混杂纤维混凝土深梁受力性能有限元分析，验证了所提本构关系的适用性。2011 年，李智等[135]对钢-聚丙烯混杂纤维混凝土进行了冲击压缩性能试验，分析了不同应变率下应力-应变关系的变化规律。2012 年，蒋思晨[136]基于试验结果，建立了混杂纤维轻骨料混凝土受压应力-应变关系表达式。2013 年，郑文忠等[137]对混杂纤维增强活性粉末混凝土进行高温下单轴受压试验，分析了纤维掺量和环境温度对混杂纤维增强活性粉末混凝土轴心抗压强度、弹性模量、峰值应变和受压应力-应变曲线的影响，提出了由五次多项式和有理分式表示的应力-应变曲线方程。2014 年，梅国栋[4]对钢-聚丙烯混杂纤维混凝土轴心受拉应力-应变关系进行了研究，建立了混杂纤维混凝土本构模型。2016 年，Chen 等[138]考虑骨料、基体、纤维、界面等四个因素，运用多尺度理论，建立了从细观到宏观的混杂纤维混凝土本构模型。2017 年，池寅等[139]分析了钢-聚丙烯混杂纤维对混凝土损伤塑性（concrete damage plasticity，CDP）模型屈服面函数、塑性势函数和损伤演化的影响，给出了 CDP 模型关键参数的建议取值方法，提出了适用于描述混杂纤维混凝土在不同应力路径下力学响应的改进本构模型，如图 1-28 所示。2018 年，李彪[5]采用试验研究、理论分析和数值模拟相结合的方法，对钢-聚丙烯混杂纤维混凝土循环荷载下的应力-应变关系和损伤行为进行了系统的研究，在热力学框架下建立了弹塑性损伤本构模型。2021 年，孟宽[6]基于热力学基本原理和混凝土随机损伤原理，分析了钢-聚丙烯混杂纤维的耗能机制和围压对纤维增强作用和材料损伤阈值的影响，建立了钢-聚丙烯混杂纤维混凝土弹塑性随机损伤本构模型。

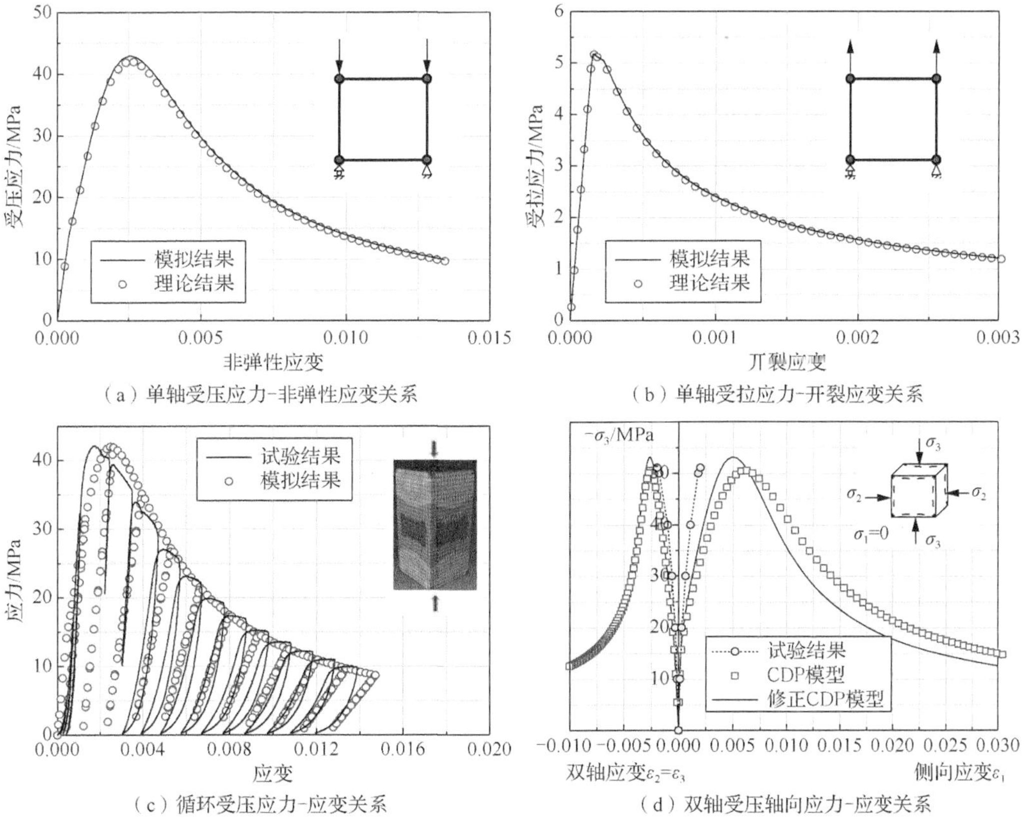

（a）单轴受压应力-非弹性应变关系　（b）单轴受拉应力-开裂应变关系

（c）循环受压应力-应变关系　（d）双轴受压轴向应力-应变关系

图 1-28 考虑混杂纤维影响的 CDP 改进模型在不同应力路径下的计算结果与试验结果的对比

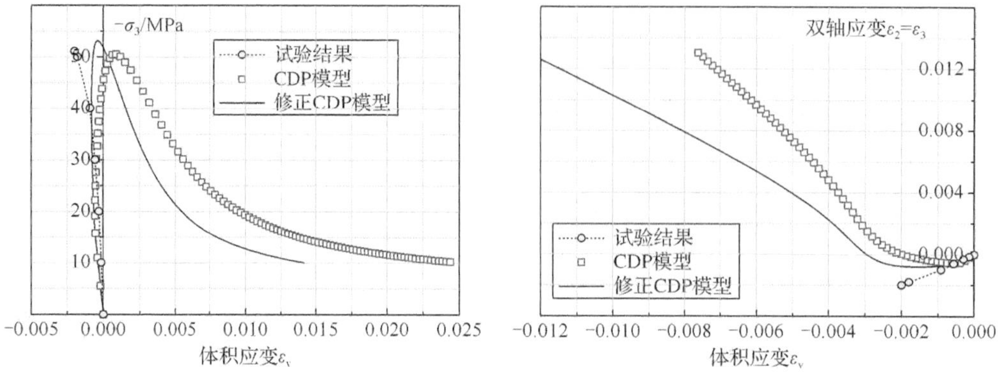

（e）双轴受压轴向应力-体积应变关系　　（f）双轴受压应变-体积应变关系

图 1-28（续）

1.4　本书主要内容

本书以工程中常用的钢纤维、聚丙烯纤维以及两者混杂掺入形成的纤维混凝土作为研究对象，系统论述纤维混凝土的强度与本构关系，给出不同应力路径下混凝土的强度计算公式和应力-应变关系数学表达式，建立了纤维混凝土本构模型。

第 1 章为绪论。纤维混凝土作为一种新型建筑材料，通过在普通混凝土中掺入不同类型和长度的纤维，可以有效提升混凝土的物理力学性能和耐久性能，适应现代重大工程结构需求，已广泛应用于建筑、桥梁和隧道等各类工程当中。本章分别从纤维混凝土的材料特性和增强机理、纤维混凝土的研究概况与工程应用、纤维混凝土本构关系的研究现状及发展趋势等三个方面进行了较为全面的论述。

第 2 章论述纤维混凝土强度，包括纤维混凝土单轴及多轴强度。纤维混凝土的强度和变形性能指标是工程设计的主要依据。本章分别论述纤维混凝土的单轴强度、双轴抗压强度和三轴抗压强度，并给出了相应的强度计算公式。

第 3 章论述纤维混凝土应力-应变关系。所有工程结构的力学分析，包括杆系结构的内力和变形分析，二、三维结构的应力和变形分析，构件截面承载力分析等，都要满足三类基本方程，即静力平衡方程、变形协调方程和本构方程，本构方程是联系力和变形的物理方程。纤维混凝土的应力-应变关系，全面反映各个受力阶段的变形特点和破坏过程，包含了重要的力学性能指标（如强度、极限变形、弹性模量等），为结构非线性分析提供必需的本构关系。本章对试验测定的应力-应变全曲线进行分析，参考《混凝土结构通用规范》（GB 55008—2021）[140]中混凝土应力-应变关系，给出了纤维混凝土轴心受压和受拉、双轴受压和三轴受压的应力-应变关系数学表达式。

第 4 章论述纤维混凝土弹塑性本构关系。一般地，弹塑性本构关系包括全量型本构关系和增量型本构关系。基于试验结果和理论分析，本章围绕纤维混凝土增量型本构关系的建立，重点阐明纤维特征参数对强度准则、硬化/软化法则及塑性流动法则的影响，推导增量型本构关系的一般形式，并对所建立的弹塑性本构模型进行数值实现。

第 5 章论述纤维混凝土弹塑性损伤本构关系。连续介质损伤力学理论为发展混凝土材料宏观本构关系提供了严格的理论框架，并为综合描述混凝土材料微结构损伤演化规律奠定了坚实基础。在分析纤维混凝土受拉和受压损伤特征的基础上，阐明纤维混凝土的塑性发展规律、损伤演化规律及其随机性特征，基于不可逆热力学框架，结合连续损伤力学和弹塑性理论，建立纤维混凝土弹塑性损伤本构模型，真实地反映不同应力状态（单轴、双轴、三轴）下纤维混凝土的非线性行为和损伤演化过程，为纤维混凝土结构构件受力分析和设计提供依据。

第 6 章介绍数据驱动的纤维混凝土本构模型。随着计算机软硬件设备的飞速发展，以数字孪生、人工智能为核心的大数据理念正在深刻地改变当代人认知世界的思维模式，逐渐孕育出了一种基于大量数据分析以揭示事物演化规律的全新的研究方式。对课题组近 20 年试验结果和相关文献数据进行整理，生成纤维混凝土本构关系数据，应用生成的数据训练人工神经网络，建立基于神经网络的纤维混凝土本构模型，实现可持续动态更新，可用于快速计算纤维混凝土的宏观力学响应。

第 7 章论述纤维混凝土黏结-滑移本构关系。纤维与混凝土、钢筋与纤维混凝土之间良好的黏结是保证纤维混凝土结构服役性能的关键。本章采用试验研究、理论分析等手段，对纤维混凝土中纤维-混凝土基体界面和钢筋-纤维混凝土界面的黏结性能进行系统研究，揭示纤维特征参数对界面黏结性能的影响规律，分别基于"摩擦滑轮"改进模型和弹塑性力学、损伤力学建立纤维-混凝土基体界面和钢筋-纤维混凝土界面的黏结-滑移本构模型。

参 考 文 献

[1] 吴中伟，廉慧珍．高性能混凝土[M]．北京：中国铁道出版社，1999.

[2] Romualdi J P, Batson G B. Mechanics of crack arrest in concrete[J]. Journal of the Engineering Mechanics Division, 1963, 89(3): 147-168.

[3] 张元元．钢-聚丙烯混杂纤维混凝土单轴受压本构关系与受拉性能研究[D]．武汉：武汉大学，2010.

[4] 梅国栋．钢-聚丙烯混杂纤维混凝土单轴受拉性能与本构关系研究[D]．武汉：武汉大学，2014.

[5] 李彪．钢-聚丙烯混杂纤维混凝土弹塑性损伤本构关系及数值实现[D]．武汉：武汉大学，2018.

[6] 孟宽．钢-聚丙烯混杂纤维混凝土弹塑性随机损伤本构模型及数值算法[D]．武汉：武汉大学，2021.

[7] Swamy R N, Mangat P S. A theory for the flexural strength of steel fiber reinforced concrete[J]. Cement and Concrete Research, 1974, 4(2): 313-325.

[8] 吴清凤，吴颜驹，陈强，等．钢-聚丙烯混杂纤维混凝土的力学性能[J]．建筑结构，2022，52（S2）：999-1003.

[9] 林笑．混杂纤维混凝土力学性能对比试验研究[D]．西安：长安大学，2021.

[10] 梁靖．钢-聚乙烯混杂纤维再生混凝土力学性能试验研究[D]．武汉：武汉工程大学，2022.

[11] Banthia N, Majdzadeh F, Wu J, et al. Fiber synergy in hybrid fiber reinforced concrete in flexure and direct shear[J]. Cement and Concrete Composites, 2014, 48: 91-97.

[12] 中国工程建设标准化协会．纤维混凝土试验方法标准：CECS 13—2009[S]．北京：中国计划出版社，2009.

[13] 中国工程建设标准化协会．纤维混凝土结构技术规程：CECS 38—2004[S]．北京：中国计划出版社，2004.

[14] Yazıcı Ş, İnan G, Tabak V. Effect of aspect ratio and volume fraction of steel fiber on the mechanical properties of SFRC[J]. Construction and Building Materials, 2007, 21(6): 1250-1253.

[15] Le Hoang A, Fehling E. Influence of steel fiber content and aspect ratio on the uniaxial tensile and compressive behavior of ultra high performance concrete[J]. Construction and Building Materials, 2017, 153: 790-806.

[16] Yoo D Y, Banthia N. Mechanical properties of ultra-high-performance fiber-reinforced concrete: a review[J]. Cement and Concrete Composites, 2016, 73: 267-280.

[17] Wang Z, Liu Y, Shen R. Stress-strain relationship of steel fiber-reinforced concrete under dynamic compression[J]. Construction and Building Materials, 2008, 22(5): 811-819.

[18] Zollo R F. Fiber-reinforced concrete: an overview after 30 years of development[J]. Cement and Concrete Composites, 1997, 19(2): 107-122.

[19] Goldfein S. Fibrous reinforcement for Portland cement[J]. Modern Plastics, 1965, 42(8): 156-160.

[20] Yin S, Tuladhar R, Sheehan M, et al. A life cycle assessment of recycled polypropylene fibre in concrete footpaths[J]. Journal of Cleaner Production, 2016, 112: 2231-2242.

[21] Donkor P, Obonyo E. Earthen construction materials: assessing the feasibility of improving strength and deformability of compressed earth blocks using polypropylene fibers[J]. Materials & Design, 2015, 83: 813-819.

[22] Dhand V, Mittal G, Rhee K Y, et al. A short review on basalt fiber reinforced polymer composites[J]. Composites Part B: Engineering, 2015, 73: 166-180.

[23] Jamshaid H, Mishra R. A green material from rock: basalt fiber–a review[J]. The Journal of The Textile Institute, 2016, 107(7): 923-937.

[24] Czigány T, Vad J, Pölöskei K. Basalt fiber as a reinforcement of polymer composites[J]. Periodica Polytechnica Mechanical Engineering, 2005, 49(1): 3-14.

[25] High C, Seliem H M, El-Safty A, et al. Use of basalt fibers for concrete structures[J]. Construction and Building Materials, 2015, 96: 37-46.

[26] Majumdar A J. Glass fiber reinforcement of cement products[J]. Journal of Glass Technology, 1968, 9(3): 78-84.

[27] Walton P L, Majumdar A J. Cement-based composites with mixtures of different types of fibres[J]. Composites, 1975, 6(5): 209-216.

[28] Rossi P, Acker P, Malier Y. Effect of steel fibres at two different stages: the material and the structure[J]. Materials and Structures, 1987, 20: 436-439.

[29] Rossi P. High performance multimodal fiber reinforced cement composites (HPMFRCC): the LCPC experience[J]. Materials Journal, 1997, 94(6): 478-783.

[30] Kobayashi K, Cho R. Flexural characteristics of steel fibre and polyethylene fibre hybrid-reinforced concrete[J]. Composites, 1982, 13(2): 164-168.

[31] Bentur A, Mindess S. Fibre reinforced cementitious composites[M]. 2nd ed. Florida: Crc Press, 2006.

[32] 孙伟，钱红萍，陈惠苏．纤维混杂及其与膨胀剂复合对水泥基材料的物理性能的影响[J]．硅酸盐学报，2000（2）：95-99.

[33] 华渊，曾艺．纤维混杂效应的试验研究[J]．混凝土与水泥制品，1998（4）：43-47.

[34] 姚武，蔡江宁，陈兵，等．混杂纤维增韧高性能混凝土的研究[J]．三峡大学学报（自然科学版），2002（1）：42-44.

[35] 徐礼华，李彪，池寅，等．钢-聚丙烯混杂纤维混凝土单轴循环受压应力-应变关系研究[J]．建筑结构学报，2018，39（4）：140-152.

[36] 池寅，尹从儒，徐礼华，等．钢-聚丙烯混杂纤维增强超高性能混凝土单轴循环受压力学性能[J]．硅酸盐学报，2021，49（11）：2331-2345.

[37] Chi Y, Xu L H, Zhang Y. Experimental study on hybrid fiber-reinforced concrete subjected to uniaxial compression[J]. Journal of Materials in Civil Engineering, 2014, 26(2): 211-218.

[38] Chi Y, Xu L H, Mei G D, et al. A unified failure envelope for hybrid fibre reinforced concrete subjected to true triaxial compression[J]. Composite Structures, 2014, 109: 31-40.

[39] 徐礼华，梅国栋，黄乐，等．钢-聚丙烯混杂纤维混凝土轴心受拉应力-应变关系研究[J]．土木工程学报，2014，47（7）：35-45.

[40] 夏冬桃，徐礼华，池寅，等．混杂纤维增强高性能混凝土强度的试验[J]．沈阳建筑大学学报（自然科学版），2007，105（1）：77-81.

[41] Li B, Chi Y, Xu L H, et al. Experimental investigation on the flexural behavior of steel-polypropylene hybrid fiber reinforced concrete[J]. Construction and Building Materials, 2018, 191: 80-94.

[42] Hsie M, Tu C, Song P S. Mechanical properties of polypropylene hybrid fiber-reinforced concrete[J]. Materials Science and Engineering: A, 2008, 494(1-2): 153-157.

[43] Song P S, Wu J C, Hwang S, et al. Statistical analysis of impact strength and strength reliability of steel-polypropylene hybrid fiber-reinforced concrete[J]. Construction and Building Materials, 2005, 19(1): 1-9.

[44] Pantazopoulou S J, Zanganeh M. Triaxial tests of fiber-reinforced concrete[J]. Journal of Materials in Civil Engineering, 2001, 13(5): 340-348.

[45] 王浩．钢/聚丙烯混杂纤维混凝土的试验研究[D]．西安：西北工业大学，2005．
[46] 王正友，廖明成，耿运贵．混杂纤维（钢/聚丙烯）高性能混凝土正交试验研究[J]．焦作工学院学报（自然科学版），2003（1）：15-20．
[47] Qian C X, Stroeven P. Development of hybrid polypropylene-steel fibre-reinforced concrete[J]. Cement & Concrete Research, 2000, 30(1): 63-69.
[48] Banthia N, Gupta R. Hybrid fiber reinforced concrete (HyFRC): fiber synergy in high strength matrices[J]. Materials and Structures, 2004, 37: 707-716.
[49] 谢志红，郭永昌．混杂纤维混凝土梁抗弯试验研究[J]．广东建材，2006（5）：6-7．
[50] 罗辉涛．混杂纤维增强钢筋混凝土梁抗弯性能试验研究[J]．铁道建筑，2008，409（4）：12-14．
[51] 刘胜兵，徐礼华．混杂纤维高性能混凝土深梁受剪性能[J]．土木工程学报，2013，46（3）：29-39．
[52] 刘胜兵，徐礼华．混杂纤维高性能混凝土深梁的剪切延性[J]．土木建筑与环境工程，2013，35（3）：88-94．
[53] 徐礼华，邓方茜，徐浩然，等．钢-聚丙烯混杂纤维混凝土柱抗震性能试验研究[J]．土木工程学报，2016，49（1）：3-13．
[54] 徐礼华，黄乐，韦翠梅，等．钢-聚丙烯混杂纤维混凝土柱抗震承载力试验研究[J]．建筑结构学报，2014，35（8）：95-103．
[55] 韦翠梅．钢-聚丙烯混杂纤维混凝土框架节点抗震性能研究[D]．武汉：武汉大学，2018．
[56] Xu L H, Wei C M, Li B. Damage evolution of steel-polypropylene hybrid fiber reinforced concrete: experimental and numerical investigation[J]. Advances in Materials Science and Engineering, 2018: 1-23.
[57] Ganesan N, Indira P V, Sabeena M V. Behaviour of hybrid fibre reinforced concrete beam-column joints under reverse cyclic loads[J]. Materials & Design, 2014, 54: 686-693.
[58] Chidambaram R S, Agarwal P. Seismic behavior of hybrid fiber reinforced cementitious composite beam-column joints[J]. Materials & Design, 2015, 86: 771-781.
[59] Hognestad E. Study of combined bending and axial load in reinforced concrete members[D]. Urbana，Champaign: University of Illinois at Urbana-Champaign, 1951.
[60] Saenz L P. Discussion of" Equation for the Stress-Strain Curve of Concrete" by Desayi and Krishnan[J]. Journal of the American Concrete Institute, 1964, 61: 1229-1235.
[61] Shah S P, Slate F O.Internal microcracking, mortar-aggregate bond and the stress-strain curve of concrete[C]// Proceedings of International Conference on the Structure of Concrete and its Behavior Under load, London, 1965: 82-92.
[62] An Foras Forbartha. International recommendations for the design and construction of concrete structures[C]. Prague: FIP 6th Congress, 1970.
[63] Popovics S. Physical aspects of the setting of Portland cement concrete[J]. Journal of Materials, 1971，6(1): 150-162.
[64] Sargin M. Stress-strain relationships for concrete and the analysis of structural concrete sections[D]. Waterloo, Ont. : Solid Mechanics Division, University of Waterloo, 1971.
[65] Bažant Z P. Theory of creep and shrinkage in concrete structures: a précis of recent developments[J]. MechanicsToday, 1975, 2(1):1-93.
[66] Bažant Z P, Kim S S. Plastic-fracturing theory for concrete[J]. Journal of the Engineering Mechanics Division, 1979, 105(3): 407-428.
[67] 过镇海，张秀琴，张达成，等．混凝土应力-应变全曲线的试验研究[J]．建筑结构学报，1982（1）：1-12．
[68] Krajcinovic D, Fanella D. A micromechanical damage model for concrete[J]. Engineering Fracture Mechanics, 1986, 25(5-6): 585-596.
[69] Palaniswamy R, Shah S P. Fracture and stress-strain relationship of concrete under triaxial compression[J]. Journal of the Structural Division, 1974, 100(5): 901-916.
[70] Cedolin L, Dei Poli S, Crutzen Y R J. Triaxial stress-strain relationship for concrete[J]. Journal of the Engineering Mechanics Division, 1977, 103(3): 423-439.
[71] Kotsovos M D, Newman J B. A mathematical description of the deformational behaviour of concrete under complex loading[J]. Magazine of Concrete Research, 1979, 31(107): 77-90.
[72] Chen A C T, Chen W F. Constitutive relations for concrete[J]. Journal of the Engineering Mechanics Division, 1975, 101(4): 465-481.
[73] Menétrey P, Willam K J. Triaxial failure criterion for concrete and its generalization[J]. Structural Journal, 1995, 92(3): 311-318.

[74] Bažant Z P, Bhat P D. Endochronic theory of inelasticity and failure of concrete[J]. Journal of the Engineering Mechanics Division, 1976, 102(4): 701-722.

[75] Kachanov L M. Introduction to contimuum damage mechanics[M]. Dordrecht: Martinus Nijhoff Publishers, 1986.

[76] Dougill J W. On stable progressively fracturing solids[J]. Journal of Applied Mathematics and Physics, 1976, 27(4): 423-437.

[77] Dragon A, Mróz Z. A model for plastic creep of rock-like materials accounting for the kinetics of fracture[J]. International Journal of Rock Mechanics and Mining Science & Geomechanics Abstracts, 1979, 16(4): 253-259.

[78] Sidoroff F. Description of anisotropic damage application to elasticity[M]. Heidelberg, Berlin: Springer, 1981.

[79] Krajcinovic D, Fonseka G U. The continuous damage theory of brittle materials, part 1: general theory[J]. Journal of Applied Mechanics, 1981, 48(4): 809-815.

[80] Krajcinovic D. Continuous damage mechanics revisited: basic concepts and definitions[J]. Journal of Applied Mechanics, 1985, 52(4): 35-39.

[81] Mazars J. A description of micro- and macroscale damage of concrete structures[J]. Engineering Fracture Mechanics, 1986, 25(5-6): 729-737.

[82] Resende L. A damage mechanics constitutive theory for the inelastic behaviour of concrete[J]. Computer Methods in Applied Mechanics & Engineering, 1987, 60(1): 57-93.

[83] Mazars, Pijaudier-Cabot J. Continuum damage theory-application to concrete[J]. Journal of Engineering Mechanics, 1989, 115(2): 345-365.

[84] Ju J W. Isotropic and anisotropic damage variables in continuum damage mechanics[J]. Journal of Engineering Mechanics, 1990, 116(12): 2764-2770.

[85] Breysse D. A probabilistic formulation of the damage evolution law[J]. Structural Safety, 1990, 8(1-4): 311-325.

[86] Kandarpa S. Stochastic modelling of materials subjected to monotonic and high-cycle loading[D]. Indiana: University of Notre Dame, 1995.

[87] Lee J, Fenves G L. Plastic-damage model for cyclic loading of concrete structures[J]. Journal of Engineering Mechanics, 1998, 124(8): 892-900.

[88] Faria R, Oliver J, Cervera M. A strain-based plastic viscous-damage model for massive concrete structures[J]. International Journal of Solids and Structures, 1998, 35(14): 1533-1558.

[89] Comi C, Perego U. Fracture energy based bi-dissipative damage model for concrete[J]. International Journal of Solids and Structures, 2001, 38(36-37): 6427-6454.

[90] Voyiadjis G Z, Taqieddin Z N, Kattan P I. Anisotropic damage-plasticity model for concrete[J]. International Journal of Plasticity, 2008, 24(10): 1946-1965.

[91] 李杰，张其云．混凝土随机损伤本构关系研究[J]．同济大学学报（自然科学版），2001（10）：4-10.

[92] 李杰，吴建营，陈建兵．混凝土随机损伤力学[M]．北京：科学出版社，2014.

[93] 任晓丹，李杰．基于多尺度分析的混凝土随机损伤本构理论研究[M]．上海：同济大学出版社，2020.

[94] Janson J, Hult J. Fracture mechanics and damage mechanics, a combined approach[J]. Journal De Mecanique Appliquee, 1977, 1(1): 59-64.

[95] Lemaitre J. A continuous damage mechanics model for ductile fracture[J]. Transactions of the Asme Journal of Engineering Materials & Technology, 1985, 107(107): 83-89.

[96] Loland K E. Continuous damage model for load-response estimation of concrete[J]. Cement & Concrete Research, 1980, 10(3): 395-402.

[97] Oliver J, Cervera M, Oller S, et al. Isotropic damage models and smeared crack analysis of concrete[C]// II International Conference on Computer Aided Analysis and Design of Concrete Structures. Zell am See, Austria, 1990.

[98] Simo J C, Ju J W. Strain-and stress-based continuum damage models-I. Formulation[J]. Mathematical and Computer Modelling, 1987, 23(7): 821-840.

[99] Chow C L, Wang J. An anisotropic theory of continuum damage mechanics for ductile fracture[J]. Engineering Fracture Mechanics, 1987, 27(5): 547-558.

[100] Notta-Cuvier D, Lauro F, Bennani B. An original approach for mechanical modelling of short-fibre reinforced composites with complex distributions of fibre orientation[J]. Composites, Part A: Applied Science and Manufacturing, 2014, 62: 60-66.

[101] Tanigawa Y, Hatanaka S, Mori H. A simple consitutive model of steel fiber reinforced concrete[R]. Research Reports of the Faculty of Engineering, Mie University, 1982: 121-135.

[102] Li V C, Stang H, Krenchel H. Micromechanics of crack bridging in fibre-reinforced concrete[J]. Materials and Structures, 1993, 26: 486-494.

[103] Lin S H, Hsu C T T. Stress-strain behavior of steel-fiber high-strength concrete under compression[J]. ACI Structural Journal, 1994, 91(4): 448-457.

[104] Taerwe L, Gysel A V. Effect of steel fibers on the design stress-strain curve for high strength concrete subjected to axial compression[J]. Mechanics of Composite Materials, 1996, 32(2): 122-129.

[105] Bencardino F, Rizzuti L, Spadea G, et al. Stress-strain behavior of steel fiber-reinforced concrete in compression[J]. Journal of Materials in Civil Engineering, 2008, 20(3): 255-263.

[106] 程铁生，章文纲，吴爱中. 钢纤维砼轴拉本构关系的试验研究[C]//中国建筑学会建筑结构学术委员会，中国土木工程学会教育工作委员会，清华大学土木工程系. 混凝土结构基本理论及应用第二届学术讨论会论文集（第一卷）. 中国建筑学会混凝土结构基本理论及应用第二届学术讨论会，北京，1990：227-234.

[107] 钱春香，姚琏，叶连生. 钢纤维砼轴心受拉的应力应变全曲线及其数学模型[J]. 混凝土与水泥制品，1990（2）：23-25.

[108] 高丹盈. 钢纤维混凝土轴压应力-应变全曲线的研究[J]. 水利学报，1991（10）：43-48.

[109] 高路彬. 混凝土本构理论[M]. 成都：西南交通大学出版社，1993.

[110] 邓宗才，孙成栋. 钢纤维混凝土在低周反复荷载下力学性能的研究[J]. 工程力学，2001（3）：105-110.

[111] 焦楚杰，孙伟，周云. 钢纤维混凝土准静态单轴受压力学性能[J]. 重庆建筑大学学报，2006，28（2）：56-58.

[112] Lim T Y, Paramasivam P, Lee S L. Analytical model for tensile behavior of steel-fiber concrete[J]. Materials Journal, 1987, 84(4): 286-298.

[113] Lok T S, Xiao J R. Tensile behaviour and moment-curvature relationship of steel fibre reinforced concrete[J]. Magazine of Concrete Research, 1998, 50(4): 359-368.

[114] Vandewalle L, Dupont D. Study of the parameters influencing the test results: Influence of the width of a beam specimen on the bending test results: BRPR-CT98-08013[R].

[115] Kooiman A G. Modelling steel fiber reinforced concrete for structural design [D]. Delft: Delft University of Technology, 2000.

[116] Barragán B E. Failure and toughness of steel fiber reinforced concrete under tension and shear[D]. Catalunya: Universitat Politècnica de Catalunya, 2002.

[117] Di Prisco M, Ferrara L, Colombo M, et al. On the identification of SFRC costitutive law in uniaxial tension[C]//Proceedings of 6th RILEM Symposium on fiber reinforced concrete. RILEM Publications SARL, 2004: 827-836.

[118] Murugappan K, Paramasivam P, Tan K H. Shear response of reinforced fibrous concrete beams using finite element method[C]//Fibre Reinforced Cement and Concrete: Proceedings of the Fourth RILEM International Symposium. CRC Press, 1992: 447-463.

[119] Seow P E C, Swaddiwudhipong S. Failure surface for concrete under multiaxial load: a unified approach[J]. Journal of Materials in Civil Engineering, 2005, 17(2): 219-228.

[120] Lu X, Hsu C T T. Behavior of high strength concrete with and without steel fiber reinforcement in triaxial compression[J]. Cement and Concrete Research, 2006, 36(9): 1679-1685.

[121] Hinchberger S D. Simple single-surface failure criterion for concrete[J]. Journal of Engineering Mechanics, 2009, 135(7): 729-732.

[122] Peng X, Meyer C. A continuum damage mechanics model for concrete reinforced with randomly distributed short fibers[J]. Computers and Structures, 2000, 78: 505-515.

[123] Lee H K, Simunovic S, Shin D K. A computational approach for prediction of the damage evolution and crushing behavior of chopped random fiber composites[J]. Computational Materials Science, 2004, 29: 459-474.

[124] Oliver J, Linero D L, Huespe A E, et al. Two-dimensional modeling of materials failure in reinforced concrete by means of a continuum strong discontinuity approach[J]. Computer Methods in Applied Mechanics and Engineering, 2008, 197: 332-348.

[125] Pavan R C, Creus P G, Maghous S. A simplified approach to continuous damage of composite materials and micromechanical analysis[J]. Composite Structures, 2009, 91: 84-94.

[126] Kato J, Ramm E. Optimization of fiber geometry for fiber reinforced composites condering damage[J]. Finite Elements in Analysis and Design, 2010, 46: 401-415.

[127] Luccioni B, Ruano G, Isla F, et al. A simple approach to model SFRC[J]. Construction and Building Materials, 2012, 37: 111-124.

[128] Wu L, Noels L, Adam L, et al. A combined incremental-secant mean-field homogenization scheme with per-phase residual strains for elasto-plastic composites[J]. International Journal of Plasticity, 2013, 51: 80-102.

[129] 李长宁．一维应力状态下钢纤维混凝土损伤行为研究[D]．武汉：武汉大学，2018．

[130] Komloš K, Babál B, Nürnbergerová T. Hybrid fibre-reinforced concrete under repeated loading[J]. Nuclear Engineering and Design, 1995, 156: 195-200.

[131] Poon C S, Shui Z H, Lam L. Compressive behavior of fiber reinforced high-performance concrete subjected to elevated temperatures[J]. Cement and Concrete Research, 2004, 34(12): 2215-2222.

[132] 王世合．高强高含量混杂纤维增强混凝土材料配制及其性能研究[D]．上海：同济大学，2007．

[133] 任景阳．混杂纤维混凝土的性能研究[D]．哈尔滨：哈尔滨工业大学，2009．

[134] 韩丽娟．混杂纤维增强高强混凝土力学性能的研究[D]．南京：南京航空航天大学，2009．

[135] 李智，卢哲安，陈猛，等．混杂纤维混凝土冲击压缩性能 SHPB 试验研究[J]．混凝土，2011（4）：20-22．

[136] 蒋思晨．混杂纤维轻骨料混凝土力学性能及抗冻性能试验研究[D]．呼和浩特市：内蒙古农业大学，2012．

[137] 郑文忠，李海艳，王英．高温后混杂纤维 RPC 单轴受压应力-应变关系[J]．建筑材料学报，2013，16（3）：388-395．

[138] Chen Q, Zhu H, Yan Z, et al. A multiphase micromechanical model for hybrid fiber reinforced concrete considering the aggregates and ITZ effects[J]. Construction and Building Materials, 2016, 114: 839-850.

[139] 池寅，黄乐，余敏．基于 ABAQUS 的钢-聚丙烯混杂纤维混凝土损伤塑性本构模型取值方法研究[J]．工程力学，2017，34（12）：131-142．

[140] 中华人民共和国住房和城乡建设部．混凝土结构通用规范：GB 55008—2021[S]．北京：中国建筑工业出版社，2021．

第 2 章　纤维混凝土强度

纤维混凝土的单轴抗压强度和单轴抗拉强度是最基本的力学性能指标，是研究纤维混凝土破坏机理和强度理论的主要依据，直接影响纤维混凝土结构构件的开裂、变形和耐久性。但是，在实际工程结构中，处于单轴应力状态的构件是极少的。即便是梁、柱等一维构件，在其截面上弯矩和剪力共同作用处、主次梁相交处或梁-柱节点处等，构件都处于复杂应力状态。已有研究成果表明，混凝土的强度随应力状态的不同具有明显多变的特点，对于同一种混凝土，在双轴和三轴拉压应力状态下，抗拉强度低于单轴抗拉强度，抗压强度低于单轴抗压强度；在双轴和三轴受压应力状态下的抗压强度大于单轴抗压强度。因此，有必要深入了解纤维混凝土的双轴强度和三轴强度及其变化规律，为复杂应力状态下的混凝土结构分析和设计提供理论依据。

2.1　单 轴 强 度

2.1.1　立方体抗压强度

混凝土结构主要利用混凝土的抗压强度，因此，混凝土的抗压强度是混凝土力学性能中最主要和最基本的指标。我国混凝土（包括纤维混凝土）强度等级按立方体抗压强度标准值确定。具体测定方法如下：将边长为 150mm 的立方体标准试件，在标准条件（温度为 20±3℃、湿度为 95%以上的标准养护室）下养护 28d 或设计规定龄期，按照标准试验方法（加载速率为 0.5～0.8MPa/s）测得具有 95%保证率的立方体抗压强度。

几十年来，国内外众多学者对钢纤维混凝土、聚丙烯纤维混凝土和钢-聚丙烯混杂纤维混凝土的立方体抗压强度进行了研究，取得了丰富的研究成果。现将截至目前收集到的纤维混凝土立方体抗压强度试验结果列于表 2-1。

表 2-1　部分纤维混凝土立方体抗压强度试验结果统计

文献来源	钢纤维		聚丙烯纤维		立方体抗压强度范围/MPa	纤维增强幅度/%
	体积掺量/%	长径比	体积掺量/%	长径比		
He 等[1]	0～1.50	60			49.2～60.6	0～23.2
杨勇和任青文[2]	0～0.64	55，82			24.1～30.2	0～25.3
Güneyisi 等[3]	0～0.75	80			63.0～71.5	0～13.5
Gesoğlu 等[4]	0～0.75	80			43.5～46.5	0～6.9
Soulioti 等[5]	0～1.50	41			43.9～50.2	-1.0～12.5
Thomas 和 Ramaswamy[6]	0～1.50	55			36.6～37.9	0～3.5
解伟等[7]	0～1.50	34.2			34.5～39.0	0～13.0
李川川[8]	0～2.0	40，47，53			35.5～42.6	0～20.0
管新建[9]	0～2.0	57			38.0～46.9	0～23.4

续表

文献来源	钢纤维		聚丙烯纤维		立方体抗压强度范围/MPa	纤维增强幅度/%
	体积掺量/%	长径比	体积掺量/%	长径比		
范存园[10]	0～2.0	26.6，31.2，32.5			34.6～42.9	0～23.9
Li 等[11]	0～2.0	40，60，80	0～0.15	167	47.5～58.1	0～22.1
Xu 等[12]			0～0.20	167，280，396	47.5～51.3	-4.8～7.8
王宁[13]			0～0.13	757	58.0～63.5	-8.7～0
张元元[14]	0～1.5	30，60，80	0～0.15	167，280，369	44.3～55.2	1.0～12.0
梅国栋[15]	0～1.9	30，60，80	0～0.19	396	46.2～58.4	0～26.4
夏冬桃[16]	0～1.00	57	0～0.165	396	36.2～47.2	-7.2～9.5
刘胜兵[17]	0～1.50	30，50，70	0～0.165	396	52.1～64.2	0.8～23.2
Alwesabi 等[18]	0～1.00	60	0～0.25		50.7～68.0	-7.5～25.7

图 2-1 反映了纤维特征参数、纤维种类与混凝土立方体抗压强度之间的关系。分析图表中数据可知，由于纤维的增强阻裂作用，纤维混凝土的立方体抗压强度得到明显提高。当钢纤维体积掺量在 2.0%以内时，随着钢纤维体积掺量的增加，纤维混凝土的立方体抗压强度呈现逐渐增大的趋势；当钢纤维的体积掺量高于 2.0%时，由于纤维结团的负面效应开始凸显，混凝土的立方体抗压强度略有降低。当钢纤维长径比为 40～80 时，在体积掺量不变的情况下，随长径比增大，对裂缝的桥接能力明显增强，但由于长径比大的钢纤维数量少，有效桥接的裂缝数量相对减少，因此，混凝土立方体抗压强度变化幅度较小。聚丙烯纤维对混凝土立方体抗压强度的影响不明显，在低掺量范围（体积掺量小于 0.2%）内，聚丙烯纤维可增强混凝土的抗压强度，但当掺量较高（大于 0.2%）时，其强度会略微降低；纤维长径比的影响可以忽略不计。这是因为聚丙烯纤维弹性模量较小，主要用于桥接微细观裂缝，抑制宏观裂缝扩张的能力明显不足，当混凝土内部形成主裂缝时，聚丙烯纤维基本发生断裂，丧失裂纹桥接能力（图 2-2）。

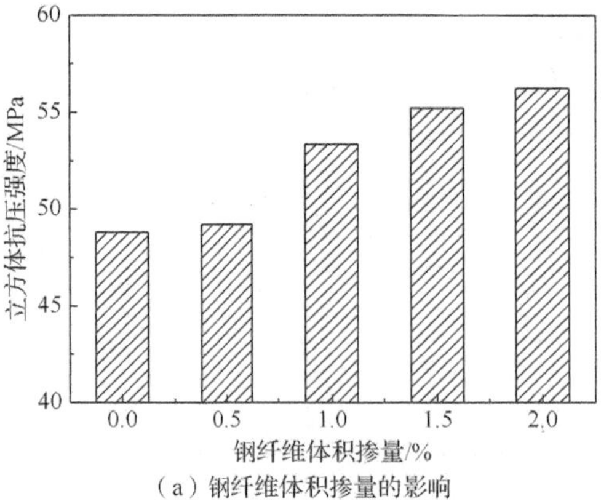

（a）钢纤维体积掺量的影响

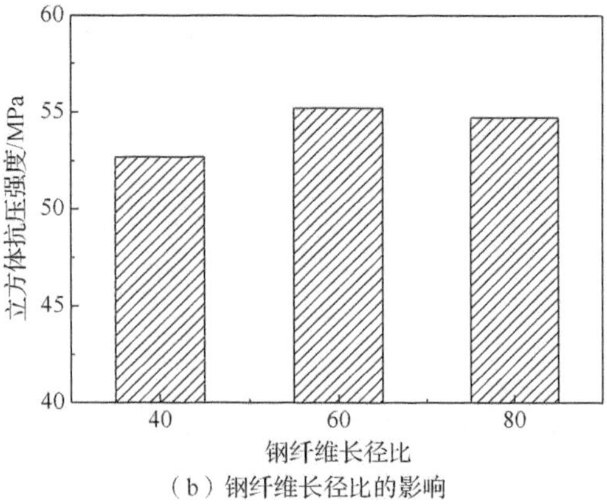

（b）钢纤维长径比的影响

图 2-1 纤维特征参数、纤维种类对混凝土立方体抗压强度的影响（数据取自 Li 等[11]和 Xu 等[12]）

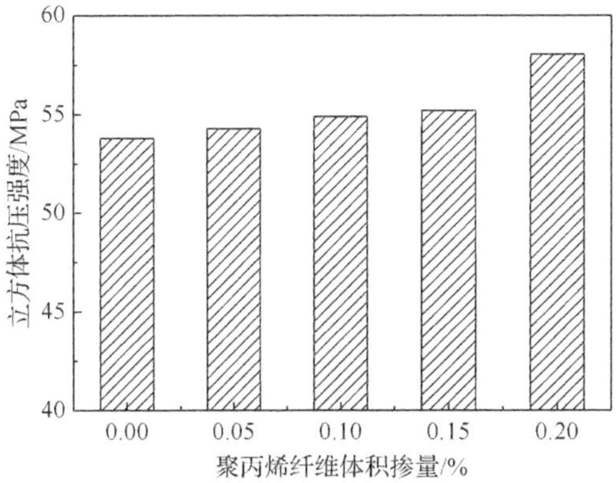

（c）聚丙烯纤维体积掺量的影响

（钢纤维体积掺量为1.5%）

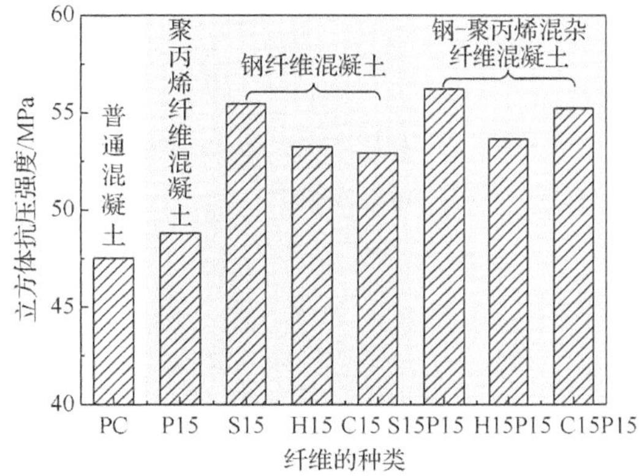

（d）纤维种类的影响

（PC—普通混凝土；P—聚丙烯纤维；S—直钢纤维；H—端钩钢纤维；C—波纹钢纤维）

图 2-1（续）

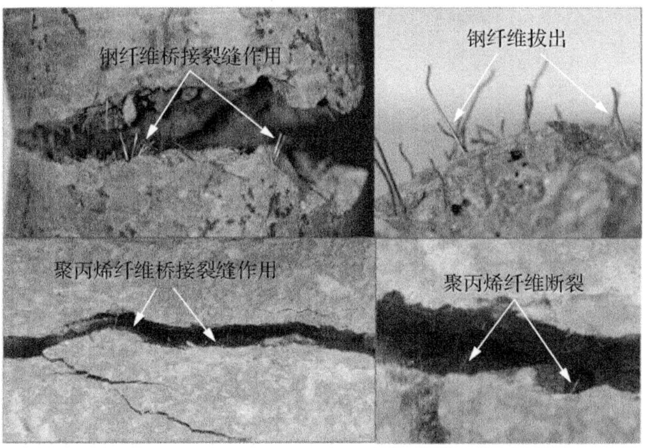

图 2-2　不同种类纤维对裂缝的桥接作用及破坏模式

为与《混凝土结构设计规范（2015 年版）》（GB 50010—2010）中公式衔接，根据复合材料力学性能的复合规律，建立纤维混凝土立方体抗压强度计算式：

$$f_{cu}^{hf} = f_{cu}(1 + \alpha_{cu}\lambda_{sf} + \beta_{cu}\lambda_{pf}) \tag{2-1}$$

式中，f_{cu}^{hf}、f_{cu} 分别为纤维混凝土和普通混凝土的立方体抗压强度；α_{cu}、β_{cu} 分别为钢纤维和聚丙烯纤维对立方体抗压强度的影响系数；λ_{sf}、λ_{pf} 分别为钢纤维和聚丙烯纤维的特征参数，定义 $\lambda_{sf} = V_{sf}(l_{sf}/d_{sf})$，$\lambda_{pf} = V_{pf}(l_{pf}/d_{pf})$，其中，$V$ 和 l/d 分别表示纤维的体积掺量和长径比。

式（2-1）为纤维混凝土立方体抗压强度计算式的一般形式：当 $V_{sf} \neq 0$ 且 $V_{pf} \neq 0$ 时，该式适用于混杂纤维混凝土；当 $V_{sf} = 0$ 或 $V_{pf} = 0$ 时，该式可用于计算单一纤维混凝土的立方体抗压强度。

结合国内外文献和本书有关研究的试验数据，基于最小二乘法对式（2-1）进行回归分析。在保证 90%的置信水平时，建议 $\alpha_{cu} = 0.132$，$\beta_{cu} = 0.072$，见式（2-2），回归结果如图 2-3 所示。

$$f_{\mathrm{cu}}^{\mathrm{hf}} = f_{\mathrm{cu}}(1+0.132\lambda_{\mathrm{sf}}+0.072\lambda_{\mathrm{pf}}) \tag{2-2}$$

需要说明的是，式（2-1）适用于混凝土强度不超过 80MPa、钢纤维体积掺量不超过 2.0%、聚丙烯纤维体积掺量不超过 0.2%的情况。

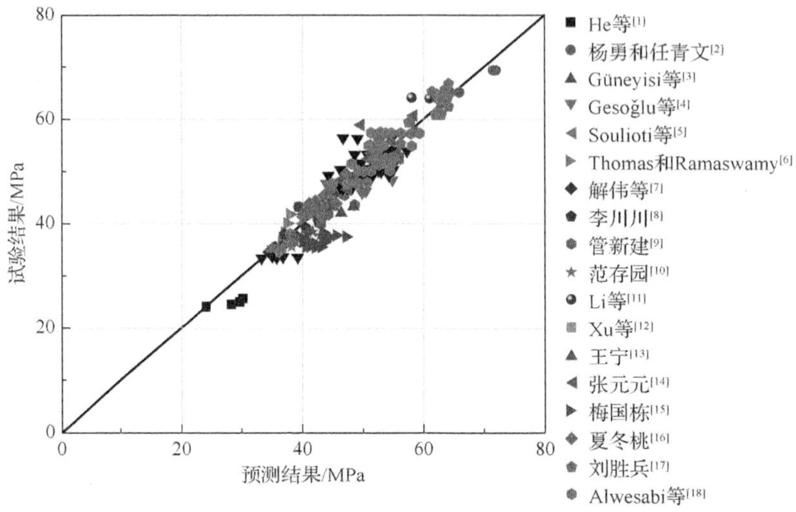

图 2-3　纤维混凝土立方体抗压强度回归分析结果与试验结果的对比

2.1.2　轴心抗压强度

实际工程中，混凝土结构构件在某一方向的长度往往远大于另外两个方向的长度，受荷载作用时构件的中部多处于轴心受力状态。在测定混凝土立方体抗压强度时，由于试件端部受到试验机压头的影响形成了明显的套箍约束作用，应力状态复杂，不能真实地反映混凝土单轴受压状况，这与实际情况存在较大差异。因此，我国《混凝土物理力学性能试验方法标准》（GB/T 50081—2019）推荐采用 150mm×150mm×300mm 的棱柱体试件作为测定混凝土轴心抗压强度的标准试件，以反映混凝土结构的实际抗压能力。

收集国内外文献关于单掺钢纤维混凝土、聚丙烯纤维混凝土和钢-聚丙烯混杂纤维混凝土轴心抗压强度的试验结果，列于表 2-2。分析表中数据发现，纤维的掺入对混凝土轴心抗压强度具有明显的增强作用，纤维特征参数对轴心抗压强度的影响与对立方体抗压强度的影响基本相同。由于钢纤维优异的桥接裂缝作用，随着钢纤维体积掺量和长径比的增加，轴心抗压强度不断增大，增大幅度为 10%～30%。聚丙烯纤维对轴心抗压强度的影响相对较小，当体积掺量低于 0.2%时，轴心抗压强度呈现逐渐增大的趋势，但不超过 10%。当体积掺量超过 0.2%时，由于聚丙烯纤维的结团和弱界面的存在等原因，混凝土的轴心抗压强度出现一定程度的下降，降低幅度在 15%以内。与普通混凝土和单一纤维混凝土相比，钢纤维和聚丙烯纤维的正混杂效应，对混凝土轴心抗压强度的增强最为显著，提升幅度最高可达 50%。

表 2-2　部分纤维混凝土轴心抗压强度试验结果统计

文献来源	钢纤维		聚丙烯纤维		轴心抗压强度范围/MPa	纤维增强幅度/%
	体积掺量/%	长径比	体积掺量/%	长径比		
刘杰[19]	0～2.0	63.6			40.7～44.3	0～8.8
孙齐圣[20]	0～1.5	34.26			22.8～25.0	0～9.6
朱田路[21]	0～0.7	55			36.1～41.7	-3.0～11.0
Li 等[11]	0～1.5	30，60，80			34.3～40.5	0～18.3
刘曙光等[22]	0～2.0	45.8			63.5～82.2	0～29.4
Nataraja 等[23]	0～1.0	55，82			29.4～49.3	-5.6～13.8
吕西林等[24]	0～2.0	62.5			36.2～54.2	-8.0～24.0
张广泰和唐巍[25]			0～0.30	575	47.4～59.2	-12.0～10.0
张悦[26]			0～0.17	608	31.0～34.4	0～11.0
Feng 等[27]	0～1.0	60	0～0.25		35.6～48.4	-7.5～23.9
Guo 等[28]	0～3.0	40	0～0.22	200	60.1～66.1	-0.6～7.5
Xu 等[12]			0～0.20	167，280，396	29.1～36.6	-20.5～0
张元元[14]	0～1.5	30，60，80	0～0.15	167，280，369	28.6～43.6	0～52.3

纤维的掺入对混凝土轴心受压破坏形态也有显著影响。如图 2-4 所示，普通混凝土试件和单掺聚丙烯纤维的混凝土试件均表现出劈裂破坏形态，脆性特征明显，但聚丙烯纤维混凝土试件的裂缝宽度明显更小；单掺钢纤维的混凝土试件表面出现斜裂缝，达到峰值荷载后，应力并未出现陡降的现象，峰后延性得到增强。与单一纤维混凝土试件相比，钢-聚丙烯混杂纤维混凝土试件的表面裂缝扩展明显减缓，裂缝宽度最小；在整个加载过程中，试件的完整性较好，未出现裂缝数量和宽度在峰值荷载处突增的现象，呈现剪切破坏形态，表现出更好的延性。

（a）普通混凝土　（b）聚丙烯纤维混凝土　（c）钢纤维混凝土

图 2-4　不同类型混凝土试件轴心受压时典型的破坏形态

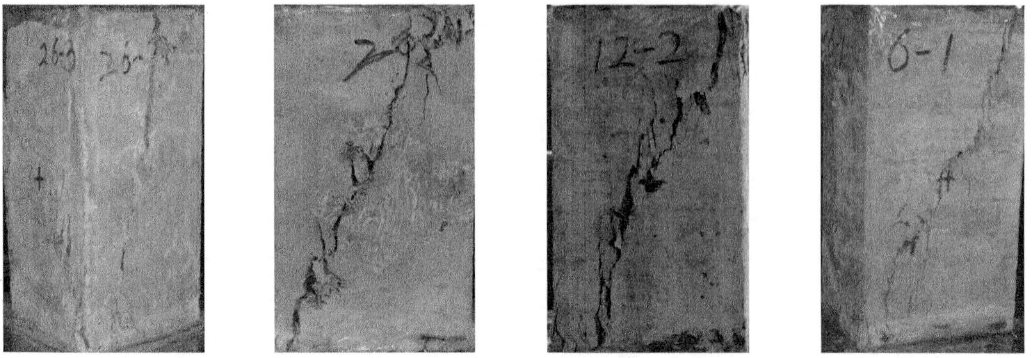

（d）钢-聚丙烯混杂纤维混凝土

图 2-4（续）

同理，根据复合材料力学性能的复合规律，建立纤维混凝土轴心抗压强度计算式：

$$f_{\mathrm{c}}^{\mathrm{hf}}=f_{\mathrm{c}}(1+\alpha_{\mathrm{c}}\lambda_{\mathrm{sf}}+\beta_{\mathrm{c}}\lambda_{\mathrm{pf}}) \tag{2-3}$$

式中，$f_{\mathrm{c}}^{\mathrm{hf}}$、$f_{\mathrm{c}}$分别为纤维混凝土和普通混凝土的轴心抗压强度；$\alpha_{\mathrm{c}}$、$\beta_{\mathrm{c}}$分别为钢纤维和聚丙烯纤维对轴心抗压强度的影响系数；λ_{sf}、λ_{pf}分别为钢纤维和聚丙烯纤维的特征参数，定义$\lambda_{\mathrm{sf}}=V_{\mathrm{sf}}(l_{\mathrm{sf}}/d_{\mathrm{sf}})$，$\lambda_{\mathrm{pf}}=V_{\mathrm{pf}}(l_{\mathrm{pf}}/d_{\mathrm{pf}})$，其中，$V$和$l/d$分别表示纤维的体积掺量和长径比。

式（2-3）为纤维混凝土轴心抗压强度计算式的一般形式：当$V_{\mathrm{sf}}\neq 0$且$V_{\mathrm{pf}}\neq 0$时，上式适用于混杂纤维混凝土；当$V_{\mathrm{sf}}=0$或$V_{\mathrm{pf}}=0$时，上式退化为单一纤维混凝土轴心抗压强度计算式。

收集国内外文献和本书相关研究的试验结果，基于最小二乘法对式（2-3）进行回归分析。在保证 90%的置信水平时，建议$\alpha_{\mathrm{c}}=0.186$，$\beta_{\mathrm{c}}=0.312$，见式（2-4），回归结果如图 2-5 所示。

$$f_{\mathrm{c}}^{\mathrm{hf}}=f_{\mathrm{c}}(1+0.186\lambda_{\mathrm{sf}}+0.312\lambda_{\mathrm{pf}}) \tag{2-4}$$

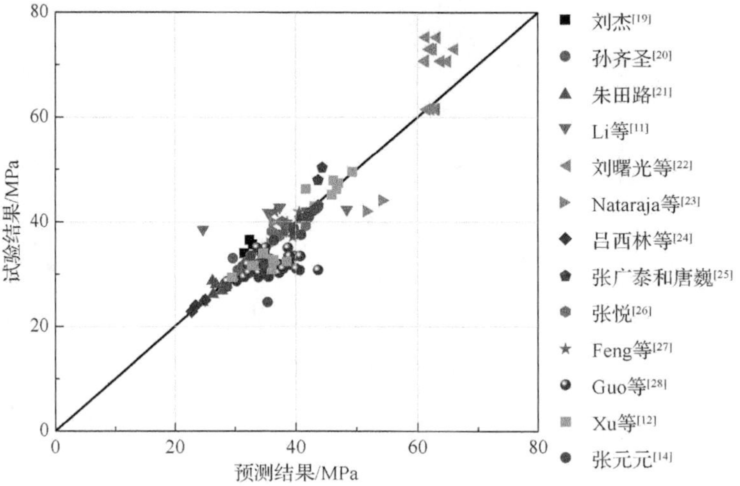

图 2-5　纤维混凝土轴心抗压强度回归分析结果与试验结果的对比

根据纤维混凝土轴心抗压强度和立方体抗压强度的试验结果，拟合得到两者之间的转换关系数学表达式：

$$f_{\mathrm{c}}^{\mathrm{hf}}=0.72f_{\mathrm{cu}}^{\mathrm{hf}} \tag{2-5}$$

拟合相关系数 $R^2=0.997$，标准差 $\delta=1.894$，这表明 $f_{\mathrm{c}}^{\mathrm{hf}}$ 与 $f_{\mathrm{cu}}^{\mathrm{hf}}$ 具有较好的线性关系。

2.1.3　轴心抗拉强度

纤维混凝土的单轴抗拉强度和变形也是其最基本的力学性能之一。轴心抗拉强度既是研究纤维混凝土的破坏机理和强度理论的一个主要依据，又直接影响纤维混凝土结构构件的开裂、变形和耐久性。大量试验结果表明，普通混凝土轴心抗拉强度仅为立方体抗压强度的 1/17～1/8，在荷载较小时混凝土即开裂，导致实际工程中除少数具有特殊功能需求的构件外，混凝土结构构件大多带裂缝工作，截面承载力计算中不考虑混凝土的抗拉强度。对于纤维混凝土，由于纤维对裂缝的桥接作用，纤维混凝土结构设计计算中需要考虑其抗拉强度。常见的几种直接测定混凝土轴心抗拉强度的试验方法和试件形状如表 2-3 所示。

表 2-3　常见混凝土轴心受拉试验方法和试件形状

编号	试验方法	试件形状	优点	缺点
1	变截面夹式	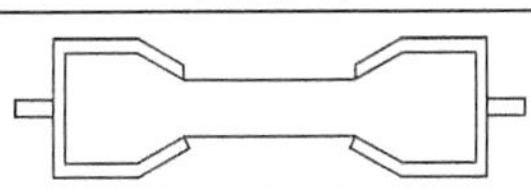	保证试件在标距范围内断裂，避免加载端部出现应力集中	在变截面处易出现应力集中，试件不易制作，质量要求较高
2	等截面夹式		试件制作简单，加持方便，加载时易对中	试件易在端部断裂，不在标距范围内，不易测量
3	端部预埋式		试件制作较简单，加持方便	试件易在端部断裂，制作要求较高，易在钢筋埋置处出现应力集中现象
4	端部粘贴式	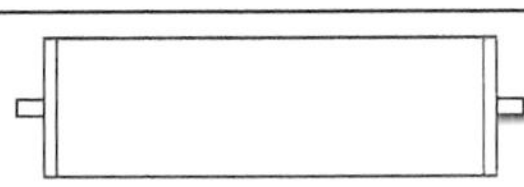	试件制作简单，加载时加持方便，易操作	对粘钢胶要求较高，试件难以对中，端部打磨要求较高
5	滚轴拉伸式	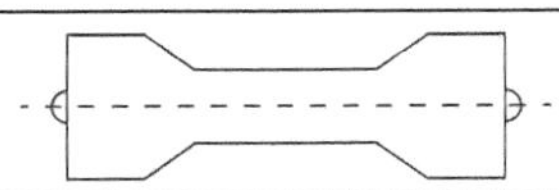	传力简单，安装方便，试件断裂发生在标距范围内	试件制作烦琐，对质量要求很高，在端部滚轴处易发生应力集中

由表 2-3 可知，由于混凝土轴心受拉试验对加载装置和试件制作的要求均较高，迄今国内外仅有少数学者对纤维混凝土开展了轴心受拉试验，典型试验结果列于表 2-4。分析表中数据可以看出，纤维的掺入能够明显提高混凝土的轴心抗拉强度，提高的幅度受到试验加载方式、试件尺寸和纤维特征参数等因素的影响。

表 2-4　部分纤维混凝土轴心抗拉强度试验结果统计

文献来源	钢纤维		聚丙烯纤维		轴心抗拉强度范围/MPa	纤维增强幅度/%
	体积掺量/%	长径比	体积掺量/%	长径比		
梅国栋[15]	0～1.5	30，60，80	0～0.15	167，280，396	3.03～4.69	0～54.9
Deng 等[29]	0～2.0	30，60，80	0～0.20	396	1.70～4.92	0～189.6
张晓燕等[30]	0～2.5	44.34，49.24			3.17～4.42	0～39.4

续表

文献来源	钢纤维		聚丙烯纤维		轴心抗拉强度范围/MPa	纤维增强幅度/%
	体积掺量/%	长径比	体积掺量/%	长径比		
Li 等[11]	0～1.5	30，60，80			3.25～4.35	0～56.3
何化南和黄承逵[31]	0～2.0	43			2.67～5.10	0～91.1
杨萌和黄承逵[32]	0～1.5	35，45，55，60			2.03～5.65	0～60.0

相比普通混凝土，纤维混凝土轴心抗拉强度的提升主要取决于纤维对裂缝的桥接能力，与裂缝处纤维的数量、纤维与基体的界面黏结强度以及基体的抗拉强度等密切相关。在《纤维混凝土结构技术规程》（CECS 38—2004）规定的纤维掺量范围内，随着钢纤维体积掺量增大，纤维混凝土的抗拉强度显著增大，增大幅度在 250%以上（图 2-6）；在相同钢纤维体积掺量的条件下，纤维混凝土的轴心抗拉强度随钢纤维长径比的增大而提升，但提升幅度逐渐减小，呈现出较为明显的边际效应。对于聚丙烯纤维，由于其主要在微裂纹的扩展阶段发挥阻裂作用，对纤维混凝土轴心抗拉强度的提升作用较小，提升幅度为 10%～30%。

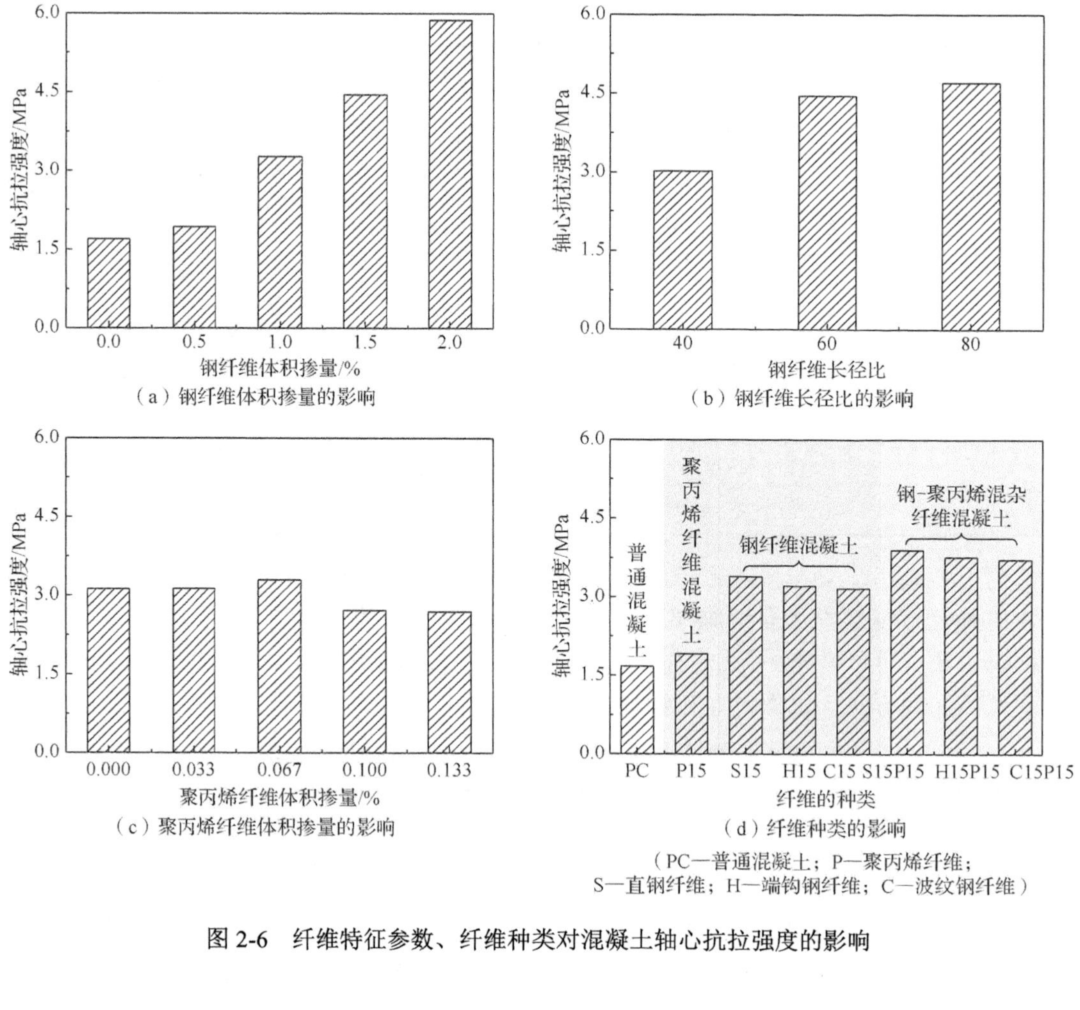

图 2-6　纤维特征参数、纤维种类对混凝土轴心抗拉强度的影响

图 2-7 为不同类型混凝土轴心受拉时的典型破坏形态。从图中可以看出，对于普通混凝土，由于其固有的脆性特性，均发生无预兆的脆性断裂破坏，断面切口干脆、整齐，与加载方向垂直。对于纤维混凝土，由于纤维对裂缝的桥接作用，裂缝扩展受到明显抑制，其峰值抗拉强度和峰后延性得到了明显增强。聚丙烯纤维混凝土的破坏形态虽然与普通混凝土基本类似，但由于聚丙烯纤维的高拉伸率，可观测到断裂处出现“藕断丝连”的现象；在钢纤维混凝土试件中，由于钢纤维对宏观裂缝的强力约束，断口多为锯齿状；在钢-聚丙烯混杂纤维混凝土试件中，两种纤维在不同尺度的互补增强，基体内部应力重分布，断裂处主裂缝和次级裂缝相互交叉，表现出更好的延性特征。

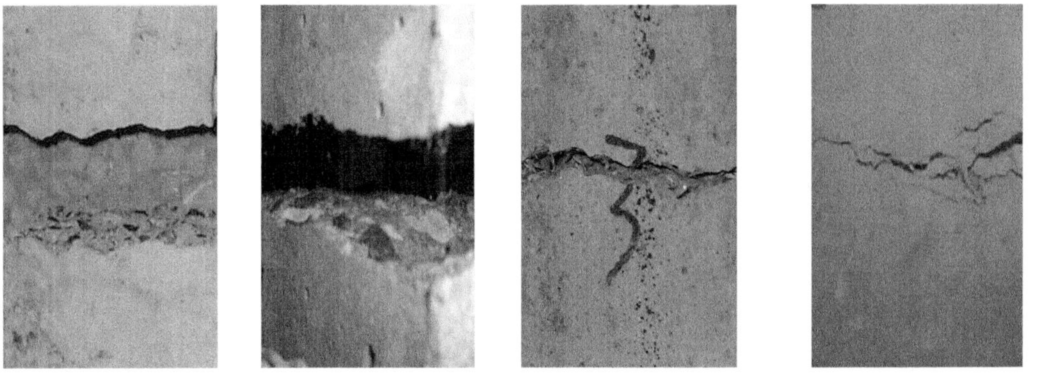

（a）普通混凝土　（b）聚丙烯纤维混凝土　（c）钢纤维混凝土　（d）钢-聚丙烯混杂纤维混凝土

图 2-7　不同类型混凝土轴心受拉时的典型破坏形态

同理，建立纤维混凝土轴心抗拉强度计算式：

$$f_{\mathrm{t}}^{\mathrm{hf}}=f_{\mathrm{t}}(1+\alpha_{\mathrm{t}}\lambda_{\mathrm{sf}}+\beta_{\mathrm{t}}\lambda_{\mathrm{pf}}) \tag{2-6}$$

式中，$f_{\mathrm{t}}^{\mathrm{hf}}$、$f_{\mathrm{t}}$分别为纤维混凝土和普通混凝土的轴心抗拉强度；$\alpha_{\mathrm{t}}$、$\beta_{\mathrm{t}}$分别为钢纤维和聚丙烯纤维对轴心抗拉强度的影响系数；λ_{sf}、λ_{pf}分别为钢纤维和聚丙烯纤维的特征参数，定义$\lambda_{\mathrm{sf}}=V_{\mathrm{sf}}(l_{\mathrm{sf}}/d_{\mathrm{sf}})$，$\lambda_{\mathrm{pf}}=V_{\mathrm{pf}}(l_{\mathrm{pf}}/d_{\mathrm{pf}})$，其中，$V$和$l/d$分别为纤维的体积掺量和长径比。

式（2-6）为纤维混凝土轴心抗拉强度计算式的一般形式：当$V_{\mathrm{sf}}\neq 0$且$V_{\mathrm{pf}}\neq 0$时，上式适用于混杂纤维混凝土；当$V_{\mathrm{sf}}=0$或$V_{\mathrm{pf}}=0$时，上式退化为单一纤维混凝土轴心抗拉强度计算式。

结合国内外文献和本书相关试验研究的试验数据，基于最小二乘法对式（2-6）进行回归分析，结果如图 2-8 所示。在保证 85%的置信水平时，建议$\alpha_{\mathrm{t}}=0.337$，$\beta_{\mathrm{t}}=0.268$，即

$$f_{\mathrm{t}}^{\mathrm{hf}}=f_{\mathrm{t}}(1+0.337\lambda_{\mathrm{sf}}+0.268\lambda_{\mathrm{pf}}) \tag{2-7}$$

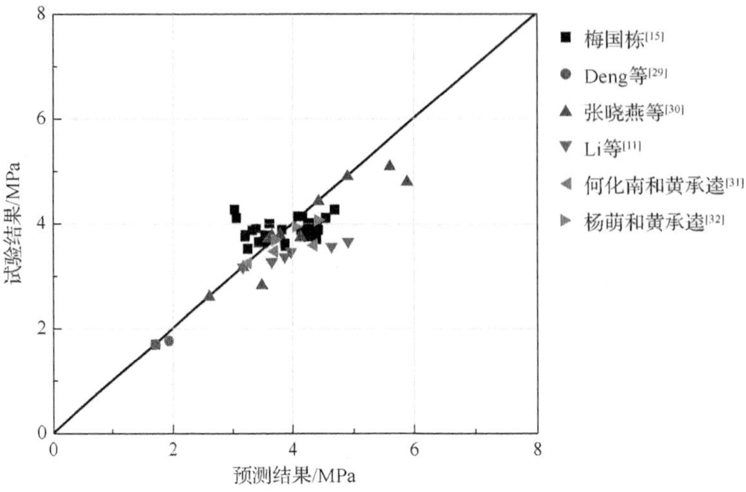

图 2-8　纤维混凝土轴心抗拉强度回归分析结果与试验结果的对比

根据纤维混凝土轴心抗拉强度和轴心抗压强度的试验结果，拟合得到两者之间的转换关系数学表达式：

$$f_{\mathrm{t}}^{\mathrm{hf}} = 0.359(f_{\mathrm{c}}^{\mathrm{hf}})^{2/3} \tag{2-8}$$

其中，拟合相关系数 $R^2 = 0.874$，标准误差 $\delta = 0.315$，表明建议的经验公式拟合效果较好。

2.1.4　劈裂抗拉强度

由于混凝土材料内部的不均匀性，轴心受拉试验中试件对中困难，因此经常采用圆柱体或立方体劈裂试验来间接测定混凝土的抗拉强度。尽管劈裂试验中试件内的应力状态与直接拉伸试验的不同，但试件破坏面与拉应力垂直，也是一种典型的受拉破坏形态。一般情况下，混凝土的劈裂抗拉强度略高于轴心抗拉强度，试件尺寸效应更为明显。

纤维混凝土的劈裂抗拉强度试验可参考国家标准《混凝土物理力学性能试验方法标准》（GB/T 50081—2019）和协会标准《纤维混凝土试验方法标准》（CECS 13—2009），采用尺寸为 150mm×150mm×150mm 的标准立方体试块进行。与轴心抗拉强度变化规律类似，纤维的掺入对混凝土的劈裂抗拉强度具有明显的增强效应，但提升幅度相对较小，详见表 2-5 和图 2-9 中所列举的部分试验结果。通常，当钢纤维体积掺量低于 3.0%时，纤维混凝土的劈裂抗拉强度随着钢纤维体积掺量的增加而增大，增大幅度为 30%～120%；聚丙烯纤维的影响规律与钢纤维的类似，随着聚丙烯纤维体积掺量的增大，纤维混凝土的劈裂抗拉强度也逐渐增大，增大幅度约为 20%；与单一纤维混凝土相比，混杂纤维混凝土的劈裂抗拉强度可以得到进一步的提升，提升幅度约为 40%～150%。

表 2-5　部分纤维混凝土劈裂抗拉强度试验结果统计

文献来源	钢纤维		聚丙烯纤维		劈裂抗拉强度范围/MPa	纤维增强幅度/%
	体积掺量/%	长径比	体积掺量/%	长径比		
张华[33]	0～3.0	55			3.42～7.54	0～120.0
王惊涛[34]	0～1.5	34.2			3.41～5.64	0～65.7
范存园[10]	0～2.0	26，32			3.15～7.03	0～122.2
Li 等[11]	0～2.0	40，60，80			2.75～4.59	0～66.9
王宁[13]			0～0.133	757	5.20～5.64	0～8.5
郭兴[35]			0～0.178	608	2.09～2.53	-3.1～17.0
张悦[26]			0～0.167	608	2.05～2.32	-4.2～10.5
李彪[36]	0～1.5	30，60，80	0～0.15	167，280，396	2.03～5.65	0～94.9
张元元[14]	0～1.5	30，60，80	0～0.15	167，280，396	2.83～3.88	0～37.1
夏冬桃[16]	0～1.00	57	0～0.165	396	2.19～2.96	0～35.2
刘胜兵[17]	0～1.50	30，50，70	0～0.165	396	3.35～4.69	0～40.0
李川川[8]	0～2.0	40，47，53			2.61～4.50	0～72.7

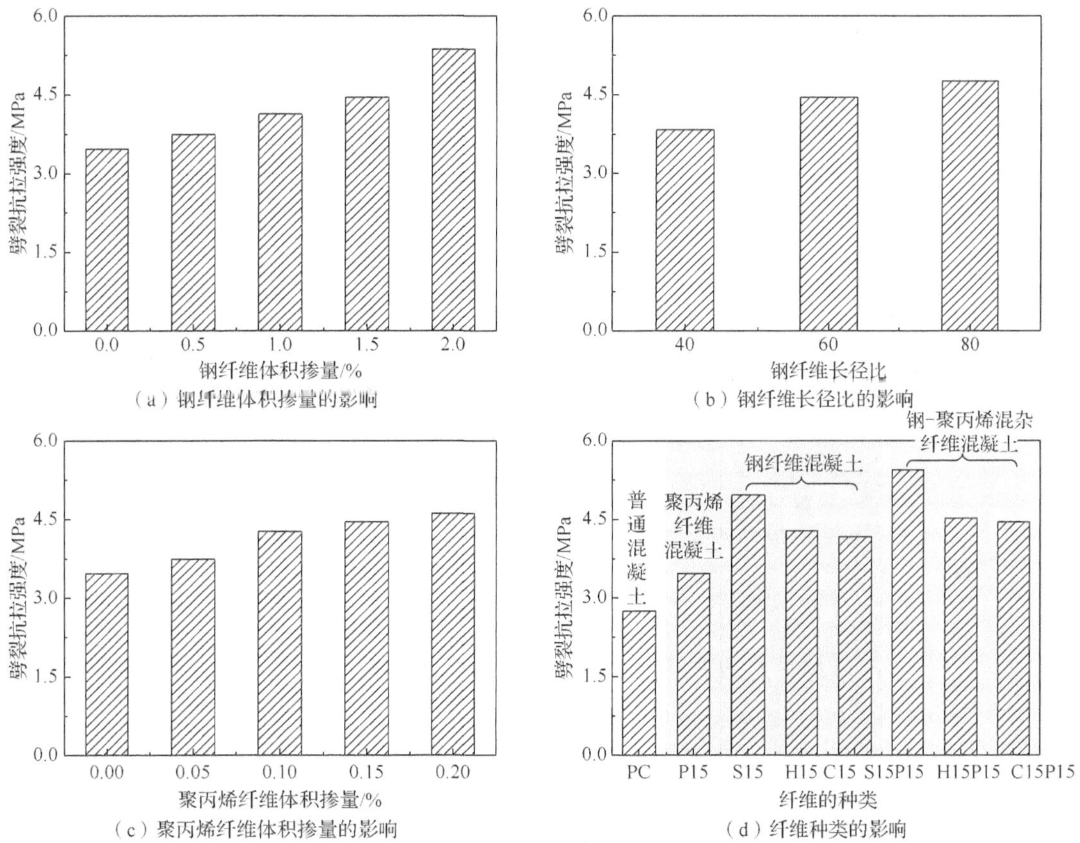

（a）钢纤维体积掺量的影响

（b）钢纤维长径比的影响

（c）聚丙烯纤维体积掺量的影响

（d）纤维种类的影响

（PC—普通混凝土；P—聚丙烯纤维；S—直钢纤维；H—端钩钢纤维；C—波纹钢纤维）

图 2-9　纤维特征参数、纤维种类对混凝土劈裂抗拉强度的影响

参照纤维混凝土的轴心抗拉强度计算式，建立劈裂抗拉强度计算式：

$$f_{\text{ts}}^{\text{hf}} = f_{\text{ts}}(1+\alpha_{\text{ts}}\lambda_{\text{sf}}+\beta_{\text{ts}}\lambda_{\text{pf}}) \tag{2-9}$$

式中，$f_{\text{ts}}^{\text{hf}}$、$f_{\text{ts}}$ 分别为纤维混凝土和普通混凝土的劈裂抗拉强度；α_{ts}、β_{ts} 分别为钢纤维和聚丙烯纤维对劈裂抗拉强度的影响系数；λ_{sf}、λ_{pf} 分别为钢纤维和聚丙烯纤维的特征参数，定义 $\lambda_{\text{sf}} = V_{\text{sf}}(l_{\text{sf}}/d_{\text{sf}})$，$\lambda_{\text{pf}} = V_{\text{pf}}(l_{\text{pf}}/d_{\text{pf}})$，其中，$V$ 和 l/d 分别为纤维的体积掺量和长径比。

式（2-9）为纤维混凝土劈裂抗拉强度计算式的一般形式：当 $V_{\text{sf}} \neq 0$ 且 $V_{\text{pf}} \neq 0$ 时，上式适用于混杂纤维混凝土；当 $V_{\text{sf}} = 0$ 或 $V_{\text{pf}} = 0$ 时，上式为单一纤维混凝土劈裂抗拉强度计算式。

结合国内外文献和本书相关研究的试验数据，基于最小二乘法对式（2-9）进行回归分析，结果如图 2-10 所示。在保证 85%的置信水平时，建议 $\alpha_{\text{ts}} = 0.157$，$\beta_{\text{ts}} = 0.105$，即

$$f_{\text{ts}}^{\text{hf}} = f_{\text{ts}}(1+0.157\lambda_{\text{sf}}+0.105\lambda_{\text{pf}}) \tag{2-10}$$

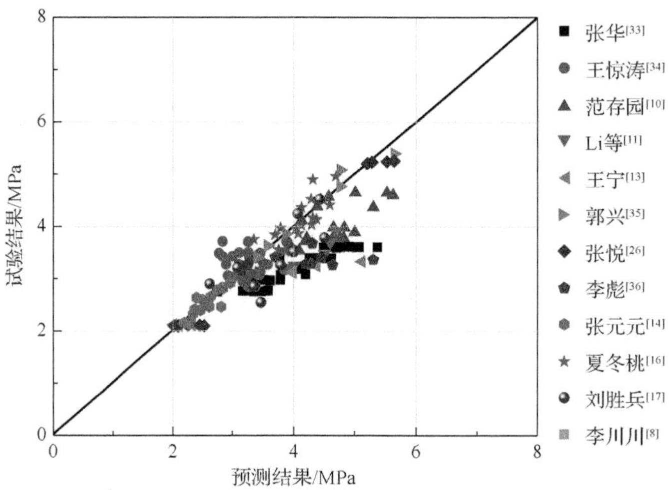

图 2-10　纤维混凝土劈裂抗拉强度回归分析结果与试验结果的对比

根据纤维混凝土劈裂抗拉强度和立方体抗压强度、轴心抗拉强度试验结果，拟合得到它们之间的转换关系数学表达式：

$$f_{\text{ts}}^{\text{hf}} = 0.210(f_{\text{cu}}^{\text{hf}})^{0.75} \tag{2-11}$$

$$f_{\text{ts}}^{\text{hf}} = 0.820 f_{\text{t}}^{\text{hf}} \tag{2-12}$$

式（2-11）中，拟合相关系数 R^2 和标准误差 δ 分别为 0.972 和 0.388，式（2-12）中，分别为 0.983 和 0.533。表明公式的拟合效果较好，可靠度较高。

2.2　双轴抗压强度

为了分析纤维混凝土的双轴抗压强度及其变化规律，考虑了钢纤维体积掺量和长径比、聚丙烯纤维体积掺量和长径比、侧向压力等 5 个因素的影响（表 2-6），共设计制备

了 80 组纤维混凝土立方体试块，试块尺寸为 100mm×100mm×100mm。在双轴受压试验中，由于加载板和混凝土间存在摩擦力的作用，加载板会约束混凝土侧向变形的发展，使得测取的抗压强度往往大于试块的真实强度。为此，在加载前需要先对试块表面进行减摩处理。减摩方式为采用三层聚乙烯塑料薄膜，并在塑料薄膜间和塑料薄膜与混凝土试块之间涂上黄甘油。试验中，采用非接触视频测量系统数字图像相关法（digital image correlation，DIC）测量试块的变形，并同步利用作动器的荷载传感器采集荷载数据，加载路径和加载装置示意图如图 2-11 所示。

表 2-6　纤维混凝土双轴受压试验考察的因素及水平

水平	钢纤维		聚丙烯纤维		侧向压力 σ_2
	体积掺量 V_{sf}/%	长径比 l_{sf}/d_{sf}	体积掺量 V_{pf}/%	长径比 l_{pf}/d_{pf}	
水平 1	1.0	30	0.10	167	$0.15f_c$
水平 2	1.5	60	0.15	280	$0.25f_c$
水平 3	2.0	80	0.20	396	$0.50f_c$
水平 4					$0.75f_c$

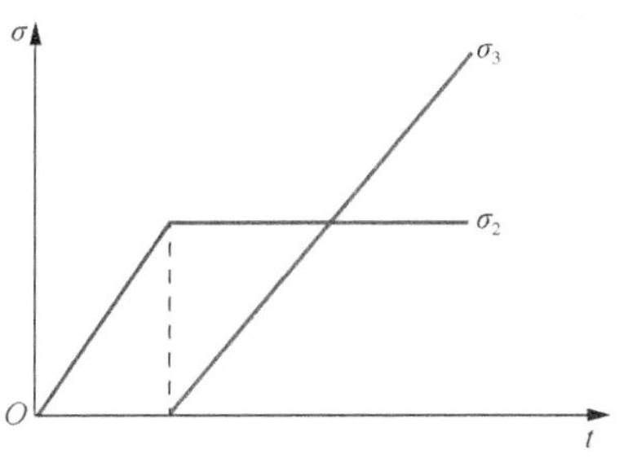

（a）加载路径示意图

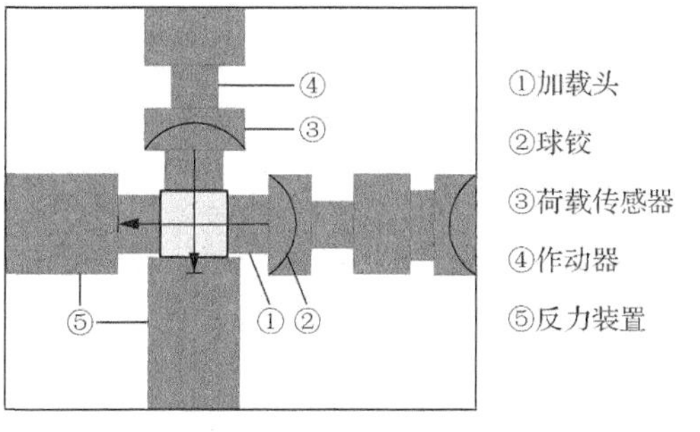

（b）加载装置示意图

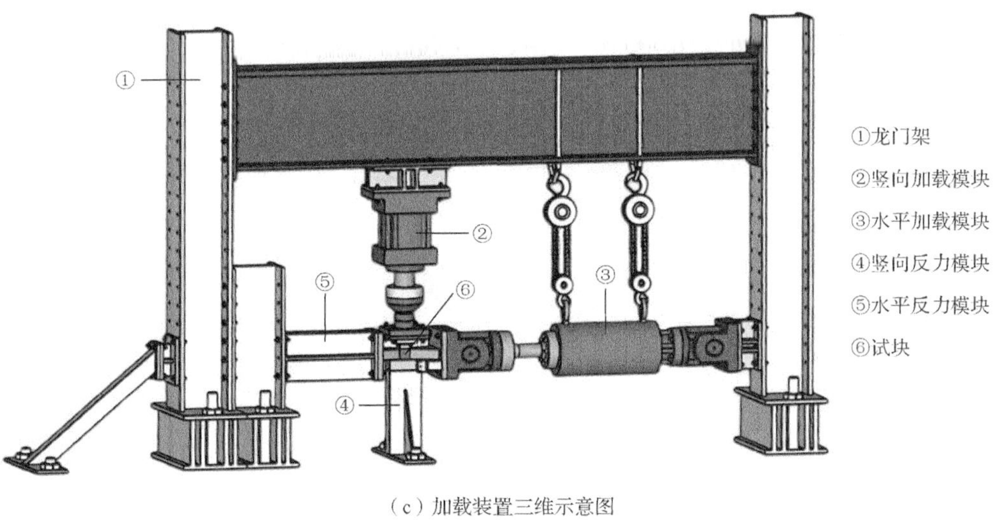

（c）加载装置三维示意图

图 2-11　纤维混凝土双轴受压试验加载路径和加载装置示意图

1. 破坏形态分析

图 2-12 为普通混凝土和纤维混凝土在不同侧压力作用下的破坏形态。从图中可看出，与不掺纤维的普通混凝土试块破坏时呈现出明显的脆性破坏特征相比，掺入聚丙烯纤维的混凝土试块在破坏后，由于大量延展性好的聚丙烯纤维发生变形与耗能，在试块表面（尤其是主裂缝附近）会出现许多细小的微裂缝；而掺入钢纤维的试块发生破坏后，由于桥接在裂缝两侧的钢纤维弹性模量更大，能够有效抑制裂纹的发展，起到较强的阻裂作用，导致失效的混凝土试块通常呈现出破而不散的形态，表现出更好的整体性。

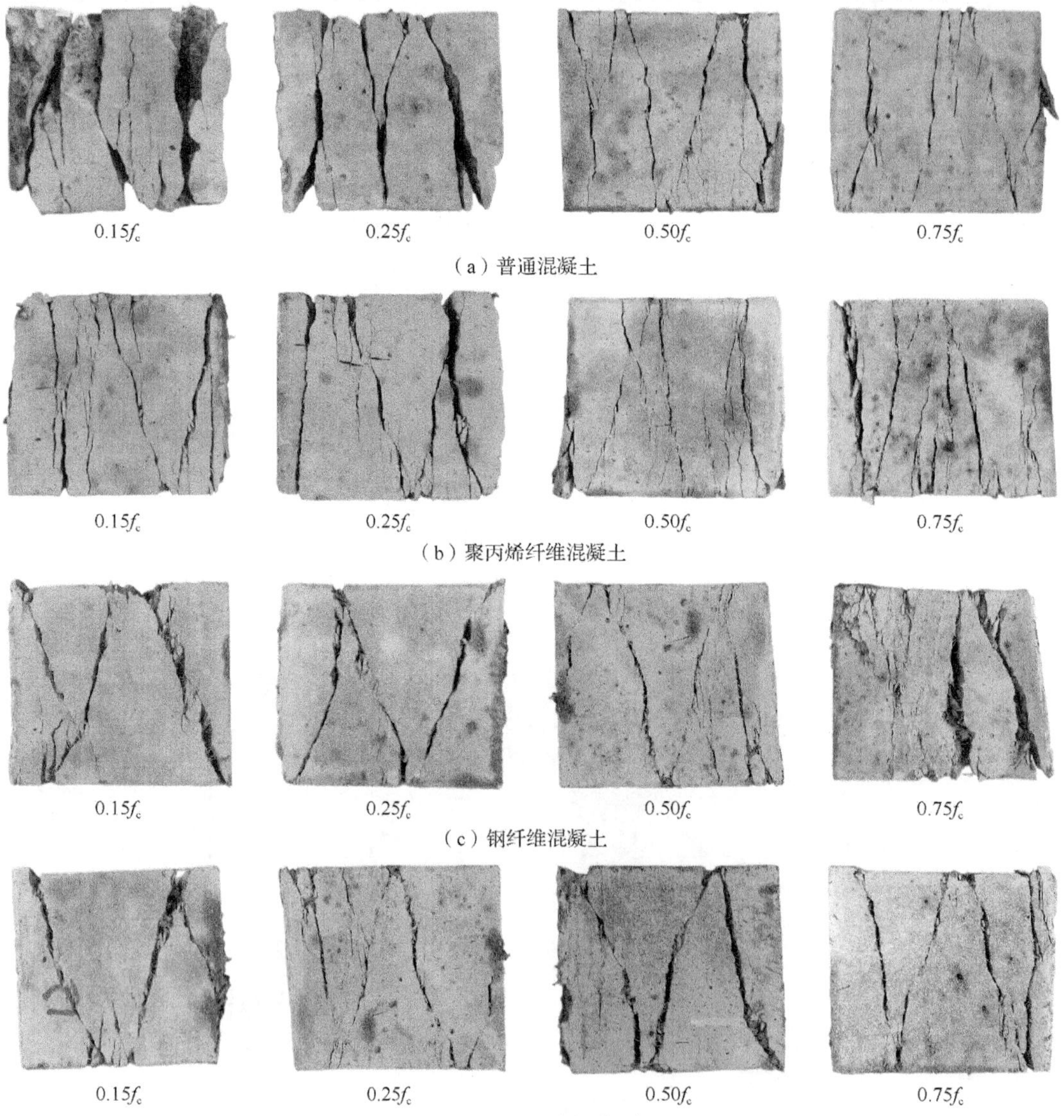

图 2-12　普通混凝土和纤维混凝土在不同侧压水平下的典型破坏模式

进一步分析不同侧压下纤维混凝土试块的破坏形态（表 2-7），可以发现：

1）当施加的侧压力为 $0.15f_c$～$0.25f_c$ 时，对比组的普通混凝土受到侧压的外表面会形成许多倾斜的裂缝，直至贯通全面，形成片状劈裂破坏；而在混凝土中掺入纤维后，垂直裂缝会变为 V 形裂缝，试块会形成与自由面呈一定夹角的破坏面，破坏形态也转变为斜剪破坏。对于聚丙烯纤维混凝土，伴随着 V 形裂纹的出现，试块表面还会出现一些微裂纹；但对于钢纤维混凝土，试块表面几乎没有微裂纹，只是 V 形裂纹的角度变得更大。

2）当施加的侧压力为 $0.50f_c$～$0.75f_c$ 时，此时作用在两个加载方向上的荷载都比较大，对于另一个方向上的侧向拉应变的约束也更强，导致混凝土试块在自由面的垂直方向上产生较大的拉应力，形成的破坏面与自由面的夹角变小。对于聚丙烯纤维混凝土，最终形成片状劈裂破坏，与普通混凝土类似；而对于钢纤维混凝土，则呈现出夹角较小的斜剪破坏。

表 2-7　纤维混凝土双轴受压应力状态下的破坏形态

侧压水平	$0.15f_c$	$0.25f_c$	$0.50f_c$	$0.75f_c$
普通混凝土	片状劈裂	片状劈裂	片状劈裂	片状劈裂
聚丙烯纤维混凝土	斜剪破坏	斜剪破坏	片状劈裂	片状劈裂
钢纤维混凝土	斜剪破坏	斜剪破坏	斜剪破坏	斜剪破坏
混杂纤维混凝土	斜剪破坏	斜剪破坏	斜剪破坏	斜剪破坏

2. 各影响因素分析

表 2-8 为纤维混凝土在不同侧压水平作用下的双轴抗压强度实测值，不同纤维的掺量、长径比，以及侧压水平对轴向峰值强度的影响见以下详细分析。

表 2-8　纤维混凝土双轴受压轴向峰值强度　（单位：MPa）

试块编号	f_c	侧压水平			
		$0.15f_c$	$0.25f_c$	$0.50f_c$	$0.75f_c$
S000P000	52.28	58.45	61.23	64.55	59.87
SB10P000	58.16	67.02	69.96	75.56	68.13
SB15P000	60.18	68.94	73.06	77.88	70.32
SB20P000	62.11	71.82	76.03	81.65	73.88
S000PA10	52.62	59.27	61.72	64.23	60.89
S000PA15	51.46	57.32	60.09	63.85	59.14
S000PA20	50.45	56.68	59.85	61.58	58.47
SB10PA10	59.12	68.22	71.07	76.49	70.02
SB10PA15	58.82	68.55	70.35	77.22	68.81
SB10PA20	56.87	66.13	70.02	74.33	67.03
SB15PA10	61.09	71.15	73.68	80.36	71.60

续表

试块编号	f_c	侧压水平			
		$0.15f_c$	$0.25f_c$	$0.50f_c$	$0.75f_c$
SB15PA15	60.73	69.32	73.81	79.93	71.01
SB15PA20	59.02	68.45	72.13	74.68	69.42
SB20PA10	62.98	73.89	78.06	83.17	75.38
SB20PA15	61.53	72.02	76.36	82.93	74.53
SB20PA20	61.34	71.55	76.14	81.38	73.94
SA20PA20	60.29	70.06	74.62	80.30	71.41
SC20PA20	58.30	68.03	71.86	76.81	69.24
SB20PB20	60.78	70.56	75.67	78.79	71.05
SB20PC20	60.38	69.03	74.51	80.54	70.35

注：表中试块编号说明如下：S000P000 表示普通混凝土。S 表示钢纤维；S 后面的 A、B、C 表示钢纤维的长径比，分别为 30、60、80；紧接着的数字 10、15、20 表示钢纤维的体积掺量，分别为 1.0%、1.5%、2.0%。P 表示聚丙烯纤维；P 后面的 A、B、C 表示聚丙烯纤维的长径比，分别为 167、280、396；紧接着的数字 10、15、20 表示聚丙烯纤维的体积掺量，分别为 0.10%、0.15%、0.20%。本书中未注明处试块编号均按此规则。

（1）钢纤维体积掺量的影响

钢纤维体积掺量对纤维混凝土双轴抗压强度的影响如图 2-13 所示。结果表明，钢纤维的掺入能够显著提升混凝土的双轴抗压强度，且随着钢纤维体积掺量的增加，各侧压水平下混凝土的双轴抗压强度均呈现出上升的趋势。这是因为在合理掺量的情况下，钢纤维的桥接作用能够有效约束混凝土基体的变形，产生被动的三向约束力，使得钢纤维混凝土试块尽管是双轴受压，其真实的应力状态与三轴受压下普通混凝土的应力状态更为相似，从而大幅提升纤维混凝土的轴向峰值强度。

对比不同侧压水平下钢纤维体积掺量对混凝土双轴抗压强度的提升幅度，可以进一步发现，钢纤维体积掺量对双轴抗压强度的增强效果在不同侧压水平下稍有不同，且当侧压水平为$\sigma_2 = 0.50 f_c$时，提升幅度最大。例如，当钢纤维体积掺量为 1.0%时，试块的双轴抗压强度在$\sigma_2 = 0.15 f_c$时平均提升了 16.51%，在$\sigma_2 = 0.25 f_c$时提升了 15.87%，在$\sigma_2 = 0.50 f_c$时提升了 19.45%，在$\sigma_2 = 0.75 f_c$时提升了 14.95%。这可能是因为随着侧压力的增大，钢纤维桥接裂缝的潜能得到了提升，使得钢纤维拔出时需要消耗更多的能量，从而增强其抑制裂纹扩展的能力。然而，当侧压水平增加到$\sigma_2 = 0.75 f_c$时，纤维混凝土双轴抗压强度的提升幅度又普遍出现降低的趋势。这可能是由于此时施加的侧压力已经接近混凝土的单轴抗压强度，导致混凝土内部开始出现相当程度的裂缝，削弱了钢纤维的桥接作用。

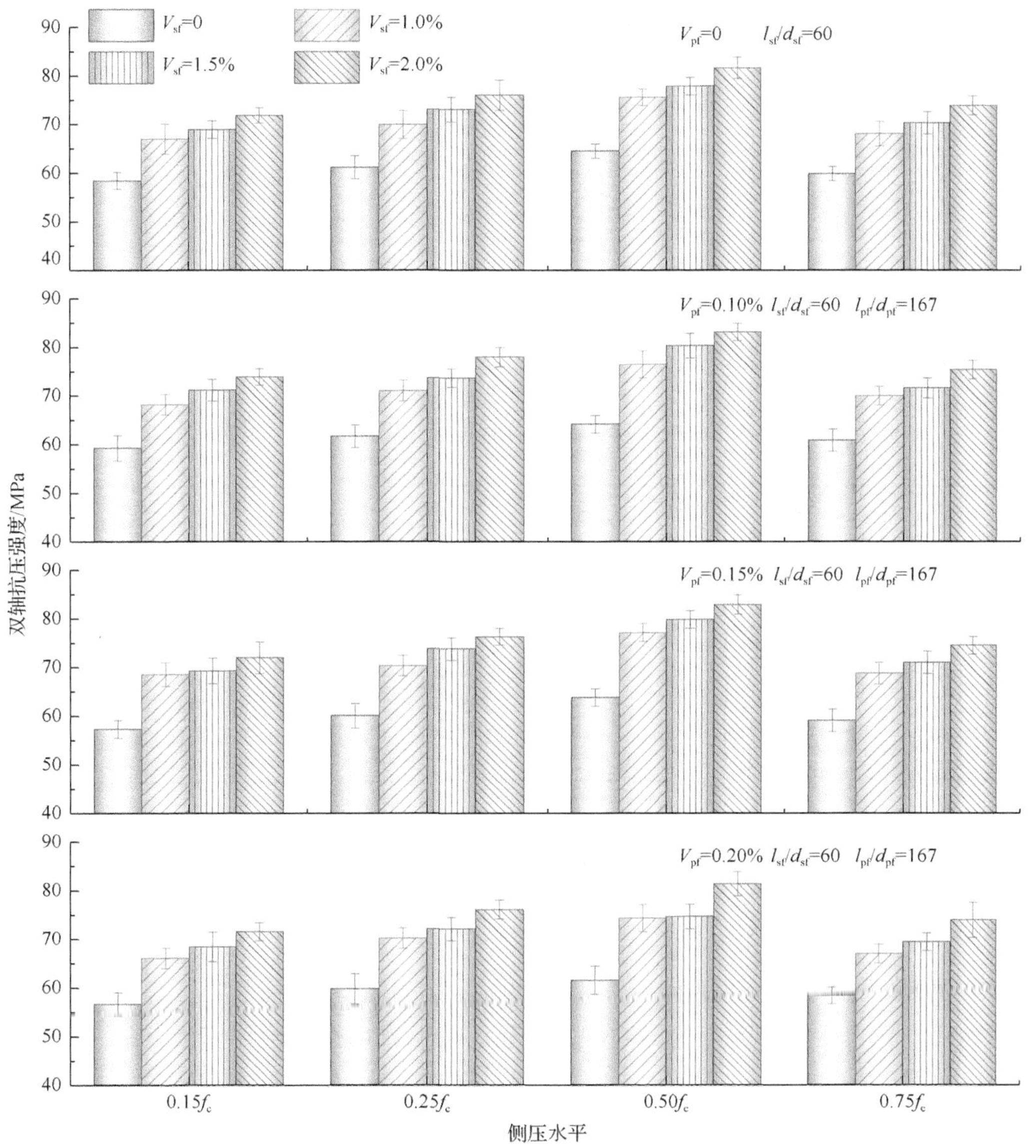

图 2-13　不同侧压水平下钢纤维体积掺量对纤维混凝土双轴抗压强度的影响

（2）钢纤维长径比的影响

钢纤维长径比对纤维混凝土双轴抗压强度的影响如图 2-14 所示。由图可知，在不同侧压水平下，钢纤维长径比为 60 时，混凝土双轴抗压强度均高于长径比为 30 和 80 时。这是因为当钢纤维较短时，无法充分发挥其桥接裂缝的作用；而当钢纤维较长时，其在混凝土内部分散更为集中，有效桥接长度降低，许多裂缝未能受到钢纤维的桥接作用，如图 2-15 所示。

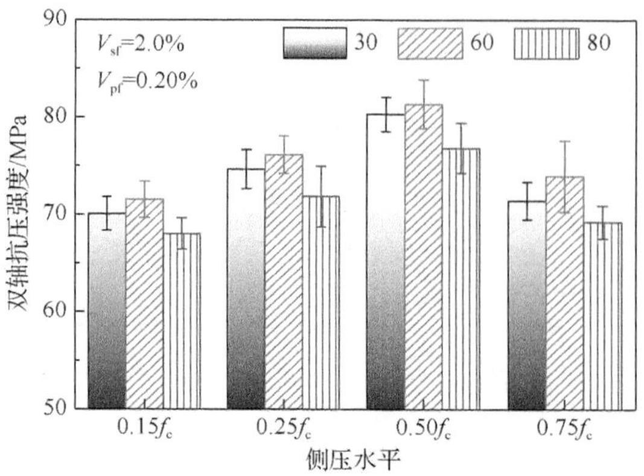

图 2-14　不同侧压水平下钢纤维长径比对纤维混凝土双轴抗压强度的影响

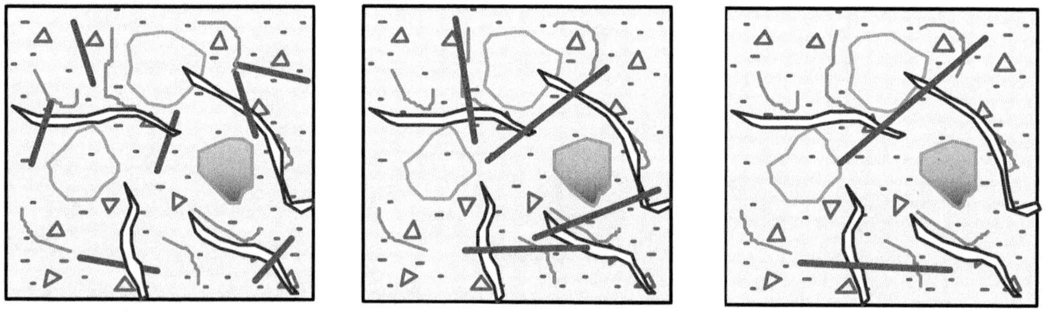

（a）长径比为 30　（b）长径比为 60　（c）长径比为 80

图 2-15　钢纤维长径比变化对桥接裂缝的影响示意图

（3）聚丙烯纤维体积掺量的影响

聚丙烯纤维体积掺量对纤维混凝土双轴抗压强度的影响如图 2-16 所示。由图可知，聚丙烯纤维体积掺量对强度的影响并不明显，随着聚丙烯纤维体积掺量从 0 增大到 0.20%，混凝土双轴抗压强度呈现出先上升后下降的趋势，但变化幅度始终在±5.0%以内。这是因为纤维混凝土受荷载作用后，聚丙烯纤维会承担一部分拉应力，从而减小了混凝土本身的负担，在一定程度上降低了混凝土内部的应力集中，减少了混凝土的开裂情况，使抗压强度出现小幅提升；但是聚丙烯纤维掺入过多会引入更多的薄弱界面，导致基体中产生更多的初始缺陷，从而降低纤维混凝土的双轴抗压强度。

（4）聚丙烯纤维长径比的影响

聚丙烯纤维长径比对纤维混凝土双轴抗压强度的影响如图 2-17 所示。从图中可以发现，随着聚丙烯纤维长径比的增大，混凝土试块的双轴抗压强度出现小幅下降。这是由于聚丙烯纤维比较柔软，其长径比越大，在混凝土基体中越容易结团，分散性变得更差，从而引入更多的薄弱界面，导致纤维混凝土的强度降低。

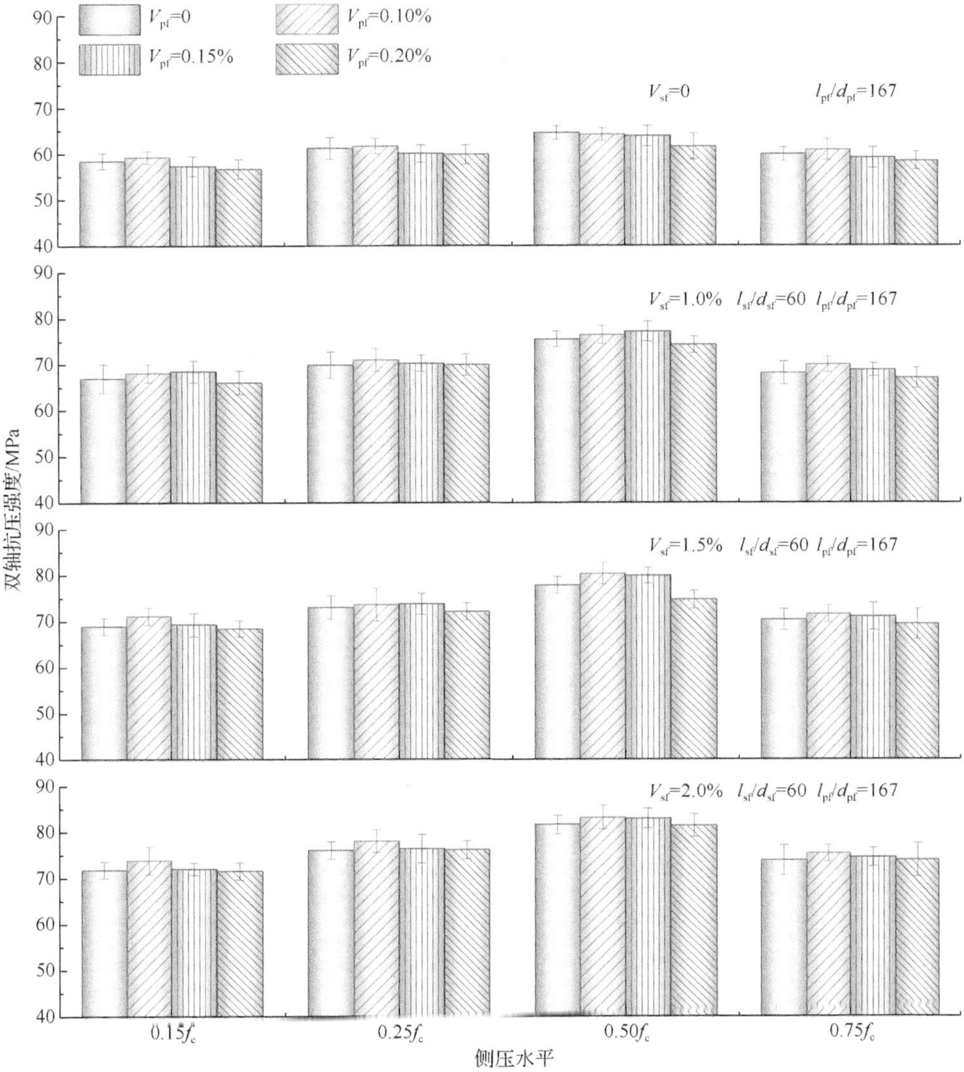

图 2-16　不同侧压水平下聚丙烯纤维体积掺量对纤维混凝土双轴抗压强度的影响

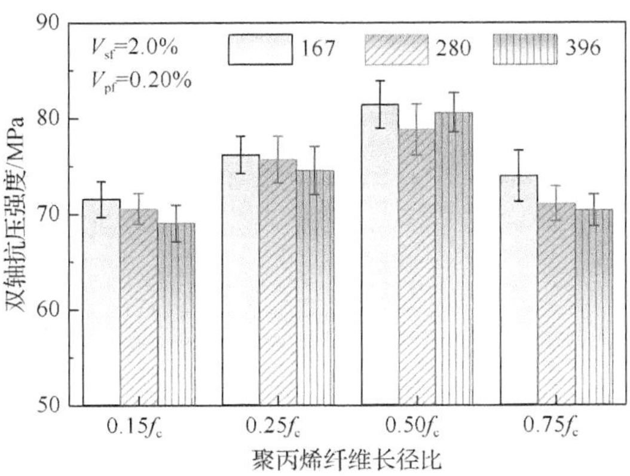

图 2-17　不同侧压水平下聚丙烯纤维长径比对纤维混凝土双轴抗压强度的影响

（5）侧压水平的影响

侧压水平对纤维混凝土双轴抗压强度的影响如图 2-18 所示。由图可以看出，任意侧压水平下的纤维混凝土双轴抗压强度都要高于其在单轴受压下的强度，而且侧压水平的变化对纤维混凝土双轴抗压强度有着十分显著的影响。

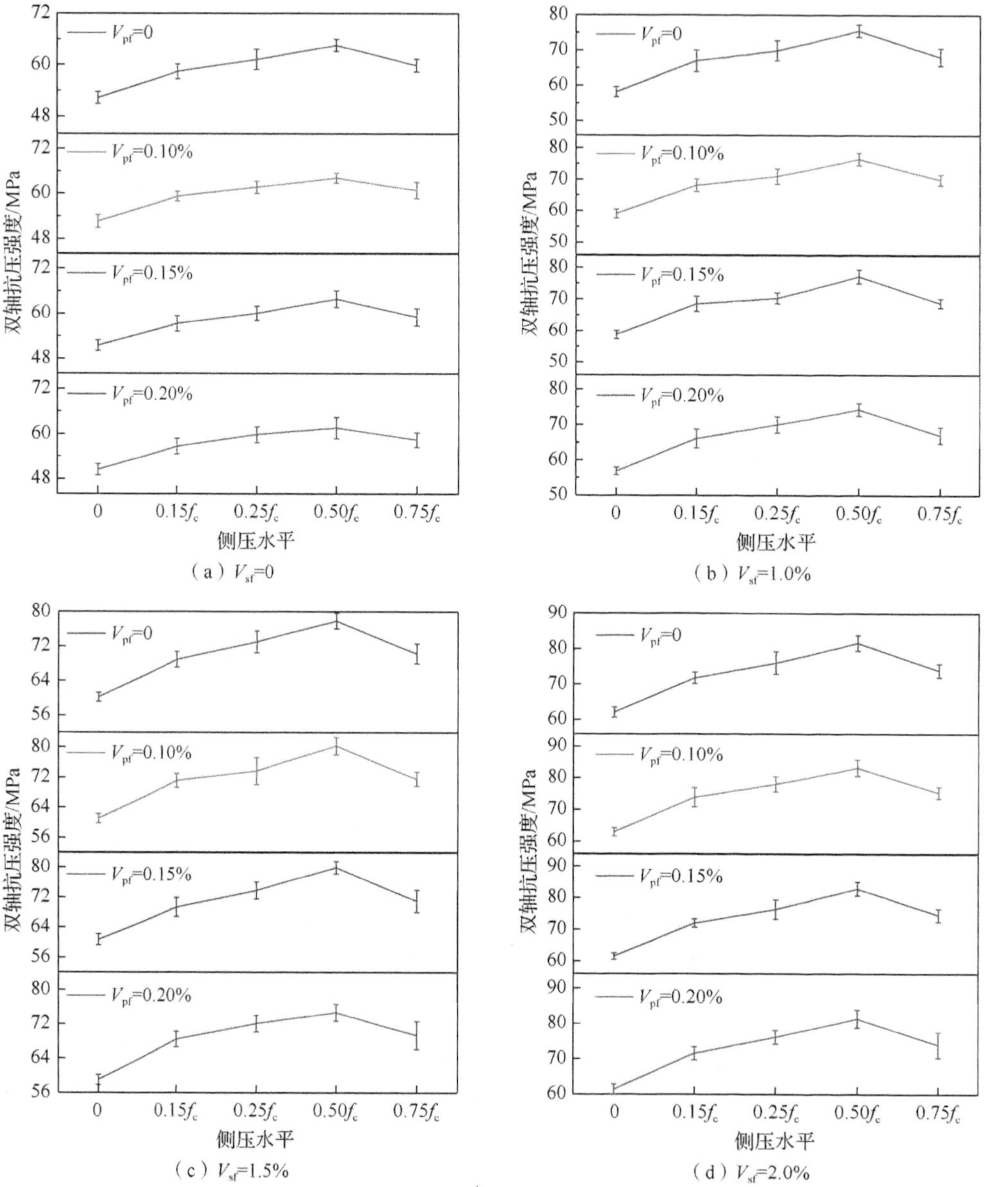

图 2-18　侧压水平对纤维混凝土双轴抗压强度的影响

3. 双轴受压破坏准则

对于普通混凝土双轴受压情况，Kupfer 等[37]给出了如下破坏准则：

$$\left(\frac{\sigma_{\mathrm{c}}}{f_{\mathrm{c}}}+\frac{\sigma_x}{f_{\mathrm{c}}}\right)^2-\frac{\sigma_z}{f_{\mathrm{c}}}-3.65\frac{\sigma_x}{f_{\mathrm{c}}}=0 \tag{2-13}$$

令 $\alpha=\sigma_z/\sigma_x$ 时，上述破坏准则可以记为

$$\sigma_z=\frac{1+3.65\alpha}{(1+\alpha)^2}f_{\mathrm{c}} \tag{2-14}$$

式中，σ_z 、 σ_x 分别为混凝土双轴受压 z 方向、x 方向的极限强度； f_{c} 为混凝土单轴抗压强度；α 为应力比。

借鉴 Kupfer 等的破坏准则，并参考文献[38]，可得到一定侧压下混凝土双轴抗压强度的计算公式：

$$\frac{f_{\mathrm{b}}}{f_{\mathrm{c}}}=\frac{1+a(\sigma_2/f_{\mathrm{c}})}{(1+\sigma_2/f_{\mathrm{c}})^2}\quad 0\leqslant\sigma_2\leqslant 0.75 \tag{2-15}$$

式中，f_{b} 为混凝土双轴抗压强度；σ_2 为侧应力；a 为拟合参数。

根据本书内容的前期研究成果以及前文的分析可知，纤维特征参数对纤维混凝土双轴抗压强度具有显著影响。因此，需要进一步引入纤维特征参数 λ_{f} 来准确量化纤维对双轴抗压强度的影响。根据复合材料力学混合律，同时考虑混杂纤维特征参数与侧压水平的影响，纤维混凝土双轴抗压强度计算公式可改写为

$$\frac{f_{\mathrm{b}}^{\mathrm{hf}}}{f_{\mathrm{c}}\lambda_{\mathrm{f}}}=\frac{1+a(\sigma_2/f_{\mathrm{c}})}{(1+\sigma_2/f_{\mathrm{c}})^2}\quad (0\leqslant\sigma_2/f_{\mathrm{c}}\leqslant 0.75) \tag{2-16}$$

式中，$f_{\mathrm{b}}^{\mathrm{hf}}$ 为纤维混凝土双轴抗压强度；纤维特征参数 $\lambda_{\mathrm{f}}=1+m\lambda_{\mathrm{sf}}+n\lambda_{\mathrm{pf}}+p\lambda_{\mathrm{sf}}^2+q\lambda_{\mathrm{pf}}^2$，其中，$m$、$n$、$p$、$q$ 为拟合参数。

通过对试验实测数据进行回归分析，得到各个参数的拟合结果：a=3.468，m=0.362，n=−0.065，p=−0.146，q=0.022，相关系数 R^2=0.845，拟合程度良好。纤维混凝土双轴受压破坏准则试验实测值与计算值的对比如图 2-19 所示（其中曲线为破坏准则模型计算值，点为试验实测结果）。

彩图 2-19

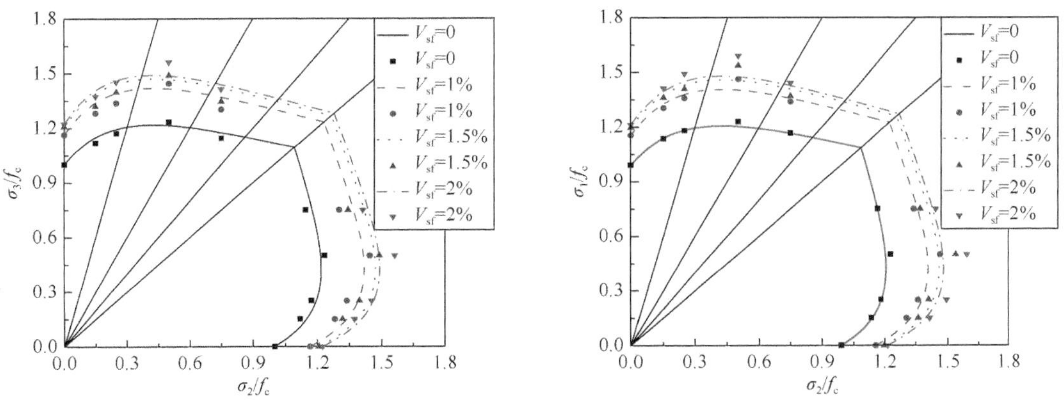

（a）V_{pf}=0　　（b）V_{pf}=0.1%

图 2-19　纤维混凝土双轴受压破坏包络线实测值与计算值的对比

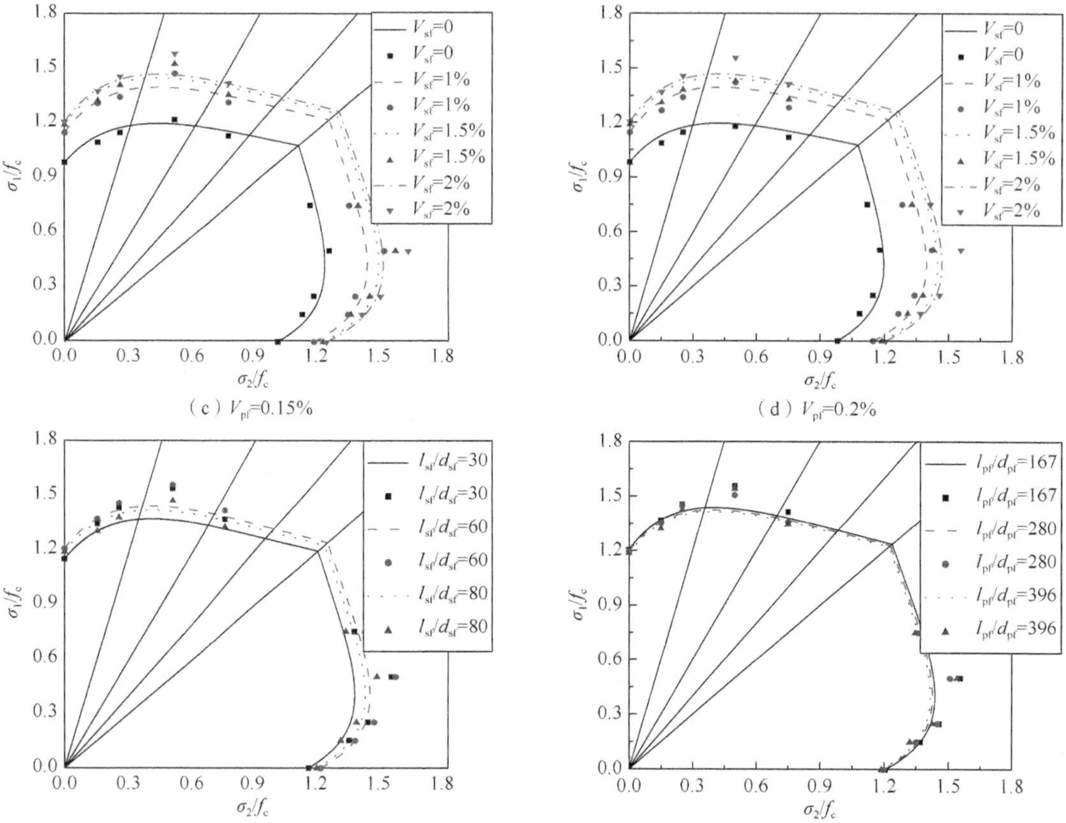

（c）V_{pf}=0.15%　（d）V_{pf}=0.2%

（e）钢纤维长径比　（f）聚丙烯纤维长径比

图 2-19（续）

2.3　三轴抗压强度

2.3.1　常规三轴抗压强度

在实际工程中处于三轴应力状态的结构构件（如配置螺旋箍筋混凝土柱、钢管混凝土柱、局部承压构件等）越来越多。但由于真三轴试验设备复杂、试验难度大，常规三轴试验相对容易实现，试验结果比较稳定、准确度较高，因此被广泛用于三轴应力状态下混凝土的强度研究。

为研究钢纤维、聚丙烯纤维以及钢-聚丙烯混杂纤维增强的混凝土常规三轴抗压强度，考虑钢纤维体积掺量和长径比、聚丙烯纤维体积掺量和长径比、围压等 5 个因素的影响（表 2-9），设计制作了 32 组纤维混凝土圆柱体试件，尺寸为 ϕ50mm×100mm。测试前，采用石膏浆填补试件表面的微孔洞，并利用热缩管进行密封处理，以使其和液压缸的内环境隔离，试验装置为 MTS 815.03 液压伺服试验机，如图 2-20 所示。加载时采用位移控制，速率为 3μm/s；卸载时采用力控制，速率为 3kN/s。试验过程中，通过 MTS 试验机采集系统的传感器、引伸计和环向链式应变计同步采集轴向应力、轴向应变和横向应变，采集频率为 2Hz。

表 2-9　纤维混凝土常规三轴试验考察的因素及水平

水平	钢纤维		聚丙烯纤维		围压 P/MPa
	体积掺量 V_{sf}/%	长径比 l_{sf}/d_{sf}	体积掺量 V_{pf}/%	长径比 l_{pf}/d_{pf}	
水平 1	0.5	30	0.05	167	5
水平 2	1.0	60	0.10	280	10
水平 3	1.5	80	0.15	396	20

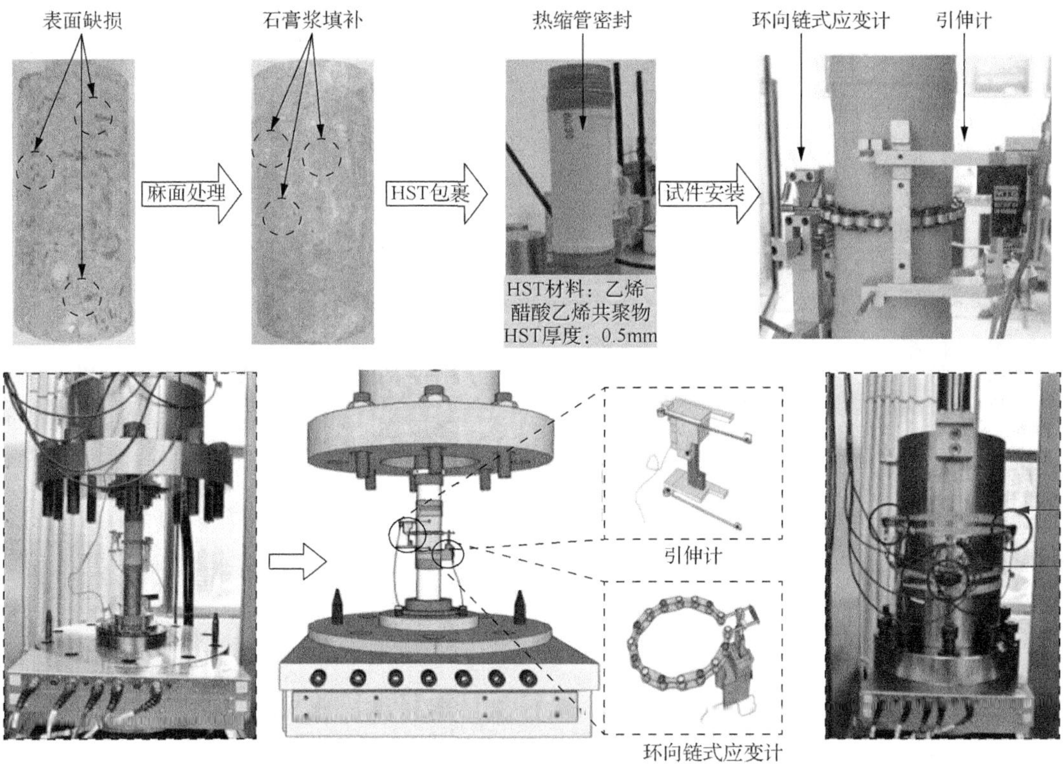

图 2-20　试件处理过程和试验采用的加载装置

图 2-21 为普通混凝土和纤维混凝土在无围压约束和有围压约束时的破坏形态，分为劈拉破坏和剪切破坏两种。对于无围压的普通混凝土试件，在垂直加载的方向局部出现拉应变，导致裂缝不断萌生、汇聚并扩展，最终形成沿轴向加载方向的宏观裂缝，呈现出劈拉破坏形态。对于有围压的纤维混凝土试件，施加围压和掺入纤维可以有效抑制混凝土基体的横向变形，减小内部拉伸应变；同时，纤维对裂缝两侧混凝土有桥接作用，拉应力可由基体传递至纤维，且穿过纤维的裂缝由于约束作用会发生一定程度的转向，从而使得基体内的裂缝分布更为均匀，增强了混凝土基体整体抗裂能力，因此在围压和纤维的共同约束下，呈现出剪切破坏形态。随着围压的增加，试件最终破坏时表面的宏观裂缝越来越少、越来越细；当围压达到 20MPa 时，试件表面观察不到明显的宏观裂缝，但中间部位略微凸起，呈腰鼓状，这说明围压对纤维混凝土试件的破坏具有明显的约束作用。

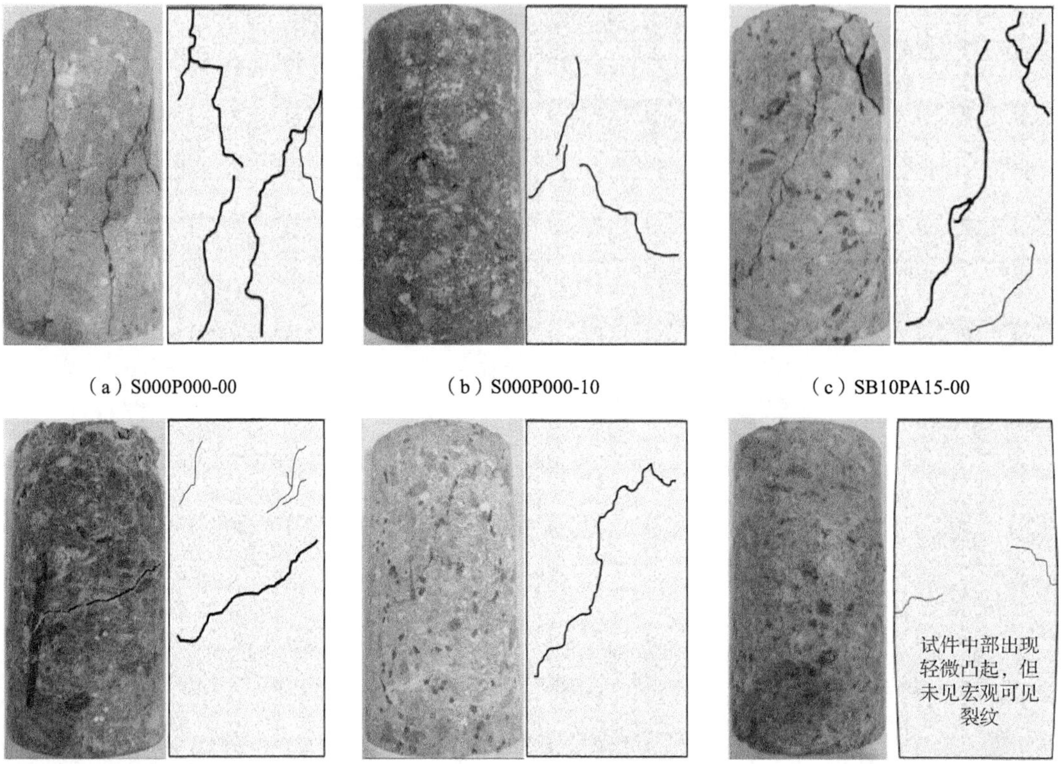

（a）S000P000-00　（b）S000P000-10　（c）SB10PA15-00

（d）SB10PA15-05　（e）SB10PA15-10　（f）SB10PA15-20

图 2-21　普通混凝土和纤维混凝土在不同围压下的典型破坏形态

注：试件编号后面的数字表示围压，MPa。

表 2-10 列出了纤维混凝土常规三轴试验结果，图 2-22 反映了不同围压下不同体积掺量的纤维混凝土轴向峰值强度的变化。为分析围压的影响规律，选取纤维体积掺量相同的试件 SB10PA15（钢纤维体积掺量为 1.0%，长径比为 60；聚丙烯纤维体积掺量为 0.15%，长径比为 167），当围压从 0MPa 增加到 5MPa、10MPa 和 20MPa 时，轴向峰值强度分别增加了 33.51%、49.36%和 62.10%。选取围压为 10MPa 的数据，分别分析钢纤维特征参数和聚丙烯纤维特征参数对轴向峰值强度的影响，当钢纤维体积掺量从 0 增加到 0.5%、1.0%和 1.5%时，轴向峰值强度分别提高了 2.69%、8.58%和 10.77%；当钢纤维长径比从 30 增加到 60、80 时，轴向峰值强度先增大后减小，这主要是由于钢纤维越长，在裂缝两侧的埋置长度越大，拔出过程中需要更多的能量；但对于恒定的纤维掺量，增加纤维的长度意味着减少纤维的数量，因此当纤维长度超过一定范围时，虽然单根钢纤维的桥接作用增强，但数量的减少会削弱纤维的增强效果。当聚丙烯纤维体积掺量从 0 增加到 0.05%、0.10%和 0.15%时，轴向峰值强度分别降低了 1.21%、3.75%和 4.97%；当聚丙烯纤维长径比从 167 增加到 396 时，轴向峰值强度只增加 2.41%。

表 2-10　纤维混凝土常规三轴试验结果

序号	试件编号	立方体抗压强度 f_{cu}/MPa	围压 P/MPa	轴向峰值强度/MPa	序号	试件编号	立方体抗压强度 f_{cu}/MPa	围压 P/MPa	轴向峰值强度/MPa
1	S000P000-00	49.27	0	48.68	16	SB15PA15-10	60.64	10	110.17
2	SB10PA15-00	55.44	0	54.69	17	SB10PA05-10	58.34	10	112.18
3	S000P000-05	49.27	5	65.75	18	SB10PA10-10	56.24	10	109.58
4	SB10P000-05	59.88	5	77.36	19	SA10PA15-10	53.86	10	102.68
5	S000PA15-05	47.09	5	60.52	20	SC10PA15-10	54.16	10	103.11
6	SB05PA15-05	52.00	5	70.39	21	SB10PB15-10	56.34	10	110.07
7	SB10PA15-05	55.44	5	83.73	22	SB10PC15-10	57.02	10	110.03
8	SB15PA15-05	60.64	5	85.96	23	S000P000-20	49.27	20	133.90
9	SB10PA05-05	58.34	5	83.84	24	SB10P000-20	59.88	20	146.32
10	SB10PA10-05	56.24	5	81.66	25	S000PA15-20	47.09	20	133.89
11	S000P000-10	49.27	10	101.85	26	SB05PA15-20	52.00	20	137.78
12	SB10P000-10	59.88	10	113.64	27	SB10PA15-20	55.44	20	143.67
13	S000PA15-10	47.09	10	98.91	28	SB15PA15-20	60.64	20	149.42
14	SB05PA15-10	52.00	10	102.17	29	SB10PA05-20	55.44	20	146.33
15	SB10PA15-10	55.44	10	107.47	30	SB10PA10-20	55.44	20	143.77

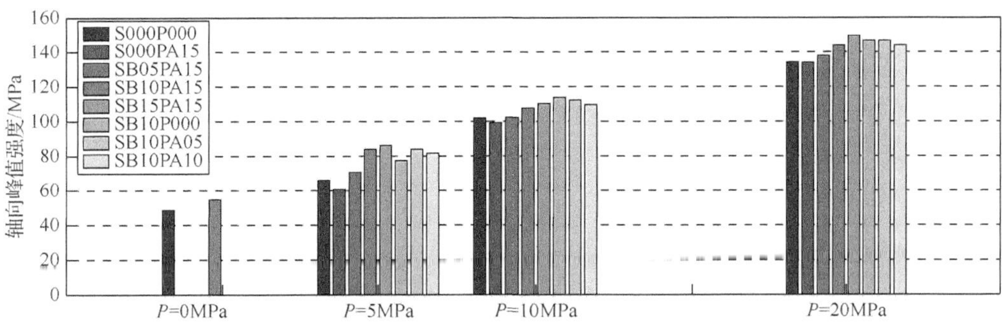

图 2-22　不同围压下不同体积掺量的纤维混凝土轴向峰值强度

综上分析，纤维混凝土的轴向峰值强度随围压的增加而明显提高，随钢纤维特征参数的增大而小幅度提升，而聚丙烯纤维特征参数的影响不明显。这主要是由于聚丙烯纤维的掺入会产生更多的初始微孔隙，导致轴向峰值强度稍有降低；当聚丙烯纤维体积掺量固定时，增加长径比会减少纤维数量，从而减少初始微缺陷，略微提高混凝土的轴向峰值强度。

参考相关规范[39]建议公式，引入纤维特征参数的影响，建立纤维混凝土常规三轴抗压强度计算式：

$$\frac{f_1^{\mathrm{hf}}}{f_{\mathrm{cu}}}=(1+\alpha_{\mathrm{ctc1}}\lambda_{\mathrm{sf}}+\beta_{\mathrm{ctc1}}\lambda_{\mathrm{pf}})\left[1+b_1\left(\frac{\sigma_2}{\sigma_1}\right)^{c_1}\right] \tag{2-17}$$

式中，f_1^{hf}、f_{cu} 分别为纤维混凝土的轴向抗压强度和普通混凝土的立方体抗压强度；

α_{ctc1}、β_{ctc1} 分别为钢纤维和聚丙烯纤维对常规三轴抗压强度的影响系数；λ_{sf}、λ_{pf} 分别为钢纤维和聚丙烯纤维的特征参数，定义 $\lambda_{\mathrm{sf}}=V_{\mathrm{sf}}(l_{\mathrm{sf}}/d_{\mathrm{sf}})$，$\lambda_{\mathrm{pf}}=V_{\mathrm{pf}}(l_{\mathrm{pf}}/d_{\mathrm{pf}})$，其中，$V$ 和 l/d 分别表示纤维的体积掺量和长径比；b_1 和 c_1 为常数；σ_1 为轴向主压应力；σ_2 为侧向主压应力，即 $\sigma_2=P$。

式(2-17)为纤维混凝土常规三轴抗压强度计算式的一般形式：当 $V_{\mathrm{sf}}\neq 0$ 且 $V_{\mathrm{pf}}\neq 0$ 时，该式适用于混杂纤维混凝土；当 $V_{\mathrm{sf}}=0$ 或 $V_{\mathrm{pf}}=0$ 时，该式可用于计算单一纤维混凝土的常规三轴抗压强度。

结合国内外文献和本书相关研究的试验数据，基于最小二乘法对式（2-17）进行回归分析。在保证 80%的置信水平时，建议 $\alpha_{\mathrm{ctc1}}=0.174$，$\beta_{\mathrm{ctc1}}=0.025$，$b_1=1.642$，$c_1=0.301$（拟合相关系数为 $R^2=0.802$），回归结果如图 2-23（a）所示：

$$\frac{f_1^{\mathrm{hf}}}{f_{\mathrm{cu}}}=(1+0.174\lambda_{\mathrm{sf}}+0.025\lambda_{\mathrm{pf}})\left[1+1.642\left(\frac{\sigma_2}{\sigma_1}\right)^{0.301}\right] \tag{2-18}$$

需要说明的是，式（2-17）是以应力比 σ_2/σ_1 为变量建立的，比较适用于采用等比例加载路径的情况。为使建议公式更具一般性，可改用侧向主应力为变量建立如下计算式：

$$\frac{f_1^{\mathrm{hf}}}{f_{\mathrm{cu}}}=(1+\alpha_{\mathrm{ctc2}}\lambda_{\mathrm{sf}}+\beta_{\mathrm{ctc2}}\lambda_{\mathrm{pf}})\left[1+b_2\left(\frac{\sigma_2}{f_{\mathrm{cu}}}\right)^{c_2}\right] \tag{2-19}$$

同理，基于相同的试验数据采用最小二乘法对式（2-19）进行回归分析，如图 2-23（b）所示，得到 $\alpha_{\mathrm{ctc2}}=0.151$，$\beta_{\mathrm{ctc2}}=0.018$，$b_2=2.939$，$c_2=0.843$（拟合相关系数为 $R^2=0.950$），即

$$\frac{f_1^{\mathrm{hf}}}{f_{\mathrm{cu}}}=(1+0.151\lambda_{\mathrm{sf}}+0.018\lambda_{\mathrm{pf}})\left[1+2.939\left(\frac{\sigma_2}{f_{\mathrm{cu}}}\right)^{0.843}\right] \tag{2-20}$$

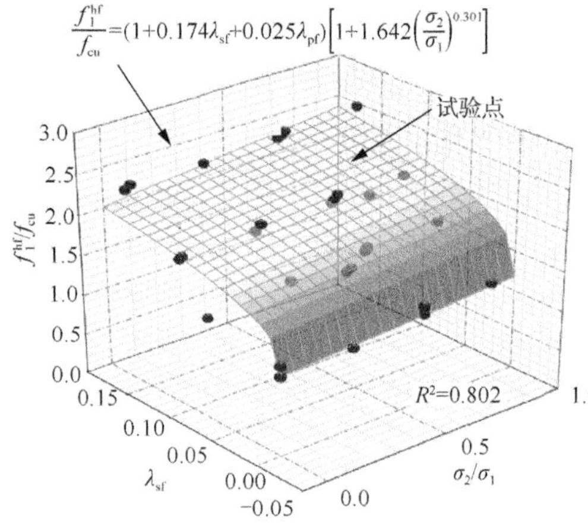

（a）基于应力比建立的计算公式

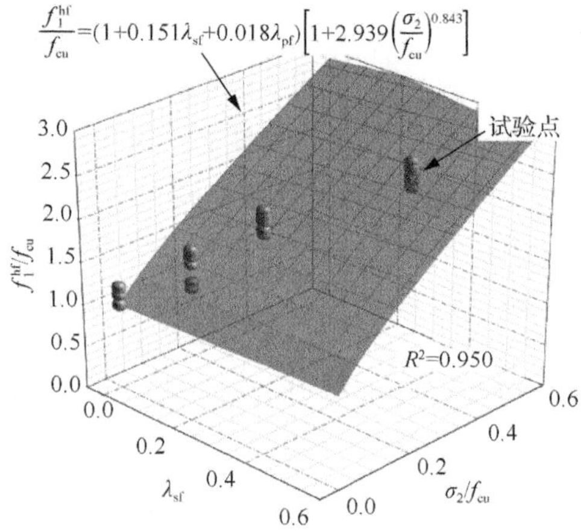

（b）基于侧向主应力建立的计算公式

图 2-23　纤维混凝土常规三轴抗压强度回归分析结果与试验结果的对比

2.3.2　真三轴抗压强度

混凝土材料的破坏形态取决于材料的性质、组成、内部结构以及应力条件等因素。在不同应力组合和不同应力比例的多轴应力作用下，这些因素的影响规律更为复杂，使得混凝土的破坏形态变化多样。通常，在三轴受压应力状态下，混凝土呈现出 4 种典型的宏观破坏形态，分别为柱状压坏、片状劈裂、斜剪破坏和挤压流动，如图 2-24 所示。

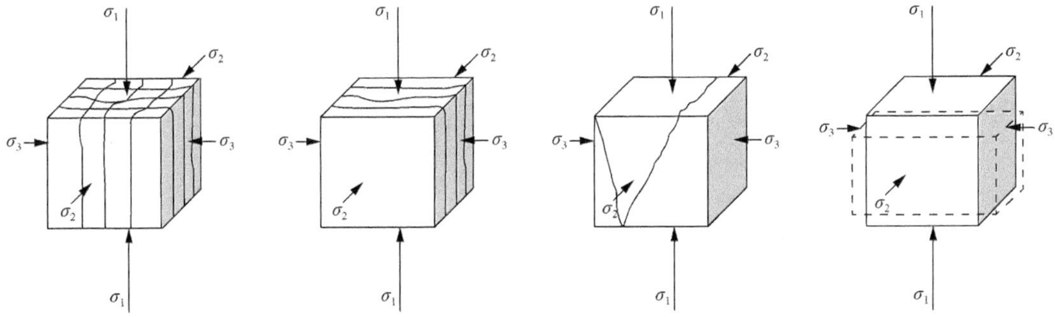

(a) 柱状压坏　$\frac{\sigma_2}{\sigma_1}, \frac{\sigma_3}{\sigma_1} \leqslant 0.10$

(b) 片状劈裂　$\frac{\sigma_2}{\sigma_1} \leqslant 0.10, \frac{\sigma_3}{\sigma_1} > 0.15$

(c) 斜剪破坏　$0.15 \leqslant \frac{\sigma_3}{\sigma_1} < 0.20, 0.10 < \frac{\sigma_2}{\sigma_1} < 0.20$

(d) 挤压流动　$\frac{\sigma_2}{\sigma_1}, \frac{\sigma_3}{\sigma_1} \geqslant 0.20$

图 2-24　混凝土在三轴受压和拉-压应力状态下的典型破坏形态

根据混凝土典型的三轴受压破坏形态及其界分，考虑钢纤维体积掺量和长径比、聚丙烯纤维体积掺量和长径比、侧向压力组合（即 σ_2/σ_3）等 5 个因素（表 2-11）对纤维混凝土真三轴抗压强度的影响，设计制作了 25 组边长为 150mm 的纤维混凝土立方体试件。为满足试验要求，特别设计了一个三向加载装置（图 2-25），能够在竖向施加最大 1500t 的荷载，侧向施加最大 20MPa 的压力。试验中，三个主应力方向的压力通过电液伺服加载系统分别控制，其中，竖向加载采用位移控制，侧向压力施加通过力控制；同时，自动采集三个主应力方向上对应的荷载和位移。

表 2-11　纤维混凝土真三轴试验考察的因素及水平

水平	钢纤维		聚丙烯纤维		侧向压力组合/(MPa/MPa)
	体积掺量 V_{sf}/%	长径比 l_{sf}/d_{sf}	体积掺量 V_{pf}/%	长径比 l_{pf}/d_{pf}	
水平 1	0.5	30	0.05	167	5/10
水平 2	1.0	60	0.10	250	4/15
水平 3	1.5	80	0.15	396	3/20

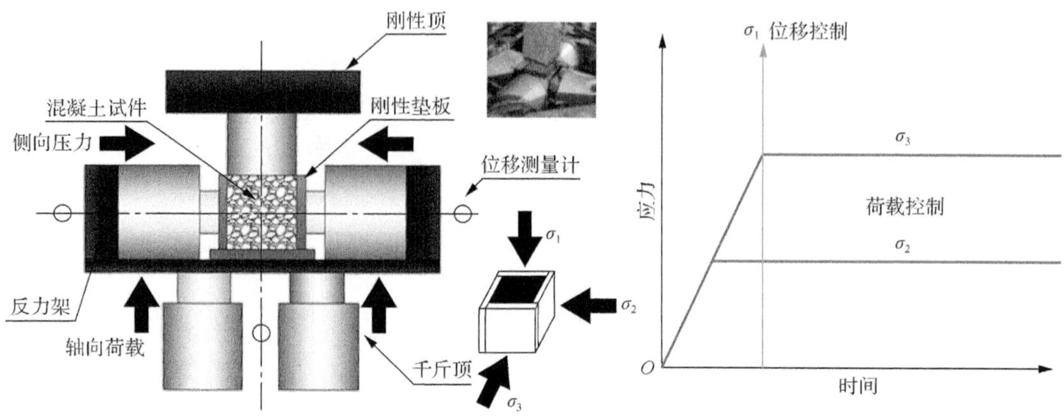

图 2-25　真三轴受压试验装置和加载方式

1）当侧向压应力组合为 5MPa/10MPa$\left(\dfrac{\sigma_2}{\sigma_1}，\dfrac{\sigma_3}{\sigma_1} \leqslant 0.10\right)$时，普通混凝土、单一纤维混凝土和混杂纤维混凝土的破坏形态如图 2-26 所示。由图可以发现，普通混凝土呈现典型的柱状压坏形态；聚丙烯纤维混凝土、钢纤维混凝土和钢-聚丙烯混杂纤维混凝土侧面有清晰的 V 形裂缝，呈现出斜剪破坏形态。对于聚丙烯纤维混凝土和钢纤维混凝土，随着 V 形裂缝出现，试件表面还有一定数目的微裂缝（宽度介于 0.5～2.0mm 之间），但对于钢-聚丙烯混杂纤维混凝土，试件表面的微裂缝肉眼几乎无法识别。

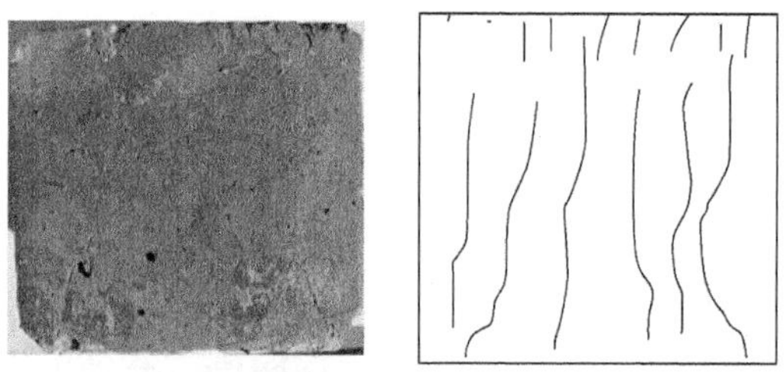

（a）普通混凝土

（b）聚丙烯纤维混凝土

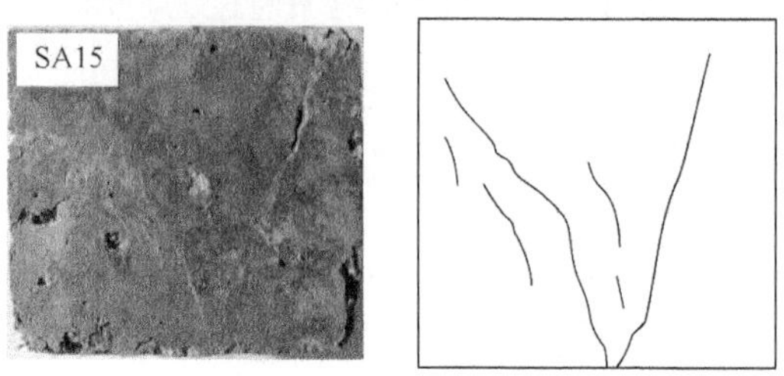

（c）钢纤维混凝土

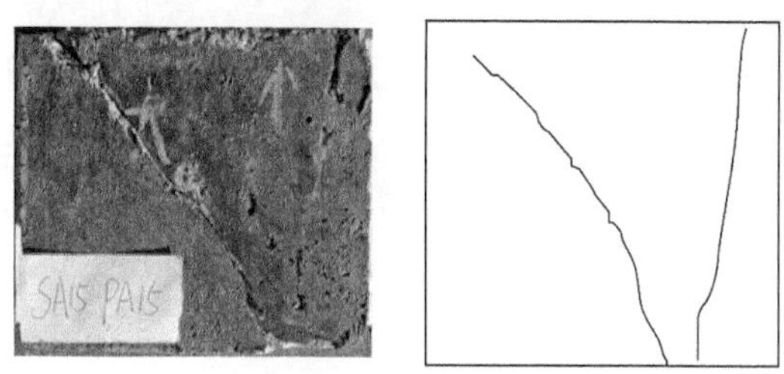

（d）钢-聚丙烯混杂纤维混凝土

图 2-26　侧压为 5MPa/10MPa 条件下不同类型混凝土的破坏形态

2）当侧向压应力组合为 4MPa/15MPa$\left(\dfrac{\sigma_2}{\sigma_1} \leqslant 0.10，\dfrac{\sigma_3}{\sigma_1} > 0.15\right)$时，普通混凝土、单一纤维混凝土和混杂纤维混凝土的破坏形态如图 2-27 所示。从图中可以看出，所有试

件均呈现斜剪破坏形态。其中，普通混凝土试件的表面可见数目较多、宽度较大的裂缝，单一纤维混凝土试件的裂缝数目次之，混杂纤维混凝土试件的裂缝数目最少。本试验中普通混凝土的破坏形态与图 2-24 中的有所不同，原因在于：①本试验中试件实际承受的应力比处于片状劈裂破坏和斜剪破坏两种典型破坏形态对应的应力比之间；②混凝土自身的非均质性和试验结果的离散性较为显著。

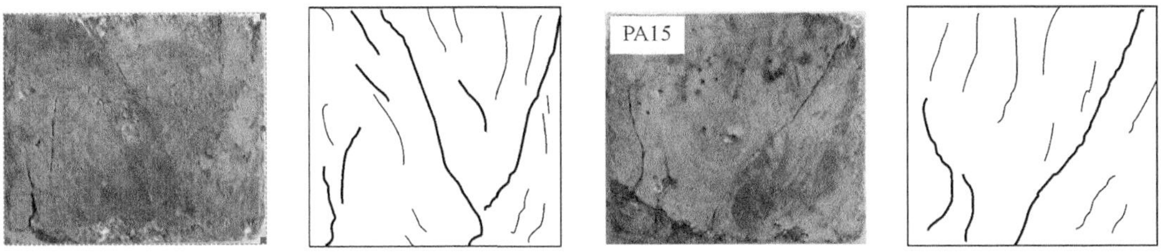

（a）普通混凝土　　（b）聚丙烯纤维混凝土

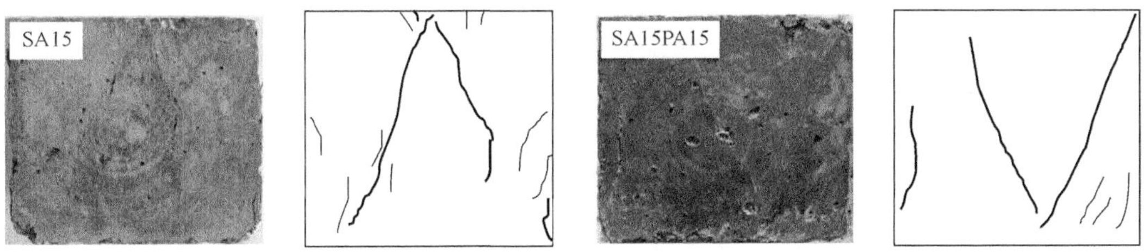

（c）钢纤维混凝土　　（d）钢-聚丙烯混杂纤维混凝土

图 2-27　侧压为 4MPa/15MPa 条件下不同类型混凝土的破坏形态

3）当侧向压应力组合为 3MPa/20MPa$\left(\frac{\sigma_2}{\sigma_1}\leqslant 0.10，0.15\leqslant\frac{\sigma_3}{\sigma_1}<0.20\right)$时，普通混凝土、单一纤维混凝土和混杂纤维混凝土的破坏形态如图 2-28 所示。由图可以发现，普通混凝土呈现出典型的片状劈裂破坏形态，即试件在形成一系列微裂缝后瞬间发生了劈裂，并伴随着一条主裂缝贯穿整个试件，其断裂面的方向垂直于较小的侧向压力方向；而单一纤维混凝土和混杂纤维混凝土的破坏形态均为斜剪破坏，在受到侧向围压的表面上出现较清晰的 V 形裂缝，两条主斜裂缝与竖直方向大致成 20°～30° 夹角。

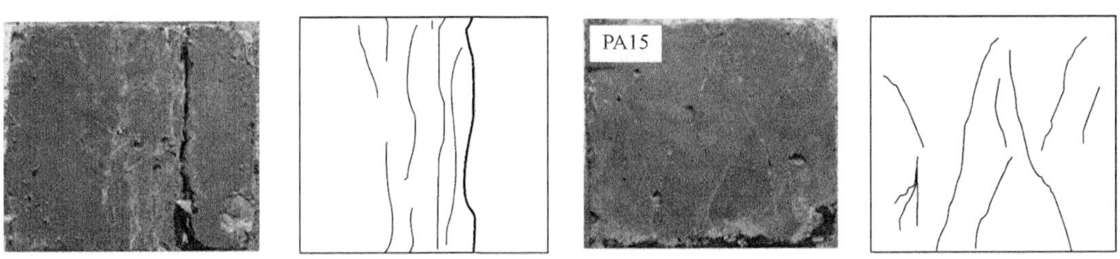

（a）普通混凝土　　（b）聚丙烯纤维混凝土

图 2-28　侧压为 3MPa/20MPa 条件下不同类型混凝土的破坏形态

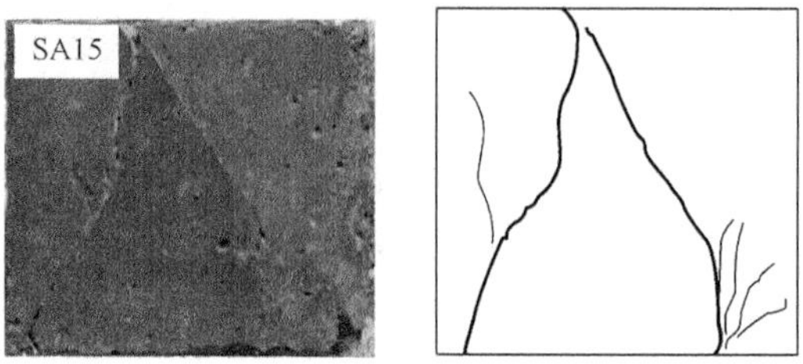

（c）钢纤维混凝土

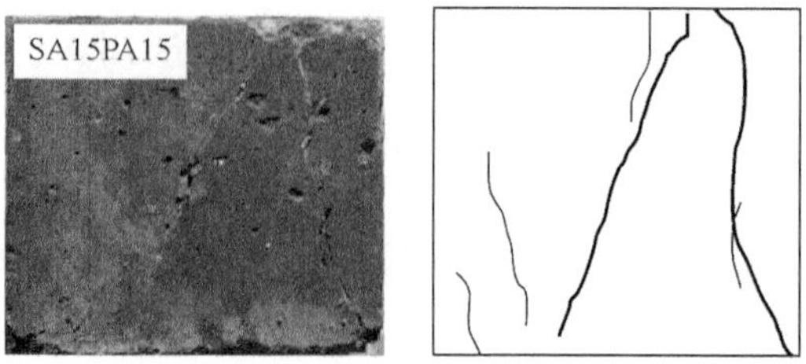

（d）钢-聚丙烯混杂纤维混凝土

图 2-28（续）

表 2-12 对比列出了真三轴试验中不同侧向围压组合条件下普通混凝土和纤维混凝土的破坏形态。由表可以清楚发现，在不同侧向围压和应力比下，普通混凝土会产生柱状压坏、斜剪破坏和片状劈裂三种主要的形态，但纤维混凝土始终呈现斜剪破坏形态。这主要是由于纤维对裂缝的桥接作用约束了混凝土基体的侧向膨胀，间接增加了侧向围压（即 σ_2/σ_1 增大），从而使得材料内部的真实应力比进入了斜剪破坏形态的应力比范围。此外，由于乱向分布的钢纤维和聚丙烯纤维在不同尺度抑制了混凝土基体中裂缝的萌生和扩展，当荷载增加时，主裂缝的延伸受到内部纤维的约束，其尖端与纤维相交时被迫转向或分叉，形成了许多不规则的细微斜向裂缝，这些斜向裂缝的进一步扩展、连接和贯通，形成斜向劈裂面，使试件呈现斜剪破坏形态。

表 2-12 真三轴受压应力状态下普通混凝土和纤维混凝土破坏形态的对比

混凝土种类	侧向围压组合及应力比条件		
	5MPa/10MPa	4MPa/15MPa	3MPa/20MPa
	$\frac{\sigma_2}{\sigma_1}，\frac{\sigma_3}{\sigma_1}\leqslant 0.10$	$\frac{\sigma_2}{\sigma_1}\leqslant 0.10，\frac{\sigma_3}{\sigma_1}>0.15$	$\frac{\sigma_2}{\sigma_1}\leqslant 0.10，0.15\leqslant\frac{\sigma_3}{\sigma_1}<0.20$
普通混凝土	柱状压坏	斜剪破坏	片状劈裂
混杂纤维混凝土	斜剪破坏	斜剪破坏	斜剪破坏

三组侧向围压作用下纤维混凝土的三轴峰值强度如表 2-13 所示。由表可以看出，在所有的侧向压力组合条件下，纤维混凝土的轴向峰值强度均大于普通混凝土的；与单一纤维混凝土相比，混杂纤维混凝土的提升幅度更大，可达 28.3%。

表 2-13 纤维混凝土真三轴抗压强度试验结果

序号	试件编号	$\sigma_2=5\text{MPa}，\sigma_3=10\text{MPa}$		$\sigma_2=4\text{MPa}，\sigma_3=15\text{MPa}$		$\sigma_2=3\text{MPa}，\sigma_3=20\text{MPa}$	
		强度/MPa	增幅/%	强度/MPa	增幅/%	强度/MPa	增幅/%
1	SA05PA05	106.63	4.52	110.76	8.86	115.52	10.59
2	SA05PB05	109.09	6.92	111.43	9.51	115.50	10.57
3	SB05PA05	115.20	12.91	115.28	13.30	117.31	12.31
4	SB05PB05	108.69	6.53	113.19	11.25	119.78	14.67
5	SA05PA10	107.18	5.05	109.52	7.63	112.35	7.56
6	SA05PA15	109.09	6.92	112.15	10.22	120.84	15.69
7	SA10PA05	111.29	9.08	113.27	11.32	118.07	13.04

续表

序号	试件编号	$\sigma_2=5\text{MPa}$，$\sigma_3=10\text{MPa}$		$\sigma_2=4\text{MPa}$，$\sigma_3=15\text{MPa}$		$\sigma_2=3\text{MPa}$，$\sigma_3=20\text{MPa}$	
		强度/MPa	增幅/%	强度/MPa	增幅/%	强度/MPa	增幅/%
8	SA10PA10	109.19	7.02	108.85	6.98	118.12	13.09
9	SA10PB10	109.67	7.49	112.53	10.59	112.88	8.07
10	SB10PA10	113.45	11.20	123.73	21.61	126.17	20.79
11	SB10PB10	115.20	12.91	116.52	14.52	124.95	19.63
12	SA10PA15	115.74	13.45	115.67	13.68	128.48	23.00
13	SA15PA05	115.25	12.97	122.39	20.29	121.83	16.63
14	SA15PA10	118.67	16.32	126.38	24.21	129.12	23.62
15	SA15PA15	115.74	13.44	126.69	24.52	134.00	28.29
16	SA15PB15	120.83	18.44	123.86	21.73	123.29	18.03
17	SB15PA15	119.37	17.00	124.90	22.75	133.46	27.74
18	SB15PB15	118.47	16.12	118.34	16.31	125.38	20.04
19	SA05	107.61	5.47	111.38	9.47	114.67	9.78
20	SA10	108.94	6.78	116.02	14.03	119.72	14.62
21	SA15	124.23	21.76	121.29	19.20	130.65	25.08
22	PA05	101.55	−0.47	110.83	8.92	114.94	10.03
23	PA10	106.24	4.13	106.66	4.82	111.66	6.90
24	PA15	103.80	1.74	104.38	2.58	112.92	8.11
25	C00	102.02	0.00	101.75	0.00	104.45	0.00

图 2-29 反映了钢纤维特征参数对混杂纤维混凝土真三轴抗压强度的影响。其中，图 2-29（a）为聚丙烯纤维体积掺量不变时，混杂纤维混凝土真三轴抗压强度与钢纤维体积掺量的关系。结果表明，随着钢纤维体积掺量的增加，混杂纤维混凝土真三轴抗压强度不断提高，在体积掺量为 1.5%时达到最大。图 2-29（b）表示混杂纤维混凝土真三轴抗压强度与钢纤维长径比的关系。结果显示，混杂纤维混凝土真三轴抗压强度随钢纤维长径比的增加而提高，但当钢纤维和聚丙烯纤维的体积掺量均较大时，会因搅拌不均匀或纤维结团而降低。

图 2-30 为聚丙烯纤维特征参数对混杂纤维混凝土真三轴抗压强度的影响。其中，图 2-30（a）为钢纤维体积掺量不变时，混杂纤维混凝土真三轴抗压强度与聚丙烯纤维体积掺量的关系。可以发现，聚丙烯纤维的掺入对混杂纤维混凝土真三轴抗压强度的影响并不明显，这主要是因为聚丙烯纤维虽然在微裂缝桥接和体积膨胀约束方面有一定贡献，但形成的纤维-基体界面薄弱环节会削弱混凝土整体强度。如图 2-30（b）所示，对比掺入长径比 396 和 167 聚丙烯纤维的混凝土试件，前者的真三轴抗压强度远低于后者的，这说明聚丙烯纤维长径比的增加对混杂纤维混凝土真三轴抗压强度的影响不利。

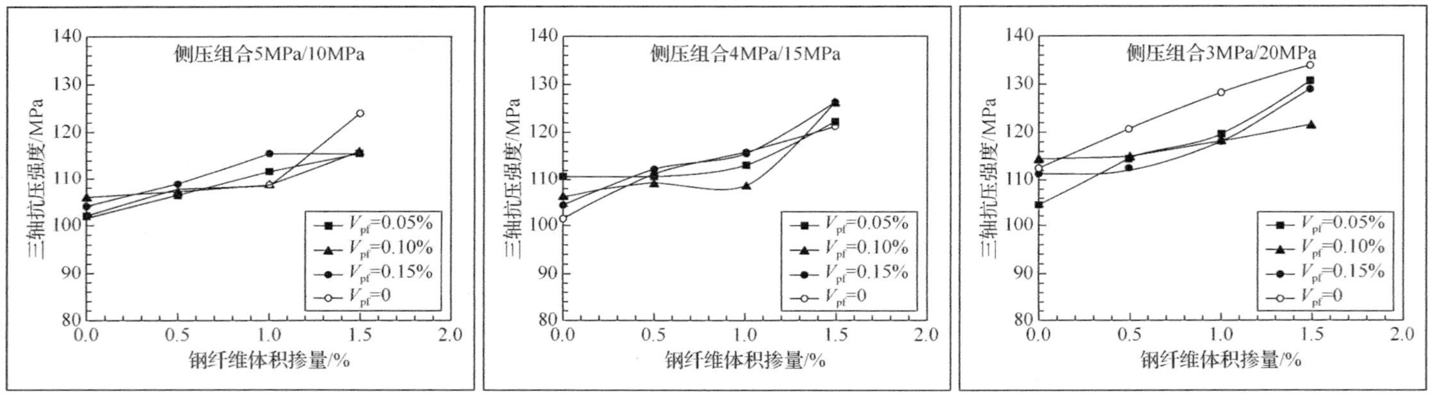

（a）钢纤维体积掺量的影响

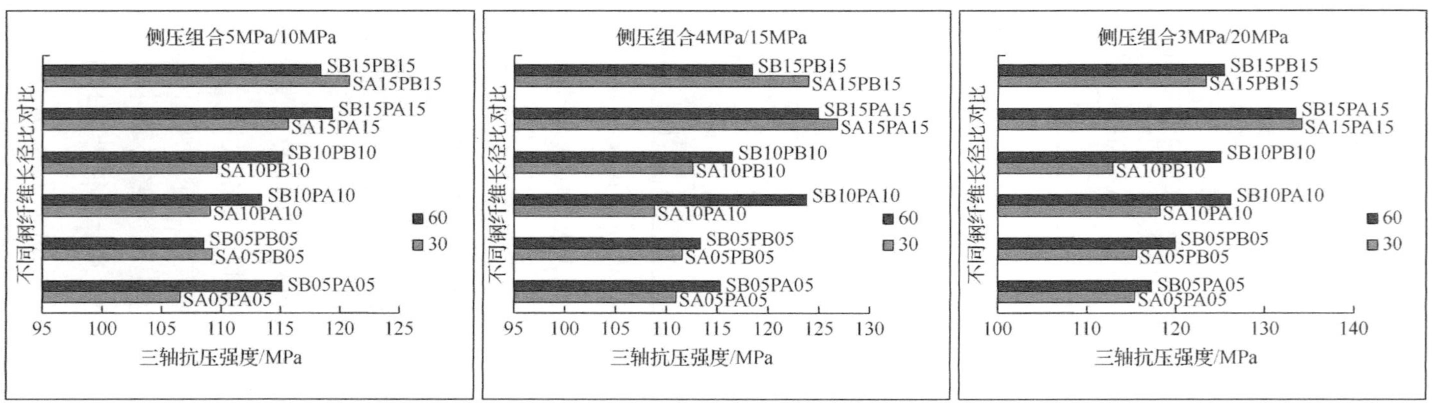

（b）钢纤维长径比的影响

图 2-29　钢纤维特征参数对混杂纤维混凝土真三轴抗压强度的影响

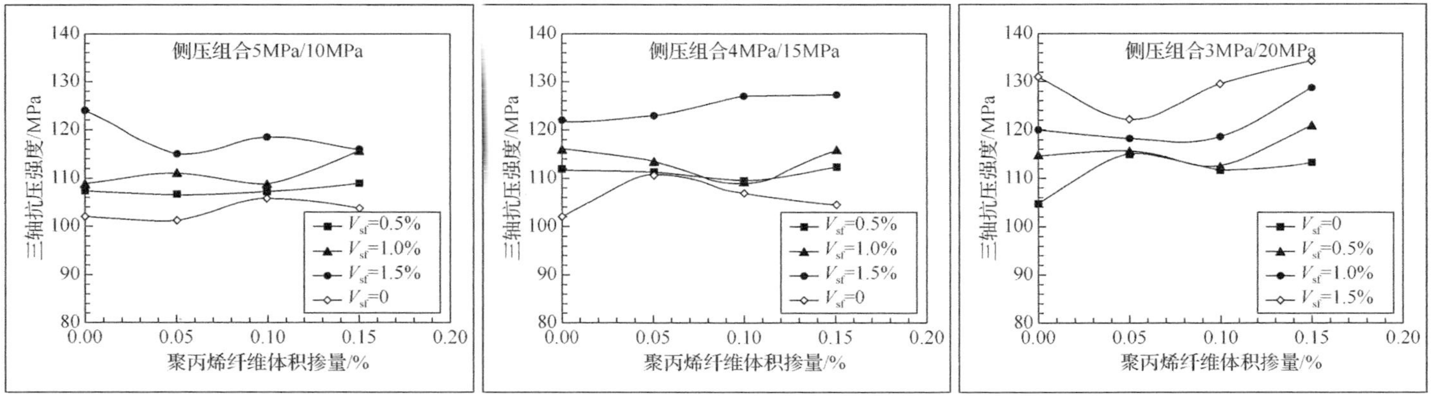

（a）聚丙烯纤维体积掺量的影响

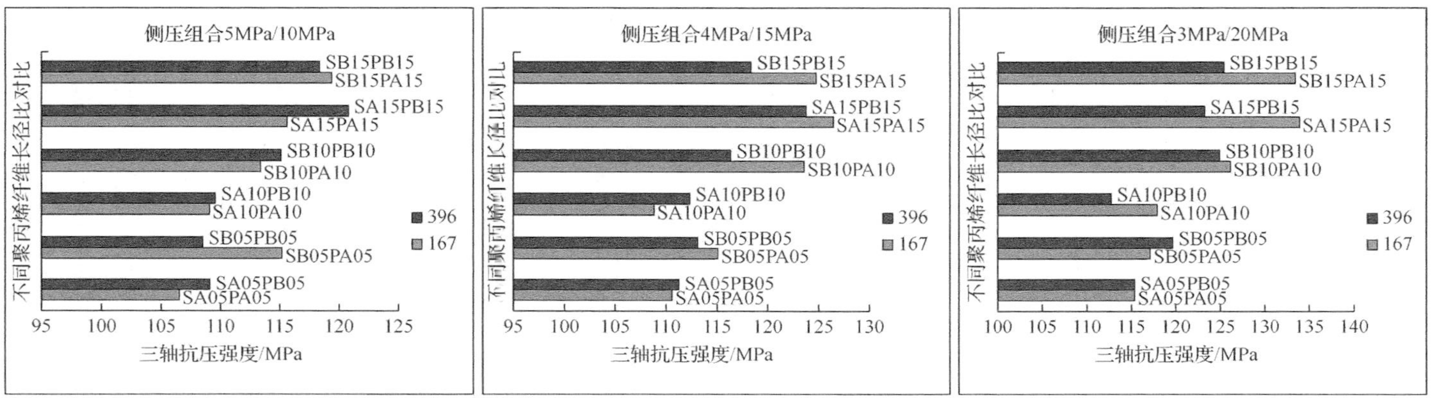

（b）聚丙烯纤维长径比的影响

图 2-30　聚丙烯纤维特征参数对混杂纤维混凝土真三轴抗压强度的影响

由于常规三轴试验加载路径为真三轴试验中的一种特殊加载路径，为保证真三轴抗压强度计算式不失一般性，类比式（2-18），建立以应力比 σ_2/σ_1 和 σ_3/σ_1 为变量的真三轴抗压强度计算式：

$$\frac{f_1^{\mathrm{hf}}}{f_{\mathrm{cu}}}=(1+0.174\lambda_{\mathrm{sf}}+0.025\lambda_{\mathrm{pf}})\left[1+m\left(\frac{\sigma_2}{\sigma_1}\right)^{0.301}+(1.642-m)\left(\frac{\sigma_3}{\sigma_1}\right)^{0.301}\right] \tag{2-21}$$

式中，σ_2、σ_3 为两侧向主压应力，且 $\sigma_2 \leqslant \sigma_3$；$m$ 为待定系数；其余各参数的物理意义与前面定义一致。

结合国内外文献和本书相关研究的试验数据，基于最小二乘法对式（2-21）进行回归分析，如图 2-31（a）所示。在保证 80%的置信水平时，建议取值 $m=0.296$，即

$$\frac{f_1^{\mathrm{hf}}}{f_{\mathrm{cu}}}=(1+0.174\lambda_{\mathrm{sf}}+0.025\lambda_{\mathrm{pf}})\left[1+0.296\left(\frac{\sigma_2}{\sigma_1}\right)^{0.301}+1.346\left(\frac{\sigma_3}{\sigma_1}\right)^{0.301}\right] \tag{2-22}$$

同理，类比式（2-20），建立以侧向主应力 σ_2 和 σ_3 为变量的真三轴抗压强度计算式：

$$\frac{f_1^{\mathrm{hf}}}{f_{\mathrm{cu}}}=(1+0.151\lambda_{\mathrm{sf}}+0.018\lambda_{\mathrm{pf}})\left[1+n\left(\frac{\sigma_2}{\sigma_1}\right)^{0.843}+(2.939-n)\left(\frac{\sigma_3}{\sigma_1}\right)^{0.843}\right] \tag{2-23}$$

式中，n 为待定系数。

基于相同的试验数据采用最小二乘法对式（2-23）进行回归分析，如图 2-31（b）所示，得到 $n=0.555$（拟合相关系数为 $R^2=0.923$），即

$$\frac{f_1^{\mathrm{hf}}}{f_{\mathrm{cu}}}=(1+0.151\lambda_{\mathrm{sf}}+0.018\lambda_{\mathrm{pf}})\left[1+0.555\left(\frac{\sigma_2}{f_{\mathrm{cu}}}\right)^{0.843}+2.384\left(\frac{\sigma_3}{f_{\mathrm{cu}}}\right)^{0.843}\right] \tag{2-24}$$

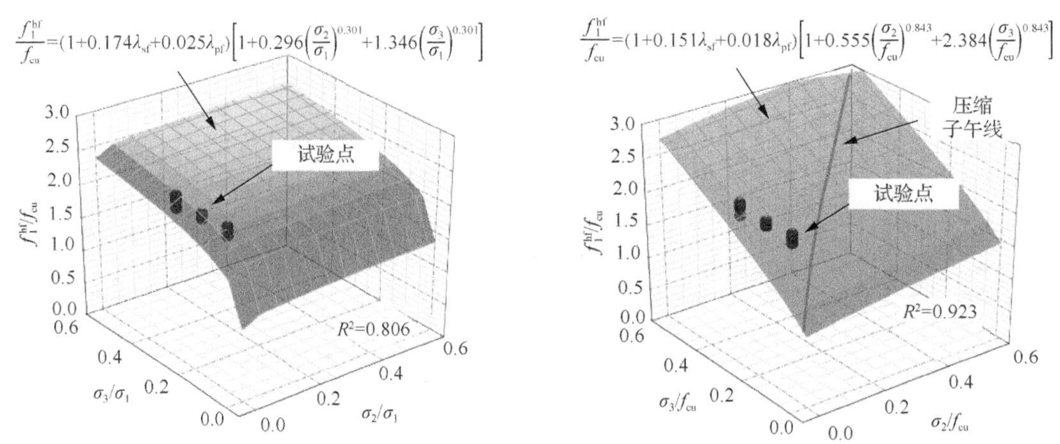

（a）基于应力比建立的计算式　　（b）基于侧向主应力建立的计算式

图 2-31　纤维混凝土真三轴抗压强度回归分析结果与试验结果的对比

为进一步验证本节建议的纤维混凝土三轴抗压强度计算式的适用性，随机选取了 2.3.1 节中常规三轴试验的部分数据和本节中的真三轴试验数据，将其分别与式（2-22）和式（2-24）的计算结果进行对比，如图 2-32 和图 2-33 所示。结果显示，在钢纤维体积掺量不超过 1.5%、聚丙烯纤维体积掺量不超过 0.15%的情况下，两者均吻合良好，表明上述两式在工程应用中具有较强的普适性。

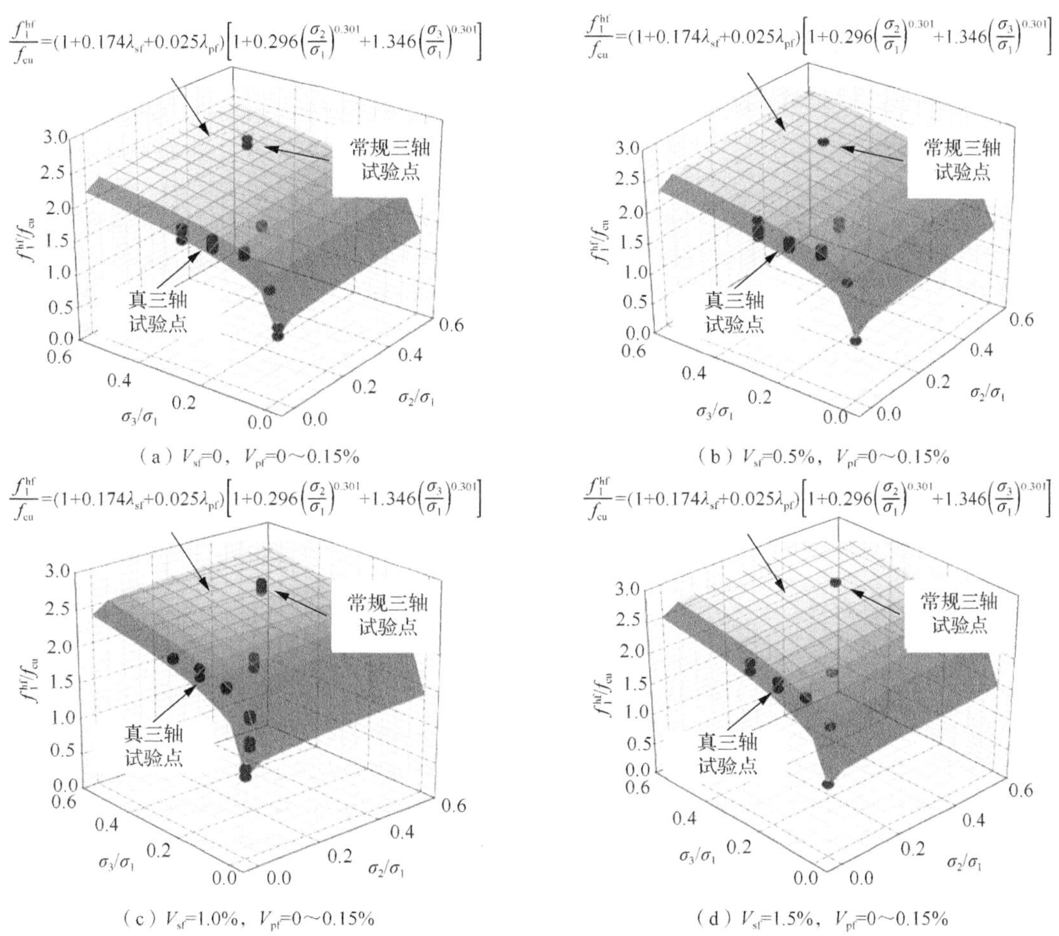

（a）V_{sf}=0，V_{pf}=0～0.15%

（b）V_{sf}=0.5%，V_{pf}=0～0.15%

（c）V_{sf}=1.0%，V_{pf}=0～0.15%

（d）V_{sf}=1.5%，V_{pf}=0～0.15%

图 2-32　本节建议的纤维混凝土真三轴抗压强度计算式（2-22）的普适性验证

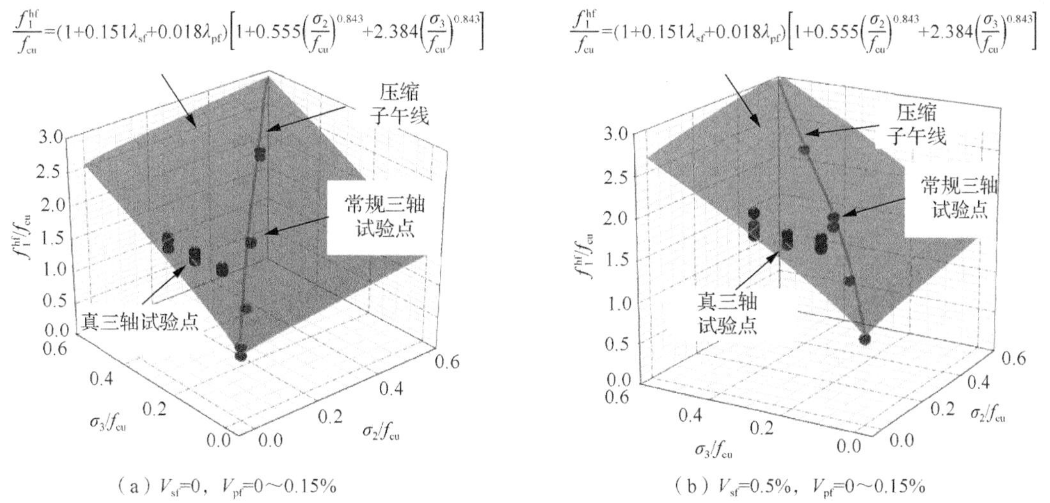

（a）V_{sf}=0，V_{pf}=0～0.15%

（b）V_{sf}=0.5%，V_{pf}=0～0.15%

图 2-33　本节建议的纤维混凝土真三轴抗压强度计算式（2-24）的普适性验证

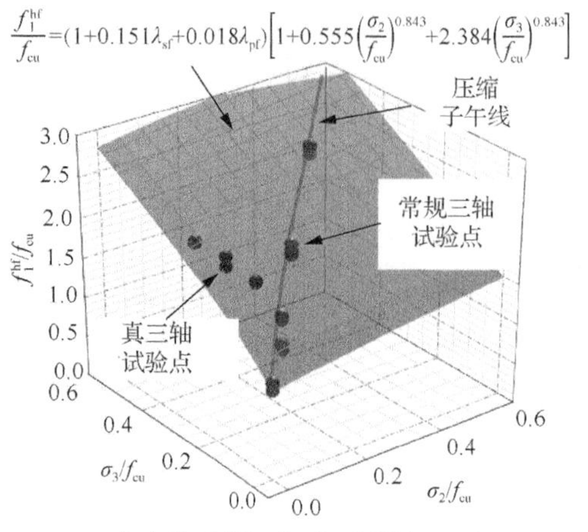

（c）V_{sf}=1.0%，V_{pf}=0～0.15%

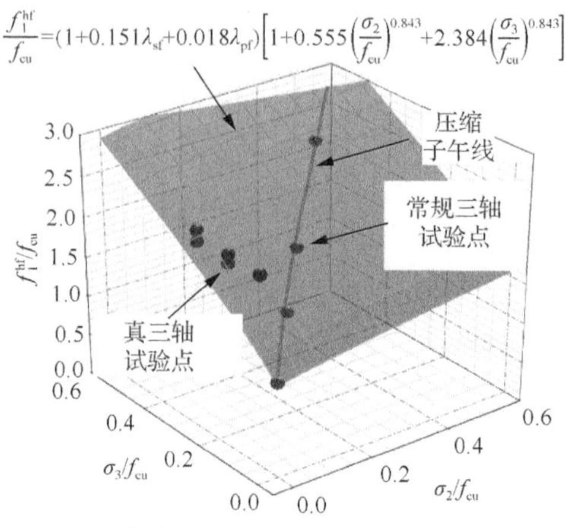

（d）V_{sf}=1.5%，V_{pf}=0～0.15%

图 2-33（续）

参 考 文 献

[1] He W C, Kong X Q, Fu Y, et al. Experimental investigation on the mechanical properties and microstructure of hybrid fiber reinforced recycled aggregate concrete[J]. Construction and Building Materials, 2020, 261: 120488.

[2] 杨勇，任青文．钢纤维混凝土力学性能试验研究[J]．河海大学学报（自然科学版），2006（1）：92-94.

[3] Güneyisi E, Gesoğlu M, Akoi A O M, et al. Combined effect of steel fiber and metakaolin incorporation on mechanical properties of concrete[J]. Composites Part B: Engineering, 2014, 56: 83-91.

[4] Gesoğlu M, Güneyisi E, Alzeebaree R, et al. Effect of silica fume and steel fiber on the mechanical properties of the concretes produced with cold bonded fly ash aggregates[J]. Construction and Building Materials, 2013, 40: 982-990.

[5] Soulioti D V, Barkoula N M, Paipetis A, et al. Effects of fibre geometry and volume fraction on the flexural behaviour of steel-fibre reinforced concrete[J]. Strain, 2011, 47: 535-541.

[6] Thomas J, Ramaswamy A. Mechanical properties of steel fiber-reinforced concrete[J]. Journal of Materials in Civil Engineering, 2007, 19(5):385-392.

[7] 解伟，罗维，李树山，等．钢纤维体积率对 C30 混凝土立方体抗压强度尺寸效应的影响[J]．华北水利水电大学学报（自然科学版），2015，36（2）：11-14.

[8] 李川川．钢纤维混凝土立方体与圆柱体试件力学性能及其关系研究[D]．郑州：郑州大学，2016.

[9] 管新建．钢纤维混凝土的力学性能及路面工程应用研究[D]．郑州：郑州大学，2003.

[10] 范存园．混杂钢纤维混凝土力学性能研究[D]．郑州：郑州大学，2017.

[11] Li B, Chi Y, Xu L H, et al. Cyclic tensile behavior of SFRC: experimental research and analytical model[J]. Construction and Building Materials, 2018, 190: 1236-1250.

[12] Xu L H, Li B, Ding X X, et al. Experimental investigation on damage behavior of polypropylene fiber reinforced concrete under compression[J]. International Journal of Concrete Structures and Materials, 2018, 12(1): 1-20.

[13] 王宁．聚丙烯纤维混凝土性能分析[J]．交通世界，2022（17）：33-35.

[14] 张元元．钢-聚丙烯混杂纤维混凝土单轴受压本构关系与受拉性能研究[D]．武汉：武汉大学，2010.

[15] 梅国栋．钢-聚丙烯混杂纤维混凝土单轴受拉性能与本构关系研究[D]．武汉：武汉大学，2014.

[16] 夏冬桃．混杂纤维增强高性能混凝土深梁抗弯性能试验研究[D]．武汉：武汉大学，2007.

[17] 刘胜兵．混杂纤维增强高性能混凝土深梁受剪性能研究[D]．武汉：武汉大学，2009.

[18] Alwesabi E A H, Bakar B H A, Alshaikh I M H, et al. An experimental study of compressive toughness of steel-polypropylene hybrid fibre-reinforced concrete[J]. Structures, 2022, 37: 379-388.

[19] 刘杰．钢纤维再生混凝土拉压性能及其相互关系[D]．郑州：郑州大学，2016.

[20] 孙齐圣．C30 钢纤维混凝土强度尺寸效应试验研究[D]．郑州：华北水利水电大学，2017.

[21] 朱田路．低掺量钢纤维混凝土力学性能研究[D]．郑州：郑州大学，2011．

[22] 刘曙光，黄承逵，王清湘，等．钢纤维改善高强混凝土单轴受压特性的试验研究[J]．工业建筑，2005（11）：78-80．

[23] Nataraja M C, Dhang N, Gupta A P. Stress-strain curves for steel-fiber reinforced concrete under compression[J]. Cement and Concrete Composites, 1999, 21(5-6): 383-390.

[24] 吕西林，张颖，年学成．钢纤维高强混凝土在单调和重复荷载作用下轴压应力-应变曲线试验研究[J]．建筑结构学报，2017，38（1）：135-143．

[25] 张广泰，唐巍．聚丙烯纤维混凝土应力-应变曲线试验研究[J]．混凝土，2015，2：22-25．

[26] 张悦．聚丙烯纤维混凝土力学性能及损伤破坏形态研究[D]．西安：西安理工大学，2019．

[27] Feng J, Yin G, Tuo H, et al. Uniaxial compressive behaviour of hook-end steel and mcaro-polypropylene hybrid fibers reinforced recycled aggregate concrete[J]. Construction and Building Materials, 2021, 304: 124559.

[28] Guo H, Jiang L, Tao J, et al. Influence of a hybrid combination of steel and polypropylene fibers on concrete toughness[J]. Construction and Building Materials, 2021, 275: 122132.

[29] Deng F Q, Chi Y, Xu L H, et al. Constitutive behavior of hybrid fiber reinforced concrete subject to uniaxial cyclic tension: experimental study and analytical modeling[J]. Construction and Building Materials, 2021, 295: 123650.

[30] 张晓燕，曹晨杰，孙丽，等．钢纤维混凝土轴压应力-应变曲线试验研究[J]．混凝土，2013（5）：24-27．

[31] 何化南，黄承逵．钢纤维自应力混凝土受拉应力-应变全曲线试验研究[J]．大连理工大学学报，2004（5）：710-713．

[32] 杨萌，黄承逵．钢纤维高强混凝土轴拉性能研究[J]．土木工程学报．2006，39（3）：55-61．

[33] 张华．钢纤维混凝土强度与弯曲韧性研究[D]．郑州：郑州大学，2011．

[34] 王惊涛．钢纤维混凝土劈裂抗拉与抗折性能的尺寸效应试验研究[D]．郑州：华北水利水电大学，2016．

[35] 郭兴．聚丙烯纤维混凝土抗拉性能研究[J]．西安工业大学学报，2021，41（6）：644-648．

[36] 李彪．钢-聚丙烯混杂纤维混凝土弹塑性损伤本构关系及数值实现[D]．武汉：武汉大学，2018．

[37] Kupfer H B, Hilsdorf K H, Rush H. Behavior of concrete under biaxial stresses[J]. Journal of the Engineering Mechanics Division Asce, 1969, 99(8): 853-866.

[38] 吕培印，宋玉普，侯景鹏．一向侧压混凝土在不同加载速率下的受压试验及其破坏准则[J]．工程力学，2002（5）：67-71．

[39] 中华人民共和国住房和城乡建设部．混凝土结构通用规范：GB 55008—2021[S]．北京：中国建筑工业出版社，2021．

第 3 章　纤维混凝土应力-应变关系

纤维混凝土的应力-应变关系，综合反映了各个受力阶段的变形特点和破坏过程，包含了重要的力学性能指标（如强度、变形模量、极限应变等），是结构分析、工程设计、选择材料和新型混凝土研发的重要依据；同时，它又是纤维混凝土的弹塑性本构关系和弹塑性损伤本构关系的基础。本章论述纤维混凝土单轴受压和受拉、双轴受压和三轴受压的应力-应变关系，阐明纤维特征参数的影响规律，并建立数学表达式。

3.1　单轴受压应力-应变关系

3.1.1　单调受压应力-应变全曲线

为研究纤维混凝土在单调受压荷载作用下的应力-应变关系，考虑钢纤维体积掺量和长径比、聚丙烯纤维体积掺量和长径比等 4 个因素的影响（表 3-1），设计制作了 34 组混凝土基体强度等级为 C40 的纤维混凝土棱柱体试件，试件尺寸为 150mm×150mm×300mm，各组试件的纤维特征参数如表 3-2 所示。

表 3-1　纤维混凝土单调受压试验考察的因素及水平

水平	钢纤维		聚丙烯纤维	
	体积掺量 V_{sf}/%	长径比 l_{sf}/d_{sf}	体积掺量 V_{pf}/%	长径比 l_{pf}/d_{pf}
水平 1	0.5	30	0.05	167
水平 2	1.0	60	0.10	396
水平 3	1.5	80	0.15	

表 3-2　纤维混凝土单调受压试验的试件设计表

试件编号	钢纤维		聚丙烯纤维	
	体积掺量 V_{sf}/%	长径比 l_{sf}/d_{sf}	体积掺量 V_{pf}/%	长径比 l_{pf}/d_{pf}
A1	0.5	30	0.05	167
A2	0.5	60	0.05	396
A3	0.5	80	0.05	396
A4	0.5	30	0.10	396
A5	0.5	60	0.10	396
A6	0.5	80	0.10	167
A7	0.5	30	0.15	396
A8	0.5	60	0.15	167
A9	0.5	80	0.15	396
A10	1.0	30	0.05	396

续表

试件编号	钢纤维		聚丙烯纤维	
	体积掺量 V_{sf}/%	长径比 l_{sf}/d_{sf}	体积掺量 V_{pf}/%	长径比 l_{pf}/d_{pf}
A11	1.0	60	0.05	396
A12	1.0	80	0.05	167
A13	1.0	30	0.10	396
A14	1.0	60	0.10	167
A15	1.0	80	0.10	396
A16	1.0	30	0.15	167
A17	1.0	60	0.15	396
A18	1.0	80	0.15	396
A19	1.5	30	0.05	396
A20	1.5	60	0.05	167
A21	1.5	80	0.05	396
A22	1.5	30	0.10	167
A23	1.5	60	0.10	396
A24	1.5	80	0.10	396
A25	1.5	30	0.15	396
A26	1.5	60	0.15	396
A27	1.5	80	0.15	167
A28	0.5	60		
A29	1.0	60		
A30	1.5	60		
A31			0.05	396
A32			0.10	396
A33			0.15	396
A34				

图 3-1 为纤维混凝土单调轴心受压应力-应变全曲线。在保持体积掺量和长径比不变的情况下，分析钢纤维、聚丙烯纤维和钢-聚丙烯混杂纤维的掺入对混凝土单调轴心受压应力-应变全曲线的影响，如图 3-1（a）所示。对比分析图中曲线可以看出，曲线的上升段无明显差别，表明纤维的掺入对曲线上升段影响不大；曲线的下降段明显不同，表明纤维的阻裂、增韧作用，明显改善了峰后延性，其中混杂纤维增强效果最佳，钢纤维的增强效果次之。

图 3-1（b）反映了聚丙烯纤维体积掺量对混凝土单调轴心受压应力-应变关系曲线的影响。从图中可以看出，与普通混凝土试件（A34）相比，聚丙烯纤维混凝土试件（A32）的应力-应变曲线更为饱满；随着聚丙烯纤维体积掺量的增加，峰值应力、峰值应变以及韧性都有不同程度的提高；体积掺量为 0.10%的聚丙烯纤维混凝土试件（A14）的受压性能优于体积掺量为 0.15%的聚丙烯纤维混凝土试件（A17），这是因为体积掺量较大时聚丙烯纤维会产生结团现象，不利于纤维混凝土轴心受压性能的提升。

图 3-1（c）给出了体积掺量不同的钢纤维混凝土试件应力-应变关系曲线。从图中可以看出，与普通混凝土试件（A34）相比，钢纤维的掺入提高了曲线下降段的饱满程度，且随着钢纤维体积掺量的增加，峰值应力、峰值应变及韧性均有不同程度的提高。

为分析纤维长径比的影响规律，选取体积掺量分别为 0.5%和 0.05%的钢纤维和聚丙烯纤维混杂掺入的试件，绘制混杂纤维混凝土单轴受压应力-应变曲线，见图 3-1（d）。分析图中曲线可知，随着钢纤维长径比的增大，应力-应变全曲线的上升段基本相同，但曲线围成的面积增加了。

彩图 3-1

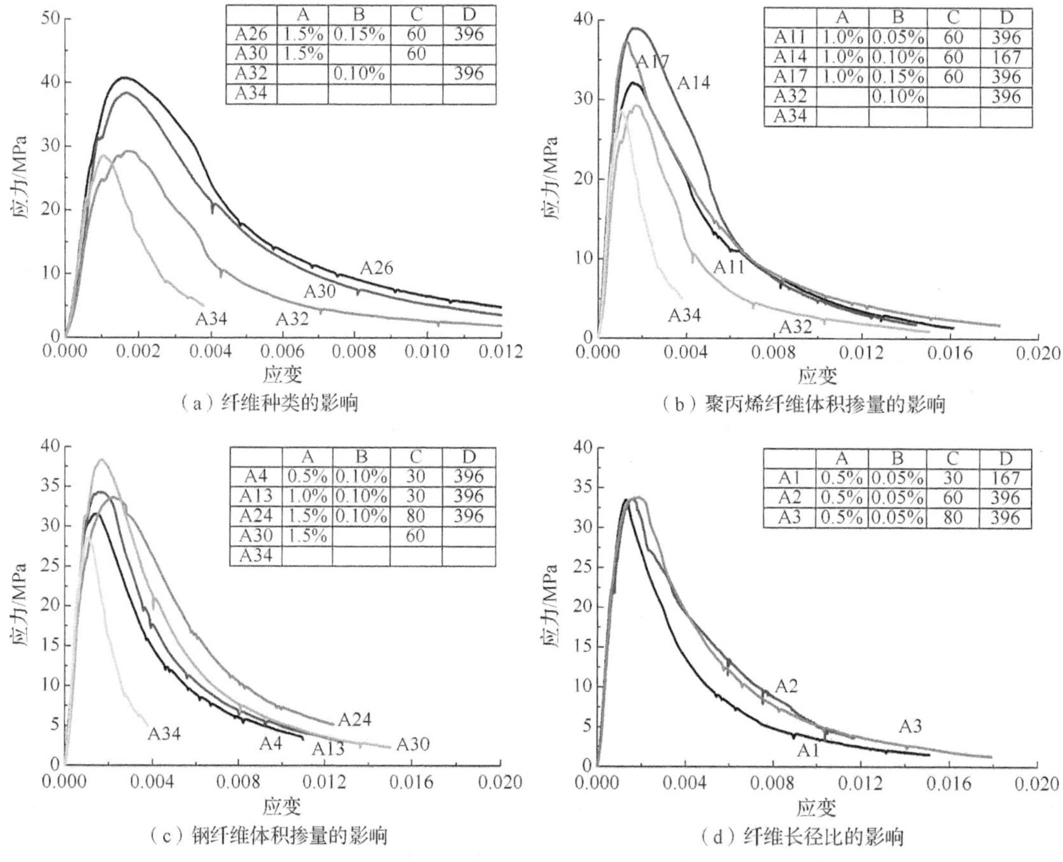

（a）纤维种类的影响　（b）聚丙烯纤维体积掺量的影响

（c）钢纤维体积掺量的影响　（d）纤维长径比的影响

图 3-1　纤维混凝土单调轴心受压应力-应变全曲线

注：图中的 A、B、C、D 分别代表钢纤维体积掺量、聚丙烯纤维体积掺量、钢纤维长径比和聚丙烯纤维长径比。

3.1.2　循环受压应力-应变全曲线

为研究循环受压荷载作用下纤维混凝土的应力-应变关系，仿照单调加载试验，考虑钢纤维体积掺量和长径比、聚丙烯纤维体积掺量和长径比等 4 个因素的影响（表 3-3），设计制作 28 组混凝土基体强度等级为 C40 的纤维混凝土棱柱体试件，试件尺寸为 150mm×150mm×300mm，各组试件的纤维特征参数如表 3-4 所示。

表 3-3　纤维混凝土循环受压试验设计的因素及水平

水平	钢纤维		聚丙烯纤维	
	体积掺量 V_{sf}/%	长径比 l_{sf}/d_{sf}	体积掺量 V_{pf}/%	长径比 l_{pf}/d_{pf}
水平 1	1.0	30	0.10	167
水平 2	1.5	60	0.15	280
水平 3	2.0	80	0.20	396

表 3-4　纤维混凝土循环受压试验的试件设计表

试件编号	钢纤维		聚丙烯纤维	
	体积掺量 V_{sf}/%	长径比 l_{sf}/d_{sf}	体积掺量 V_{pf}/%	长径比 l_{pf}/d_{pf}
S000P000				
SB10P000	1.0	60		
SA15P000	1.5	30		
SB15P000	1.5	60		
SC15P000	1.5	80		
SB20P000	2.0	60		
S000PA10			0.10	167
S000PA15			0.15	167
S000PB15			0.15	280
S000PC15			0.15	396
S000PA20			0.20	167
SB10PA10	1.0	60	0.10	167
SB10PA15	1.0	60	0.15	167
SB10PA20	1.0	60	0.20	167
SA15PA15	1.5	30	0.15	167
SA15PB15	1.5	30	0.15	280
SA15PC20	1.5	30	0.20	396
SB15PA10	1.5	60	0.10	167
SB15PA15	1.5	60	0.15	167
SB15PB15	1.5	60	0.15	280
SB15PC15	1.5	60	0.15	396
SB15PA20	1.5	60	0.20	167
SC15PA15	1.5	80	0.15	167
SC15PB15	1.5	80	0.15	280
SC15PC15	1.5	80	0.15	396
SB20PA10	2.0	60	0.10	167
SB20PA15	2.0	60	0.15	167
SB20PA20	2.0	60	0.20	167

图 3-2 为代表性的纤维混凝土单轴循环受压应力-应变全曲线。为分析纤维类型对混凝土循环受压应力-应变全曲线的影响，选取体积掺量 1.5%、长径比 60 的钢纤维混

凝土试件，体积掺量 0.15%、长径比 167 的聚丙烯纤维混凝土试件和普通混凝土试件，如图 3-2（a）所示。对比图中曲线可以发现，在加载初期，所有试件的应力退化均不明显，随着循环加载次数的增加，开始逐渐产生塑性变形。在滞回耗能方面，普通混凝土的加卸载曲线围成的滞回环面积较小，在峰后加载阶段，滞回环面积随着循环荷载次数增加而逐渐减小，表明耗散能力很弱；聚丙烯纤维混凝土的峰后阶段滞回环面积明显增大，耗能能力增强；钢纤维混凝土的峰后软化现象得到改善，滞回环面积明显增大，滞回耗能能力最强。

图 3-2（b）反映了钢纤维体积掺量对纤维混凝土循环受压应力-应变关系全曲线的影响。随着钢纤维体积掺量的增加，混凝土的峰值压应力显著增大，曲线下降段更加平缓，应力退化和刚度退化更慢，残余应力更大。

图 3-2（c）给出了不同钢纤维长径比下纤维混凝土循环受压应力-应变全曲线。从图中可以发现，随着钢纤维长径比的增大，纤维混凝土的峰值压应力呈现小幅降低的趋势，但纤维混凝土的刚度退化和应力退化随着钢纤维长径比的增大而大幅度改善。

图 3-2（d）反映了聚丙烯纤维体积掺量对纤维混凝土循环受压应力-应变全曲线的影响。从图中可以看出，随着聚丙烯纤维体积掺量的增加，纤维混凝土的峰值压应力出现小幅波动，峰后延性呈现降低的趋势，且纤维混凝土的刚度退化加快。

图 3-2（e）反映了聚丙烯纤维长径比对纤维混凝土循环受压应力-应变全曲线的影响。由图可以看出，聚丙烯纤维长径比对纤维混凝土受压力学性能的影响较小。

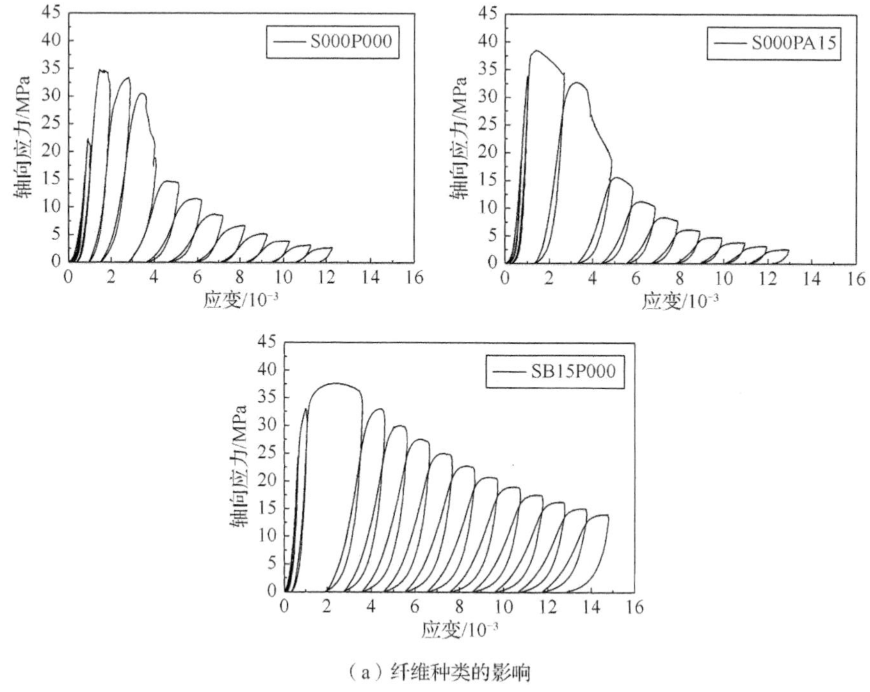

（a）纤维种类的影响

图 3-2　纤维混凝土单轴循环受压应力-应变全曲线

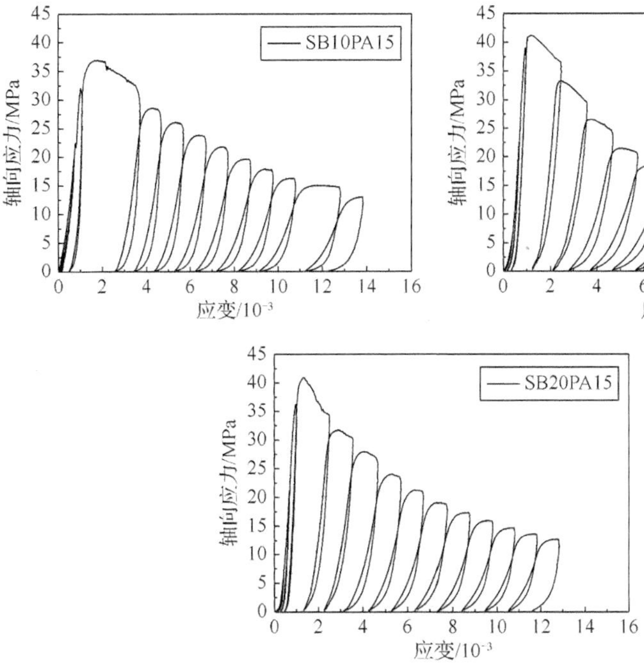

（b）钢纤维体积掺量的影响

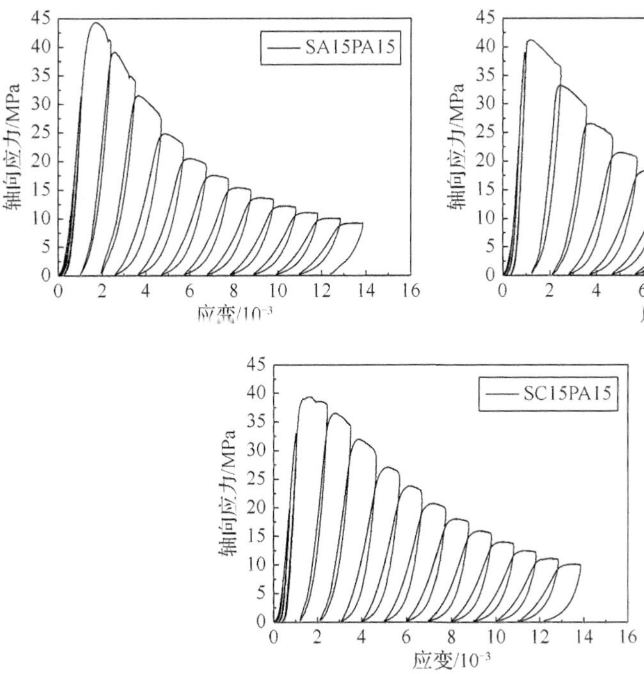

（c）钢纤维长径比的影响

图 3-2（续）

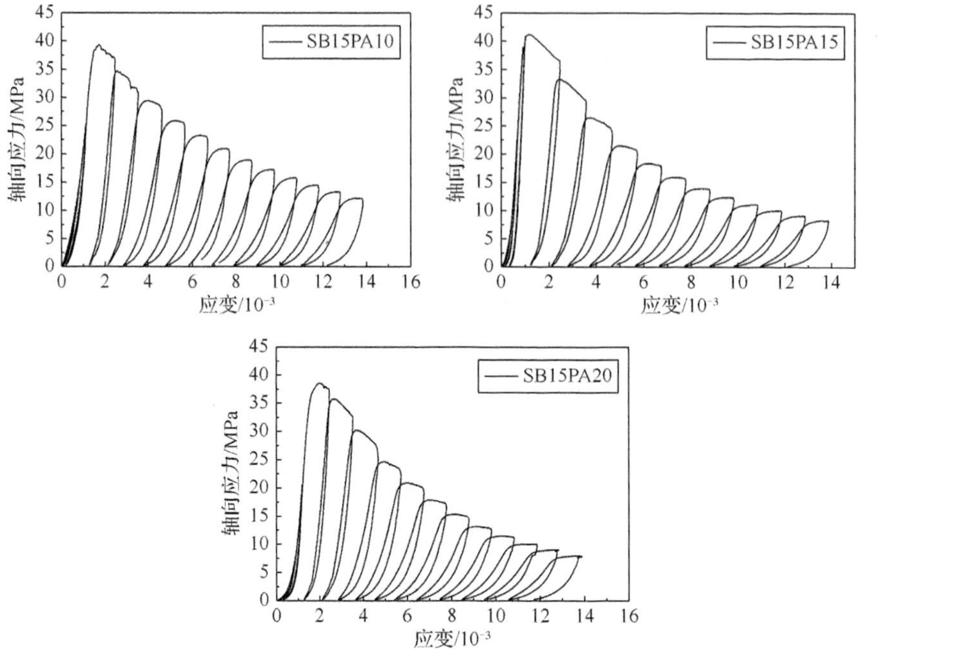

（d）聚丙烯纤维体积掺量的影响

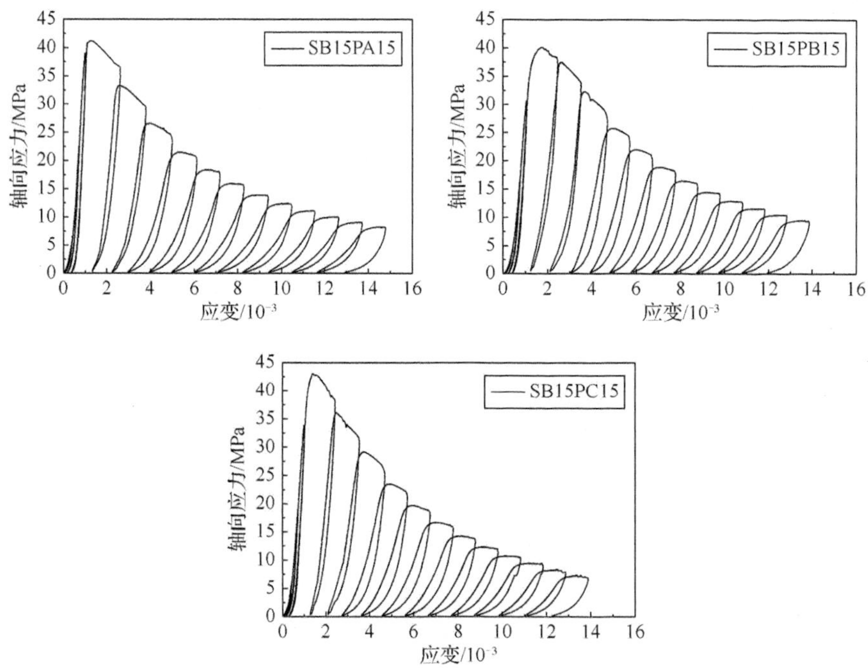

（e）聚丙烯纤维长径比的影响

图 3-2（续）

3.1.3 单轴受压破坏过程及破坏机理

根据单调受压应力-应变全曲线和循环受压应力-应变全曲线包络线的形态，结合试验现象分析，将纤维混凝土轴心受压应力-应变全过程划分为以下四个阶段：弹性阶段（*OA* 段）、裂缝稳态扩展阶段（*AB* 段）、裂缝失稳扩展与断裂发生阶段（*BD* 段）以及破坏阶段（*D* 以后），如图 3-3 所示。

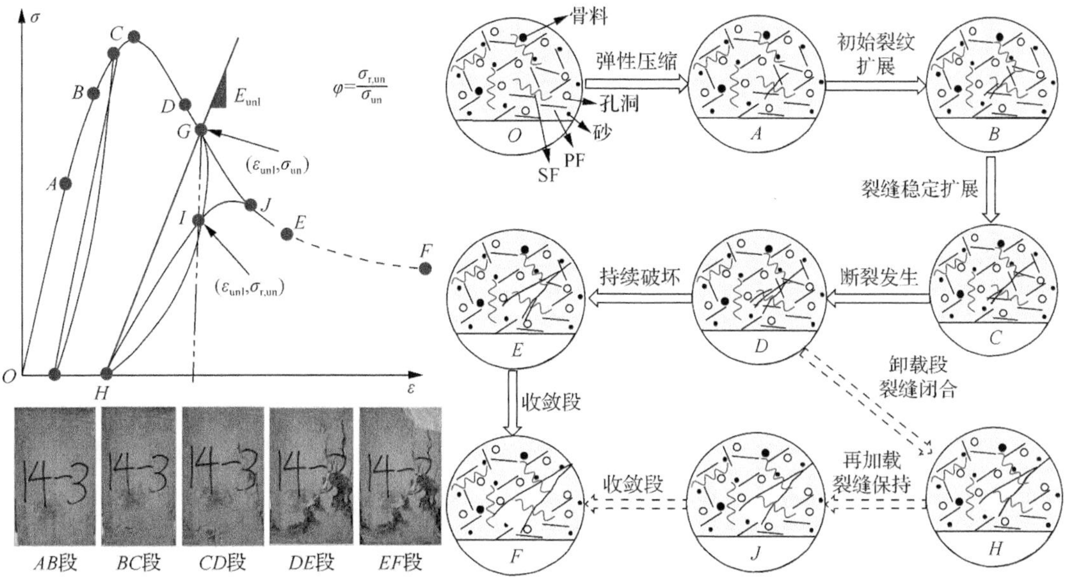

E_{unl}—卸载刚度；ε_{unl}、σ_{un}—卸载点处的应变、应力；ε_{unl}、$\sigma_{r,un}$—再加载至原卸载点处的应变、应力；φ—应力退化比。*G* 点代表卸载点；*I* 点代表再加载路径上应变与原卸载点处应变相同的点。

图 3-3　纤维混凝土轴心受压全过程及纤维桥接作用示意图

（1）弹性阶段（*OA* 段）

当压应力不超过 40%峰值强度时，纤维混凝土试件表面无可见裂缝，单调受压应力-应变全曲线和循环受压应力-应变全曲线的包络线近似为一条直线，其弹性模量与普通混凝土的基本相等，纤维增强作用不明显。在此阶段，纤维混凝土可以近似为线弹性材料，泊松比为 0.2 左右。

（2）裂缝稳态扩展阶段（*AB* 段）

当压应力在 40%～90%峰值强度范围内时，纤维混凝土的应力-应变曲线为上凸曲线，呈现出明显的非线性特征，表明试件内部的初始裂缝开始缓慢、稳定扩展。由于裂缝的扩展与水泥石的塑性流动，损伤逐渐累积并伴随着不可逆塑性变形的产生。随着变形的逐渐增大，纤维在混凝土基体中开始发挥增强阻裂作用，抑制裂缝的扩展，有效提高了混凝土的承载能力。在此阶段后期，尽管表面无肉眼可见的裂缝出现，但加载过程中有“噼啪”声传出，说明此时混凝土内部的裂缝已经充分发展。

（3）裂缝失稳扩展与断裂发生阶段（*BD* 段）

当纤维混凝土的压应力超过 90%峰值强度时，混凝土进入裂缝非稳定扩展阶段，表面出现平行于外力方向的竖向裂缝。随着变形的增加，混凝土压应力稍有上升，但在达到峰值压应力（*C* 点）后开始逐渐降低，出现应变软化现象；在达到峰值强度时，试件通常会出现第一条宏观裂缝，此后相继出现多条纵向裂缝，横向变形开始快速发展。宏观裂缝的出现导致骨料与砂浆之间的黏结力下降，削弱了混凝土的抗剪能力。当变形到

达 D 点后，试件表面出现了贯通的斜裂缝，并伴有部分表面混凝土剥落。在此阶段，由于裂缝发展充分，纤维的桥接作用明显，随着纤维体积掺量的增加，应力-应变曲线的软化阶段愈趋平缓。

（4）破坏阶段（D 点以后）

当混凝土的变形超过 D 点以后，斜裂缝形成的剪切面逐步演化成破碎带，在正应力和剪应力共同作用下，破碎带的宽度不断增加，但其他部位的裂缝趋于稳定，不再扩展，应力-应变曲线逐步趋于平缓。纤维混凝土的承载能力一部分由基体剪切带的摩阻力和残余黏结力提供，另一部分由未被拔出的纤维提供，残余强度随着纤维掺量的增加而增大。从试件的破坏形态来看，不掺纤维的普通混凝土试件容易发生脆性破坏，试件瞬间裂开成几个独立的块体；而纤维混凝土试件在达到极限状态时，裂缝一般多而细，试件的破碎带方向与加载方向大致成 60° 夹角。

对于循环受压应力-应变全曲线，除上述几个阶段之外，还存在循环加、卸载阶段，如图 3-3 中右图所示。在卸载段，由于混凝土内部的应力减小，产生的弹性变形逐渐减小直至完全卸载；在再加载段的前期，由于混凝土的应变尚未达到之前卸载时的卸载应变，试件表面的裂缝宽度变化不明显；在再加载段的后期，轴向压应变超过卸载应变，试件内部主裂缝间的拉应力增大，表面的裂缝宽度明显加大。

3.1.4 单轴受压应力-应变曲线数学模型

材料的应力-应变曲线数学模型是分析结构构件受力性能的重要基础。根据纤维混凝土轴心受压应力-应变全曲线的几何特征，参考国内外已有研究成果[1-7]，建立了单调加载和循环加载纤维混凝土受压经验本构模型，其中的关键参数如图 3-4 所示。

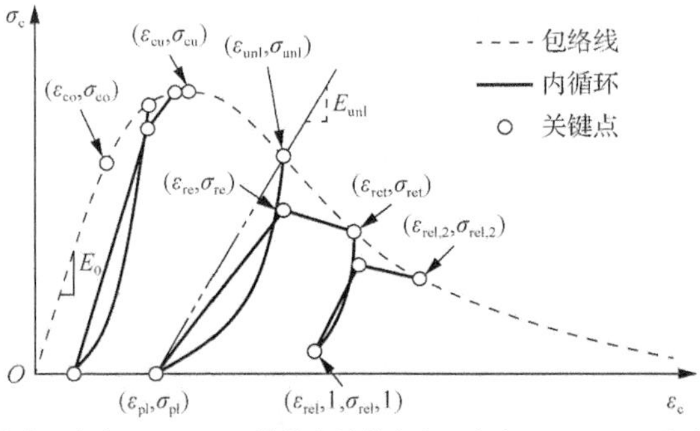

ε_{co}、σ_{co}—比例极限点应变、应力；ε_{cu}、σ_{cu}—峰值点处的应变、应力；ε_{unl}、σ_{unl}—卸载点处的应变、应力；
ε_{pl}、σ_{pl}—卸载至零时的塑性应变、应力；ε_{re}、σ_{re}—再加载应变为 ε_{unl} 时的应变、应力；
ε_{ret}、σ_{ret}—再加载曲线与包络线相交时的应变、应力；ε_{rel}、σ_{rel}—不完全卸载时任意时刻的应变、应力。

图 3-4 纤维混凝土轴心受压应力-应变经验本构模型中关键参数定义

（1）单调受压应力-应变曲线数学模型

为与国内现行规范相衔接，单调受压应力-应变关系数学模型采用《混凝土结构通用规范》（GB 55008—2021）[8]建议的无量纲分段式函数，即

$$y=\begin{cases} a_c x+(3-2a_c)x^2+(a_c-2)x^3 & 0<x\leqslant 1 \\ \dfrac{x}{b_c(x-1)^2+x} & x>1 \end{cases} \tag{3-1}$$

式中，$y=\sigma_{c}^{hf}/\sigma_{cp}^{hf}$，$x=\varepsilon_{c}^{hf}/\varepsilon_{cp}^{hf}$，其中，$\sigma_{c}^{hf}$、$\varepsilon_{c}^{hf}$ 分别为纤维混凝土的轴向压应力和压应变，σ_{cp}^{hf}、ε_{cp}^{hf} 分别为相应的峰值压应力和峰值压应变。通过对本书相关研究和国内外相关研究文献[1,9-14]的共 54 组试验数据进行回归分析（图 3-5），得到了纤维混凝土峰值压应力和峰值压应变的计算式：

$$\sigma_{cp}^{hf}=\sigma_{cp}(1+0.206\lambda_{sf}+0.388\lambda_{pf}) \tag{3-2}$$

$$\varepsilon_{cp}^{hf}=\varepsilon_{cp}(1+0.550\lambda_{sf}+0.303\lambda_{pf}) \tag{3-3}$$

其中，σ_{cp}、ε_{cp} 分别为普通混凝土的峰值压应力和峰值压应变，两者关系可表示为 $\varepsilon_{cp}=263.3\sqrt{\sigma_{cp}}\times10^{-6}$。$a_c$ 和 b_c 是纤维混凝土轴心受压应力-应变全曲线形状的控制参数，其大小与纤维特征参数密切相关。其中，参数 a_c 控制曲线上升段的形状，其物理意义为初始弹性模量与切线模量之比（$1.5\leqslant a_c\leqslant3.0$，当 a_c 小于 1.5 时，取 1.5；当 a_c 大于 3.0 时，取 3.0）。参数 b_c 控制曲线下降段的曲率。通过回归分析，得到含纤维特征参数的 a_c、b_c 的数学表达式：

$$a_c=1.640+0.477\lambda_{sf}-0.492\lambda_{pf} \tag{3-4}$$

$$b_c=1.185-0.501\lambda_{sf}-0.307\lambda_{pf} \tag{3-5}$$

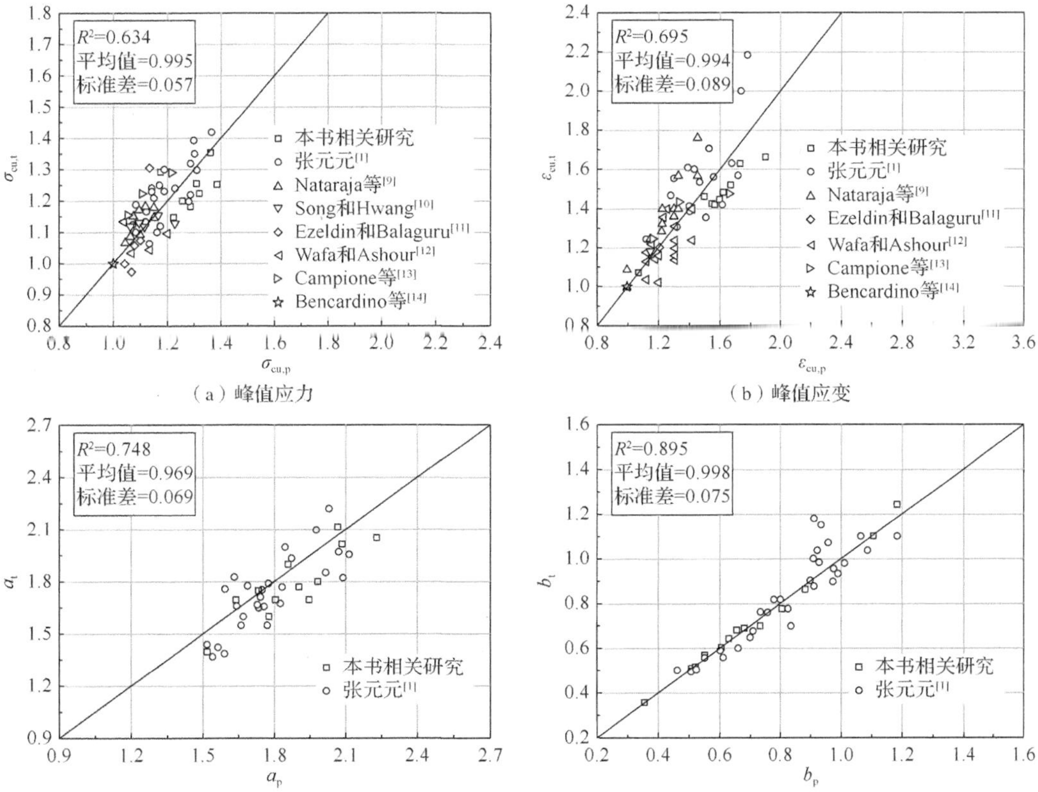

（a）峰值应力　（b）峰值应变

（c）参数a_c　（d）参数b_c

图 3-5　纤维混凝土单调受压应力-应变曲线关键参数回归分析

（图中 p、t 分别代表预测值与试验值）

（2）循环受压应力-应变曲线数学模型

大量研究结果表明，混凝土循环加载应力-应变全曲线的包络线与单调加载时的应力-应变曲线基本重合[15-17]。因此，纤维混凝土循环受压应力-应变曲线的包络线方程，可沿用所建立的单调受压应力-应变曲线数学模型。

对于卸载曲线，采用如下幂函数来反映纤维混凝土应力-应变（σ_c-ε_c）曲线的非线性特征：

$$\frac{\sigma_c}{\sigma_{unl}}=c\left(\frac{\varepsilon_c-\varepsilon_p}{\varepsilon_{unl}-\varepsilon_p}\right)^n \tag{3-6}$$

式中，参数 c 可由试验结果拟合得到，数值介于 0.95 和 1.0 之间（若无试验结果，建议取 1.0）；σ_{unl} 和 ε_{unl} 分别为卸载点处的应力和应变；ε_p 为塑性应变；n 为控制卸载段曲率的参数，其大小与卸载点处的应变密切相关[3, 18]。

通过对试验数据进行回归分析，ε_p 和 n 的变化规律可采用幂函数方程形式描述，数学表达式为

$$\frac{\varepsilon_p}{\varepsilon_{cu}}=0.589(1-0.111\lambda_{sf}-0.281\lambda_{pf})\left(\frac{\varepsilon_{unl}}{\varepsilon_{cu}}\right)^{1.276} \tag{3-7}$$

$$n=1+1.132\left(\frac{\varepsilon_{unl}}{\varepsilon_{cu}}\right)^{0.436} \tag{3-8}$$

对于再加载曲线，考虑到其变化趋势呈现出明显的两阶段特征，可由以下分段函数予以描述：

$$\sigma_c=\begin{cases}\sigma_{re}\dfrac{\varepsilon_c-\varepsilon_p}{\varepsilon_{unl}-\varepsilon_p} & \varepsilon_c\leqslant\varepsilon_{unl}\\[2ex](\sigma_{ret}-\sigma_{re})\dfrac{\varepsilon_c-\varepsilon_{unl}}{\varepsilon_{ret}-\varepsilon_{unl}}+\sigma_{re} & \varepsilon_c>\varepsilon_{unl}\end{cases} \tag{3-9}$$

式中，σ_{ret} 和 ε_{ret} 为再加载曲线与包络线交点的压应力和压应变，可由式（3-1）求得；σ_{re} 为再加载应变为 ε_{unl} 时的压应力，考虑到循环加卸载过程中的应力退化，其经验表达式可定义为 $\sigma_{re}=\varphi\sigma_{unl}$，其中

$$\varphi=\begin{cases}1-0.05\dfrac{\varepsilon_{unl}}{\varepsilon_{cu}} & 0<\dfrac{\varepsilon_{unl}}{\varepsilon_c}\leqslant 3\\[2ex]0.85 & \dfrac{\varepsilon_{unl}}{\varepsilon_c}>3\end{cases} \tag{3-10}$$

根据所建立的本构模型，将不同种类混凝土在单调加载和循环加载条件下的轴心受压应力-应变曲线预测结果（理论模型）与实测数据（试验结果）进行对比分析，如图 3-6 所示，发现两者吻合良好，表明所提出的单轴受压本构模型能够准确预测混杂纤维混凝土、钢（聚丙烯）纤维混凝土、普通混凝土的轴心受压行为。

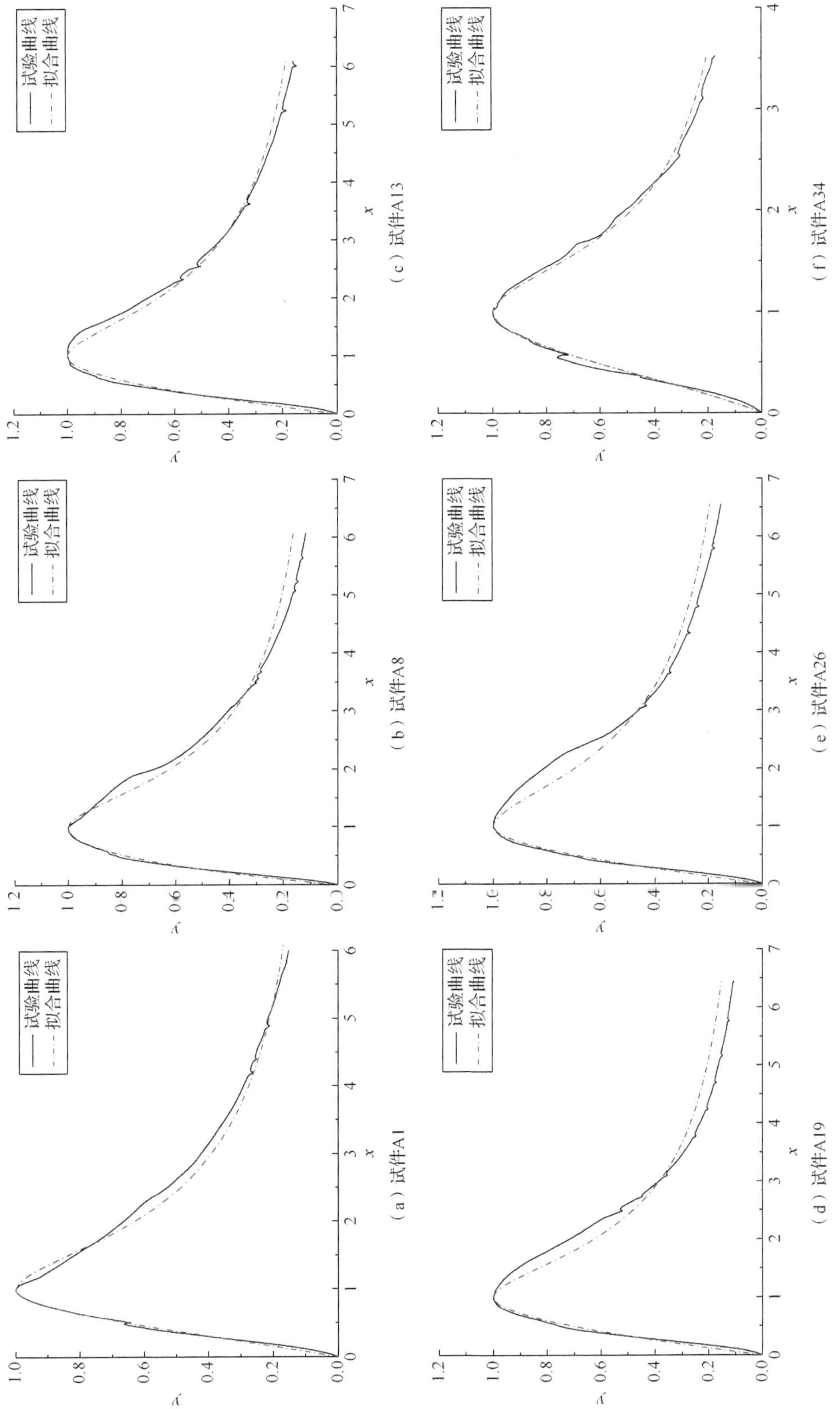

图 3-6　纤维混凝土轴心受压经验本构模型的验证

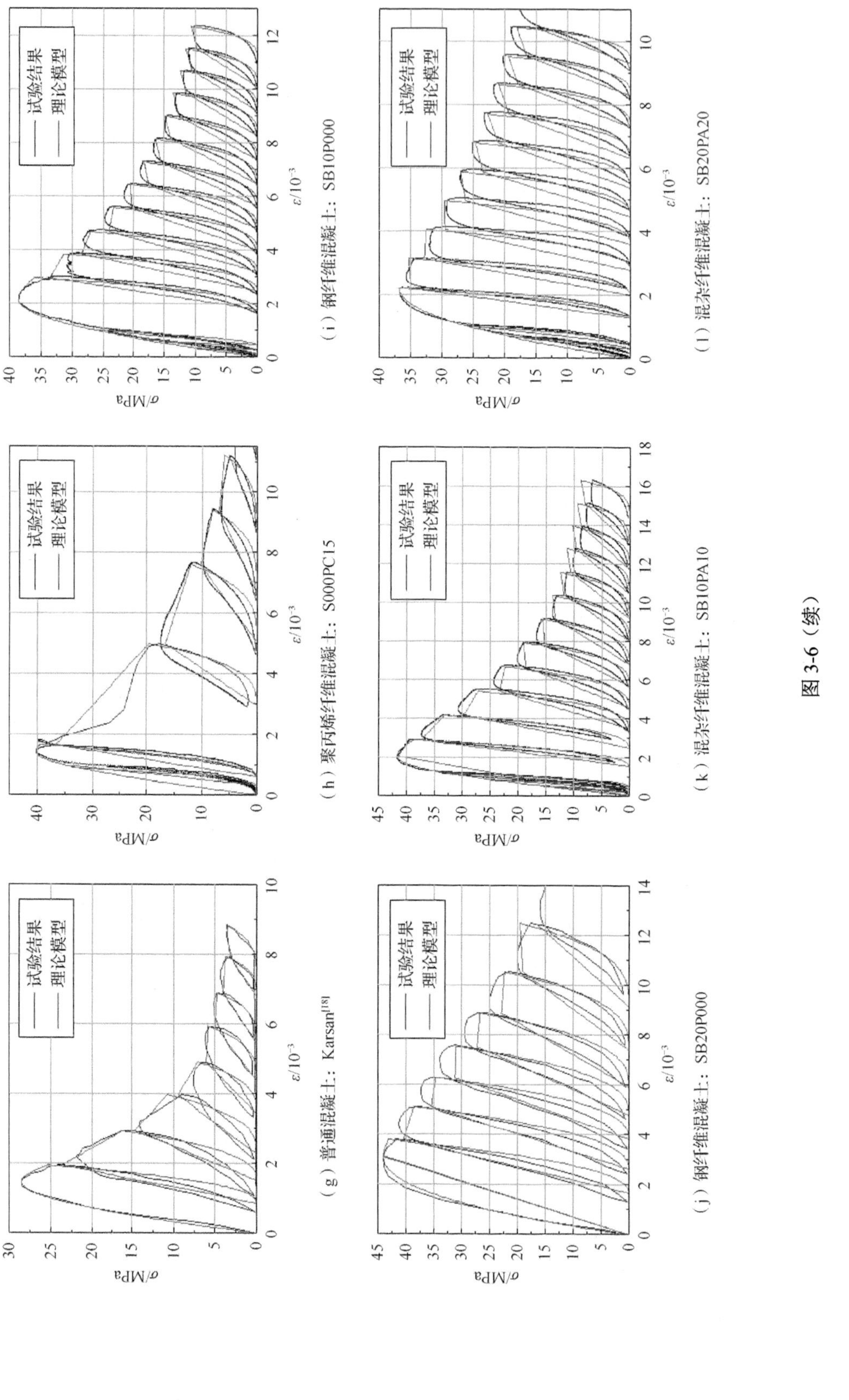

（g）普通混凝土：Karsan[18]

（h）聚丙烯纤维混凝土：S000PC15

（i）钢纤维混凝土：SB10P000

（j）钢纤维混凝土：SB20P000

（k）混杂纤维混凝土：SB10PA10

（l）混杂纤维混凝土：SB20PA20

图 3-6（续）

3.2　单轴受拉应力-应变关系

3.2.1　单调受拉应力-应变全曲线

为研究单调受拉荷载作用下纤维混凝土的应力-应变关系，考虑钢纤维体积掺量和长径比、聚丙烯纤维体积掺量和长径比等 4 个因素（表 3-5），设计制作 34 组混凝土基体强度等级为 C45 的纤维混凝土棱柱体试件，各组试件的纤维特征参数如表 3-6 所示。为确保试件受拉破坏时的裂缝出现在量测区域内，并有效减缓截面变化处的应力集中，设计了一种连续变截面的哑铃型试件，尺寸如图 3-7 所示。

表 3-5　纤维混凝土单调受拉试验考察的因素及水平

水平	钢纤维		聚丙烯纤维	
	体积掺量 V_{sf}/%	长径比 l_{sf}/d_{sf}	体积掺量 V_{pf}/%	长径比 l_{pf}/d_{pf}
水平 1	1.1	30	0.11	396
水平 2	1.5	60	0.15	
水平 3	1.9	80	0.19	

表 3-6　纤维混凝土单调受拉试验的试件设计表

试件编号	钢纤维		聚丙烯纤维	
	体积掺量 V_{sf}/%	长径比 l_{sf}/d_{sf}	体积掺量 V_{pf}/%	长径比 l_{pf}/d_{pf}
SA11P11	1.1	30	0.11	396
SB11P11	1.1	60	0.11	396
SC11P11	1.1	80	0.11	396
SA11P15	1.1	30	0.15	396
SB11P15	1.1	60	0.15	396
SC11P15	1.1	80	0.15	396
SA11P19	1.1	30	0.19	396
SB11P19	1.1	60	0.19	396
SC11P19	1.1	80	0.19	396
SA15P11	1.5	30	0.11	396
SB15P11	1.5	60	0.11	396
SC15P11	1.5	80	0.11	396
SA15P15	1.5	30	0.15	396
SB15P15	1.5	60	0.15	396
SC15P15	1.5	80	0.15	396
SA15P19	1.5	30	0.19	396
SB15P19	1.5	60	0.19	396
SC15P19	1.5	80	0.19	396
SA19P11	1.9	30	0.11	396
SB19P11	1.9	60	0.11	396

续表

试件编号	钢纤维		聚丙烯纤维	
	体积掺量 V_{sf}/%	长径比 l_{sf}/d_{sf}	体积掺量 V_{pf}/%	长径比 l_{pf}/d_{pf}
SC19P11	1.9	80	0.11	396
SA19P15	1.9	30	0.15	396
SB19P15	1.9	60	0.15	396
SC19P15	1.9	80	0.15	396
SA19P19	1.9	30	0.19	396
SB19P19	1.9	60	0.19	396
SC19P19	1.9	80	0.19	396
SB11	1.1	60		
SB15	1.5	60		
SB19	1.9	60		
P11			0.11	396
P15			0.15	396
P19			0.19	396
PC				

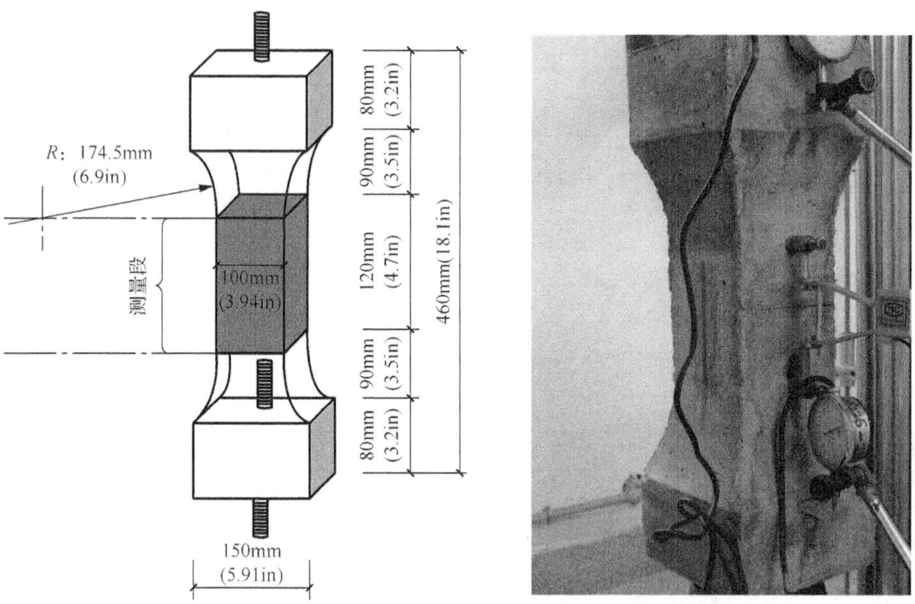

图 3-7　连续变截面轴心抗拉试件的几何尺寸及实际形状

图 3-8 绘制了纤维混凝土单调轴心受拉应力-应变全曲线。在保持体积掺量和长径比不变的情况下，分析钢纤维、聚丙烯纤维和钢-聚丙烯混杂纤维的掺入对混凝土单调轴心受拉应力-应变全曲线的影响，如图 3-8（a）所示。从图中可以看出，在曲线的上升段，不同混凝土试件的斜率无明显差别，但普通混凝土和聚丙烯纤维混凝土发生脆性断裂，抗拉强度远低于钢纤维混凝土和混杂纤维混凝土；在曲线下降段，与钢纤维混凝土相比，混杂纤维混凝土的软化现象更为平缓，残余强度也明显提高。

图 3-8（b）为聚丙烯纤维体积掺量不同的纤维混凝土单轴受拉应力-应变关系曲线。从图中可以看出，当聚丙烯纤维体积掺量从 0.11%增加到 0.19%时，纤维混凝土的抗拉强度变化较小，提高幅度约为 2%～3%，残余强度提高幅度为 10%左右，曲线下降段略微缓和，表明提高聚丙烯纤维体积掺量对纤维混凝土抗拉强度、残余强度以及峰后延性的影响均较小。

图 3-8（c）为钢纤维体积掺量不同的纤维混凝土单轴受拉应力-应变曲线。从图中可以看出，当钢纤维体积掺量从 1.1%增加到 1.5%时，纤维混凝土抗拉强度提高了 10.4%，残余强度提高了 30.1%；当钢纤维体积掺量从 1.5%增加到 1.9%时，试件的抗拉强度基本一致，但曲线形状更加饱满，下降段更为平缓，残余强度提高了 30.4%。相比聚丙烯纤维，钢纤维体积掺量的影响更加明显。

图 3-8（d）反映了钢纤维长径比对纤维混凝土单调受拉应力-应变全曲线的影响。从图中可以看出，与轴心受压曲线的变化规律类似，当纤维体积掺量一定时，随着钢纤维长径比的增大，纤维混凝土的应力-应变关系全曲线更饱满。

彩图 3-8

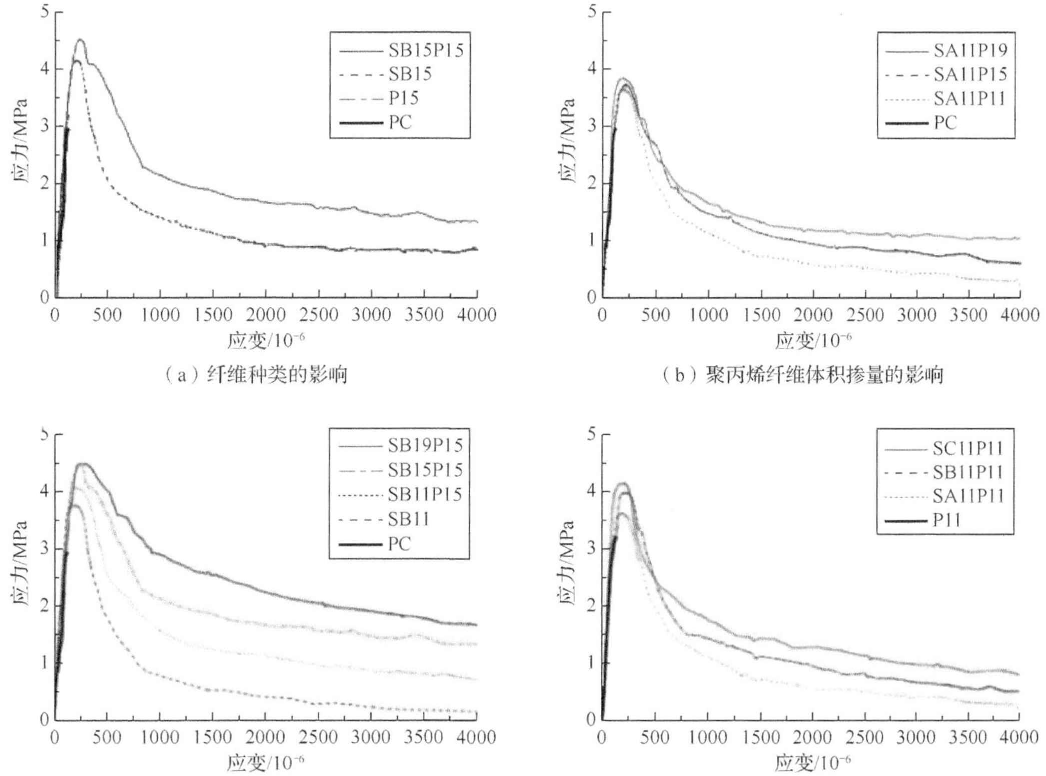

（a）纤维种类的影响　（b）聚丙烯纤维体积掺量的影响

（c）钢纤维体积掺量的影响　（d）钢纤维长径比的影响

图 3-8　纤维混凝土单调轴心受拉应力-应变全曲线

3.2.2　循环受拉应力-应变全曲线

研究循环受拉荷载作用下纤维混凝土应力-应变关系，同样考虑了钢纤维体积掺量和长径比、聚丙烯纤维体积掺量和长径比等 4 个影响因素，设计制作 12 组混凝土基体强度等级为 C45 的纤维混凝土棱柱体试件。图 3-9 绘制了纤维混凝土单轴循环受拉应力-应变全曲线。其中，图 3-9（a）反映钢纤维体积掺量对纤维混凝土循环受拉应力-应变曲线的影响。从图中曲线可以看出，随着钢纤维体积掺量的增加，纤维混凝土的峰值拉应力和残余拉应力不断提高，峰后延性和滞回环面积不断增大，耗能能力明显增强；同时，同一卸载应变处的卸载刚度逐渐增大，刚度退化减慢。

图 3-9（b）反映了钢纤维长径比对纤维混凝土循环受拉应力-应变全曲线的影响。从图中可以看出，随着钢纤维长径比的增大，纤维混凝土的峰后延性和耗能能力增强，刚度退化和应力退化程度降低。

图 3-9（c）和（d）分别给出了聚丙烯纤维体积掺量和长径比不同的纤维混凝土循环受拉应力-应变全曲线。对比分析图中曲线可以发现，聚丙烯纤维体积掺量和长径比的变化，对纤维混凝土循环受拉应力-应变关系曲线的滞回环面积影响小，其峰后软化、应力退化和刚度退化规律基本不变，与钢纤维相比，聚丙烯纤维对纤维混凝土循环受拉性能的影响小。

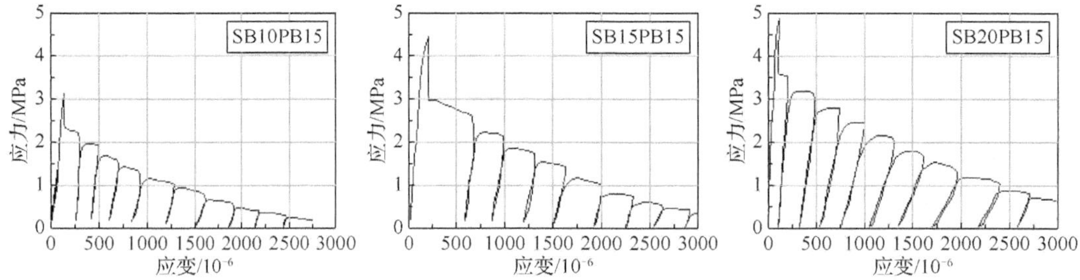

（a）钢纤维体积掺量的影响

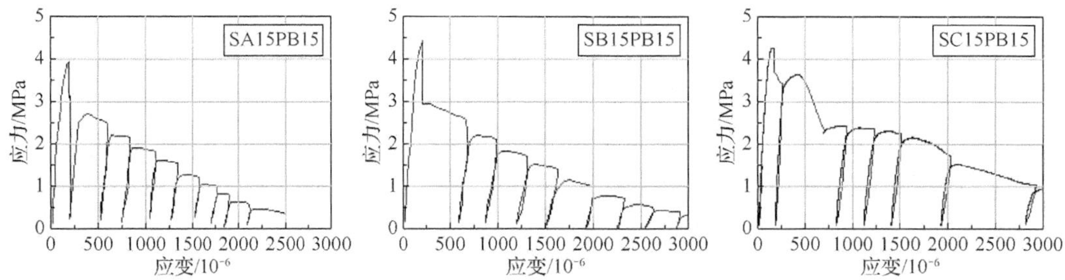

（b）钢纤维长径比的影响

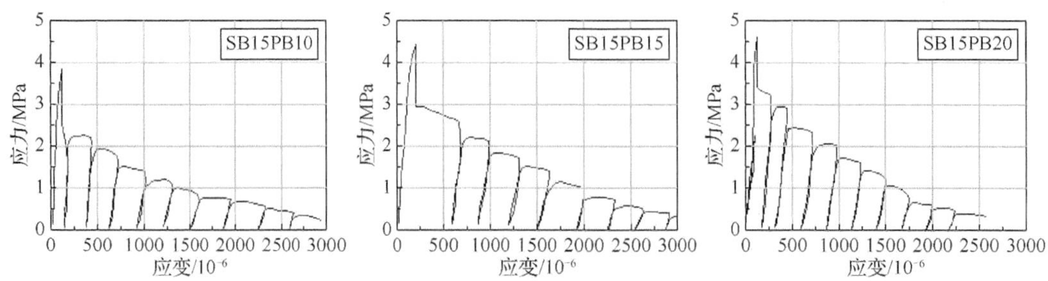

（c）聚丙烯纤维体积掺量的影响

图 3-9　纤维混凝土单轴循环受拉应力-应变全曲线

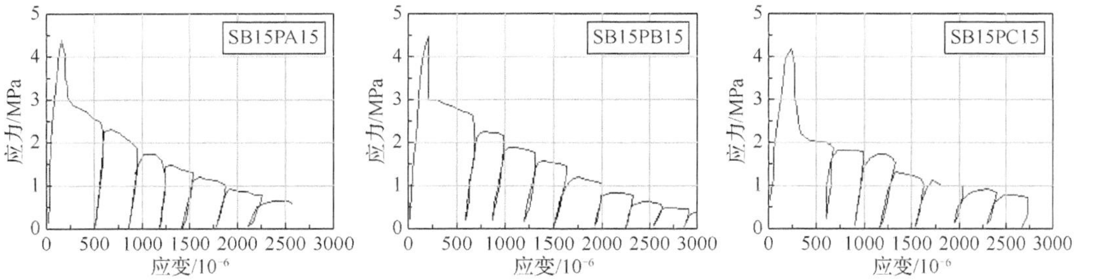

（d）聚丙烯纤维长径比的影响

图 3-9（续）

3.2.3　单轴受拉破坏过程及破坏机理

1. 破坏过程

根据单调受拉应力-应变全曲线和循环受拉应力-应变全曲线的包络线的形态，结合试验现象分析，将纤维混凝土轴心受拉应力-应变全过程划分为以下四个阶段：弹性阶段（*OA* 段）、裂缝稳定扩展阶段（*AB* 段）、裂缝非稳定扩展阶段（*BD* 段）以及破坏阶段（*D* 点以后），如图 3-10 所示。

（1）弹性阶段（*OA* 段）

纤维混凝土表面无肉眼可见的微裂缝。随着外荷载的持续增加，纤维混凝土的轴向拉应力缓慢增长，增长速率与普通混凝土基本一致，纤维的增强作用在此阶段可以忽略不计。比例极限（*A* 点）对应的拉应力为峰值拉应力的 90%左右。

（2）裂缝稳定扩展阶段（*AB* 段）

当拉应力超过比例极限后，纤维混凝土的受拉应力-应变全曲线开始呈现非线性特征。此时，混凝土试件内部的初始缺陷逐渐扩展，随机分散的纤维开始发挥阻裂作用，桥接微裂缝的两侧，传递并分担裂缝间的拉应力，延缓裂缝的进一步扩展并抑制新裂缝的萌生。随着荷载的继续增大，裂缝稳定扩展、交叉和贯通，当接近极限拉应力时，试件表面开始出现宏观裂缝。

（3）裂缝非稳定扩展阶段（*BD* 段）

此阶段可进一步分为应力突降段（*BC* 段）和裂缝持续扩展段（*CD* 段）。在应力突降段，由于混凝土内部积累的弹性应变能突然释放，裂缝宽度陡增，桥接裂缝的聚丙烯纤维部分断裂，部分钢纤维脱粘或拔出，引起应力突降，下降幅度与纤维的体积掺量密切相关，尤其是能够有效抑制宏观裂缝扩展的钢纤维体积掺量对该阶段曲线形状影响明显。在裂缝持续扩展段，随着轴向位移的继续增加，主裂缝的宽度持续增大，轴向拉应力也相应地逐渐减小。由于纤维的桥接作用，裂缝在跨越纤维时发生分叉并改变延伸方向，使得宏观裂缝的周边会形成许多细小的裂缝分支，宽度较小，数量较多，从而大幅度增强了纤维混凝土的耗能能力。

（4）破坏阶段（*D* 点以后）

超过 *D* 点，纤维混凝土的受拉应力-应变全曲线开始收敛。此时，主裂缝处的聚丙烯纤维绝大部分发生断裂，钢纤维被持续拔出，纤维传递荷载和阻止裂缝扩展的能力大幅减弱。此时，仍有少量钢纤维在发挥桥接作用，纤维混凝土保有较小的残余拉应力。一般情况下，钢纤维体积掺量与长径比越大，残余拉应力也越高。

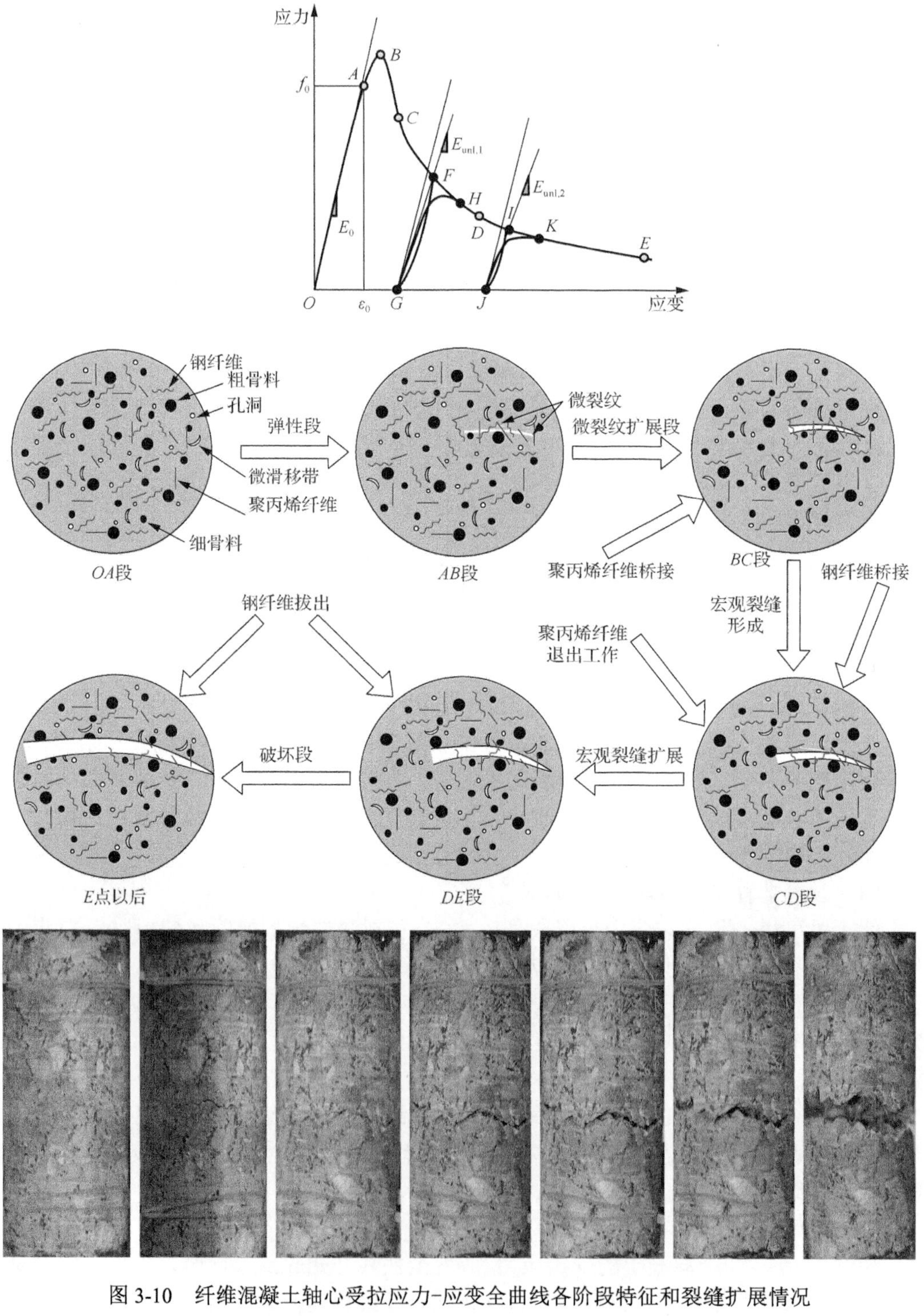

图 3-10　纤维混凝土轴心受拉应力-应变全曲线各阶段特征和裂缝扩展情况

纤维混凝土循环受拉应力-应变全曲线中的加卸载阶段，如图 3-10 中的 *FG*（卸载段）～*GH*（加载段）所示。在卸载过程中，混凝土的轴向拉应力迅速降低，拉应变也不断减小，大部分裂缝重新闭合；在再加载过程中，当混凝土的轴向拉应变达到卸载点应变时，试件表面的裂缝宽度与卸载时相比没有明显增加，但当再加载应变超过卸载点应变时，主裂缝宽度随外加荷载的增加而增大。

2. 破坏机理

图 3-11 反映了纤维增强阻裂过程，揭示钢纤维和聚丙烯纤维在纤维混凝土试件轴心受拉破坏过程中的作用机理。图中乱向分布的长短直线分别代表钢纤维与聚丙烯纤维，其余部分为粗、细骨料。裂缝扩展时不同区域的应力状态不同，导致不同纤维的作用存在很大差异。将裂缝扩展的影响区域划分为以下五个主要区域：

（1）Ⅰ区（弹性区域）

该区域内的材料发生弹性变形，没有新裂缝的萌生。纤维混凝土中各组分的受力状态为：①混凝土基体处于弹性变形状态，卸载后可恢复原状；②纤维轴向处于弹性变形状态，横向与混凝土基体黏结良好，卸载后可恢复原状；③原生的微裂隙、微孔洞，保持原状或有轻微变形，卸载后可重新闭合。

（2）Ⅱ区（微裂区域）

该区域内若干独立不相连的微裂缝开始产生，但裂缝的发展受到纤维的阻止。纤维混凝土中各组分的受力状态为：①混凝土基体中的开裂处依赖纤维的桥接作用（以聚丙烯纤维为主），未开裂处仍处于弹性变形状态；②纤维轴向大部分处于弹性变形状态，横向与混凝土基体部分脱粘而形成新的微裂缝；③原生的微缺陷开始扩展为微裂缝，但受到纤维的阻挡而不能自由扩展。

（3）Ⅲ区（初裂区域）

该区域内的微裂缝开始扩展、连接并贯通，形成宏观连续裂缝，但由于纤维的阻裂作用（以钢纤维为主），尚未发生断裂。

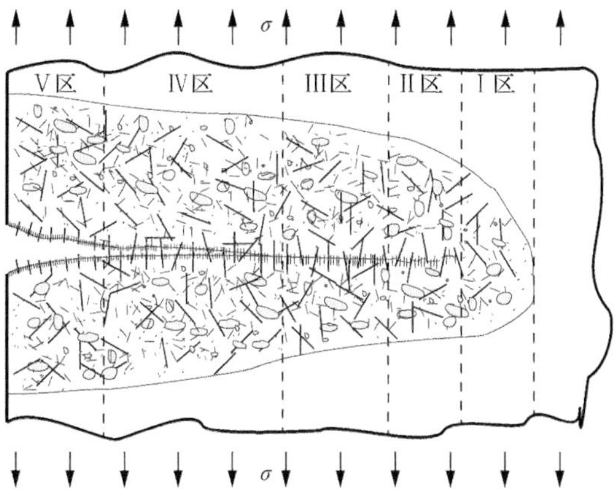

图 3-11　纤维混凝土轴心受拉破坏过程中裂缝扩展示意图

（4）Ⅳ区（伪断裂区域）

该区域内部分聚丙烯纤维被拉长或拉断，钢纤维受拉屈服或拔出，裂缝的长度和宽度持续增长直至临界状态，混凝土发生断裂。

（5）Ⅴ区（断裂区域）

该区域内的绝大部分纤维均被拔断或拔出，开裂表面抗力为零。

将上述区域中的Ⅱ、Ⅲ和Ⅳ区统称为纤维混凝土的准塑性区，该区域内纤维的增强、阻裂效果与纤维消耗的断裂能密切相关。对于混杂纤维混凝土，由于钢纤维和聚丙烯纤维在不同受力阶段发挥不同程度的增强作用，混凝土多层次、逐级开裂的现象更为明显。

3.2.4 单轴受拉应力-应变曲线数学模型

根据纤维混凝土单调受拉应力-应变曲线和循环受拉应力-应变曲线的特征，分别建立了单调荷载和循环荷载作用下纤维混凝土受拉应力-应变曲线数学模型。

（1）单调受拉应力-应变曲线数学模型

为与国内现行规范相衔接，纤维混凝土单调受拉应力-应变曲线数学模型同样采用《混凝土结构通用规范》（GB 55008—2021）[8]建议的无量纲分段式函数表达，即

$$y=\begin{cases}a_t x+(1.5-1.25a_t)x^2+(0.25a_t-0.5)x^6 & 0<x\leqslant 1\\ \dfrac{x}{b_t(x-1)^{1.7}+x} & x>1\end{cases}\tag{3-11}$$

式中，$y=\sigma_t^{hf}/\sigma_{tp}^{hf}$，$x=\varepsilon_t^{hf}/\varepsilon_{tp}^{hf}$，其中$\sigma_t^{hf}$、$\varepsilon_t^{hf}$分别为纤维混凝土的轴向拉应力和拉应变，$\sigma_{tp}^{hf}$、$\varepsilon_{tp}^{hf}$分别为相应的峰值拉应力和拉应变。通过对本书相关研究和国内外相关文献的共 54 组试验数据[19-20]进行回归分析，得到纤维混凝土峰值拉应力和峰值拉应变的计算式如下：

$$\sigma_{tp}^{hf}=\sigma_{tp}(1+0.379\lambda_{sf}+0.244\lambda_{pf})\tag{3-12}$$

$$\varepsilon_{tp}^{hf}=\varepsilon_{tp}(1+0.498\lambda_{sf}+0.697\lambda_{pf})\tag{3-13}$$

其中，σ_{tp}、ε_{tp}分别为普通混凝土的峰值拉应力和峰值拉应变。a_t和b_t是纤维混凝土轴心受拉应力-应变全曲线形状的控制参数，与纤维特征参数密切相关。参数a_t控制曲线上升段的形状，其物理意义为初始弹性模量与切线模量之比；参数b_t控制曲线下降段的曲率，b_t值越大，下降段曲线越陡，反之则越平缓。通过回归分析，得到参数a_t与b_t的数学表达式为

$$a_t=1.2(1+0.295\lambda_{sf}+0.207\lambda_{pf})\tag{3-14}$$

$$b_t=\frac{0.312{\sigma_{tp}}^2}{1+3.566\lambda_{sf}+3.158\lambda_{pf}}\tag{3-15}$$

（2）循环受拉应力-应变曲线数学模型

相关研究表明，混凝土循环受拉应力-应变全曲线的包络线与其单调受拉应力-应变曲线基本重合[21]。因此，纤维混凝土循环受拉应力-应变关系曲线的包络线方程，沿用所建立的单调受拉应力-应变曲线数学模型。

对于卸载曲线，根据试验实测曲线的几何特征，假定卸载时应力-应变（σ_t-ε_t）呈

线性关系，其卸载刚度为卸载点与塑性应变点连线的斜率：

$$\frac{\sigma_t}{\sigma_{unl}}=\frac{\varepsilon_t-\varepsilon_p}{\varepsilon_{unl}-\varepsilon_p} \tag{3-16}$$

式中，σ_{unl} 和 ε_{unl} 分别为卸载点处的拉应力和拉应变；ε_p 为该卸载点对应的塑性应变，通过对试验结果进行分析发现，纤维混凝土的受拉塑性应变与纤维特征参数几乎无关，仅与卸载点的应变大小相关，当超过某一临界值时，两者大致呈线性关系。对本书试验数据进行回归分析，得到经验表达式为

$$\varepsilon_p=\begin{cases}0 & \varepsilon_t\leqslant\varepsilon_{t,0}\\ \varepsilon_t-\varepsilon_{t,0} & \varepsilon_t>\varepsilon_{t,0}\end{cases} \tag{3-17}$$

式中，$\varepsilon_{t,0}$ 为纤维混凝土的弹性极限应变。

对于再加载曲线，考虑到其变化趋势呈现出明显的两阶段性，可由以下分段函数予以描述：

$$\sigma_t=\begin{cases}\sigma_{re}\dfrac{\varepsilon_t-\varepsilon_p}{\varepsilon_{unl}-\varepsilon_p} & \varepsilon_t\leqslant\varepsilon_{unl}\\ (\sigma_{ret}-\sigma_{re})\dfrac{\varepsilon_t-\varepsilon_{unl}}{\varepsilon_{ret}-\varepsilon_{unl}}+\sigma_{re} & \varepsilon_t>\varepsilon_{unl}\end{cases} \tag{3-18}$$

式中，σ_{re} 为再加载应变为 ε_{unl} 时的拉应力，取 $\sigma_{re}=0.85\sigma_{unl}$；$\sigma_{ret}$ 和 ε_{ret} 分别为再加载曲线与包络线交点的拉应力和拉应变，可通过式（3-11）求得。

收集相关文献中混凝土在单调荷载和循环荷载作用下的轴心受拉应力-应变关系实测曲线，对所建立的纤维混凝土轴心受拉应力-应变曲线数学模型进行验证，如图 3-12 所示，发现两者吻合良好，表明所提出的轴心受拉应力-应变曲线数学模型能较好地预测混杂纤维混凝土、钢（聚丙烯）纤维混凝土、普通混凝土的轴心受拉力学行为。

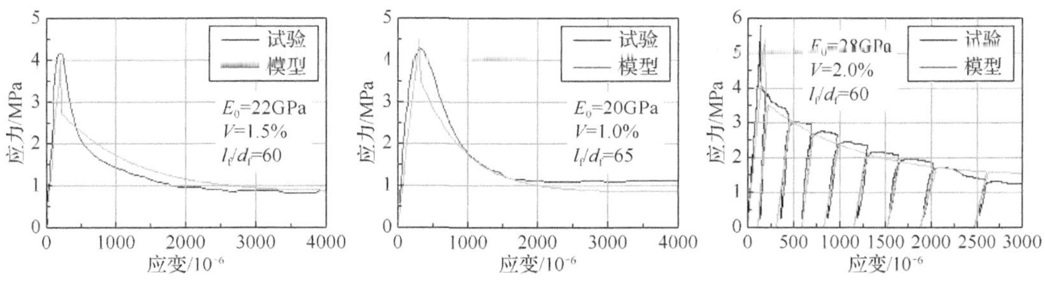

（a）文献[22]　（b）文献[23]　（c）本书相关试验结果

图 3-12　纤维混凝土轴心受拉本构关系模型验证

3.3　双轴受压应力-应变关系

3.3.1　应力-应变全曲线

对纤维混凝土双轴受压应力-应变关系进行研究，重点考察钢纤维体积掺量和长径

比、聚丙烯纤维体积掺量和长径比、侧向压力等五个因素的影响，各因素的设计水平如表 2-6 所示。需要说明的是，该试验为了满足纤维混凝土的荷载要求，采用了大型作动器进行加载，并使用了较长的横梁，造成试验装置整体刚度较小，使得混凝土试件在达到峰值应力后突然破坏失效，无法得到应力-应变曲线的下降段。

图 3-13 绘制了纤维混凝土双轴受压应力-应变全曲线。其中，图 3-13（a）为不同侧向压力水平作用下纤维混凝土双轴受压轴向应力-应变曲线。由图可知，双轴受压轴向应力-应变曲线与单轴受压轴向应力-应变曲线相似。与单轴受压峰值应力相比，双轴受压峰值应力更大，且当侧压为 $0.50f_c$ 时达到最大值。初始弹性模量随着侧压水平的增大而增大。

图 3-13（b）绘制了侧向压力水平相同（$\sigma_2/f_c=0.50$）、钢纤维体积掺量不同的纤维混凝土双轴受压轴向应力-应变曲线。由图可知，随着钢纤维体积掺量的增大，纤维混凝土的峰值应力与初始弹性模量逐渐增大，但增长幅度逐渐降低。

图 3-13（c）为相同侧向压力水平（$\sigma_2/f_c=0.50$）、不同聚丙烯纤维体积掺量的纤维混凝土双轴受压轴向应力-应变曲线。由图可知，聚丙烯纤维的掺入对纤维混凝土的峰值应力与初始弹性模量的影响较小，过量的聚丙烯纤维会导致峰值应力下降。

图 3-13（d）绘制了侧向压力水平相同（$\sigma_2/f_c=0.50$）、钢纤维长径比与聚丙烯纤维长径比不同的纤维混凝土双轴受压轴向应力-应变曲线。由图可知，随着钢纤维长径比的增大，峰值应力呈先上升后下降的趋势。聚丙烯纤维长径比对纤维混凝土峰前性能影响并不明显。

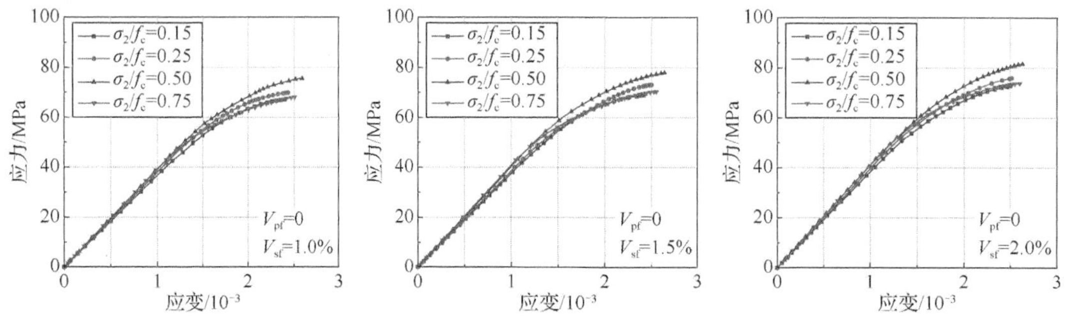

钢纤维混凝土：$V_{pf}=0$；$V_{sf}=1.0\%$，1.5%，2.0%

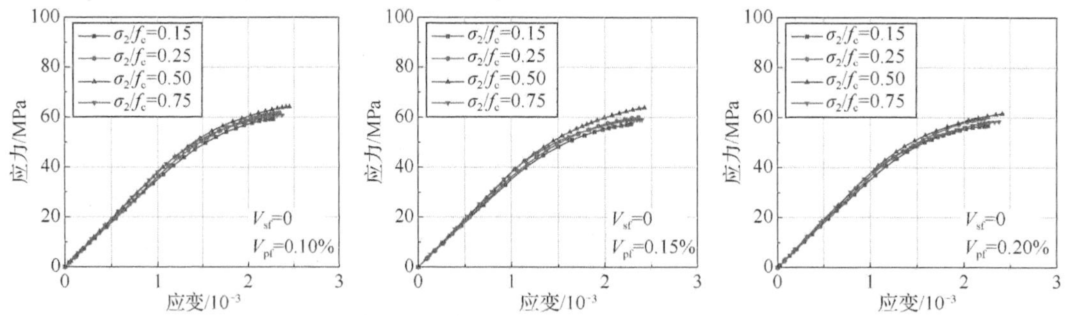

聚丙烯纤维混凝土：$V_{sf}=0$；$V_{pf}=0.10\%$，0.15%，0.20%

图 3-13　纤维混凝土双轴受压应力-应变全曲线

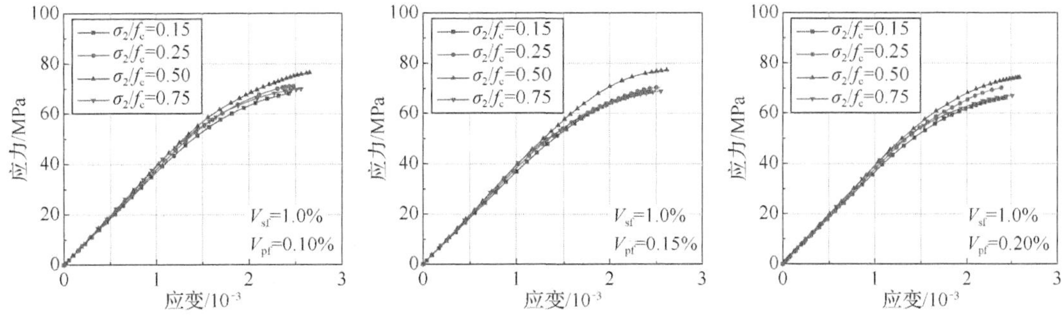

混杂纤维混凝土：V_{sf}=1.0%；V_{pf}=0.10%，0.15%，0.20%

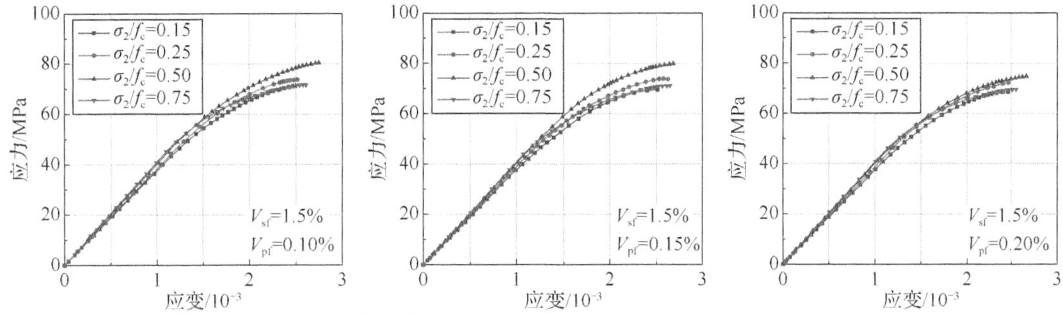

混杂纤维混凝土：V_{sf}=1.5%；V_{pf}=0.10%，0.15%，0.20%

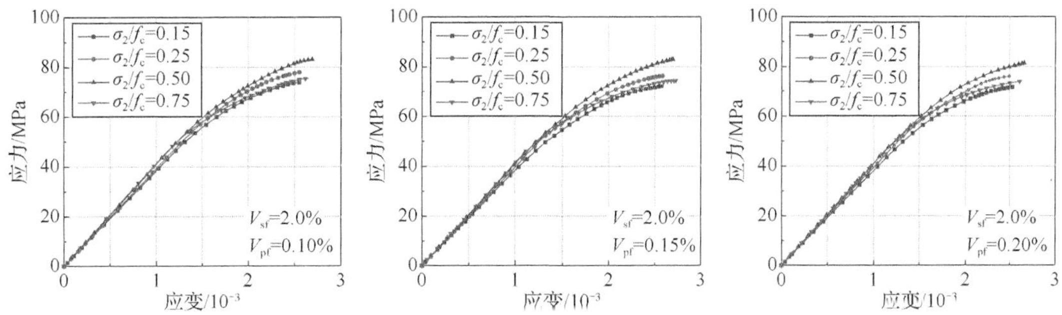

混杂纤维混凝土：V_{sf}=2.0%；V_{pf}=0.10%，0.15%，0.20%

（a）不同侧压水平作用的影响

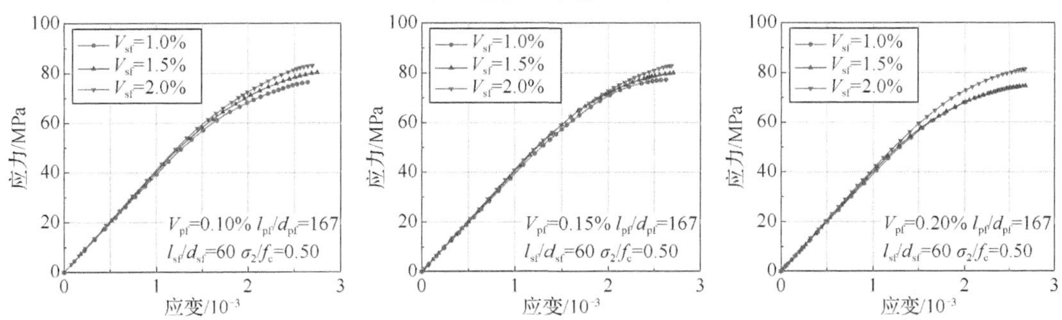

V_{pf}=0.10%；V_{sf}=1.0%，1.5%，2.0%　V_{pf}=0.15%；V_{sf}=1.0%，1.5%，2.0%　V_{pf}=0.20%；V_{sf}=1.0%，1.5%，2.0%

（b）钢纤维体积掺量的影响（σ_2/f_c=0.50）

图 3-13（续）

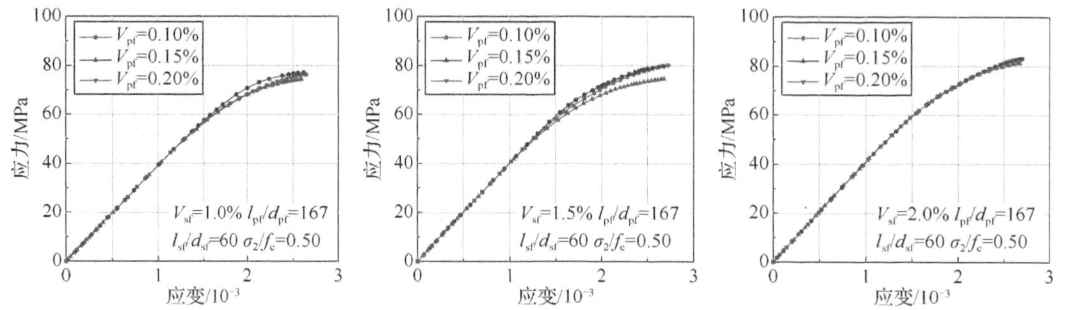

V_{sf}=1.0%；V_{pf}=0.10%，0.15%，0.20%　　V_{sf}=1.5%；V_{pf}=0.10%，0.15%，0.20%　　V_{sf}=2.0%；V_{pf}=0.10%，0.15%，0.20%

（c）聚丙烯纤维体积掺量的影响（σ_2/f_c=0.50）

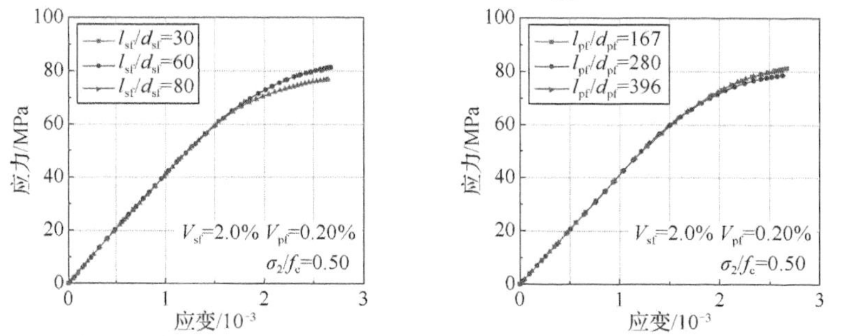

钢纤维长径比l_{sf}/d_{sf}=30，60，80　　聚丙烯纤维长径比l_{pf}/d_{pf}=167，280，396

（d）纤维长径比的影响（σ_2/f_c=0.50）

图 3-13（续）

3.3.2　双轴受压破坏过程及破坏机理

纤维混凝土试件施加侧压荷载过程中较为稳定，即使达到 $0.75f_c$，试件表面一般仍无明显裂缝出现，少部分未掺纤维或单掺聚丙烯纤维的试件在自由面表面出现小片碎块崩出，试件整体仍保持完整。在施加主轴荷载时，试件在达到峰值应力前很少出现裂缝，加载过程同样比较稳定，试件荷载能够平稳增加；在即将到达峰值应力前，荷载的增加速度会明显放缓，能够观察到此时混凝土出现剥落、碎块崩出现象并且听到劈裂声；在达到峰值应力后，试件的主轴方向荷载值开始逐渐下降，并且下降速度会越来越快，在此阶段会有持续性的劈裂声；在荷载降低至一定程度后，试件会突然发出较大响声，此时试件主轴荷载值及侧压值都突然陡降，试件完全破坏。

根据测得的纤维混凝土双轴受压应力-应变全曲线形态特征，结合试验现象分析，将纤维混凝土双轴受压破坏全过程划分为以下三个阶段：线弹性阶段（*OA* 段）、非线性硬化阶段（*AB* 段）和应力突降阶段（*BC* 段），如图 3-14 所示。

（1）线弹性阶段（*OA*）

此阶段应力-应变曲线呈线性上升，试件表现出明显的线弹性。此阶段试件在荷载作用下，混凝土内部的微裂纹和孔隙不断扩展，但由于 HFRC 内部孔隙较少，且在侧压及纤维的共同作用下试件微裂缝的产生与发展受到限制，此阶段所占上升段的比例相对普通混凝土会有明显的提升（一般占上升段的 60%以上）。

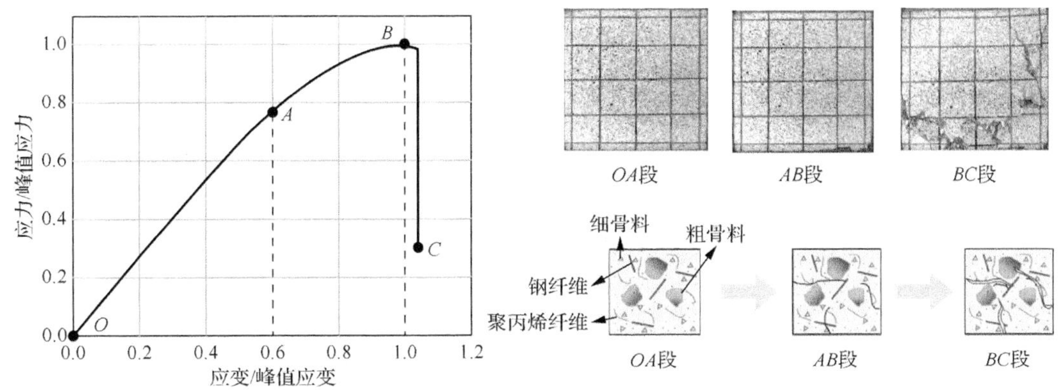

图 3-14　纤维混凝土双轴受压应力-应变全曲线各阶段的力学响应特征

（2）非线性硬化阶段（*AB*）

试件所受应力超过弹性极限后，应力-应变曲线呈现非线性变化趋势、曲线斜率逐渐变小直至达到应力峰值点。此阶段主要表现为微裂缝快速发展形成主裂缝，在裂缝发展过程中，常伴随着劈裂声出现。

（3）应力突降阶段（*BC*）

在此阶段，试件裂缝快速发展形成多条宏观主裂缝。试件的应力并不像文献中 HFRC 单轴受压或三轴受压时应力-应变曲线阶梯式下降或平稳下降，而是在达到峰值后，下降速度迅速加快，并在到达一定值后，突然陡降至很低的水平，此时通常会伴随着较大响声，试验设备无法记录数据，从而无法得到曲线的下降段。

3.3.3　双轴受压应力-应变曲线数学模型

根据纤维混凝土双轴受压应力-应变曲线的几何特征，参考国内外已有研究成果，建立纤维混凝土双轴受压应力-应变曲线数学模型。

为与国内现行规范相衔接，数学模型采用《混凝土结构通用规范》（GB 55008—2021）[8]建议的无量纲分段式函数，即

$$y=\begin{cases} a_c x+(3-2a_c)x^2+(a_c-2)x^3 & 0<x\leqslant 1 \\ \dfrac{x}{b_c(x-1)^2+x} & x>1 \end{cases} \tag{3-19}$$

式中，$y=\sigma_b^{hf}/\sigma_{bp}^{hf}$，$x=\varepsilon_b^{hf}/\varepsilon_{bp}^{hf}$，其中，$\sigma_b^{hf}$、$\varepsilon_b^{hf}$ 分别为纤维混凝土双轴受压轴向压应力和压应变，σ_{bp}^{hf}、ε_{bp}^{hf} 分别为相应的峰值压应力和峰值压应变；参数 a_c 控制上升段抛物线形状，其物理意义为初始弹性模量与切线模量之比；参数 b_c 为控制下降段曲率的参数。

对于纤维混凝土在不同侧压作用下的轴向峰值压应变 ε_{bp}^{hf}，本节基于复合材料力学混合律，通过对纤维混凝土双轴受压试验数据进行回归分析，提出了如下的经验公式：

$$\varepsilon_{\mathrm{bp}}^{\mathrm{hf}} = k_{\mathrm{f}} \varepsilon_{\mathrm{c},0} \frac{2.423 + 4.962(\sigma_2 / f_{\mathrm{c}})}{(1.539 + \sigma_2 / f_{\mathrm{c}})^2} \tag{3-20}$$

式中，$\varepsilon_{\mathrm{c},0} = 2.0316$，为普通混凝土单轴受压峰值应变；$k_{\mathrm{f}} = 1 - 0.055\lambda_{\mathrm{sf}} - 0.118\lambda_{\mathrm{pf}} + 0.152\lambda_{\mathrm{sf}}^2 + 0.075\lambda_{\mathrm{pf}}^2$，为纤维影响系数；$\sigma_2 / f_{\mathrm{c}}$ 为侧压水平。

对于纤维混凝土在不同侧压作用下的弹性模量，本节同样通过对双轴受压试验数据进行回归分析，提出了如下的经验公式：

$$E = E_0 \frac{\sigma_2 / f_{\mathrm{c}}}{0.014 + 0.879(\sigma_2 / f_{\mathrm{c}})} (1 + 0.058\lambda_{\mathrm{sf}}) \tag{3-21}$$

式中，$E_0 = 34.54\mathrm{GPa}$，为普通混凝土单轴受压弹性模量。结合式（3-21）与 a_{c} 的定义，即可计算得到 a_{c} 值的大小。

此外，本节通过对不同侧压下纤维混凝土轴向应力-应变曲线包络线进行参数分析，对曲线形状控制参数 a_{c} 关于侧压水平和纤维特征参数进行回归分析，得到如下经验公式：

$$a_{\mathrm{c}} = 1.37 - 0.06\lambda_{\mathrm{sf}} + 0.067\lambda_{\mathrm{pf}} + 0.00147\left(1 + \mathrm{e}^{6.21\frac{\sigma_2}{f_{\mathrm{c}}}}\right) \tag{3-22}$$

对于曲线形状控制参数 b_{c}，由于本节中相关试验并未通过试验测得曲线的下降段，在参考前期成果[1, 24-25]的基础上，建议选用以下经验公式：

$$b_{\mathrm{c}} = 1.121 - \mathrm{e}^{-5.106\frac{\sigma_2}{f_{\mathrm{c}}}} (0.501\lambda_{\mathrm{sf}} + 0.308\lambda_{\mathrm{pf}}) + 1.013\left(\mathrm{e}^{-7.996\frac{\sigma_2}{f_{\mathrm{c}}}} - 1\right) \tag{3-23}$$

根据本节建立的应力-应变关系数学模型，将不同侧压水平、不同种类混凝土在双轴受压作用下的应力-应变曲线预测结果与实测数据进行对比，如图 3-15 所示，发现两者吻合良好，表明所提出的双轴受压应力-应变关系数学模型能够准确预测混杂纤维混凝土、单一钢/聚丙烯纤维混凝土、普通混凝土等不同类型混凝土的双轴受压行为，具有一定的普适性。

彩图 3-15

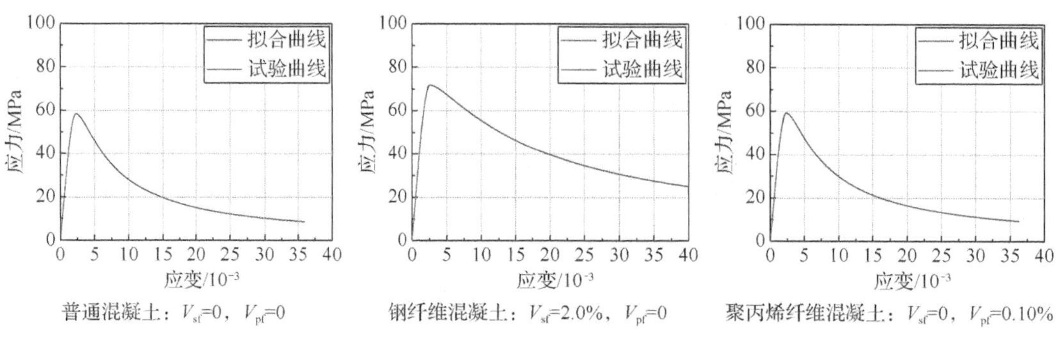

图 3-15　纤维混凝土双轴受压经验本构模型的验证

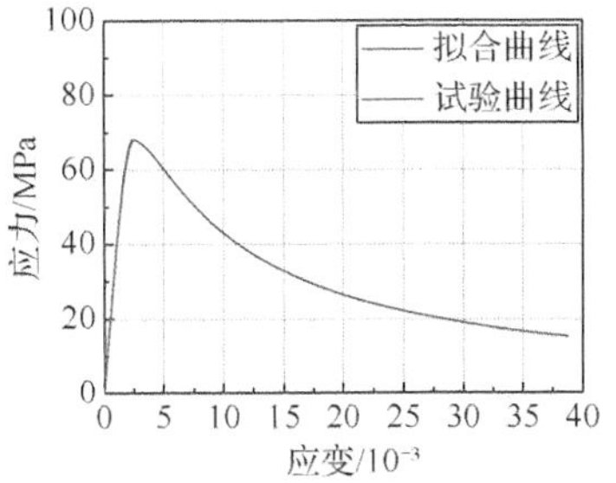

混杂纤维混凝土：V_{sf}=1.0%，V_{pf}=0.10%　混杂纤维混凝土：V_{sf}=1.5%，V_{pf}=0.15%　混杂纤维混凝土：V_{sf}=2.0%，V_{pf}=0.20%

（a）侧压水平σ_2/f_c=0.15

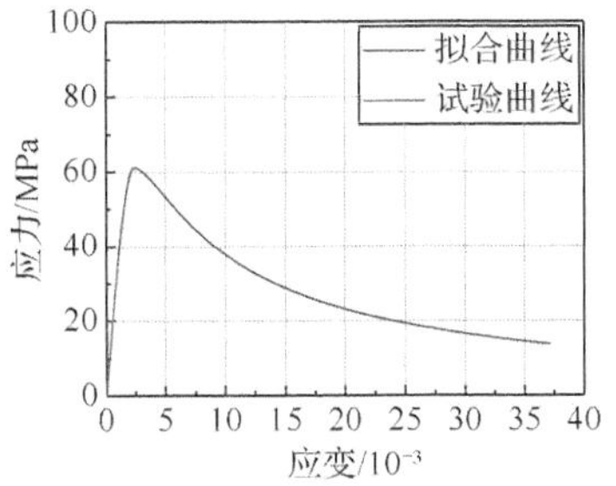

普通混凝土：V_{sf}=0，V_{pf}=0　钢纤维混凝土：V_{sf}=2.0%，V_{pf}=0　聚丙烯纤维混凝土：V_{sf}=0，V_{pf}=0.10%

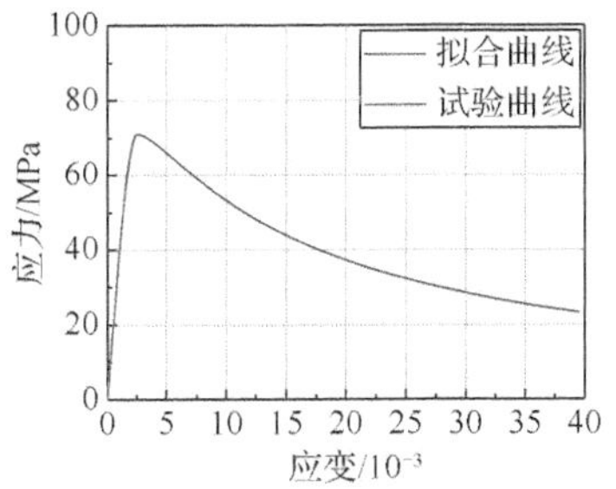

混杂纤维混凝土：V_{sf}=1.0%，V_{pf}=0.10%　混杂纤维混凝土：V_{sf}=1.5%，V_{pf}=0.15%　混杂纤维混凝土：V_{sf}=2.0%，V_{pf}=0.20%

（b）侧压水平σ_2/f_c=0.25

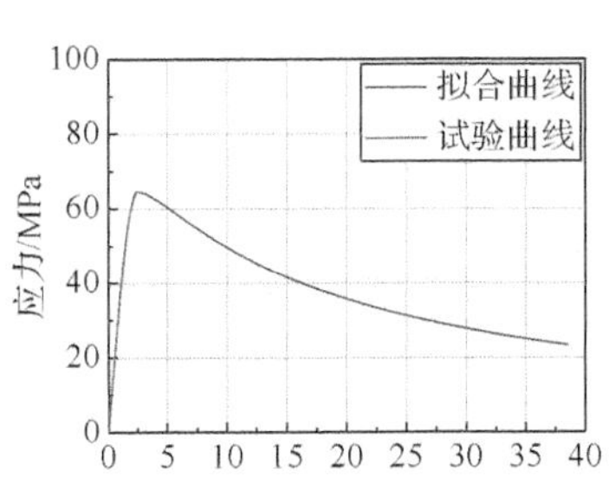

普通混凝土：V_{sf}=0，V_{pf}=0　钢纤维混凝土：V_{sf}=2.0%，V_{pf}=0　聚丙烯纤维混凝土：V_{sf}=0，V_{pf}=0.10%

图 3-15（续）

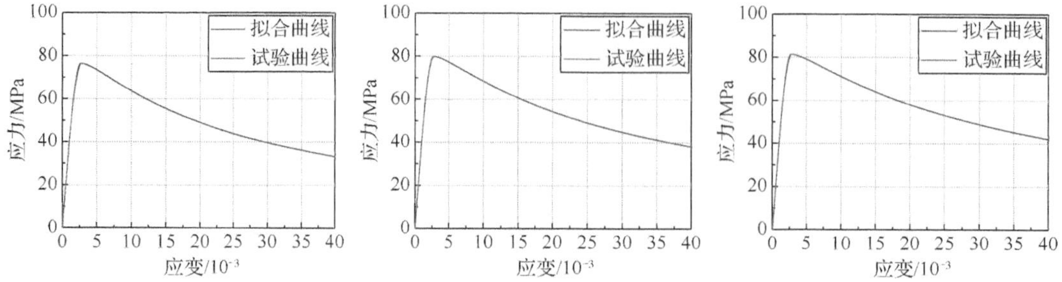

混杂纤维混凝土：V_{sf}=1.0%，V_{pf}=0.10%　混杂纤维混凝土：V_{sf}=1.5%，V_{pf}=0.15%　混杂纤维混凝土：V_{sf}=2.0%，V_{pf}=0.20%

（c）侧压水平σ_2/f_c=0.50

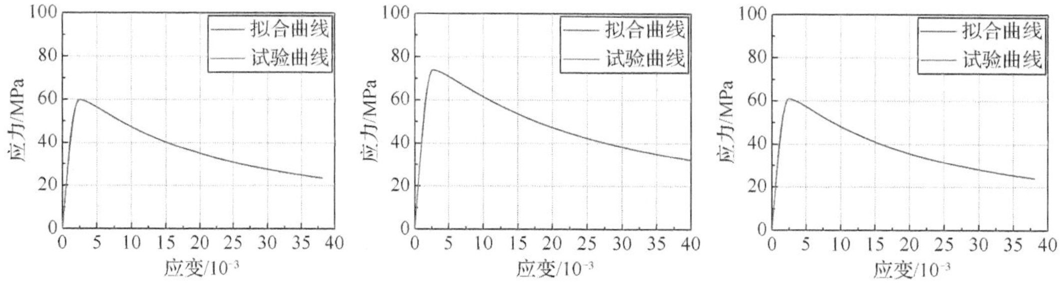

普通混凝土：V_{sf}=0，V_{pf}=0　钢纤维混凝土：V_{sf}=2.0%，V_{pf}=0　聚丙烯纤维混凝土：V_{sf}=0，V_{pf}=0.10%

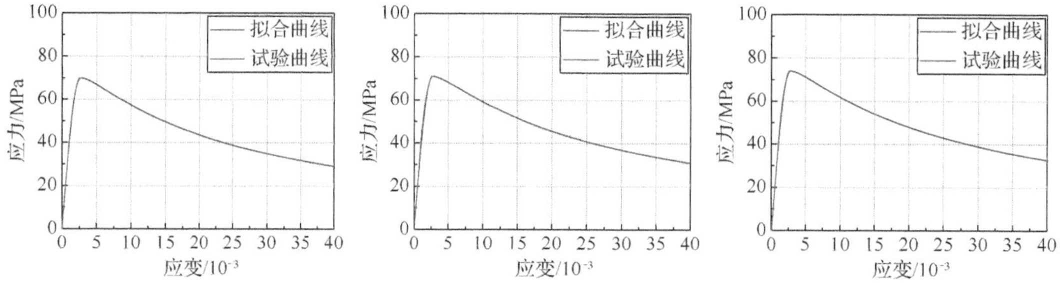

混杂纤维混凝土：V_{sf}=1.0%，V_{pf}=0.10%　混杂纤维混凝土：V_{sf}=1.5%，V_{pf}=0.15%　混杂纤维混凝土：V_{sf}=2.0%，V_{pf}=0.20%

（d）侧压水平σ_2/f_c=0.75

图 3-15（续）

3.4　常规三轴受压应力-应变关系

3.4.1　应力-应变全曲线

为研究纤维混凝土常规三轴受压应力-应变关系，主要考虑钢纤维体积掺量和长径比、聚丙烯纤维体积掺量和长径比、围压等五个因素的影响，各因素的设计水平如表 2-9 所示。

图 3-16 为不同围压、不同纤维掺量、不同纤维长径比的纤维混凝土常规三轴受压应力-应变全曲线。从图中可以看出，与普通混凝土相比，纤维混凝土的峰值应力、峰值应变、刚度退化、塑性变形等关键力学性能指标随着围压和纤维特征参数的变化而发生了明显改变。在较高围压下，纤维混凝土表现出更好的延性，应力-应变曲线的峰后退化更加平缓。钢纤维的掺入可以提升混凝土的抗压强度和峰后延性，聚丙烯纤维的掺

入更有利于延性的提升，对抗压强度的增加效果并不明显。

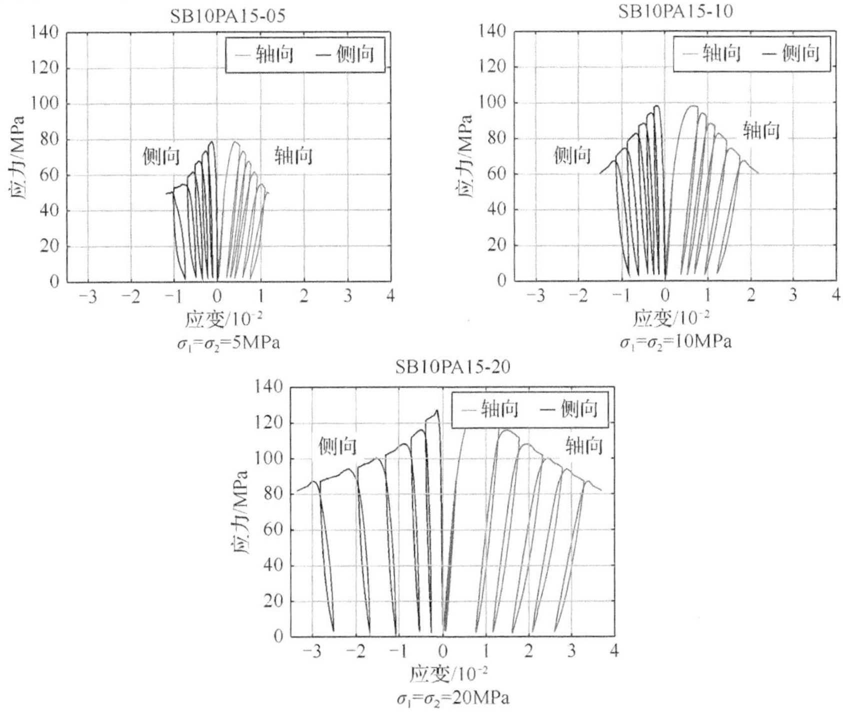

（a）不同围压的影响

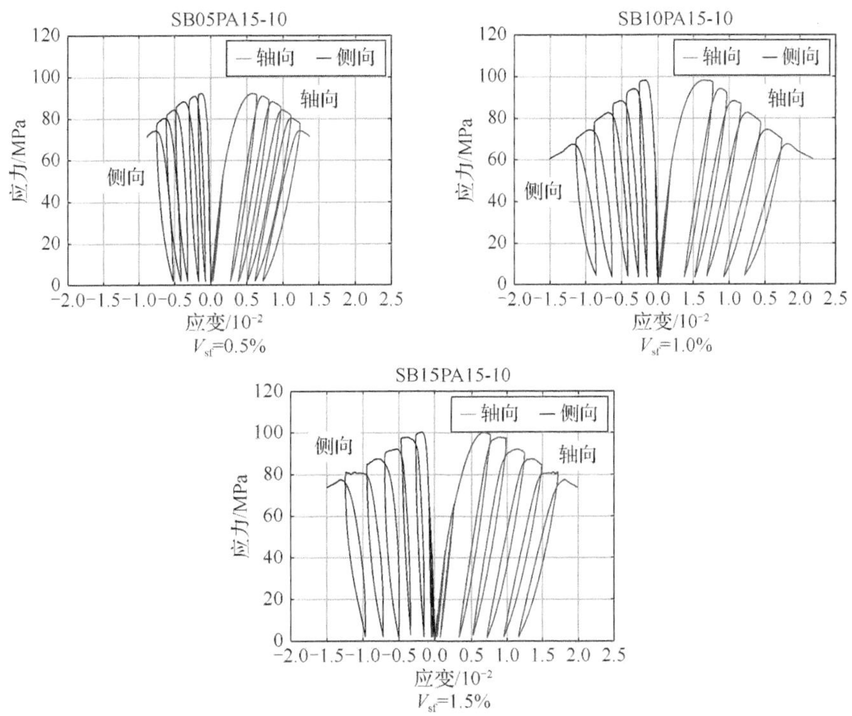

（b）不同钢纤维体积掺量的影响

图 3-16　纤维混凝土常规三轴受压应力-应变全曲线

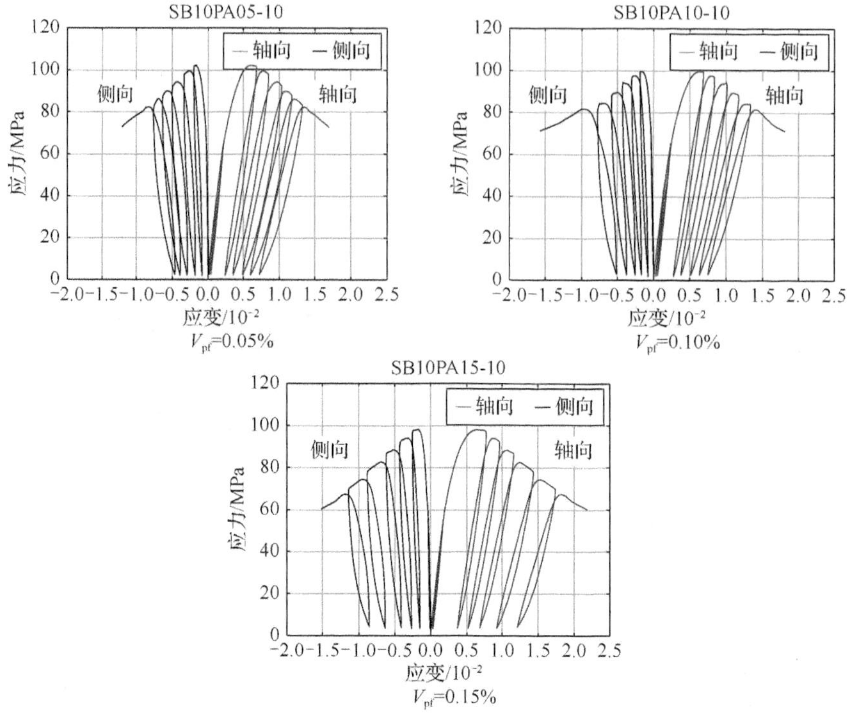

（c）不同聚丙烯纤维体积掺量的影响

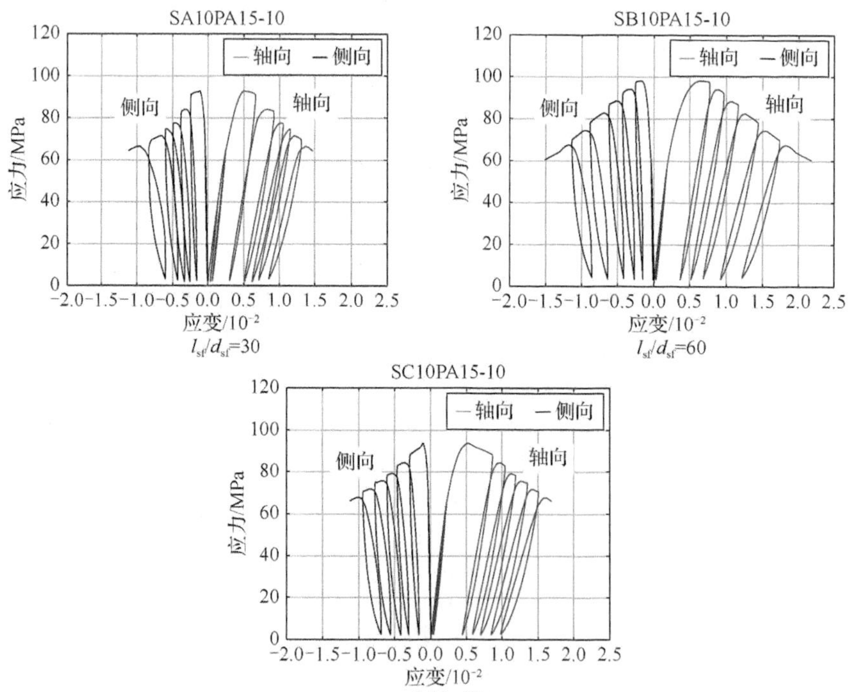

（d）不同钢纤维长径比的影响

图 3-16（续）

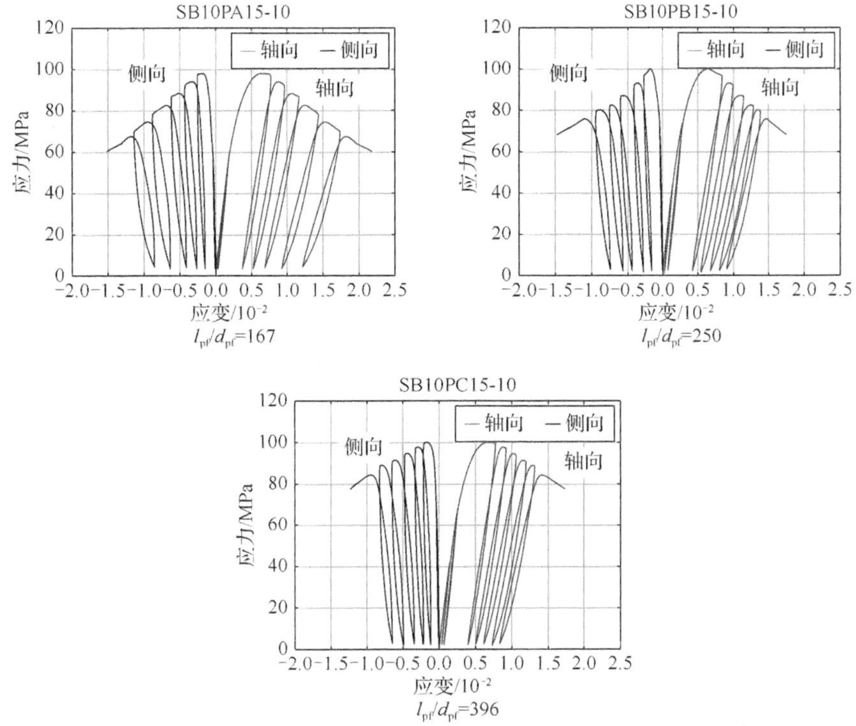

（e）不同聚丙烯纤维长径比的影响

图 3-16（续）

3.4.2 常规三轴受压破坏过程及破坏机理

1. 破坏过程

根据应力-应变关系曲线的特征，结合声发射试验结果分析，可将纤维混凝土常规三轴受压全过程划分为弹性阶段（阶段 A）、微裂缝扩展阶段（阶段 B）、微裂缝贯通和宏观裂缝形成阶段（阶段 C）、宏观裂缝贯通阶段（阶段 D）及材料失稳阶段（阶段 E）五个阶段，如图 3-17 所示。

（1）弹性阶段（阶段 A）

当轴向应力不超过峰值应力的 40%时，混凝土处于弹性阶段，其轴向应力-应变关系基本呈线性关系。在此阶段，声发射撞击数单位时间内的增量极少，如图 3-17 灰色区域线所示，表示混凝土内部的损伤点很少，卸载后几乎无塑性变形产生，卸载曲线沿着加载曲线可逆变化。

（2）微裂缝扩展阶段（阶段 B）

当轴向应力超过峰值应力的40%～50%时，轴向应力-应变曲线开始进入非线性阶段。从图中可以看出，混凝土内部逐渐产生损伤点，伴随着损伤断裂所引起的声波，声发射信号明显，单位时间内的声发射撞击数不断增加，并在峰值应力点附近达到最大。随着荷载的增加，外界能量不断地输入，越来越多的物质点处获取的能量超过了所能承受能量的极限，导致该物质点发生断裂并产生新的微裂缝、微孔洞。混凝土内部的损伤点不断增加，且数量呈加速增长的趋势，初始缺陷开始不断扩大。在这一阶段，聚丙烯纤维开始承担桥接微裂缝的作用，纤维断裂会消耗外界输入的能量，进而延迟新裂缝的萌生。

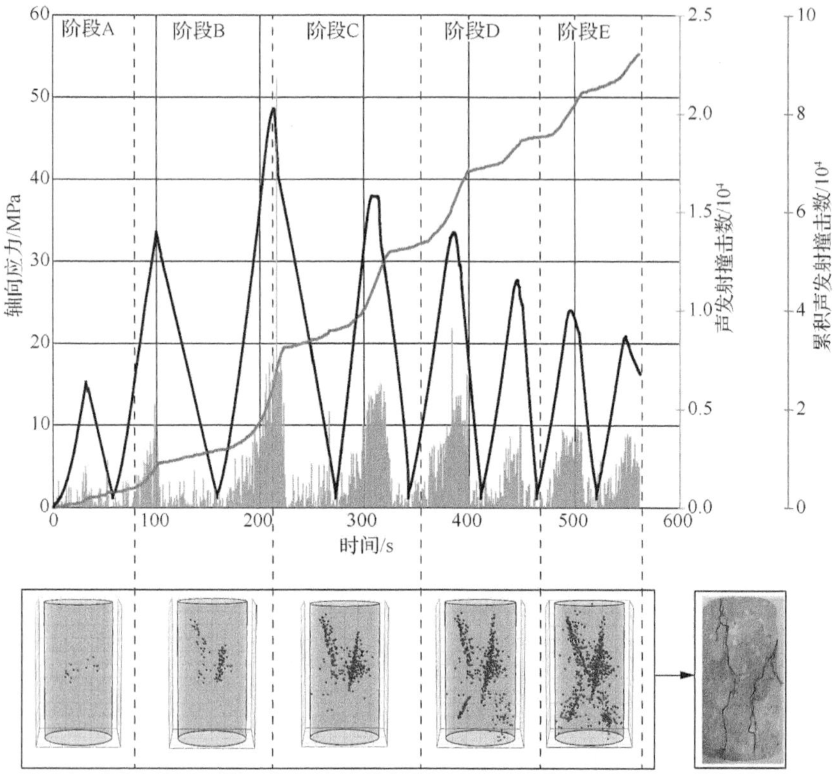

图 3-17　纤维混凝土常规三轴受压破坏全过程中各阶段的声发射响应

（3）微裂缝贯通和宏观裂缝形成阶段（阶段 C）

当纤维混凝土内部微裂缝的数量累积到一定程度时，裂缝之间相互聚集成核、融合并贯通，逐渐形成宏观裂缝。混凝土内部已有的裂缝将急速扩展，新的裂缝不断产生，声发射现象急剧增加。随着内部损伤的加剧，混凝土的宏观力学性能不断退化，表现为强度逐渐下降。进入到宏观裂缝形成和扩展阶段，桥接在裂缝两侧的钢纤维由于裂缝扩张被不断张拉，发生滑移和拔出。在这一阶段，钢纤维会消耗大量的外界能量，从而抑制新裂缝的产生。对于被钢纤维桥接的裂缝，两端的自由边界面由于受到纤维的约束导致裂缝扩展迟滞。此外，声发射的撞击数逐渐下降，意味着材料内部新裂缝的产生速度开始下降，这是因为混凝土内部大量的薄弱面在前期加载过程中已经发生了损伤。在这一阶段，纤维混凝土的体积模量仍大于零，材料并未发生失稳，仍然保有一定的承载能力。

（4）宏观裂缝贯通及材料失稳阶段（阶段 D 和阶段 E）

当纤维混凝土内部的宏观裂缝充分形成时，开始进入宏观裂缝贯通、损伤大量累积的失稳阶段。混凝土即使受到很小的外荷载，内部的损伤点也急剧增加。在一个加卸载循环中，混凝土开始出现体积模量小于零、泊松比大于 0.5 的现象，表明材料内部的应力场和应变场极不均匀，应力集中与局部大变形现象突出，材料已经丧失了稳定性。在这一阶段，材料处于高度损伤状态，内部的新生损伤点数量大幅减少，承载能力基本丧失，可视为完全失效。

将纤维混凝土受力过程中损伤发展信息列于表 3-7 中，该表基于声发射空间定位技术信息，反映纤维混凝土在有无围压条件下损伤发展全过程。分析表中数据可以看出：

1）无围压时，普通混凝土试件表面呈现出几乎平行于轴向加载方向的纵向裂缝，内部产生声发射的损伤点大量集中在宏观裂缝周围，宏观裂缝之间存在交叉、互相贯通现象。对于纤维混凝土，宏观裂缝偏离轴向加载方向，形成了与水平截面斜交的表面裂缝，破坏时的裂缝宽度也较小。纤维的掺入，提高了混凝土的抗拉强度，很多局部拉应变较大的物质点处由于纤维桥接作用导致其抗张拉破坏能力得到提高，延缓了张拉裂纹的产生。应力达到抗剪强度的局部区域率先发生剪切滑移而形成剪切裂纹，剪切滑移面与主应力方向存在一定夹角，混凝土的破坏模式由脆性大的劈拉破坏模式逐渐转变为脆性相对较小的剪切破坏模式。从声发射定位点分布图中可以看出，纤维混凝土内部的损伤点相较于普通混凝土更加分散、均匀，而非集中在宏观裂纹周围，说明纤维的掺入增强了混凝土基体的整体性。随机分布的纤维形成了三维“微筋网络”，可以有效加强混凝土各组分之间的协同能力，从而阻止微裂纹成核并抑制宏观裂缝的形成。

2）有围压时，普通混凝土和纤维混凝土的破坏模式均由劈拉破坏转变为剪切破坏。存在围压时，混凝土内部局部受拉区域的比例大幅减小。从声发射撞击数量上看，施加围压时，纤维混凝土内部损伤点的数量明显低于无围压时材料在同阶段损伤点的数量，说明围压可以显著提升材料内部的抗损伤能力。

由以上分析可以发现，围压（外因）和纤维（内因）对纤维混凝土的宏观力学特性和损伤演化行为具有显著影响，并且存在相互耦合作用。

表 3-7　普通混凝土和纤维混凝土受力过程中损伤的发展

试件编号	阶段 A	阶段 B	阶段 C	阶段 D	阶段 E	破坏形态
S000P000-00	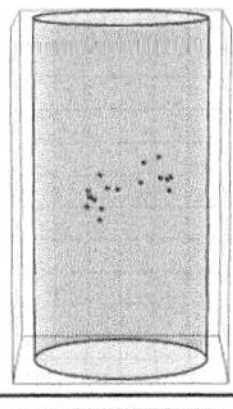	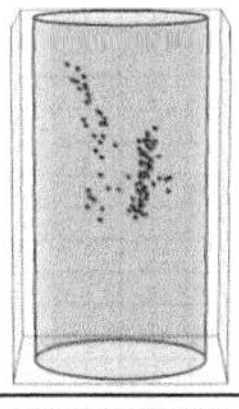	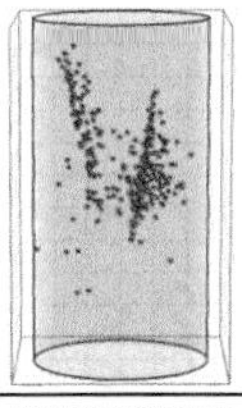	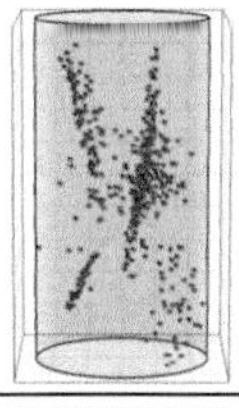	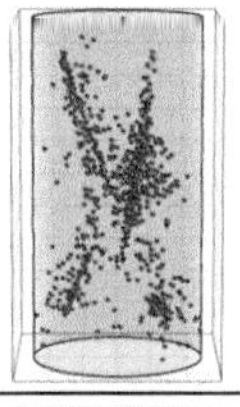	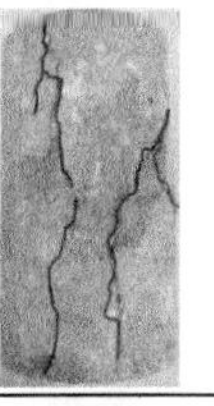
SB10PA15-00	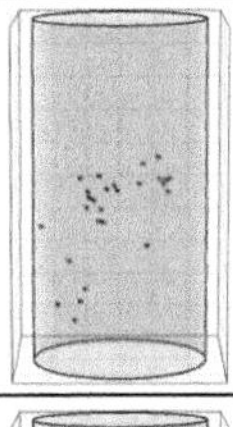	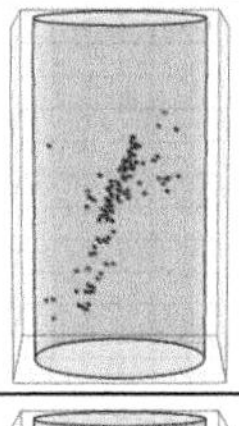	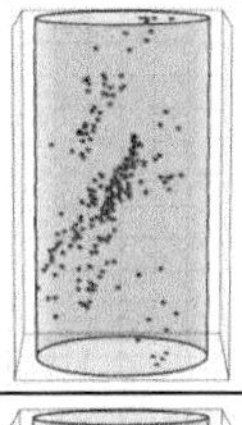	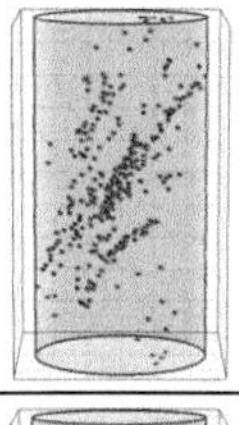	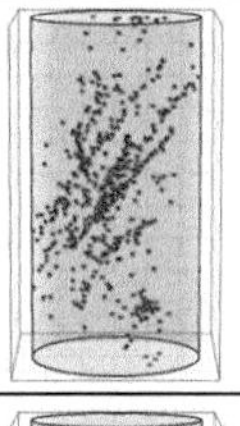	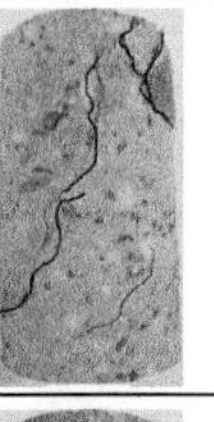
S000P000-10	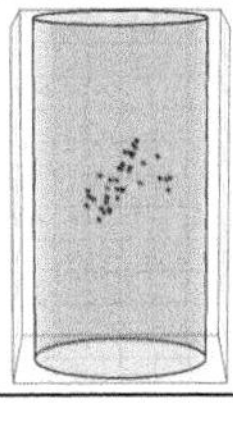	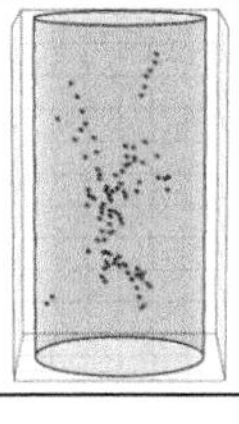	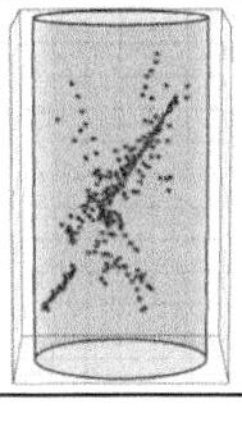	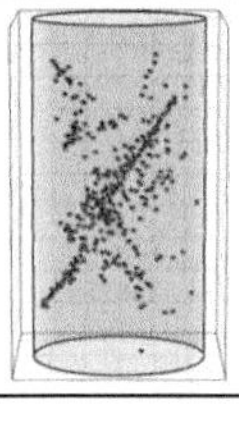	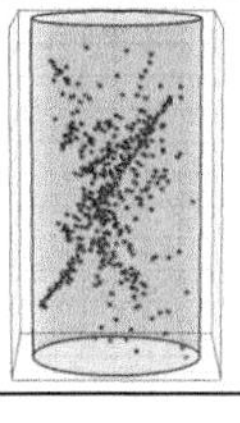	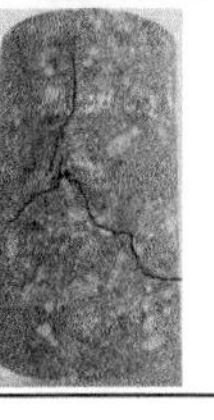

续表

试件编号	阶段 A	阶段 B	阶段 C	阶段 D	阶段 E	破坏形态
SB10PA15-10	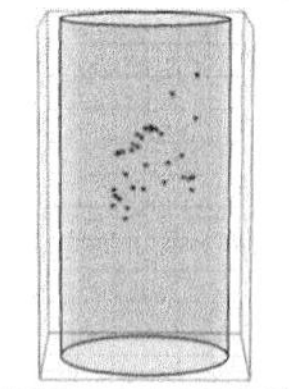	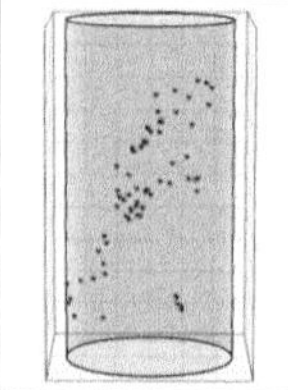	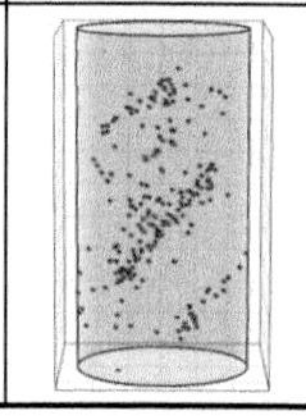	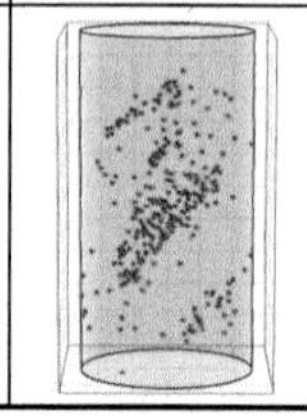	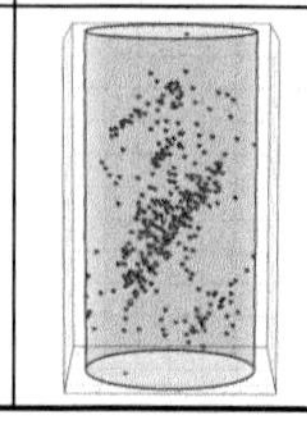	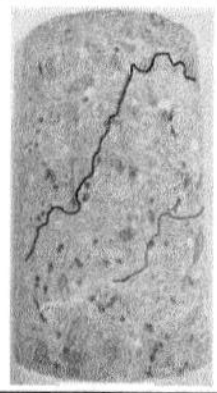

2. 破坏机理

根据上述试验结果，可将纤维混凝土的损伤机制归结为张拉损伤、剪切损伤以及塑性流动等三类，如图 3-18 所示。

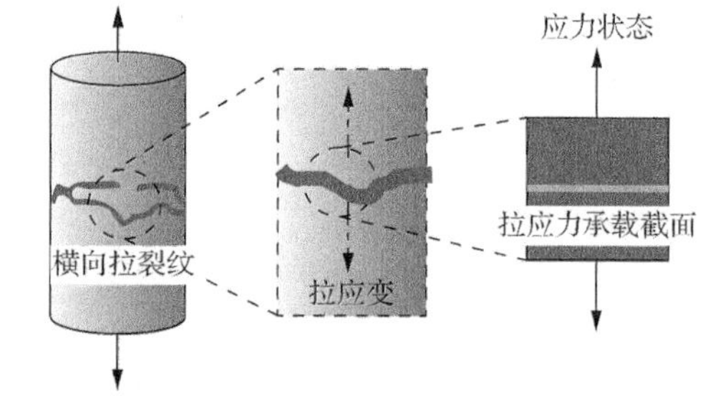

（a）单轴受拉试件的张拉损伤

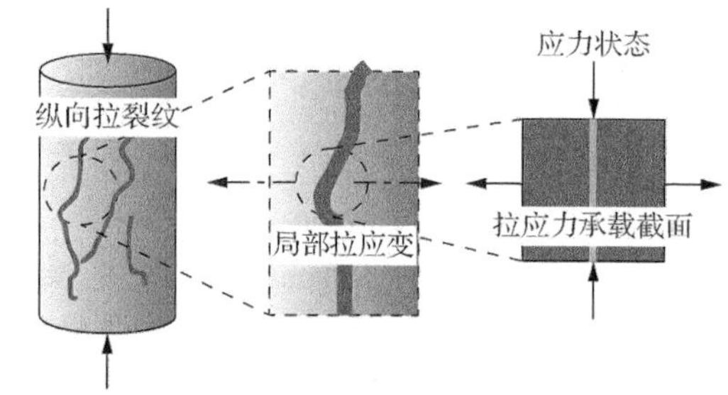

（b）单轴受压试件的张拉损伤（劈拉损坏）

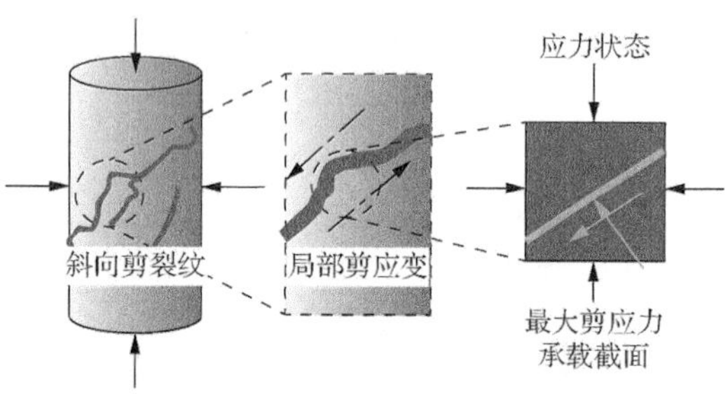

（c）低围压下受压试件的剪切损伤

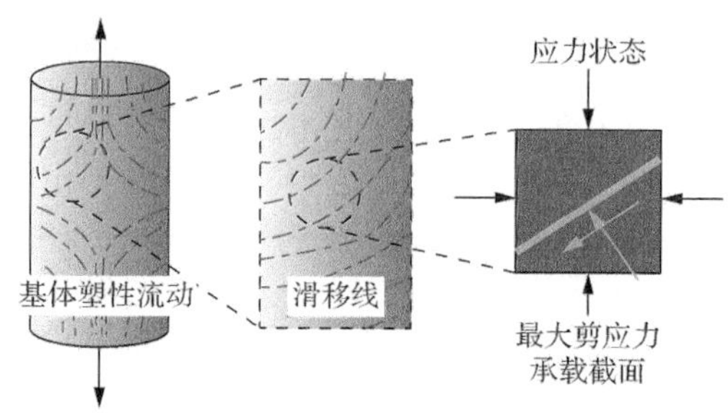

（d）高围压下受压试件的塑性流动

图 3-18　纤维混凝土的损伤机制

1）对于单轴受拉状态下的纤维混凝土，由于混凝土的抗拉强度远远低于其抗压强度（一般仅为抗压强度的 10%左右），内部绝大部分的损伤均为张拉损伤。由于最大拉应力截面垂直于加载方向，因此张拉损伤裂纹几乎沿着垂直于加载方向的水平方向，如图 3-18（a）所示。

2）对于单轴受压状态下的纤维混凝土，由于泊松效应，垂直于加载方向存在局部受拉区，当该区域的拉应力达到抗拉强度时，将产生张拉损伤，如图 3-18（b）所示。为了区别于单轴受拉破坏，这一破坏模式往往被称为劈拉破坏。

3）当纤维混凝土受到低围压作用时，由于侧向压力的存在，内部大部分物质点处的主应力表现为压应力，局部受拉区将大幅减少（由于混凝土材料的非均质性，在极少数区域内仍有可能出现拉应变而引起的受拉损伤）。物质点处与主应力方向存在一定交角的斜截面上会出现最大剪应力，当剪应力值达到抗剪强度时，该截面上将发生剪切滑移，形成剪切损伤，如图 3-18（c）所示。

4）当纤维混凝土受到高围压作用时，混凝土材料的力学行为将产生类似于金属材料的塑性流动现象，如图 3-18（d）所示。此时，纤维混凝土的内部几乎没有断裂裂纹与剪切裂纹产生，材料的塑性变形不再由裂纹的扩张引起，而主要来源于内部各组分在高围压和外加荷载的作用下（两者组合产生了很高的静水压力）发生的不可逆相对滑动。高静水压力的存在使得局部拉应力的产生成为不可能，完全消除了张拉裂纹，并且截面所受正压应力得到大幅提升，使得最大剪应力截面上的机械咬合力、摩擦力等物理作用也得到了极大的增强，进而提高了截面的抗剪强度，抑制了剪切裂纹的产生。静水压力的存在使得混凝土内部的微孔隙等初始缺陷发生坍缩，变得更加密实，从而产生宏观塑性形变。此外，一些薄弱截面由于密度小、强度低，其他区域内物质也会向这些薄弱区域流动。尽管各组分之间发生了相对位移，相比于剪切滑移产生的滑移裂缝，塑性流动所产生的相对滑移并不能使材料各组分之间完全脱粘断裂。

3.4.3　常规三轴受压应力-应变曲线数学模型

纤维混凝土单轴受压应力-应变曲线数学模型中考虑了纤维特征参数的影响，在此基础上，基于常规三轴受压试验研究结果，引入围压影响因子来考虑围压的影响。

（1）骨架曲线数学表达式

考虑到混凝土循环荷载下应力-应变曲线的包络线与单调荷载下的应力-应变曲线形态基本一致，为与《混凝土结构通用规范》（GB 55008—2021）[8]相衔接，采用规范建议的无量纲分段式函数来描述纤维混凝土轴向应力-应变曲线的骨架曲线：

$$y=\begin{cases} ax+(3-2a)x^2+(a-2)x^3 & 0<x\leqslant 1 \\ \dfrac{x}{b(x-1)^2+x} & x>1 \end{cases} \tag{3-24}$$

式中，$y=\sigma_c/\sigma_{cp}$，$x=\varepsilon_c/\varepsilon_{cp}$，$\sigma_c$ 和 ε_c 分别为有围压作用下纤维混凝土归一化的轴向压应力和压应变，σ_{cp} 和 ε_{cp} 分别为对应的轴向峰值压应力和压应变。

对于轴向峰值压应力 σ_{cp}（即当前围压下的轴向抗压强度），可由纤维混凝土的屈服方程和压子午线方程［详见 4.1 节中的式（4-2）和式（4-5）］联立求得，即

$$\begin{cases} \sqrt{2J_2}-\rho_c^{hf}(\xi)=0 \\ \rho_c^{hf}(\xi)=k_c\dfrac{-b_1-\sqrt{b_1^2-4b_2\left(b_0+\dfrac{\xi}{f_{cu}}\right)}}{2b_2}f_{cu} \end{cases} \tag{3-25}$$

式中，$\rho_c^{hf}(\xi)$ 为纤维混凝土空间破坏包络面；$\xi=(\sigma_{cp}+2P)/\sqrt{3}$，为静水压力，$P$ 为围压；$J_2=(\sigma_{cp}-P)^2/3$，为偏应力的第二不变量；$k_c=1+0.080\lambda_{sf}+0.132\lambda_{pf}$，为钢-聚丙烯混杂纤维对普通混凝土压子午线的影响因子[26-27]（上述变量的详细定义及相关系数 b_0、b_1 和 b_2 的取值详见 4.1 节）。

对于混凝土在不同围压下的轴向峰值压应变 ε_{cp}，目前尚无成熟的理论计算模型。本节通过对纤维混凝土常规三轴受压试验数据进行回归分析，提出了如下经验计算公式：

$$\varepsilon_{cp}=\varepsilon_{cu}\left(1+5.776\frac{P}{f_{cu}^{hf}}\right) \tag{3-26}$$

式中，f_{cu}^{hf} 为纤维混凝土立方体抗压强度；ε_{cu} 为单轴受压（即 $P=0$）时纤维混凝土轴向峰值压应变，若无实测试验数据时，可参考如下公式计算：

$$\varepsilon_{cu}=\varepsilon_{cu,0}(1+0.550\lambda_{sf}+0.303\lambda_{pf}) \tag{3-27}$$

其中，$\varepsilon_{cu,0}$ 为普通混凝土单轴峰值轴向压应变。

通过对 30 组不同围压下纤维混凝土轴向应力-应变曲线的包络线进行参数回归分析，得到各组曲线的形状控制参数 a、b 与围压大小的关系，如图 3-19 所示。

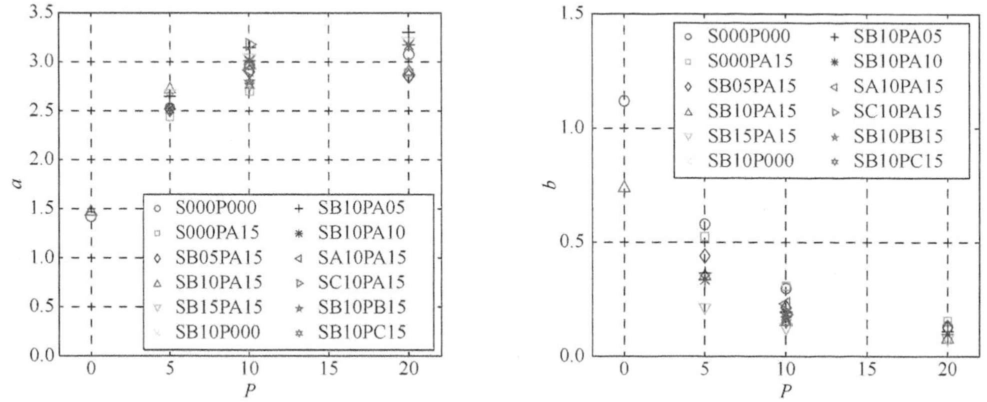

（a）曲线上升段形状控制参数a与围压的关系　　（b）曲线下降段形状控制参数b与围压的关系

图 3-19　纤维混凝土常规三轴受压试验曲线形状控制参数 a、b 与围压的关系

从图中可以看出，纤维混凝土常规三轴受压轴向应力-应变曲线的上升段形状控制参数 a 随着围压的增加而增加，a 的取值与钢纤维特征参数呈正相关，而与聚丙烯纤维特征参数呈负相关；下降段形状控制参数 b 的变化规律与 a 相反，它随着围压的增大而减小，纤维的增强作用对 b 的影响程度随着围压的增加而减弱。

基于上述分析结果，参考本书前面内容（3.1.1 节），对曲线形状控制参数 a、b 关于围压和纤维特征参数进行回归分析，得到如下经验计算公式：

$$\begin{cases} a=1.323+0.477\lambda_{sf}-0.492\lambda_{pf}+1.648\left(1-e^{-12.564\frac{P}{f_{cu}^{hf}}}\right) \\ b=1.121-e^{-5.106\frac{P}{f_{cu}^{hf}}}(0.501\lambda_{sf}+0.308\lambda_{pf})+1.013\left(e^{-7.996\frac{P}{f_{cu}^{hf}}}-1\right) \end{cases} \tag{3-28}$$

将骨架曲线模型与试验结果进行对比，如图 3-20（a）～（c）所示，发现两者吻合良好。若假定其应力-应变关系随围压大小变化的规律与路径无关［即应力值 σ_1 由当前状态下的 (P,ε_1) 唯一确定，而与混凝土如何从状态 $(0,0)$ 变化到状态 (P,ε_1) 的加载历史无关］时，可以进一步得到如图 3-20（d）所示的纤维混凝土应力-应变关系曲线的三维包络面，从而能够方便地计算纤维混凝土在被动约束作用下的应力-应变响应。

彩图 3-20

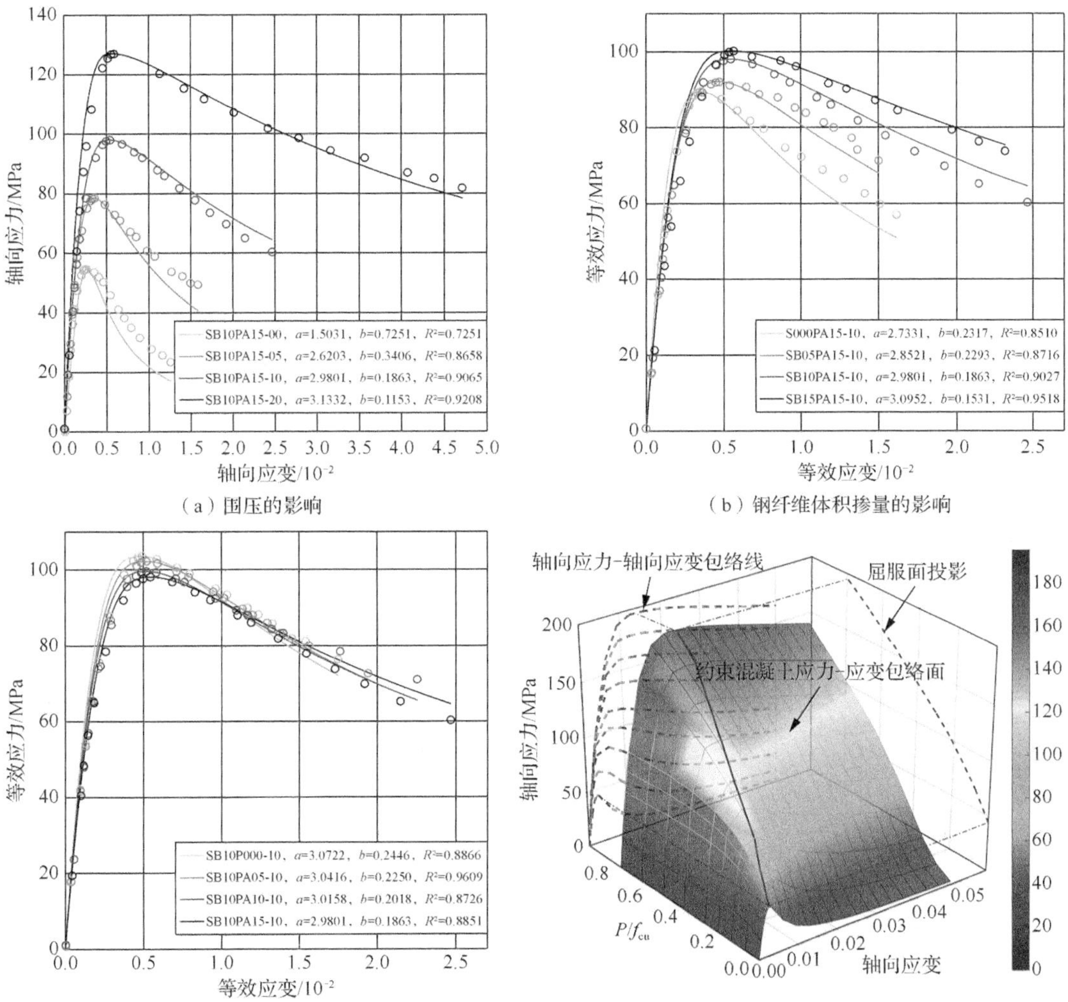

（a）围压的影响　（b）钢纤维体积掺量的影响

（c）聚丙烯纤维体积掺量的影响　（d）纤维混凝土应力-应变关系三维包络面

图 3-20　纤维混凝土常规三轴受压轴向应力-应变关系试验结果与经验本构模型计算结果的对比

（2）加卸载曲线数学表达式

循环受压时，除了要考虑骨架曲线外，还需要对加卸载段的应力-应变（σ_1-ε_1）关系进行合理描述。对于卸载曲线，采用如下幂函数来描述：

$$\frac{\sigma_1}{\sigma_1^{\mathrm{unl}}}=\left(\frac{\varepsilon_1-\varepsilon_1^{\mathrm{p}}}{\varepsilon_1^{\mathrm{unl}}-\varepsilon_1^{\mathrm{p}}}\right)^n \tag{3-29}$$

式中，σ_1、ε_1 分别为卸载曲线上任一点的轴向应力和应变；σ_1^{unl}、$\varepsilon_1^{\mathrm{unl}}$ 分别为卸载点处的轴向应力和应变；$\varepsilon_1^{\mathrm{p}}$ 为卸载点应变 $\varepsilon_1^{\mathrm{unl}}$ 对应的塑性应变，在纤维混凝土单轴塑性应变经验计算公式（3-7）的基础上，考虑围压的影响，得到计算表达式为

$$\frac{\varepsilon_1^{\mathrm{p}}}{\varepsilon_{\mathrm{cu}}}=0.589\left[1-0.111\lambda_{\mathrm{sf}}\mathrm{e}^{-5.912\frac{P}{f_{\mathrm{cu}}^{\mathrm{hf}}}}-0.281\lambda_{\mathrm{pf}}\left(1-6.311\frac{P}{f_{\mathrm{cu}}^{\mathrm{hf}}}\right)\right]\left(\frac{\varepsilon_1^{\mathrm{unl}}}{\varepsilon_{\mathrm{cu}}}\right)^{1.276-0.501\frac{P}{f_{\mathrm{cu}}^{\mathrm{hf}}}} \tag{3-30}$$

指数 n 为卸载段曲率的控制参数，大量研究表明它并非一个常数，而是随着 $\varepsilon_1^{\mathrm{unl}}$ 和围压的增大而变大[28-29]。通过对 30 组纤维混凝土常规三轴受压试验中的 210 个卸载曲线数据进行回归分析，得到经验计算公式如下：

$$n = 1 + 11.009(\varepsilon_1^{\mathrm{unl}})^{0.497+0.905\frac{P}{f_{\mathrm{cu}}^{\mathrm{hf}}}} \tag{3-31}$$

对于再加载曲线，由于纤维混凝土的应力退化规律在其达到峰值压应变前后存在明显的差异，根据试验分析结果，假定当 $\varepsilon_{\mathrm{cp}} \geqslant \varepsilon_1^{\mathrm{unl}}$ 时，不考虑材料的应力退化；当 $\varepsilon_{\mathrm{cp}} < \varepsilon_1^{\mathrm{unl}}$ 时，再加载曲线采用如下分段函数：

$$\begin{cases} \sigma_1 = \dfrac{\varphi\sigma_1^{\mathrm{unl}}}{\varepsilon_1^{\mathrm{unl}} - \varepsilon_1^{\mathrm{p}}}(\varepsilon_1 - \varepsilon_1^{\mathrm{p}}) & \varepsilon_1 < \varepsilon_1^{\mathrm{unl}} \\ \sigma_1 = c[\varepsilon_1^2 - (\varepsilon_1^{\mathrm{unl}})^2] + \left(\dfrac{\varphi\sigma_1^{\mathrm{unl}}}{\varepsilon_1^{\mathrm{unl}} - \varepsilon_1^{\mathrm{p}}} - 2c\varepsilon_1^{\mathrm{unl}}\right)(\varepsilon_1 - \varepsilon_1^{\mathrm{unl}}) + \varphi\sigma_1^{\mathrm{unl}} & \varepsilon_1^{\mathrm{unl}} \leqslant \varepsilon_1 < \varepsilon_1^{\mathrm{ret}} \end{cases} \tag{3-32}$$

式中，$\varepsilon_1^{\mathrm{ret}}$ 为再加载曲线与包络线交点处的轴向压应变，可取 $\varepsilon_1^{\mathrm{ret}} = 1.08\varepsilon_1^{\mathrm{unl}}$；参数 φ 为应力退化因子，定义为

$$\varphi = \begin{cases} 1 & \varepsilon_1^{\mathrm{unl}} \leqslant \varepsilon_{\mathrm{cp}} \\ 0.95 & \varepsilon_1^{\mathrm{unl}} > \varepsilon_{\mathrm{cp}} \end{cases} \tag{3-33}$$

参数 c 可由包络线交点与曲线段起点 $(\varepsilon_1^{\mathrm{unl}}, \varphi\sigma_1^{\mathrm{unl}})$ 共同确定：

$$c = \frac{\sigma_1^{\mathrm{ret}} - \varphi\sigma_1^{\mathrm{unl}} - \dfrac{\varphi\sigma_1^{\mathrm{unl}}}{\varepsilon_1^{\mathrm{unl}} - \varepsilon_1^{\mathrm{p}}}(\varepsilon_1^{\mathrm{ret}} - \varepsilon_1^{\mathrm{unl}})}{(\varepsilon_1^{\mathrm{ret}} - \varepsilon_1^{\mathrm{unl}})^2} \tag{3-34}$$

其中，包络线交点处的应力值 σ_1^{ret} 可由 $\varepsilon_1^{\mathrm{ret}}$ 代入式（3-24）中计算得到。

将所建立的纤维混凝土常规三轴受压本构模型与实测纤维混凝土循环受压应力-应变关系曲线进行对比，如图 3-21 所示，可以发现两者基本吻合，说明提出的本构模型能够较为真实地反映纤维混凝土在围压作用下循环受压应力-应变全过程。

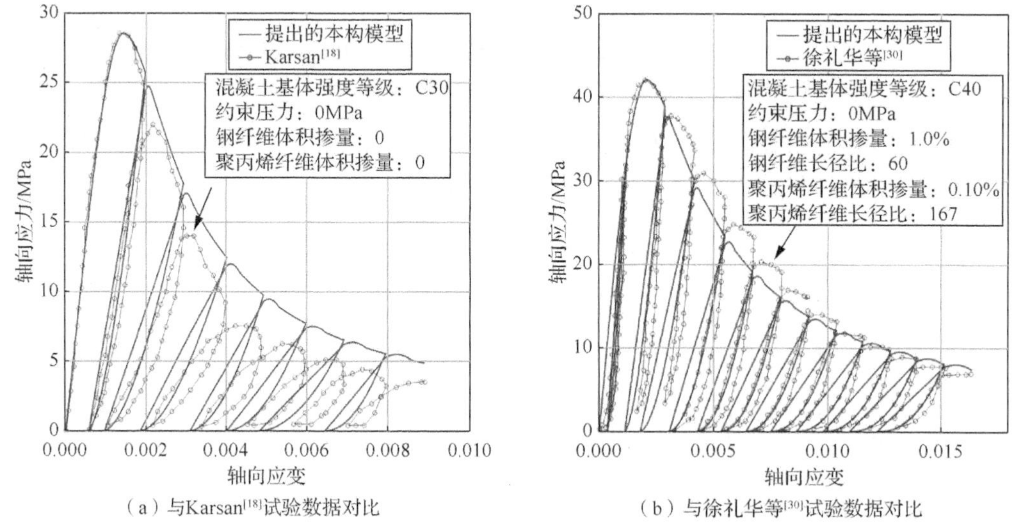

（a）与Karsan[18]试验数据对比　　（b）与徐礼华等[30]试验数据对比

图 3-21　纤维混凝土常规三轴受压本构关系模型验证

3.5　真三轴受压应力-应变关系

3.5.1　轴向应力-应变关系曲线

在纤维混凝土真三轴受压应力-应变关系研究中，重点考察了钢纤维体积掺量和长径比、聚丙烯纤维体积掺量和长径比、侧向压力组合等五个因素的影响，各因素的设计水平如表 2-11 所示。

不同侧向压力组合、不同纤维特征参数的纤维混凝土轴向应力-应变曲线如图 3-22 所示。其中，图 3-22（a）为 3 种侧向压力组合（5MPa/10MPa，4MPa/15MPa 和 3MPa/20MPa）作用下钢纤维混凝土轴向应力-应变关系曲线。对比分析图中曲线可知，与普通混凝土相比，钢纤维混凝土的峰值应力明显提高；随着钢纤维体积掺量的增加，纤维混凝土的峰值应力和初始弹性模量均逐渐增大。在峰后阶段，不同于普通混凝土，钢纤维混凝土的强度并未出现陡降现象，这主要是由于钢纤维的阻裂作用使混凝土强度退化较大程度的减缓。

图 3-22（b）绘制了相同侧向压力组合（3MPa/20MPa）、不同聚丙烯纤维体积掺量下钢纤维体积掺量不同的混杂纤维混凝土轴向应力-应变关系曲线。分析图中曲线可知，随着钢纤维体积掺量的增加，混杂纤维混凝土的峰值应力和初始弹性模量均明显大于聚丙烯纤维混凝土的，这主要是因为钢纤维具有较高的弹性模量。

图 3-22（c）为相同侧向压力组合（5MPa/10MPa）、不同钢纤维长径比的混杂纤维混凝土轴向应力-应变关系曲线。由图中曲线可以看到，与钢纤维长径比为 30 的混杂纤维混凝土相比，钢纤维长径比为 60 的纤维混凝土峰值应力更高，峰后阶段表现出更好的延性，强度退化更趋平缓。

图 3-22（d）为 3 种侧向压力组合（5MPa/10MPa，4MPa/15MPa 和 3MPa/20MPa）作用下聚丙烯纤维混凝土的轴向应力-应变关系曲线。对图中曲线进行比较分析可知，聚丙烯纤维的掺入对纤维混凝土三轴强度提高幅度不超过 10%，也会出现因纤维结团而导致强度小幅度降低的现象，但有效改善了轴向应力-应变曲线的峰后延性，减缓了纤维混凝土的强度退化。

图 3-22（e）为不同侧向压力组合（5MPa/10MPa，4MPa/15MPa 和 3MPa/20MPa）、不同聚丙烯纤维掺量的混杂纤维混凝土轴向应力-应变曲线。从图中可以看出，与单掺钢纤维混凝土相比，混杂纤维混凝土的峰值应力变化不大，但其峰后延性得到明显改善，强度退化速度大幅降低，表现出了明显的正混杂效应。

图 3-22（f）为相同侧向压力组合、不同聚丙烯纤维长径比的混杂纤维混凝土轴向应力-应变曲线。由图中曲线可以看出，与聚丙烯纤维长径比为 167 的混杂纤维混凝土相比，长径比为 396 的混杂纤维混凝土峰值应力略有增加，峰后阶段强度退化更慢，呈现出更好的延性，但峰值应变的变化规律不明显。

彩图 3-22

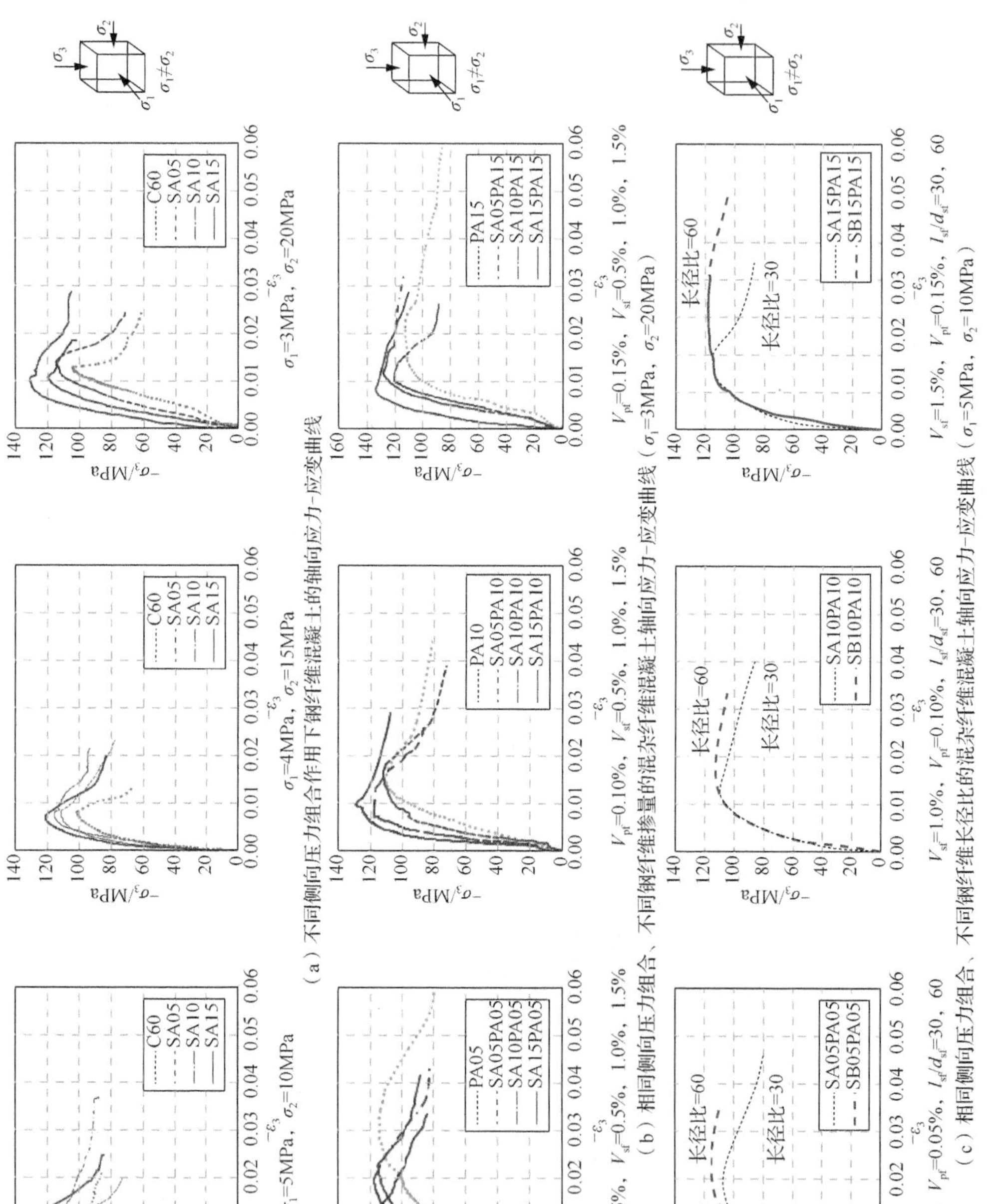

（a）不同侧向压力组合作用下钢纤维混凝土的轴向应力-应变曲线

（b）相同侧向压力组合、不同钢纤维掺量的混杂纤维混凝土轴向应力-应变曲线

（c）相同侧向压力组合、不同钢纤维长径比的混杂纤维混凝土轴向应力-应变曲线

图 3-22　侧向压力组合和纤维特征参数对纤维混凝土轴向应力-应变曲线的影响

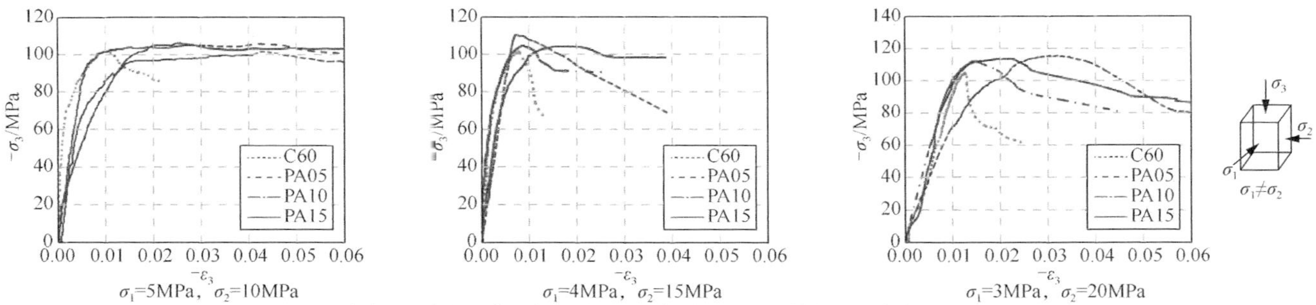

（d）不同侧向压力组合作用下聚丙烯纤维混凝土的轴向应力-应变曲线

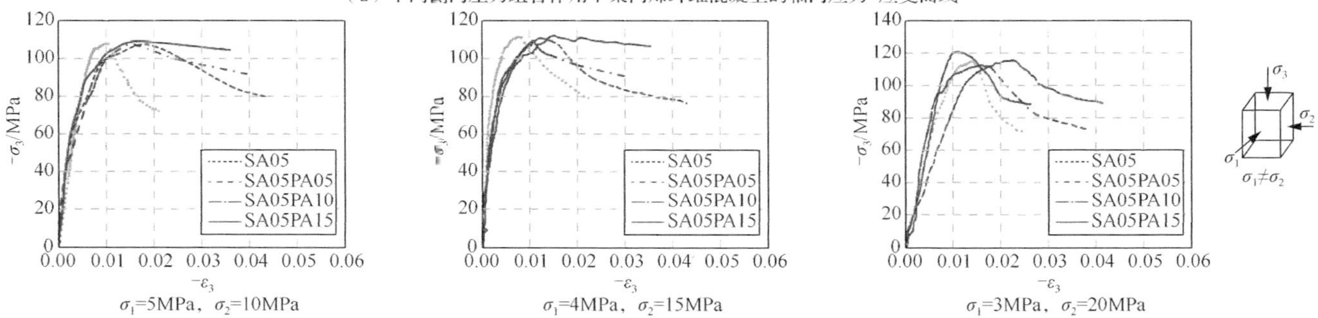

（e）不同侧向压力组合、不同聚丙烯纤维掺量的混杂纤维混凝土轴向应力-应变曲线

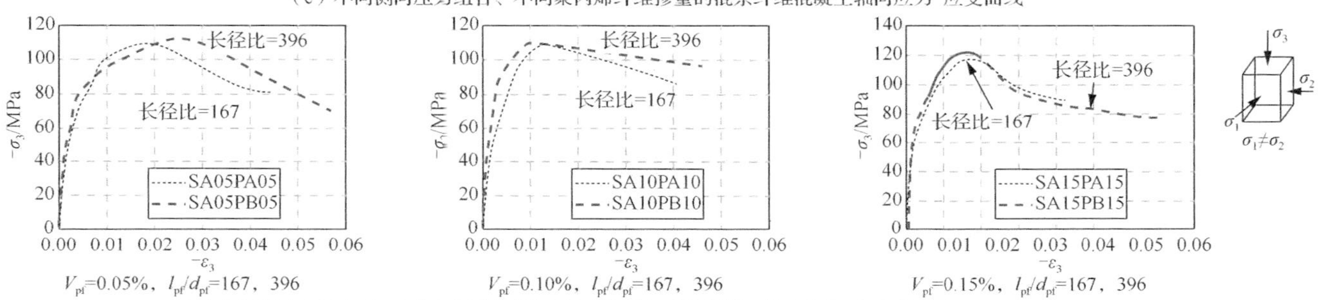

（f）相同侧向压力组合、不同聚丙烯纤维长径比的混杂纤维混凝土轴向应力-应变曲线（σ_1=5MPa，σ_2=10MPa）

图 3-22（续）

3.5.2　体积应变-轴向应变全曲线

相关研究表明，三轴应力作用下混凝土的体积应变会伴随着裂缝的扩展呈现出收缩和膨胀的特性[31]。其中，在膨胀区域，混凝土体积应变-轴向应变关系曲线的斜率可以用来表示混凝土峰后阶段的变形能力和延性特征。一般情况下，斜率较大，表明混凝土膨胀迅速，延性较差；反之则较好。

图 3-23（a）绘制了相同侧向压力组合（5MPa/10MPa）、不同纤维掺量的混杂纤维混凝土体积应变-轴向应变的关系曲线。对比分析图中曲线可知，当钢纤维体积掺量为 0.5%时，纤维混凝土几乎没有发生体积收缩变形；但随着钢纤维体积掺量的增加，纤维混凝土开始出现体积收缩变形，膨胀现象明显滞后。当钢纤维体积掺量为 1.5%时，纤维混凝土的体积应变-轴向应变关系曲线与水平轴（$-\varepsilon_3$ 轴）交点处的应变约为 0.01，大幅滞后于钢纤维体积掺量为 0.5%和 1.0%的纤维混凝土试件的。这一结果表明，钢纤维的掺入可以有效约束混凝土基体的膨胀变形，增强变形能力，提高残余刚度，进而影响混凝土开裂后的力学响应，改善混凝土的破坏形态[31]。图 3-23（b）为不同侧向压力组合（5MPa/10MPa，4MPa/15MPa 和 3MPa/20MPa）作用下纤维混凝土的体积应变-轴向应变关系曲线。从图中可以看出，聚丙烯纤维体积掺量对混凝土的体积收缩变形影响不大，但对其体积膨胀作用明显，膨胀率随着聚丙烯纤维体积掺量的增加而逐渐减小。

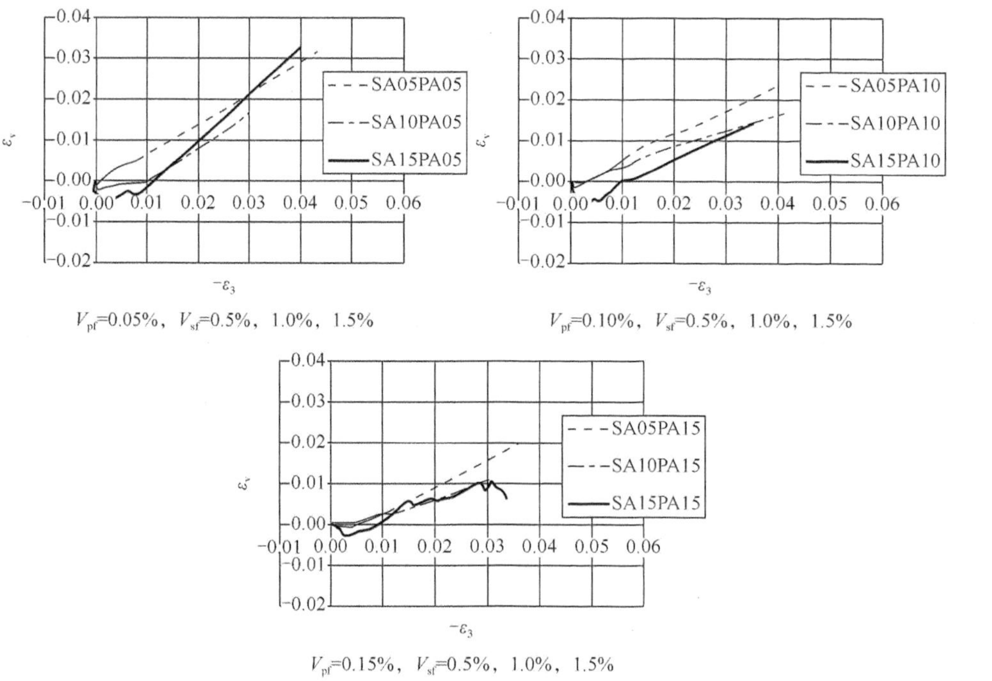

（a）相同侧向压力组合作用下不同纤维掺量的纤维混凝土体积应变与轴向应变的关系（σ_1=5MPa，σ_2=10 MPa）

图 3-23　不同侧向压力组合和纤维特征参数对纤维混凝土体积应变-轴向应变的影响

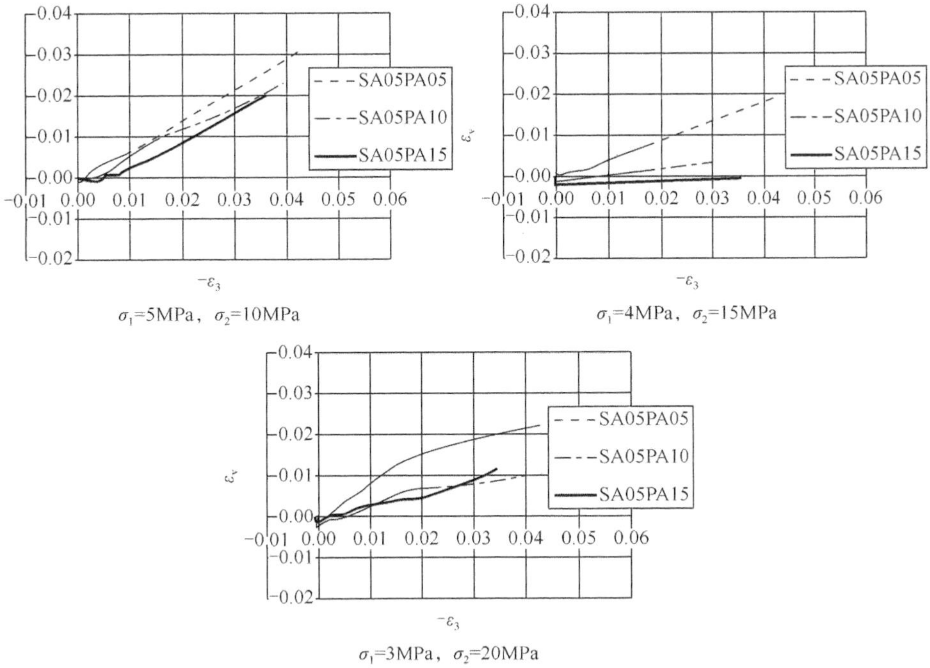

（b）不同侧向压力组合作用下纤维混凝土体积应变与轴向应变的关系

图 3-23（续）

真三轴试验结果为纤维混凝土强度准则和塑性流动法则的建立及参数标定提供了数据支撑。

参 考 文 献

[1] 张元元．钢-聚丙烯混杂纤维混凝土单轴受压本构关系与受拉性能研究[D]．武汉：武汉大学，2010．

[2] 邓宗才．碳纤维混凝土在重复加卸载下力学行为的研究[J]．建筑结构，2001（11）：33-35．

[3] 邓宗才，孙成栋．钢纤维混凝土在低周反复荷载下力学性能的研究[J]．工程力学，2001（3）：105-110．

[4] 吕西林，张颖，年学成．钢纤维高强混凝土在单调和重复荷载作用下轴压应力-应变曲线试验研究[J]．建筑结构学报，2017，38（1）：135-143．

[5] Scrivener K L, Crumbie A K, Laugesen P. The interfacial transition zone (ITZ) between cement paste and aggregate in concrete[J]. Interface Science, 2004, 12: 411-421.

[6] Wang Z, Wang D, Smith S T, et al. CFRP-confined square RC columns. II: cyclic axial compression stress-strain model[J]. Journal of Composites for Construction, 2012, 16(2): 161-170.

[7] Hany N F, Hantouche E G, Harajli M H. Axial stress-strain model of CFRP-confined concrete under monotonic and cyclic loading[J]. Journal of Composites for Construction, 2015, 19(6): 04015004.

[8] 中华人民共和国住房和城乡建设部．混凝土结构通用规范：GB 55008—2021[S]．北京：中国建筑工业出版社，2021．

[9] Nataraja M C, Dhang N, Gupta A P. Stress-strain curves for steel-fiber reinforced concrete under compression[J]. Cement and Concrete Composites, 1999, 21(5-6): 383-390.

[10] Song P S, Hwang S. Mechanical properties of high-strength steel fiber-reinforced concrete[J]. Construction and Building Materials, 2004, 18(9): 669-673.

[11] Ezeldin A S, Balaguru P N. Normaland high-strength fiber-reinforced concrete under compression[J]. Journal of Materials in Civil Engineering, 1992, 4(4): 415-429.

[12] Wafa F F, Ashour S A. Mechanical properties of high-strength fiber reinforced concrete[J]. ACI Materials Journal, 1992, 89(5): 449-455.

[13] Campione G, Cucchiara C, Mendola L L, et al. Steel-concrete bond in lightweight fiber reinforced concrete under monotonic and cyclic actions[J]. Engineering Structures, 2005, 27(6): 881-890.

[14] Bencardino F, Rizzuti L, Spadea G. Experimental tests vs. theoretical modeling for FRC in compression[C]// Proceedings of 6th International Conference on Fracture Mechanics of Concrete and Concrete Structures. IA-FraMCoS, 2007, 6: 1473-1480.

[15] Tasnimi A A, Lavasani H H. Uniaxial constitutive law for structural concrete members under monotonic and cyclic loads[J]. Scientia Iranica, 2011, 18(2): 150-162.

[16] Yankelevsky D Z, Reinhardt H W. Model for cyclic compressive behavior of concrete[J]. Journal of Structural Engineering, 1987, 113(2): 228-240.

[17] Lam L, Teng J G. Stress-strain model for FRP-confined concrete under cyclic axial compression[J]. Engineering Structures, 2009, 31(2): 308-321.

[18] Karsan I D. Behavior of Concrete Under Compressive Loadings[J]. Journal of the Structural Division, 1969, 95(12): 2543-2564.

[19] Xu L H, Huang L, Chi Y, et al. Tensile behavior of steel-polypropylene hybrid fiber-reinforced concrete[J]. ACI Materials Journal, 2016, 113(2): 219-229.

[20] Chi Y, Yu M, Huang L, et al. Finite element modeling of steel-polypropylene hybrid fiber reinforced concrete using modified concrete damaged plasticity[J]. Engineering Structures, 2017, 148: 23-35.

[21] Chen X, Bu J. Experimental study on direct tensile behavior of concrete under various loading regimes[J]. ACI Materials Journal, 2016, 113(4): 513-522.

[22] 徐礼华，梅国栋，黄乐，等．钢-聚丙烯混杂纤维混凝土轴心受拉应力-应变关系研究[J]．土木工程学报，2014，47（7）：35-45.

[23] 杨萌，黄承逵．钢纤维高强混凝土轴拉性能试验研究[J]．土木工程学报，2006（3）：55-61.

[24] 李彪．钢-聚丙烯混杂纤维混凝土弹塑性损伤本构关系及数值实现[D]．武汉：武汉大学，2018.

[25] 梅国栋．钢-聚丙烯混杂纤维混凝土单轴受拉性能与本构关系研究[D]．武汉：武汉大学，2014.

[26] Chi Y, Xu L H, Yu H. Constitutive modeling of steel-polypropylene hybrid fiber reinforced concrete using a non-associated plasticity and its numerical implementation[J]. Composite Structures, 2014, 111: 497-509.

[27] Chi Y, Xu L H, Mei G D, et al. A unified failure envelope for hybrid fibre reinforced concrete subjected to true triaxial compression[J]. Composite Structures, 2014, 109: 31-40.

[28] Xu L H, Li B, Chi Y, et al. Experimental investigation on the stress-strain relation of steel-polypropylene hybrid fiber reinforced concrete subjected to uniaxial cyclic compression[J]. Journal of Building Structures, 2018, 39(4): 140-152.

[29] Deng Z. Experimental study on the mechanical behavior of carbon fiber reinforced concrete under cyclic loads[J]. Engineering Mechanics, 2001, 31(11): 33-35.

[30] 徐礼华，李彪，池寅，等．钢-聚丙烯混杂纤维混凝土单轴循环受压应力-应变关系研究[J]．建筑结构学报，2018，39（4）：140-152.

[31] Imran I, Pantazopoulou S J. Experimental study of plain concrete under triaxial stress[J]. ACI Materials Journal, 1996, 93(6): 589-601.

第 4 章　纤维混凝土弹塑性本构关系

许多重要结构工程，如高层建筑、大跨桥梁、核反应容器、近海平台等，在实际服役过程中通常处于复杂受力状态，为了保障结构合理设计和安全服役，结构非线性分析变得尤为重要。与普通混凝土一样，纤维混凝土在外部激励作用下也表现出复杂的非线性力学特征：多轴应力状态下的非线性应力-应变关系、应变硬化和软化、加载路径相关性、塑性流动非关联性等。然而，纤维混凝土材料由于其纤维种类、体积掺量、长径比等特征参数的多样化，其力学行为和本构特征更加复杂多变，因此提出一个能描述在所有条件下适合纤维混凝土力学特性的本构关系，是研究者面临的巨大挑战。

迄今为止，在混凝土本构模型方面取得了丰富的成果，提出了多种预测模型，其中，基于经典金属塑性理论发展起来的混凝土弹塑性本构关系被广泛应用于混凝土结构分析中。混凝土弹塑性增量型本构模型，反映了弹塑性变形过程中应力增量与应变增量之间的关系。它将塑性和屈服进行广义解释并扩展用于描述复杂受力下混凝土材料的特性，与传统金属结构晶格位错引起的塑性变形不同，混凝土的塑性应变与材料内部微裂缝的发展有关，但宏观上仍可假定混凝土的应力-应变关系由线弹性部分和非线性强化/软化部分组成。纤维混凝土弹塑性本构模型建立的主要内容包括以下三个方面：

1）破坏准则。在应力空间存在一个初始屈服面和一个破坏面，分别定义弹性区域边界和硬化、软化的边界。

2）硬化法则。定义塑性流动过程中加载面的大小、位置甚至形状随加载历史的变化，以及材料强化、软化特性。

3）塑性流动法则。与塑性势有关，基于流动法则并结合加卸载一致性条件可推导出增量形式的应力-应变关系表达式。

本章重点阐明纤维特征参数的影响规律，建立能够合理描述不同应力路径下纤维混凝土力学响应的弹塑性本构模型。

4.1　破 坏 准 则

多轴应力状态下混凝土的强度是应力状态的函数，需要通过考虑应力状态各种分量的相互作用来得到。建立多轴应力状态下混凝土材料破坏准则时，需要对破坏进行正确定义，通常用混凝土材料的极限强度来定义破坏。在单轴加载情况下，破坏准则由一个应力值定义（峰值应力）。双轴加载情况下，当两个加载方向的应力组合达到某一曲线时，破坏将会发生。三轴加载情况下，一旦三个加载方向的应力组合达到某一面（破坏面），将达到极限状态。对于普通混凝土，国内外学者开展了大量研究，提出了许多经典的破坏准则，常见的有 Drucker-Prager（德鲁克-普拉格）屈服条件、Mohr-Coulomb（莫尔-库仑）屈服条件、Bresler-Pister（布雷斯勒-皮斯特）三参数模型[1]、Ottosen[2]和 Hsieh-Ting-Chen 四参数模型[3-4]以及 Willam-Warnke 五参数模型[5]等。其中，Bresler-

Pister 三参数模型的形式较为简单，适用于描述拉压比较大时的混凝土力学响应；Ottosen 四参数模型的参数较少，适用于复杂应力组合作用下的工况；Hsieh-Ting-Chen 对 Ottosen 模型进行了进一步修正，但模型偏平面与子午线的交点处存在尖点，容易出现计算不收敛情况；Willam-Warnke 五参数模型的偏平面光滑，处处可微，能够有效避免不收敛的问题，且计算精度较高。

对于纤维混凝土，单轴及多轴加载试验（详见第 3 章）结果表明，其破坏形态与普通混凝土类似，普通混凝土的强度理论同样适用于纤维混凝土。本章基于 Willam-Warnke 五参数模型建立纤维混凝土的破坏准则，其空间破坏包络面形状如图 4-1 所示。

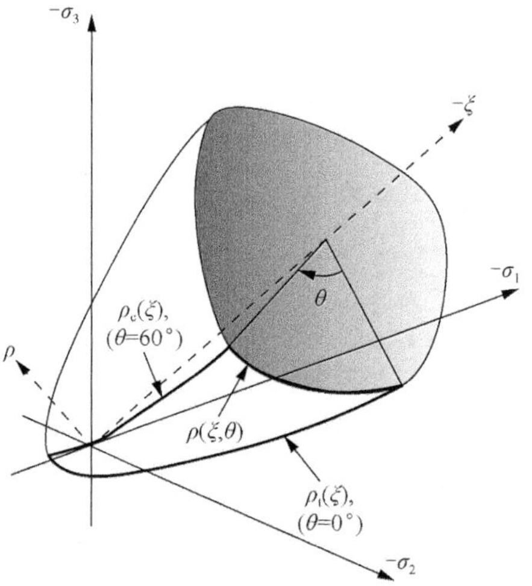

图 4-1　Willam-Warnke 五参数模型

根据定义，混凝土的破坏面函数 f 一般可表示为

$$f(\sigma_{ij}) = f(I_1, J_2, J_3) = f(\rho, \xi, \theta) = 0 \tag{4-1}$$

式中，σ_{ij} 为纤维混凝土破坏时的应力；ξ、ρ 和 θ 分别为静水压力、偏应力和 Lode（洛德）角，三个参数的定义如图 4-2 所示，计算公式分别为 $\xi = I_1/\sqrt{3}$，$\rho = \sqrt{2J_2}$，$\theta = \dfrac{1}{3}\arccos\left(3\sqrt{3}J_3 / 2\sqrt{J_2^3}\right)$，其中 I_1、J_2 和 J_3 分别为主应力张量第一不变量、偏应力张量第二不变量和第三不变量。当采用 Willam-Warnke 五参数的破坏准则时，纤维混凝土的加载面函数 f 可具体表示为

$$f(\xi, \rho, \theta) = \sqrt{2J_2} - K(\bar{\varepsilon}^{\mathrm{p}}) \cdot \rho^{\mathrm{hf}}(\xi, \theta) = 0 \tag{4-2}$$

式中，偏应力张量第二不变量 $J_2 = \dfrac{1}{2}S_{ij}S_{ij}$，$S_{ij} = \sigma_{ij} - \dfrac{1}{3}\sigma_{kk}\delta_{ij}$，$\sigma_{kk}$ 为应力张量对角线上的正应力分量；K 为硬化/软化函数，是塑性应变历史的函数，$K_0 \leqslant K \leqslant 1$；$\rho^{\mathrm{hf}}(\xi, \theta)$ 为纤维混凝土空间破坏包络面，其数学表达式为

$$\rho^{\mathrm{hf}}(\xi,\theta) = \frac{2\rho_{\mathrm{c}}^{\mathrm{hf}}\left[(\rho_{\mathrm{c}}^{\mathrm{hf}})^2 - (\rho_{\mathrm{t}}^{\mathrm{hf}})^2\right]\cos\theta + \rho_{\mathrm{c}}^{\mathrm{hf}}(2\rho_{\mathrm{t}}^{\mathrm{hf}} - \rho_{\mathrm{c}}^{\mathrm{hf}})\left\{4\left[(\rho_{\mathrm{c}}^{\mathrm{hf}})^2 - (\rho_{\mathrm{t}}^{\mathrm{hf}})^2\right]\cos^2\theta + 5(\rho_{\mathrm{t}}^{\mathrm{hf}})^2 - 4\rho_{\mathrm{t}}^{\mathrm{hf}}\rho_{\mathrm{c}}^{\mathrm{hf}}\right\}^{1/2}}{4\left[(\rho_{\mathrm{c}}^{\mathrm{hf}})^2 - (\rho_{\mathrm{t}}^{\mathrm{hf}})^2\right]\cos^2\theta + (2\rho_{\mathrm{t}}^{\mathrm{hf}} - \rho_{\mathrm{c}}^{\mathrm{hf}})^2} \tag{4-3}$$

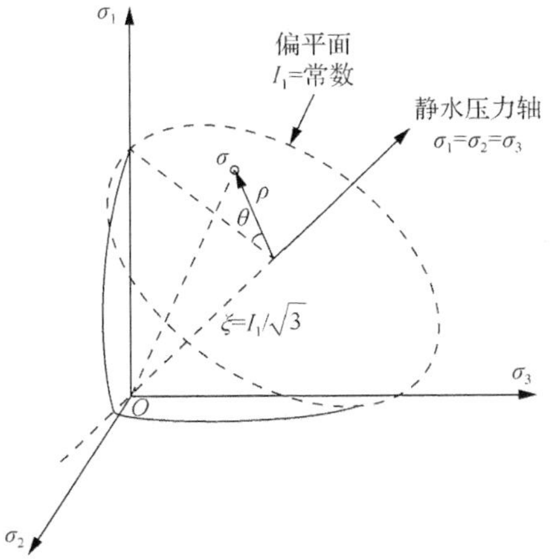

图 4-2　参数 ρ、ξ、θ 的定义

其中，如图 4-3 所示，拉子午线（θ=0°）、压子午线（θ=60°）的方程分别记为

$$\frac{\xi}{f_c}=a_2\left(\frac{\rho_t^{hf}}{f_c}\right)^2+a_1\frac{\rho_t^{hf}}{f_c}+a_0 \tag{4-4}$$

$$\frac{\xi}{f_c}=b_2\left(\frac{\rho_c^{hf}}{f_c}\right)^2+b_1\frac{\rho_c^{hf}}{f_c}+b_0 \tag{4-5}$$

式中，$\rho_t^{hf}=k_t\rho_t$，$\rho_c^{hf}=k_c\rho_c$，k_t 和 k_c 分别为纤维对普通混凝土拉、压子午线的影响系数，如图 4-4 所示，当不考虑纤维影响时，$k_t=k_c=1.0$；f_c 为普通混凝土的单轴抗压强度；a_0、a_1、a_2 和 b_0、b_1、b_2 为材料常数，基于大量试验结果的回归分析得到 $a_0=b_0=0.1775$，$a_1=-1.4554$，$a_2=-0.1576$，$b_1=-0.7806$，$b_2=-0.1763$。θ 的计算公式为

$$\theta=\arccos\left(\frac{2\sigma_1-\sigma_2-\sigma_3}{2\sqrt{3}\sqrt{J_2}}\right),\ \sigma_1\geqslant\sigma_2\geqslant\sigma_3 \tag{4-6}$$

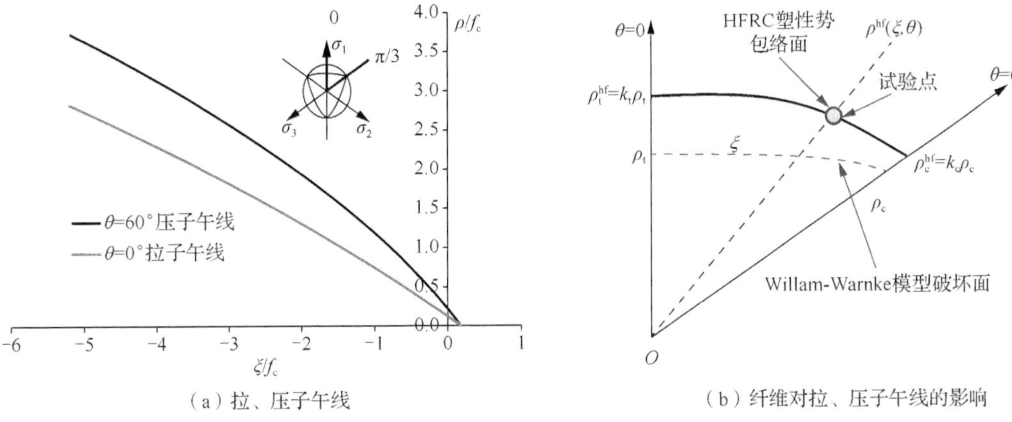

图 4-3　拉、压子午线示意图及纤维对拉、压子午线的影响

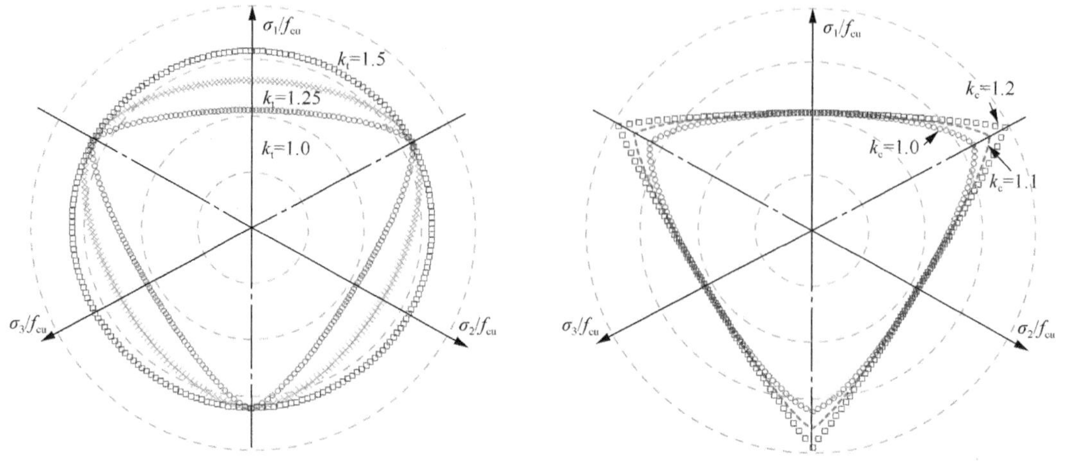

（a）k_t取值影响　　（b）k_c取值影响

图 4-4　参数 k_t 和 k_c 取值影响示意图

1）纤维对压子午线的影响系数 k_c 。基于弹塑性理论，单轴受压应力路径与压子午线（Lode 角为 60°）相交，因此，k_c 可通过纤维混凝土单轴受压试验结果进行回归分析得到。单轴受压时，纤维混凝土的极限应力状态为 $(\sigma_1,\sigma_2,\sigma_3) = (-f_c^{hf},0,0)$ 。此时，偏应力和静水应力可分别表示为

$$\rho_c^{hf} = \sqrt{2\cdot\frac{1}{6}\cdot\left[(0-0)^2+(0-f_c^{hf})^2+(f_c^{hf}-0)^2\right]} = \sqrt{\frac{2}{3}}\left|f_c^{hf}\right| \tag{4-7}$$

$$\xi = -\frac{f_c^{hf}}{\sqrt{3}} \tag{4-8}$$

将计算所得静水应力 ξ 代入 Willam-Warnke 五参数模型中，计算得到此刻普通混凝土在压子午线上的偏应力为

$$\rho_c = \frac{-b_1-\sqrt{b_1^2-4b_2(b_0+f_c^{hf}/\sqrt{3}f_c)}}{2b_2}f_c \tag{4-9}$$

对比式（4-7）和式（4-9），便可得到纤维影响系数 k_c 为

$$k_c = \frac{\rho_c^{hf}}{\rho_c} \tag{4-10}$$

根据纤维混凝土单轴受压试验结果，聚丙烯纤维对单轴抗压强度的影响很小，可忽略不计。因此，k_c 只与钢纤维特征参数相关[6]，即

$$k_c = 1+\alpha_{cu}\lambda_{sf} \tag{4-11}$$

式中，λ_{sf} 为钢纤维特征参数，$\lambda_{sf} = V_{sf}(l_{sf}/d_{sf})$；$\alpha_{cu}$ 为钢纤维增强系数。通过对试验结果进行拟合（图 4-5）得到数学表达式，建议如下：

$$k_c = 1+0.056\lambda_{sf} \tag{4-12}$$

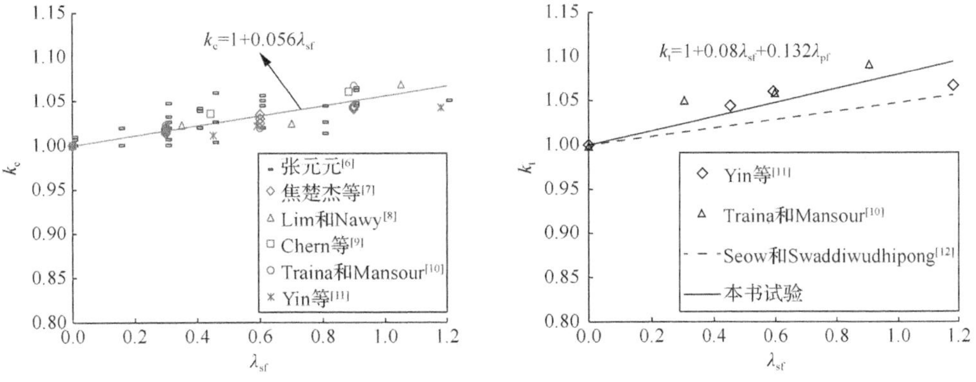

图4-5　参数 k_c 和 k_t 拟合结果对比图

2）纤维对拉子午线的影响系数 k_t。为确定拉子午线的纤维影响系数 k_t，通过旋转拉子午线使其中间子午线通过真三轴强度试验点。根据2.3.2节表2-13中的试验结果，对每组纤维混凝土的真三轴强度分别计算其静水压力、偏应力及Lode角的余弦：

$$\xi = (\sigma_1 + \sigma_2 + \sigma_3) / \sqrt{3} \tag{4-13}$$

$$\rho^{hf} = \sqrt{2 \cdot \frac{1}{6} \cdot \left[(\sigma_1 - \sigma_2)^2 + (\sigma_1 - \sigma_3)^2 + (\sigma_2 - \sigma_3)^2 \right]} \tag{4-14}$$

$$\cos\theta = (2\sigma_1 - \sigma_2 - \sigma_3) / 2\sqrt{3J_2} \quad （其中 \sigma_1 \geqslant \sigma_2 \geqslant \sigma_3） \tag{4-15}$$

式中，σ_1、σ_2 和 σ_3 分别为真三轴试验中三个主应力方向施加的实际应力。将式（4-13）计算得到的静水压力代入式（4-4）和式（4-5）中，令 $k_t = k_c = 1.0$，得到普通混凝土在拉、压子午线上的偏应力分别为

$$\rho_t = \frac{-a_1 - \sqrt{a_1^2 - 4a_2\left(a_0 - \dfrac{\xi}{f_c}\right)}}{2a_2} \cdot f_c \tag{4-16}$$

$$\rho_c = \frac{-b_1 - \sqrt{b_1^2 - 4b_2\left(b_0 - \dfrac{\xi}{f_c}\right)}}{2b_2} \cdot f_c \tag{4-17}$$

结合式（4-12）和式（4-17）计算得到当前静水压力条件下纤维混凝土压子午线的偏应力 ρ_c^{hf}；联合式（4-15）和式（4-16）通过隐式求解确定其拉子午线的偏应力 ρ_t^{hf}，使得其中间子午线的 $\rho^{hf}(\xi,\theta)$ 值与真三轴试验结果计算得到的 ρ^{hf} 值［式（4-14）］相等；最后，参数 k_t 可表示为

$$k_t = \frac{\rho_t^{hf}}{\rho_t} \tag{4-18}$$

注A：k_t 也可通过对纤维混凝土的等双轴受压试验结果进行回归分析得到。在等双轴荷载作用下，其应力状态为 $(\sigma_1, \sigma_2, \sigma_3) = (0, -f_{cb}^{hf}, -f_{cb}^{hf})$，此时材料内的偏应力和静水压力可分别表示为

$$\rho_{\mathrm{t}}^{\mathrm{hf}}=\sqrt{2\cdot\frac{1}{6}\cdot\left[(0+f_{\mathrm{cb}}^{\mathrm{hf}})^{2}+(-f_{\mathrm{cb}}^{\mathrm{hf}}+f_{\mathrm{cb}}^{\mathrm{hf}})^{2}+(-f_{\mathrm{cb}}^{\mathrm{hf}}-0)^{2}\right]}=\sqrt{\frac{2}{3}}\left|f_{\mathrm{cb}}^{\mathrm{hf}}\right| \tag{4A-1}$$

$$\xi=-2\frac{f_{\mathrm{cb}}^{\mathrm{hf}}}{\sqrt{3}} \tag{4A-2}$$

将上式代入 Willam-Warnke 五参数模型中，同样可计算得到不考虑纤维作用时的偏应力为

$$\rho_{\mathrm{t}}=\frac{-a_{1}-\sqrt{a_{1}^{2}-4a_{2}\left(a_{0}+\dfrac{2}{\sqrt{3}}\dfrac{f_{\mathrm{cb}}^{\mathrm{hf}}}{f_{\mathrm{c}}}\right)}}{2a_{2}}\cdot f_{\mathrm{c}} \tag{4A-3}$$

然后根据式（4-18）即可确定纤维影响系数 k_{t} 的大小。

根据不同荷载组合下的真三轴试验结果（表 4-1～表 4-3），对系数 k_{t} 进行线性拟合，为了简化计算，不考虑钢纤维和聚丙烯纤维的协同效应，得到其经验公式如下：

$$k_{\mathrm{t}}=1+0.08\lambda_{\mathrm{sf}}+0.132\lambda_{\mathrm{pf}} \tag{4-19}$$

表 4-1　在围压 5MPa/10MPa 条件下纤维混凝土偏应力计算结果与试验结果对比

序号	试件编号	$-\sigma_1$	$-\sigma_2$	$-\sigma_3$	静水压力 ξ/f_{c}	Lode 角 θ / (°)	偏应力 $\rho_{\mathrm{t}}^{\mathrm{hf}}/f_{\mathrm{c}}$		
							实测值	计算值	比值 R
1	SA05PA05	5.0235	9.9493	106.6326	−1.0801	57.5363	1.2466	1.2495	1.0023
2	SA05PB05	5.1543	9.9186	109.0875	−1.1028	57.6733	1.2767	1.2711	0.9956
3	SB05PA05	5.0454	9.9341	115.1964	−1.1563	57.7490	1.3540	1.3252	0.9787
4	SB05PB05	5.0550	9.9207	108.6872	−1.0984	57.6156	1.2723	1.2778	1.0043
5	SA05PA10	5.1145	9.8713	107.1780	−1.0851	57.6336	1.2533	1.2557	1.0020
6	SA05PA15	5.0205	9.9135	109.0878	−1.1016	57.6122	1.2776	1.2701	0.9941
7	SA10PA05	5.0980	9.9820	111.2869	−1.1224	57.6654	1.3043	1.2966	0.9941
8	SA10PA10	5.0559	9.8130	109.1872	−1.1019	57.6814	1.2792	1.2809	1.0013
9	SA10PB10	5.0879	9.9115	109.6688	−1.1073	57.6587	1.2845	1.2877	1.0026
10	SB10PA10	5.0597	9.9845	113.4510	−1.1413	57.6944	1.3317	1.3358	1.0031
11	SB10PB10	5.1049	9.9154	115.1945	−1.1566	57.7845	1.3537	1.3516	0.9985
12	SA10PA15	5.0936	9.9023	115.7423	−1.1613	57.7967	1.3607	1.3317	0.9787
13	SA15PA05	5.0349	9.8521	115.2536	−1.1559	57.7840	1.3553	1.3366	0.9862
14	SA15PA10	5.0511	9.9438	118.6716	−1.1873	57.8173	1.3975	1.3636	0.9757
15	SA15PA15	5.0806	9.8320	115.7346	−1.1604	57.8237	1.3611	1.3425	0.9863
16	SA15PB15	5.1661	9.9868	120.8322	−1.2079	57.8889	1.4236	1.3847	0.9726
17	SB15PA15	4.9870	9.8386	119.3671	−1.1919	57.8507	1.4073	1.4029	0.9969
18	SB15PB15	5.1361	9.7899	118.4665	−1.1848	57.9206	1.3953	1.4001	1.0034
19	SA05	5.1294	9.9528	107.6057	−1.0898	57.6096	1.2581	1.2569	0.9991
20	SA10	5.0590	9.8172	108.9427	−1.0998	57.6753	1.2761	1.2769	1.0006
21	SA15	5.1419	9.8086	124.2267	−1.2362	58.0174	1.4675	1.4035	0.9564
22	PA05	5.1457	9.9205	101.5457	−1.0358	57.4815	1.1821	1.2016	1.0166
23	PA10	5.0909	9.9059	106.2384	−1.0768	57.5818	1.2414	1.2377	0.9970
24	PA15	5.2191	9.8726	103.8019	−1.0561	57.6026	1.2102	1.2219	1.0097
25	C60	4.9403	9.8828	102.0227	−1.0379	57.4096	1.1897	1.2011	1.0096

注：试件编号中 S 代表钢纤维；其后的 A、B 和 C 代表不同钢纤维长径比，分别为 30、60 和 80；之后的数字代表钢纤维体积掺量，如 05、10 和 15 分别代表体积掺量 0.5%、1.0%和 1.5%。P 代表聚丙烯纤维；其后的 A、B 和 C 代表不同聚丙烯纤维长径比，分别为 167、280 和 396；之后的数字代表聚丙烯纤维体积掺量，如 05、10 和 15 分别代表体积掺量 0.05%、0.10%和 0.15%。C60 代表强度等级为 C60 的普通混凝土。

表 4-2　在围压 4MPa/15MPa 条件下纤维混凝土偏应力计算结果与试验结果对比

序号	试件编号	$-\sigma_1$	$-\sigma_2$	$-\sigma_3$	静水压力 ξ/f_c	Lode 角 θ / (°)	偏应力 ρ_t^{hf}/f_c		
							实测值	计算值	比值 R
1	SA05PA05	3.8469	15.5770	110.7608	−1.1563	54.2592	1.2757	1.2676	0.9936
2	SA05PB05	3.9533	15.5510	111.4285	−1.1630	54.3584	1.2834	1.2790	0.9965
3	SB05PA05	3.9442	15.4420	115.2769	−1.1961	54.6126	1.3322	1.3165	0.9882
4	SB05PB05	4.0500	15.5480	113.1939	−1.1795	54.4988	1.3048	1.3059	1.0008
5	SA05PA10	3.9213	15.6500	109.5158	−1.1466	54.1844	1.2592	1.2621	1.0023
6	SA05PA15	3.9765	15.4020	112.1492	−1.1683	54.4841	1.2930	1.2869	0.9952
7	SA10PA05	3.6835	15.5740	113.2664	−1.1771	54.3257	1.3083	1.2970	0.9914
8	SA10PA10	3.8206	15.7610	108.8500	−1.1408	54.0403	1.2511	1.2669	1.0126
9	SA10PB10	3.9707	15.5780	112.5259	−1.1731	54.4124	1.2969	1.3064	1.0074
10	SB10PA10	3.8881	15.5900	123.7320	−1.2720	54.9195	1.4376	1.4091	0.9802
11	SB10PB10	3.8752	15.4350	116.5230	−1.2065	54.6485	1.3483	1.3598	1.0085
12	SA10PA15	3.9714	15.6140	115.6664	−1.2013	54.5601	1.3360	1.3261	0.9927
13	SA15PA05	3.8590	15.2910	122.3939	−1.2572	54.9850	1.4226	1.3830	0.9722
14	SA15PA10	4.0366	15.3980	126.3813	−1.2952	55.1792	1.4707	1.4189	0.9648
15	SA15PA15	3.8635	15.4060	126.6937	−1.2965	55.1193	1.4758	1.4218	0.9634
16	SA15PB15	3.9264	15.2380	123.8608	−1.2704	55.1007	1.4408	1.4102	0.9788
17	SB15PA15	3.7752	15.3350	124.9008	−1.2792	55.0396	1.4544	1.4438	0.9927
18	SB15PB15	3.8651	15.4010	118.3425	−1.2223	54.7494	1.3713	1.4029	1.0231
19	SA05	3.9349	15.8320	111.3839	−1.1649	54.2039	1.2815	1.2700	0.9910
20	SA10	3.9276	15.4150	116.0199	−1.2023	54.6556	1.3417	1.3188	0.9829
21	SA15	3.8997	15.3510	121.2892	−1.2483	54.9249	1.4082	1.3719	0.9742
22	PA05	3.9067	15.8170	110.8262	−1.1596	54.1669	1.2749	1.2571	0.9861
23	PA10	3.8167	15.2600	106.6565	−1.1168	54.1735	1.2263	1.2267	1.0003
24	PA15	3.8237	15.4330	104.3784	−1.0982	53.9429	1.1969	1.2119	1.0125
25	C60	3.7402	15.5290	101.7493	−1.0749	53.6757	1.1642	1.1783	1.0121

表 4-3　在围压 3MPa/20MPa 条件下纤维混凝土偏应力计算结果与试验结果对比

序号	试件编号	$-\sigma_1$	$-\sigma_2$	$-\sigma_3$	静水压力 ξ/f_c	Lode 角 θ / (°)	偏应力 ρ_t^{hf}/f_c		
							实测值	计算值	比值 R
1	SA05PA05	3.1161	19.8890	115.5182	−1.2304	52.0499	1.3193	1.2919	0.9792
2	SA05PB05	2.9393	20.4300	115.4965	−1.2335	51.6982	1.3178	1.2954	0.9830
3	SB05PA05	2.9434	19.6430	117.3114	−1.2426	52.2321	1.3441	1.3166	0.9796
4	SB05PB05	2.8966	19.4540	119.7757	−1.2624	52.4783	1.3760	1.3422	0.9754
5	SA05PA10	2.9490	19.7010	112.3499	−1.1991	51.8282	1.2820	1.2688	0.9897
6	SA05PA15	2.9164	20.0380	120.8397	−1.2772	52.2789	1.3863	1.3410	0.9673
7	SA10PA05	2.9166	19.5470	118.0711	−1.2483	52.3225	1.3542	1.3225	0.9766
8	SA10PA10	2.9895	20.1620	118.1229	−1.2548	52.0540	1.3514	1.3281	0.9828
9	SA10PB10	2.9633	19.9260	112.8811	−1.2060	51.7597	1.2875	1.2974	1.0077

续表

序号	试件编号	$-\sigma_1$	$-\sigma_2$	$-\sigma_3$	静水压力 ξ/f_c	Lode 角 θ / (°)	偏应力 ρ_t^{hf}/f_c		
							实测值	计算值	比值 R
10	SB10PA10	2.8125	19.9380	126.1728	−1.3228	52.6385	1.4540	1.4157	0.9736
11	SB10PB10	2.9057	20.0630	124.9543	−1.3139	52.5398	1.4375	1.4183	0.9866
12	SA10PA15	3.0083	19.9610	128.4804	−1.3452	52.8477	1.4812	1.4149	0.9552
13	SA15PA05	2.8967	19.8950	121.8265	−1.2845	52.4070	1.3994	1.3648	0.9752
14	SA15PA10	3.0138	20.2770	129.1209	−1.3538	52.7471	1.4876	1.4287	0.9604
15	SA15PA15	2.8295	19.9800	134.0012	−1.3928	53.0920	1.5513	1.4684	0.9466
16	SA15PB15	2.8519	19.8560	123.2873	−1.2968	52.5052	1.4182	1.4004	0.9875
17	SB15PA15	3.0223	19.7370	133.4347	−1.3874	53.2364	1.5439	1.5057	0.9752
18	SB15PB15	3.0354	19.8140	125.3818	−1.3166	52.7334	1.4431	1.4564	1.0092
19	SA05	3.0346	20.4280	114.6647	−1.2269	51.6748	1.3068	1.2780	0.9780
20	SA10	2.9740	20.1690	119.7221	−1.2690	52.1603	1.3714	1.3311	0.9707
21	SA15	2.9762	19.9960	130.6493	−1.3645	52.9490	1.5083	1.4314	0.9490
22	PA05	2.9973	20.0990	114.9354	−1.2260	51.8479	1.3120	1.2730	0.9703
23	PA10	2.9436	20.3020	111.6617	−1.1983	51.4541	1.2707	1.2505	0.9840
24	PA15	3.1114	19.8540	112.9234	−1.2070	51.8657	1.2872	1.2682	0.9852
25	C60	3.1622	20.3370	104.4536	−1.1365	50.8852	1.1794	1.1833	1.0033

根据纤维对拉、压子午线的影响系数对偏应力进行修正，即可计算得到纤维混凝土的偏平面形状方程在不同应力状态下的预测值，将其与试验值进行对比验证，如图 4-6 所示。结果表明，所提出的破坏准则可以较好地预测含纤维特征参数的纤维混凝土在多轴应力状态下的强度。

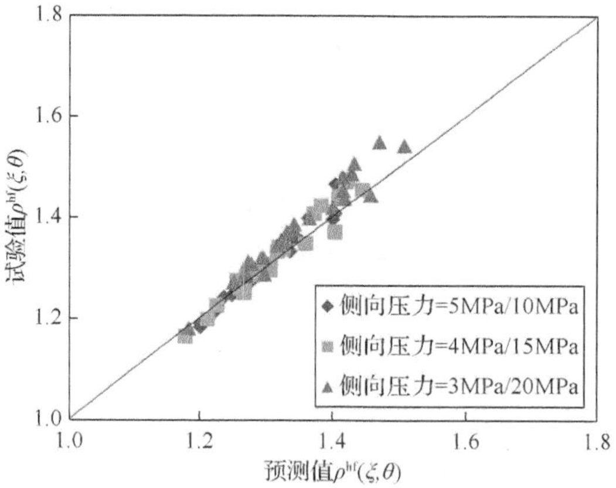

图 4-6　偏平面形状方程的试验结果与预测结果的对比

4.2　硬 化 法 则

硬化（软化）法则用于描述由于塑性应变的发展、后继屈服面（加载面）的发展，在塑性流动过程中加载面张开及收缩的速率以及材料强化（软化）特性。借鉴普通混凝土的相关定义，基于各向同性硬化的假定（图 4-7），纤维混凝土的塑性硬化（软化）法则可记为

$$\dot{\kappa}=\dot{\lambda}^{\mathrm{p}}H_{\mathrm{p}} \tag{4-20}$$

式中，$\dot{\lambda}^{\mathrm{p}}$ 为塑性增量因子；κ 为与塑性相关的内变量，其率形式为 $\dot{\kappa}$，常采用累积塑性应变 $\bar{\varepsilon}^{\mathrm{p}}$ 予以表征，即

$$\kappa=\bar{\varepsilon}^{\mathrm{p}}=\int_0^t \dot{\bar{\varepsilon}}^{\mathrm{p}}\mathrm{d}t \tag{4-21}$$

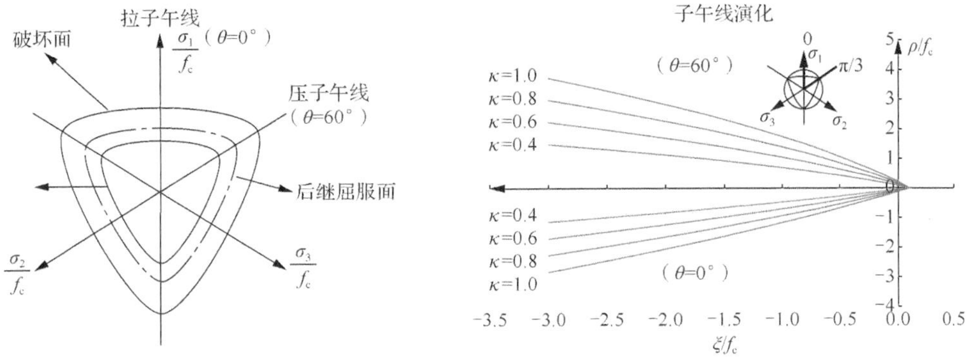

图 4-7　偏平面的各向同性硬化和屈服面拉、压子午线的演化示意图

对于单轴应力状态，塑性应变率 $\dot{\bar{\varepsilon}}^{\mathrm{p}}$ 可表示为

$$\dot{\bar{\varepsilon}}^{\mathrm{p}}=\sqrt{\frac{2}{3}\dot{\varepsilon}^{\mathrm{p}}\dot{\varepsilon}^{\mathrm{p}}} \tag{4-22}$$

H_{p} 是塑性硬化函数，可记为

$$H_{\mathrm{p}}=\frac{\partial\kappa}{\partial\varepsilon^{\mathrm{p}}}:\frac{\partial F^{\mathrm{p}}}{\partial\sigma} \tag{4-23}$$

式中，F^{p} 为塑性势。

为简便起见，假定纤维混凝土多轴应力状态下的塑性硬化（软化）规则可通过其单轴应力-应变关系泛化得到。

对于单轴加载时，其应力状态可记为

$$\boldsymbol{\sigma}=\begin{bmatrix}\sigma & 0 & 0\\ 0 & 0 & 0\\ 0 & 0 & 0\end{bmatrix} \tag{4-24}$$

得到偏应力的第二不变量为

$$J_2=\frac{1}{6}\left[(\sigma_x-\sigma_y)^2+(\sigma_y-\sigma_z)^2+(\sigma_z-\sigma_x)^2+6(\tau_{xy}^2+\tau_{yz}^2+\tau_{zx}^2)\right]=\frac{1}{3}\sigma \tag{4-25}$$

即

$$\sigma=\sqrt{3J_2} \tag{4-26}$$

相应地，其单轴加载时的塑性应变 ε^{p} 可记为总应变 ε 与弹性应变 ε^{e} 的差值，即

$$\varepsilon^{\mathrm{p}} = \varepsilon - \varepsilon^{\mathrm{e}} \tag{4-27}$$

由此，便可得到任意时刻纤维混凝土 σ-ε^{p} 的关系表达式。然后通过求导，即可得到塑性硬化函数 H_{p} 的数学表达式。

以单轴受压为例，借鉴《混凝土结构通用规范》（GB 55008—2021）[13]建议的应力-应变曲线方程形式：

$$y = \begin{cases} ax + (3-2a)x^2 + (a-2)x^3 & 0 < x \leqslant 1 \\ \dfrac{x}{b(x-1)^2 + x} & x > 1 \end{cases} \tag{4-28}$$

将式（4-28）中的应变分为弹性和塑性两个部分，并只对塑性应变进行求导，便可得到纤维混凝土在曲线上升段和下降段的硬化模量计算公式，分别如下：

1）上升段（硬化部分）。

$$\mathrm{d}K(\sigma,\varepsilon_{\mathrm{p}}) = \left[a\frac{1}{\varepsilon_{\mathrm{c}}^{\mathrm{hf}}} + 2(3-2a)\left(\frac{\varepsilon}{\varepsilon_{\mathrm{c}}^{\mathrm{hf}}}\right)\frac{1}{\varepsilon_{\mathrm{c}}^{\mathrm{hf}}} + 3(a-2)\left(\frac{\varepsilon}{\varepsilon_{\mathrm{c}}^{\mathrm{hf}}}\right)^2\frac{1}{\varepsilon_{\mathrm{c}}^{\mathrm{hf}}}\right]\mathrm{d}\varepsilon_{\mathrm{p}} \tag{4-29}$$

2）下降段（软化部分）。

$$\mathrm{d}K(\sigma,\varepsilon_{\mathrm{p}}) = \frac{\dfrac{1}{\varepsilon_{\mathrm{c}}^{\mathrm{hf}}}\left[b\left(\dfrac{\varepsilon}{\varepsilon_{\mathrm{c}}^{\mathrm{hf}}}-1\right)^2 + \dfrac{\varepsilon}{\varepsilon_{\mathrm{c}}^{\mathrm{hf}}}\right] - \dfrac{\varepsilon}{\varepsilon_{\mathrm{c}}^{\mathrm{hf}}}\left[2b\left(\dfrac{\varepsilon}{\varepsilon_{\mathrm{c}}^{\mathrm{hf}}}-1\right)\dfrac{1}{\varepsilon_{\mathrm{c}}^{\mathrm{hf}}} + \dfrac{1}{\varepsilon_{\mathrm{c}}^{\mathrm{hf}}}\right]}{\left[b\left(\dfrac{\varepsilon}{\varepsilon_{\mathrm{c}}^{\mathrm{hf}}}-1\right)^2 + \dfrac{\varepsilon}{\varepsilon_{\mathrm{c}}^{\mathrm{hf}}}\right]^2}\mathrm{d}\varepsilon_{\mathrm{p}} \tag{4-30}$$

式中，a 和 b 分别为曲线上升段和下降段的形状控制参数，其计算方法见 3.1 节式（3-4）和式（3-5）；$\varepsilon_{\mathrm{c}}^{\mathrm{hf}}$ 为纤维混凝土的单轴峰值压应变，其计算方法见 3.1 节式（3-3）。由此，可积分得到任意时刻纤维混凝土的硬化模量为

$$K_{n+1} = K_n + H_{\mathrm{p}}\mathrm{d}\varepsilon_{\mathrm{p}} = K_n + \mathrm{d}K \tag{4-31}$$

对于三轴应力状态下纤维混凝土硬化模量的求解，还需要对上述公式进行进一步的泛化处理：

1）将任意时刻的单轴应变 ε 替换为三轴状态下的等效应变 $\bar{\varepsilon}$，记为 $\bar{\varepsilon} = \frac{1}{3}\left\{2\left[(\varepsilon_x - \varepsilon_y)^2 + (\varepsilon_y - \varepsilon_z)^2 + (\varepsilon_z - \varepsilon_x)^2\right] + 3(\varepsilon_{xy}^2 + \varepsilon_{yz}^2 + \varepsilon_{zx}^2)\right\}^{\frac{1}{2}}$。

2）将单轴峰值压应变 $\varepsilon_{\mathrm{c}}^{\mathrm{hf}}$ 替换为三轴状态下的等效峰值应变 $\bar{\varepsilon}_{\mathrm{c}}^{\mathrm{hf}}$，通过对真三轴试验结果（表 4-4～表 4-6）的回归分析，两者的经验换算表达式可记为

$$\bar{\varepsilon}_{\mathrm{c}}^{\mathrm{hf}} = \varepsilon_{\mathrm{c}}^{\mathrm{hf}}\left(1 + 20\frac{\sigma_1 + \sigma_2}{f_{\mathrm{c}}^{\mathrm{hf}}}\right) \tag{4-32}$$

式中，σ_1 和 σ_2 为侧向压力。

表 4-4　侧向压力 5MPa/10MPa 条件下纤维混凝土的等效应变试验结果

序号	试件编号	横向应变 ε_1	横向应变 ε_2	轴向应变 ε_3	等效峰值应变 $\overline{\varepsilon}_c^{hf}$
1	SA05PA05	−0.01201	0.00563	0.01681	0.016778
2	SA05PB05	−0.01121	0.00091	0.01756	0.016679
3	SB05PA05	−0.00627	0.00539	0.02261	0.016777
4	SB05PB05	−0.01515	0.00382	0.02103	0.020897
5	SA05PA10	−0.00491	0.00463	0.01585	0.011999
6	SA05PA15	−0.01369	0.00069	0.01628	0.017308
7	SA10PA05	−0.01235	0.00053	0.01591	0.016337
8	SA10PA10	−0.01316	0.00458	0.01486	0.016367
9	SA10PB10	−0.01411	0.00331	0.01019	0.014463
10	SB10PA10	−0.01399	0.00911	0.01726	0.018718
11	SB10PB10	−0.01785	0.00792	0.01631	0.020556
12	SA10PA15	−0.00840	0.00109	0.01349	0.012675
13	SA15PA05	−0.01271	0.00084	0.00873	0.012521
14	SA15PA10	−0.01433	−0.00010	0.01694	0.018078
15	SA15PA15	−0.00970	0.00073	0.01397	0.013698
16	SA15PB15	−0.00759	0.00183	0.01209	0.011366
17	SB15PA15	−0.00880	0.00003	0.02422	0.019740
18	SB15PB15	−0.00545	−0.00223	0.02783	0.021195
19	SA05	−0.01003	0.00195	0.01129	0.012341
20	SA10	−0.01149	−0.00230	0.01358	0.014645
21	SA15	−0.01309	−0.00105	0.01252	0.014795
22	PA05	−0.01921	−0.00308	0.02262	0.024360
23	PA10	−0.01349	−0.00230	0.02512	0.022939
24	PA15	−0.01546	−0.00151	0.02623	0.024504
25	C60	−0.01250	−0.00069	0.00998	0.012984

表 4-5　侧向压力 4MPa/15MPa 条件下纤维混凝土的等效应变试验结果

序号	试件编号	横向应变 ε_1	横向应变 ε_2	轴向应变 ε_3	等效峰值应变 $\overline{\varepsilon}_c^{hf}$
1	SA05PA05	−0.01715	0.00125	0.01266	0.017368
2	SA05PB05	−0.00572	0.00042	0.01490	0.012225
3	SB05PA05	−0.02443	−0.00060	0.00226	0.016921
4	SB05PB05	−0.00774	0.00079	0.01621	0.014017
5	SA05PA10	−0.00801	0.00069	0.01066	0.010787
6	SA05PA15	−0.00470	0.00080	0.01517	0.011847
7	SA10PA05	−0.00339	0.00173	0.00929	0.007366
8	SA10PA10	−0.00360	0.00110	0.01625	0.011978
9	SA10PB10	−0.01525	−0.00099	0.00967	0.014438
10	SB10PA10	−0.01223	−0.00626	0.01629	0.017369
11	SB10PB10	−0.01595	−0.00491	0.01379	0.017359

续表

序号	试件编号	横向应变 ε_1	横向应变 ε_2	轴向应变 ε_3	等效峰值应变 $\bar{\varepsilon}_c^{hf}$
12	SA10PA15	−0.00705	−0.00192	0.02286	0.018469
13	SA15PA05	−0.01105	−0.00626	0.00945	0.012383
14	SA15PA10	−0.01732	−0.00344	0.01612	0.019399
15	SA15PA15	−0.01404	0.00122	0.01055	0.014334
16	SA15PB15	−0.01607	0.00048	0.01984	0.020754
17	SB15PA15	−0.01209	0.00099	0.00738	0.011460
18	SB15PB15	−0.01393	0.00097	0.00911	0.013492
19	SA05	−0.00928	0.00034	0.00758	0.009766
20	SA10	−0.01248	0.00155	0.00738	0.011787
21	SA15	−0.01221	0.00114	0.00734	0.011536
22	PA05	−0.01181	0.00308	0.00738	0.011628
23	PA10	−0.01547	0.00570	0.00841	0.015098
24	PA15	−0.01963	0.00174	0.01593	0.020670
25	C60	−0.01109	0.00088	0.00795	0.011113

表 4-6　侧向压力 3MPa/20MPa 条件下纤维混凝土的等效应变试验结果

序号	试件编号	横向应变 ε_1	横向应变 ε_2	轴向应变 ε_3	等效峰值应变 $\bar{\varepsilon}_c^{hf}$
1	SA05PA05	−0.00413	−0.00151	0.02243	0.016901
2	SA05PB05	−0.01020	−0.00167	0.01715	0.016159
3	SB05PA05	−0.00582	−0.00037	0.01535	0.012693
4	SB05PB05	−0.00686	−0.00079	0.01455	0.012741
5	SA05PA10	−0.00791	−0.00027	0.01613	0.014183
6	SA05PA15	−0.00487	0.00056	0.01145	0.009597
7	SA10PA05	−0.00175	−0.00175	0.01912	0.013914
8	SA10PA10	−0.00167	−0.00026	0.00728	0.005557
9	SA10PB10	−0.00867	0.00007	0.02251	0.018573
10	SB10PA10	−0.01103	0.00003	0.02095	0.018754
11	SB10PB10	−0.01088	0.00050	0.01643	0.015840
12	SA10PA15	−0.00336	−0.00003	0.01155	0.009036
13	SA15PA05	−0.00572	0.00061	0.01021	0.009262
14	SA15PA10	−0.00989	−0.00296	0.00969	0.011464
15	SA15PA15	−0.00788	−0.00030	0.00840	0.009407
16	SA15PB15	−0.00419	0.00003	0.01523	0.011808
17	SB15PA15	−0.00421	−0.00165	0.01459	0.011773
18	SB15PB15	−0.01059	−0.00246	0.01776	0.016857
19	SA05	0.00008	0.00008	0.01415	0.009380
20	SA10	−0.00035	−0.00084	0.01052	0.007415
21	SA15	−0.00465	−0.00059	0.00983	0.008625
22	PA05	−0.00293	−0.00008	0.02263	0.016174
23	PA10	−0.00230	−0.00070	0.01483	0.010926
24	PA15	−0.00351	−0.00007	0.01939	0.014258
25	C60	−0.00429	−0.00060	0.01274	0.010345

4.3　塑性流动法则

流动法则的合理选取对准确确定纤维混凝土的塑性变形（塑性应变）具有重要的意义。流动法则作为塑性变形的运动假设，由塑性势 g 定义，即假定塑性应变率张量与塑性势面正交。若塑性势面与加载面相同，那么流动法则称为关联流动（或正交流动）法则，否则称为非关联流动法则。对于纤维混凝土的塑性流动，考虑静水压力和体积膨胀的影响，采用非关联流动法则来描述其塑性应变增量的演化规律：

$$\mathrm{d}\varepsilon_{ij}^{\mathrm{p}} = \mathrm{d}\lambda^{\mathrm{p}} \frac{\partial g}{\partial \sigma_{ij}} \tag{4-33}$$

其中，$\mathrm{d}\lambda^{\mathrm{p}}$ 为非负数；$\frac{\partial g}{\partial \sigma_{ij}}$ 为线性无关的梯度。塑性势 g 可采用经典的 Drucker-Prager 模型，公式如下：

$$g(\sigma_{ij},\alpha) = \alpha\xi + \rho - \text{const} = 0 \tag{4-34}$$

式中，const 为常数；α 为 Drucker-Prager 函数的斜率，求偏导后，可得

$$\frac{\partial g}{\partial \sigma_{ij}} = \frac{\partial g}{\partial \xi}\frac{\partial \xi}{\partial \sigma_{ij}} + \frac{\partial g}{\partial \rho}\frac{\partial \rho}{\partial \sigma_{ij}} \tag{4-35}$$

由于塑性应变增量矢量始终垂直于塑性势面，如图 4-8（a）所示，因此，为了计算参数 α，引入总塑性应变系数 ψ，得

$$\psi = \frac{\rho'}{\xi'} = \frac{-\mathrm{d}\xi}{\mathrm{d}\rho} \tag{4-36}$$

$$\alpha = -\frac{\mathrm{d}\rho}{\mathrm{d}\xi} = \frac{1}{\psi} \tag{4-37}$$

式中，ξ' 和 ρ' 分别表示塑性应变矢量代表体积部分的第一不变量和代表偏量部分的第二不变量，如图 4-8（b）所示。在主应变空间，ψ 可表示为

$$\psi = \frac{\rho'}{\xi'} = \frac{\sqrt{\frac{1}{3}\cdot\left[(\varepsilon_1^{\mathrm{p}} - \varepsilon_2^{\mathrm{p}})^2 + (\varepsilon_1^{\mathrm{p}} - \varepsilon_3^{\mathrm{p}})^2 + (\varepsilon_2^{\mathrm{p}} - \varepsilon_3^{\mathrm{p}})^2\right]}}{\frac{\varepsilon_1^{\mathrm{p}} + \varepsilon_2^{\mathrm{p}} + \varepsilon_3^{\mathrm{p}}}{\sqrt{3}}} \tag{4-38}$$

对于多轴受压情况，塑性应变可记为

$$\begin{cases} \varepsilon_1^{\mathrm{p}} = \varepsilon_1 - \dfrac{\sigma_1 - \nu(\sigma_2 + \sigma_3)}{E} \\ \varepsilon_2^{\mathrm{p}} = \varepsilon_2 - \dfrac{\sigma_2 - \nu(\sigma_1 + \sigma_3)}{E} \\ \varepsilon_3^{\mathrm{p}} = \varepsilon_3 - \dfrac{\sigma_3 - \nu(\sigma_1 + \sigma_2)}{E} \end{cases} \tag{4-39}$$

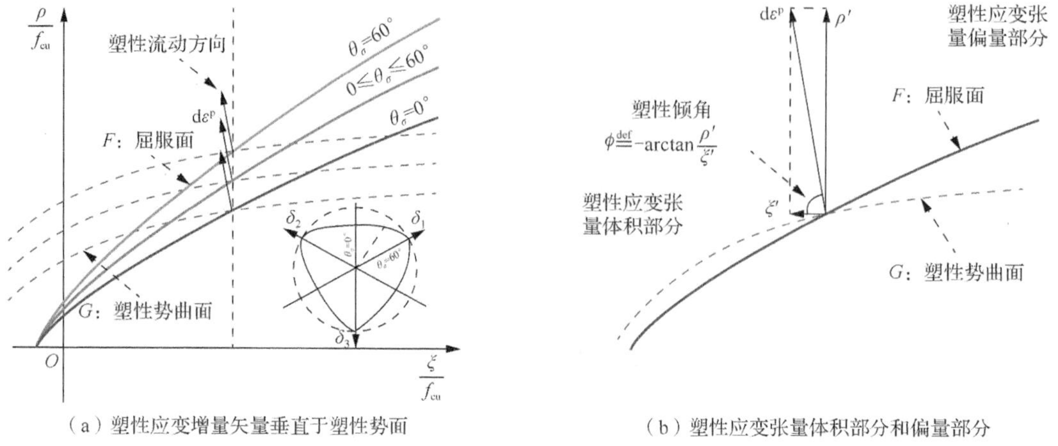

图 4-8　塑性应变矢量倾角和总塑性应变矢量

4.4　增量型弹塑性本构模型

根据经典塑性理论，推导增量型应力-应变关系，总的应变增量包括弹性应变增量和塑性应变增量，即

$$d\varepsilon_{ij}=d\varepsilon_{ij}^{e}+d\varepsilon_{ij}^{p} \tag{4-40}$$

根据胡克定律，应力增量为

$$d\sigma_{ij}=D_{ijkl}^{e}d\varepsilon_{kl}^{e}=D_{ijkl}^{e}(d\varepsilon_{kl}-d\varepsilon_{kl}^{p}) \tag{4-41}$$

式中，$D_{ijkl}^{e}=2G\left(\delta_{ik}\delta_{jl}+\dfrac{\upsilon}{1-2\upsilon}\delta_{ij}\delta_{kl}\right)$，为纤维混凝土的弹性刚度矩阵的元素，其中 G 和 υ 分别表示纤维混凝土的剪切模量和泊松比。

为了进一步描述纤维混凝土在不同应力路径下的塑性应变演化规律，引入 Kuhn-Tucker（库恩-塔克）加卸载条件加以约束：

$$f\leqslant 0,\quad \dot{\lambda}^{p}\geqslant 0,\quad \dot{\lambda}^{p}f=0 \tag{4-42}$$

对于任意位于塑性屈服面上的应力状态都有

$$df=\frac{\partial f}{\partial\sigma}d\sigma+\frac{\partial f}{\partial K}\frac{\partial K}{\partial\varepsilon^{p}}d\varepsilon^{p}=0 \tag{4-43}$$

将塑性应变增量和塑性势的关系表达式［式（4-33）］代入其中，可推导得到塑性流动乘子为

$$d\lambda=\frac{\dfrac{\partial f}{\partial\sigma}Dd\varepsilon}{\dfrac{\partial f}{\partial\sigma}D\dfrac{\partial g}{\partial\sigma}-\dfrac{\partial f}{\partial K}\dfrac{\partial K}{\partial\varepsilon^{p}}\dfrac{\partial g}{\partial\sigma}} \tag{4-44}$$

进一步整理并使用张量形式表达，便可得到纤维混凝土在任意时刻的应力增量表达式为

$$\mathrm{d}\sigma_{ij}=D_{ijkl}^{\mathrm{e}}(\mathrm{d}\varepsilon_{kl}-\mathrm{d}\varepsilon_{kl}^{\mathrm{p}})=\left(D_{ijkl}^{\mathrm{e}}-\frac{D_{ijkl}^{\mathrm{e}}\dfrac{\partial g}{\partial\sigma_{ij}}\left(\dfrac{\partial f}{\partial\sigma_{ij}}\right)^{T}D_{ijkl}^{\mathrm{e}}}{\dfrac{\partial f}{\partial\sigma_{ij}}D_{ijkl}^{\mathrm{e}}\dfrac{\partial g}{\partial\sigma_{ij}}-\dfrac{\partial f}{\partial K}\dfrac{\partial K}{\partial\varepsilon_{kl}^{\mathrm{p}}}\dfrac{\partial g}{\partial\sigma_{ij}}}\right)\mathrm{d}\varepsilon \tag{4-45}$$

注 B: 对于增量型本构关系的一般形式（4-45）中涉及的$\partial f/\partial\sigma_{ij}$和$\partial g/\partial\sigma_{ij}$的推导，可参考以下过程:

1）$\partial f/\partial\sigma_{ij}$的推导。为了便于描述纤维混凝土空间破坏包络面方程的推导，式（4-3）也可以表示为

$$\rho^{\mathrm{hf}}(\xi,\theta)=\frac{s+vw}{u}$$
$$\begin{cases}s=2\rho_{\mathrm{c}}^{\mathrm{hf}}\left[(\rho_{\mathrm{c}}^{\mathrm{hf}})^2-(\rho_{\mathrm{t}}^{\mathrm{hf}})^2\right]\cos\theta\\ v=\rho_{\mathrm{c}}^{\mathrm{hf}}(2\rho_{\mathrm{t}}^{\mathrm{hf}}-\rho_{\mathrm{c}}^{\mathrm{hf}})\\ w=\left\{4\left[(\rho_{\mathrm{c}}^{\mathrm{hf}})^2-(\rho_{\mathrm{t}}^{\mathrm{hf}})^2\right]\cos^2\theta+5(\rho_{\mathrm{t}}^{\mathrm{hf}})^2-4\rho_{\mathrm{t}}^{\mathrm{hf}}\rho_{\mathrm{c}}^{\mathrm{hf}}\right\}^{1/2}\\ u=4\left[(\rho_{\mathrm{c}}^{\mathrm{hf}})^2-(\rho_{\mathrm{t}}^{\mathrm{hf}})^2\right]\cos^2\theta+(2\rho_{\mathrm{t}}^{\mathrm{hf}}-\rho_{\mathrm{c}}^{\mathrm{hf}})^2\end{cases} \tag{4B-1}$$

基于此，通过链式法则可得

$$\frac{\partial f}{\partial\sigma_{ij}}=\frac{\partial f}{\partial I_1}\frac{\partial I_1}{\partial\sigma_{ij}}+\frac{\partial f}{\partial J_2}\frac{\partial J_2}{\partial\sigma_{ij}}=\frac{\partial f}{\partial I_1}\delta_{ij}+\frac{\partial f}{\partial J_2}S_{ij} \tag{4B-2}$$

其中，对于$\partial f/\partial I_1$有

$$\frac{\partial f}{\partial I_1}=-K(\bar{\varepsilon}_{\mathrm{p}})\cdot\frac{\partial\rho^{\mathrm{hf}}(\xi,\theta)}{\partial I_1}=-K(\bar{\varepsilon}_{\mathrm{p}})\cdot\left(\frac{\partial\rho^{\mathrm{hf}}(\xi,\theta)}{\partial\rho_{\mathrm{c}}^{\mathrm{hf}}}\cdot\frac{\partial\rho_{\mathrm{c}}^{\mathrm{hf}}}{\partial I_1}+\frac{\partial\rho^{\mathrm{hf}}(\xi,\theta)}{\partial\rho_{\mathrm{t}}^{\mathrm{hf}}}\cdot\frac{\partial\rho_{\mathrm{t}}^{\mathrm{hf}}}{\partial I_1}\right) \tag{4B-3}$$

式中，

$$\frac{\partial\rho^{\mathrm{hf}}(\xi,\theta)}{\partial\rho_{\mathrm{c}}^{\mathrm{hf}}}=\frac{u\left(\dfrac{\partial s}{\partial\rho_{\mathrm{c}}^{\mathrm{hf}}}+\dfrac{\partial v}{\partial\rho_{\mathrm{c}}^{\mathrm{hf}}}\cdot w+v\cdot\dfrac{\partial w}{\partial\rho_{\mathrm{c}}^{\mathrm{hf}}}\right)-(s+vw)\cdot\dfrac{\partial u}{\partial\rho_{\mathrm{c}}^{\mathrm{hf}}}}{u^2}$$
$$\begin{cases}\dfrac{\partial s}{\partial\rho_{\mathrm{c}}^{\mathrm{hf}}}=6(\rho_{\mathrm{c}}^{\mathrm{hf}})^2\cdot\cos\theta-2(\rho_{\mathrm{t}}^{\mathrm{hf}})^2\cdot\cos\theta\\ \dfrac{\partial v}{\partial\rho_{\mathrm{c}}^{\mathrm{hf}}}=2\rho_{\mathrm{t}}^{\mathrm{hf}}-2\rho_{\mathrm{c}}^{\mathrm{hf}}\\ \dfrac{\partial w}{\partial\rho_{\mathrm{c}}^{\mathrm{hf}}}=\dfrac{8\cos^2\theta\cdot\rho_{\mathrm{c}}^{\mathrm{hf}}-4\rho_{\mathrm{t}}^{\mathrm{hf}}}{2w}\\ \dfrac{\partial u}{\partial\rho_{\mathrm{c}}^{\mathrm{hf}}}=8\cos^2\theta\cdot\rho_{\mathrm{c}}^{\mathrm{hf}}+2(\rho_{\mathrm{c}}^{\mathrm{hf}}-2\rho_{\mathrm{t}}^{\mathrm{hf}})\end{cases} \tag{4B-4}$$

$$\frac{\partial \rho^{\mathrm{hf}}(\xi,\theta)}{\partial \rho_{\mathrm{t}}^{\mathrm{hf}}}=\frac{u\left(\dfrac{\partial s}{\partial \rho_{\mathrm{t}}^{\mathrm{hf}}}+\dfrac{\partial v}{\partial \rho_{\mathrm{t}}^{\mathrm{hf}}}\cdot w+v\cdot\dfrac{\partial w}{\partial \rho_{\mathrm{t}}^{\mathrm{hf}}}\right)-(s+vw)\cdot\dfrac{\partial u}{\partial \rho_{\mathrm{t}}^{\mathrm{hf}}}}{u^2}$$

$$\begin{cases}\dfrac{\partial s}{\partial \rho_{\mathrm{t}}^{\mathrm{hf}}}=-2\rho_{\mathrm{c}}^{\mathrm{hf}}\cdot\cos\theta\cdot 2\rho_{\mathrm{t}}^{\mathrm{hf}}\\ \dfrac{\partial v}{\partial \rho_{\mathrm{t}}^{\mathrm{hf}}}=2\rho_{\mathrm{c}}^{\mathrm{hf}}\\ \dfrac{\partial w}{\partial \rho_{\mathrm{t}}^{\mathrm{hf}}}=\dfrac{-8\cos^2\theta\cdot\rho_{\mathrm{t}}^{\mathrm{hf}}+10\rho_{\mathrm{t}}^{\mathrm{hf}}-4\rho_{\mathrm{c}}^{\mathrm{hf}}}{2w}\\ \dfrac{\partial u}{\partial \rho_{\mathrm{t}}^{\mathrm{hf}}}=-8\cos^2\theta\cdot\rho_{\mathrm{t}}^{\mathrm{hf}}-4(\rho_{\mathrm{c}}^{\mathrm{hf}}-2\rho_{\mathrm{t}}^{\mathrm{hf}})\end{cases}\tag{4B-5}$$

又因为

$$\begin{cases}\dfrac{\rho_{\mathrm{c}}^{\mathrm{hf}}}{f_{\mathrm{c}}}=-\dfrac{1}{2b_2}\left[b_1+\sqrt{b_1^2-4b_2\left(b_0-\dfrac{\xi}{f_{\mathrm{c}}}\right)}\right]\cdot k_{\mathrm{c}}\\ \dfrac{\rho_{\mathrm{t}}^{\mathrm{hf}}}{f_{\mathrm{c}}}=-\dfrac{1}{2a_2}\left[a_1+\sqrt{a_1^2-4a_2\left(a_0-\dfrac{\xi}{f_{\mathrm{c}}}\right)}\right]\cdot k_{\mathrm{t}}\end{cases}\tag{4B-6}$$

所以有

$$\begin{cases}\dfrac{\partial \rho_{\mathrm{c}}^{\mathrm{hf}}}{\partial I_1}=\dfrac{\partial \rho_{\mathrm{c}}^{\mathrm{hf}}}{\partial \xi}\cdot\dfrac{\partial \xi}{\partial I_1}=-k_{\mathrm{c}}\cdot\dfrac{1}{\sqrt{b_1^2-4b_2\left(b_0-\dfrac{\xi}{f_{\mathrm{c}}}\right)}}\cdot\dfrac{1}{\sqrt{3}}\\ \dfrac{\partial \rho_{\mathrm{t}}^{\mathrm{hf}}}{\partial I_1}=\dfrac{\partial \rho_{\mathrm{t}}^{\mathrm{hf}}}{\partial \xi}\cdot\dfrac{\partial \xi}{\partial I_1}=-k_{\mathrm{t}}\cdot\dfrac{1}{\sqrt{a_1^2-4a_2\left(a_0-\dfrac{\xi}{f_{\mathrm{c}}}\right)}}\cdot\dfrac{1}{\sqrt{3}}\end{cases}\tag{4B-7}$$

对于$\partial f/\partial J_2$有

$$\begin{aligned}\frac{\partial f}{\partial J_2}&=\frac{\sqrt{2}}{2}\cdot\frac{1}{\sqrt{J_2}}-K(\overline{\varepsilon}_{\mathrm{p}})\cdot\frac{\partial \rho^{\mathrm{hf}}(\xi,\theta)}{\partial\cos\theta}\cdot\frac{\partial\cos\theta}{\partial J_2}\\&=\frac{\sqrt{2}}{2}\cdot\frac{1}{\sqrt{J_2}}-K(\overline{\varepsilon}_{\mathrm{p}})\cdot\frac{\partial \rho^{\mathrm{hf}}(\xi,\theta)}{\partial\cos\theta}\\&\quad\cdot\left(\frac{2\sigma_1-\sigma_2-\sigma_3}{2\sqrt{3}}\right)\cdot\left(-\frac{1}{2}\right)\cdot J_2^{-3/2}\quad(\sigma_1\geqslant\sigma_2\geqslant\sigma_3)\end{aligned}\tag{4B-8}$$

式中，

$$
\begin{aligned}
&\frac{\partial \rho^{\mathrm{hf}}(\xi,\theta)}{\partial \cos\theta}=\frac{u\left(\dfrac{\partial s}{\partial \cos\theta}+\dfrac{\partial v}{\partial \cos\theta}\cdot w+v\cdot\dfrac{\partial w}{\partial \cos\theta}\right)-(s+vw)\cdot\dfrac{\partial u}{\partial \cos\theta}}{u^2}\\
&\begin{cases}
\dfrac{\partial s}{\partial \cos\theta}=2\rho_{\mathrm{c}}^{\mathrm{hf}}\cdot\left[(\rho_{\mathrm{c}}^{\mathrm{hf}})^2-(\rho_{\mathrm{t}}^{\mathrm{hf}})^2\right]\\
\dfrac{\partial v}{\partial \cos\theta}=0\\
\dfrac{\partial w}{\partial \cos\theta}=\dfrac{4\cos\theta\cdot\left[(\rho_{\mathrm{c}}^{\mathrm{hf}})^2-(\rho_{\mathrm{t}}^{\mathrm{hf}})^2\right]}{w}\\
\dfrac{\partial u}{\partial \cos\theta}=8\left[(\rho_{\mathrm{c}}^{\mathrm{hf}})^2-(\rho_{\mathrm{t}}^{\mathrm{hf}})^2\right]\cdot\cos\theta
\end{cases}
\end{aligned}
\tag{4B-9}
$$

将式（4B-3）～式（4B-9）代入式（4B-2）中，即可得到 $\partial f/\partial\sigma_{ij}$ 最终的表达式。

2）$\partial g/\partial\sigma_{ij}$ 的推导。采用非关联流动法则，根据式（4-35）有

$$
\begin{aligned}
&\frac{\partial g}{\partial \sigma_{ij}}=\frac{\partial g}{\partial \xi}\cdot\frac{\partial \xi}{\partial I_1}\cdot\frac{\partial I_1}{\partial \sigma_{ij}}+\frac{\partial g}{\partial \rho}\cdot\frac{\partial \rho}{\partial J_2}\cdot\frac{\partial J_2}{\partial \sigma_{ij}}\\
&\begin{cases}
\dfrac{\partial I_1}{\partial \sigma_{ij}}=\delta_{ij}\\
\dfrac{\partial J_2}{\partial \sigma_{ij}}=s_{ij}
\end{cases}
\end{aligned}
\tag{4B-10}
$$

结合式（4-34），即可求得 $\partial g/\partial\sigma_{ij}$ 的表达式为

$$
\frac{\partial g}{\partial \sigma_{ij}}=\frac{\alpha}{\sqrt{3}}\delta_{ij}+\frac{\sqrt{2}}{2}\cdot\frac{1}{\sqrt{J_2}}s_{ij}
\tag{4B-11}
$$

4.5　弹塑性本构模型数值实现及验证

4.5.1　数值算法及其实现

已建立的纤维混凝土弹塑性本构模型，可以比较完整地描述纤维混凝土在复杂受力过程中的塑性变形和应变软化等非线性行为。由于模型中涉及的本构方程大多为偏微分方程（组），在实际求解过程中并不能直接得到准确的解析解，故需要引入合理的数值算法，以得到近似的数值解。

数值实现的思路是：基于当前步的已知量（如 σ_n、ε_n、$\Delta\varepsilon$、$\varepsilon_n^{\mathrm{p}}$ 等）求解下一步的应力 σ_{n+1}、应变 ε_{n+1} 和内变量 $\varepsilon_{n+1}^{\mathrm{p}}$，主要分为弹性试算和塑性修正两个步骤。

（1）弹性试算

对于任意时刻，假定当前步处于弹性状态，根据胡克定律，可以计算出下一步的弹性应力增量试算值为

$$
\Delta\sigma_{ij}^{\mathrm{e}}=D_{ijkl}^{\mathrm{e}}\Delta\varepsilon_{kl}
\tag{4-46}
$$

则下一步的应力状态更新为

$$\sigma_{ij}^{k+1} = \sigma_{ij}^{k} + \Delta\sigma_{ij}^{\mathrm{e}} \tag{4-47}$$

同时，刚度矩阵与上一步相同，即

$$\left(D_{ijkl}^{\mathrm{e},k+1}\right) = \left(D_{ijkl}^{\mathrm{e},k}\right) \tag{4-48}$$

计算出当前弹性试算应力后，代入屈服条件进行判断，若

$$f(\sigma_{ij}^{k}, K_0) < 0\text{，}\quad f(\sigma_{ij}^{k} + \Delta\sigma_{ij}^{\mathrm{e}}, K_0) < 0 \tag{4-49}$$

则下一步的试算应力为真实应力，此时仍处于弹性域，若

$$f(\sigma_{ij}^{k}, K_0) < 0\text{，}\quad f(\sigma_{ij}^{k} + \Delta\sigma_{ij}^{\mathrm{e}}, K_0) > 0 \tag{4-50}$$

则此时试算应力超过了弹性域，纤维混凝土已经发生了塑性屈服，需要进行塑性修正。

（2）塑性修正

这一步骤的基本思路是引入一个应力比例因子 β（图 4-9），使其满足：

$$f(\sigma_{ij}^{k} + \beta\cdot\Delta\sigma_{ij}^{\mathrm{e}}, K_0) = 0 \tag{4-51}$$

式中，β 的取值范围为[0, 1]，当 β 取为 0 时，下一步的应变增量全部由塑性变形引起。由于在数值迭代的过程中，屈服函数的计算结果不太可能精确为 0，因此需要设置一个非常小的容许误差 TOL 进行约束，即

$$\left|f(\sigma_{ij}^{k} + \beta\cdot\Delta\sigma_{ij}^{\mathrm{e}}, K_0)\right| \leqslant \mathrm{TOL} \tag{4-52}$$

式中，TOL 的取值区间为$[10^{-9}, 10^{-6}]$。

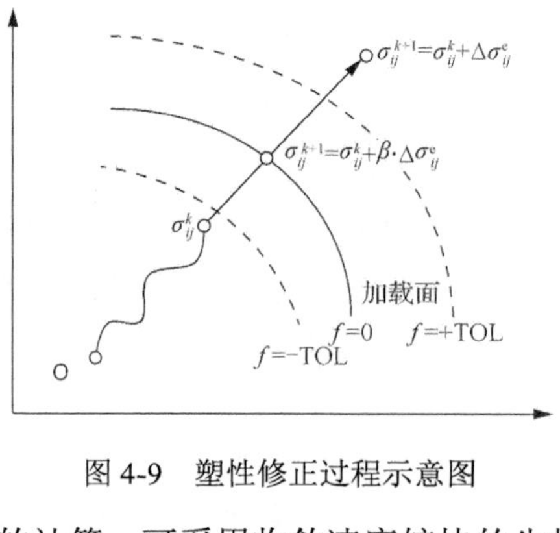

图 4-9　塑性修正过程示意图

关于应力比例因子 β 的计算，可采用收敛速度较快的牛顿-辛普森修正迭代算法，具体过程如下：

1）输入初始值 σ_{ij}^{k}，K_0 和 $\Delta\sigma_{ij}^{\mathrm{e}}$，设置 β 初始值 β_0 和 β_1。

2）进行赋值：

$$f_{\mathrm{save}} = f(\sigma_{ij}^{k}, K_0) \tag{4-53}$$

$$f_0 = f(\sigma_{ij}^k + \beta_0 \cdot \Delta\sigma_{ij}^{\mathrm{e}}, K_0) \tag{4-54}$$

$$f_1 = f(\sigma_{ij}^k + \beta_1 \cdot \Delta\sigma_{ij}^{\mathrm{e}}, K_0) \tag{4-55}$$

3）计算 β：

$$\beta = \beta_1 - \frac{f_1}{f_1 - f_0}(\beta_1 - \beta_0) \tag{4-56}$$

并令

$$f_{\mathrm{new}} = f(\sigma_{ij}^k + \beta \cdot \Delta\sigma_{ij}^{\mathrm{e}}, K_0) \tag{4-57}$$

4）如果 $|f_{\mathrm{new}}| \leqslant \mathrm{TOL}$，说明在弹性区域内，没有塑性演化，转到步骤 8）。

5-1）如果 $f_{\mathrm{new}} f_0 \leqslant 0$，则

$$\beta_1 = \beta, \quad f_1 = f_{\mathrm{new}} \tag{4-58}$$

并且，如果 $f_{\mathrm{new}} f_{\mathrm{save}} \leqslant 0$，则令 $f_0 = \dfrac{f_0}{2}$；

5-2）如果 $f_{\mathrm{new}} f_0 > 0$，则

$$\beta_0 = \beta, \quad f_0 = f_{\mathrm{new}} \tag{4-59}$$

并且，如果 $f_{\mathrm{new}} f_{\mathrm{save}} > 0$，令 $f_1 = \dfrac{f_1}{2}$。

6）令 $f_{\mathrm{save}} = f_{\mathrm{new}}$。

7）循环步骤 3）至步骤 5）到指定的最大循环次数。

8）如果算法收敛，则迭代结束，更新 β 当前值。

当应力比例因子 β 确定后，就可以采用显式修正的向后欧拉算法计算塑性应变，进而得到塑性应变引起刚度矩阵的改变。这一过程的基本思路是首先将塑性应变增量细分为多个小应变增量，然后在 $\Delta T(0 \leqslant \Delta T \leqslant 1)$ 时间内赋予 $\Delta T(1-\beta)\Delta\varepsilon_{ij}$，并计算出该时间段内的应力-应变响应。具体迭代过程如下：

1）输入第 k 步的应力状态，$\sigma_1 = \sigma_{ij}^k + \beta\Delta\sigma_{ij}^{\mathrm{e}}$，$K$，$(1-\beta)\Delta\varepsilon_{ij}$。

2）初始化当前增量参数 $T = 0$ 和 $\Delta T = 1$，以及容许误差 TOL。

3）计算第一估算应力增量 $\Delta\sigma_1$。

$$\Delta\sigma_1 = \Delta T \cdot D_{ijkl}^{\mathrm{ep}}(\sigma_1, K) \cdot (1-\beta)\Delta\varepsilon_{kl} \tag{4-60}$$

式（4-60）可写为

$$\Delta\sigma_1 = (1-\beta)\Delta\sigma_{ij}^{\mathrm{e}} \cdot \Delta T - \Delta\lambda_1 D_{ijkl}^{\mathrm{e}} \frac{\partial g}{\partial \sigma_1} \tag{4-61}$$

且第一塑性硬化参数增量 ΔK_1 为

$$\Delta K_1 = H_{\mathrm{p}}(k,s) \cdot \Delta\lambda_1 \frac{\partial g}{\partial \sigma_1} \tag{4-62}$$

式中，$\Delta\lambda_1$ 记为

$$\Delta\lambda_1=\max\left\{\frac{\left(\dfrac{\partial f}{\partial\sigma_1}\right)^T\cdot(1-\beta)\Delta\sigma_{ij}^{\mathrm{e}}\cdot\Delta T}{\left(\dfrac{\partial f}{\partial\sigma_1}\right)^T D_{ijkl}^{\mathrm{e}}\dfrac{\partial g}{\partial\sigma_1}-\dfrac{\partial f}{\partial K}\cdot H_{\mathrm{p}}(k,s)\cdot\dfrac{\partial g}{\partial\sigma_1}},0\right\} \tag{4-63}$$

4）计算第二估算应力增量 $\Delta\sigma_2$ 和第二硬化参数增量 ΔK_2。

$$\Delta\sigma_2=(1-\beta)\Delta\sigma_{ij}^{\mathrm{e}}\cdot\Delta T-\Delta\lambda_2 D_{ijkl}^{\mathrm{e}}\frac{\partial g}{\partial\sigma_2} \tag{4-64}$$

$$\Delta K_2=H_{\mathrm{p}}(k,s)\cdot\Delta\lambda_2\frac{\partial g}{\partial\sigma_2} \tag{4-65}$$

式中，$\Delta\lambda_2$ 和 σ_2 分别为

$$\Delta\lambda_2=\max\left\{\frac{\left(\dfrac{\partial f}{\partial\sigma_2}\right)^T\cdot(1-\beta)\Delta\sigma_{ij}^{\mathrm{e}}\cdot\Delta T}{\left(\dfrac{\partial f}{\partial\sigma_2}\right)^T D_{ijkl}^{\mathrm{e}}\dfrac{\partial g}{\partial\sigma_2}-\dfrac{\partial f}{\partial K'}\cdot H_{\mathrm{p}}(k,s)\cdot\dfrac{\partial g}{\partial\sigma_2}},0\right\} \tag{4-66}$$

$$\sigma_2=\sigma_1+\Delta\sigma_1 \tag{4-67}$$

$$K'=K+\Delta K_1 \tag{4-68}$$

5）更新估算应力张量和硬化参数增量：

$$\Delta\hat{\sigma}=\frac{\Delta\sigma_1+\Delta\sigma_2}{2} \tag{4-69}$$

$$\Delta\hat{K}=\frac{\Delta K_1+\Delta K_2}{2} \tag{4-70}$$

并计算截断误差：

$$\text{Error}=\max\left\{\frac{\|\Delta\sigma_2-\Delta\sigma_1\|}{2\|\Delta\hat{\sigma}\|},\frac{|\Delta K_2-\Delta K_1|}{2|\Delta\hat{K}|}\right\} \tag{4-71}$$

6-1）如果截断误差 Error≤TOL，则迭代收敛。应力状态、硬化参数和无量纲时间 T 更新为

$$\hat{K}=K+\Delta\hat{K} \tag{4-72}$$

$$\hat{\sigma}=\sigma_1+\Delta\sigma \tag{4-73}$$

$$T=T+\Delta T \tag{4-74}$$

且下一段迭代中 ΔT 为

$$\Delta T = q\Delta T \tag{4-75}$$

$$q = \min\left\{0.9(\mathrm{TOL} / \mathrm{Error})^{1/2}, 1.1\right\} \tag{4-76}$$

并进行步骤 7)；

6-2）如果截断误差 Error>TOL，则迭代不收敛，需要进一步细化时间步长，

$$\Delta T = q\Delta T \tag{4-77}$$

$$q = \max\left\{0.8(\mathrm{TOL} / \mathrm{Error})^{1/2}, 0.1\right\} \tag{4-78}$$

并回到步骤 3)。

7）输出累积应力张量：

$$\sigma^{T+\Delta T} = \hat{\sigma} \tag{4-79}$$

$$K^{T+\Delta T} = \hat{K} \tag{4-80}$$

8）应力状态更新。由于迭代过程中存在多次近似，需要再次对屈服条件 $\left|f(\sigma^{T+\Delta T}, K^{T+\Delta T})\right| \leqslant \mathrm{TOL}$ 是否满足进行验证。如果不满足，则需要进一步迭代或者修正迭代算法。修正应力为

$$\sigma_{\mathrm{correct}} = \sigma^{T+\Delta T} - \Psi \cdot D_{ijkl}^{\mathrm{e}} \cdot \frac{\partial g}{\partial \sigma^{T+\Delta T}} \tag{4-81}$$

式中，

$$\Psi = \frac{f(\sigma^{T+\Delta T}, K_{\mathrm{correct}})}{\left(\dfrac{\partial f}{\partial \sigma^{T+\Delta T}}\right)^{T} D_{ijkl}^{\mathrm{e}} \dfrac{\partial g}{\partial \sigma^{T+\Delta T}} - \dfrac{\partial f}{\partial K_{\mathrm{correct}}} \cdot H_{\mathrm{p}}(k,s) \cdot \dfrac{\partial g}{\partial \sigma^{T+\Delta T}}} \tag{4-82}$$

$$K_{\mathrm{correct}} = H_{\mathrm{p}}(k,s) \cdot \Psi \cdot \frac{\partial g}{\partial \sigma^{T+\Delta T}} \tag{4-83}$$

若 $\left|f(\sigma_{\mathrm{correct}}, K_{\mathrm{correct}})\right| \leqslant \left|f(\sigma^{T+\Delta T}, K^{T+\Delta T})\right|$，说明迭代收敛，满足容许误差，直接更新当前应力状态即可；若 $\left|f(\sigma_{\mathrm{correct}}, K_{\mathrm{correct}})\right| > \left|f(\sigma^{T+\Delta T}, K^{T+\Delta T})\right|$，则说明迭代精度不够，须终止迭代过程，更新当前应力状态 $\sigma_{ij}^{k+1} = \sigma_{\mathrm{correct}} = \sigma^{T+\Delta T}$ 和硬化参数 $K^{k+1} = K_{\mathrm{correct}} = K^{T+\Delta T}$。

9）重复步骤 3）至步骤 8）直到 T=1。当前步迭代完成后，更新应力状态和弹塑性刚度矩阵：

$$\boldsymbol{D}^{\mathrm{ep}} = \left\{ \boldsymbol{D}^{\mathrm{e}} - \frac{\boldsymbol{D}^{\mathrm{e}} \dfrac{\partial g}{\partial \sigma} \cdot \left(\dfrac{\partial f}{\partial \sigma}\right)^{T} \boldsymbol{D}^{\mathrm{e}}}{\left(\dfrac{\partial f}{\partial \sigma}\right)^{T} \boldsymbol{D}^{\mathrm{e}} \dfrac{\partial g}{\partial \sigma} - \dfrac{\partial f}{\partial K^{k+1}} \cdot H_{\mathrm{p}}(k,s) \cdot \dfrac{\partial g}{\partial \sigma}} \right\} \tag{4-84}$$

值得注意的是，在迭代返回步骤 3）之前，需要满足条件 $T<1$，因此可设置限制条件如下：

$$\Delta T=\min(\Delta T,1-T) \tag{4-85}$$

为了便于理解，将主要步骤绘制于如图 4-10 所示的流程中。

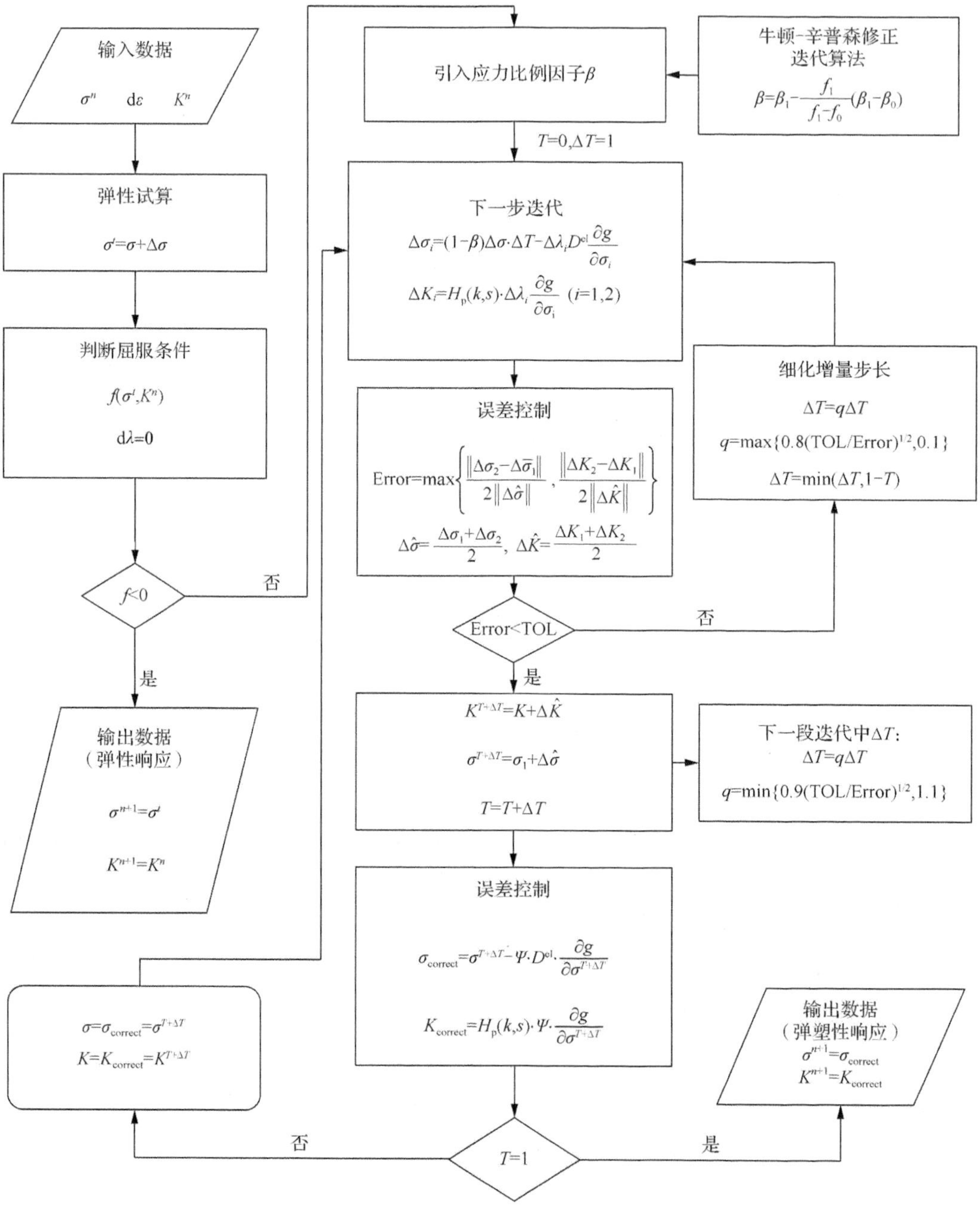

图 4-10　弹塑性本构关系模型计算基本流程

基于上述工作，借助大型通用非线性分析程序 ABAQUS 平台的接口，采用 Fortran 语言进一步编制了用户材料（user material，UMAT）子程序，以实现所提本构模型的数值计算。

由于主程序与 UMAT 之间存在数据传递，甚至共用一些变量，因此必须在文件开头定义 UMAT 中常用的变量，并遵守有关书写格式，通常如下：

```
SUBROUTINE UMAT (STRESS, STATEV, DDSDDE, SSE, SPD, SCD,
1 RPL, DDSDDT, DRPLDE, DRPLDT,
2 STRAN, DSTRAN, TIME, DTIME, TEMP, DTEMP, PREDEF, DPRED, CMNAME,
3 NDI, NSHR, NTENS, NSTATV, PROPS, NPROPS, COORDS, DROT, PNEWDT,
4 CELENT, DFGRD0, DFGRD1, NOEL, NPT, LAYER, KSPT, KSTEP, KINC)

INCLUDE 'ABA_PARAM.INC'

CHARACTER*80 CMNAME
DIMENSION STRESS (NTENS), STATEV (NSTATEV),
1 DDSDDE (NTENS, NTENS), DDSDDT (NTENS), DRPLDE (NTENS),
2 STRAN (NTENS), DSTRAN (NTENS), TIME (2), PREDEF (1), DPRED (1),
3 PROPS (NPROPS), COORDS (3), DROT (3, 3), DFGRD0 (3, 3), DFGRD1
(3, 3)
user coding to define DDSDDE, STRESS, STATEV, SSE, SPD, SCD
and, if necessary, RPL, DDSDDT, DRPLDE, DRPLDT, PNEWDT
RETURN
END
```

UMAT 中的应力矩阵、应变矩阵以及矩阵 DDSDDE、DDSDDT、DRPLDE 等都是直接分量存储在前，剪切分量存储在后。直接分量有 NDI 个，剪切分量有 NSHR 个。各分量之间的顺序根据单元自由度的不同有一些差异，所以编写 UMAT 时要考虑到所使用单元的类别。下面对 UMAT 中用到的一些变量进行说明：

1）DDSDDE（NTENS，NTENS）是一个 NTENS 维的方阵，称作雅可比矩阵；$\partial\Delta\sigma/\partial\Delta\varepsilon$ 中 $\Delta\sigma$ 是应力增量，$\Delta\varepsilon$ 是应变增量；DDSDDE（I，J）表示增量步结束时第 J 个应变分量的改变引起的第 I 个应力分量的变化。通常，雅可比矩阵是一个对称矩阵，除非在“*USER MATERIAL”语句中加入了“UNSYMM”参数。

2）STRESS（NTENS）为应力张量矩阵，对应 NDI 个直接应力分量和 NSHR 个剪切应力分量。在增量步开始时，应力张量矩阵中的数值通过 UMAT 和主程序之间的接口传递到 UMAT 中；在增量步结束时，UMAT 将对应力张量矩阵更新。对于包含刚体转动的有限应变问题，一个增量步调用 UMAT 之前就已经对应力张量进行了刚体转动，因此在 UMAT 中只需要处理应力张量的共旋部分。UMAT 中应力张量的度量为柯西（真实）应力。

3）STATEV（NSTATEV）用于存储状态变量的矩阵，在增量步开始时将数值传递到 UMAT 中；也可在子程序 USDFLD 或 UEXPAN 中先更新数据，然后增量步开始时将更新后的数据传递到 UMAT 中。增量步结束时必须更新状态变量矩阵中的数据。和应力张量矩阵不同的是，对于有限应变问题，除了材料本构行为引起的数据更新以外，状态变量矩阵中的任何矢量或者张量都必须通过旋转来考虑材料的刚体运动。状态变量矩阵的维数通过 ABAQUS 输入文件中的关键字“*DEPVAR”来定义，关键字下面数据行的数值即为状态变量矩阵的维数。材料常数的个数等于关键字“*USER MATERIAL”中“CONSTANTS”常数设定的值。

4）PROPS（NPROPS）为材料常数矩阵，矩阵中元素的数值对应于关键字“*USER MATERIAL”下面的数据行。

5）SSE、SPD、SCD 分别定义每一增量步的弹性应变能，塑性耗散和蠕变耗散。它们对计算结果没有影响，仅仅作为能量输出。

6）其他变量。

STRAN（NTENS）为应变矩阵；

DSTRAN（NTENS）为应变增量矩阵；

DTIME 为增量步的时间增量；

NDI 为直接应力分量的个数；

NSHR 为剪切应力分量的个数；

NTENS 为总应力分量的个数。

此外，使用 UMAT 时还需要注意单元的沙漏刚度和横向剪切刚度。通常，减缩积分单元沙漏刚度和板、壳、梁单元的横向剪切刚度是通过材料属性中的弹性性质来定义，即通过“*ELASTIC”选项定义初始的剪切模量。但是使用 UMAT 时，ABAQUS 对程序输入文件进行预处理时得不到剪切模量的数值，所以用户必须使用“*HOURGLASS STIFFNESS”选项来定义具有沙漏模式的单元的沙漏刚度，使用“*TRANSVERSE SHEAR STIFFNESS”选项来定义板、壳、梁单元的横向剪切刚度。至于子程序中其他相关物理量的具体含义可参见程序帮助手册中的详细说明，在此不再赘述。

4.5.2 本构模型的验证

为了验证建立的纤维混凝土弹塑性本构模型的适用性，收集并整理本书相关研究前期试验结果和已有文献的相关数据，分别从混凝土的破坏包络线和应力-应变关系两方面进行对比验证。由于试验数据有限，部分模型验证中仅涉及钢纤维混凝土。

（1）基于破坏包络线的验证

选取代表性的混杂纤维混凝土试件（钢纤维和聚丙烯纤维的体积掺量分别为 1.5% 和 0.15%）和普通混凝土试件（强度等级为 C60），采用所建本构模型预测两类试件在真三轴压力作用下的子午线和偏平面，并将预测曲线和试验曲线绘制于图 4-11 中。对比分析图中曲线可以看出，混杂纤维的掺入提高了混凝土的抗压强度和偏应力，模型预测结果与试验结果[14]吻合良好。

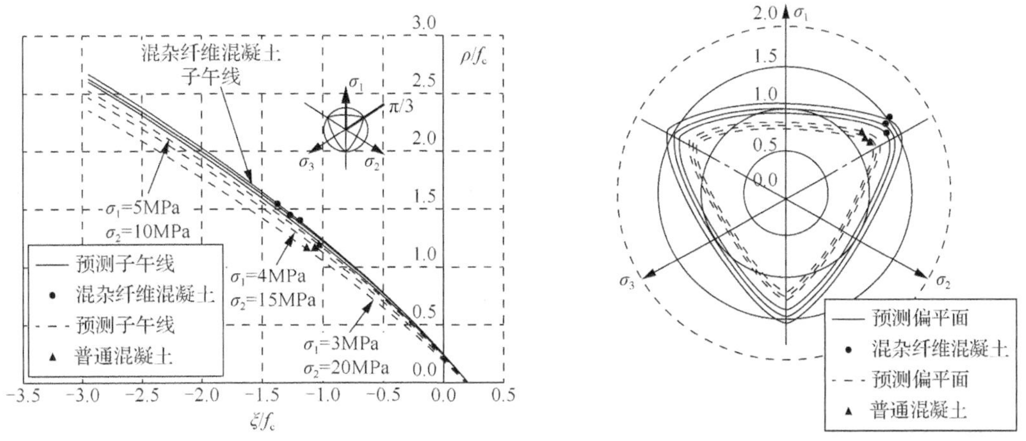

（a）子午线　　（b）偏平面

图 4-11　混杂纤维混凝土破坏包络线试验值与模型预测值的对比

为进一步验证所建本构模型的通用性，对 Chern 等[9]和 Song 等[15]提出的钢纤维混凝土破坏包络线进行预测，将预测的子午面和偏平面形状与试验结果进行对比，如图 4-12 所示。从图中可以看出，所建本构模型能够准确地预测不同 Lode 角和静水压力条件下钢纤维混凝土的破坏面大小及其变化规律。

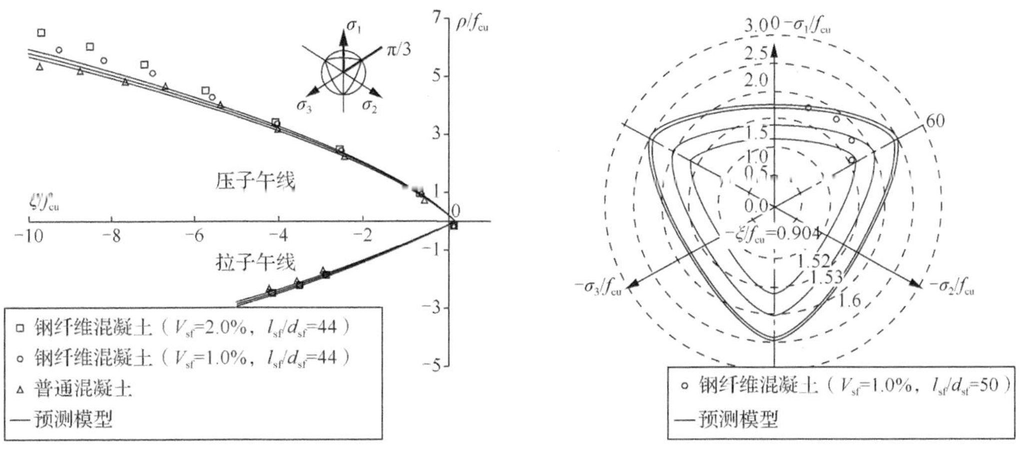

（a）子午线（Chern等[9]）　　（b）偏平面（Song等[15]）

图 4-12　钢纤维混凝土破坏包络线试验值与模型预测值的对比

图 4-13 绘制了两组钢纤维混凝土在双轴荷载作用下破坏包络面的试验结果与模型预测结果，其中，Traina 和 Mansour[10]采用的钢纤维体积掺量为 0.5%～1.5%，长径比为 60; Yin 等[11]采用的钢纤维体积掺量为 1.0%和 2.0%，长径比为 45 和 59。对比分析表明，模型预测的混凝土峰值应力与试验值不完全重合，但能够较好地预测掺入不同钢纤维体积掺量和长径比的钢纤维混凝土双轴破坏面的大小。

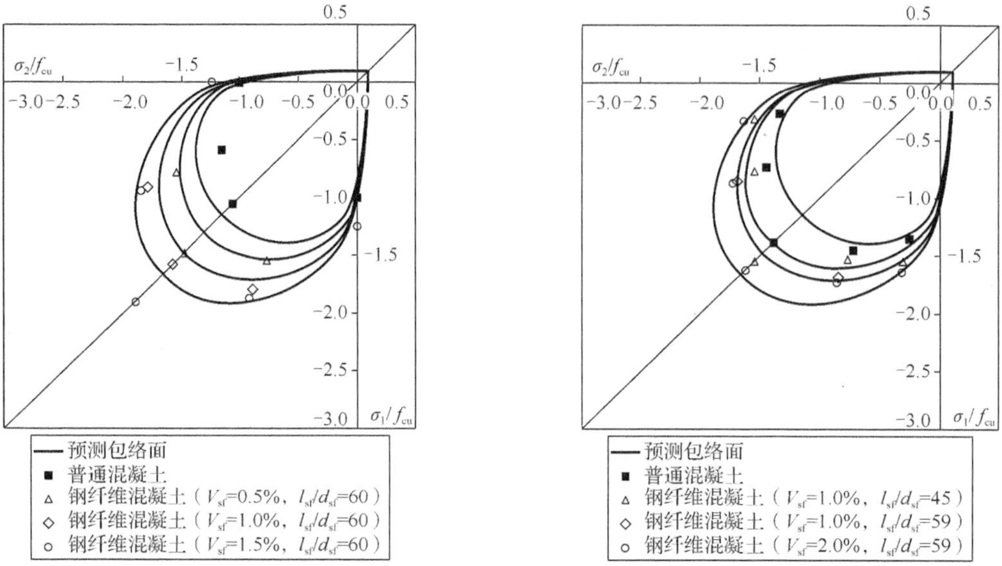

（a）Traina和Mansour[10]研究结果　　（b）Yin等[11]研究结果

图 4-13　钢纤维混凝土在双轴荷载作用下破坏包络面试验值与模型预测值的对比

（2）基于应力-应变关系的验证

图 4-14 为 4MPa/15MPa 围压作用下纤维混凝土轴向应力-应变关系、塑性应变矢量主方向和体积应变-轴向应变关系的真三轴试验结果与模型预测结果。对比分析图中曲线可知，模型预测结果与试验结果吻合较好，对纤维混凝土的峰值应力和峰值应变的预测精度更高。预测结果表明，随着纤维体积掺量的增加，塑性流动的方向逐渐靠近偏应力轴，这意味着混凝土的体积膨胀率不断减小；纤维混凝土塑性非关联流动现象明显，如采用关联流动法则将过高地估计纤维混凝土的塑性体积膨胀。

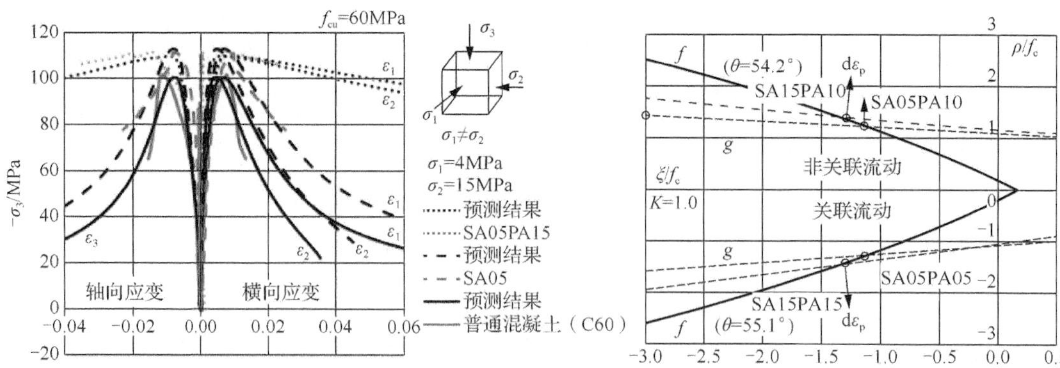

（a）轴向应力-应变关系　　（b）塑性应变矢量主方向

图 4-14　4MPa/15MPa 围压作用下纤维混凝土轴向应力-应变关系、塑性应变矢量主方向和体积应变-轴向应变关系的真三轴试验结果与模型预测结果的对比

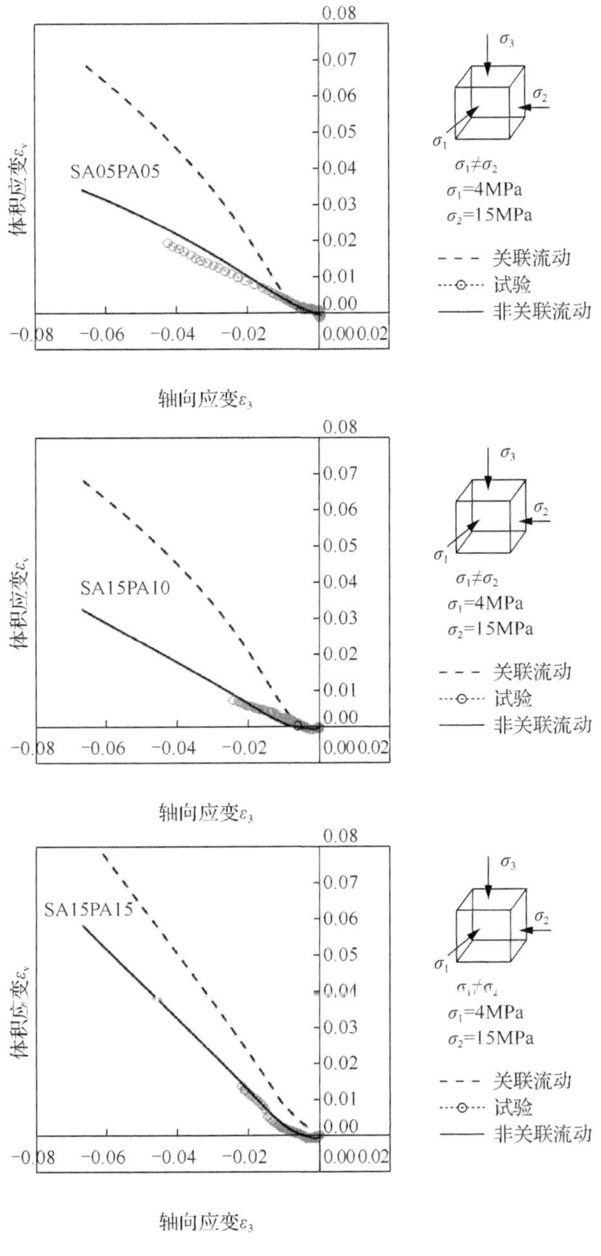

（c）不同纤维掺量时的纤维混凝土体积应变-轴向应变关系

图 4-14（续）

为进一步检验本构模型的通用性，选取五组相互独立的试验结果（包括纤维混凝土在单轴受压、等双轴受压、三轴受压作用下的应力-应变关系），采用所建本构模型进行预测（模型输入参数见表 4-7），并将预测结果与实测结果进行对比分析，如图 4-15 所示。结果表明，本书提出的纤维混凝土弹塑性本构模型能够较好地预测不同纤维掺量的纤维混凝土轴向应力-应变关系和塑性流动方向等力学行为，适用性良好。

表 4-7　模型输入参数

参数	参数值										
	张元元[6]			Traina 和 Mansour[10]			Yin 等[11]	Chern 等[9]			
V_{sf}	0.005	0.010	0.015	0.005	0.015	0.005	0.010	0.02	0.02	0.02	0.02
$\frac{l_{sf}}{d_{sf}}$	30	30	30	60	60	33	45	44	44	44	44
λ_{sf}	0.15	0.3	0.45	0.3	0.9	0.165	0.45	0.88	0.88	0.88	0.88
V_{pf}	0.001	0.001	0.001	0	0	0	0	0	0	0	0
$\frac{l_{pf}}{d_{pf}}$	167	167	167								
λ_{pf}	0.167	0.167	0.167								
k_c	1.0084	1.0168	1.0252	1.0168	1.0504	1.0092	1.0252	1.0493	1.0493	1.0493	1.0493
k_t	1.034	1.046	1.058	1.024	1.072	1.013	1.036	1.07	1.07	1.07	1.07
f_{cu}/MPa	28.6	28.6	28.6	40	40	40	37.6	20.65	20.65	20.65	20.65
E/MPa	29372	29458	29544	32742	33038	32674	32245	26596	26596	26596	26596
a	1.83	1.902	1.974	1.651	1.937	1.586	1.784	2.58	2.58	2.58	2.58
b	0.064	0.06	0.056	0.109	0.094	0.112	0.103	0.077	0.077	0.077	0.077
ε_c	0.00147	0.00149	0.00151	0.00172	0.00181	0.00195	0.00196	0.02649	0.05168	0.10206	0.17763
备注说明	单轴受压 $\sigma_1=\sigma_2=0$			单轴受压 $\sigma_1=\sigma_2=0$		等双轴受压 $\sigma_1=0$，$\sigma_2=\sigma_3$		$\sigma_1=\sigma_2$ $=-10$MPa	$\sigma_1=\sigma_2$ $=-20$MPa	$\sigma_1=\sigma_2$ $=-40$MPa	$\sigma_1=\sigma_2$ $=-70$MPa
								三轴受压			

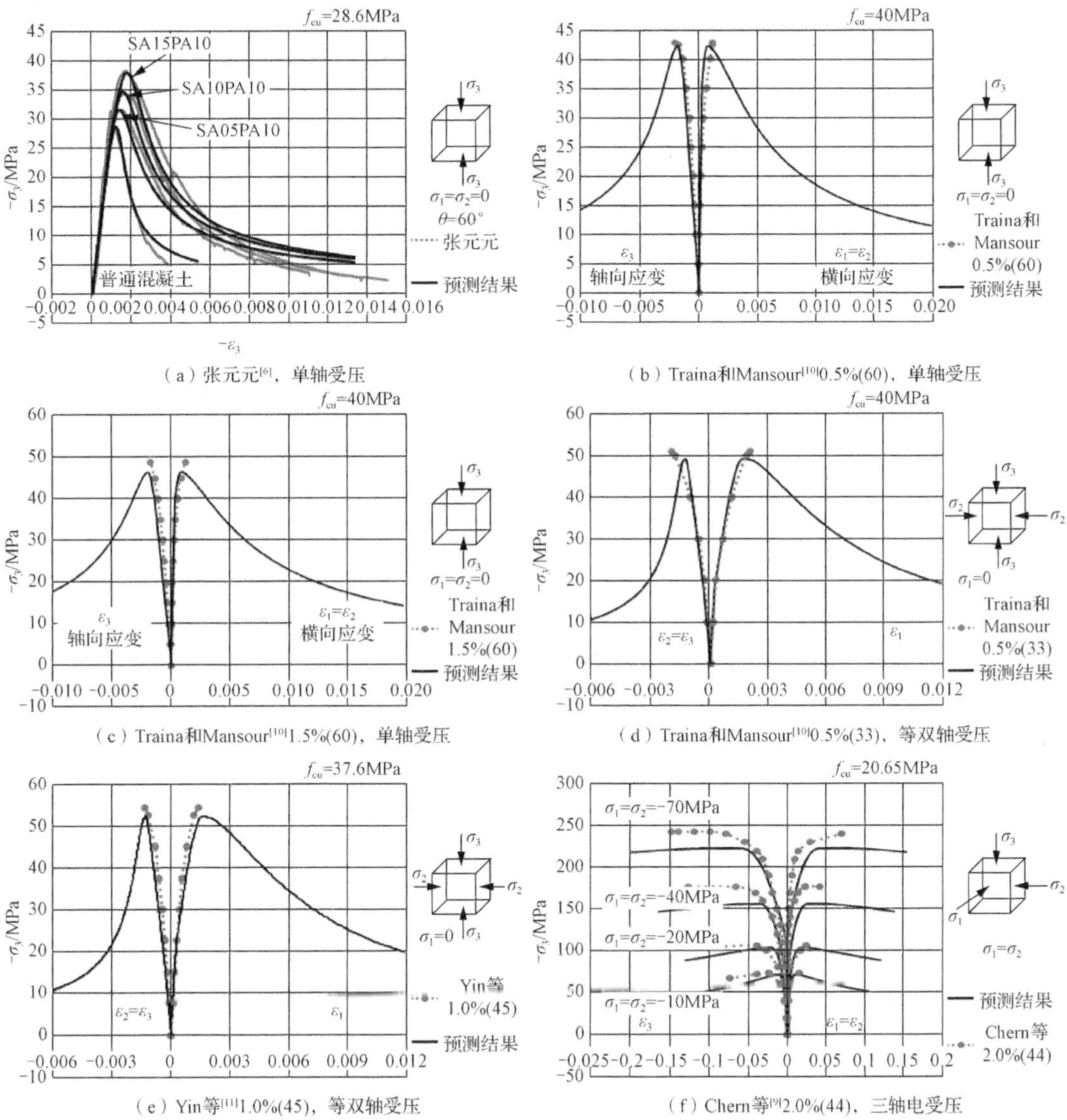

（a）张元元[6]，单轴受压　（b）Traina和Mansour[10]0.5%(60)，单轴受压

（c）Traina和Mansour[10]1.5%(60)，单轴受压　（d）Traina和Mansour[10]0.5%(33)，等双轴受压

（e）Yin等[11]1.0%(45)，等双轴受压　（f）Chern等[9]2.0%(44)，三轴电受压

图 4-15　不同文献的纤维混凝土应力-应变关系试验结果与模型预测结果的对比

参 考 文 献

[1] Dede T, Ayvaz Y. Plasticity models for concrete material based on different criteria including Bresler-Pister[J]. Materials & Design, 2010, 31(1): 278-286.

[2] Ottosen N S, Krenk S. Nonlinear analysis of cavities in rock salt[J]. International Journal of Rock Mechanics and Mining Sciences & Geomechanics Abstracts, 1979, 16(4): 245-252.

[3] Dede T, Ayvaz Y. Comparative study of plasticity models for concrete material by using different criteria including Hsieh-Ting-Chen criterion[J]. Materials & Design, 2010, 31(3): 1482-1489.

[4] Hsieh S S, Ting E C, Chen W F. A plastic-fracture model for concrete[J]. International Journal of Solids and Structures, 1982, 18(3): 181-197.

[5] Willam K J, Warnke E P. Constitutive model for the triaxial behaviour of concrete[C]//Seminar on Concrete Structures Subject to Triaxial Stresses. International Association of Bridge and Structural Engineering Conference, Bergamo, Italy, 1974: 174.

[6] 张元元．钢-聚丙烯混杂纤维混凝土单轴受压本构关系与受拉性能研究[D]．武汉：武汉大学，2010.

[7] 焦楚杰，詹镇峰，彭春元，等．混杂纤维混凝土抗压试验研究[J]．广州大学学报（自然科学版），2007（4）：70-73.

[8] Lim D H, Nawy E G. Behaviour of plain and steel-fibre-reinforced high-strength concrete under uniaxial and biaxial compression[J]. Magazine of Concrete Research, 2005, 57(10): 603-610.

[9] Chern J C, Yang H J, Chen H G W. Behavior of steel fiber reinforced concrete in multiaxial loading[J]. ACI Materials Journal, 1993, 89(1): 32-40.

[10] Traina L A, Mansour S A. Biaxial strength and deformational behavior of plain and steel fiber concrete[J]. ACI Materials Journal, 1991, 88(4):354-362.

[11] Yin W S, Su E C M, Mansur M A, et al. Biaxial tests of plain and fiber concrete[J]. ACI Materials Journal, 1989, 86(3): 236-243.

[12] Seow P E C, Swaddiwudhipong S. Failure surface for concrete under multiaxial load: a unified approach[J]. Journal of Materials in Civil Engineering, 2005, 17(2): 219-228.

[13] 中华人民共和国住房和城乡建设部．混凝土结构通用规范：GB 55008—2021[S]．北京：中国建筑工业出版社，2021.

[14] Chi Y, Xu L H, Mei G D, et al. A unified failure envelope for hybrid fibre reinforced concrete subjected to true triaxial compression[J]. Composite Structures, 2014, 109: 31-40.

[15] Song Y P, Zhao G F, Peng F, et al. Strength behavior and failure criterion of steel fiber concrete under triaxial stresses[J]. China Civil Engineering Journal, 1994, 27(3): 14-23.

第 5 章　纤维混凝土弹塑性损伤本构关系

在外荷载或环境作用下，由微裂缝、微孔隙等细观结构层次的缺陷萌生、扩展等不可逆变化引起的材料或结构宏观力学性能的劣化称为损伤。损伤力学有两个主要分支，其中之一为连续损伤力学，它利用连续介质热力学与连续介质力学的唯象学方法，把材料细观层次的微缺陷理解为连续的损伤场，把损伤过程看作满足热力学定理的能量耗散过程，研究微缺陷的发展及其对材料力学性能的影响。因此，连续介质损伤力学为发展混凝土材料宏观损伤本构关系提供了严格的理论框架，为综合描述混凝土材料微结构损伤演化规律奠定了坚实基础。与弹塑性本构模型相比，弹塑性损伤本构模型更加合理地反映混凝土的拉压异性、单边效应、各向异性、塑性变形、体积膨胀等力学行为特征。图 5-1 展示了固体材料受力时典型的宏观力学响应特性。其中，图 5-1（a）呈现的是弹塑性特征，在卸载时有不可恢复塑性应变，卸载-再加载曲线总是沿着应力-应变曲线初始切线相平行的直线，即刚度没有随着塑性变形的发展而变化，这种力学行为可用塑性力学理论描述。图 5-1（b）呈现的是弹性损伤典型特征，在卸载时，材料恢复到原始状态，应力-应变曲线回到原点，没有塑性变形的产生，但再加载曲线的斜率随着应变的增加而减少。图 5-1（c）是介于弹塑性与弹性损伤之间的一种特性，在卸载时有不可恢复塑性变形，同时刚度随着塑性变形的发展而不断减少，即刚度退化。对混凝土材料的刚度退化现象，需要运用损伤理论来描述。

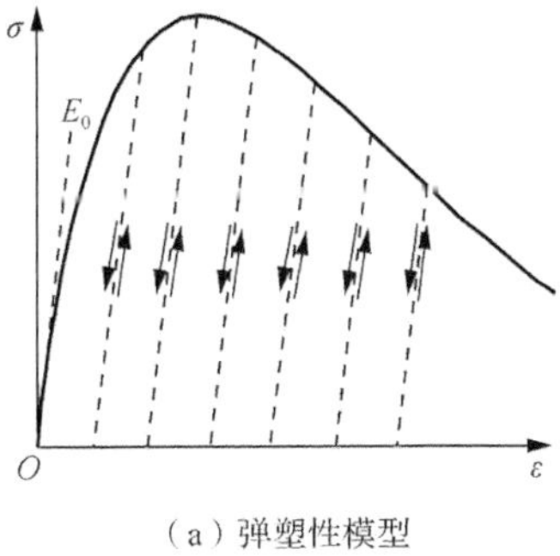

（a）弹塑性模型

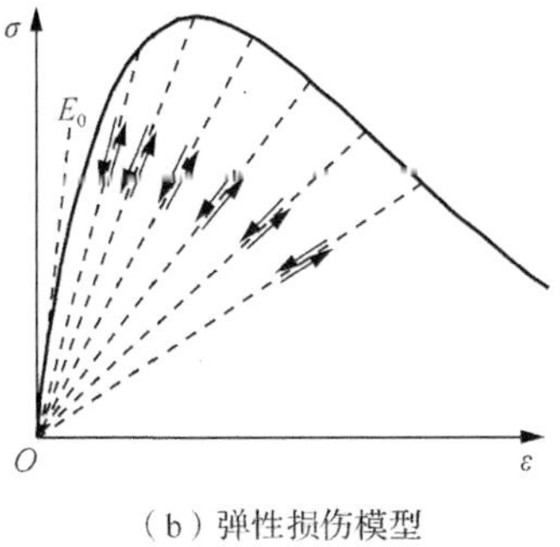

（b）弹性损伤模型

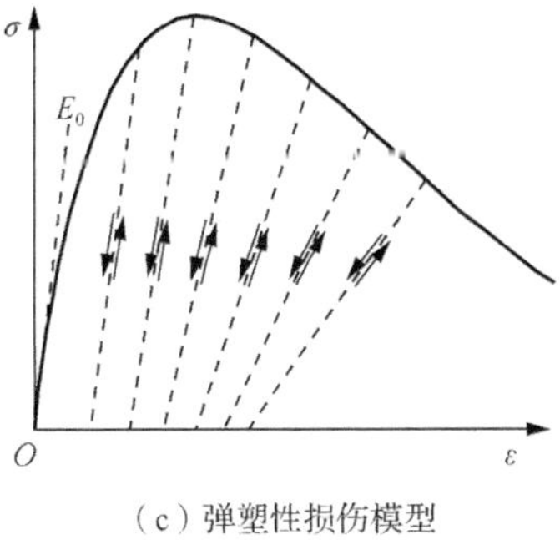

（c）弹塑性损伤模型

图 5-1　固体材料典型的宏观力学响应

迄今为止，国内外不少学者陆续提出了适用于纤维混凝土的弹塑性损伤本构模型，通过试验研究和数值模拟等方法对本构模型中相关参数进行了标定，研究成果较为丰富。然而，现有研究存在以下几点不足：①主要侧重于描述单一应力路径（单轴受拉、单轴受压等）下的力学响应，建立的应力-应变关系数学表达式物理意义不明确，没有考虑纤维混凝土破坏失效的物理机制；②未合理考虑纤维混凝土循环加卸载时的应力退化和刚度退化现象，忽略了纤维混凝土在此过程中的损伤累积和损伤演化；③未科学反映纤维混凝土受拉和受剪两种损伤机制以及不同机制间的相互影响；④数值计算时采用的塑性求解迭代方法步骤复杂，收敛性差，无法满足高频次的计算要求；⑤纤维混凝土力学响应中的随机性特征没有得到较好的体现。

针对上述问题，本章基于连续介质损伤力学和不可逆热力学理论，在进行一定假设和简化的同时，遵循从弹性损伤到弹塑性损伤再到弹塑性随机损伤的研究思路，采用理论推导和试验研究相结合的方法，考虑纤维混凝土的塑性发展规律和损伤演化规律，建立纤维混凝土弹塑性损伤本构模型，在此基础上，考虑随机性，建立纤维混凝土弹塑性随机损伤本构模型，以反映纤维混凝土在单轴加载、双轴受压、三轴受压等不同应力路径下的力学响应特性。

5.1　弹塑性损伤本构模型

5.1.1　热力学基本框架

一般认为，弹塑性变形和不可逆损伤的耦合是影响混凝土材料非线性行为的主要物理机制。据此，对于纤维混凝土材料，其 Helmholtz（亥姆霍兹）自由能ψ可以表示为

$$\psi=\psi(\boldsymbol{\varepsilon}^{\mathrm{e}},\boldsymbol{\kappa}_{\mathrm{p}},d^{\pm})\geqslant 0 \tag{5-1}$$

式中，$\boldsymbol{\varepsilon}^{\mathrm{e}}$为弹性应变张量；$\boldsymbol{\kappa}_{\mathrm{p}}$为与塑性应变相关的内变量张量；$d^{\pm}$为损伤内变量，用于表征纤维混凝土在正、负有效应力$\bar{\boldsymbol{\sigma}}^{+}$和$\bar{\boldsymbol{\sigma}}^{-}$（也即受拉和受压）作用下的损伤行为。对式（5-1）进行弹、塑性解耦，则式（5-1）可进一步改写为

$$\psi=\psi^{\mathrm{e}}(\boldsymbol{\varepsilon}^{\mathrm{e}},d^{\pm})+\psi^{\mathrm{p}}(\boldsymbol{\kappa}_{\mathrm{p}},d^{\pm}) \tag{5-2}$$

其中，

$$\psi^{\mathrm{e}+}(\boldsymbol{\varepsilon}^{\mathrm{e}},d^{+})=(1-d^{+})\psi_0^{\mathrm{e}+}=\frac{1}{2}(1-d^{+})\bar{\boldsymbol{\sigma}}^{+}:\boldsymbol{\varepsilon}^{\mathrm{e}}=\frac{1}{2}(1-d^{+})\bar{\boldsymbol{\sigma}}^{+}:(\boldsymbol{\varepsilon}-\boldsymbol{\varepsilon}^{\mathrm{p}}) \tag{5-3}$$

$$\psi^{\mathrm{e}-}(\boldsymbol{\varepsilon}^{\mathrm{e}},d^{-})=(1-d^{-})\psi_0^{\mathrm{e}-}=\frac{1}{2}(1-d^{-})\bar{\boldsymbol{\sigma}}^{-}:\boldsymbol{\varepsilon}^{\mathrm{e}}=\frac{1}{2}(1-d^{-})\bar{\boldsymbol{\sigma}}^{-}:(\boldsymbol{\varepsilon}-\boldsymbol{\varepsilon}^{\mathrm{p}}) \tag{5-4}$$

上述公式中的正、负有效应力$\bar{\boldsymbol{\sigma}}^{+}$和$\bar{\boldsymbol{\sigma}}^{-}$可表示为

$$\bar{\boldsymbol{\sigma}}=\bar{\boldsymbol{\sigma}}^{+}+\bar{\boldsymbol{\sigma}}^{-} \tag{5-5}$$

$$\bar{\boldsymbol{\sigma}}^{+}=\boldsymbol{P}^{+}:\bar{\boldsymbol{\sigma}}\qquad \bar{\boldsymbol{\sigma}}^{-}=\boldsymbol{P}^{-}:\bar{\boldsymbol{\sigma}} \tag{5-6}$$

其中，$\boldsymbol{P}^{+}$和$\boldsymbol{P}^{-}$是四阶应力投影张量，记为

$$\boldsymbol{P}^{+}=\sum H(\bar{\sigma}_i)\boldsymbol{n}^{(i)}\otimes\boldsymbol{n}^{(i)}\otimes\boldsymbol{n}^{(i)}\otimes\boldsymbol{n}^{(i)} \tag{5-7}$$

$$\boldsymbol{P}^{-}=\boldsymbol{I}-\boldsymbol{P}^{+} \tag{5-8}$$

式中，$\boldsymbol{I}$为四阶单位张量；$H(\cdot)$为 Heaviside（赫维赛德）函数；$\bar{\sigma}_i$为有效应力张量的主应力；$\boldsymbol{n}^{(i)}$为对应于$\bar{\sigma}_i$的归一化特征向量。

对式（5-2）求偏微分可得到

$$\dot{\psi}=\frac{\partial\psi^{\mathrm{e}}}{\partial\boldsymbol{\varepsilon}^{\mathrm{e}}}\dot{\boldsymbol{\varepsilon}}^{\mathrm{e}}+\frac{\partial\psi^{\mathrm{p}}}{\partial\boldsymbol{\kappa}_{\mathrm{p}}}\dot{\boldsymbol{\kappa}}_{\mathrm{p}}+\frac{\partial\psi}{\partial d^{\pm}}\dot{d}^{\pm} \tag{5-9}$$

其中，

$$Y_{\mathrm{p}}=-\frac{\partial\psi^{\mathrm{p}}}{\partial\boldsymbol{\kappa}_{\mathrm{p}}},\quad Y_{\mathrm{d}}^{\pm}=-\frac{\partial\psi}{\partial d^{\pm}} \tag{5-10}$$

式中，Y_{p} 为塑性能释放率；$Y_{\mathrm{d}}^{\pm}$ 为损伤能释放率。

将式(5-9)代入 Clausius-Duhem(克劳修斯-杜安)热力学不等式 $\Theta=\boldsymbol{\sigma}:\dot{\boldsymbol{\varepsilon}}-\dot{\psi}\geqslant 0$，得

$$\left(\boldsymbol{\sigma}-\frac{\partial\psi^{\mathrm{e}}}{\partial\boldsymbol{\varepsilon}^{\mathrm{e}}}\right):\dot{\boldsymbol{\varepsilon}}^{\mathrm{e}}+\boldsymbol{\sigma}:\dot{\boldsymbol{\varepsilon}}^{\mathrm{p}}-\frac{\partial\psi^{\mathrm{p}}}{\partial\boldsymbol{\kappa}_{\mathrm{p}}}\dot{\boldsymbol{\kappa}}_{\mathrm{p}}-\frac{\partial\psi}{\partial d^{\pm}}\dot{d}^{\pm}\geqslant 0 \tag{5-11}$$

式中，$\boldsymbol{\sigma}$ 为柯西应力张量；$\boldsymbol{\varepsilon}^{\mathrm{p}}$ 为塑性应变张量。

考虑到 $\dot{\boldsymbol{\varepsilon}}^{\mathrm{e}}$ 的任意性，为使式（5-11）恒成立，以下（不）等式应始终满足：

$$\boldsymbol{\sigma}=\frac{\partial\psi^{\mathrm{e}}}{\partial\boldsymbol{\varepsilon}^{\mathrm{e}}}=\frac{\partial\psi^{\mathrm{e+}}}{\partial\boldsymbol{\varepsilon}^{\mathrm{e}}}+\frac{\partial\psi^{\mathrm{e-}}}{\partial\boldsymbol{\varepsilon}^{\mathrm{e}}}=(1-d^{+})\bar{\boldsymbol{\sigma}}^{+}+(1-d^{-})\bar{\boldsymbol{\sigma}}^{-} \tag{5-12}$$

$$\Pi_{\mathrm{p}}=\boldsymbol{\sigma}:\dot{\boldsymbol{\varepsilon}}^{\mathrm{p}}-\frac{\partial\psi^{\mathrm{p}}}{\partial\boldsymbol{\kappa}_{\mathrm{p}}}\dot{\boldsymbol{\kappa}}_{\mathrm{p}}\geqslant 0 \tag{5-13}$$

$$\Pi_{\mathrm{d}}=-\frac{\partial\psi}{\partial d^{\pm}}\dot{d}^{\pm}\geqslant 0 \tag{5-14}$$

式中，Π_{p} 和 Π_{d} 分别代表发生塑性变形和损伤演化过程中耗散的能量。

构建一个拉格朗日函数 Ξ，并引入上述两种能量耗散势函数，即塑性势 g_{p} 和损伤势函数 $g_{\mathrm{d}}^{\pm}$：

$$\Xi=\Pi_{\mathrm{p}}+\Pi_{\mathrm{d}}-\dot{\lambda}_{\mathrm{p}}g_{\mathrm{p}}-\dot{\lambda}_{\mathrm{d}}^{\pm}g_{\mathrm{d}}^{\pm} \tag{5-15}$$

根据最小势能原理(也称为最大耗散原理[1])，以下三个边界条件 $\partial\Xi/\partial\sigma=0$，$\partial\Xi/\partial Y_{\mathrm{p}}=0$ 和 $\partial\Xi/\partial Y_{\mathrm{d}}^{\pm}=0$ 均须成立。

因此，上述公式中涉及的内变量的一般表达式为

$$\dot{\boldsymbol{\varepsilon}}^{\mathrm{p}}=\dot{\lambda}_{\mathrm{p}}\frac{\partial g_{\mathrm{p}}}{\partial\boldsymbol{\sigma}},\quad \dot{\boldsymbol{\kappa}}_{\mathrm{p}}=\dot{\lambda}_{\mathrm{p}}\frac{\partial g_{\mathrm{p}}}{\partial Y_{\mathrm{p}}},\quad \dot{d}^{\pm}=\dot{\lambda}_{\mathrm{d}}^{\pm}\frac{\partial g_{\mathrm{d}}^{\pm}}{\partial Y_{\mathrm{d}}^{\pm}} \tag{5-16}$$

式中，$\dot{\lambda}_{\mathrm{p}}$ 和 $\dot{\lambda}_{\mathrm{d}}^{\pm}$ 分别表示塑性乘子（也称为塑性流动因子）和损伤乘子。

由此，基于不可逆热力学框架严格推导，得到了纤维混凝土弹塑性损伤本构方程，其中涉及的内变量演化规律将在下面进行详细描述，其重点在于纤维作用的合理体现。

5.1.2 塑性应变演化

1. 屈服准则

为分析纤维混凝土塑性变形规律，理论推导均在有效应力空间中进行。参考第 4 章纤维混凝土的破坏准则，将纤维混凝土的屈服函数定义为

$$f(\bar{\boldsymbol{\sigma}}_{ij})=f(\bar{I}_1,\bar{J}_2,\bar{J}_3)=f(\bar{\rho},\bar{\xi},\bar{\theta})=0 \tag{5-17}$$

式中，$\bar{I}_1$ 为有效应力张量的第一不变量；$\bar{J}_2$ 和 $\bar{J}_3$ 分别为有效偏应力张量的第二和第三不变量；参数 $\bar{\rho}$、$\bar{\xi}$ 和 $\bar{\theta}$ 分别表示等效应力值、静水压力值和 Lode 角，各参数的定义如图 5-2 所示。

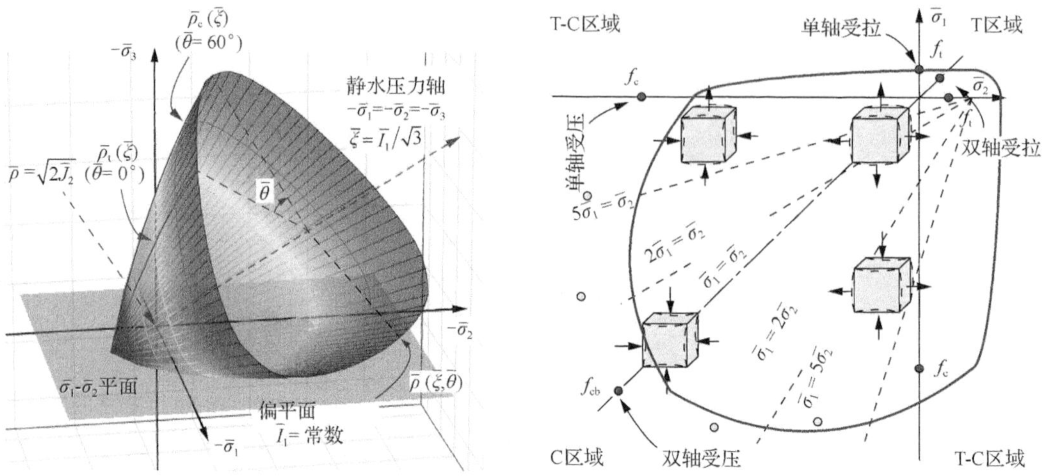

（a）3D空间中参数的定义　　　　（b）$\bar{\sigma}_1$-$\bar{\sigma}_2$ 2D平面中的包络线

图 5-2　屈服函数的空间形状

前期研究表明，Willam-Warnke 五参数模型同样适用于预测纤维混凝土材料的损伤失效，在 Haigh-Westergaard 坐标系下，破坏面的数学表达式可记为

$$f(\bar{\xi},\bar{\rho},\bar{\theta})=\sqrt{2\bar{J}_2}-K(\kappa_p)\cdot\bar{\rho}^{hf}(\bar{\xi},\bar{\theta})=0 \tag{5-18}$$

式中，K 为控制加载过程中强度变化的硬化（软化）参数（$K_0\leqslant K\leqslant 1$），其中，$K_0$ 是发生塑性变形前的常数；参数 $\bar{\rho}^{hf}(\bar{\xi},\bar{\theta})$ 定义了子午线的形状：

$$\bar{\rho}^{hf}(\bar{\xi},\bar{\theta})=\frac{2\bar{\rho}_c^{hf}\left[(\bar{\rho}_c^{hf})^2-(\bar{\rho}_t^{hf})^2\right]\cos\bar{\theta}+\bar{\rho}_c^{hf}(2\bar{\rho}_t^{hf}-\bar{\rho}_c^{hf})\left\{4\left[(\bar{\rho}_c^{hf})^2-(\bar{\rho}_t^{hf})^2\right]\cos^2\bar{\theta}+5(\bar{\rho}_t^{hf})^2-4\bar{\rho}_t^{hf}\bar{\rho}_c^{hf}\right\}^{1/2}}{4\left[(\bar{\rho}_c^{hf})^2-(\bar{\rho}_t^{hf})^2\right]\cos^2\bar{\theta}+(2\bar{\rho}_t^{hf}-\bar{\rho}_c^{hf})^2} \tag{5-19}$$

其中，拉子午线（$\bar{\theta}=0°$）和压子午线（$\bar{\theta}=60°$）表示为

$$\frac{\bar{\xi}}{f_c}=a_2\left(\frac{k_t\bar{\rho}_t}{f_c}\right)^2+a_1\frac{k_t\bar{\rho}_t}{f_c}+a_0 \tag{5-20}$$

$$\frac{\bar{\xi}}{f_c}=b_2\left(\frac{k_c\bar{\rho}_c}{f_c}\right)^2+b_1\frac{k_c\bar{\rho}_c}{f_c}+b_0 \tag{5-21}$$

式中，f_c 为普通混凝土单轴抗压强度；a_0、a_1、a_2 和 b_0、b_1、b_2 为材料常数，一般取 $a_0=b_0=0.1775$，$a_1=-1.4554$，$a_2=-0.1576$，$b_1=-0.7806$，$b_2=-0.1763$；$\bar{\rho}_t^{hf}$ 和 $\bar{\rho}_c^{hf}$ 分别为纤维混凝土的拉、压子午线上对应的偏应力，定义 $\bar{\rho}_t^{hf}=k_t\bar{\rho}_t$、$\bar{\rho}_c^{hf}=k_c\bar{\rho}_c$，其中，$\bar{\rho}_t$ 和 $\bar{\rho}_c$ 分别为普通混凝土的拉、压子午线上对应的偏应力，k_t 和 k_c 为对应的纤维影响系数（对于普通混凝土，$k_t=k_c=1.0$），其确定方法参照 4.1 节。随着 k_t 和 k_c 的增加，纤维混凝土的屈服面会有不同程度的扩大，通常前者的作用效果比后者更为明显，如图 5-3 所示。因此，合理确定这两个控制屈服面形状和大小的系数是建立纤维混凝土屈服函数的一个关键步骤。

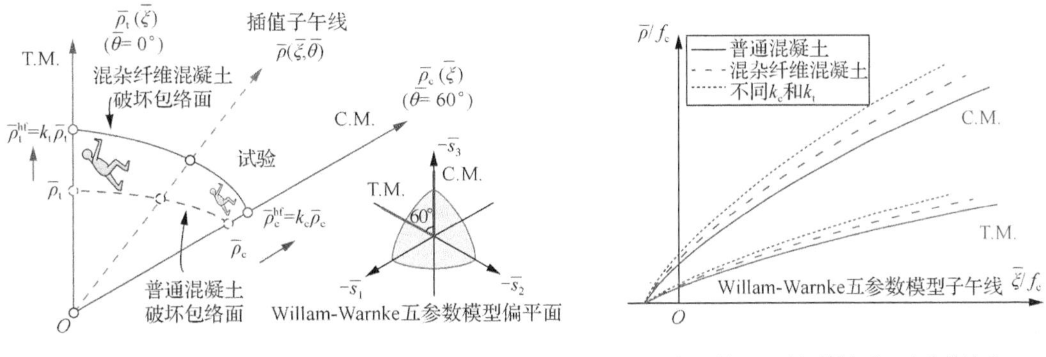

（a）屈服函数确定方法　　（b）拉、压子午线随k_t和k_c变化的情况

图 5-3　混杂纤维混凝土屈服面

2. 流动法则

根据弹塑性理论，任意时刻塑性应变ε^{p}的大小都是由先前加载过程中塑性应变增量$d\varepsilon^{p}$累积的。根据式（5-16）的定义，在物理上，$d\overline{\varepsilon}^{p}$的大小可以通过如下方法确定：

$$d\overline{\varepsilon}^{p}=d\lambda^{p}\frac{\partial g_{p}}{\partial\overline{\sigma}}(g_{p}\neq f) \tag{5-22}$$

式中，$d\lambda^{p}$为一个非负的塑性乘子，可以通过屈服函数和一致性条件予以确定；$\partial g_{p}/\partial\overline{\sigma}$为非关联塑性流动方向变化率，代表$d\varepsilon^{p}$各分量之间的比例关系；$g_p$为塑性势，本书考虑硬化行为对塑性流动方向的影响，采用如下改进的 Drucker-Prager 势函数：

$$g_{p}=\overline{\xi}+\alpha\overline{\rho}+\beta\overline{\rho}^{2}+c=0 \tag{5-23}$$

式中，α和β为与塑性流动相关的材料参数；c为常数。

由于塑性应变增量方向始终垂直于塑性势平面，如图 5-4（a）所示，可以得到如下几何关系：

$$\tan\psi=\frac{-d\overline{\xi}}{d\overline{\rho}}=\frac{d\rho'}{d\overline{\xi}'} \tag{5-24}$$

式中，ψ为塑性流动角；$d\overline{\rho}'$和$d\overline{\xi}'$分别表示塑性应变增量在偏应力轴和静水压力轴上的投影。

将式（5-23）代入式（5-24），得

$$\tan\psi=\frac{-d\overline{\xi}}{d\overline{\rho}}=\alpha+2\beta\overline{\rho} \tag{5-25}$$

此外，假设塑性应变增量的流动方向与总塑性应变的流动方向相同，即$d\overline{\rho}'/-d\overline{\xi}'=\overline{\rho}'/\overline{\xi}'$，其中，$\overline{\rho}'$和$\overline{\xi}'$是总塑性应变的偏量部分的第二不变量和体积部分的第一不变量。

因此，式（5-25）可以改写为

$$\alpha+2\beta\overline{\rho}=\frac{\sqrt{\left[(\overline{\varepsilon}_{1}^{p}-\overline{\varepsilon}_{2}^{p})^{2}+(\overline{\varepsilon}_{1}^{p}-\overline{\varepsilon}_{3}^{p})^{2}+(\overline{\varepsilon}_{2}^{p}-\overline{\varepsilon}_{3}^{p})^{2}\right]}}{\overline{\varepsilon}_{1}^{p}+\overline{\varepsilon}_{2}^{p}+\overline{\varepsilon}_{3}^{p}} \tag{5-26}$$

这样，参数α和β的大小便可以通过三轴试验的实测数据$(\overline{\rho}_1,\psi_1)$和$(\overline{\rho}_2,\psi_2)$来确定。

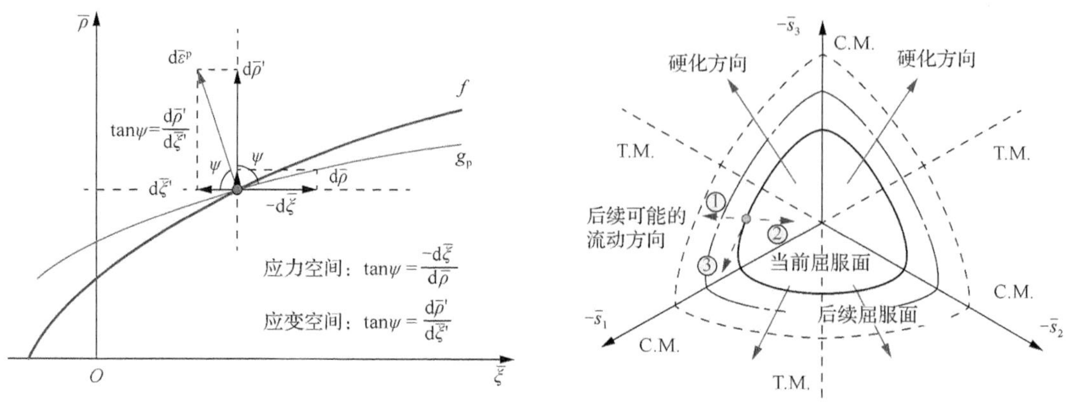

（a）塑性势函数　　（b）偏平面中的各向同性硬化

图 5-4　纤维混凝土的塑性流动和硬化示意图

3. 硬化（软化）法则

硬化（软化）法则用于控制屈服面的膨胀和收缩，通常是由实测应力-应变关系曲线或理论本构模型推导得到。对于纤维混凝土的力学响应，采用如图 5-4（b）所示的各向同性硬化法则，即假设在整个加载过程中屈服面仅仅只是尺寸发生变化而其形状并不改变。因此，纤维混凝土的塑性硬化参数 $K(\overline{\varepsilon}^{\mathrm{p}})$ 可以简单地通过单轴 $\overline{\sigma}$-$\overline{\varepsilon}^{\mathrm{p}}$ 响应获得，此时 $\mathrm{d}\kappa_{\mathrm{p}}=\mathrm{d}\overline{\varepsilon}^{\mathrm{p}}$ 总是成立的。

对于单轴应力-应变关系，借鉴《混凝土结构通用规范》（GB 55008—2021）[2]建议的无量纲分段式数学表达式形式，记为

$$y=\begin{cases} ax+(3-2a)x^2+(a-2)x^3 & 0<x<1 \\ \dfrac{x}{b(x-1)^2+x} & x>1 \end{cases} \tag{5-27}$$

式中，a 和 b 为与纤维特征参数相关的材料常数；$x=\overline{\varepsilon}/\overline{\varepsilon}_{\mathrm{c}}$，$y=\overline{\sigma}/\overline{f}_{\mathrm{c}}$，$\overline{\varepsilon}_{\mathrm{c}}$ 和 $\overline{f}_{\mathrm{c}}$ 分别是峰值有效应变和有效应力。

对式（5-27）取塑性应变的微分可以得到塑性硬化参数的微分表达式 $\mathrm{d}K(\overline{\varepsilon}^{\mathrm{p}})$：

$$\mathrm{d}K(\overline{\varepsilon}^{\mathrm{p}})=\begin{cases} \left[a\dfrac{1}{\overline{\varepsilon}_{\mathrm{c}}}+2(3-2a)\left(\dfrac{\overline{\varepsilon}}{\overline{\varepsilon}_{\mathrm{c}}}\right)\dfrac{1}{\overline{\varepsilon}_{\mathrm{c}}}+3(a-2)\left(\dfrac{\overline{\varepsilon}}{\overline{\varepsilon}_{\mathrm{c}}}\right)^2\dfrac{1}{\overline{\varepsilon}_{\mathrm{c}}}\right]\mathrm{d}\overline{\varepsilon}^{\mathrm{p}}, & \overline{\varepsilon}\leqslant\overline{\varepsilon}_{\mathrm{c}} \\ \dfrac{\dfrac{1}{\overline{\varepsilon}_{\mathrm{c}}}\left[b\left(\dfrac{\overline{\varepsilon}}{\overline{\varepsilon}_{\mathrm{c}}}-1\right)^2+\dfrac{\overline{\varepsilon}}{\overline{\varepsilon}_{\mathrm{c}}}\right]-\dfrac{\overline{\varepsilon}}{\overline{\varepsilon}_{\mathrm{c}}}\left[2b\left(\dfrac{\overline{\varepsilon}}{\overline{\varepsilon}_{\mathrm{c}}}-1\right)\dfrac{1}{\overline{\varepsilon}_{\mathrm{c}}}+\dfrac{1}{\overline{\varepsilon}_{\mathrm{c}}}\right]}{\left[b\left(\dfrac{\overline{\varepsilon}}{\overline{\varepsilon}_{\mathrm{c}}}-1\right)^2+\dfrac{\overline{\varepsilon}}{\overline{\varepsilon}_{\mathrm{c}}}\right]^2}\mathrm{d}\overline{\varepsilon}^{\mathrm{p}}, & \overline{\varepsilon}>\overline{\varepsilon}_{\mathrm{c}} \end{cases} \tag{5-28}$$

以及硬化模量表达式为 $H(\overline{\varepsilon}^{\mathrm{p}})=\mathrm{d}K(\overline{\varepsilon}^{\mathrm{p}})/\mathrm{d}\overline{\varepsilon}^{\mathrm{p}}$。

由此，任意时刻纤维混凝土的硬化（软化）函数值都可以更新为

$$K(\overline{\varepsilon}^{\mathrm{p}})_{n+1}=K(\overline{\varepsilon}^{\mathrm{p}})_n+H(\overline{\varepsilon}^{\mathrm{p}})\mathrm{d}\overline{\varepsilon}^{\mathrm{p}} \tag{5-29}$$

需要说明的是，在多轴应力状态下，上述硬化（软化）法则推导中涉及的单轴塑性应变还需相应地替换为等效塑性应变，具体方法可参考本书 4.2 节。

4. 加卸载准则与一致性条件

在有效应力空间中，根据经典塑性理论，认为总的应变增量包括弹性应变增量和塑性应变增量，即

$$\mathrm{d}\bar{\varepsilon}_{ij} = \mathrm{d}\bar{\varepsilon}_{ij}^{\mathrm{e}} + \mathrm{d}\bar{\varepsilon}_{ij}^{\mathrm{p}} \tag{5-30}$$

则应力增量可记为

$$(\mathrm{d}\bar{\sigma}_{ij}) = (D_{ijkl}^{\mathrm{ep}})(\mathrm{d}\bar{\varepsilon}_{kl}^{\mathrm{e}}) = (D_{ijkl}^{\mathrm{ep}})(\mathrm{d}\bar{\varepsilon}_{kl} - \mathrm{d}\bar{\varepsilon}_{kl}^{\mathrm{p}}) \tag{5-31}$$

式中，(D_{ijkl}^{ep}) 为纤维混凝土有效应力空间的刚度矩阵。

对于容许应力域中的任意应力状态，当前屈服面上各点的后续移动通常都是不确定的，因为它们可能会发生硬化、软化或是理想塑性变形而向外、向内或与屈服面相切的方向移动，如图 5-4（b）所示。因此，为了唯一确定纤维混凝土的硬化（软化）行为，除了上述硬化（软化）法则之外，还需要利用以下三个约束条件（即 Kuhn-Tucker 条件）：

$$\dot{\lambda}_{\mathrm{p}} \geqslant 0, \quad f \leqslant 0, \quad \dot{\lambda}_{\mathrm{p}} f = 0 \tag{5-32}$$

以及一致性条件：

$$\mathrm{d}f = \frac{\partial f}{\partial \bar{\sigma}}\mathrm{d}\bar{\sigma} + \frac{\partial f}{\partial \kappa_{\mathrm{p}}}\mathrm{d}\kappa_{\mathrm{p}} = 0 \tag{5-33}$$

将式（5-18）和式（5-22）代入式（5-33）中即可得到塑性乘子 $\mathrm{d}\lambda_{\mathrm{p}}$ 的表达式为

$$\mathrm{d}\lambda_{\mathrm{p}} = \frac{\dfrac{\partial f}{\partial \bar{\boldsymbol{\sigma}}} : \boldsymbol{D}^{\mathrm{ep}} : \mathrm{d}\bar{\boldsymbol{\varepsilon}}}{\dfrac{\partial f}{\partial \bar{\boldsymbol{\sigma}}} : \boldsymbol{D}^{\mathrm{ep}} : \dfrac{\partial g_{\mathrm{p}}}{\partial \bar{\boldsymbol{\sigma}}} - \dfrac{\partial f}{\partial K}\dfrac{\partial K}{\partial \bar{\boldsymbol{\varepsilon}}^{\mathrm{p}}} : \dfrac{\partial g_{\mathrm{p}}}{\partial \bar{\boldsymbol{\sigma}}}} \tag{5-34}$$

由此，对于任一给定的应变增量 $\mathrm{d}\bar{\varepsilon}$，都可以得到对应的塑性应变增量 $\mathrm{d}\bar{\varepsilon}^{\mathrm{p}}$。

将式（5-34）、式（5-22）代入式（5-31）中，整理得到：

$$\mathrm{d}\bar{\boldsymbol{\sigma}} = \left(\boldsymbol{D}^{\mathrm{ep}} - \frac{\boldsymbol{D}^{\mathrm{ep}} : \dfrac{\partial g_{\mathrm{p}}}{\partial \bar{\boldsymbol{\sigma}}} : \left(\dfrac{\partial f}{\partial \bar{\boldsymbol{\sigma}}}\right)^{T} : \boldsymbol{D}^{\mathrm{ep}}}{\dfrac{\partial f}{\partial \bar{\boldsymbol{\sigma}}} : \boldsymbol{D}^{\mathrm{ep}} : \dfrac{\partial g_{\mathrm{p}}}{\partial \bar{\boldsymbol{\sigma}}} - \dfrac{\partial f}{\partial K}\dfrac{\partial K}{\partial \bar{\boldsymbol{\varepsilon}}^{\mathrm{p}}} : \dfrac{\partial g_{\mathrm{p}}}{\partial \bar{\boldsymbol{\sigma}}}} \right) \mathrm{d}\bar{\varepsilon} \tag{5-35}$$

5.1.3 损伤演化

1. 损伤准则

为论述纤维混凝土的损伤演化，首先根据损伤的基本定义引入一般形式的损伤准则 $g(\cdot)$，记作

$$g_{\mathrm{d}}(Y_{\mathrm{d}}^{\pm}, r^{\pm}) = G^{\pm}(Y_{\mathrm{d}}^{\pm}) - G^{\pm}(r^{\pm}) \leqslant 0 \tag{5-36}$$

式中，$G^{\pm}(\cdot)$ 为单调递增的标量函数；$Y_{\mathrm{d}}^{\pm}$ 为损伤能释放率；$r^{\pm}$ 为当前时刻拉、剪损伤阈值，定义为整个加载历程中发生的最大损伤能释放率，即 $r^{\pm} = \max(r_0^{\pm}, \max_{0\leqslant t\leqslant n}, Y_{\mathrm{d}}^{\pm})$ [3-4]，

其中 $r_0^{\pm}$ 为初始损伤阈值。

基于已建立的热力学框架［式（5-10）］，损伤能释放率 $Y_{\mathrm{d}}^{\pm}$ 定义为

$$Y_{\mathrm{d}}^{\pm}=-\frac{\partial\psi}{\partial d^{\pm}}=-\frac{\partial\left[(1-d^{\pm})(\psi_0^{\mathrm{e}}+\psi_0^{\mathrm{p}})\right]}{\partial d^{\pm}}=\psi_0^{\mathrm{e}}+\psi_0^{\mathrm{p}} \tag{5-37}$$

式中，ψ_0^{e} 和 ψ_0^{p} 分别为有效应力空间中 Helmholtz 自由能的弹性分量和塑性分量。

1）对于 Helmholtz 自由能的弹性分量 ψ_0^{e}，可直接定义为

$$\psi_0^{\mathrm{e}}(\varepsilon^{\mathrm{e}})=\int_0^{\varepsilon^{\mathrm{e}}}\bar{\sigma}:\mathrm{d}\varepsilon^{\mathrm{e}}=\frac{1}{2}\bar{\sigma}:\varepsilon^{\mathrm{e}} \tag{5-38}$$

2）对于 Helmholtz 自由能的塑性分量 ψ_0^{p}，根据式（5-13）可知它与当前的应力状态和塑性硬化状态密切相关，因此可将其记为

$$\psi_0^{\mathrm{p}}(\kappa_{\mathrm{p}})=\int_0^{\varepsilon^{\mathrm{p}}}\bar{\sigma}:\mathrm{d}\varepsilon^{\mathrm{p}}+\int Y_{\mathrm{p}}\mathrm{d}\kappa_{\mathrm{p}} \tag{5-39}$$

将式（5-22）和式（5-23）代入式（5-39），式（5-39）的第一项可以改写为

$$\int_0^{\varepsilon^{\mathrm{p}}}\bar{\sigma}:\mathrm{d}\varepsilon^{\mathrm{p}}=\int_0^{\lambda^{\mathrm{p}}}\bar{\sigma}:\left[\frac{\bar{I}}{\sqrt{3}}+2\beta\bar{s}+\alpha\frac{\bar{s}}{\bar{\rho}}\right]\mathrm{d}\lambda^{\mathrm{p}}=\lambda^{\mathrm{p}}\left(\frac{1}{\sqrt{3}}\bar{I}_1+\alpha\bar{\rho}+2\beta\bar{\rho}^2\right) \tag{5-40}$$

第二项中的塑性损伤能释放率 Y_{p} 可采用与内变量 κ_{p} 相关的经验表达式：

$$Y_{\mathrm{p}}=\begin{cases}\dfrac{f_{\mathrm{c}}}{1+m}\left[1+2m\dfrac{\kappa^{\mathrm{p}}}{\kappa_0^{\mathrm{p}}}-m\left(\dfrac{\kappa^{\mathrm{p}}}{\kappa_0^{\mathrm{p}}}\right)^2\right] & \dfrac{\kappa^{\mathrm{p}}}{\kappa_0^{\mathrm{p}}}<1\\ f_{\mathrm{c}} & \dfrac{\kappa^{\mathrm{p}}}{\kappa_0^{\mathrm{p}}}\geqslant 1\end{cases} \tag{5-41}$$

式中，κ_0^{p} 为塑性损伤能释放率 Y_{p} 达到最大值时的临界硬化参数；m 为材料参数，反映比例极限强度与抗压强度的比值，对于纤维混凝土，建议取 0.3～0.5。

为了区分受拉和受剪损伤变量 d^{+} 和 d^{-} 的影响，将 Helmholtz 自由能的塑性分量 ψ_0^{p} 进行正负分解，记作 $\psi_0^{\mathrm{p}+}=\gamma\psi_0^{\mathrm{p}}$ 和 $\psi_0^{\mathrm{p}-}=(1-\gamma)\psi_0^{\mathrm{p}}$，其中两部分的分解比例 γ 由下式确定：

$$\gamma=\frac{\sum_i\bar{\sigma}_i^{+}}{\sum_i\left|\bar{\sigma}_i\right|} \tag{5-42}$$

式中，$\bar{\sigma}_i^{+}$ 为正有效应力张量的主应力值。

2. 损伤演化法则

为了阐明纤维混凝土损伤屈服面的演化规律，采用式(5-16)中的关联流动法则和以下三个加卸载约束条件（即 Kuhn-Tucker 条件）：

$$\dot{\lambda}_{\mathrm{d}}^{\pm}\geqslant 0,\quad g_{\mathrm{d}}\leqslant 0,\quad \dot{\lambda}_{\mathrm{d}}^{\pm}g_{\mathrm{d}}=0 \tag{5-43}$$

假设 $\dot{r}^{\pm}=\dot{\lambda}_{\mathrm{d}}^{\pm}$，当损伤屈服面不断扩大时，其损伤内变量率的表达式 $\dot{d}^{\pm}$ 可表示为

$$\dot{d}^{\pm}=\dot{Y}_{\mathrm{d}}^{\pm}\frac{\partial g_{\mathrm{d}}}{\partial Y_{\mathrm{d}}^{\pm}}=\dot{g}_{\mathrm{d}}(Y_{\mathrm{d}}^{\pm})=\dot{g}_{\mathrm{d}}(r^{\pm})\geqslant 0 \tag{5-44}$$

采用显式积分，并考虑初始条件 $d_0^{\pm}=0$，可以最终得到损伤函数为

$$d^{\pm}=g_{\mathrm{d}}(r^{\pm}) \tag{5-45}$$

很明显，该函数的值直接取决于先前加载历史中所达到的最大损伤能释放率的大小，因而反映了损伤演化的不可逆性特征。

参考 Oliver 等[5]提出的受拉和受剪损伤变量演化方程，d^+ 和 d^- 的经验计算公式可分别记为

$$d^{+}=1-\frac{r_0^{+}}{r^{+}}\exp\left[A^{+}\left(1-\frac{r^{+}}{r_0^{+}}\right)\right] \tag{5-46}$$

$$d^{-}=1-\left\{\frac{r_0^{-}}{r^{-}}(1-A^{-})+A^{-}\exp\left[B^{-}\left(1-\frac{r^{-}}{r_0^{-}}\right)\right]\right\} \tag{5-47}$$

且

$$\dot{d}^{\pm}=\dot{r}^{\pm}h_{\mathrm{d}}^{\pm} \tag{5-48}$$

其中，$h_{\mathrm{d}}^{\pm}$ 为损伤的硬化（软化）函数，记为

$$h_{\mathrm{d}}^{+}=\frac{A^{+}r^{+}+r_0^{+}}{(r^{+})^2}\exp\left[A^{+}\left(1-\frac{r^{+}}{r_0^{+}}\right)\right] \tag{5-49}$$

$$h_{\mathrm{d}}^{-}=(1-A^{-})\frac{r_0^{-}}{(r^{-})^2}+\frac{A^{-}B^{-}}{r^{-}}\exp\left[B^{-}\left(1-\frac{r^{-}}{r_0^{-}}\right)\right] \tag{5-50}$$

式中，A^+、A^- 和 B^- 是纤维混凝土的材料参数，而初始损伤阈值 r_0^+ 和 r_0^- 的计算公式分别为

$$r_0^{+}=\frac{f_{\mathrm{t}}^{\mathrm{hf}}}{\sqrt{E_0^{\mathrm{hf}}}} \tag{5-51}$$

$$r_0^{-}=\sqrt{\sqrt{\frac{2}{3}}\frac{R_0}{1-2R_0}f_{\mathrm{c0}}^{\mathrm{hf}}} \tag{5-52}$$

式中，E_0^{hf} 为纤维混凝土的弹性模量；$f_{\mathrm{t}}^{\mathrm{hf}}$ 为纤维混凝土的抗拉强度；$f_{\mathrm{c0}}^{\mathrm{hf}}$ 为纤维混凝土受压比例极限强度，一般可取 $(0.3\sim0.5)f_{\mathrm{c}}^{\mathrm{hf}}$；$R_0$ 为等双轴抗压强度与单轴抗压强度的比值[5]。

3. 单边效应

相关研究表明，由于混凝土基体内的微裂缝在外部荷载作用下会不断地张开和（或）闭合，导致材料的力学响应与加载方向的变化密切相关，即呈现出明显的单边效应[6]。然而，由于纤维对微裂纹的有效抑制，纤维混凝土在荷载方向发生反转时的刚度恢复现象要比普通混凝土的更为明显，特别是从受拉应力状态到受压应力状态的过渡阶段。具体来说，如图 5-5 中的实线所示，当应力状态由受拉变为受压时，纤维混凝土的抗压强度和刚度可以得到有效恢复；而当应力状态由受压变为受拉时，其抗拉强度和刚度通常得不到完全恢复。

因此，为了更真实地反映纤维混凝土的单边效应，引入了一个抗拉刚度恢复因子 s，柯西应力张量 $\boldsymbol{\sigma}$ 同步修正为

$$\boldsymbol{\sigma}=(1-sd^{-})(1-d^{+})\bar{\boldsymbol{\sigma}}^{+}+(1-d^{-})\bar{\boldsymbol{\sigma}}^{-} \tag{5-53}$$

其中，

$$s=\begin{cases}0 & \hat{\boldsymbol{\sigma}}=0\\ s_0\dfrac{\sum_i\langle\hat{\boldsymbol{\sigma}}_i\rangle}{\sum_i|\hat{\boldsymbol{\sigma}}_i|} & \hat{\boldsymbol{\sigma}}\neq 0\end{cases} \tag{5-54}$$

式中，<·>和|·|分别为 Macauley（麦考利）括号和绝对值函数；$\hat{\sigma}_i$为应力张量的主应力；s_0为初始刚度恢复因子，其取值范围为 0 到 1，具体由试验结果确定：当 s_0=0 时，表示受压引起的损伤不影响受拉刚度；当 $s_0=1$ 时，表示受压损伤对抗拉刚度的影响达到最大程度。

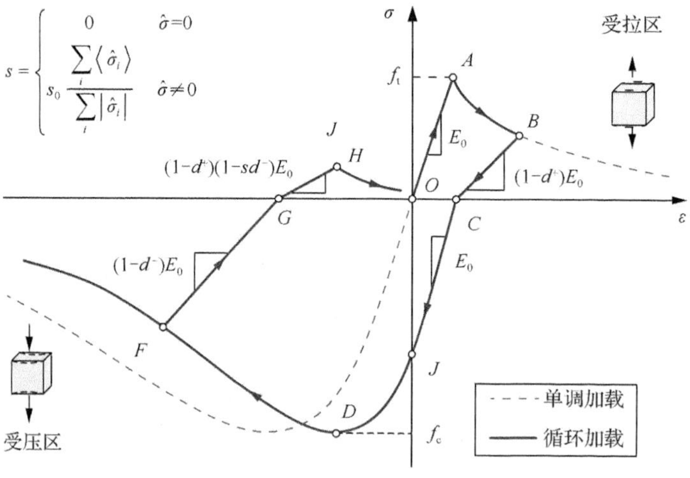

图 5-5　纤维混凝土单轴循环加载（拉伸-压缩-拉伸）下的刚度恢复示意图

5.1.4　损伤本构模型的一般形式

在有效应力空间和名义应力空间分别定义纤维混凝土的切线模量为

$$\boldsymbol{D}_{n+1}^{\mathrm{ep}}=\frac{\mathrm{d}\bar{\boldsymbol{\sigma}}_{n+1}}{\mathrm{d}\boldsymbol{\varepsilon}_{n+1}} \tag{5-55}$$

$$\boldsymbol{D}_{n+1}^{\mathrm{ep,d}}=\frac{\mathrm{d}\boldsymbol{\sigma}_{n+1}}{\mathrm{d}\boldsymbol{\varepsilon}_{n+1}} \tag{5-56}$$

式中，$\boldsymbol{D}_{n+1}^{\mathrm{ep}}$为有效应力空间的弹塑性刚度张量；$\boldsymbol{D}_{n+1}^{\mathrm{ep,d}}$为名义应力空间的弹塑性损伤刚度张量。

对本构方程求微分，可得

$$\frac{\partial\boldsymbol{\sigma}_{n+1}}{\partial\boldsymbol{\varepsilon}_{n+1}}=(1-d_{n+1}^{+})\frac{\partial\bar{\boldsymbol{\sigma}}_{n+1}^{+}}{\partial\boldsymbol{\varepsilon}_{n+1}}+(1-d_{n+1}^{-})\frac{\partial\bar{\boldsymbol{\sigma}}_{n+1}^{-}}{\partial\boldsymbol{\varepsilon}_{n+1}}-\left(\frac{\partial d_{n+1}^{+}}{\partial\boldsymbol{\varepsilon}_{n+1}}\bar{\boldsymbol{\sigma}}_{n+1}^{+}+\frac{\partial d_{n+1}^{-}}{\partial\boldsymbol{\varepsilon}_{n+1}}\bar{\boldsymbol{\sigma}}_{n+1}^{-}\right) \tag{5-57}$$

由式（5-6）可得

$$\begin{aligned}\frac{\partial \boldsymbol{\sigma}_{n+1}}{\partial \boldsymbol{\varepsilon}_{n+1}} &= (1-d_{n+1}^{+})\frac{\partial(\boldsymbol{P}_{n+1}^{+}:\bar{\boldsymbol{\sigma}}_{n+1})}{\partial \bar{\boldsymbol{\varepsilon}}_{n+1}} + (1-d_{n+1}^{-})\frac{\partial(\boldsymbol{P}_{n+1}^{-}:\bar{\boldsymbol{\sigma}}_{n+1})}{\partial \bar{\boldsymbol{\varepsilon}}_{n+1}} \\ &\quad -\left[\frac{\partial d_{n+1}^{+}}{\partial \bar{\boldsymbol{\varepsilon}}_{n+1}}(\boldsymbol{P}_{n+1}^{+}:\bar{\boldsymbol{\sigma}}_{n+1}) + \frac{\partial d_{n+1}^{-}}{\partial \bar{\boldsymbol{\varepsilon}}_{n+1}}(\boldsymbol{P}_{n+1}^{-}:\bar{\boldsymbol{\sigma}}_{n+1})\right] \\ &= (1-d_{n+1}^{+})\boldsymbol{P}_{n+1}^{+}:\boldsymbol{D}_{n+1}^{\mathrm{ep}} + (1-d_{n+1}^{-})\boldsymbol{P}_{n+1}^{-}:\boldsymbol{D}_{n+1}^{\mathrm{ep}} - \boldsymbol{\Lambda}_{n+1}\end{aligned} \tag{5-58}$$

式中，

$$\boldsymbol{\Lambda}_{n+1} = \left[\frac{\partial d_{n+1}^{+}}{\partial \bar{\boldsymbol{\varepsilon}}_{n+1}}\left(\boldsymbol{P}_{n+1}^{+}:\bar{\boldsymbol{\sigma}}_{n+1}\right) + \frac{\partial d_{n+1}^{-}}{\partial \bar{\boldsymbol{\varepsilon}}_{n+1}}\left(\boldsymbol{P}_{n+1}^{-}:\bar{\boldsymbol{\sigma}}_{n+1}\right)\right] \tag{5-59}$$

其物理意义为材料损伤引起的刚度折减。

经过整理，式（5-56）可改写为

$$\boldsymbol{D}_{n+1}^{\mathrm{ep,d}} = (\boldsymbol{I} - d_{n+1}^{+}\boldsymbol{P}_{n+1}^{+} - d_{n+1}^{-}\boldsymbol{P}_{n+1}^{-}):\boldsymbol{D}_{n+1}^{\mathrm{ep}} - \boldsymbol{\Lambda}_{n+1} \tag{5-60}$$

由式（5-45）～式（5-47）可知，$d_{n+1}^{\pm}$ 为一个与损伤阈值内变量有关的函数，而损伤阈值与损伤能释放率有关。因此，根据链式法则，可得

$$\frac{\partial d_{n+1}^{\pm}}{\partial \bar{\boldsymbol{\varepsilon}}_{n+1}} = \frac{\partial d_{n+1}^{\pm}}{\partial r_{n+1}^{\pm}}\frac{\partial r_{n+1}^{\pm}}{\partial \bar{\boldsymbol{\sigma}}_{n+1}}\frac{\partial \bar{\boldsymbol{\sigma}}_{n+1}}{\partial \bar{\boldsymbol{\varepsilon}}_{n+1}} = h_{\mathrm{d}}^{\pm}\frac{\partial(\psi_0^{\mathrm{e}\pm} + \psi_0^{\mathrm{p}\pm})}{\partial \bar{\boldsymbol{\sigma}}_{n+1}}\boldsymbol{D}_{n+1}^{\mathrm{ep}} \tag{5-61}$$

令 $\boldsymbol{\Omega}_{n+1}^{\pm} = \dfrac{\partial(\psi_0^{\mathrm{e}\pm} + \psi_0^{\mathrm{p}\pm})}{\partial \bar{\boldsymbol{\sigma}}_{n+1}}$，则式（5-61）可改写为

$$\frac{\partial d_{n+1}^{+}}{\partial \bar{\boldsymbol{\varepsilon}}_{n+1}^{+}} = \frac{\partial d_{n+1}^{+}}{\partial r_{n+1}^{+}}\frac{\partial r_{n+1}^{+}}{\partial \bar{\boldsymbol{\sigma}}_{n+1}^{+}}\frac{\partial \bar{\boldsymbol{\sigma}}_{n+1}^{+}}{\partial \bar{\boldsymbol{\varepsilon}}_{n+1}^{+}} = h_{\mathrm{d}}^{+}\boldsymbol{\Omega}_{n+1}^{+}\boldsymbol{D}_{n+1}^{\mathrm{ep}+} \tag{5-62}$$

$$\frac{\partial d_{n+1}^{-}}{\partial \bar{\boldsymbol{\varepsilon}}_{n+1}^{-}} = \frac{\partial d_{n+1}^{-}}{\partial r_{n+1}^{+}}\frac{\partial r_{n+1}^{-}}{\partial \bar{\boldsymbol{\sigma}}_{n+1}^{-}}\frac{\partial \bar{\boldsymbol{\sigma}}_{n+1}^{-}}{\partial \bar{\boldsymbol{\varepsilon}}_{n+1}^{-}} = h_{\mathrm{d}}^{-}\boldsymbol{\Omega}_{n+1}^{-}\boldsymbol{D}_{n+1}^{\mathrm{ep}-} \tag{5-63}$$

将式（5-62）、式（5-63）代入式（5-60）中可得

$$\boldsymbol{D}_{n+1}^{\mathrm{ep,d}} = (\boldsymbol{I} - d_{n+1}^{+}\boldsymbol{P}_{n+1}^{+} - d_{n+1}^{-}\boldsymbol{P}_{n+1}^{-}):\boldsymbol{D}_{n+1}^{\mathrm{ep}} - (h_{\mathrm{d}}^{+}\boldsymbol{\Omega}_{n+1}^{+}\boldsymbol{D}_{n+1}^{\mathrm{ep}+}\bar{\boldsymbol{\sigma}}_{n+1}^{+} + h_{\mathrm{d}}^{-}\boldsymbol{\Omega}_{n+1}^{-}\boldsymbol{D}_{n+1}^{\mathrm{ep}-}\bar{\boldsymbol{\sigma}}_{n+1}^{-}) \tag{5-64}$$

因此，任意时刻纤维混凝土的增量型本构方程的一般形式可表示为

$$\begin{aligned}\mathrm{d}\boldsymbol{\sigma}_{n+1} &= \boldsymbol{D}_{n+1}^{\mathrm{ep,d}}\mathrm{d}\boldsymbol{\varepsilon}_{n+1} \\ &= \Big[(\boldsymbol{I} - d_{n+1}^{+}\boldsymbol{P}_{n+1}^{+} - d_{n+1}^{-}\boldsymbol{P}_{n+1}^{-}):\boldsymbol{D}_{n+1}^{\mathrm{ep}} \\ &\quad - (h_{\mathrm{d}}^{+}\boldsymbol{\Omega}_{n+1}^{+}\boldsymbol{D}_{n+1}^{\mathrm{ep}+}\bar{\boldsymbol{\sigma}}_{n+1}^{+} + h_{\mathrm{d}}^{-}\boldsymbol{\Omega}_{n+1}^{-}\boldsymbol{D}_{n+1}^{\mathrm{ep}-}\bar{\boldsymbol{\sigma}}_{n+1}^{-})\Big]\mathrm{d}\boldsymbol{\varepsilon}_{n+1}\end{aligned} \tag{5-65}$$

5.1.5　损伤本构模型的数值实现及验证

1. 损伤本构模型的参数标定

总的来说，损伤本构模型涉及的参数分为三类，即基本材料参数、塑性变形参数和损伤演化参数。为了使所提出的弹塑性损伤本构模型能够合理地反映纤维的影响，模型参数标定基于本书关于钢-聚丙烯混杂纤维混凝土材性试验的实测数据和相关文献中的试验数据。

（1）基本材料参数

1）弹性模量 E_0^{hf} 。考虑到聚丙烯纤维对混凝土弹性模量的影响可以忽略不计，本书只考虑钢纤维的贡献。因此，参考美国 ACI 318 规范[7]建议公式的形式，对含有不同纤

维掺量的纤维混凝土弹性模量进行回归分析，得到数学表达式如下：

$$E_0^{\text{hf}} = (1 + 0.234\lambda_{\text{sf}})4734\sqrt{f_{\text{c}}} \tag{5-66}$$

式中，$\lambda_{\text{sf}} = V_{\text{sf}}(l_{\text{sf}} / d_{\text{sf}})$，为钢纤维的特征参数，其中，$V_{\text{sf}}$ 和 $l_{\text{sf}} / d_{\text{sf}}$ 分别表示钢纤维的体积掺量和长径比。

2）子午线影响系数 k_{t} 和 k_{c}。如前面所述，影响系数 k_{t} 和 k_{c} 可分别通过纤维混凝土拉子午线上的等双轴抗压强度和压子午线上的单轴抗压强度来确定。基于试验数据的回归分析，对钢-聚丙烯混杂纤维混凝土可采用如下经验公式：

$$k_{\text{t}} = 1 + 0.080\lambda_{\text{sf}} + 0.132\lambda_{\text{pf}} \tag{5-67}$$

$$k_{\text{c}} = 1 + 0.056\lambda_{\text{sf}} \tag{5-68}$$

式中，$\lambda_{\text{pf}} = V_{\text{pf}}(l_{\text{pf}} / d_{\text{pf}})$，为聚丙烯纤维的特征参数，其中，$V_{\text{pf}}$ 和 $l_{\text{pf}} / d_{\text{pf}}$ 分别表示聚丙烯纤维的体积掺量和长径比。

3）强度比 R_0。强度比 R_0 是指等双轴抗压强度与单轴抗压强度的比值。对于纤维混凝土，它可以表示为 $R_0 = f_{\text{cb}}^{\text{hf}} / f_{\text{c}}^{\text{hf}}$。联立求解式（4A-1）和式（4A-3），并代入 $k_{\text{t}} = \bar{\rho}_{\text{t}}^{\text{hf}} / \bar{\rho}_{\text{t}}$，得

$$\frac{8a_2^{\ 2}}{3k_{\text{t}}^{\ 2}}\left(\frac{f_{\text{cb}}^{\text{hf}}}{f_{\text{c}}}\right)^2 + \left(\frac{4\sqrt{2}a_1a_2 + 8a_2k_{\text{t}}}{\sqrt{3}k_{\text{t}}}\right)\left(\frac{f_{\text{cb}}^{\text{hf}}}{f_{\text{c}}}\right) + 4a_2a_0 = 0 \tag{5-69}$$

由于在三维应力空间中，单轴抗压强度的点位于压子午线上，因此，纤维混凝土的单轴抗压强度可以表示为 $f_{\text{c}}^{\text{hf}} = k_{\text{c}}f_{\text{c}}$。对式（5-69）进行求解得

$$R_0 = \frac{f_{\text{cb}}^{\text{hf}}}{f_{\text{c}}^{\text{hf}}} = \frac{k_{\text{t}}^2}{0.132k_{\text{c}}}\left[\left(0.728 - \frac{0.749}{k_{\text{t}}}\right) + \sqrt{\left(0.728 - \frac{0.749}{k_{\text{t}}}\right)^2 + \frac{0.03}{k_{\text{t}}^2}}\right] \tag{5-70}$$

（2）塑性变形参数

1）塑性流动影响参数 α 和 β。根据式（5-22）～式（5-26）的推导可以发现，参数 α 和 β 的大小主要取决于纤维混凝土的应力状态，而不是纤维的体积掺量和长径比。考虑到上述两个影响参数对纤维特征参数的变化并不敏感，在不影响计算精度的前提下，为简单起见，建议这两个参数的取值为 α=−2.86 和 β=0.038。

2）硬化（软化）影响参数 a 和 b。纤维混凝土的硬化（软化）行为与纤维特征参数的大小密切相关，尤其是其峰后软化阶段。为了体现纤维对混凝土应力-应变关系曲线斜率变化的影响，参考前人研究成果[8-10]，对影响系数 a 和 b 进行回归分析，最终得到置信水平大于 85%的数学表达式：

$$a = 28.228 - 23.277(f_{\text{c}}^{\text{hf}})^{0.037} + 0.477\lambda_{\text{sf}} - 0.492\lambda_{\text{pf}} \tag{5-71}$$

$$b = 1 + 0.037(f_{\text{c}}^{\text{hf}})^{-0.285} - 0.2\lambda_{\text{sf}} - \lambda_{\text{pf}} \tag{5-72}$$

（3）损伤演化参数

1）受拉损伤影响参数 A^+。参数 A^+控制着纤维混凝土受拉应力-应变曲线的软化段，为消除网格敏感性，建议使用以下公式进行计算[11]：

$$\frac{1}{A^+} = \frac{G_{\text{f}}E_0}{l_{\text{c}}(f_{\text{t}}^{\text{hf}})^2} - \frac{1}{2} \geqslant 0 \tag{5-73}$$

式中，l_{c} 为裂缝的特征长度，可近似为 $\sqrt[3]{V}$，其中 V 为网格单元的体积；$f_{\text{t}}^{\text{hf}} = f_{\text{t}}(1 + 0.379\lambda_{\text{sf}} + 0.244\lambda_{\text{pf}})$，为纤维混凝土的抗拉强度；$G_{\text{f}}$ 为拉伸断裂能，如图 5-6（a）

所示，参考 CEB-FIP Model Code 2010[12]可以表示为

$$G_{\rm f} = G_{\rm f0}\left(\frac{f_{\rm cm}}{f_{\rm cm0}}\right)^{0.7} \tag{5-74}$$

式中，$f_{\rm cm} = f_{\rm c} + 8{\rm MPa}$；$f_{\rm cm0} = 10{\rm MPa}$；$G_{\rm f0}$与骨料最大尺寸 $D_{\max}$ 有关[13]：当 $D_{\max}$=10mm 时，$G_{\rm f0}$=0.026N/mm；当 $D_{\max}$=16mm 时，$G_{\rm f0}$=0.03N/mm。

2）受压损伤影响参数 A^-和 B^-。参数 A^-和 B^-可以通过纤维混凝土单轴受压应力-应变关系曲线确定，将式（5-47）定义的经验损伤演化公式代入应力-应变关系表达式中计算可以得到

$$\sigma_{\rm c} = (1-d^-)E_0\varepsilon_{\rm c}^{\rm e} = \left\{\frac{\varepsilon_{\rm c0}}{\varepsilon_{\rm c}^{\rm e}}(1-A^-) + A^-\exp\left[B^-\left(1-\frac{\varepsilon_{\rm c}^{\rm e}}{\varepsilon_{\rm c0}}\right)\right]\right\}E_0\varepsilon_{\rm c}^{\rm e} \tag{5-75}$$

式中，$\varepsilon_{\rm c}^{\rm e}$为受压弹性应变；$\varepsilon_{\rm c0}$为受压弹性极限应变。

注意到，在峰值点处曲线的斜率为零，此时，对式（5-75）求偏导得

$$A^-E_0\exp\left[B^-\left(1-\frac{\varepsilon_{\rm peak}^{\rm e}}{\varepsilon_{\rm c0}}\right)\right]\left(1-B^-\frac{\varepsilon_{\rm peak}^{\rm e}}{\varepsilon_{\rm c0}}\right)=0 \tag{5-76}$$

为了保证式（5-76）始终成立，等式 $B^- = \varepsilon_{\rm c0}/\varepsilon_{\rm peak}^{\rm e}$ 必须无条件满足。因此，根据图 5-6（b）所示的几何关系，参数 B^-则可以改写为

$$B^- = \frac{(1-d_{\rm peak}^-)f_{\rm c0}^{\rm hf}}{(1-d_{\rm peak}^-)E_0\varepsilon_{\rm peak}^- - f_{\rm c}} \tag{5-77}$$

式中，$\varepsilon_{\rm peak}^{\rm e}$ 为受压峰值应变弹性分量；$d_{\rm peak}^-$ 为峰值点处的损伤值，表示峰值点处的卸载刚度 $E_{\rm peak}$ 与初始弹性刚度 E_0 的比值[14]，记为 $d_{\rm peak}^- = 1 - E_{\rm peak}/E_0$；$\varepsilon_{\rm peak}^-$ 为受压峰值应变。

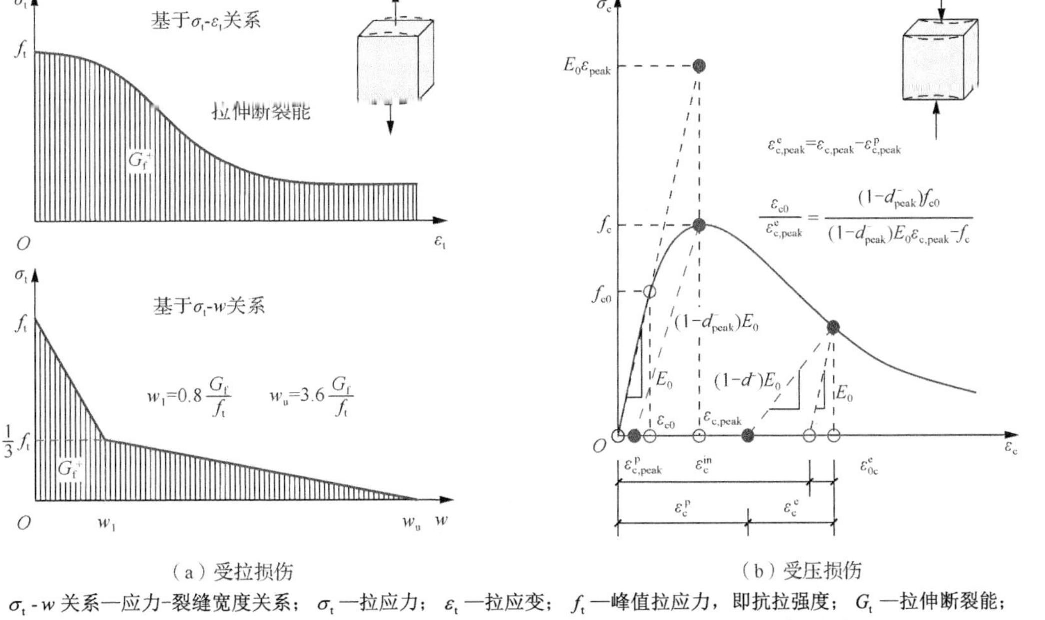

（a）受拉损伤　　（b）受压损伤

$\sigma_{\rm t}$-w 关系—应力-裂缝宽度关系；$\sigma_{\rm t}$—拉应力；$\varepsilon_{\rm t}$—拉应变；$f_{\rm t}$—峰值拉应力，即抗拉强度；$G_{\rm t}$—拉伸断裂能；w_1—峰后拉应力为 $1/3f_{\rm t}$ 时对应的裂缝宽度；$w_{\rm u}$—拉应力为 0 时对应的裂缝宽度。

图 5-6　纤维混凝土损伤演化中各参数的计算

将式（5-77）代入式（5-75）中，便可得到影响系数 A^-的计算表达式：

$$A^- = \frac{1 - d_{\text{peak}}^- - B^-}{\exp(B^- - 1) - B^-} \tag{5-78}$$

为了更直观地呈现上述损伤影响参数（ A^+ 、 A^- 和 B^- ）对纤维混凝土损伤演化过程的影响规律，这里设置一组纤维混凝土作为基准样本：强度等级为 C40，弹性模量为 28GPa，泊松比为 0.25，受压弹性极限强度为 0.33 倍的抗压强度，峰值拉应力为 4MPa，等双轴抗压强度与单轴抗压强度之比为 1.2。基于上述条件，经过试算得到纤维混凝土应力-应变关系和损伤演化速率随损伤影响参数的变化规律，如图 5-7 所示。从图中可以发现，①随着 A^+ 增大，纤维混凝土的受拉损伤演化速率加快，应力软化明显，当参数 A^+ 大于 2.0 时，混凝土达到峰值应力后发生明显的脆性破坏，下降段为一陡降的曲线；②随着 A^- 增大，纤维混凝土的初始受压损伤阈值变大，损伤演化速率加快，峰值强度增大，但峰值压应变和极限压应变均减小，峰后延性变差；③随着 B^- 增大，纤维混凝土受压应力-应变曲线下降段的形状几乎不变，但其峰值压应力、峰值压应变和极限压应变均降低。

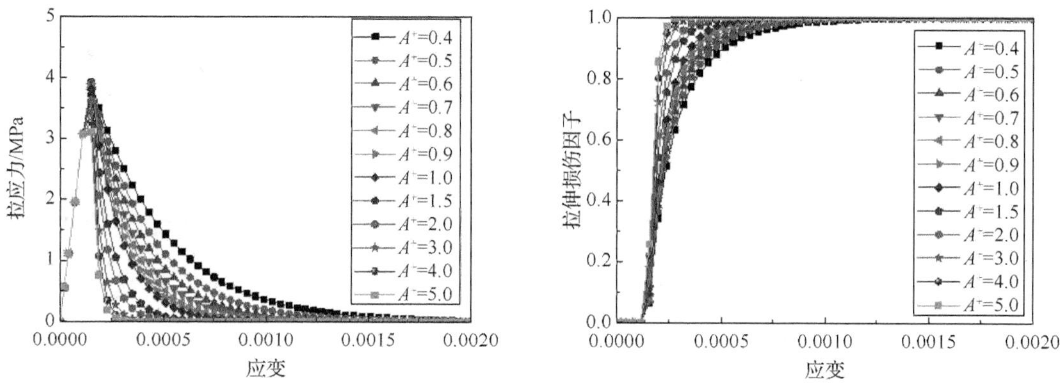

应力-应变关系曲线　　损伤演化规律

（a）参数A^+对受拉损伤演化过程的影响

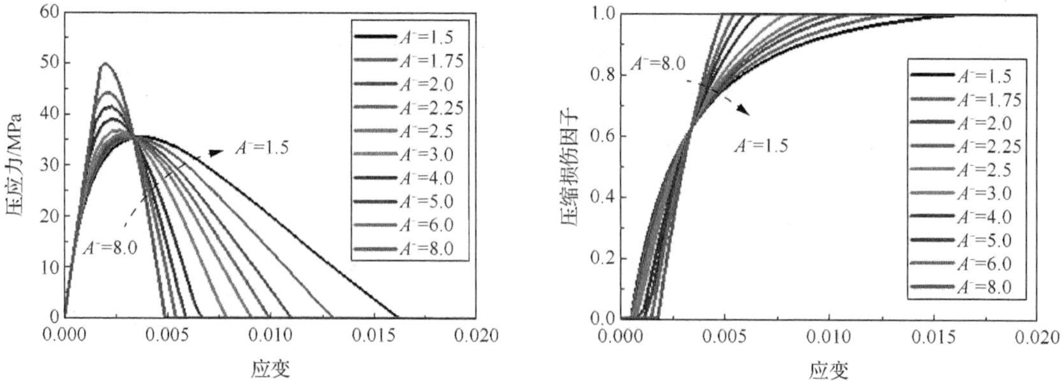

应力-应变关系曲线　　损伤演化规律

（b）参数A^-对受压损伤演化过程的影响

图 5-7　纤维混凝土应力-应变关系和损伤演化速率随各损伤影响参数的变化规律

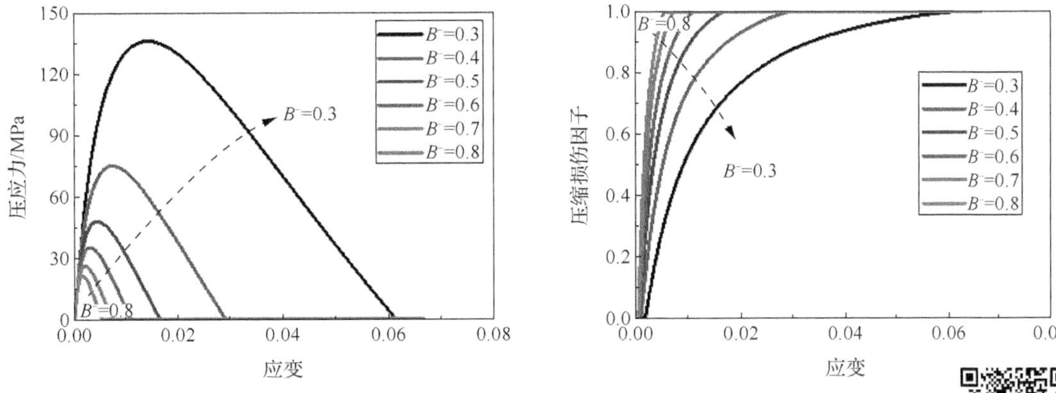

应力-应变关系曲线　　损伤演化规律

（c）参数B^-对受压损伤演化过程的影响

图 5-7（续）

彩图 5-7

2. 损伤本构模型的数值实现

损伤本构模型的数值实现过程，包括弹性预测、塑性校正和损伤校正等三个主要组成部分。为保证计算分析的高效性和鲁棒性，需要将以率形式表达的应变驱动模型转换为有限差分的形式，采用改进的反向欧拉算法确定塑性应变，采用显示算法计算损伤变量。塑性应变和损伤变量的回映算法简图分别如图 5-8 和图 5-9 所示。

（1）弹性预测

对于弹性预测，假设应变增量 $\Delta\varepsilon_{n+1}$ 初始完全为弹性分量 $\varepsilon_n^{\mathrm{e}}$，则其他内变量 $\varepsilon_n^{\mathrm{p}}$ 和 $d_n^{\pm}$ 保持不变。因此，试算应力 $\bar{\sigma}_{n+1}^{\mathrm{trial}}$ 可以简单地计算为 $\bar{\sigma}_{n+1}^{\mathrm{trial}}=\bar{\sigma}_n+E_n\Delta\varepsilon_{n+1}$。如果后继屈服函数 $f(\bar{\sigma}_{n+1}^{\mathrm{trial}})\leqslant 0$ 成立，则说明该试算应力为真实应力，应力状态无须任何修正即可更新；否则，应启动塑性应变和损伤变量的校正程序。

（2）塑性校正

对于塑性校正，引入一个与弹性应变相关的比例因子 β，使屈服函数 $f(\bar{\sigma}_{n+1}^{\mathrm{trial}})\leqslant 0$ 成立，其中 $\bar{\sigma}_{n+1}^{\mathrm{trial}}=\bar{\sigma}_n+E_n\beta\Delta\varepsilon_{n+1}$，$\beta$ 值通过 Newton-Raphson（牛顿-辛普森）迭代算法确定。在这个校正过程中，随着试算塑性应变 $\varepsilon_{n+1}^{\mathrm{p,trial}}$ 的变化，损伤变量 $d_{n+1}^{\pm}$ 也会相应地更新（图 5-9），该部分算法与第 4 章相似。

（3）损伤校正

对于损伤校正，该步为完全显式算法，不需要进行大量迭代。对于第 n+1 步塑性迭代结束的有效应力 $\bar{\sigma}_{ij}^{n+1}$，转换到真实的柯西应力空间或者名义应力空间。基于更新后的有效应力空间的应力状态和内变量，求解名义应力空间的应力状态和内变量状态。

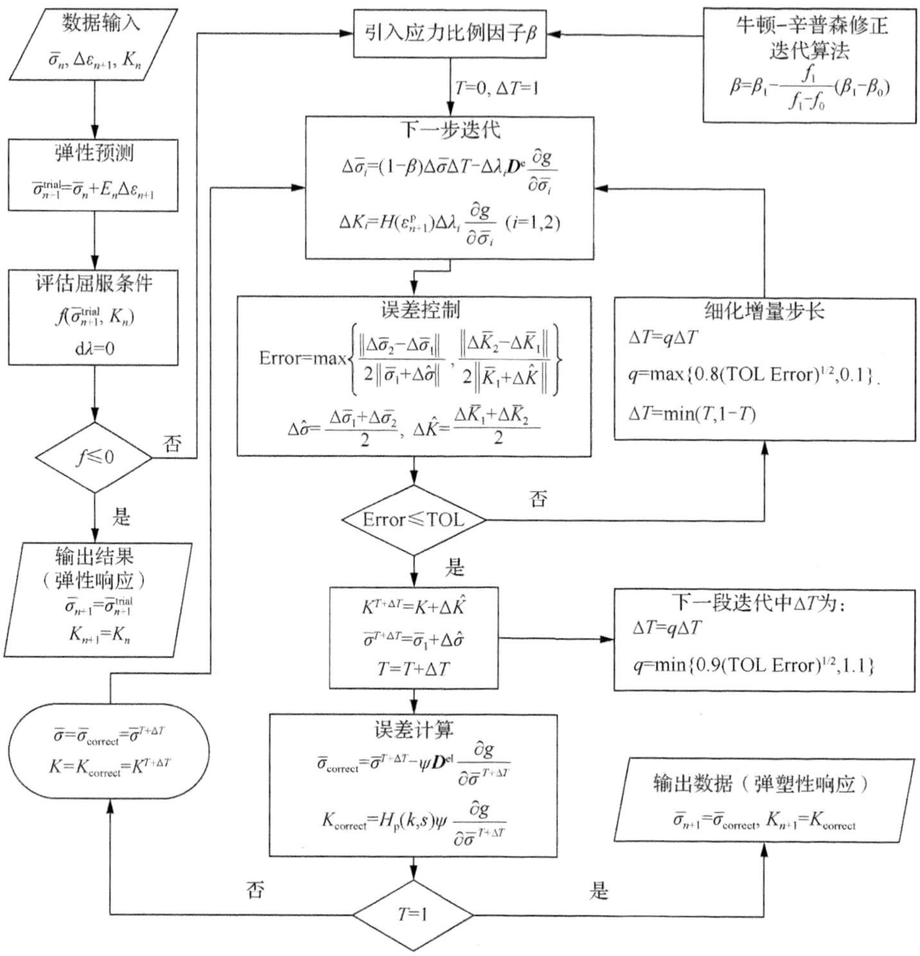

图 5-8　塑性应变的回映算法简图

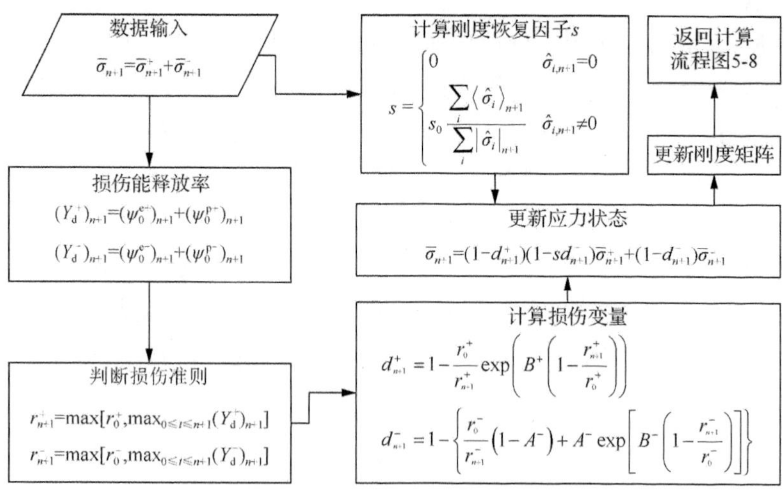

图 5-9　损伤演化的回映算法简图

3. 损伤本构模型的验证

为验证所提出的纤维混凝土弹塑性损伤本构模型的适用性，选取单轴加载（单调受拉/受压和循环受压）、双轴受压、三轴受压和四点弯曲等多种不同应力加载路径下实测纤维混凝土应力-应变曲线，将试验曲线与模型预测曲线进行对比分析。

（1）单轴加载下纤维混凝土应力-应变曲线

1）单调受拉。选取了三个典型的试验结果。①杨萌和黄承逵[15]的试验结果：试验设计了 C30、C60 和 C80 三组混凝土强度等级的试件，掺入平均长度为 32.0mm、等效直径为 0.58mm（l_{sf}/d_{sf}=55）的高强度钢纤维，体积掺量为 0.5%、1.0%和 1.5%，实测钢纤维混凝土单调受拉应力-应变曲线，如图 5-10（a）～（c）所示。②韩嵘等[16]的试验结果：试验设计和制备钢纤维混凝土试件，钢纤维的体积掺量为 1.5%，平均长度为 24.9mm、等效直径为 0.51mm（l_{sf}/d_{sf}=49），钢纤维混凝土单调受拉应力-应变试验曲线如图 5-10（d）所示。③徐礼华等[17]的试验结果：通过试验获取钢-聚丙烯混杂纤维轴心受拉应力-应变全曲线，如图 5-10（e）～（f）所示，钢纤维的长径比为 30、60 和 80，体积掺量为 1.1%、1.5%和 1.9%，聚丙烯纤维长径比和体积掺量分别为 167、280、396 和 0.11%、0.15%、0.19%。

对比分析图中曲线可以发现，所建纤维混凝土弹塑性损伤模型能较合理地预测不同强度等级和不同纤维特征参数的纤维混凝土受拉力学行为，能较好地体现纤维对混凝土抗拉强度和峰后延性的增强作用。

2）单调受压。同理选取三个代表性的试验结果，验证所提出的损伤本构模型是否适用于预测普通混凝土、聚丙烯纤维混凝土、钢纤维混凝土和钢-聚丙烯混杂纤维混凝土的单调受压性能：①Karsan 和 Jirsa[18]进行了普通混凝土单轴受压力学行为试验，该试验设计了直径为 100mm、高度为 200mm 的素混凝土圆柱体试件，混凝土抗压强度为 30MPa；②李彪[9]进行了聚丙烯纤维混凝土和钢纤维混凝土的单轴受压应力-应变关系试验，其中，聚丙烯纤维的长径比为 396、体积掺量为 0.15%，钢纤维的长径比为 60，体积掺量为 1.5%；③张元元[8]进行了钢-聚丙烯混杂纤维混凝土试件受压性能试验，其中，钢纤维的长径比为 60 、体积掺量为 1.5%，聚丙烯纤维的长径比为 396、体积掺量为 0.10%。

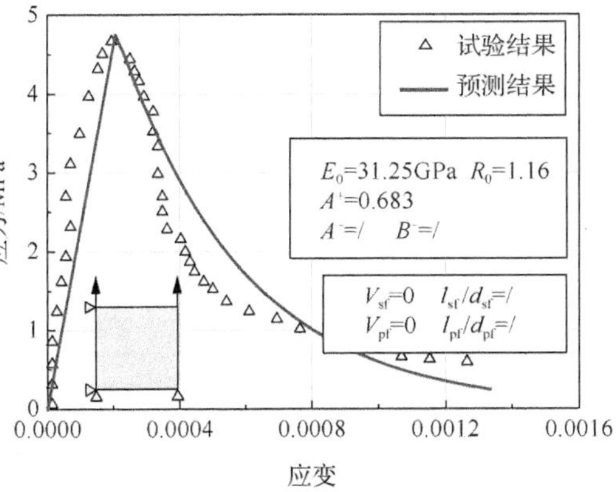

（a）杨萌和黄承逵[15]普通混凝土

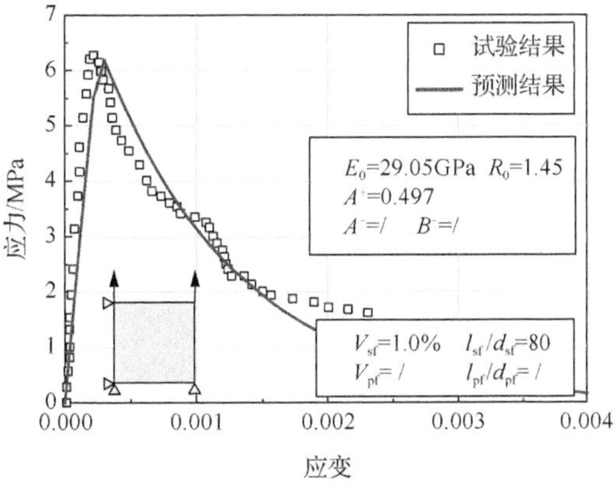

（b）杨萌和黄承逵[15]钢纤维混凝土1.0%（80）

图 5-10　混凝土单调受拉应力-应变曲线的试验结果与模型预测结果的对比

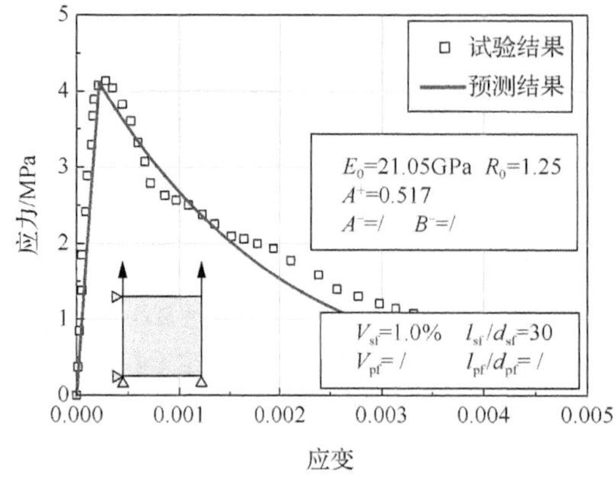

（c）杨萌和黄承逵[15]钢纤维混凝土1.0%（30）

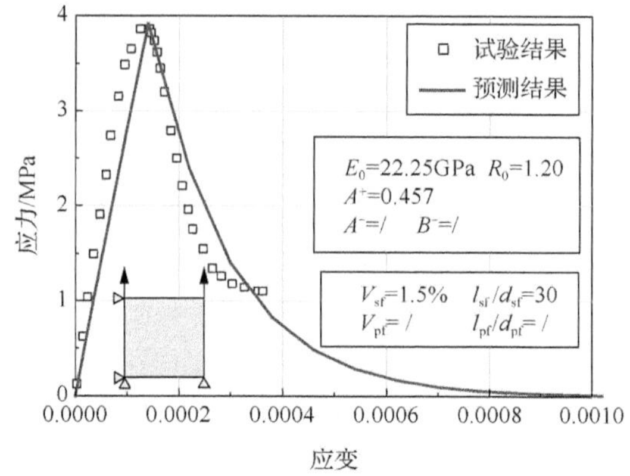

（d）韩嵘等[16]钢纤维混凝土1.5%（30）

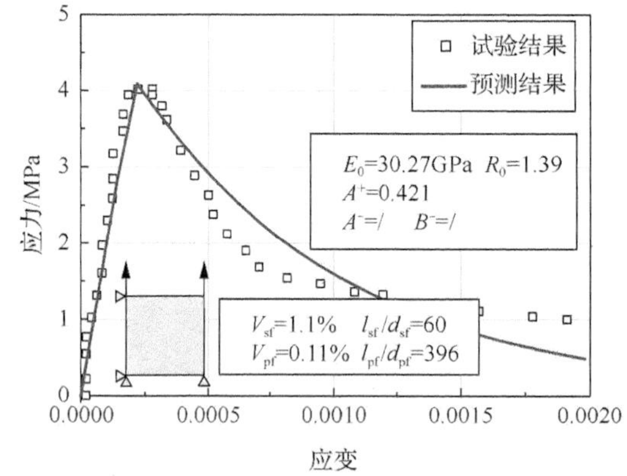

（e）徐礼华等[17]混杂纤维混凝土1.1%（60）、0.11%（396）

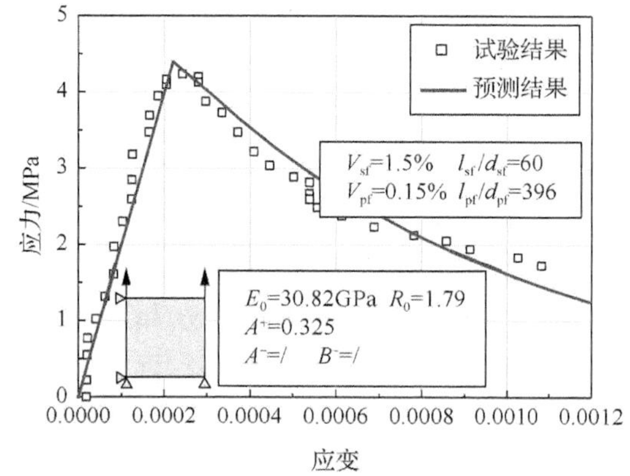

（f）徐礼华等[17]混杂纤维混凝土1.5%（60）、0.15%（396）

图 5-10（续）

将上述三个代表性试验的应力-应变曲线和模型预测的应力-应变曲线绘制于图 5-11 中。对图中两类曲线进行比较可以看出，所建本构模型能较好地描述普通混凝土和纤维混凝土的单轴单调受压力学特征，并能较好地体现试件单轴受压时峰前非线性响应和峰后优异的延性。

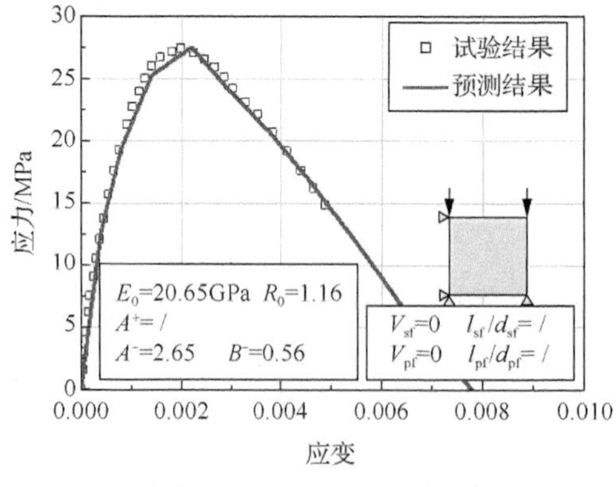

（a）Karsan和Jirsa[18]普通混凝土

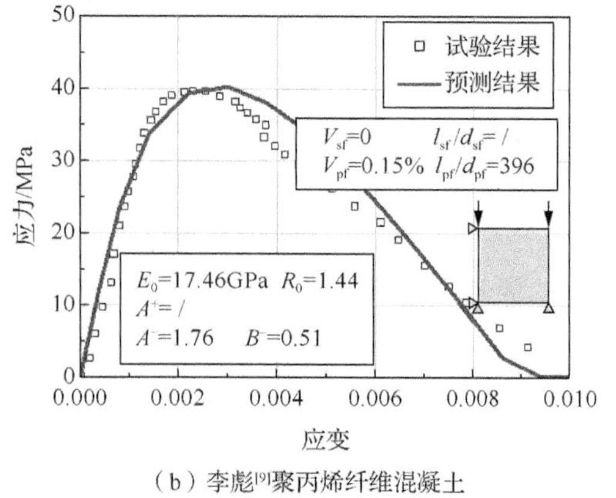

（b）李彪[9]聚丙烯纤维混凝土

图 5-11　混凝土单调受压试验结果与模型预测结果对比

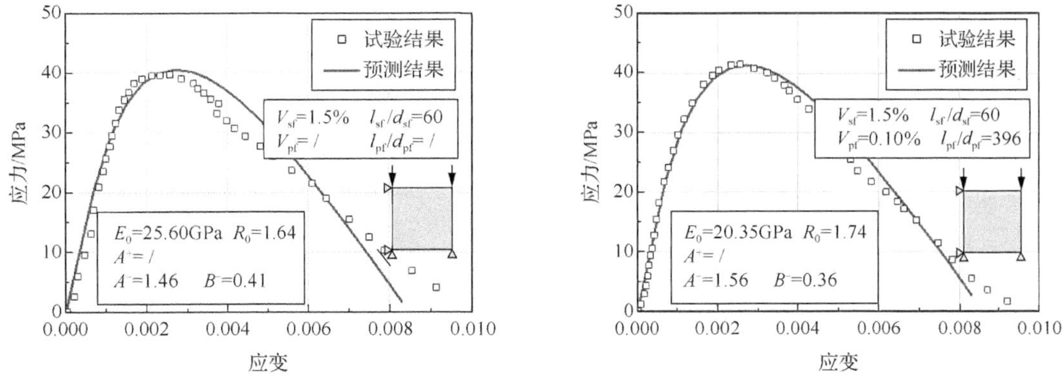

（c）李彪[9]钢纤维混凝土　　（d）张元元[8]混杂纤维混凝土

图 5-11（续）

3）循环受压。为验证损伤本构模型对模拟纤维混凝土循环受压力学性能的适用性，与上述两种情况类似，选取三个代表性研究结果进行比较分析：①Karsan 和 Jirsa[18]关于普通混凝土循环受压力学行为的研究结果；②Otter 和 Naaman[19]关于不同体积掺量和长径比的钢纤维混凝土循环受压力学行为的研究结果；③李彪[9]关于不同纤维类型、体积掺量和长径比的钢-聚丙烯混杂纤维混凝土循环受压力学行为的研究结果。将三个代表性试验的实测循环受压应力-应变曲线与模型预测曲线绘制于图 5-12 中。对比分析图中试验曲线和预测曲线可以发现，卸载-再加载阶段的循环曲线没有完全重现，这是由于模型假定该阶段的损伤演化暂停，但从总体上来看，模型预测结果和实测结果呈现出较好的一致性。

彩图 5-12

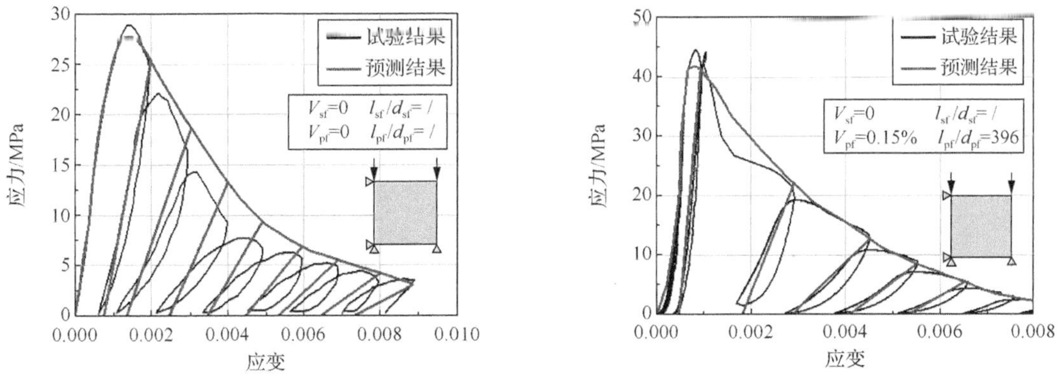

（a）Karsan和Jirsa[18]普通混凝土　　（b）李彪[9]聚丙烯纤维混凝土

图 5-12　混凝土循环受压试验结果与模型预测结果对比

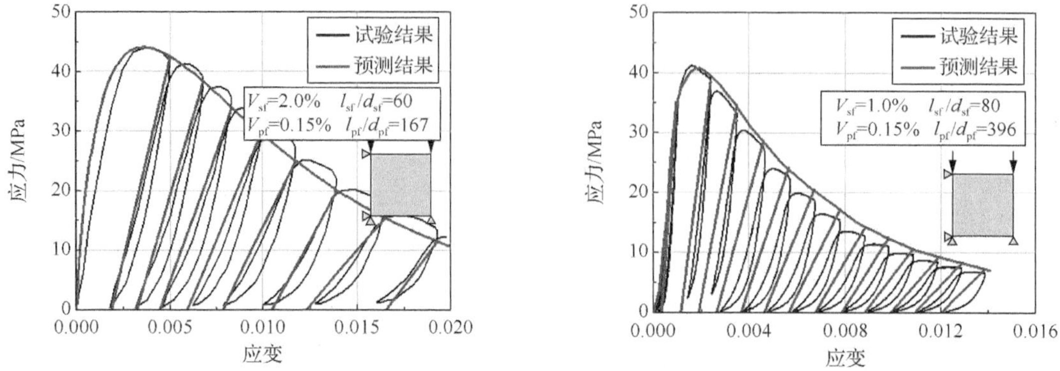

（c）Otter和Naaman[19]混杂纤维混凝土　　（d）李彪[9]混杂纤维混凝土

图 5-12（续）

（2）双轴受压

关于纤维混凝土双轴受压性能的研究成果相对较少，根据已有文献[20]选取钢纤维混凝土双轴受压试验结果（即 $\sigma_1=\sigma_2$， $\sigma_3=0$），试件的混凝土设计抗压强度为 40MPa，钢纤维的长径比和体积掺量分别为 60 和 1.5%。采用所建损伤本构模型和试验参数，对钢纤维混凝土的轴向应力-轴向/横向应变曲线和轴向应力-体积应变曲线进行预测，预测结果和试验结果如图 5-13 所示。通过对比分析可以发现，在峰前阶段，两者表现出良好的一致性。对于体积应变的变化，模型预测结果在超过某一关键转折点后呈现出与实测结果完全相反的发展趋势，这一现象在其他一些试验研究中得到了验证。

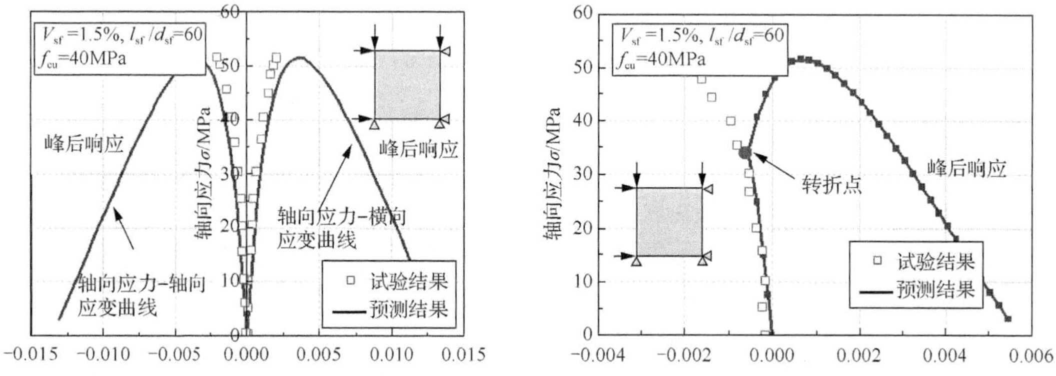

（a）轴向应力-轴向/横向应变曲线　　（b）轴向应力-体积应变曲线

图 5-13　纤维混凝土双轴受压试验结果与模型预测结果对比

（3）三轴受压

Sfer 等[21]进行了常规三轴试验研究（$\sigma_1=\sigma_2\neq\sigma_3$），混凝土的设计强度为 30MPa，试件采用 150mm×300mm 的圆柱体，试验考虑了 4.5MPa、9.0MPa、30.0MPa 和 60.0MPa 等四个围压水平；Chi[22]进行了真三轴试验研究（$\sigma_1\neq\sigma_2\neq\sigma_3$），混凝土的设计强度为 50MPa，试件采用 150mm×150mm×150mm 的立方体，钢纤维和聚丙烯纤维的长径比和

体积掺量分别为 30 和 1.5%，167 和 0.15%。

通过图 5-14 中的对比分析可以看出，建立的本构模型能够较好地反映不同围压条件下普通混凝土和纤维混凝土的应变硬化行为。

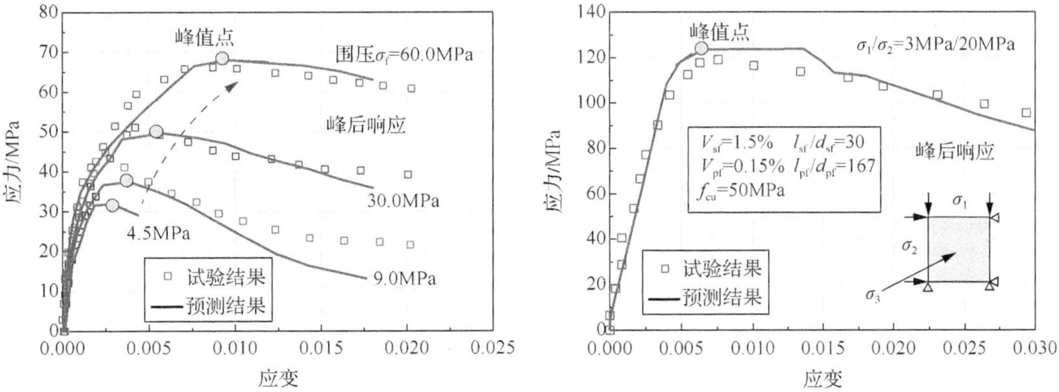

（a）Sfer 等[21]普通混凝土　　（b）Chi [22]混杂纤维混凝土

图 5-14　纤维混凝土三轴受压试验结果与模型预测结果对比

（4）四点弯曲加载

为进一步验证所提出的损伤本构模型的适用性，对纤维混凝土梁四点弯曲试验结果[23]进行模拟分析。试验梁的尺寸为 100mm×100mm×400mm，混凝土抗压强度平均值为 52.1MPa，钢纤维和聚丙烯纤维的体积掺量、长径比分别为$V_{sf}=1.5\%$、$l_{sf}/d_{sf}=60$和$V_{pf}=0.15\%$、$l_{pf}/d_{pf}=280$。模型中其他关键材料参数取$A^{+}=0.683$、$A^{-}=1.4$和$B^{-}=0.4$。模拟计算时，为了避免单元在弯矩作用下出现自锁现象并获得更高的模拟精度，单元类型采用缩减实体单元 C3D8R。在进行网格敏感性分析后，最终确定网格尺寸为 10mm。

图 5-15 为梁试件的破坏形态和荷载-挠度曲线的模型预测结果和试验结果。对比分析图中结果可以看出，两者吻合良好，表明所建损伤本构模型可用于纤维混凝土构件受力性能的数值模拟分析。

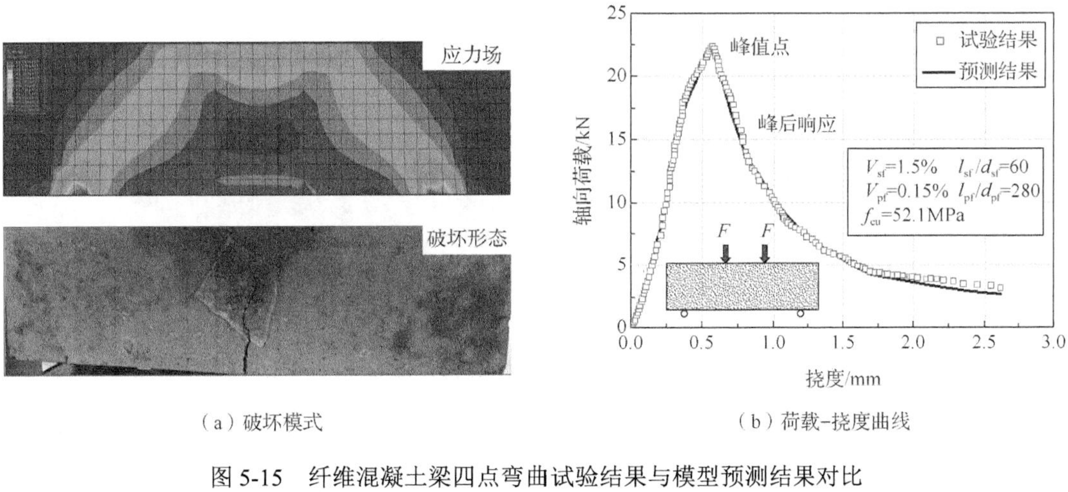

（a）破坏模式　　（b）荷载-挠度曲线

图 5-15　纤维混凝土梁四点弯曲试验结果与模型预测结果对比

5.2　弹塑性随机损伤本构模型

为了正确反映混凝土材料的非线性力学行为，国内外学者在过去的几十年间付出了巨大的努力，已经在唯象学意义上建立了混凝土弹塑性损伤本构模型的统一理论框架，能够较为合理地应用于工程结构的可靠性设计和安全性评估。然而，对于混凝土材料力学行为中客观存在的离散性，尤其是全寿命周期内不同应力状态下力学响应的随机性特征，现有的确定性均值本构关系均无法合理刻画，也难以明确回答混凝土材料的损伤何时发生、损伤演化路径何以形成等关键问题。基于混凝土随机损伤力学理论框架，结合纤维混凝土常规三轴循环试验结果，本节将在细观尺度上分析钢纤维分布、取向、拔出滑移的能耗，聚丙烯纤维断裂的能耗以及围压约束对混凝土损伤演化的影响机制，利用统计学方法标定宏观损伤内变量，建立可反映纤维混凝土力学响应随机性特征的损伤本构模型。

5.2.1　纤维混凝土随机损伤机制

纤维混凝土是一种典型的多相非均质复合材料，其胶凝材料、骨料、纤维和掺合料等物相组成和微结构具有显著的多尺度随机分布特征，如图 5-16 所示，具体表现如下：

1）在纳观尺度，由于水化反应生成的水化硅酸钙凝胶（C-S-H）不同粒子间的胶结作用不同，形成的链状结构或网状结构间存在着许多层间缺陷，导致其形貌特征和空间分布呈现出显著的差异。

2）在微观尺度，由于水化过程中水分的迁移、消耗和养护过程中因温度或湿度变化引起的变形差异及水分蒸发，纤维混凝土内部（尤其是不同物相的界面处）存在着大量随机分布的微孔洞和微裂缝等初始缺陷。

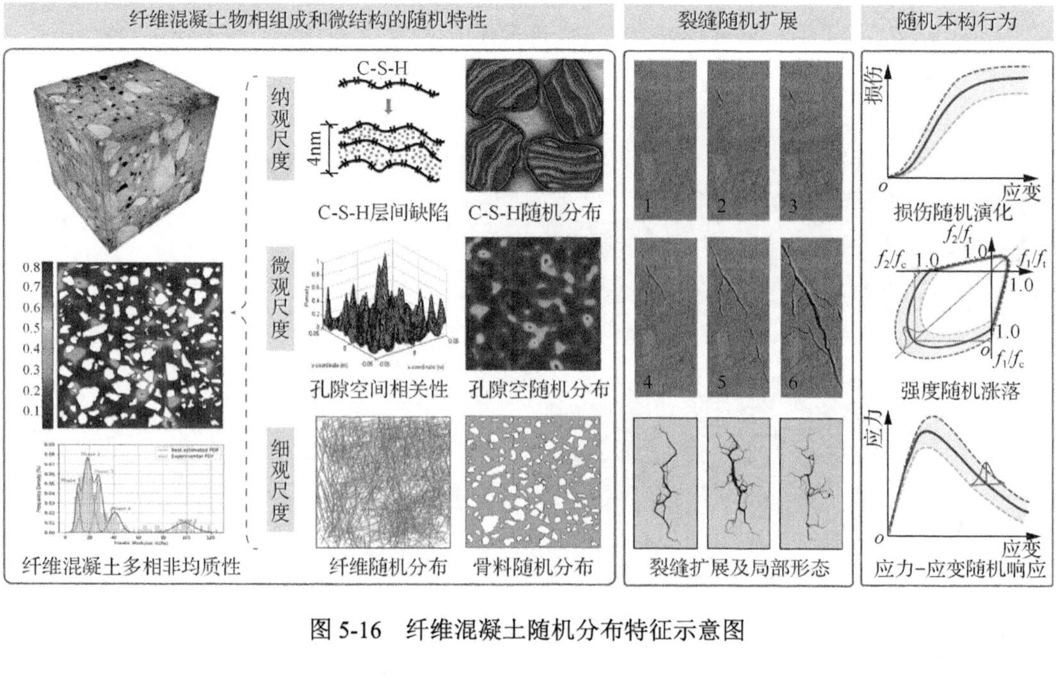

图 5-16　纤维混凝土随机分布特征示意图

3）在细观尺度，掺入的骨料和纤维在混凝土基体中乱向分布，使得纤维混凝土内部各处的强度大小和变形能力存在较大差异。

外部荷载作用下，纤维混凝土在上述不同尺度上的随机特性将导致其内部裂缝的扩展方向和力学性能的劣化速率都充满了不确定性，即使在相同的配合比、试件尺寸和加载条件下，纤维混凝土的损伤演化过程和力学性能都呈现出复杂多变的现象。因此，为了能够科学描述纤维混凝土材料性质的随机特性并反映其随机损伤过程，需要将现有的确定性损伤力学模型进行进一步的扩展。

为兼顾模型精度和计算效率，本书在细观尺度上建立了一个纤维混凝土随机损伤模型，如图 5-17 所示。在该模型中，纤维混凝土不同物相的力学响应通过一系列并联的弹簧单元予以表征，混凝土纳观尺度 C-S-H 凝胶和微观尺度孔隙等微结构的随机特性以及细观尺度骨料的随机分布综合体现在混凝土基体损伤阈值的离散性当中，可以重点考察不同纤维的掺入对混凝土材料损伤阈值的影响机制及其随机损伤演化的规律。

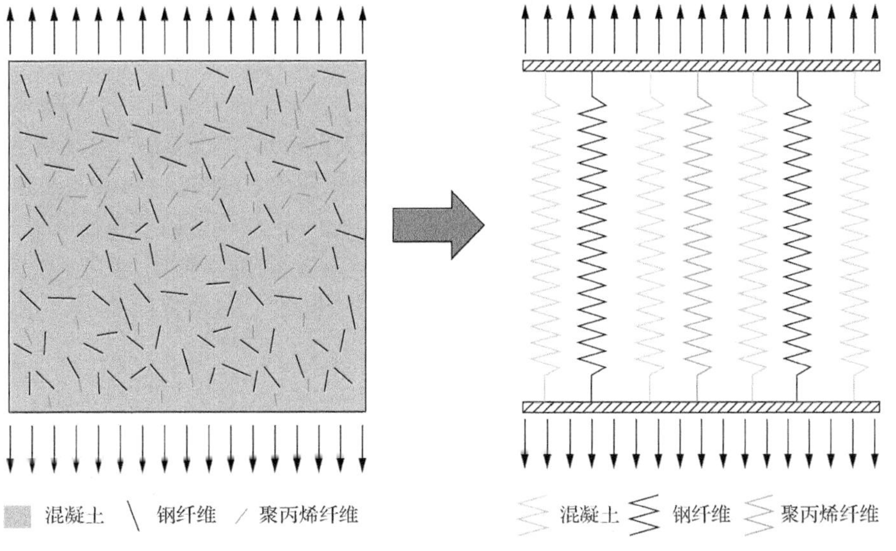

图 5-17　纤维混凝土细观损伤弹簧模型

从随机损伤力学的观点来看，材料的损伤程度是由其内部各物质点处的损伤状态共同决定的。对于纤维混凝土中的任意一个微小的代表体积单元（representative volume element，RVE），如图 5-18 所示，它发生损伤的前提条件是纤维混凝土加载历史过程中的最大损伤能释放率 $\bar{Y}_{\mathrm{d}}^{\pm}(t)$ 超过其固有的损伤阈值 $R^{\pm}$，即

$$\max_{0\leqslant t\leqslant 当前}\left\{R_0^{\pm},\bar{Y}_{\mathrm{d}}^{\pm}(t)\right\}\geqslant R^{\pm} \tag{5-79}$$

式中，$R_0^{\pm}$ 为纤维混凝土无损状态时的初始损伤阈值。该损伤准则表明：当外界输入的能量（从最大功原理来看，这一能量的体积密度在数值上等于 RVE 当前的 Helmholtz 自由能状态变量，也等于 Helmholtz 损伤因子的广义力——损伤能释放率）逐渐增多时，RVE 内的能量密度不断增大，而混凝土的非均质性使得其内部不同物质点处的损伤阈值

是不同的，因此，一些损伤阈值较小的薄弱点将率先达到其能量密度的极限而发生断裂失效，并且随着输入能量的不断累积，损伤点越来越多，导致混凝土宏观力学性能的持续退化。

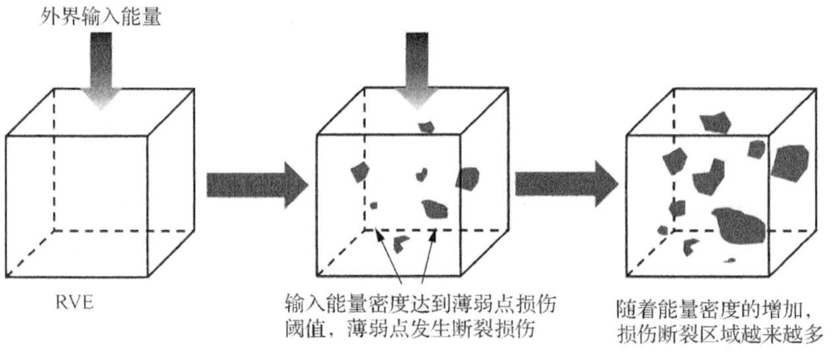

图 5-18　混凝土随机损伤机制示意图

基于以上物理机制，可以发现纤维混凝土的损伤发展规律具有以下两个明显特征：

1）纤维混凝土内部各处的损伤阈值是一个随机场函数。一方面，这是由于纤维混凝土在浇筑、养护和受荷加载过程中伴随着很多随机不可控的因素，如骨料分布不均、密实程度不同、养护条件差异等，使得同一批制备的混凝土的损伤阈值也不尽完全相同。另一方面，归因于纤维混凝土材料的多物相性，其中的界面过渡区（interfacial transition zone，ITZ）、孔隙等微结构抵抗损伤的能力相对较弱，会大幅削弱基体的损伤阈值，而纤维桥接裂缝的能力较强，它的掺入会明显提升混凝土抵抗损伤的阈值，如图 5-19 所示。因此，纤维混凝土内部各物质点处的损伤阈值不仅随空间位置的不同而不同，也随混凝土样本个体的不同而不同。

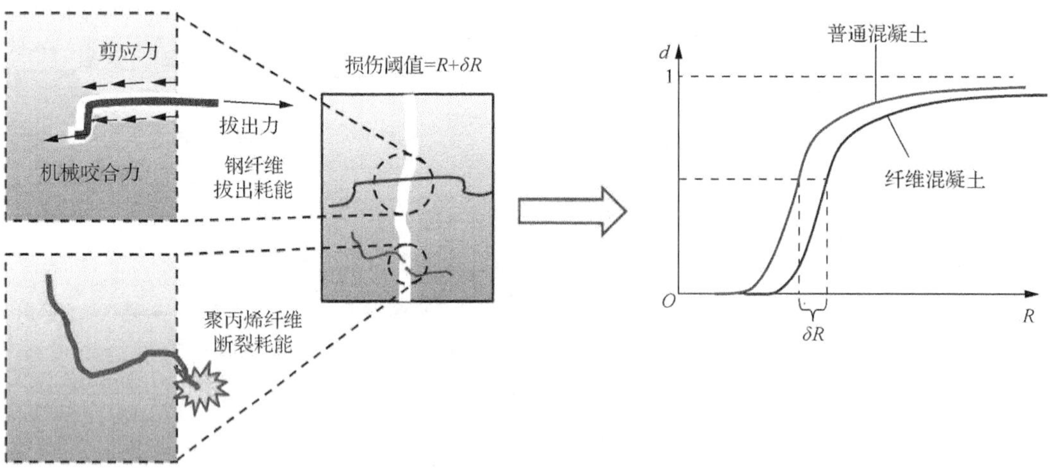

d—损伤；R—损伤阈值；δR —损伤阈值的增量。

图 5-19　纤维提升混凝土损伤阈值的机理示意图

2）纤维混凝土内部各处的损伤演化是不同步的。随着外界能量的持续输入，由于纤维混凝土内部损伤阈值的随机特性，其中一些损伤阈值较低的物质点将首先发生破坏，然后是损伤阈值更高的各点相继失效，使得纤维混凝土宏观力学性能的退化呈现明显的非线性和随机性。

5.2.2　损伤阈值随机函数及概率模型

基于 5.2.1 节中提出的纤维混凝土随机损伤机制，本节将结合统计学方法建立一个纤维混凝土随机损伤本构模型，重点考虑钢纤维的滑移耗能机制和聚丙烯纤维的断裂耗能机制对混凝土随机损伤发展的影响。

1. 随机损伤基本方程

尽管纤维混凝土的受拉破坏和受压破坏取决于两种截然不同的损伤机制，但两者建立随机损伤方程的思路和方法基本一致。因此，仅对受压状态下纤维混凝土随机损伤方程的建立进行详细的讲解。

结合经典损伤力学的定义和随机损伤细观机制的分析，假定纤维混凝土损伤因子的大小等于 RVE 区域Ω内所包含的物质点中已经发生损伤的点占全部物质点的比值，即

$$d^{-}(\bar{Y},\omega)=\frac{1}{V}\iiint_{\Omega}H\left[\bar{Y}-\bar{R}(\boldsymbol{X},\omega)\right]\mathrm{d}V\triangleq\frac{1}{V}\iiint_{\Omega}\varphi(\bar{Y},\omega,\boldsymbol{X})\mathrm{d}V \tag{5-80}$$

式中，$\bar{Y}=-\varphi_0$ 为 Helmholtz 自由能损伤因子的广义力，即损伤能释放率，它在数值上等于某一时刻外界输入的 Helmholtz 自由能密度 φ_0；$\bar{R}(\boldsymbol{X})$ 为物质点 $\boldsymbol{X}$ 处的损伤阈值；$\mathrm{d}V$ 为物质点 $\boldsymbol{X}$ 在当前构形中的微元体积，$V=\iiint_{\Omega}\mathrm{d}V$ 为物质区域Ω所占的空间体积；$H(\cdot)$ 为 Heaviside 函数。注意到，由于纤维混凝土的多物相性和非均质性，其内部不同物质点处抵抗损伤的能力是不同的，即其损伤阈值 $\bar{R}(\boldsymbol{X},\omega)$ 并不是常数均匀场，而是一个标量型随机函数场。由此可知，$d^{-}=d^{-}(\bar{Y},\omega)$ 本质上也是一个随机函数，在同一加载状态 φ_0 下，不同纤维混凝土样本 ω 将会得到不同的损伤值 d^{-}。

对于随机函数 $d^{-}(\bar{Y},\omega)$，它的数学期望与方差是描述随机变量的两个关键统计学指标，因此，下面介绍纤维混凝土随机损伤因子数学期望与方差的推导过程。

（1）数学期望

首先，假设纤维混凝土随机损伤阈值的函数场 $\bar{R}(\boldsymbol{X},\omega)$ 是一个均匀场，即不同物质点 $\boldsymbol{X}$ 处随机损伤阈值的分布规律是相同的，则随机损伤因子的数学期望为

$$E(d^{-})=E\left[\frac{1}{V}\iiint_{\Omega}\varphi(\bar{Y},\omega)\mathrm{d}V\right]=\frac{1}{V}\iiint_{\Omega}E\left[\varphi(\bar{Y},\omega,\boldsymbol{X})\right]\mathrm{d}V \tag{5-81}$$

进一步改写为

$$E\left[\varphi(\bar{Y},\omega,\boldsymbol{X})\right]=0\cdot\left[1-F(\bar{Y})\right]+1\cdot F(\bar{Y})=F(\bar{Y}) \tag{5-82}$$

式中，$F(\bar{Y})=P\left\{\bar{Y}\geqslant R(\boldsymbol{X})\right\}$ 是 $\boldsymbol{X}$ 点处在损伤能释放率达到 $\bar{Y}$ 时发生断裂的概率。根据损伤阈值为均匀场的假设条件可知，分布函数 $F(\bar{Y})$ 并非物质坐标 $\boldsymbol{X}$ 的函数，因此

$$F(\bar{Y})=\int_0^{\bar{Y}} f(R)\mathrm{d}R \tag{5-83}$$

其中，$f(R)$ 为损伤阈值 R 的概率密度函数，将其代入式（5-81）有

$$E(d^-)=\frac{1}{V}\iiint_\Omega F(\bar{Y})\mathrm{d}V=F(\bar{Y})\frac{1}{V}\iiint_\Omega \mathrm{d}V=F(\bar{Y})=\int_0^{\bar{Y}} f(R)\mathrm{d}R \tag{5-84}$$

（2）方差

根据定义可得纤维混凝土随机损伤因子的方差 $D(d^-)$ 为

$$D(d^-)=E\left[(d^-)^2\right]-\left[E(d^-)\right]^2 \tag{5-85}$$

其中

$$\begin{aligned}E\left[(d^-)^2\right]&=\frac{1}{V^2}E\left[\iiint_{\Omega_1}\varphi(\bar{Y},\omega,\boldsymbol{X})\mathrm{d}V_1\cdot\iiint_{\Omega_2}\varphi(\bar{Y},\omega,\boldsymbol{Y})\mathrm{d}V_2\right]\\&=\frac{1}{V^2}E\left[\iiint_{\Omega_1}\iiint_{\Omega_2}\varphi(\bar{Y},\omega,\boldsymbol{X})\cdot\varphi(\bar{Y},\omega,\boldsymbol{Y})\mathrm{d}V_1\mathrm{d}V_2\right]\\&=\frac{1}{V^2}\iiint_{\Omega_1}\iiint_{\Omega_2}R_\varphi(\boldsymbol{X},\boldsymbol{Y})\mathrm{d}V_1\mathrm{d}V_2\end{aligned} \tag{5-86}$$

式中，$R_\varphi(\boldsymbol{X},\boldsymbol{Y})=E\left[\varphi(\bar{Y},\omega,\boldsymbol{X})\cdot\varphi(\bar{Y},\omega,\boldsymbol{Y})\right]$ 为随机场函数 $\varphi(\bar{Y},\omega,\boldsymbol{X})$ 的自相关函数，是随机变量 $\varphi(\bar{Y},\omega,\boldsymbol{X})$ 与 $\varphi(\bar{Y},\omega,\boldsymbol{Y})$ 的联合分布函数，它与物质坐标 $\boldsymbol{X}$ 与 $\boldsymbol{Y}$ 之间的距离 $|\boldsymbol{X}-\boldsymbol{Y}|$ 有关，反映了 $\boldsymbol{X}$ 点处 $\varphi(\bar{Y},\omega,\boldsymbol{X})$ 的取值对 $\boldsymbol{Y}$ 点处 $\varphi(\bar{Y},\omega,\boldsymbol{Y})$ 取值的影响。当 $R_\varphi(\boldsymbol{X},\boldsymbol{Y})=E\left[\varphi(\bar{Y},\omega,\boldsymbol{X})\cdot\varphi(\bar{Y},\omega,\boldsymbol{Y})\right]=E\left[\varphi(\bar{Y},\omega,\boldsymbol{X})\right]\cdot E\left[\varphi(\bar{Y},\omega,\boldsymbol{Y})\right]$ 时，随机场中各点是相互独立的。因此，可得 d^- 的方差为

$$D(d^-)=\frac{1}{V^2}\iiint_{\Omega_1}\iiint_{\Omega_2}R_\varphi(\boldsymbol{X},\boldsymbol{Y})\mathrm{d}V_1\mathrm{d}V_2-F(\bar{Y})\cdot F(\bar{Y}) \tag{5-87}$$

需要注意的是，当 $\varphi(\bar{Y},\omega,\boldsymbol{X})$ 为各点独立同分布的随机场时，有

$$\begin{aligned}E\left[(d^-)^2\right]&=\frac{1}{V^2}\iiint_{\Omega_1}\iiint_{\Omega_2}E\left[\varphi(\bar{Y},\omega,\boldsymbol{X})\cdot\varphi(\bar{Y},\omega,\boldsymbol{Y})\right]\mathrm{d}V_1\mathrm{d}V_2\\&=\frac{1}{V^2}\iiint_{\Omega_1}\iiint_{\Omega_2}E\left[\varphi(\bar{Y},\omega,\boldsymbol{X})\right]\cdot E\left[\varphi(\bar{Y},\omega,\boldsymbol{Y})\right]\mathrm{d}V_1\mathrm{d}V_2\\&=F(\bar{Y})\cdot F(\bar{Y})\end{aligned} \tag{5-88}$$

将式（5-88）代入式（5-87），可得 $D(d^-)\equiv 0$，说明损伤演化过程中损伤因子 $d^-\equiv E(d^-)$，此时随机损伤演化变为确定性的损伤演化，可以用期望值 $E(d^-)$ 替代随机损伤变量 d^-。

下面推导 $E(d^-)$ 损伤演化公式的具体表达形式，

$$d^-(\bar{Y})=E(d^-)=F(\bar{Y})=\int_0^{\bar{Y}} f(R)\mathrm{d}R \tag{5-89}$$

由式（5-89）可知，如果损伤阈值 R 的概率密度函数 $f(R)$ 给定，$E(d^-)$ 即可求出。考虑到对数正态分布函数良好的适用性，且易于数值实现[24]，损伤的概率模型通常可采用对

数正态分布来表示。假设 $\ln R\sim N(\mu,\zeta^2)$，则 $\ln R$ 的期望 μ 与方差 ζ^2 可与损伤阈值 R 的期望 μ_R 与方差 ζ_R^2 建立一一对应的关系：

$$\begin{cases}\mu_R=E(R)=\int_0^{\infty}Rf(R)\mathrm{d}R\\ \zeta_R^2=D(R)=\int_0^{\infty}R^2f(R)\mathrm{d}R-\mu_R^2\end{cases}\tag{5-90}$$

对于损伤阈值 R 的概率密度函数 $f(R)$，设其分布函数为 $F(\alpha)=P\{R\leqslant\alpha\}=\int_0^{\alpha}f(R)\mathrm{d}R$，则

$$f(R)=\left.\frac{\mathrm{d}F(\alpha)}{\mathrm{d}\alpha}\right|_{\alpha=R}\tag{5-91}$$

由于

$$F(\alpha)=P\{R\leqslant\alpha\}=P\left\{\frac{\ln R-\mu}{\zeta}\leqslant\frac{\ln\alpha-\mu}{\zeta}\right\}\tag{5-92}$$

令 $t=\dfrac{\ln R-\mu}{\zeta}\sim N(0,1)$，则

$$F(\alpha)=P\left\{t\leqslant\frac{\ln\alpha-\mu}{\zeta}\right\}=\int_{-\infty}^{\frac{\ln\alpha-\mu}{\zeta}}\frac{1}{\sqrt{2\pi}}\mathrm{e}^{-\frac{t^2}{2}}\mathrm{d}t=\varPhi\left(\frac{\ln\alpha-\mu}{\zeta}\right)\tag{5-93}$$

其中，函数 $\varPhi(\cdot)$ 为标准正态分布函数。因此有

$$f(R)=\left.\frac{\mathrm{d}F(\alpha)}{\mathrm{d}\alpha}\right|_{\alpha=R}=\frac{1}{\sqrt{2\pi}}\mathrm{e}^{-\frac{1}{2}\left(\frac{\ln R-\mu}{\zeta}\right)^2}\cdot\frac{1}{R\zeta}\tag{5-94}$$

将式（5-94）代入 μ_R 的计算式（5-90），可得

$$\begin{aligned}\mu_R&=\int_0^{\infty}R\frac{1}{\sqrt{2\pi}}\mathrm{e}^{-\frac{1}{2}\left(\frac{\ln R-\mu}{\zeta}\right)^2}\cdot\frac{1}{R\zeta}\mathrm{d}R=\int_0^{\infty}R\frac{1}{\sqrt{2\pi}}\mathrm{e}^{-\frac{1}{2}\left(\frac{\ln R-\mu}{\zeta}\right)^2}\mathrm{d}\frac{\ln R-\mu}{\zeta}\\&=\int_{-\infty}^{+\infty}\mathrm{e}^{\mu+\zeta t}\frac{1}{\sqrt{2\pi}}\mathrm{e}^{-\frac{1}{2}t^2}\mathrm{d}t=\mathrm{e}^{\frac{\zeta^2+2\mu}{2}}\end{aligned}\tag{5-95}$$

即有

$$\ln\mu_R^2=\zeta^2+2\mu\tag{5-96}$$

同理，可求得

$$\int_0^{\infty}R^2f(R)\mathrm{d}R=\int_{-\infty}^{+\infty}\mathrm{e}^{2\mu+2\zeta t}\frac{1}{\sqrt{2\pi}}\mathrm{e}^{-\frac{1}{2}t^2}\mathrm{d}t=\int_{-\infty}^{+\infty}\frac{1}{\sqrt{2\pi}}\mathrm{e}^{-\frac{(t-2\zeta)^2}{2}+\frac{4\zeta^2+4\mu}{2}}\mathrm{d}t=\mathrm{e}^{2\zeta^2+2\mu}\tag{5-97}$$

即有

$$\ln(\zeta_R^2+\mu_R^2)=2\zeta^2+2\mu\tag{5-98}$$

联立式（5-96）、式（5-98）解得

$$
\begin{cases}
\zeta^2 = \ln(\zeta_R^2 + \mu_R^2) - \ln\mu_R^2 = \ln\left(1 + \dfrac{\zeta_R^2}{\mu_R^2}\right) \\
\mu = \dfrac{\ln\mu_R^2 - \ln(\zeta_R^2 + \mu_R^2)}{2} = \ln\dfrac{\mu_R}{\sqrt{1 + (\zeta_R^2 / \mu_R^2)^2}}
\end{cases}
\tag{5-99}
$$

由式（5-99）可见，随机变量 $\ln R$ 的数字特征可由损伤阈值 R 的数字特征确定，材料参数 ζ_R^2与μ_R 的大小可通过数值计算模型反向标定得到。

由前面的推导已知 $f(R)$ 的数学表达式，下面将给出 $E(d^-)$ 的计算公式：

$$
\begin{aligned}
E(d^-) - &= \int_0^{\bar{Y}^-} f(R)\mathrm{d}R = \int_0^{\bar{Y}^-} \frac{1}{\sqrt{2\pi}} \mathrm{e}^{-\frac{1}{2}\left(\frac{\ln R - \lambda}{\zeta}\right)^2} \cdot \frac{1}{\varDelta\zeta}\mathrm{d}R \\
&= \int_{-\infty}^{\frac{\ln\bar{Y}^- - \mu}{\zeta}} \frac{1}{\sqrt{2\pi}} \mathrm{e}^{-\frac{1}{2}t^2}\mathrm{d}t = \varPhi\left(\frac{\ln\bar{Y}^- - \mu}{\zeta}\right)
\end{aligned}
\tag{5-100}
$$

当不考虑损伤阈值随机变量场 $\bar{R}(\boldsymbol{X},\omega)$ 的自相关性时［即认为 $\boldsymbol{X}$ 处损伤阈值 $\bar{R}(\boldsymbol{X},\omega)$ 与 $\boldsymbol{Y}$ 处损伤阈值 $\bar{R}(\boldsymbol{Y},\omega)$ 完全独立］，$d^- = E(d^-) = \varPhi\left(\dfrac{\ln\bar{Y}^- - \mu}{\zeta}\right)$，该式即为损伤因子的演化方程。由此可见，纤维混凝土的损伤演化取决于损伤阈值的两个关键数字特征 ζ_R^2 与 μ_R 的大小。

2. 考虑纤维桥接作用的随机损伤本构模型

从细观力学和能量耗散的角度出发，建立损伤演化方程中材料参数 ζ_R^2 和 μ_R 的数学统计模型，进而结合纤维的细观作用机理建立纤维混凝土随机损伤本构模型。

（1）钢纤维的作用

钢纤维的拔出过程往往是裂缝两侧埋置深度相对较深的一端固定，而相对较浅的另一端被拔出混凝土基体，且拔出力的大小与其埋置的深度密切相关。一般情况下，埋置深度越深，拔出力越大。此外，钢纤维的倾角（更准确地说是与裂缝的夹角）也会影响其拔出耗能。例如，当某根钢纤维与裂缝方向平行时，则该钢纤维完全失去对裂缝的桥接作用。

下面将从钢纤维的埋置深度和倾角两个方面分析某一物质点处单根钢纤维的滑移能耗，并通过求解能耗的数学期望和方差建立钢纤维对纤维混凝土损伤阈值的影响方程。

1）垂直于裂缝的钢纤维拔出耗能。如图 5-20（a）所示，对于 RVE 中某垂直于钢纤维的裂缝，其物质坐标为 $\boldsymbol{X}$，不掺入钢纤维时该区域的损伤阈值随机场函数为 $R^{\mathrm{pc}}(\boldsymbol{X},\omega)$，相应的数学期望与方差分别为 μ_R^{pc} 与 $(\zeta_R^{\mathrm{pc}})^2$。掺入钢纤维后，假设某一时刻纤维拔出端的埋置深度为 l 且剪应力沿长度方向均匀分布（事实上，钢纤维拔出时纤维-基体界面处的剪应力分布是不均匀的[25]，呈现中间部分较大而两端趋近于零的特征）。在拔出过程中，外界输入的能量主要转化为四项：①化学胶着力破坏时的耗能；②拔出过程中摩擦力和机械咬合力产生的热耗散；③钢纤维局部塑性变形引起的塑性功耗散；④钢纤维的弹性应变能。其中，前三项为能量耗散，与纤维混凝土的损伤阈值密切相关，而第四项存储在钢纤维的内部，随着钢纤维的拔出而丧失。

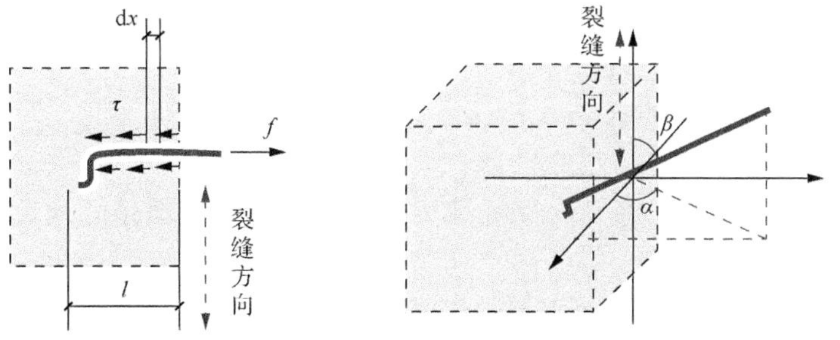

（a）钢纤维垂直拔出　　（b）钢纤维斜交拔出

图 5-20　钢纤维拔出受力分析

对于如图所示的钢纤维，在拔出力 f 作用下不断发生滑移，同时拔出端的钢纤维产生弹性变形 δ 。考察一个钢纤维微元 $\mathrm{d}x$ ，其伸长量为 $\mathrm{d}\delta$ ，则该微元所受拉力为

$$f(x)=\tau\cdot 2\pi r\cdot\left[x+\delta(x)\right] \tag{5-101}$$

式中， τ 为钢纤维与混凝土之间的黏结应力； r 为钢纤维的截面半径； x 为微元到钢纤维左侧端部的距离； $\delta(x)$ 为微元左侧部分的伸长量。由于钢纤维的弹性变形是一个比 x 高阶的小量，将 $\delta(x)$ 舍去，得到微元的正截面应力为

$$\sigma(x)=\frac{f(x)}{\pi r^2}=\frac{2\tau x}{r} \tag{5-102}$$

此时，微元的伸长量为

$$\mathrm{d}\delta=\frac{\sigma(x)}{E_{\mathrm{f}}}\mathrm{d}x=\frac{2\tau x}{E_{\mathrm{f}}r}\mathrm{d}x \tag{5-103}$$

式中， E_{f} 为钢纤维的弹性模量，取 210 GPa。对式（5-103）的两边进行积分，可得

$$\delta=\int_0^l\frac{2\tau x}{E_{\mathrm{f}}r}\mathrm{d}x=\frac{\tau l^2}{E_{\mathrm{f}}r} \tag{5-104}$$

基于此，可进一步计算钢纤维拔出过程中外力所做的功。假设钢纤维的拔出为拟静力过程，当拔出端埋置深度为 l 时，易知拔出力 $f(l)=\tau\cdot 2\pi r\cdot l$ 。钢纤维发生 $\mathrm{d}l$ 滑移距离的过程中，拔出力做的功为

$$\mathrm{d}W_{\mathrm{sf}}=f(l)\cdot(\mathrm{d}l-\mathrm{d}\delta)=2\pi r\tau l\left(1-\frac{2\tau l}{E_{\mathrm{f}}r}\right)\mathrm{d}l \tag{5-105}$$

其中，$\mathrm{d}\delta=\dfrac{2\tau l}{E_{\mathrm{f}}\pi r}\mathrm{d}l$ 为这一过程中钢纤维微元的弹性变形改变量。当初始埋置深度为 L 的钢纤维被完全拔出时，外力累积做功：

$$W_{\mathrm{sf}}=\int_0^L 2\pi r\tau l\left(1-\frac{2\tau l}{E_{\mathrm{f}}r}\right)\mathrm{d}l=\pi r\tau L^2-\frac{4\pi\tau^2}{3E_{\mathrm{f}}}L^3 \tag{5-106}$$

2）与裂缝斜交的钢纤维拔出耗能。如图 5-20（b）所示，任意取向的钢纤维与裂缝方向的相对几何关系可以由方位角 α 与倾角 β 两个角度参数唯一确定。考虑到对称性，

可以认为方位角α并不对钢纤维的拔出行为产生影响。倾角β的取值范围在$\left[0,\dfrac{\pi}{2}\right]$区间内：当$\beta=0$，即钢纤维与裂缝方向平行时，钢纤维在裂缝扩展过程中不产生影响，此时钢纤维的拔出耗能为0；当$\beta=\dfrac{\pi}{2}$时，钢纤维与裂缝正交，拔出耗能为$W_{\mathrm{sf}}=\pi r\tau L^2-\dfrac{4\pi\tau^2}{3E_{\mathrm{f}}}L^3$。由此可见，钢纤维拔出滑移耗能随着倾角的增大而增加，因此，引入一个倾角修正因子$\lambda(\beta)$来反映这一规律，使得$\lambda_\beta\left(\dfrac{\pi}{2}\right)=1$，$\lambda_\beta(0)=0$。为简便起见，假设：

$$\lambda_\beta(\beta)=\frac{2}{\pi}\beta \tag{5-107}$$

则任意取向的单根钢纤维的拔出耗能可表示为

$$W_{\mathrm{sf}}=\frac{2}{\pi}\beta\left(\pi r\tau L^2-\frac{4\pi\tau^2}{3E_{\mathrm{f}}}L^3\right) \tag{5-108}$$

此时，钢纤维处的损伤阈值应修正为$R^{\mathrm{hf}}(\boldsymbol{X},\omega)=R^{\mathrm{pc}}(\boldsymbol{X},\omega)+W_{\mathrm{sf}}(\boldsymbol{X},\omega)$。

3）钢纤维对RVE损伤阈值数字特征影响的量化计算。假设在纤维混凝土任意一个RVE中均匀分布着取向随机的钢纤维，且每根钢纤维的长度为L_0、截面半径为r，则对于RVE空间区域Ω内各物质点处的损伤阈值随机场函数，它的数学期望与方差为

$$E\left[R^{\mathrm{hf}}(\boldsymbol{X},\omega)\right]=\mu_R^{\mathrm{pc}}+\eta_{E,\mathrm{sf}}(V_{\mathrm{sf}})E\left[W_{\mathrm{sf}}(\boldsymbol{X},\omega)\right] \tag{5-109}$$

$$D\left[R^{\mathrm{hf}}(\boldsymbol{X},\omega)\right]=(\zeta_R^{\mathrm{pc}})^2+\eta_{D,\mathrm{sf}}(V_{\mathrm{sf}})D\left[W_{\mathrm{sf}}(\boldsymbol{X},\omega)\right] \tag{5-110}$$

式中，$\eta_{E,\mathrm{sf}}(V_{\mathrm{sf}})$和$\eta_{D,\mathrm{sf}}(V_{\mathrm{sf}})$为钢纤维体积掺量的函数，表征了钢纤维体积掺量对RVE中钢纤维总体耗能的影响，定义为$\eta_{E,\mathrm{sf}}(V_{\mathrm{sf}})=k_1V_{\mathrm{sf}}$，$\eta_{D,\mathrm{sf}}(V_{\mathrm{sf}})=k_2V_{\mathrm{sf}}$，其中影响系数$k_1$和$k_2$可由试验结果标定得到。

进一步假设倾角β与钢纤维拔出端的初始埋置深度L均为随机变量，且两者相互独立。前文提到，β是一个在区间$\left[0,\dfrac{\pi}{2}\right]$中均匀分布的随机变量，即$\beta\sim U\left(0,\dfrac{\pi}{2}\right)$；同理，$L$也是一个在区间$\left[0,\dfrac{L_0}{2}\right]$中均匀分布的随机变量，即$L\sim U\left(0,\dfrac{L_0}{2}\right)$。因此，$W_{\mathrm{sf}}(\boldsymbol{X},\omega)$的数学期望可表述为

$$E\left[W_{\mathrm{sf}}(\boldsymbol{X},\omega)\right]=\frac{2}{\pi}E(\beta)\cdot\left[\pi r\tau E(L^2)-\frac{4\pi\tau^2}{3E_{\mathrm{f}}}E(L^3)\right] \tag{5-111}$$

其中，

$$E(\beta)=\frac{0+\dfrac{\pi}{2}}{2}=\frac{\pi}{4} \tag{5-112}$$

$$E(L^2)=\int_0^{\frac{L_0}{2}} L^2\cdot\frac{1}{\frac{L_0}{2}-0}\mathrm{d}L=\frac{L_0^2}{12} \tag{5-113}$$

$$E(L^3)=\int_0^{\frac{L_0}{2}} L^3\cdot\frac{1}{\frac{L_0}{2}-0}\mathrm{d}L=\frac{L_0^3}{32} \tag{5-114}$$

将式（5-112）～式（5-114）代入式（5-111），可得

$$E\left[W_{\mathrm{sf}}(\boldsymbol{X},\omega)\right]=\frac{\pi r\tau L_0^2}{24}-\frac{\pi\tau^2L_0^3}{48E_{\mathrm{f}}} \tag{5-115}$$

同理，$W_{\mathrm{sf}}(\boldsymbol{X},\omega)$ 的方差为

$$D\left[W_{\mathrm{sf}}(\boldsymbol{X},\omega)\right]=\frac{2}{\pi}D(\beta)\cdot\left[\pi^2r^2\tau^2D(L^2)-\frac{4\pi^2\tau^4}{3E_{\mathrm{f}}^2}D(L^3)\right] \tag{5-116}$$

其中，

$$D(\beta)=\frac{\left(\frac{\pi}{2}-0\right)^2}{12}=\frac{\pi^2}{48} \tag{5-117}$$

$$D(L^2)=E(L^4)-\left[E(L^2)\right]^2=\frac{L_0^4}{240} \tag{5-118}$$

$$D(L^3)=E(L^6)-\left[E(L^3)\right]^2=\frac{9L_0^6}{7168} \tag{5-119}$$

将式（5-117）～式（5-119）代入式（5-116）得

$$D\left[W_{\mathrm{sf}}(\boldsymbol{X},\omega)\right]=\frac{\pi}{24}\left(\pi^2r^2\tau^2\frac{L_0^4}{240}-\frac{3\pi^2\tau^4L_0^6}{1792E_{\mathrm{f}}^2}\right) \tag{5-120}$$

因此，

$$E\left(R^{\mathrm{hf}}(\boldsymbol{X},\omega)\right)=\mu_R^{\mathrm{pc}}+k_1V_{\mathrm{sf}}\left(\frac{\pi r\tau L_0^2}{24}-\frac{\pi\tau^2L_0^3}{48E_{\mathrm{f}}}\right) \tag{5-121}$$

$$D\left(R^{\mathrm{hf}}(\boldsymbol{X},\omega)\right)=(\zeta_R^{\mathrm{pc}})^2+k_2V_{\mathrm{sf}}\left(\pi^2r^2\tau^2\frac{L_0^4}{240}-\frac{3\pi^2\tau^4L_0^6}{1792E_{\mathrm{f}}^2}\right) \tag{5-122}$$

式中，剪应力 τ 的取值可由试验数据标定得到，它受钢纤维表面的黏结性能、几何形状、所处位置的静水压力等因素综合影响。

（2）聚丙烯纤维的作用

由于聚丙烯纤维是柔性纤维，可以认为它与裂缝的相对几何位置不影响其断裂耗能。假设单根聚丙烯纤维断裂时的耗能为 $W_{\mathrm{pf}}(\boldsymbol{X},\omega)$，这一随机变量的大小与聚丙烯纤维的物理特性密切相关，不妨设 $E\left[W_{\mathrm{pf}}(\boldsymbol{X},\omega)\right]=EW_{\mathrm{pf}}$，$D\left[W_{\mathrm{pf}}(\boldsymbol{X},\omega)\right]=DW_{\mathrm{pf}}$。据此，考虑聚丙烯纤维掺量的影响，RVE 损伤阈值的数字特征可分别修正为

$$E\left[R^{\mathrm{pf}}(\boldsymbol{X},\omega)\right]=\mu_R^{\mathrm{pc}}+\lambda_{\mathrm{pf}}EW_{\mathrm{pf}} \tag{5-123}$$

$$D\left[R^{\mathrm{pf}}(\boldsymbol{X},\omega)\right]=(\zeta_R^{\mathrm{pc}})^2+\lambda_{\mathrm{pf}}DW_{\mathrm{pf}} \tag{5-124}$$

式中，$\lambda_{\mathrm{pf}}=V_{\mathrm{pf}}\dfrac{l_{\mathrm{pf}}}{d_{\mathrm{pf}}}$为聚丙烯纤维特征参数。

结合式（5-109）、式（5-110）、式（5-123）和式（5-124），可以得到掺入钢纤维和聚丙烯纤维后纤维混凝土损伤阈值随机函数的数学期望与方差：

$$\mu_R^{\mathrm{hf}}=E\left[R^{\mathrm{hf}}(\boldsymbol{X},\omega)\right]=\mu_R^{\mathrm{pc}}+k_1V_{\mathrm{sf}}\left(\frac{\pi r\tau L_0^2}{24}-\frac{\pi\tau^2L_0^3}{48E_{\mathrm{f}}}\right)+\lambda_{\mathrm{pf}}EW_{\mathrm{pf}} \tag{5-125}$$

$$(\zeta_R^{\mathrm{hf}})^2=D\left[R^{\mathrm{hf}}(\boldsymbol{X},\omega)\right]=(\zeta_R^{\mathrm{pc}})^2+k_2V_{\mathrm{sf}}\left(\pi^2r^2\tau^2\frac{L_0^4}{240}-\frac{3\pi^2\tau^4L_0^6}{1792E_{\mathrm{f}}^2}\right)+\lambda_{\mathrm{pf}}DW_{\mathrm{pf}} \tag{5-126}$$

5.2.3　随机损伤本构模型的数值实现及验证

1. 随机损伤本构模型的参数标定

5.2.2 节给出了纤维混凝土受压损伤因子d^-随损伤能释放率$\bar{Y}^-$演化的一般形式[式（5-100）]，其中参数μ和ζ的取值还需要根据试验结果进行标定。基于前期完成的循环受压加载试验中有关纤维混凝土刚度退化的规律，可以很容易地确定纤维混凝土在任意加载阶段的损伤因子d^-，对于损伤能释放率$\bar{Y}^-$的计算采用如下方法。

将 Helmholtz 自由能分解为弹性部分和塑性部分，即

$$\varphi_0^-=\varphi_0^{\mathrm{e}-}+\varphi_0^{\mathrm{p}-} \tag{5-127}$$

其中，Helmholtz 弹性自由能$\varphi_0^{\mathrm{e}-}$[26]可表示为

$$\begin{aligned}\varphi_0^{\mathrm{e}-}&=-\frac{1}{2}\boldsymbol{\varepsilon}^{\mathrm{e}-}:\mathbb{C}_0:\boldsymbol{\varepsilon}^{\mathrm{e}}=-\frac{1}{2}\bar{\boldsymbol{\sigma}}^-:\boldsymbol{\varepsilon}^{\mathrm{e}}\\&=-\frac{1}{2}\bar{\sigma}_1^-\left(\frac{\bar{\sigma}_1^-}{E_0}-\frac{2\upsilon_0}{E_0}P\right)-\frac{1}{2}\cdot2P\left(\frac{P}{E_0}-\frac{\upsilon_0}{E_0}P-\frac{\upsilon_0}{E_0}\bar{\sigma}_1^-\right)\end{aligned} \tag{5-128}$$

Helmholtz 塑性自由能$\varphi_0^{\mathrm{p}-}$可定义为塑性功，即

$$\varphi_0^{\mathrm{p}-}=-\int_0^{\varepsilon^{\mathrm{p}}}\bar{\boldsymbol{\sigma}}^-:\mathrm{d}\boldsymbol{\varepsilon}^{\mathrm{p}}=\int_0^{\varepsilon^{\mathrm{p}}}(\bar{\sigma}_1^-\mathrm{d}\varepsilon_1^{\mathrm{p}}+2P\mathrm{d}\varepsilon_3^{\mathrm{p}}) \tag{5-129}$$

式中，$\boldsymbol{\varepsilon}^{\mathrm{e}-}$为压应变张量的弹性分量，$\mathbb{C}_0$为刚度矩阵；$\bar{\boldsymbol{\sigma}}^-$为压应力张量；$\bar{\sigma}_1^-$为轴向有效压应力；$E_0$为弹性模量；$P$为围压；$\upsilon_0$为泊松比；$\boldsymbol{\varepsilon}^{\mathrm{p}}$为塑性应变张量；$\varepsilon_1^{\mathrm{p}}$、$\varepsilon_3^{\mathrm{p}}$为轴向、横向塑性应变。

为此，还需要利用循环试验数据建立轴向有效压应力$\bar{\sigma}_1^-$与轴向塑性应变$\varepsilon_1^{\mathrm{p}}$的经验关系式$\bar{\sigma}_1^-=\bar{\sigma}_1^-(\varepsilon_1^{\mathrm{p}})$，并积分求解得到最终结果。

以 3.3.1 节中的钢-聚丙烯混杂纤维混凝土 SB10PA15-10 为例，对其循环加卸载应力-应变关系曲线卸载点处的$\bar{\sigma}_1^-$-$\varepsilon_1^{\mathrm{p}}$散点图进行回归分析，得到回归方程为$\bar{\sigma}_1^-(\varepsilon_1^{\mathrm{p}})=196.286(1-\mathrm{e}^{-213.411\varepsilon_1^{\mathrm{p}}})$，则$\int_0^{\varepsilon_1^{\mathrm{p}}}\bar{\sigma}_1^-\mathrm{d}\varepsilon_1^{\mathrm{p}}=196.286\int_0^{\varepsilon_1^{\mathrm{p}}}(1-\mathrm{e}^{-213.411\varepsilon_1^{\mathrm{p}}})\mathrm{d}\varepsilon_1^{\mathrm{p}}=196.286\varepsilon_1^{\mathrm{p}}+0.005\mathrm{e}^{-213.411\varepsilon_1^{\mathrm{p}}}$。基于此，便可计算得到纤维混凝土每一卸载点处的损伤能释放率。采用同样的方法得到含有不同纤维掺量的纤维混凝土循环加卸载时各卸载点处的d^--$\bar{Y}^-$散点图，如图 5-21 所示。

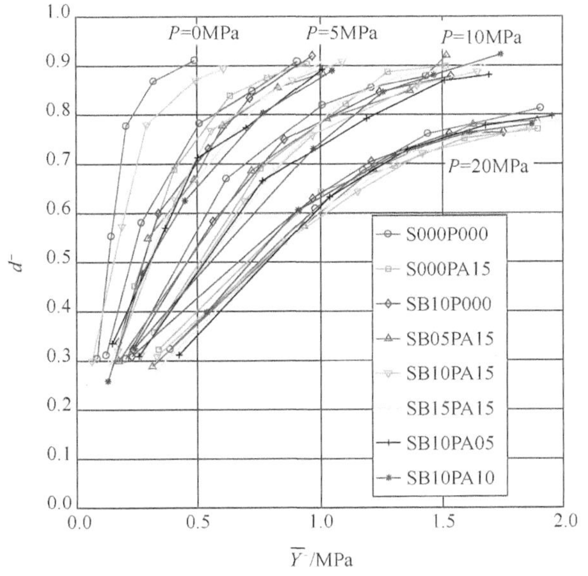

图 5-21　损伤-损伤能释放率试验曲线

由于正态累积分布函数对应的原函数未知，因而对参数 μ 和 ζ^2 的拟合不宜通过传统的统计方法求得，故采用遗传算法对其进行标定。

在遗传算法中，首先需要对选择算子进行定义，本书采用 Lilliefors（里尔福斯）拟合优度来定义个体适应度，这是一类 K-S 检验。在统计学中，K-S 检验是一种基于累计分布函数的非参数检验方法，具有稳健性且不依赖均值的位置；它可以用来检验一个经验分布是否符合某种理论分布或比较两个经验分布是否有显著性差异，当样本的经验分布和理论分布之间差异很小时，可以推断该样本取自已知的理论分布。具体来讲，Lilliefors 拟合优度检验统计量为 $Z=\max\limits_{0\leqslant\overline{Y}^-\leqslant1}\left|P(\overline{Y}^-)-T(\overline{Y}^-)\right|$，其中，$P(\overline{Y}^-)$ 为理论累积分布，$T(\overline{Y}^-)$ 为试验数据点，Z 值越小的个体适应度越高。采用遗传算法，计算得到不同围压下纤维混凝土损伤演化方程中各个参数的取值，如表 5-1 所示。

表 5-1　不同围压下纤维混凝土损伤演化方程中各参数的建议取值

序号	试件编号	μ	ζ	R^2	μ_R	ζ_R
1	S000P000-00	−2.6653	1.5103	0.9813	0.2177	13.2747
2	SB10PA15-00	−1.9892	1.0160	0.9711	0.2292	16.4656
3	S000P000-05	−1.4239	0.7507	0.9142	0.3191	4.7894
4	SB10P000-05	−1.5916	1.4241	0.9564	0.5613	24.7825
5	S000PA15-05	−1.6550	1.4010	0.9040	0.5099	34.54
6	SB05PA15-05	−1.6832	1.6904	0.8992	0.7753	21.0208
7	SB10PA15-05	−1.8663	1.4616	0.9215	0.4502	11.4052
8	SB15PA15-05	−1.1430	1.5249	0.9026	1.0199	30.4744
9	SB10PA05-05	−1.1964	1.3931	0.9617	0.7977	21.3194
10	SB10PA10-05	−1.1593	1.2215	0.9719	0.6615	12.4781

续表

序号	试件编号	μ	ζ	R^2	μ_R	ζ_R
11	S000P000-10	−1.4437	1.8339	0.9106	1.2686	12.2136
12	SB10P000-10	−0.7517	0.8329	0.9786	0.6671	9.0016
13	S000PA15-10	−0.9789	0.9714	0.9544	0.6022	9.3442
14	SB05PA15-10	−0.9238	1.2361	0.9786	0.8523	10.2722
15	SB10PA15-10	−0.9796	1.7861	0.9123	1.8505	33.3538
16	SB15PA15-10	−1.0517	1.4504	0.9450	1.0001	21.9837
17	SB10PA05-10	−1.2195	1.7590	0.9534	1.3876	43.9952
18	SB10PA10-10	−0.9335	1.2416	0.9745	0.8498	10.5344
19	SA10PA15-10	−0.9512	1.1120	0.9125	0.7168	7.5099
20	SC10PA15-10	−0.8952	0.9201	0.9977	0.6238	4.3133
21	SB10PB15-10	−0.8821	0.9136	0.9454	0.6283	4.1878
22	SB10PC15-10	−1.0121	1.2102	0.9758	0.7559	10.4358
23	S000P000-20	−0.3088	0.9750	0.9104	1.1812	2.7597
24	SB10P000-20	−0.5402	1.2062	0.9781	1.2059	6.438
25	S000PA15-20	−0.6040	1.5599	0.9452	1.8453	19.9129
26	SB05PA15-20	−0.4065	1.5172	0.9454	2.1053	14.2346
27	SB10PA15-20	−0.4416	1.3835	0.9758	1.6744	9.7366
28	SB15PA15-20	−0.4081	1.4920	0.9008	2.0237	13.1582
29	SB10PA05-20	−0.4336	1.1816	0.9786	1.3028	5.4063
30	SB10PA10-20	−0.6557	1.6561	0.9015	2.0455	28.9359

注：试件编号最后两个数字代表围压的大小，单位 MPa。

反解式（5-99），可得

$$\begin{cases}\zeta_R^2 = \mathrm{e}^{2\zeta^2-2\mu} - \mathrm{e}^{\zeta^2-2\mu} \\ \mu_R = \mathrm{e}^{\frac{\zeta^2+2\mu}{2}}\end{cases} \tag{5-130}$$

将参数 μ、ζ^2 替换为参数 μ_R^{PC}、$(\zeta_R^{\mathrm{PC}})^2$，然后利用式（5-130）求出各组纤维混凝土的材料参数 μ_R、ζ_R，如表 5-1 所示。对式（5-125）和式（5-126）中的材料参数进行二次拟合，建立损伤阈值随机变量的数学期望与方差和围压与纤维影响因素之间的函数关系：

$$\mu_R^{\mathrm{hf}} = 0.22 + 3967.09\mathrm{e}^{-0.16\frac{P}{f_{\mathrm{cu}}}} r L_0^2 V_{\mathrm{sf}} + 0.125\lambda_{\mathrm{pf}} \tag{5-131}$$

$$(\zeta_R^{\mathrm{hf}})^2 = 256.12 + 3.15\times10^9\mathrm{e}^{-0.13\frac{P}{f_{\mathrm{cu}}}} r^2 L_0^4 V_{\mathrm{sf}} + 3.15\lambda_{\mathrm{pf}} \tag{5-132}$$

拟合结果如图 5-22 所示，从图中可以看出，基于随机损伤力学建立的纤维混凝土随机损伤模型能够较好地反映纤维特征参数和围压的影响，可用于描述不同围压下不同纤维掺量的纤维混凝土的损伤演化过程。

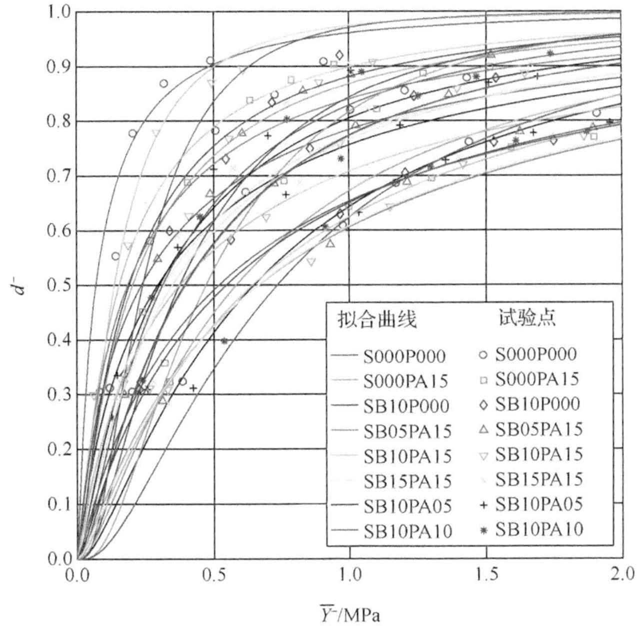

图 5-22　损伤-损伤能释放率关系曲线拟合结果

2. 随机本构模型的数值实现

本节将对 5.2.2 节中建立的纤维混凝土随机损伤本构模型进行数值实现，并对实现过程中的一些改进优化算法进行阐述。建立的随机损伤本构模型的数值实现可以分为弹性区内线弹性力学响应的描述、有效应力空间中弹塑性变形和损伤演化的表征，以及有效应力与名义应力的转换等三大模块。其中，有效应力空间中弹塑性变形的塑性修正与随机损伤演化的积分算法是重点，下面将分别对这两部分的优化数值算法进行详细的阐述。

(1) 优化数值算法

目前对于塑性增量本构模型的数值算法可以分为显式迭代算法——前向欧拉积分和隐式迭代算法——回映算法两大类。其中，第一类显式迭代算法计算简便、方程明确，但这类算法得到的下一迭代步中的状态变量不能严格保证满足屈服准则，这不仅使得模型预测的精确度有所降低，也为材料的加卸载判别带来困难；第二类隐式迭代算法在每一增量步中需要用到一些数值算法对超越方程组进行数值求解，使得算法的计算量急剧增加，但该算法可以保证更新后的各状态变量以计算机能力范围内的任意精度逼近屈服准则，因而使用更为广泛。回映算法一般可分为弹性预测和塑性修正两个步骤：材料进入弹塑性阶段后，首先对当前步的全应变增量 dε 所引起的应力增量进行弹性预测，利用 Kuhn-Tucker 条件判断材料在 dε 变形下是否处于塑性加载；若否，则材料为弹性加载，利用弹性本构计算材料应力张量增量；若是，则需要使用隐式回映算法对弹性试算应力及各个内变量进行塑性修正，将试算应力修正回真实的后继屈服面上，如图 5-23 所示。

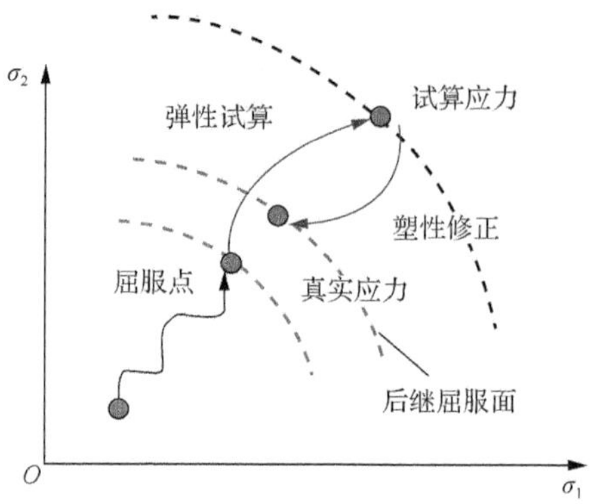

图 5-23　回映算法示意图

在保证计算精度的前提下，为提高计算效率，提出了一种改进的半隐式回映算法。下面将着重介绍该算法的建立过程，并推导得到混杂纤维混凝土在有效应力空间中的弹塑性增量本构的数值算法。

塑性修正是指材料加载时，已知当前增量步（第 n 步）的 $\bar{\boldsymbol{\sigma}}_n$、$\boldsymbol{\varepsilon}_n$、$\boldsymbol{\varepsilon}_n^{\mathrm{p}}$、$\kappa_n$，以及全应变增量 $\Delta\boldsymbol{\varepsilon}_n$ 后，若经过 Kuhn-Tucker 条件判断材料处于弹塑性加载阶段，求解下一增量步（第 n+1 步）需要考虑塑性流动的 $\bar{\boldsymbol{\sigma}}_{n+1}$、$\boldsymbol{\varepsilon}_{n+1}$、$\boldsymbol{\varepsilon}_{n+1}^{\mathrm{p}}$、$\kappa_{n+1}$ 的过程。在这一过程中，有两个基本的约束方程和一些中间变量的关系式如下：

基本约束方程：
$$\begin{cases}\dfrac{\partial F}{\partial \bar{\boldsymbol{\sigma}}}:\mathrm{d}\bar{\boldsymbol{\sigma}}+\dfrac{\partial F}{\partial \kappa}\mathrm{d}\kappa=0 & \text{塑性一致性条件} \quad (5\text{-}133\mathrm{a})\\ \mathrm{d}\bar{\boldsymbol{\sigma}}=\mathbb{C}_0:(\mathrm{d}\boldsymbol{\varepsilon}-\mathrm{d}\boldsymbol{\varepsilon}^{\mathrm{p}}) & \text{弹性本构关系} \quad (5\text{-}133\mathrm{b})\end{cases}$$

中间变量关系式：
$$\begin{cases}\mathrm{d}\boldsymbol{\varepsilon}^{\mathrm{p}}=\mathrm{d}\lambda^{\mathrm{p}}\dfrac{\partial G^{\mathrm{p}}}{\partial \bar{\boldsymbol{\sigma}}} & \text{塑性流动法则} \quad (5\text{-}133\mathrm{c})\\ \mathrm{d}\kappa=\sqrt{\dfrac{2}{3}\mathrm{d}\boldsymbol{\varepsilon}^{\mathrm{p}}:\mathrm{d}\boldsymbol{\varepsilon}^{\mathrm{p}}} & \text{塑性内变量定义} \quad (5\text{-}133\mathrm{d})\end{cases}$$

其中，加载过程中的塑性一致性条件式（5-133a）等价于屈服准则 $F(\bar{\boldsymbol{\sigma}},\kappa)\equiv 0$，在本节中，屈服函数 $F(\bar{\boldsymbol{\sigma}},\kappa)$ 取 Willam-Warnke 五参数模型，塑性势 $G^{\mathrm{p}}(\bar{\boldsymbol{\sigma}})$ 取改进的 Drucker-Prager 函数[27-28]［式（5-23）］。

塑性修正的过程本质是求解上述方程组（5-133）的过程，即求得当前步的 $\Delta\bar{\boldsymbol{\sigma}}_n=\bar{\boldsymbol{\sigma}}_{n+1}-\bar{\boldsymbol{\sigma}}_n$、$\Delta\boldsymbol{\varepsilon}_n^{\mathrm{p}}=\boldsymbol{\varepsilon}_{n+1}^{\mathrm{p}}-\boldsymbol{\varepsilon}_n^{\mathrm{p}}$、$\Delta\kappa_n=\kappa_{n+1}-\kappa_n$ 和 $\mathrm{d}\lambda_n^{\mathrm{p}}$，使其满足方程组（5-133），也即求出一组解向量 $\left[\bar{\boldsymbol{\sigma}}_{n+1},\kappa_{n+1},\Delta\boldsymbol{\varepsilon}_n^{\mathrm{p}},\Delta\lambda_n^{\mathrm{p}}\right]^{\mathrm{T}}$，使之满足方程组

$$\begin{cases}F(\bar{\boldsymbol{\sigma}}_{n+1},\kappa_{n+1})=0 & (5\text{-}134\mathrm{a})\\ \bar{\boldsymbol{\sigma}}_{n+1}-\bar{\boldsymbol{\sigma}}_n-\mathbb{C}_0:(\Delta\boldsymbol{\varepsilon}-\Delta\boldsymbol{\varepsilon}_n^{\mathrm{p}})=0 & (5\text{-}134\mathrm{b})\\ \Delta\boldsymbol{\varepsilon}_n^{\mathrm{p}}-\Delta\lambda_n^{\mathrm{p}}\Gamma(\bar{\boldsymbol{\sigma}}_{n+1},\kappa_{n+1})=0 & (5\text{-}134\mathrm{c})\\ \kappa_{n+1}-\kappa_n-\Delta\lambda_n^{\mathrm{p}}\Upsilon(\bar{\boldsymbol{\sigma}}_{n+1},\kappa_{n+1})=0 & (5\text{-}134\mathrm{d})\end{cases}$$

在求解方程组的过程中，函数 $\Gamma(\bar{\boldsymbol{\sigma}},\kappa)=\dfrac{\partial F(\bar{\boldsymbol{\sigma}},\kappa)}{\partial\bar{\boldsymbol{\sigma}}}$ 及 $\Upsilon(\bar{\boldsymbol{\sigma}})=\sqrt{\dfrac{2}{3}\dfrac{\partial F}{\partial\bar{\boldsymbol{\sigma}}}:\dfrac{\partial F}{\partial\bar{\boldsymbol{\sigma}}}}$ 均作为未知量 $(\bar{\boldsymbol{\sigma}}_{n+1},\kappa_{n+1})$ 的函数参与迭代，且迭代中涉及它们关于待求未知量的求导，如 $\dfrac{\partial\Gamma}{\partial\bar{\boldsymbol{\sigma}}}$、$\dfrac{\partial\Upsilon}{\partial\bar{\boldsymbol{\sigma}}}$、$\dfrac{\partial\Gamma}{\partial\kappa}$ 等，因此采用 Newton-Raphson 法迭代计算的成本大幅增加。

事实上，由于函数 $\Gamma(\bar{\boldsymbol{\sigma}},\kappa)$ 为自变量 $(\bar{\boldsymbol{\sigma}},\kappa)$ 的连续可微函数，将其在 $(\bar{\boldsymbol{\sigma}}_n,\kappa_n)$ 处进行泰勒展开，有

$$\begin{aligned}\Gamma(\bar{\boldsymbol{\sigma}},\kappa)=\Gamma(\bar{\boldsymbol{\sigma}}_n,\kappa_n)&+\left.\frac{\partial\Gamma(\bar{\boldsymbol{\sigma}},\kappa)}{\partial\bar{\boldsymbol{\sigma}}}\right|_{\substack{\bar{\boldsymbol{\sigma}}=\bar{\boldsymbol{\sigma}}_n\\ \kappa=\kappa_n}}:(\bar{\boldsymbol{\sigma}}-\bar{\boldsymbol{\sigma}}_n)\\&+\left.\frac{\partial\Gamma(\bar{\boldsymbol{\sigma}},\kappa)}{\partial\kappa}\right|_{\substack{\bar{\boldsymbol{\sigma}}=\bar{\boldsymbol{\sigma}}_n\\ \kappa=\kappa_n}}(\kappa-\kappa_n)+o(\Delta\bar{\boldsymbol{\sigma}},\Delta\kappa)\end{aligned}\tag{5-135}$$

式中，$o(\Delta\bar{\boldsymbol{\sigma}},\Delta\kappa)$ 表示 $\Delta\bar{\boldsymbol{\sigma}}$ 和 $\Delta\kappa$ 的高阶无穷小。当增量步趋近于无穷小时，有 $\Delta\lambda_n^{\mathrm{p}}\to0$、$\Delta\bar{\boldsymbol{\sigma}}\to\mathrm{d}\bar{\boldsymbol{\sigma}}$、$\Delta\kappa\to\mathrm{d}\kappa$，则

$$\begin{aligned}\Delta\lambda_n^{\mathrm{p}}\Gamma(\bar{\boldsymbol{\sigma}}_{n+1},\kappa_{n+1})&=\Delta\lambda_n^{\mathrm{p}}\Gamma(\bar{\boldsymbol{\sigma}}_n,\kappa_n)+\Delta\lambda_n^{\mathrm{p}}\left(\frac{\partial\Gamma}{\partial\bar{\boldsymbol{\sigma}}}:\mathrm{d}\bar{\boldsymbol{\sigma}}+\frac{\partial\Gamma}{\partial\kappa}\mathrm{d}\kappa+o(\mathrm{d}\bar{\boldsymbol{\sigma}},\mathrm{d}\kappa)\right)\\&=\Delta\lambda_n^{\mathrm{p}}\Gamma(\bar{\boldsymbol{\sigma}}_n,\kappa_n)+o(\Delta\lambda_n^{\mathrm{p}})=\Delta\lambda_n^{\mathrm{p}}\Gamma(\bar{\boldsymbol{\sigma}}_n,\kappa_n)+o(\Delta\lambda_n^{\mathrm{p}})\end{aligned}\tag{5-136}$$

可见，将函数 $\Gamma(\bar{\boldsymbol{\sigma}},\kappa)$ 作为未知量 $(\bar{\boldsymbol{\sigma}}_{n+1},\kappa_{n+1})$ 的函数参与 Newton-Raphson 迭代运算，与将其作为已知量 $(\bar{\boldsymbol{\sigma}}_n,\kappa_n)$ 所确定的常数参与 Newton-Raphson 迭代，在每一迭代步中只相差一个 $\Delta\lambda_n^{\mathrm{p}}$ 的高阶无穷小 $o(\Delta\lambda_n^{\mathrm{p}})$，这一项在积分后仍远小于 $\Delta\lambda_n^{\mathrm{p}}$。因此，可以将 Newton-Raphson 迭代格式中的函数系数 $\Gamma(\bar{\boldsymbol{\sigma}}_{n+1},\kappa_{n+1})$ 替换为由当前增量步（第 n 步）各状态变量所确定的已知数值 $\Gamma(\bar{\boldsymbol{\sigma}}_n,\kappa_n)$，从而大幅节约计算成本，即

$$\begin{cases}F(\bar{\boldsymbol{\sigma}}_{n+1},\kappa_{n+1})=0 & \text{(5-137a)}\\ \bar{\boldsymbol{\sigma}}_{n+1}-\bar{\boldsymbol{\sigma}}_n-\mathbb{C}_0:(\Delta\boldsymbol{\varepsilon}-\Delta\boldsymbol{\varepsilon}_n^{\mathrm{p}})=0 & \text{(5-137b)}\\ \Delta\boldsymbol{\varepsilon}_n^{\mathrm{p}}-\Delta\lambda_n^{\mathrm{p}}\Gamma(\bar{\boldsymbol{\sigma}}_n,\kappa_n)=0 & \text{(5-137c)}\\ \kappa_{n+1}-\kappa_n-\Delta\lambda_n^{\mathrm{p}}\Upsilon(\bar{\boldsymbol{\sigma}}_n,\kappa_n)=0 & \text{(5-137d)}\end{cases}$$

进一步，由方程组（5-137）的后三个方程可知

$$\begin{cases}\bar{\boldsymbol{\sigma}}_{n+1}=\bar{\boldsymbol{\sigma}}_n+\mathbb{C}_0:\left[\Delta\boldsymbol{\varepsilon}-\Delta\boldsymbol{\varepsilon}_n^{\mathrm{p}}\right]=\bar{\boldsymbol{\sigma}}_{n+1}^{\mathrm{trial}}-\Delta\lambda_n^{\mathrm{p}}\mathbb{C}_0:\Gamma(\bar{\boldsymbol{\sigma}}_n,\kappa_n)\triangleq\bar{\boldsymbol{\sigma}}_{n+1}(\Delta\lambda_n^{\mathrm{p}}) & \text{(5-138a)}\\ \kappa_{n+1}=\kappa_n+\Delta\lambda_n^{\mathrm{p}}\Upsilon(\bar{\boldsymbol{\sigma}}_n,\kappa_n)\triangleq\kappa_{n+1}(\Delta\lambda_n^{\mathrm{p}}) & \text{(5-138b)}\end{cases}$$

式（5-138a）中 $\bar{\boldsymbol{\sigma}}_{n+1}\triangleq\bar{\boldsymbol{\sigma}}_{n+1}(\Delta\lambda_n^{\mathrm{p}})$，是未知张量 $\bar{\boldsymbol{\sigma}}_{n+1}$ 关于未知标量 $\Delta\lambda_n^{\mathrm{p}}$ 的解析表达式，直接通过式（5-138a）即可实现对未知张量 $\bar{\boldsymbol{\sigma}}_{n+1}$ 的消元。

由方程组（5-138）即可得到未知量 $\bar{\boldsymbol{\sigma}}_{n+1}$、$\kappa_{n+1}$、$\Delta\boldsymbol{\varepsilon}_n^{\mathrm{p}}$ 关于未知量 $\Delta\lambda_n^{\mathrm{p}}$ 和当前增量步（第 n 步）中各状态变量的解析表达式，将它们代入下一步（第 n+1 步）的屈服条件中，可知方程（5-137a）等价于

$$F\left(\overline{\boldsymbol{\sigma}}_{n+1}(\Delta\lambda_n^{\mathrm{p}}),\kappa_{n+1}(\Delta\lambda_n^{\mathrm{p}})\right)=0 \tag{5-139}$$

记函数

$$\varLambda'(\Delta\lambda_n^{\mathrm{p}})\underline{\underline{\mathrm{def}}}F\left(\overline{\boldsymbol{\sigma}}_{n+1}(\Delta\lambda_n^{\mathrm{p}}),\kappa_{n+1}(\Delta\lambda_n^{\mathrm{p}})\right) \tag{5-140}$$

则非线性方程

$$\varLambda'(\Delta\lambda_n^{\mathrm{p}})=0 \tag{5-141}$$

的解即为当前增量步的待求未知量$\Delta\lambda_n^{\mathrm{p}}$。

采用 Newton-Raphson 法求解此方程组，其迭代格式为

$$\begin{cases}(\Delta\lambda_n^{\mathrm{p}})^{(k+1)}=(\Delta\lambda_n^{\mathrm{p}})^{(k)}+\delta(\Delta\lambda_n^{\mathrm{p}})^{(k)}\\ \varLambda'\left((\Delta\lambda_n^{\mathrm{p}})^{(k)}\right)+\left.\dfrac{\mathrm{d}\varLambda'}{\mathrm{d}(\Delta\lambda_n^{\mathrm{p}})}\right|_{\Delta\lambda_n^{\mathrm{p}}=(\Delta\lambda_n^{\mathrm{p}})^{(k)}}\cdot\delta(\Delta\lambda_n^{\mathrm{p}})^{(k)}=0\end{cases} \tag{5-142}$$

利用式（5-138a），可得

$$\begin{aligned}\frac{\mathrm{d}\varLambda'(\Delta\lambda_n^{\mathrm{p}})}{\mathrm{d}(\Delta\lambda_n^{\mathrm{p}})}&=\frac{\partial F(\overline{\boldsymbol{\sigma}}_{n+1},\kappa_{n+1})}{\partial\overline{\boldsymbol{\sigma}}_{n+1}}:\frac{\mathrm{d}\overline{\boldsymbol{\sigma}}_{n+1}}{\mathrm{d}(\Delta\lambda_n^{\mathrm{p}})}+\frac{\partial F(\overline{\boldsymbol{\sigma}}_{n+1},\kappa_{n+1})}{\partial\kappa_{n+1}}\frac{\mathrm{d}\kappa_{n+1}}{\mathrm{d}(\Delta\lambda_n^{\mathrm{p}})}\\&=-\frac{\partial F(\overline{\boldsymbol{\sigma}}_{n+1},\kappa_{n+1})}{\partial\overline{\boldsymbol{\sigma}}_{n+1}}:\mathbb{C}_0:\varGamma(\overline{\boldsymbol{\sigma}}_n,\kappa_n)+\frac{\partial F(\overline{\boldsymbol{\sigma}}_{n+1},\kappa_{n+1})}{\partial\kappa_{n+1}}\varUpsilon(\overline{\boldsymbol{\sigma}}_n,\kappa_n)\end{aligned} \tag{5-143}$$

则

$$\begin{aligned}\left.\frac{\mathrm{d}\varLambda'(\Delta\lambda_n^{\mathrm{p}})}{\mathrm{d}(\Delta\lambda_n^{\mathrm{p}})}\right|_{\Delta\lambda_n^{\mathrm{p}}=(\Delta\lambda_n^{\mathrm{p}})^{(k)}}&=-\left.\frac{\partial F(\overline{\boldsymbol{\sigma}}_{n+1},\kappa_{n+1})}{\partial\overline{\boldsymbol{\sigma}}_{n+1}}\right|_{\substack{\overline{\boldsymbol{\sigma}}_{n+1}=\overline{\boldsymbol{\sigma}}_{n+1}\left((\Delta\lambda_n^{\mathrm{p}})^{(k)}\right)\\ \kappa_{n+1}=\kappa_{n+1}\left((\Delta\lambda_n^{\mathrm{p}})^{(k)}\right)}}:\mathbb{C}_0:\varGamma(\overline{\boldsymbol{\sigma}}_n,\kappa_n)\\&\quad+\left.\frac{\partial F(\overline{\boldsymbol{\sigma}}_{n+1},\kappa_{n+1})}{\partial\kappa_{n+1}}\right|_{\substack{\overline{\boldsymbol{\sigma}}_{n+1}=\overline{\boldsymbol{\sigma}}_{n+1}\left((\Delta\lambda_n^{\mathrm{p}})^{(k)}\right)\\ \kappa_{n+1}=\kappa_{n+1}\left((\Delta\lambda_n^{\mathrm{p}})^{(k)}\right)}}\varUpsilon(\overline{\boldsymbol{\sigma}}_n,\kappa_n)\\&\triangleq-\left(\frac{\partial F}{\partial\overline{\boldsymbol{\sigma}}}\right)^{(k)}:\mathbb{C}_0:\varGamma(\overline{\boldsymbol{\sigma}}_n,\kappa_n)+\left(\frac{\partial F}{\partial\kappa}\right)^{(k)}\varUpsilon(\overline{\boldsymbol{\sigma}}_n,\kappa_n)\end{aligned} \tag{5-144}$$

最终可得优化回映算法的迭代格式：

$$(\Delta\lambda_n^{\mathrm{p}})^{(k+1)}=(\Delta\lambda_n^{\mathrm{p}})^{(k)}-\frac{\varLambda'\left((\Delta\lambda_n^{\mathrm{p}})^{(k)}\right)}{-\left(\dfrac{\partial F}{\partial\overline{\boldsymbol{\sigma}}}\right)^{(k)}:\mathbb{C}_0:\varGamma(\overline{\boldsymbol{\sigma}}_n,\kappa_n)+\left(\dfrac{\partial F}{\partial\kappa}\right)^{(k)}\varUpsilon(\overline{\boldsymbol{\sigma}}_n,\kappa_n)} \tag{5-145}$$

迭代的初值可以设为$(\Delta\lambda_n^{\mathrm{p}})^{(1)}=0$，终止条件可以设为

$$\left|1-\frac{(\Delta\lambda_n^{\mathrm{p}})^{(k+1)}}{(\Delta\lambda_n^{\mathrm{p}})^{(k)}}\right|\to 0\text{或}\left|\varLambda'\left((\Delta\lambda_n^{\mathrm{p}})^{(k)}\right)\right|\to 0 \tag{5-146}$$

通过当前增量步（第 n 步）的塑性流动因子$\Delta\lambda_n^{\mathrm{p}}$数值，可以求得下一增量步（第 n+1 步）中的各状态变量为

$$\begin{cases}\kappa_{n+1}=\kappa_n+\Delta\lambda_n^{\mathrm{p}}\Upsilon(\bar{\boldsymbol{\sigma}}_n)\\ \bar{\boldsymbol{\sigma}}_{n+1}=\bar{\boldsymbol{\sigma}}_{n+1}^{\mathrm{trial}}-\Delta\lambda_n^{\mathrm{p}}\mathbb{C}_0:\Gamma(\bar{\boldsymbol{\sigma}}_n,\kappa_n)\\ \boldsymbol{\varepsilon}_{n+1}^{\mathrm{p}}=\boldsymbol{\varepsilon}_n^{\mathrm{p}}+\Delta\boldsymbol{\varepsilon}_n^{\mathrm{p}}=\boldsymbol{\varepsilon}_n^{\mathrm{p}}+\Delta\lambda_n^{\mathrm{p}}\Upsilon(\bar{\boldsymbol{\sigma}}_n,\kappa_n)\end{cases}\tag{5-147}$$

方程（5-145）即为优化回映算法的最终迭代格式，该算法不仅在数学推导上更加简明，迭代过程的计算公式也更加简洁高效，且迭代格式不依赖于任何塑性势的具体表达式，因而更具普适性。

在得到有效应力空间中的应力增量后，还需要对有效应力进行损伤修正以得到具有宏观意义的名义应力，这一计算过程涉及随机损伤力学中损伤演化方程的积分算法。

由已定义的损伤演化方程可以看出，混杂纤维混凝土的损伤演化速率取决于当前增量步的损伤能释放率的大小：

$$\bar{Y}^-=\frac{1}{2}\bar{\boldsymbol{\sigma}}^-:\boldsymbol{\varepsilon}^{\mathrm{e}}+\int_0^{\boldsymbol{\varepsilon}^{\mathrm{p}}}\bar{\boldsymbol{\sigma}}^-:\mathrm{d}\boldsymbol{\varepsilon}^{\mathrm{p}}\tag{5-148}$$

$$\bar{Y}^+=\frac{1}{2}\bar{\boldsymbol{\sigma}}^+:\boldsymbol{\varepsilon}^{\mathrm{e}}\tag{5-149}$$

对于积分项 $\int_0^{\boldsymbol{\varepsilon}^{\mathrm{p}}}\bar{\boldsymbol{\sigma}}^-:\mathrm{d}\boldsymbol{\varepsilon}^{\mathrm{p}}$，由于被积函数 $\bar{\boldsymbol{\sigma}}^-$ 与积分变量 $\boldsymbol{\varepsilon}^{\mathrm{p}}$ 之间的解析关系式并不明确，采用一阶 Newton-Cotes（牛顿-科茨）积分公式（梯形公式）进行数值计算，即

$$\int_0^{\boldsymbol{\varepsilon}^{\mathrm{p}}}\bar{\boldsymbol{\sigma}}^-:\mathrm{d}\boldsymbol{\varepsilon}^{\mathrm{p}}\approx\sum_{k=0}^{n-1}\frac{\bar{\boldsymbol{\sigma}}_k^-+\bar{\boldsymbol{\sigma}}_{k+1}^-}{2}:\Delta\boldsymbol{\varepsilon}_k^{\mathrm{p}}\tag{5-150}$$

式中，$\bar{\boldsymbol{\sigma}}_{k+1}^-$ 由有效应力空间中的弹性或弹塑性本构模型计算得到。由此，可得当前步（第 n 步）损伤能释放率的数值计算公式为

$$\bar{Y}_n^-=\frac{1}{2}\bar{\boldsymbol{\sigma}}_n^-:\boldsymbol{\varepsilon}_n^{\mathrm{p}}+\sum_{k=0}^{n-1}\frac{\bar{\boldsymbol{\sigma}}_k^-+\bar{\boldsymbol{\sigma}}_{k+1}^-}{2}:\Delta\boldsymbol{\varepsilon}_k^{\mathrm{p}}\tag{5-151}$$

$$\bar{Y}_n^+=\frac{1}{2}\bar{\boldsymbol{\sigma}}_n^+:\boldsymbol{\varepsilon}_n^{\mathrm{p}}\tag{5-152}$$

（2）积分算法的计算流程

在对塑性修正模块和损伤模块进行优化后，将其进一步整合为名义应力空间中的混杂纤维混凝土弹塑性随机损伤本构模型数值算法，总体框架如图 5-24 所示，详细计算流程见图 5-25。

1）开始程序，赋初值 $n\leftarrow1$、$d^{\pm}\leftarrow0$、$k\leftarrow0$。

2）开始第 n 个增量步。

3）给每个单元分配试算应变张量。

4）利用屈服准则判断该单元是否处于弹性区：

若是，转第 5）步；

若否，转第 6）步。

5）进行线弹性计算，更新有效应力张量，转第 9）步。

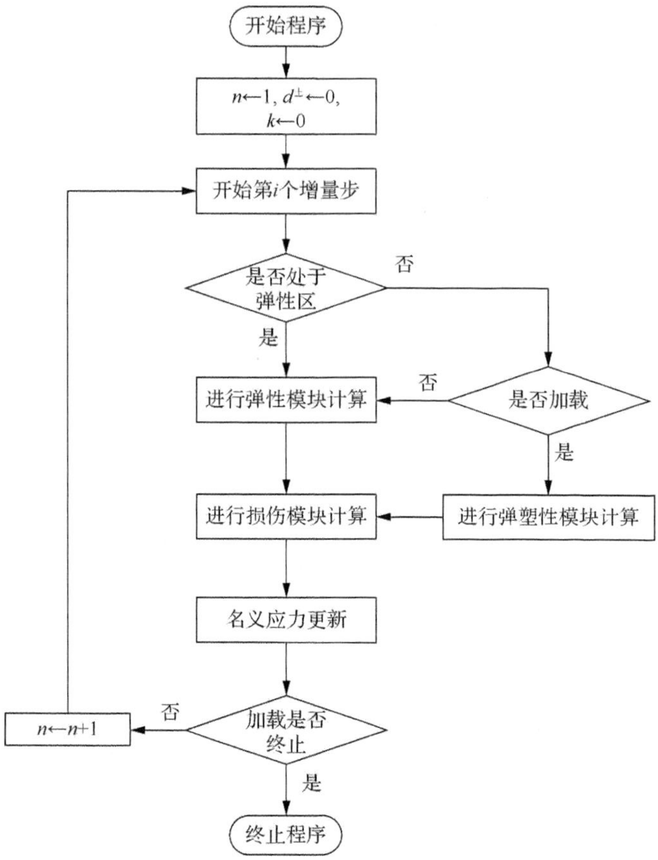

图 5-24　混杂纤维混凝土随机损伤本构模型数值计算总体框架图

6）利用 Kuhn-Tucker 条件判断材料是否处于加载：

若是，转第 7）步；

若否，转第 5）步。

7）利用半隐式优化回映算法计算下一增量步的有效应力张量、塑性应变张量、塑性参数，转第 8）步。

8）利用损伤模型方程更新损伤内变量 $d^{\pm}$，转第 9）步。

9）进行有效应力-名义应力变换。

10）判断加载是否终止：

若是，转第 12）步；

若否，转第 11）步。

11）判断当前试算应变场是否符合变形协调条件、力平衡方程及边界条件：

若是，输出当前步各状态变量，更新 $n \leftarrow n+1$，返回第 2）步；

若否，返回第 3）步。

12）终止程序。

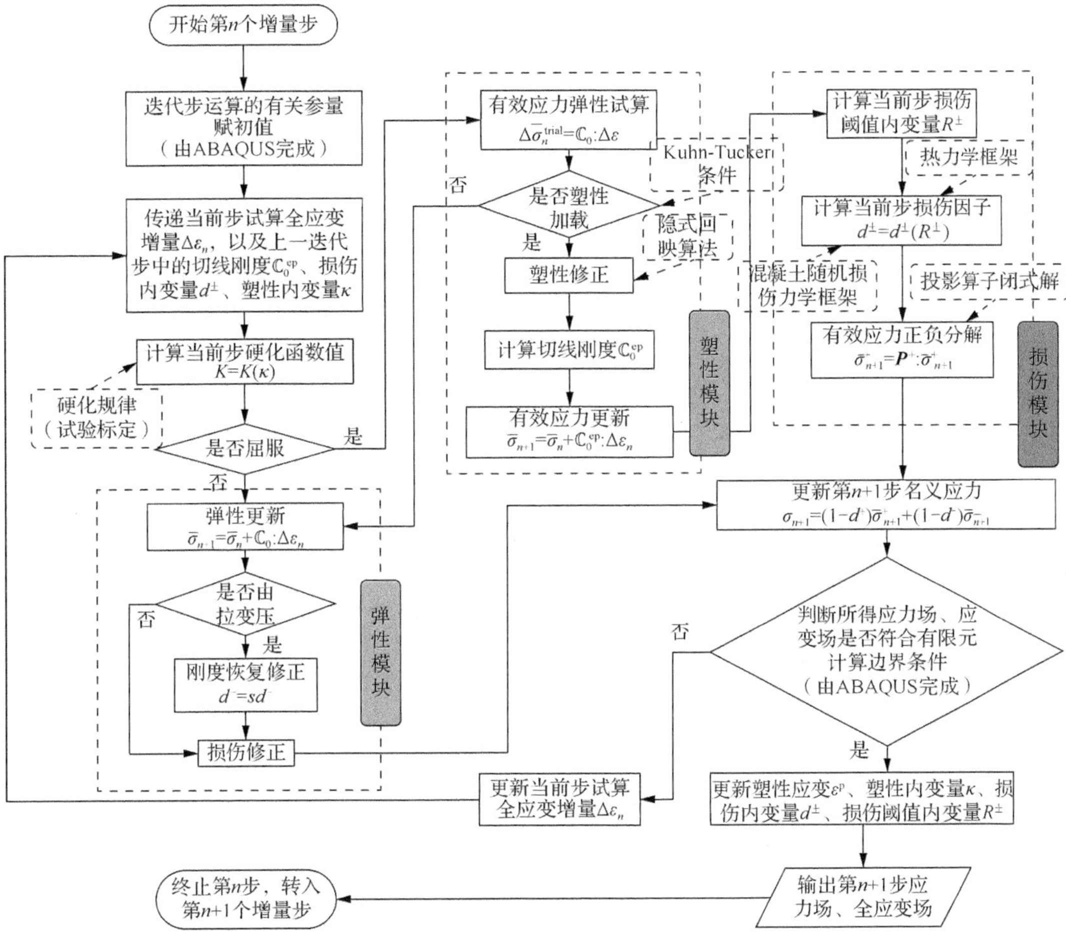

图 5-25　混杂纤维混凝土随机损伤本构模型数值计算详细流程图

3. 随机本构模型的试验验证

对已建立的混杂纤维混凝土弹塑性随机损伤本构模型进行用户材料子程序 UMAT 编译，计算混杂纤维混凝土在多轴复杂应力状态下的力学响应及损伤演化规律，并与相互独立的试验数据进行对比分析，验证所提本构模型的适用性和可靠性。

在有限元软件 ABAQUS 中建立一个三维实体单元的有限元分析模型，并定义材料的弹性模量、泊松比、纤维特征参数，以及至少 7 个 DEPVAR（本书模型的 UMAT 至少需要 7 个 STATEV）。依次设置循环加卸载步骤、边界条件及荷载等，并关联 UMAT 用户自定义子程序提交计算。将有限元模拟计算的历史场变量数据列表输出后在 MATLAB 中进行绘制，并将其与试验数据进行对比分析，结果如图 5-26 所示。从图中可以看出，理论本构模型计算得到的应力-应变结果与试验数据吻合较好。

彩图 5-26

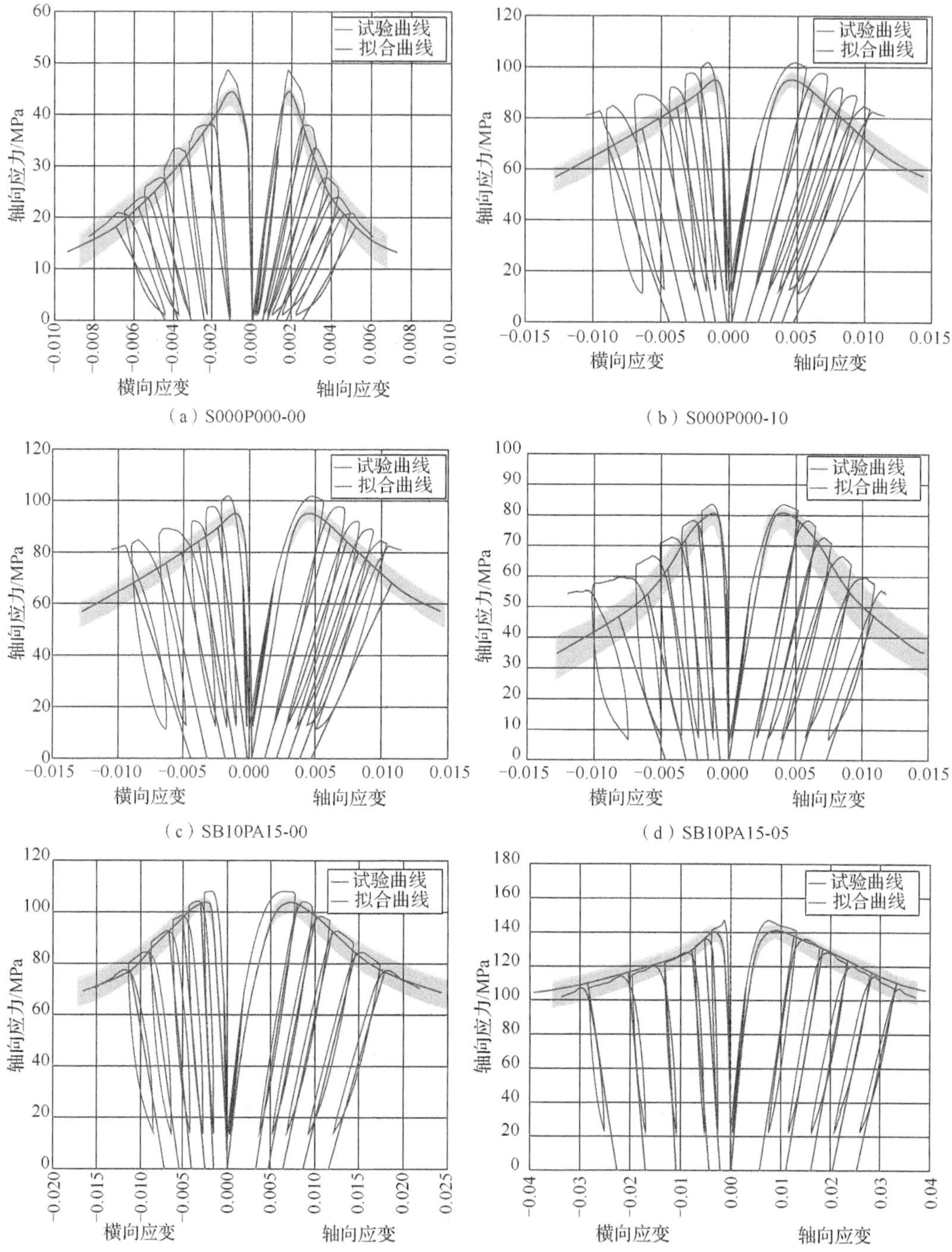

（a）S000P000-00　（b）S000P000-10

（c）SB10PA15-00　（d）SB10PA15-05

（e）SB10PA15-10　（f）SB10PA15-20

图 5-26　建议模型的预测曲线与前期试验实测结果的对比验证

图 5-27 为数值计算结果与已有文献[29]～[31]试验数据对比图。从图中可以看出，提出的随机损伤本构模型不仅可以较好地预测混杂纤维混凝土单轴、常规三轴单调及循环加载下的应力-应变行为，也可退化描述普通混凝土力学行为。需要指出的是，从

图 5-27（e）和（f）可以看出，模型的预测也存在一定的局限性，主要表现为对低强混凝土（如 C20）的预测能力弱于高强混凝土（如 C65）、对高围压（如 P>14MPa）下本构行为的预测能力弱于低围压（如 P<14MPa）、对轴向应力-横向应变行为的预测能力弱于轴向应力-轴向应变。

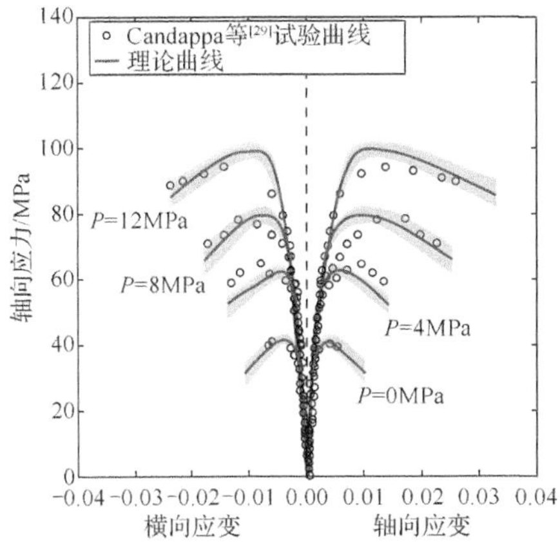

（a）与Candappa等[29]试验对比（C40）

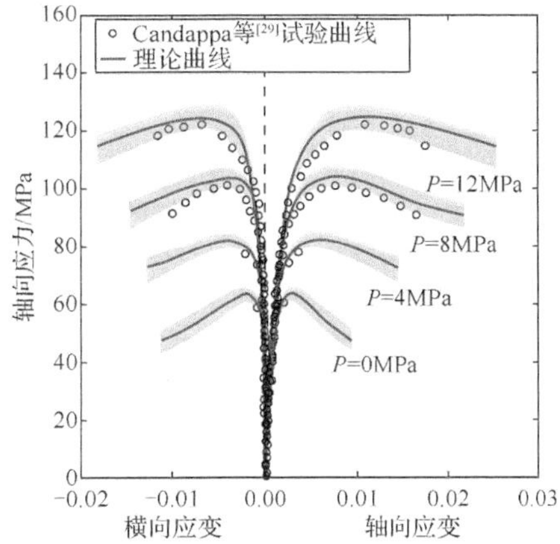

（b）与Candappa等[29]试验对比（C60）

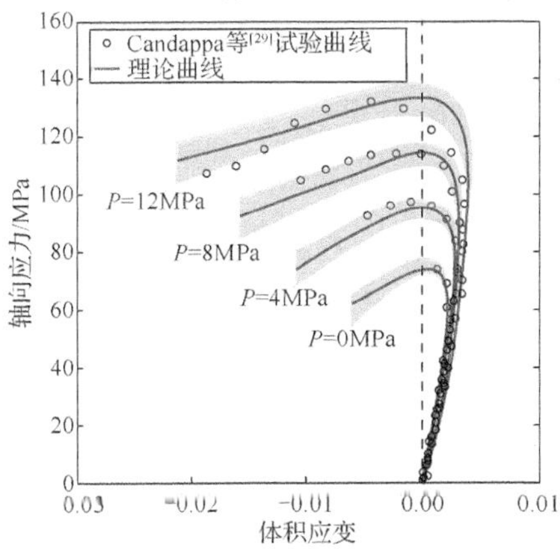

（c）与Candappa等[29]试验对比（C75）

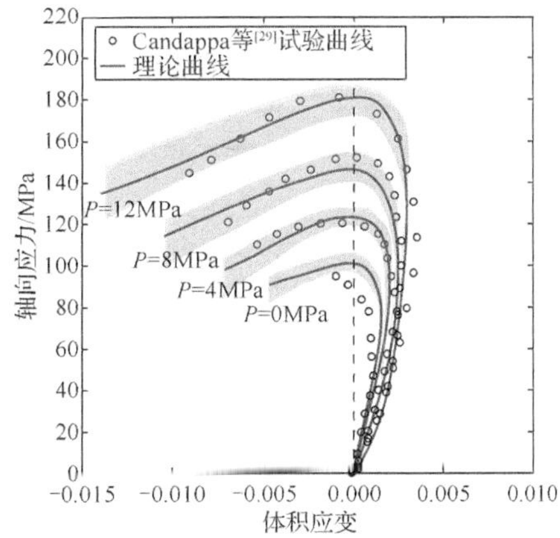

（d）与Candappa等[29]试验对比（C100）

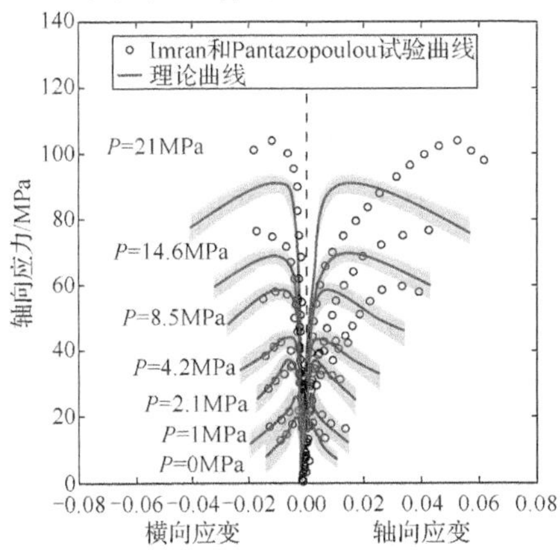

（e）与Imran和Pantazopoulou[30]试验对比（C20）

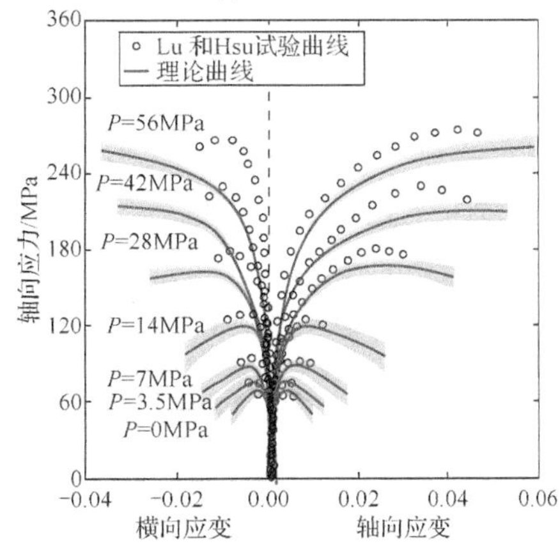

（f）与Lu 和Hsu[31]试验对比（C65）

图 5-27　建议模型计算曲线与已有文献试验曲线的对比验证

参 考 文 献

[1] Simo J C, Ju J W. Strain-and stress-based continuum damage models—I. Formulation[J]. International Journal of Solids and Structures, 1987, 23(7): 821-840.

[2] 中华人民共和国住房和城乡建设部. 混凝土结构通用规范：GB 55008—2021[S]. 北京：中国建筑工业出版社，2021.

[3] 吴建营. 基于损伤能释放率的混凝土弹塑性损伤本构模型及其在结构非线性分析中的应用[D]. 上海：同济大学，2004.

[4] 刘军. 混凝土损伤本构模型研究及其数值实现[D]. 大连：大连理工大学，2012.

[5] Oliver J, Cervera M, Oller S, et al. Isotropic damage models and smeared crack analysis of concrete[C]// Proceedings of SCI-C Computer Aided Analysis and Design of Concrete Structures. Swansea, UK: Pineridge Press, 1990: 945-958.

[6] 李正，李忠献. 一种修正的混凝土弹性损伤本构模型及其应用[J]. 工程力学，2011，28（8）：145-150.

[7] ACI Committee 318. Building code requirements for structural concrete: ACI 318—19[S]. ACI, 2019.

[8] 张元元. 钢-聚丙烯混杂纤维混凝土单轴受压本构关系与受拉性能研究[D]. 武汉：武汉大学，2010.

[9] 李彪. 钢-聚丙烯混杂纤维混凝土弹塑性损伤本构关系及数值实现[D]. 武汉：武汉大学，2018.

[10] 梅国栋. 钢-聚丙烯混杂纤维混凝土单轴受拉性能与本构关系研究[D]. 武汉：武汉大学，2014.

[11] Faria R, Oliver J, Cervera M. A strain-based plastic viscous-damage model for massive concrete structures[J]. International Journal of Solids and Structures, 1998, 35(14): 1533-1558.

[12] CEB-FIP. International federation for structural concrete: Model Code 2010[S]. Lausanne, Switzerland, 2011.

[13] 聂建国，王宇航. ABAQUS 中混凝土本构模型用于模拟结构静力行为的比较研究[J]. 工程力学，2013（4）：59-67.

[14] 高丹盈，赵军，朱海堂. 钢纤维混凝土的设计与应用[M]. 北京：中国建筑工业出版社，2002.

[15] 杨萌，黄承逵. 钢纤维高强混凝土轴拉性能试验研究[J]. 土木工程学报，2006，39（3）：55-61.

[16] 韩嵘，赵顺波，曲福来. 钢纤维混凝土抗拉性能试验研究[J]. 土木工程学报，2006，39（11）：63-67.

[17] 徐礼华，梅国栋，黄乐，等. 钢-聚丙烯混杂纤维混凝土轴心受拉应力-应变关系研究[J]. 土木工程学报，2014（7）：35-45.

[18] Karsan I D, Jirsa J O. Behavior of concrete under compressive loadings[J]. Journal of the Structural Division, 1969, 95(12): 2543-2564.

[19] Otter D E, Naaman A E. Properties of steel fiber reinforced concrete under cyclic load[J]. ACI Materials Journal, 1988, 85(4): 254-261.

[20] Traina L A, Mansour S A. Biaxial strength and deformational behavior of plain and steel fiber concrete[J]. ACI Materials Journal, 1991, 88(4): 354-362.

[21] Sfer D, Carol I, Gettu R, et al. Study of the behavior of concrete under triaxial compression[J]. Journal of Engineering Mechanics, 2002, 128(2): 156-163.

[22] Chi Y. Plasticity theory based constitutive modelling of hybrid fibre reinforced concrete[D]. Ningbo: University of Nottingham Ningbo China, 2012.

[23] Li B, Chi Y, Xu L H, et al. Experimental investigation on the flexural behavior of steel-polypropylene hybrid fiber reinforced concrete[J]. Construction and Building Materials, 2018, 191: 80-94.

[24] Li Y, Ellingwood B R. Hurricane damage to residential construction in the US: importance of uncertainty modeling in risk assessment[J]. Engineering Structures, 2006, 28(7): 1009-1018.

[25] Deng F, Ding X, Chi Y, et al. The pull-out behavior of straight and hooked-end steel fiber from hybrid fiber reinforced cementitious composite: experimental study and analytical modelling[J]. Composite Structures, 2018, 206: 693-712.

[26] Lemaitre J. A continuous damage mechanics model for ductile fracture[J]. Journal of Engineering Materials & Technology-Transactions of the ASME, 1985, 107(1): 83-89.

[27] Chi Y, Xu L H, Zhang Y Y. Experimental study on hybrid fiber-reinforced concrete subjected to uniaxial compression[J]. Journal of Materials in Civil Engineering, 2014, 26(2): 211-218.

[28] Chi Y, Xu L H, Yu H S. Constitutive modeling of steel-polypropylene hybrid fiber reinforced concrete using a non-associated plasticity and its numerical implementation[J]. Composite Structures, 2014, 111: 497-509.

[29] Candappa D C, Sanjayan J G, Setunge S. Complete triaxial stress-strain curves of high-strength concrete[J]. Journal of Materials in Civil Engineering, 2001, 13(3): 209-215.

[30] Imran I, Pantazopoulou S J. Experimental study of plain concrete under triaxial stress[J]. ACI Materials Journal, 1996, 93(6): 589-601.

[31] Lu X, Hsu C. Tangent Poisson's ratio of high-strength concrete in triaxial compression[J]. Magazine of Concrete Research, 2007, 59(1): 69-77.

第 6 章　数据驱动的纤维混凝土本构模型

传统纤维混凝土本构模型的建立是基于试验结果，首先构建经验或理论本构模型，然后利用实测数据进行相关模型参数的标定。对于复杂的材料行为，经验模型变得越来越复杂，也越来越难以修正，同时经验模型还有一定的局限性。随着计算机技术的飞速发展，以数字孪生、人工智能为核心的大数据理念正深刻地影响着现代人认知世界的思维模式，逐渐孕育发展出了一种基于大数据分析来揭示材料力学响应规律的力学分析方法，采用数据挖掘构建材料本构模型。

本章基于本书作者所在课题组十多年来有关纤维混凝土力学性能的试验结果建立专门的数据库，通过数据驱动的方法将试验数据自动映射到本构模型中，使模型根据数据的输入进行动态调整以不断接近真实结果。在保证计算精度的前提下，该模型能够大幅度减少纤维混凝土材料本构模型的构建成本。

6.1　纤维混凝土力学性能数据库建立

数据库是按照数据结构来组织、存储和管理数据的“仓库”，也是一个能够长期存储在计算机内有组织、可共享的数据集合，可以通过数据库提供的接口和 SQL 语言便捷地在各个应用程序之间进行各种数据的操作。数据库在土木工程领域的应用十分广泛。例如，1999 年，陈华婷等[1]提出采用结构试验科学数据库对试验数据进行存储和分析，并进行了数据库结构设计、数据录入、数据显示等方面的工作。2005 年，何庆锋[2]结合软件工程特点，进行了远程协同试验数据入库效率研究。

6.1.1　数据库设计

为构建数据驱动的纤维混凝土本构模型，首先必须对分散保存在不同 Excel 或者 txt 文件中的纤维混凝土力学性能试验数据进行统一汇总，建立一个专门的数据库用以存储相关试验数据。

纤维混凝土力学性能试验包括单轴单调压缩试验、单轴单调拉伸试验、单轴循环压缩试验、三轴压缩试验等。不同类型试验包含的试验数据信息有所区别，表 6-1 列举了部分学者[3-8]所进行的试验类型和测量内容。

表 6-1　部分纤维混凝土力学性能试验数据信息

试验类型	试验数据信息
单调压缩试验	试件尺寸、配合比、立方体抗压强度、轴向荷载、轴向变形、横向变形
单调拉伸试验	试件尺寸、配合比、弹性模量、应力、应变
循环压缩试验	试件尺寸、配合比、荷载、位移
循环拉伸试验	试件尺寸、配合比、荷载、位移
双轴压缩试验	试件尺寸、配合比、双轴应力、双轴应变
三轴压缩试验	试件尺寸、配合比、三轴应力、三轴应变

对于不同的试验类型，不同研究人员在试验参数和测量数据方面考虑存在差异，但也有许多共同的数据信息。例如，所有试验类型的信息中都包含有试件尺寸和材料配合比。其中，试件尺寸是将荷载-位移信息转化为应力-应变信息过程中不可缺少的信息，而配合比中的纤维体积掺量是纤维混凝土区别于普通混凝土的一个重要信息。试验数据主要是纤维混凝土力学性能信息，包括应力-应变关系曲线、立方体抗压强度、轴心抗压强度、轴心抗拉强度、弹性模量等。为了建立一个尽可能完整的数据库以存储纤维混凝土所有有用的试验数据，需要制定一个有关试验数据信息的基本框架，如图 6-1 所示。

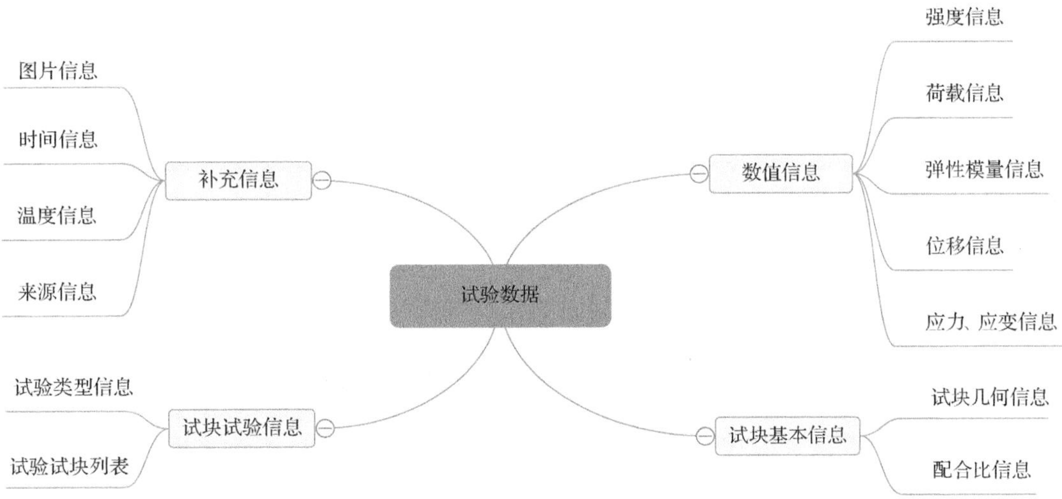

图 6-1　数据信息基本框架

（1）数据库的要求

建立数据驱动的纤维混凝土力学性能数据库时，除常规规定外，还需要注意如下问题[9]：

1）试验数据的精度与原始数据须保持一致。不论数据是未经处理的荷载-位移信息，还是已经处理的应力-应变信息，存储时都需要确保完整，且数据精度需要和原始数据保持一致。

2）试验信息的存储应准确。对于可能对试验数据产生影响的各种条件也都必须进行存储，这样才能保证在后续研究中很快获取相关信息，并从数据层面分析影响规律。

3）需要将所有关联的数据通过一定的标识全部链接起来，方便信息查询。

（2）表与字段的设计

为了满足上述要求，需要设计对应的数据表和字段存储试验数据，设计过程中应满足数据库设计的三大基本范式[10-11]。

第一范式：每个字段都不可再分且意义明确。

第二范式：在每个表中所有的字段都需要依赖于主键，不能有任何一个字段和主键没有关系，一旦数据列中有重复信息的出现，就需要将表拆开成多个，防止数据冗余和便于维护。

第三范式：数据之间不能存在传递关系，即每个字段都必须和主键有直接的关系，不允许存在间接的多层关系，如果有分层的间接关系，就需要采用外键的形式将信息关联起来。

根据以上三个范式，首先按照信息分类，将所有的表分为试验基本信息表和试验结果数据表。其中，试验基本信息表，根据具体信息可细分为试件尺寸表、配合比信息表、温度表、试验类型表等；试验结果数据表，根据数据信息的处理程度进行细分，如记录原始数据的荷载-位移表和处理之后可用于分析的应力-应变表。根据试验的具体情况，还可以分为一维应力-应变表、二维应力-应变表和三维应力-应变表，如图 6-2 所示。所有的表之间必须通过试件表联系起来。数据库中几个主要表和字段名称如表 6-2 所示。

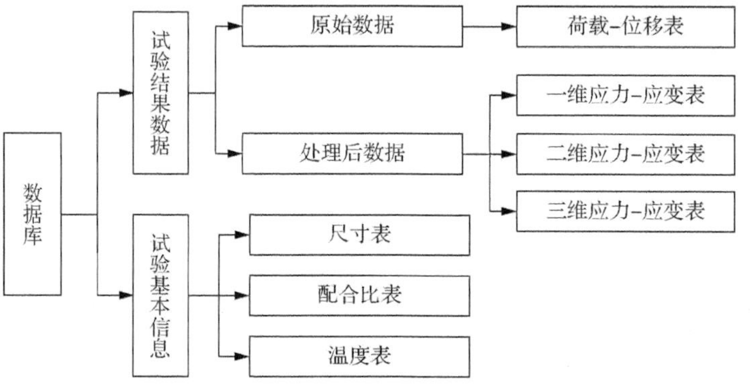

图 6-2　数据表的分类

表 6-2　数据库的主要数据表和字段名称

表名	主键	其余字段
Specimen	SpecimenID	sizeID、mixID···
MixID	MixID	cement、water、vs、vp···
Sizeinfo	SizeID	length、wide、high
Load_displacement	ID	specimenID、time、force、displacement···
Stress_strain_1d	ID	specimenID、axialstress、axialstrain···
Stress_strain_2d	ID	specimenID、axialstress、axialstrain、lateralstress···
Stress_strain_3d	ID	specimenID、axialstress、axialstrain、lateralstress···

根据表 6-2 定义可以发现，某些表中的主键在另外表中以字段的形式出现，这种主键称为所在表中的外键，起着联系两个表之间相关信息的作用，后续表之间的信息查询也需要通过这些外键来完成。

（3）表与表之间的关系

为了完整地呈现存储的信息，需要把有关联的信息通过一定的方式联系起来，以便查找时可以根据一定的逻辑关系来获取相关信息。具体实现过程为：首先，根据选取的条件在 Specimen 表中找到满足条件的所有 specimenID 以及外键 sizeID、mixID 等；然后，在对应的表中根据所查找到的相关信息分别获取信息，由此各个表之间的具体联系就可以确定了。上述过程可采用实体关系图予以详细说明，如图 6-3 所示。

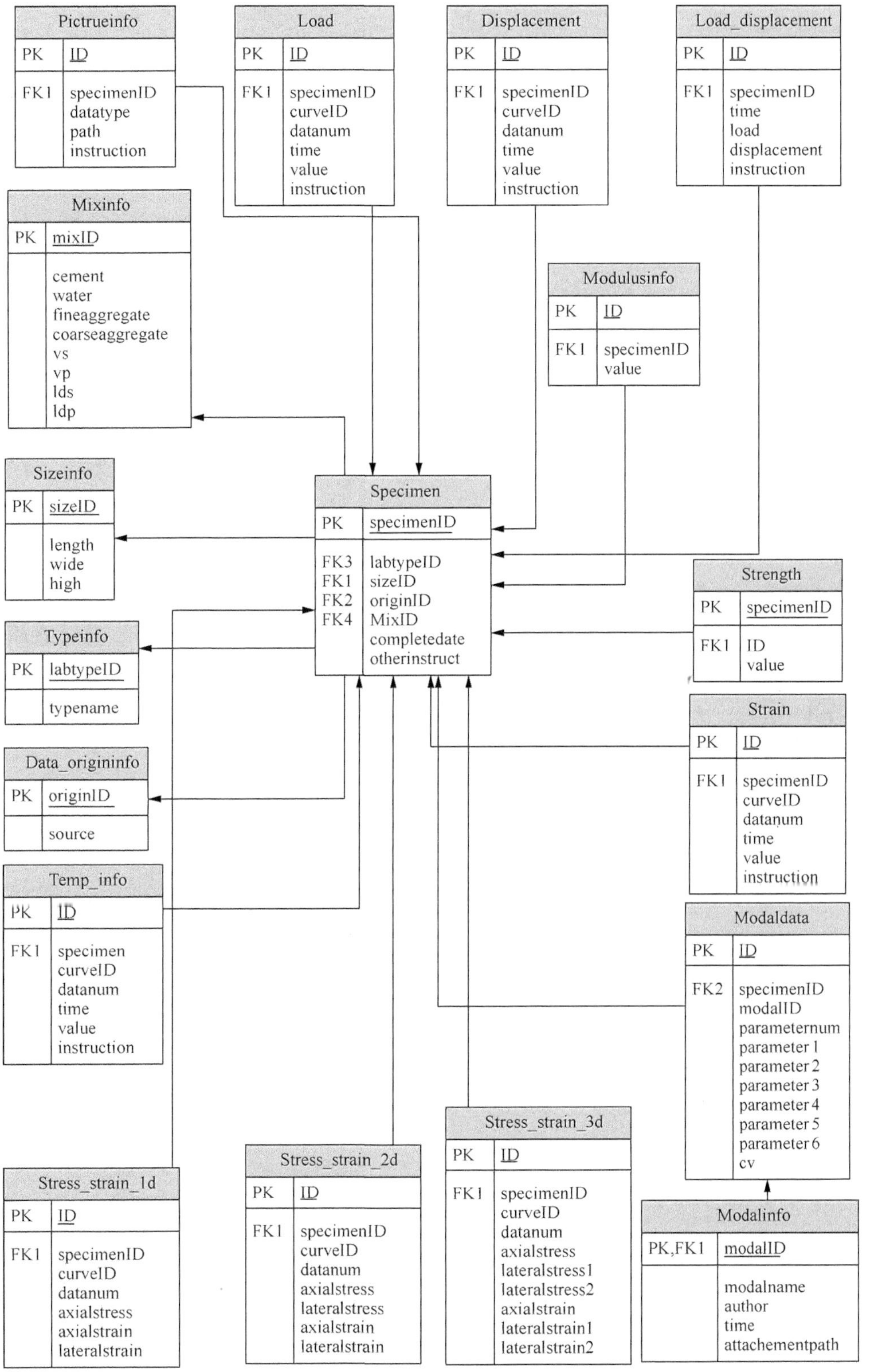
Pictrueinfo
PK ID
FK1 specimenID datatype path instruction
Load
PK ID
FK1 specimenID curveID datanum time value instruction
Displacement
PK ID
FK1 specimenID curveID datanum time value instruction
Load_displacement
PK ID
FK1 specimenID time load displacement instruction
Mixinfo
PK mixID
cement water fineaggregate coarseaggregate vs vp lds ldp
Modulusinfo
PK ID
FK1 specimenID value
Sizeinfo
PK sizeID
length wide high
Specimen
PK specimenID
FK3 labtypeID
FK1 sizeID
FK2 originID
FK4 MixID
completedate otherinstruct
Strength
PK specimenID
FK1 ID value
Typeinfo
PK labtypeID
typename
Strain
PK ID
FK1 specimenID curveID datanum time value instruction
Data_origininfo
PK originID
source
Temp_info
PK ID
FK1 specimen curveID datanum time value instruction
Modaldata
PK ID
FK2 specimenID modalID parameternum parameter1 parameter2 parameter3 parameter4 parameter5 parameter6 cv
Stress_strain_3d
PK ID
FK1 specimenID curveID datanum axialstress lateralstress1 lateralstress2 axialstrain lateralstrain1 lateralstrain2
Stress_strain_2d
PK ID
FK1 specimenID curveID datanum axialstress lateralstress axialstrain lateralstrain
Stress_strain_1d
PK ID
FK1 specimenID curveID datanum axialstress axialstrain lateralstrain
Modalinfo
PK,FK1 modalID
modalname author time attachementpath

图 6-3　实体关系图

6.1.2 数据库实现

（1）实现平台

实现平台采用微软提供的 Microsoft Access 数据库[12-13]，因为它是一种安装在本地端的数据库，支持大部分的 SQL 语句，在 Windows 操作系统上有较好的兼容性，并且大量的编程软件能够通过这种数据库提供的 ODBC 数据源向数据库中写入或者提取所需要的信息数据。

（2）数据库中字段数据类型选择

有了实现数据库的平台和具体的表、字段后，在数据库建立过程中还有一个关键问题，即保证数据信息的完整性。不正确的数据类型选择可能会在数据导入或者提取过程中丢失信息，因此，对于不同类型的信息应该选用合适的数据类型：对于一些说明性的字段，如用来记录数据来源 source 字段的数据类型，采用的是字符类型；对于一些信息不长的字段，如表示钢纤维体积掺量字段的数据类型，使用的是双精度浮点型；用以表示序号的 ID 字段，可采用整型。

在数据库中，特别需要注意的是关于应力-应变信息记录字段的数据类型的选择。这些数据大多都是从试验机上直接或间接获取的，一般情况下，数据的小数位数都比较多。为了确保这些字段的存储信息不丢失，本书建立了一个测试数据库，并使用 SQL 语句向其中添加一行拥有 17 位小数的测试数据，针对单精度浮点、双精度浮点以及字符型等数据类型分别给出存储结果，见表 6-3。

表 6-3 数据库采用不同数据类型的对比

原始数据	单精度浮点	双精度浮点	字符型
1.45458746547412548	1.454587	1.45458746547413	1.45458746547412548

从表中可以发现，采用数值方式进行数据存储出现了精度丢失的现象，其中，单精度浮点型丢失信息最为严重，其次是双精度浮点型，字符型能够将所有位数的信息结果完整记录下来。当然，从目前搜集到的数据信息来看，应力、应变数据中出现 17 位小数的情况并不多见，但为了保证数据信息与原始数据的完整性，本书采用字符型的数据形式来存储应力、应变信息。

6.1.3 试验数据的自动化采集和可视化处理

（1）原始数据的形式分析

根据前面对于数据信息的分析可知，原始数据分为两类：一类是用以记录试件基本信息的内容，另一类是用以记录试验结果的内容。根据这样的分类，设计数据自动化采集的模板，将数据自动导入到数据库中进行存储。

采用 Excel 文件格式设计模板，文件目录路径如图 6-4 所示。试件基本信息表的 Excel

文件中包含了几个基本表单，分别对应于数据库中用以记录试件信息和补充信息的几个表，每个表中的内容对应的是相应字段的信息。值得注意的是，每个表中必须使用一列专门指明所属的试件名称，即试验数据目录下的文件名。采用这种格式设计模板，既能保证每个文件中存储的信息不会因数据过多而造成读取耗时过长，又能保证导入的信息完整准确，而且模板的目录结构简单明了，使用十分方便。

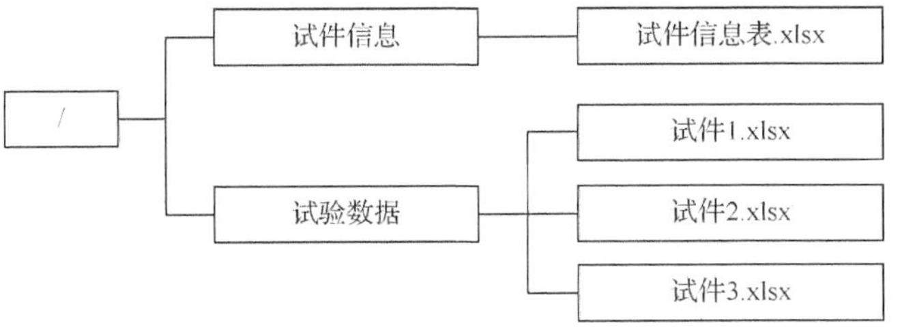

图 6-4　模板文件系统结构

（2）数据的自动化采集

使用 Python 语言作为工具，引入相关操作库（如 pypyodbc 和 openpyxl），自动获取 Excel 文件中的信息并与数据库建立连接，将获取的信息通过 SQL 语句自动导入到数据库中。其中，pypyodbc 的功能主要是提供相关的 ODBC 数据源连接和 SQL 语句传递[14]，而 openpyxl 的功能主要是与 Excel 文档交互读取信息。

在写入数据库的过程中，需要注意的是，所采用的数据类型必须和数据库中已设定好的字段数据类型一致，且在写入数据（特别是主键数据）时，不能和数据库中已经写入的数据重合。因为一旦出现重合，就会导致写入终止，同时数据内容也会变得十分混乱，所以在规划算法时就需要提前考虑到这一问题。数据导入算法流程如图 6-5 所示。

（3）数据的可视化呈现

使用数据库对收集到的纤维混凝土试件进行分析，并将整体信息可视化呈现，结果如图 6-6 所示。在信息查询模块，程序能够根据试验类型查询到数据库中该试验类型下的所有试件，并根据所选择的试件名称，显示出该试件的相关试验信息，尤其是快速显示出该试件在相应加载路径下实测的应力-应变曲线。进一步对数据库中的数据进行定量分析，可以发现：①目前收集到的纤维混凝土单轴试验数据较多，相应的应力-应变关系曲线有 251 条，而双轴和三轴试验数据较少，对应的应力-应变关系曲线只有 75 条。②从试验类型来看，单轴受压试验数据较多，相关的配合比数据有 36 种，受压应力-应变关系曲线有 165 条，而受拉应力-应变关系曲线只有 86 条。

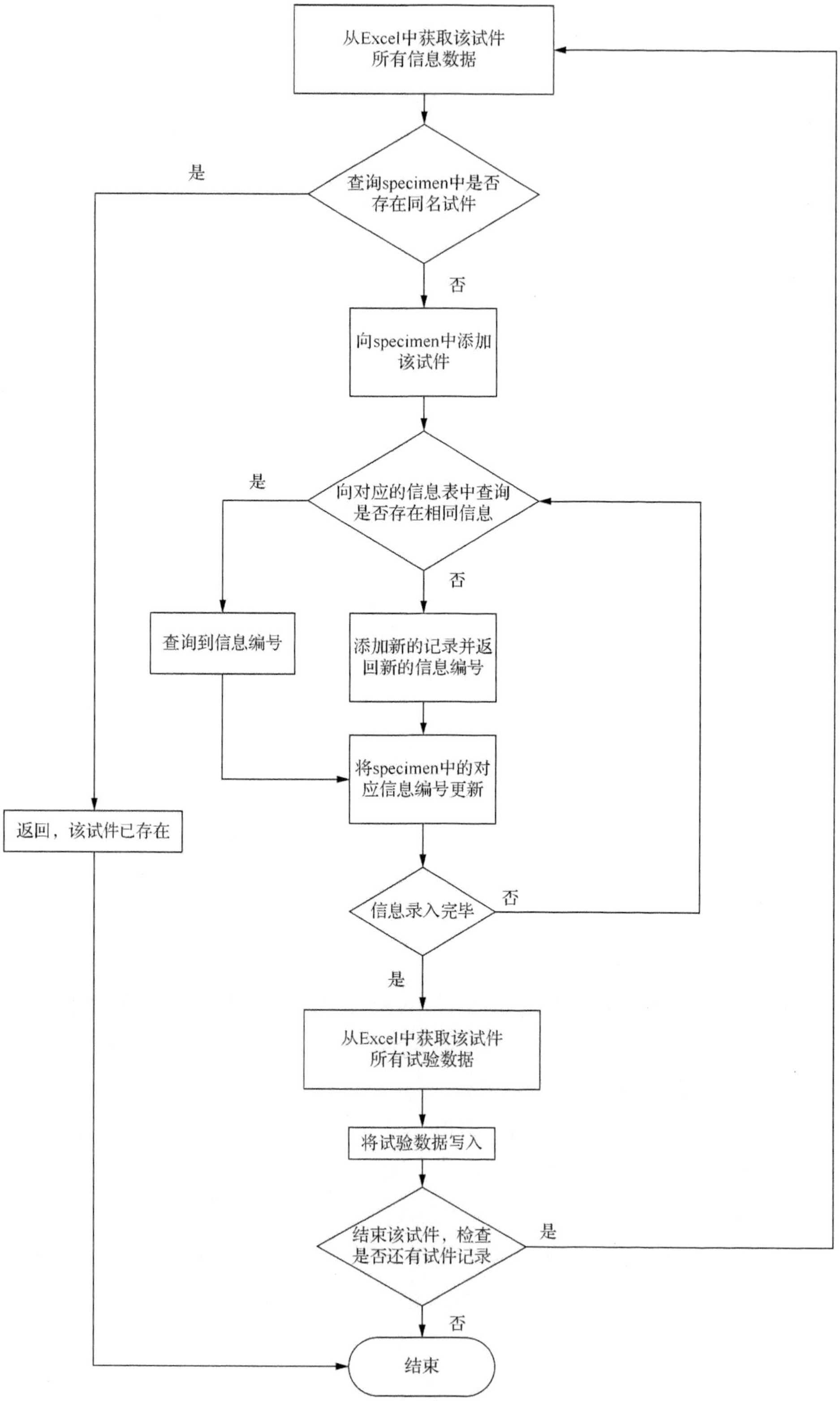

图 6-5　数据导入算法流程

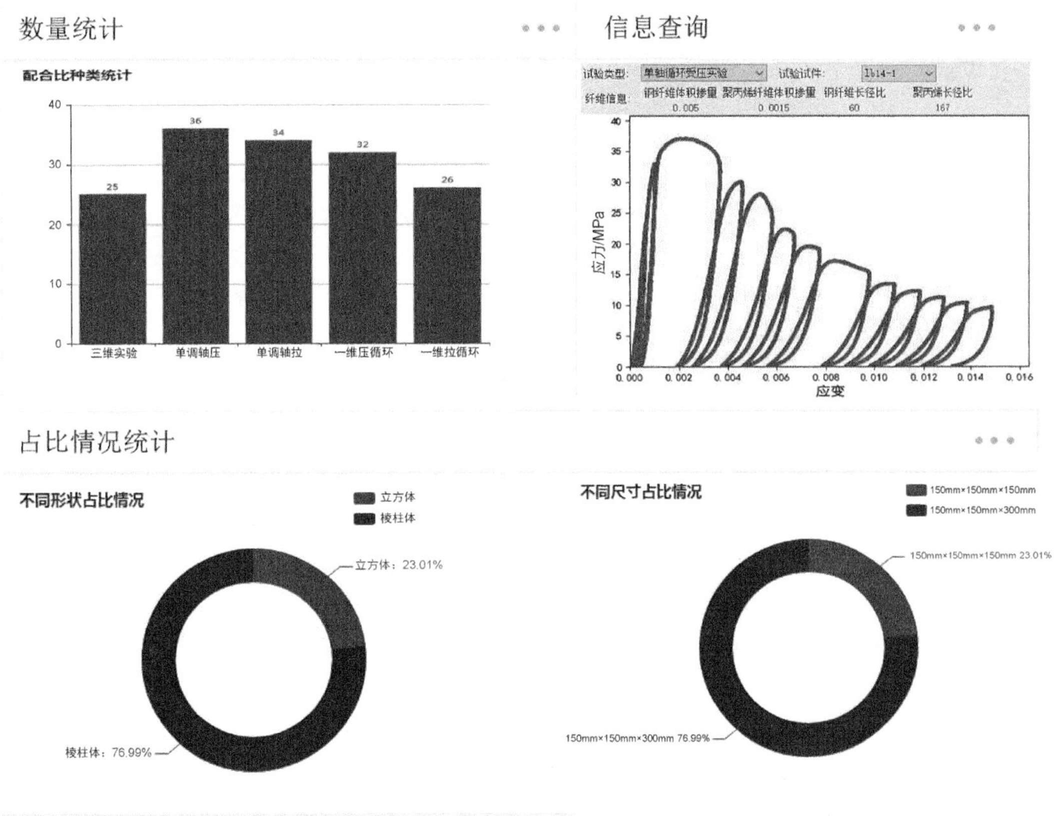

图 6-6　数据可视化结果

上述分析表明，目前纤维混凝土应力-应变关系研究中的试验数据在单轴单调受压和受拉两个方面相对更为丰富。因此，本书基于现有纤维混凝土力学性能数据库，首先构建数据驱动的单轴本构模型，然后对其进行合理的泛化处理，推广到双轴或三轴受力情况。随着相关研究的深入推进，纤维混凝土双轴和三轴试验数据不断丰富，将被持续补充到该数据库中，用于挖掘潜藏的信息价值，并对已建立的数据驱动进行不断的更新和修正。

6.2　纤维混凝土应力-应变模型评估

纤维混凝土应力-应变模型数据库建立完成后，就可以利用导入的试验数据对国内外研究人员提出的各类应力-应变模型进行对比验证，进而评估模型的适用性。本节基于 6.1 节建立的数据库构建了一套评估程序，对几种具有代表性的纤维混凝土应力-应变模型进行分析和评估。

6.2.1　评估程序的总体框架

为适用不同的应力-应变模型，将评估算法分成若干个独立模块并进行组合。其中，对于模型的计算模块，预留应变信息和材料信息的接口，以确保不同的模型都能获取到完整的计算信息并用于评估计算。下面介绍各个独立模块的功能。

（1）数据获取模块

数据获取模块主要负责与数据库进行交互。根据需要评估的内容，该模块可以从数据库中获取相关的试件名称、材料信息以及应力、应变信息等。

（2）数据处理模块

数据处理模块主要针对单个试件信息进行应力、应变数据的处理。一般来讲，一个试件的应力、应变数据非常多（常常达到上千组），如果对每组数据信息都进行计算和对比，将严重影响评估效率。因此，按照加载顺序只选择其中某些有代表性的点进行计算，具体规则为：①对于单调加载时特征点的选择，上升段均匀选择 3 个点，下降段均匀选择 7 个点，加上加载起始点和峰值点，总共 12 组应力、应变数据；②对于循环加卸载时特征点的选择，根据加载制度，将应变数据中的所有加卸载点位置提取出来，并查找到应力数据中对应位置的值，完成提取；在此过程中，同样也将峰值点处的应变、应力数据提取出来，并保证所有数据的先后顺序与原数据相同。需要注意的是，试件加载过程中，测量数据容易出现抖动式的上涨或下跌，因此在处理循环加卸载数据时，对于判断某一应变点是否为加卸载点，需要设计专门的算法来排除微小抖动造成的干扰，如图 6-7 所示。

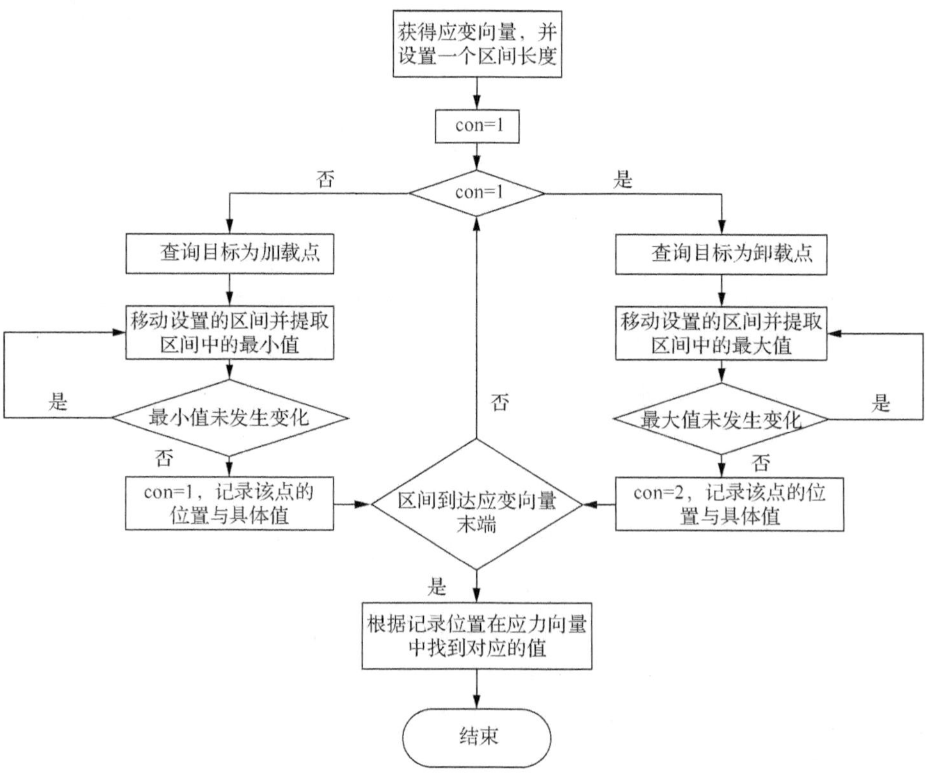

图 6-7　加卸载点提取算法

（3）模型计算模块

把数据处理后的应变数据和提取得到的试件材料信息作为输入信息，根据不同应力-应变模型计算规则得到相应的应力-应变全曲线。单调加载和循环加卸载应力-应变模型的数值实现流程如图 6-8 所示。完成后将计算结果返回评估程序。

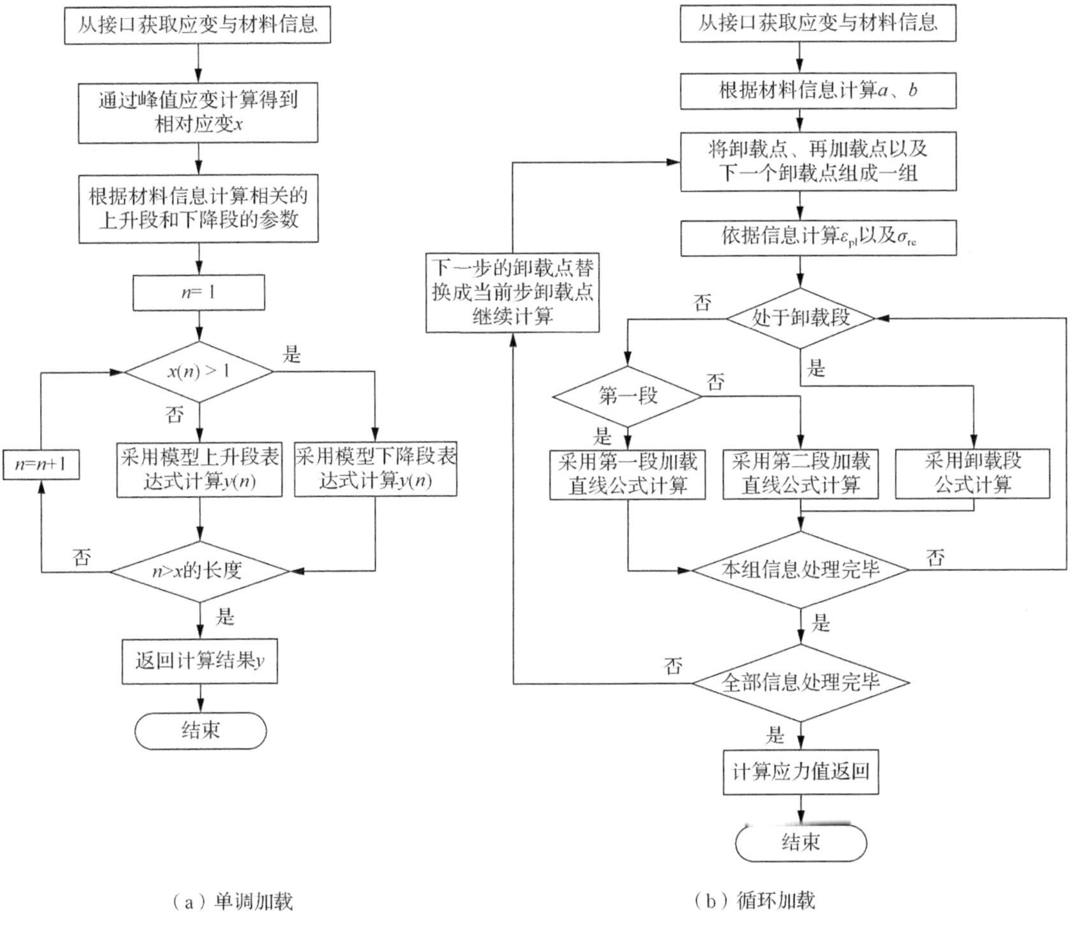

图 6-8　不同本构模型数值实现的算法流程图

（4）结果评估模块

将不同应力-应变模型计算得到的预测结果与试验结果进行对比，根据均方差评估相应模型的适用性，具体步骤如图 6-9 所示。

6.2.2　应力-应变模型评估结果

采用所构建的评估程序对张元元、梅国栋和李彪[3,15-16]建立的应力-应变模型（分别见本书 3.1.1 节、3.2.1 节和 3.1.2 节）进行评估。首先通过程序自动计算得到应力-应变全曲线；然后从数据库中提取单调受压、单调受拉和循环受压三组试验数据，将模型预测曲线分别与上述三位研究人员实测的试验曲线进行对比，如图 6-10～图 6-12 所示。从图中可以看出，不同应力-应变模型与其对应的试验曲线吻合较好，说明数据库中存储数据正确。

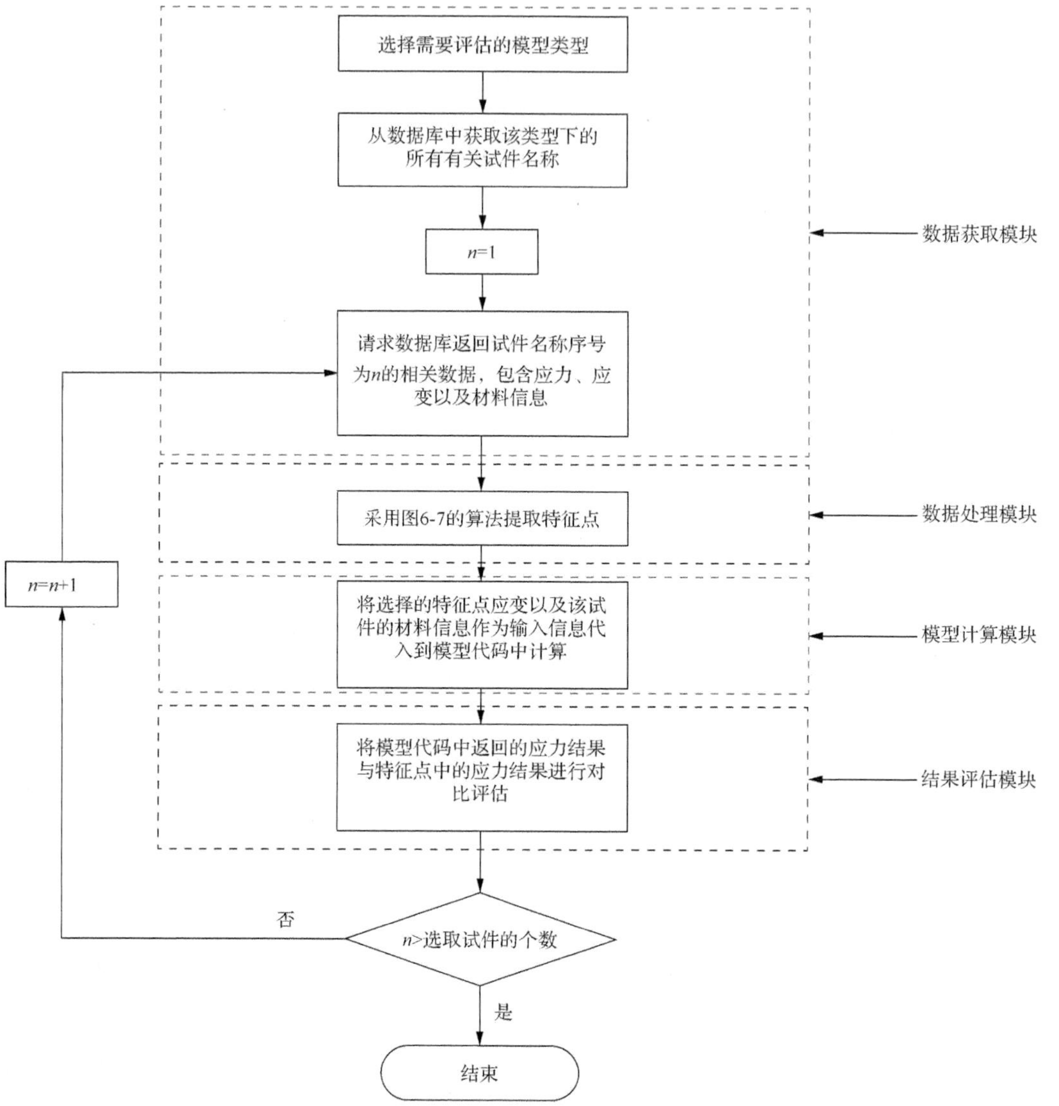

图 6-9　评估程序的总框架

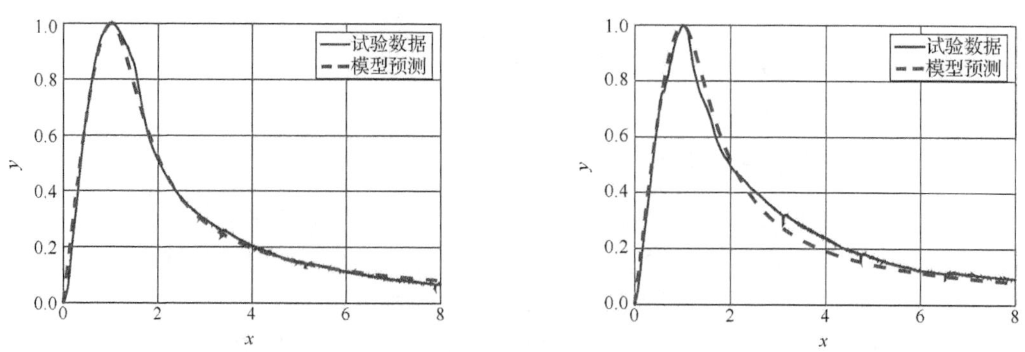

（a）试件A5　　（b）试件A7

图 6-10　单调受压应力-应变关系模型

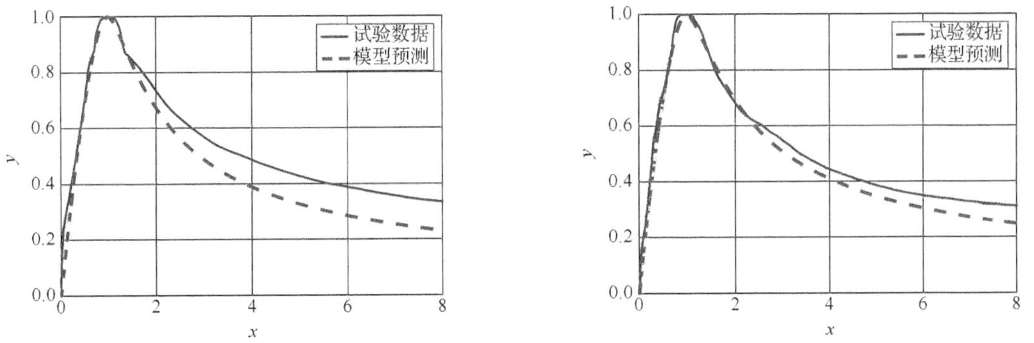

（a）试件SB15P11　　（b）试件SB11P19

图 6-11　单调受拉应力-应变关系模型

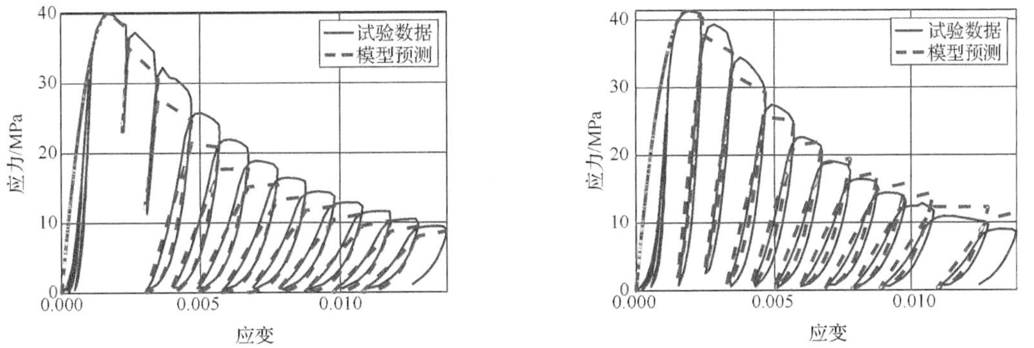

（a）试件SB15PB15　　（b）试件SB20PA20

图 6-12　循环受压应力-应变关系模型

为进一步验证上述应力-应变模型的适用性，将模型的计算结果和数据库中收集的其他学者的试验曲线进行交叉对比。图 6-13 为其中一组的对比情况（图中的循环受压曲线为某一试验的实测曲线，而单调曲线是基于另一试验结果提出的应力-应变模型的计算结果）。对比结果表明，基于某一特定试验数据建立的应力-应变模型的准确性大幅度下降，不能合理反映纤维混凝土受压全过程中的力学响应特征。

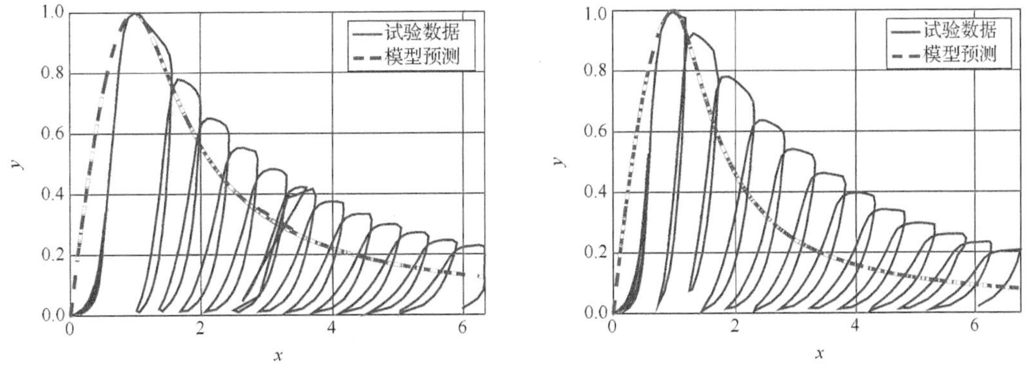

（a）试件SA15P000　　（b）试件SB15PA20

图 6-13　试件试验值与模型预测值的对比曲线

分析其原因有两方面：一是研究人员提出的应力-应变模型形式较为单一，模型参数没有完全反映纤维混凝土的基本信息，导致部分影响因素缺失，从而造成计算偏差；二是用于建立本构模型的数据量较少，涵盖信息较为片面。因此，基于大量试验数据建立数据库，进行数据挖掘，构建可持续动态更新的数据驱动纤维混凝土本构模型具有十分重要的意义。

6.3　数据驱动的纤维混凝土本构模型及数值实现

为构建数据驱动的纤维混凝土本构模型，本节对两种代表性的普通混凝土本构模型，即随机损伤本构模型和 Chang-Mander（章-曼德）滞回本构模型，进行数据驱动程序的开发，能够根据数据信息的输入对模型进行动态修正，并将模型预测结果与试验结果进行对比，以验证数据驱动的本构模型的适用性。

6.3.1　数据驱动程序的总体设计

一般来讲，数据驱动程序的要素主要包括足够多的数据、适应性强的模型和自动化的驱动算法。基于已有纤维混凝土力学性能数据库，结合数据驱动范式的特点，建立数据驱动程序的框架，主要分为三个模块，如图 6-14 所示。

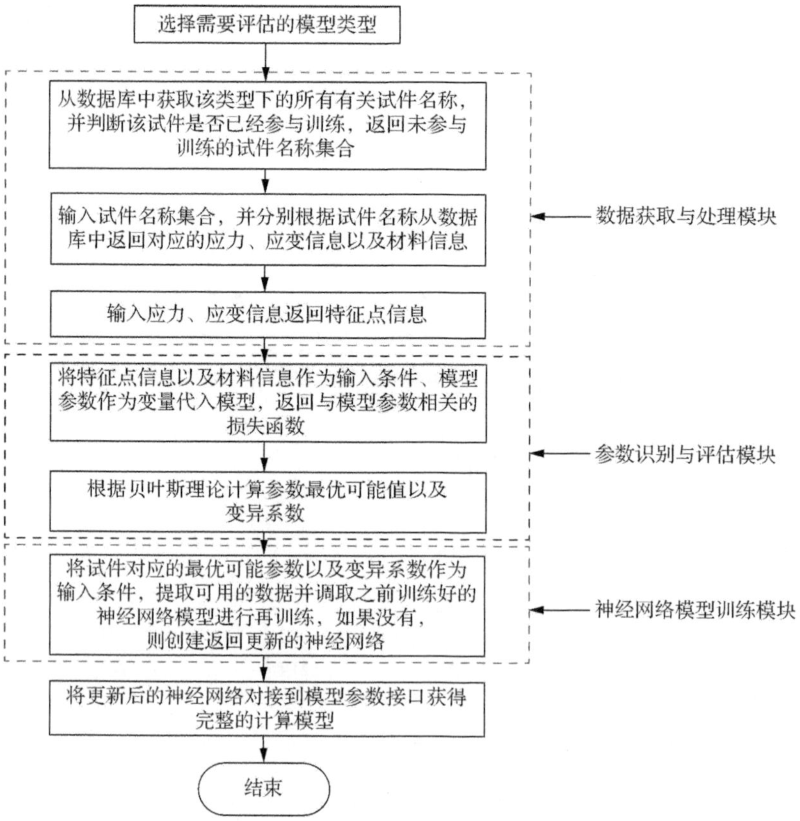

图 6-14　数据驱动程序框架

（1）数据获取与处理模块

该模块基本流程与 6.2 节所述大致相同，用于从数据库中获取试件对应的纤维信息和应力、应变数据信息，在此不再赘述。

（2）参数识别与评估模块

该模块采用基于贝叶斯理论的参数识别与评估方法，能够在识别参数的同时给出最优可能值，并计算参数的变异系数。

（3）神经网络模型训练模块

该模块是本构模型实现动态修正的关键所在。借助神经网络训练、学习和调整的功能，将其与本构模型结合起来，使模型中的关键参数由神经网络进行决策，从而得到一个动态的、可自动学习的本构模型。

6.3.2　本构模型参数的识别与评估

在数据驱动模型的模拟过程中，将试验数据转换为模型参数这一步十分重要，它是通过数据信息识别，计算得到最适合的模型参数，同时给出参数的变异系数，并以此为后续神经网络的搭建筛选出可用的数据信息。该过程采用基于贝叶斯参数的估计理论进行参数识别与筛选。

采用 MATLAB 中的优化求解函数 fmincon 对贝叶斯理论进行程序实现。该函数能够在给定的参数取值区间考虑参数之间互相约束的影响，求解出目标函数最优解，同时还能给出目标函数在最优解处的一些关键信息（如梯度和均方误差等）。在此基础上，运用贝叶斯基本理论计算出参数的最优取值和变异系数，具体计算步骤如图 6-15 所示。

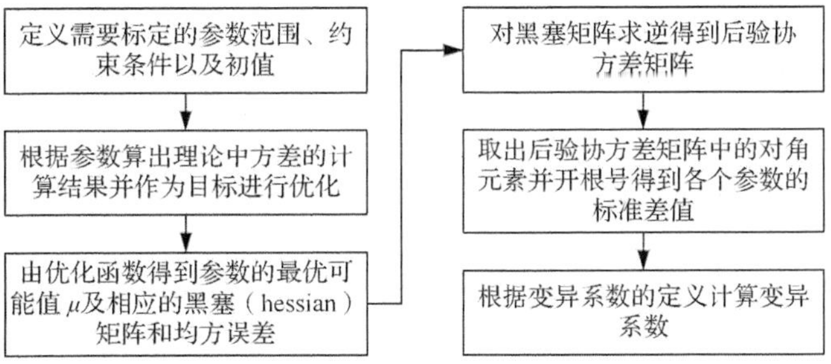

图 6-15　贝叶斯理论计算评估参数的流程图

6.3.3　基于 BP 神经网络的模型参数预测

反向传播（back propagation，BP）神经网络[17-18]是一种按照误差逆向传播算法训练的多层前馈神经网络，也是目前应用广泛的一种人工神经网络。对于人工神经网络来说，不需要像传统数学模型一样具有具体严格的数学映射表达式[19-20]，只需要通过对输入样本的训练就可以学习和掌握样本中数据潜藏的变化规律，从而能够在给定输入时得到接近期望的输出值[21]，具体形式如图 6-16 所示。

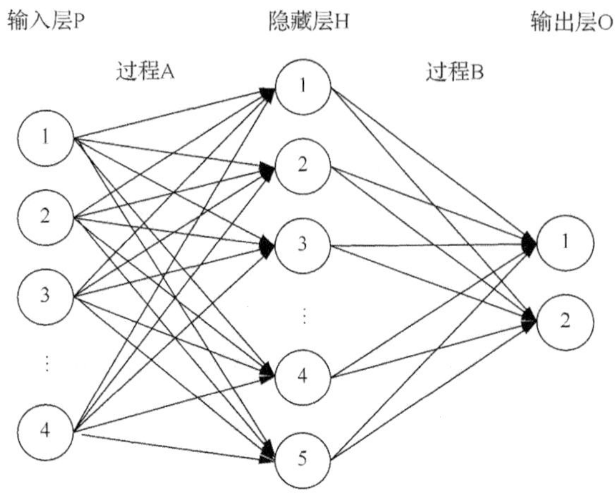

图 6-16　神经网络模型

具体运算原理如下：

1）输入层 P。最初在隐藏层中需要输入样本的条件向量组，并根据所获取样本的容量大小将条件依次排列成向量的形式放入输入层中得到 P_i。这一数学过程类似生物学中神经元获得外界刺激并产生信号的生理过程。

2）过程 A。将输入层中的信息通过线性组合的方式变成隐藏层的输入信息，其运算规则如式（6-1）所示。

$$H_i^{\text{in}} = \sum_j w_{ij} \times P_j + b_i \tag{6-1}$$

式中，w_{ij} 为权重，代表从前一层中第 j 个神经元输出运算到后一层中第 i 个神经元输入的乘子大小；b_i 为偏置，代表乘法运算结束后对计算结果进行偏移程度的度量。在神经系统中这个过程就类似神经元产生的信号沿着轴突进行传播。

3）隐藏层 H。其作用类似于神经元的树突，获得了前置神经元传来的信号并对该信号进行处理，对应的数学解释为，输入信号通过一个激活函数来判断该信号是否强烈，并给出反映强烈程度的具体数值，如式（6-2）所示。

$$H_i^{\text{out}} = f(H_i^{\text{in}}) \tag{6-2}$$

对于 BP 神经网络来说，激活函数往往采用 sigmoid 函数或者 tanh 函数，其形式为

$$\begin{cases} f_{\text{sigmoid}}(x) = \dfrac{1}{1+\mathrm{e}^{-x}} \\ f_{\tanh}(x) = \dfrac{\mathrm{e}^{x} - \mathrm{e}^{-x}}{\mathrm{e}^{x} + \mathrm{e}^{-x}} \end{cases} \tag{6-3}$$

这类函数的特点都是定义域为[-∞, +∞]，而值域为[-1, 1]，并且函数的导数可以用原函

数的代数式直接计算得到。

$$\begin{cases} f'_{\text{sigmoid}}(x) = f(x)\left[1 - f(x)\right] \\ f'_{\tanh}(x) = 1 - f(x)^2 \end{cases} \tag{6-4}$$

因此，整个神经网络的权重和偏置都在一个较小的数值范围内，大大减小了数值过大带来的误差；同时，快捷的导数计算也使得在误差反向传递过程中求导过程可以迅速完成，提高了网络训练效率。隐藏层的输入通过激活函数的映射后就得到了隐藏层的输出 H_i^{out} 。

4）过程 B。它表示由隐藏层的输出到输出层的输入过程，整个过程类似过程 A，只不过是输入部分变成了 H^{out} ，输出部分变成了 O^{in} 。

5）输出层 O。它作为神经网络的最后一层，其使用的激活函数主要由神经网络的功能来决定。一般地，对于以分类为目的的神经网络常采用 softmax 函数，而对于一般的回归问题则常采用恒等函数。

上述过程中的激活函数大部分是将输入数据映射到[−1, 1]或[0, 1]区间内，因此，在进行神经网络的数据输入时，需要对输入的数据集和输出的目标值进行归一化处理，以保持整个训练过程的稳定；之后采用神经网络进行预测时，同样需要将输入按照训练集中输入的相同规则进行归一化处理，而对于输出则需要按照相同的规则进行反归一化处理。

采用 BP 神经网络的主要目的是通过纤维信息的输入来预测相应试件的材料参数，属于一般的回归问题。因此，神经网络中各节点的激活函数均按照回归问题来选择，如输入层的信息选择为试件的纤维特征参数信息，输出层信息为对应的模型参数。

6.3.4　本构模型的建立与实现

1. 数据驱动的随机损伤本构模型

（1）随机损伤本构模型的理论推导

混凝土随机损伤本构模型是在传统损伤力学的基础上融合细观随机断裂模型发展起来的，其特点在于通过损伤变量的随机演化描述混凝土的非线性力学行为，可以反映材料刚度退化、强度软化等一系列宏观现象。一般来讲，混凝土在外部荷载作用下的破坏形态可分为拉伸破坏、剪切破坏和高静水压力下的压碎破坏等三大类[22]。在不考虑高静水压力导致的应变强化的前提下，可以认为混凝土的损伤机制主要包括受拉损伤和受剪损伤。其中，在受拉损伤机制中，混凝土细观单元的破坏是由骨料和水泥砂浆之间的界面被拉开或集料与凝胶体中的初始缺陷扩展而造成的；在受剪损伤机制中，混凝土细观单元的破坏是由于骨料和水泥砂浆之间的界面或初始缺陷因剪应力产生滑移或位错而造成的。为了合理反映混凝土细观单元的上述损伤机制，可以采用由多个微弹簧构成的并联体系予以表征，其损伤演化过程可视为受拉或受剪弹簧的随机断裂过程。

对于纤维混凝土，由于纤维的作用会导致损伤的演化过程发生明显变化，因此，需要对原有弹簧模型进行一定的修正，以合理反映纤维的桥接、断裂和拔出等系列损伤行为，如图 6-17 所示。

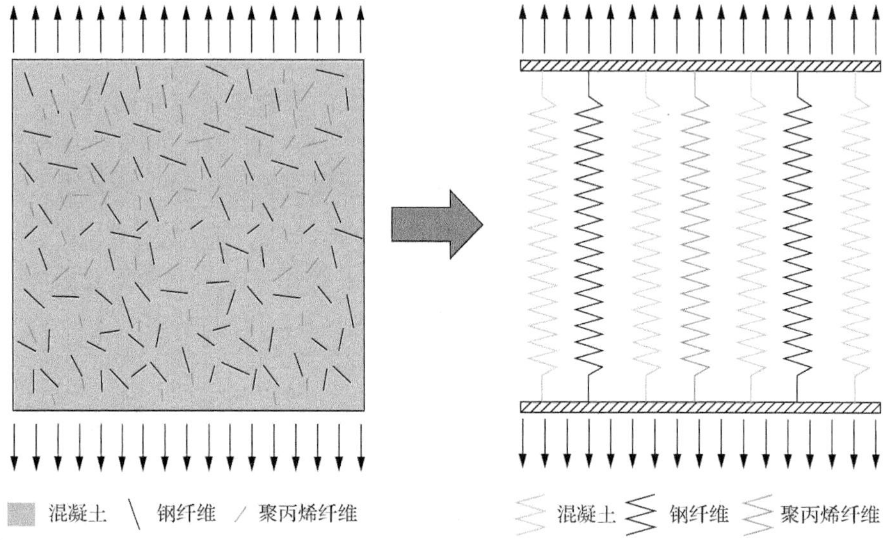

图 6-17　细观断裂弹簧模型

损伤的定义沿用传统损伤力学的定义，即

$$D^{\pm}=\frac{A_{\mathrm{D}}^{\pm}}{A^{\pm}} \tag{6-5}$$

式中，$A_{\mathrm{D}}^{\pm}$ 为发生断裂退出工作的弹簧面积；$A^{\pm}$ 为所有弹簧的总面积；$D^{\pm}$ 为损伤变量；符号“±”分别代表受拉与受压的情况。

假定任一弹簧的面积均相等，且所有弹簧都服从理想弹脆性本构关系，损伤变量的表达式可以改写为

$$D^{\pm}(\varepsilon^{\mathrm{e}\pm})=\frac{1}{N_{\mathrm{c}}+N_{\mathrm{s}}+N_{\mathrm{p}}}\sum_{j=1}^{N_i}H(\varepsilon^{\mathrm{e}\pm}-\varDelta_{ij}^{\pm})\quad(i=\mathrm{c,s,p}) \tag{6-6}$$

式中，$\varepsilon^{\mathrm{e}\pm}$ 为弹簧应变；N 代表相应组分中的弹簧数量；$\varDelta_{ij}^{\pm}$ 代表对应材料 i 的第 j 个弹簧断裂应变；c、s、p 分别代表混凝土基体、钢纤维和聚丙烯纤维；$H(\cdot)$ 为 Heaviside 函数，具体表达式为

$$H(x)=\begin{cases}0, & x\leqslant 0\\ 1, & x>0\end{cases} \tag{6-7}$$

当式（6-6）中的 N 趋于无穷时，公式可记为

$$D^{\pm}(\varepsilon^{\mathrm{e}\pm})=\sum\frac{N_i}{N_{\mathrm{c}}+N_{\mathrm{s}}+N_{\mathrm{p}}}\int_0^1 H\left[\varepsilon^{\mathrm{e}\pm}-\varDelta_i^{\pm}(x)\right]\mathrm{d}x \quad (i=\mathrm{c,s,p}) \tag{6-8}$$

式中，$\varDelta_i^{\pm}(x)$ 为不同材料组分的一维随机断裂应变。由此建立了纤维混凝土随机损伤演化方程，其核心含义是，纤维混凝土宏观力学行为呈现的随机损伤特征源于微观结构的随机断裂失效。

在此基础上，通过对已收集到的试验数据进行统计分析，假定纤维混凝土随机断裂应变的概率密度服从对数正态分布，则可以进一步计算得到随机损伤变量均值的演化方程：

$$d^{\pm}=\sum\frac{N_i}{N_{\mathrm{c}}+N_{\mathrm{s}}+N_{\mathrm{p}}}\int_0^{\varepsilon^{\mathrm{e}\pm}}\frac{1}{\sqrt{2\pi}\zeta_i^{\pm}x}\mathrm{e}^{-\frac{z_i^2}{2}}\mathrm{d}x \quad (i=\mathrm{c,s,p}) \tag{6-9}$$

其中，

$$z_i=\frac{\ln x-\lambda_i^{\pm}}{\zeta_i^{\pm}} \quad (i=\mathrm{c,s,p}) \tag{6-10}$$

式中，$\lambda_i^{\pm}$ 和 $\zeta_i^{\pm}$ 均为材料常数，可基于试验数据确定。将式（6-9）代入纤维混凝土应力-应变关系表达式：

$$\sigma^{\pm}=(1-d^{\pm})E_{\mathrm{c}}(\varepsilon-\varepsilon^{\mathrm{p}\pm})=(1-d^{\pm})E_{\mathrm{c}}\varepsilon^{\mathrm{e}\pm} \tag{6-11}$$

可以得到

$$\sigma^{\pm}=\sum\frac{N_i}{N_{\mathrm{c}}+N_{\mathrm{s}}+N_{\mathrm{p}}}\sigma_i^{\pm}=(1-d_i^{\pm})E_{\mathrm{c}}\varepsilon^{\mathrm{e}\pm} \quad (i=\mathrm{c,s,p}) \tag{6-12}$$

由此可以发现，纤维混凝土的总应力是由混凝土基体、钢纤维和聚丙烯纤维三个部分共同承担的，且每个组分都可以看作是一个独立的系统进行计算。对纤维混凝土的应力-应变曲线形状进行分析发现，曲线只有一个峰值点且在峰值点的切线斜率为 0。根据此条件即可确定各组分的材料参数如下：

$$\begin{cases}\zeta_i^{\pm}=\dfrac{E_{\mathrm{c}}\varepsilon_i^{\mathrm{e}}}{\sqrt{2\pi}f_i}\exp\left\{-\dfrac{1}{2}\left[\varphi^{-1}\left(1-\dfrac{f_i}{E_{\mathrm{c}}\varepsilon_i^{\mathrm{e}}}\right)\right]^2\right\}\\ \lambda_i^{\pm}=\ln\varepsilon_i^{\mathrm{e}}-\zeta_i^{\pm}\varphi^{-1}\left(1-\dfrac{f_i}{E_{\mathrm{c}}\varepsilon_i^{\mathrm{e}}}\right)\end{cases} \quad (i=\mathrm{c,s,p}) \tag{6-13}$$

对于式（6-11）中的塑性应变，为简化本构关系的数值实现，参考 Faria 等[23]提出的塑性应变演化经验模型，假定纤维混凝土任意时刻的塑性应变与损伤和弹性应变相关：

$$\varepsilon^{p\pm} = \left(\frac{\xi_p^{\pm} d^{\pm}}{1 - d^{\pm}} \right)^{n_p^{\pm}} \varepsilon^{e\pm} \tag{6-14}$$

式中，$\xi_p^{\pm}$ 和 $n_p^{\pm}$ 为材料常数，可通过试验数据确定。

（2）随机损伤本构模型的数值实现

对理论推导的纤维混凝土随机损伤模型进行数值实现，具体流程如图 6-18 所示，实现步骤主要包括两个迭代过程（图中虚线框标出）。其中，第 1 个迭代循环是用于确定材料相关参数，第 2 个迭代循环则是用于计算某一应变对应的损伤变量和塑性应变，进而求出总应力。图 6-19 为纤维混凝土受压应力-应变曲线随部分材料参数的取值不同而变化的一些算例，结果表明该模型可以较好地反映曲线的主要特征，验证了上述理论推导的可行性。

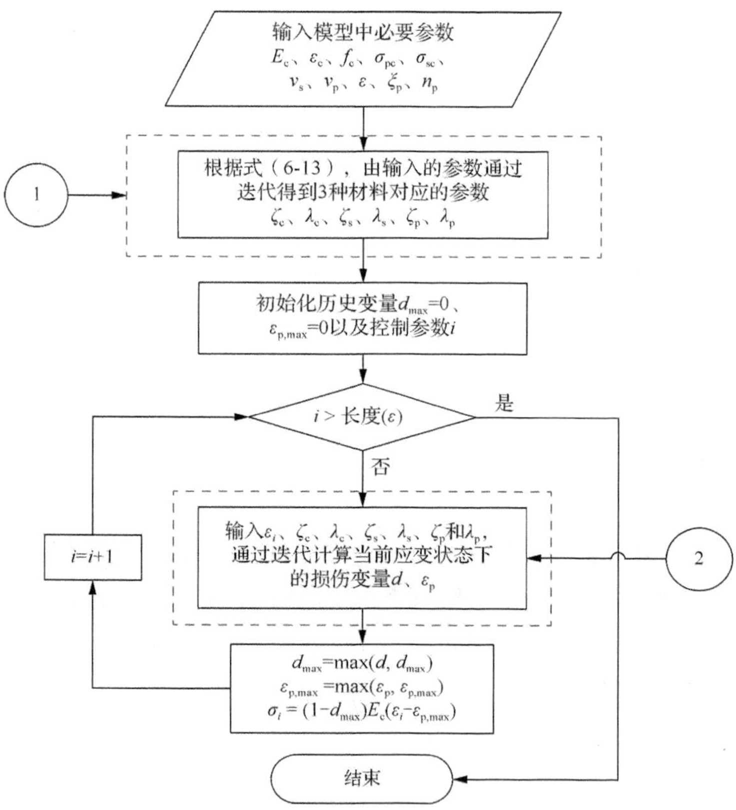

E_c —纤维混凝土的弹性模量；ε_c —纤维混凝土的峰值应变；f_c —峰值应力中混凝土的贡献应力；σ_{pc} —峰值应力中聚丙烯纤维的贡献应力；σ_{sc} —峰值应力中钢纤维的贡献应力；v_s —钢纤维体积掺量；v_p —聚丙烯纤维体积掺量；ε —纤维混凝土的应变；ξ_p 和 n_p 为纤维混凝土材料常数。

图 6-18　随机损伤本构模型的计算流程图

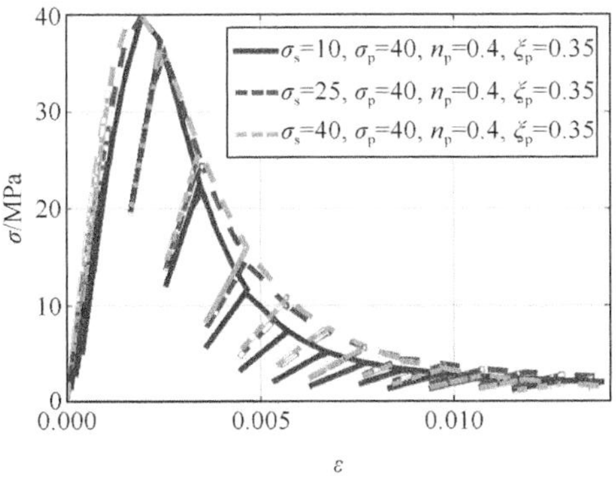

(a) 钢纤维特征参数的影响

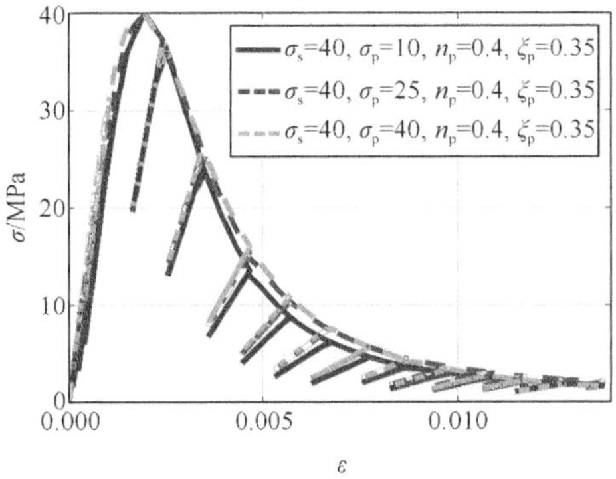

(b) 聚丙烯纤维特征参数的影响

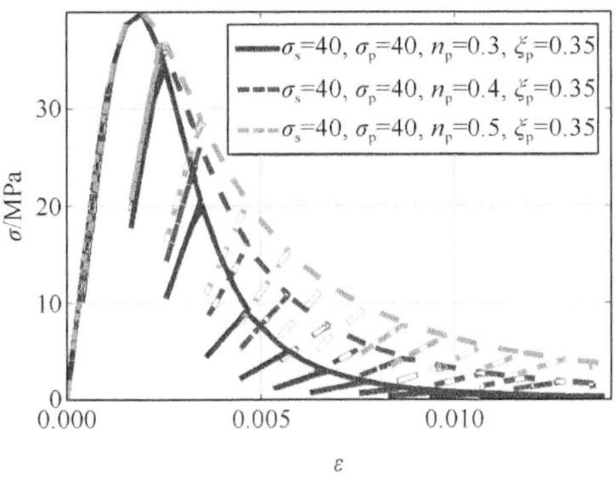

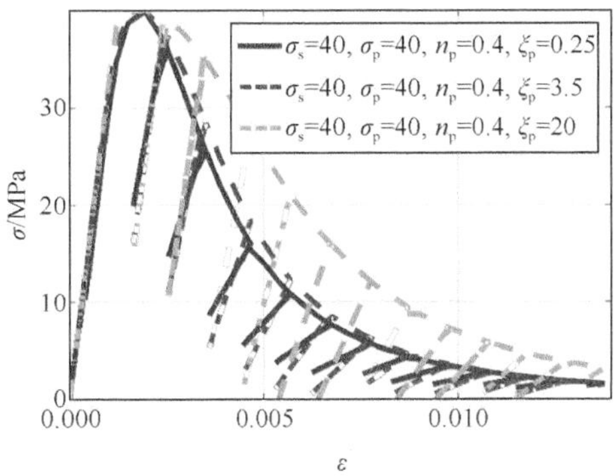

(c) 塑性变形相关参数的影响

图 6-19　材料参数取值对纤维混凝土应力-应变曲线的影响

(3) 随机损伤本构模型的结果分析

采用贝叶斯识别方法对纤维混凝土应力-应变曲线进行识别之后，可以得到大量的模型参数和评估数据，这些数据通过 MATLAB 中提供的 SQL 接口写入数据库中存储；在建立神经网络时，将数据库中的这些参数提取出来，并利用评估数据对模型参数进行筛选。筛选原则需要综合考虑均方差以及变异系数的大小，对于均方差大于样本中最小值同一数量级的结果或者变异系数大于 15%的结果应予以剔除[24]。筛选出的模型参数与对应的纤维信息数据共同组成了神经网络的数据集，在建立神经网络时将会按照随机原则划分成训练集和验证集。其中，训练集的数据主要用来训练神经网络，而验证集则是在训练过程中对神经网络的训练结果进行整体评估，防止出现过度训练的情况。

有了训练数据之后，还需要对神经网络的结构进行设计：①对于输入层，由于需要输入钢纤维的体积掺量和长径比、聚丙烯纤维的体积掺量和长径比等 4 种纤维信息，因此，设置了 4 个神经元；②对于输出层，对应于通过贝叶斯参数识别方法识别的 4 个参数信息，因此，同样设置了 4 个神经元；③对于隐藏层，大量研究表明在 BP 神经网络中设置 1 个隐藏层就能满足各种复杂非线性回归问题要求，因此，这里仅设置 1 个隐藏层，而其中的神经元数量分别设置为 20、30、40、50、60、70。基于上述设置，对收集的试验数据进行训练，结果如图 6-20 所示。

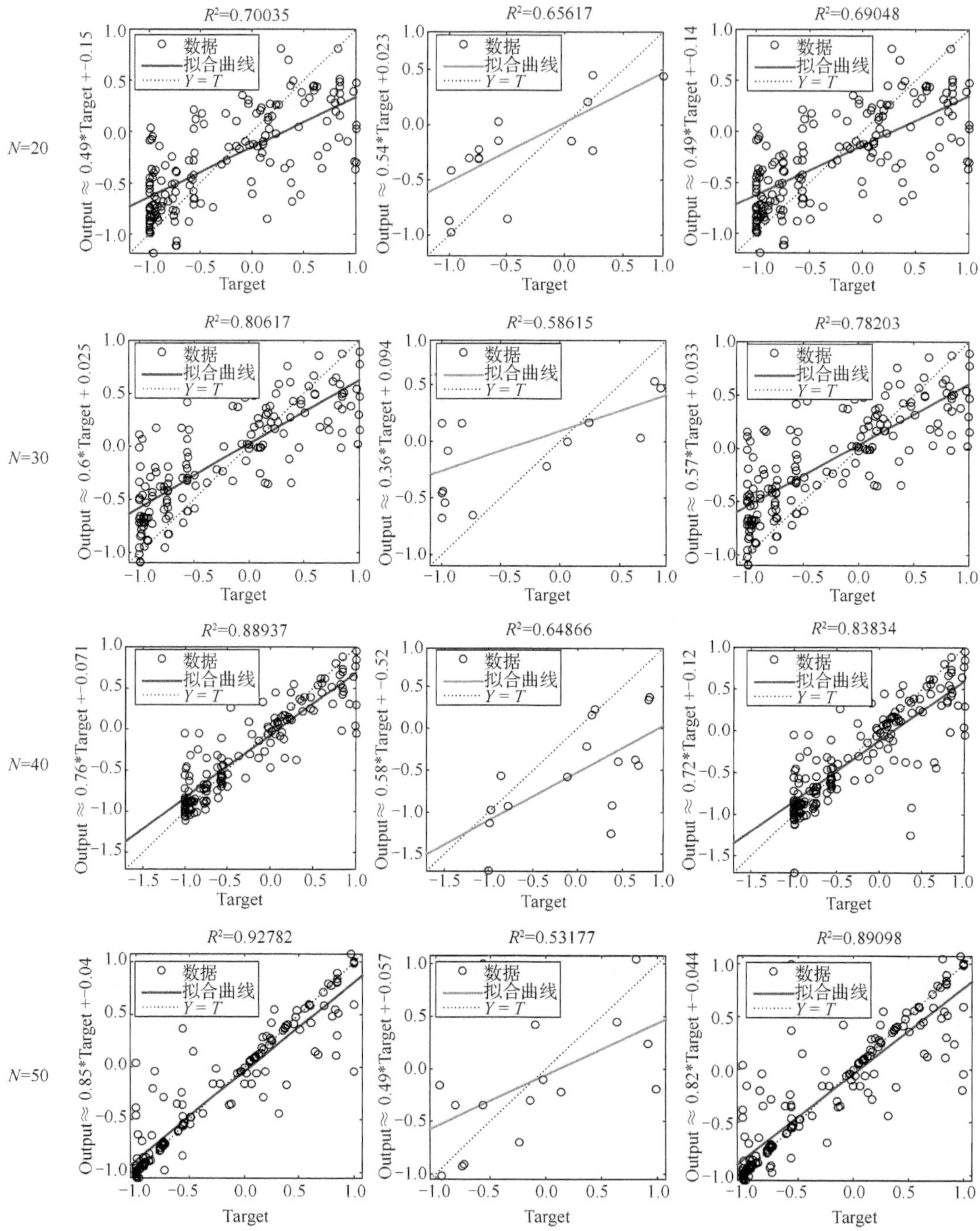

(a) 训练集结果　　(b) 验证集结果　　(c) 综合结果

图 6-20　隐藏层神经元数量取值不同时的训练结果

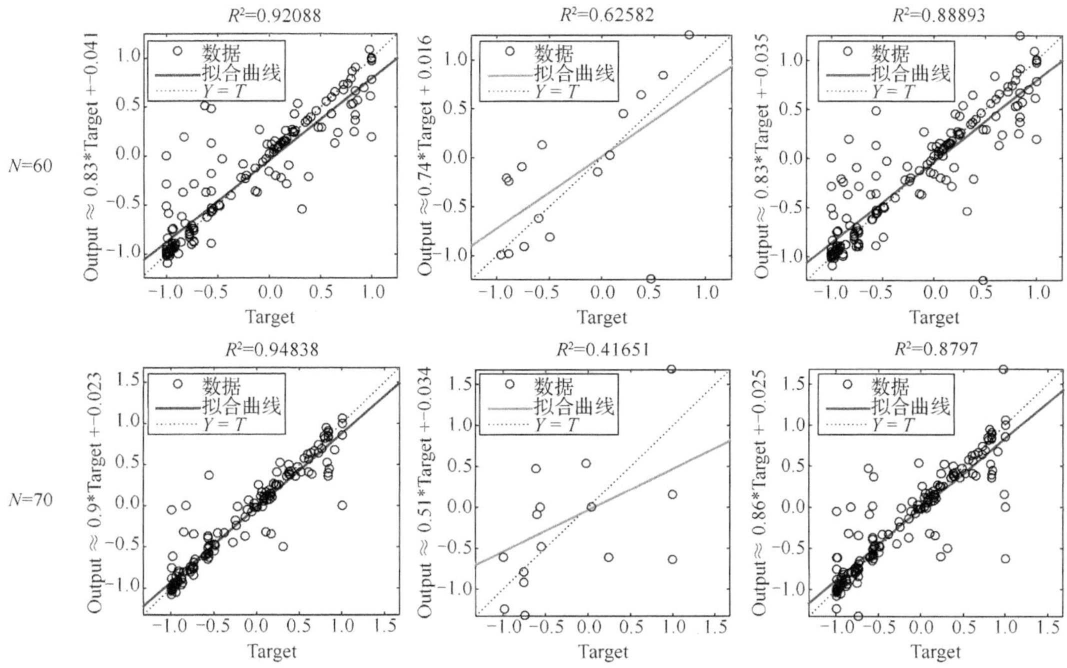

（a）训练集结果　　（b）验证集结果　　（c）综合结果

Output—预测值；Target—试验值。$Y=T$ 表示 Output = Target 。

图 6-20（续）

从图中结果可以看到，当隐藏层设置的神经元数量较少时，训练集得到的结果与目标值差距较大；当神经元数量超过 50 后，训练集得到的结果与目标值已非常接近；若进一步增加数量，误差减小幅度并不明显，但训练和存储过程中消耗的时间与资源却明显增大。对于验证集，当隐藏层神经元的数量逐渐增加时，除了 N=70 这一种情况外，其余的比值均在 0.53～0.66 之间。在综合评价所有数据集后，最终确定隐藏层中神经元的数量为 60 时能够较好地兼顾计算的精度和效率。

对所有数据进行分析和训练后，得到数据驱动的纤维混凝土随机损伤本构模型。图 6-21 所示为部分模型预测结果与试验结果的对比。从图中可以看到，该模型能很好地模拟纤维混凝土经历单调受拉、单调受压和循环受压时的非线性力学行为。这说明，采用 BP 神经网络方法建立纤维信息与模型参数之间的关系并利用训练好的神经网络预测纤维混凝土随机损伤本构行为是可行的。

2. 数据驱动的滞回模型

（1）Chang-Mander 模型的滞回曲线

Chang-Mander 模型（即 OpenSees 中的 ConcreteCM 模型）是描述普通混凝土单轴循环加卸载时非线性滞回行为的本构模型，该模型的滞回曲线如图 6-22 所示。该模型涉及 9 个参数，包括混凝土的初始弹性模量 E_c、峰值压应力 f_c'、峰值压应变 ε_c'、峰值拉应力 f_t、峰值拉应变 ε_t、受压曲线非线性下降段的控制参数 r_c、受压曲线下降段为直线开始的计算因子 $X_c(X_c=\varepsilon_{cr}^-/\varepsilon_c')$、受拉曲线非线性下降段的控制参数 r_t 和受拉曲线下降段为直线开始的计算因子 $X_t(X_t=\varepsilon_{cr}^-/\varepsilon_t)$。

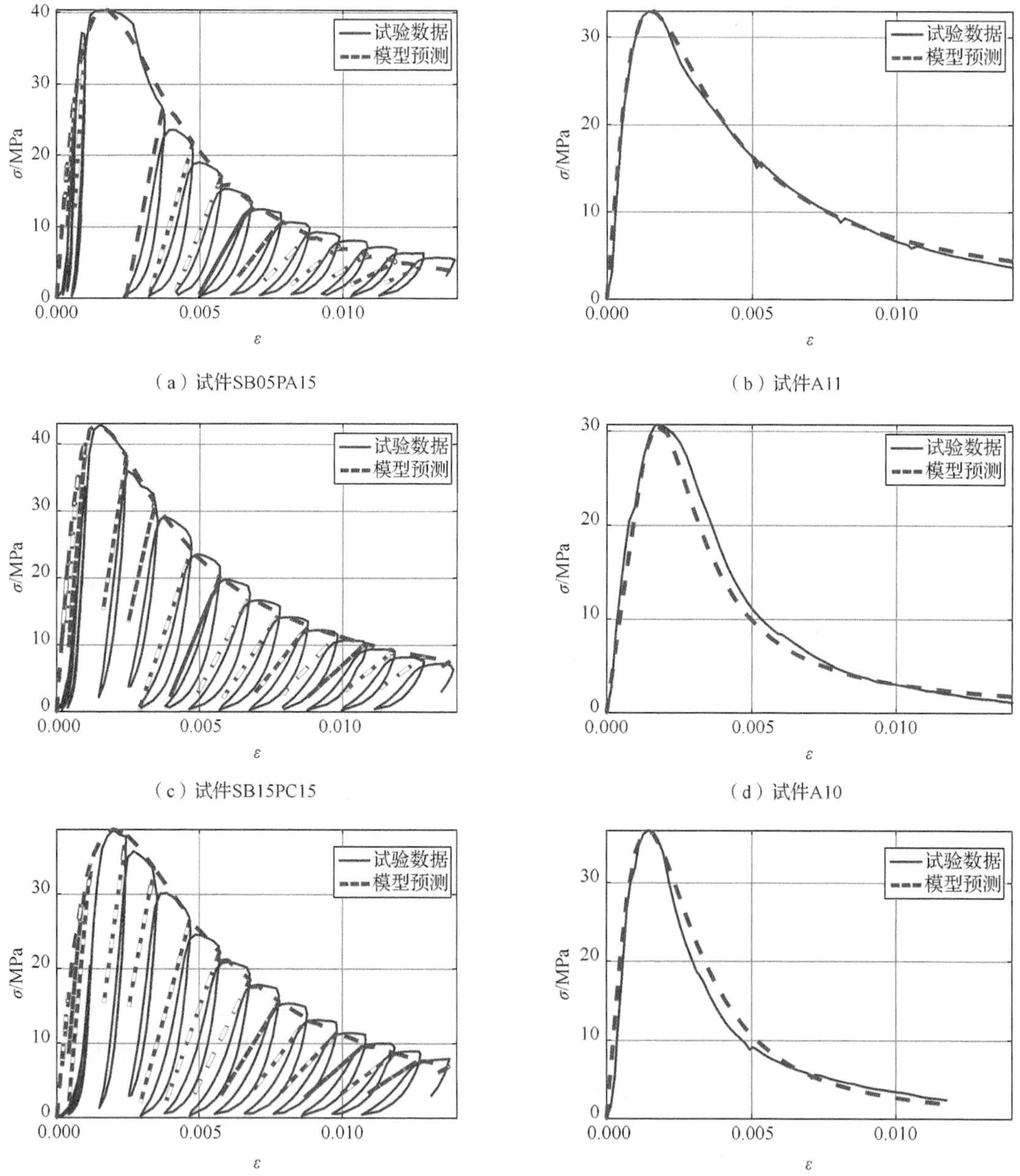

（a）试件SB05PA15　　（b）试件A11

（c）试件SB15PC15　　（d）试件A10

（e）试件SB15PA20　　（f）试件A13

图 6-21　基于随机损伤模型的预测结果（平均值）与试验数据的对比

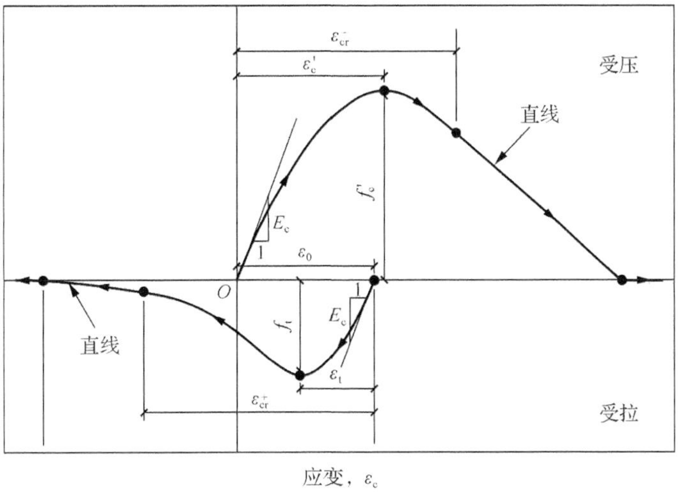

图 6-22　Chang-Mander 模型的滞回曲线

该模型的滞回曲线是基于特定试验结果统计回归得到的，对于不同类型的混凝土，其循环加卸载规则需要进行适当修正才能反映材料的非线性力学行为，尤其是塑性应变的演化。与普通混凝土相比，纤维混凝土在相同卸载应变时的卸载刚度通常更大。因此，对纤维混凝土卸载刚度 E_{sec} 进行修正，通过添加一个刚度调整系数 con 来修正计算结果，即

$$\varepsilon^{p} = \varepsilon^{unl} - \frac{\sigma^{unl}}{E_{sec}(\sigma^{unl}, \varepsilon^{unl}, E_0, \text{con})} \tag{6-15}$$

式中，σ^{unl} 和 ε^{unl} 分别为卸载点处的应力和应变；E_{sec} 为修正后的卸载刚度，取决于卸载点处的应力、应变、初始刚度和刚度调整系数。

（2）纤维混凝土滞回模型的数值实现

对 Chang-Mander 模型的滞回曲线进行修正得到纤维混凝土滞回模型，其数值实现的整体框架如图 6-23 所示。

采用纤维混凝土滞回模型进行循环加载作用下纤维混凝土力学响应的测试，结果如图 6-24 所示。从图中可以看出，随刚度调整系数 con 取值不同，纤维混凝土卸载-再加载应力-应变曲线的刚度和塑性变形均发生了较明显的变化，这说明该纤维混凝土滞回模型可以描述纤维混凝土的滞回行为。

（3）滞回模型的数据驱动结果分析

基于 Chang-Mander 模型构建纤维混凝土滞回模型时，不管是受压过程还是受拉过程，所选取的控制参数均为模型中控制滞回曲线形状的 r_c（或 r_t）、X_c（或 X_t）和控制卸载刚度的调整系数 con。因此，神经网络的输出层相应地设置了 3 个神经元；需要输入的纤维特征参数信息与前文一致，输入层的神经元数量仍为 4 个。至于隐藏层

神经元的数量，经过类似的参数敏感性分析，并考虑到输出层神经元数量的减少，最终定为 40。基于上述设置，对收集的试验数据进行 BP 神经网络的训练，结果如图 6-25 所示。

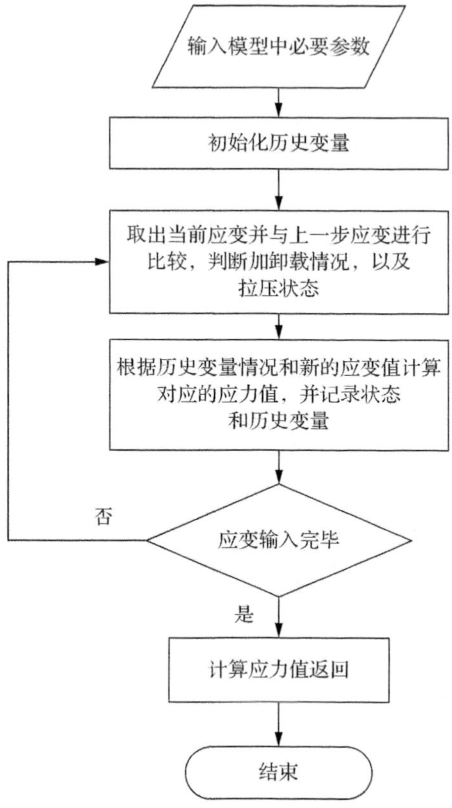

图 6-23　纤维混凝土滞回模型数值实现的框架图

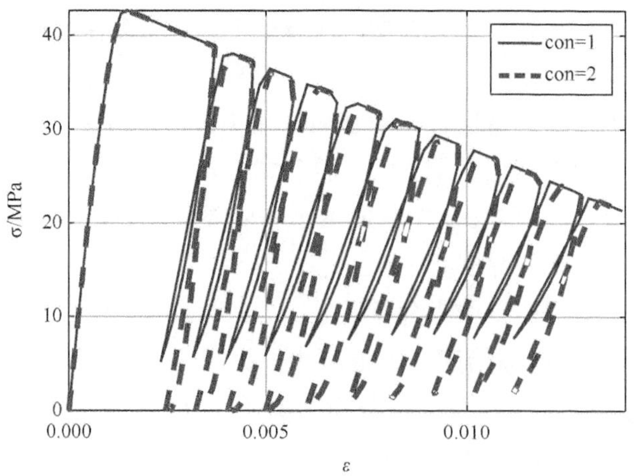

图 6-24　刚度调整系数 con 不同取值对纤维混凝土滞回行为的影响

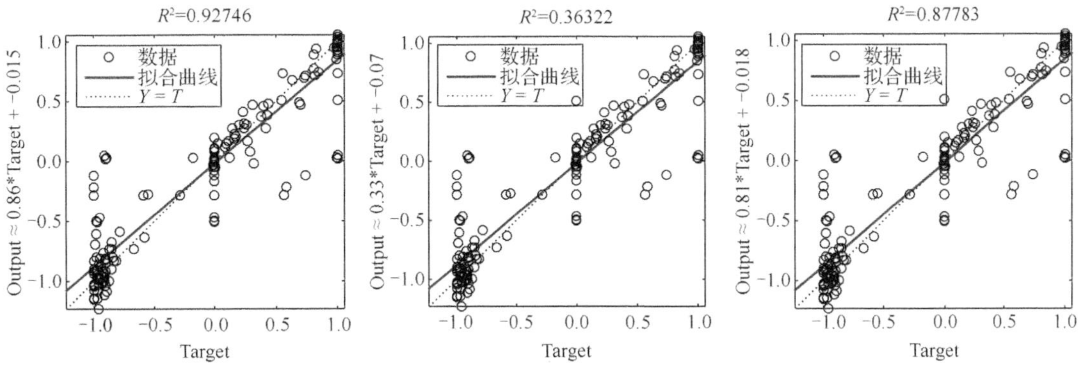

（a）训练集结果　（b）验证集结果　（c）综合结果

图 6-25　隐藏层神经元数量为 40 时的训练结果

对所有数据进行分析和训练后，得到数据驱动的基于 Chang-Mander 模型的纤维混凝土滞回模型。图 6-26 所示为部分模型预测结果与试验结果的对比，发现两者吻合良好，这表明，数据驱动的纤维混凝土滞回模型可以描述纤维混凝土在单调荷载或循环荷载作用下的非线性力学行为。

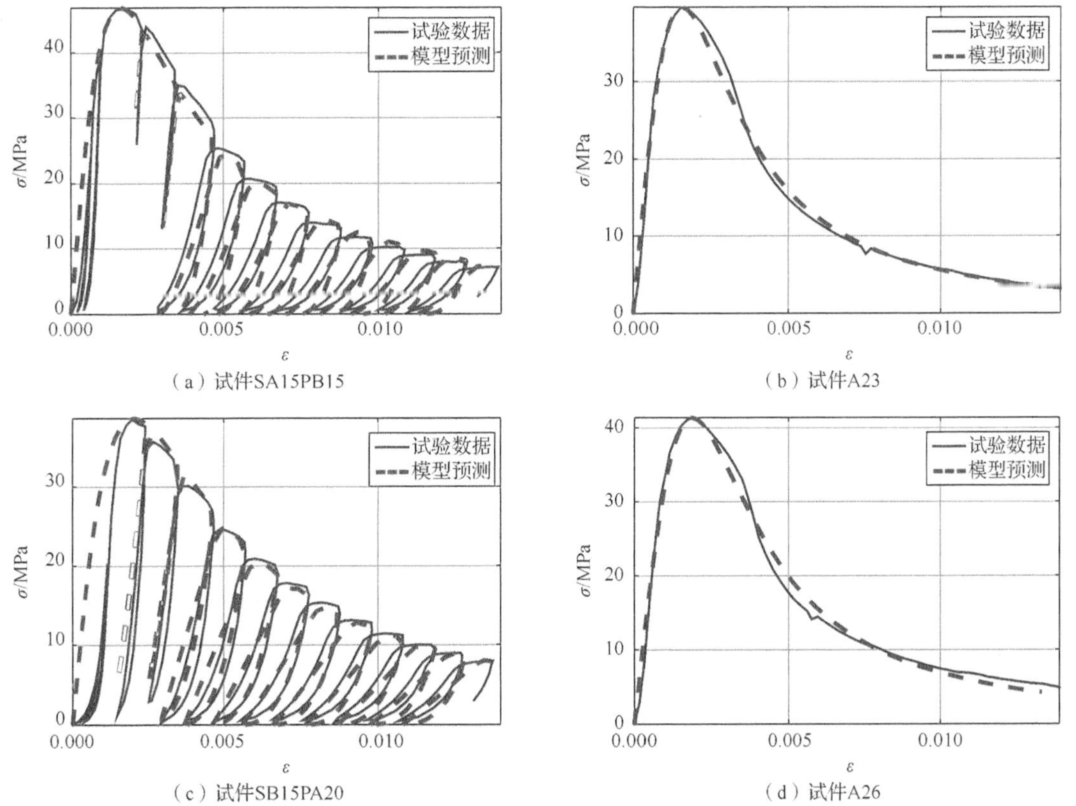

（a）试件SA15PB15　（b）试件A23
（c）试件SB15PA20　（d）试件A26

图 6-26　数据驱动的纤维混凝土滞回模型的预测结果与试验结果的对比

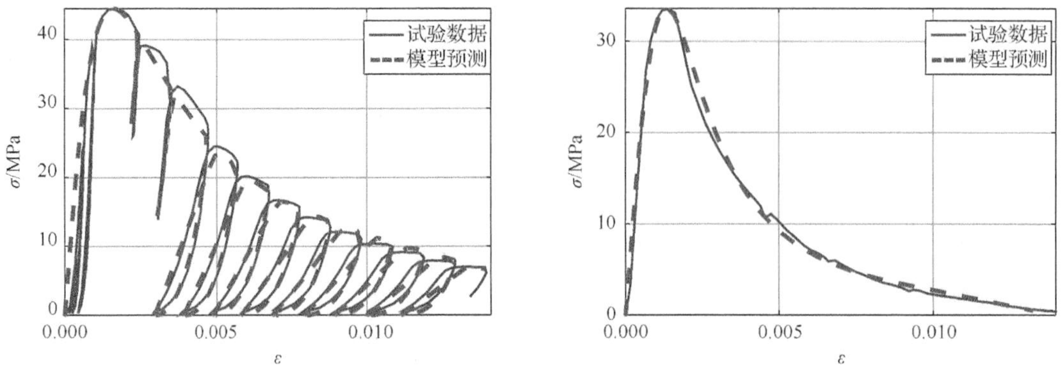

（e）试件SC15PC15　　（f）试件A3

图 6-26（续）

6.4　数据驱动的纤维混凝土本构模型在 ABAQUS 中的实现

为便于数据驱动的纤维混凝土本构模型在工程实践中的应用，基于 ABAQUS 有限元软件开发了 UMAT 子程序，用于材料层次和构件层次的模拟计算。

6.4.1　数据驱动程序的实现流程

UMAT 作为 ABAQUS 提供的用户材料子程序，具有强大的模型计算能力[25]。在程序运行中，UMAT 会自动获取每个单元在计算增量步前的应力、应变信息，所定义的材料信息，之前增量计算所累积的历史信息，以及当前增量步的增量大小；然后根据上述信息，计算当前增量步下的材料雅可比矩阵，并更新增量计算结束后的应力状态和相关内变量参数（如塑性应变、损伤变量等），其本质是一个增量型本构方程的迭代计算过程。基于数据驱动程序的开发流程须结合 MATLAB 程序中训练好的 BP 神经网络和 UMAT 子程序进行，具体流程如图 6-27 所示。

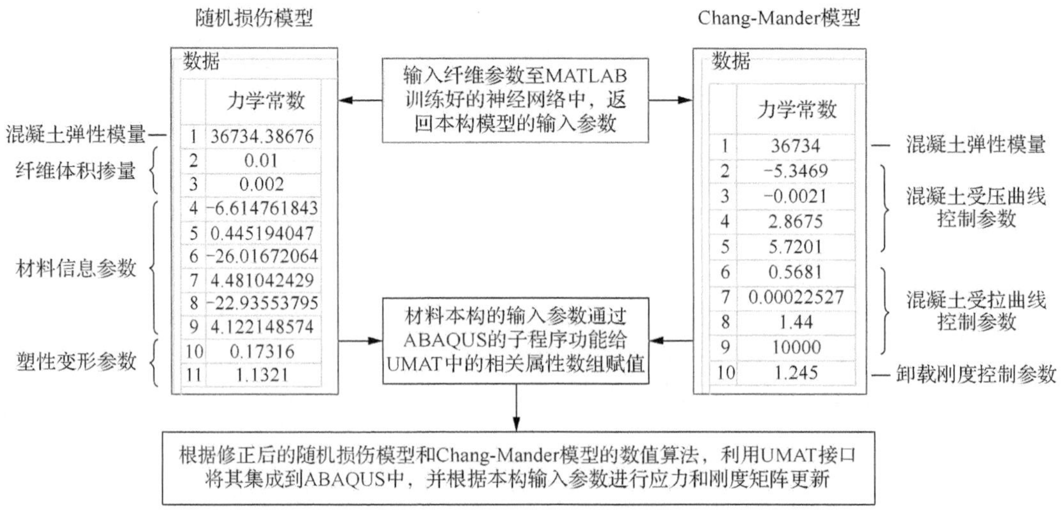

图 6-27　数据驱动程序在 ABAQUS 中的实现流程

6.4.2　随机损伤本构模型子程序

6.3 节介绍了纤维混凝土随机损伤本构模型的数值实现流程，需要注意的是：①在 MATLAB 中，计算过程可以连续进行，损伤变量和塑性应变可以直接利用变量进行存取；ABAQUS 采用的是增量计算方法，UMAT 需要在每个增量步中进行调用，相关状态变量必须放到 STATEV 中进行存储，因此，对于纤维混凝土随机损伤本构模型，其中的损伤变量和塑性应变都是状态变量，必须进行单独处理。②在 MATLAB 中编写的本构模型程序都采用正值计算应力和应变，而 ABAQUS 中规定受拉为正、受压为负，因此，在计算受压应力和应变时需要进行符号调整。

（1）材料层次的验算

为了验证用户材料子程序的可靠性，首先，在 ABAQUS 中建立一个纤维混凝土 3D 几何模型并划分为梁单元[26-27]（单元类型选择 B31），基体混凝土强度等级设置为 C40，钢纤维体积掺量为 1.5%、长径比为 60，聚丙烯纤维体积掺量为 0。然后，将梁单元的一端完全固定，另一端施加变幅轴向位移以实现循环加卸载。最后，利用 UMAT 子程序计算相应的应力，绘制得到单元的应变-时间曲线和应力-应变曲线，如图 6-28 所示。从图中可以看出，该模型能够较为真实地反映纤维混凝土单轴循环受压作用下非线性力学响应的基本特征。

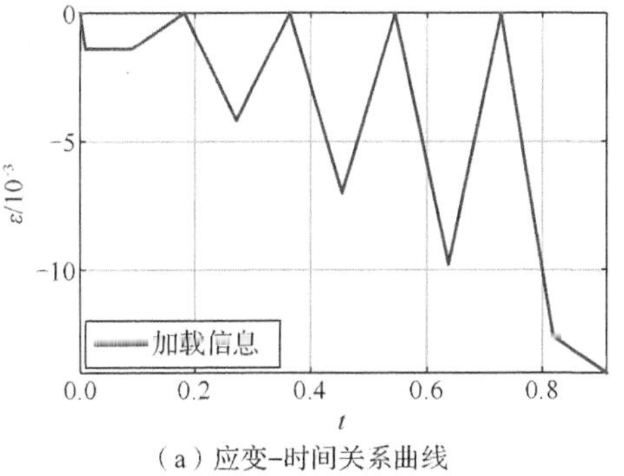

（a）应变-时间关系曲线

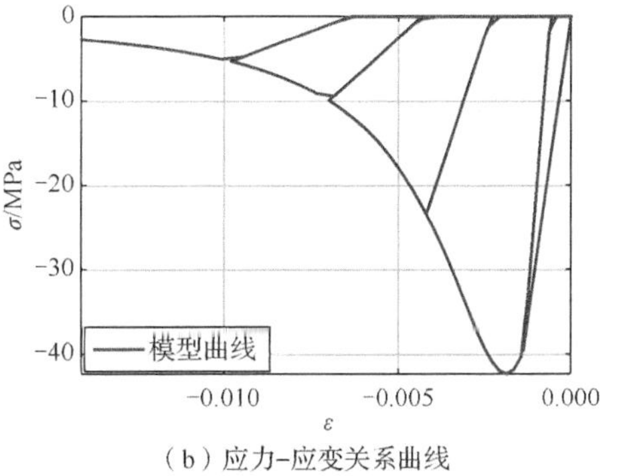

（b）应力-应变关系曲线

图 6-28　梁单元应变-时间曲线和应力-应变曲线的计算结果

在此基础上，将 6.3 节中数据驱动的模型参数输入至 ABAQUS 的材料定义界面，模拟分析纤维特征参数对纤维混凝土本构模型的影响：①聚丙烯纤维长径比为 167，体积掺量为 0.15%；钢纤维长径比为 60，体积掺量分别为 0.5%、1.0%、1.5%。②钢纤维长径比为 60，体积掺量为 1.5%；聚丙烯纤维长径比为 167，体积掺量分别为 0.1%、0.15%、0.2%。

模拟分析结果如图 6-29 所示。从图中可以看出，模型计算的纤维混凝土应力-应变曲线与试验曲线基本保持一致，即当聚丙烯纤维体积掺量一定时，随着钢纤维体积掺量的增多，纤维混凝土的峰值强度增加；当钢纤维体积掺量一定时，聚丙烯纤维掺量的变化对纤维混凝土的峰值强度影响不明显，但对峰后延性影响较大。

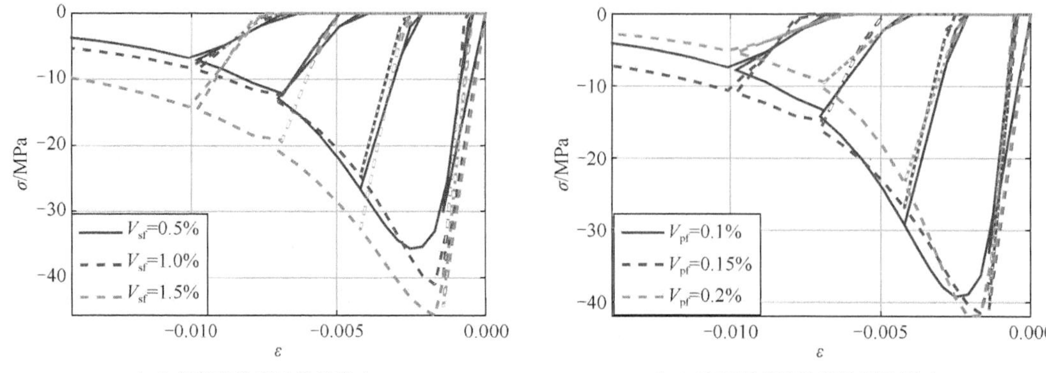

（a）钢纤维体积掺量的影响　（b）聚丙烯纤维体积掺量的影响

图 6-29　纤维信息数据对有限元模拟结果的影响

（2）构件层次的验算

为进一步验证数据驱动的纤维混凝土随机损伤本构模型的适用性，对一根纤维增强钢筋混凝土简支梁[28]的受力性能进行分析。梁的跨度为 3000mm，截面尺寸为 200mm×300mm，采用 HRB400 级钢筋，基体混凝土强度等级为 C40，钢纤维体积掺量分别为 1.0%和 1.2%、长径比为 46，聚丙烯纤维的体积掺量为 0，加载位置与横截面配筋如图 6-30 所示。

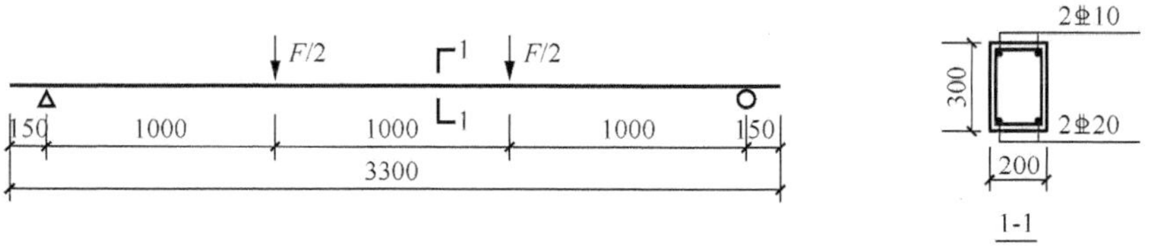

图 6-30　纤维混凝土简支梁计算简图

首先，按照正常的建模步骤建立混凝土梁单元，采用 B31 单元进行划分，所有单元建立后将结果导出成 inp 文件，并在单元定义位置使用关键字*elcopy 来复制原先划分的混凝土梁单元信息。然后，将复制内容指定为钢筋的集合，同时在材料模块为所指定的钢筋集合添加截面并指定材料信息。钢筋信息也采用 UMAT 用户子程序进行定义，因此其输入方式与混凝土的材料定义类似。由于梁单元中涉及钢筋和混凝土两种用户自定义的材料，需要同时调用这两种材料的本构参数，为此在 UMAT 子程序中使用 CMNAME 变量，首先根据材料名称判定材料类型，然后选择不同的材料子程序分别进行调用[29]，最后将有限元计算得到的荷载-跨中挠度曲线与实测结果进行对比，如图 6-31 所示。

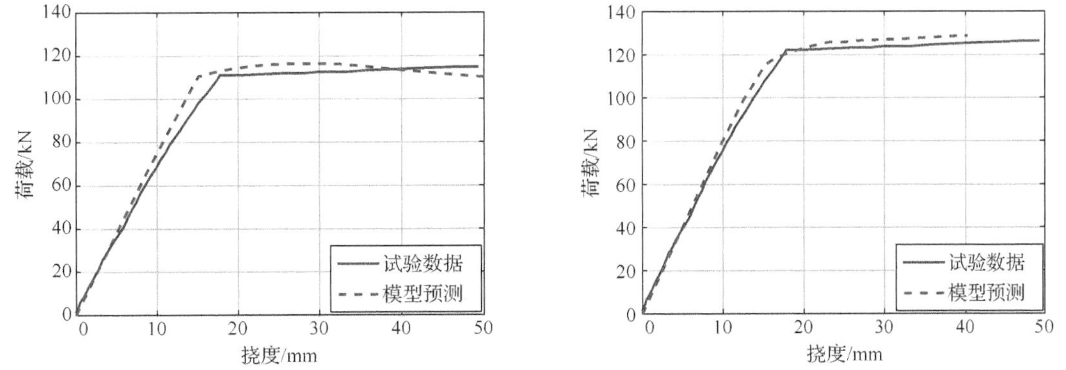

（a）V_s= 1.0%　（b）V_s= 1.2%

图 6-31　荷载-跨中挠度曲线模拟结果与试验结果的对比

从图中可以看出，模型预测的荷载-挠度曲线与试验曲线基本吻合。其中，模型计算的极限承载力分别为 116.3kN 和 125.12kN，与试验结果 114.8kN 和 122.13kN 的最大误差仅为 2.45%，表明模拟效果良好。

6.4.3　滞回模型子程序

与随机损伤模型的材料用户子程序相比，滞回模型的子程序更加复杂，主要体现在本构模型中的加卸载计算方式完全不同，滞回规则具有随动硬化的特点，而且内变量更多，因此在编写材料用户子程序时，需要按照模块化的方式，对不同计算功能模块进行分类，然后用框架控制程序调用这些不同模块的功能。开发的材料用户子程序中，需要用户输入的信息为 6.3 节中数据驱动的纤维混凝土滞回模型九个关键参数和一个卸载刚度的修正系数，输入参数也是通过 6.3 节中本构模型实现程序自动获取的。

（1）材料层次的验算

首先对开发的材料用户子程序 UMAT 进行材料层次的验算，单元类型为 B31 梁单元，基体混凝土强度等级为 C40，钢纤维体积掺量为 1.0%、长径比为 60，聚丙烯纤维体积掺量为 0。测试时，采用拉压循环往复的方式（受压时变幅、受拉时等幅）进行加载，将模拟计算得到的应变-时间关系曲线和应力-应变关系曲线绘制于图 6-32 中。

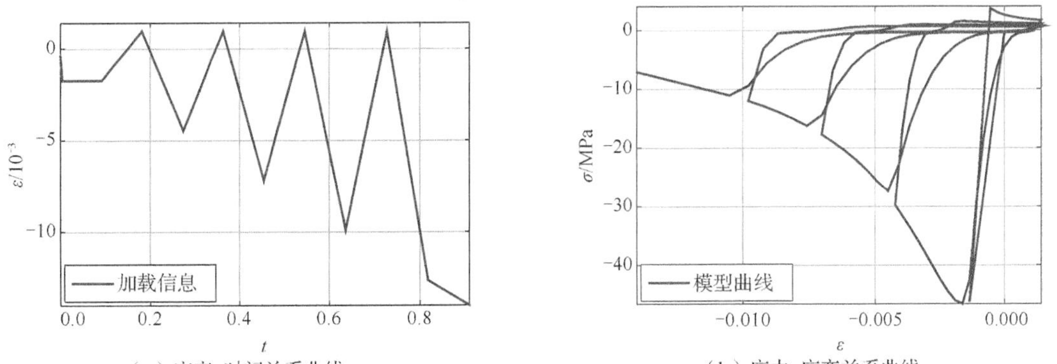

（a）应变-时间关系曲线　（b）应力-应变关系曲线

图 6-32　梁单元应变-时间关系曲线和应力-应变关系曲线的模拟结果

在此基础上，将 6.3 节中数据驱动的模型参数输入至 ABAQUS 的材料定义界面，模拟分析纤维特征参数对纤维混凝土滞回模型的影响：①聚丙烯纤维长径比为 280，体积掺量为 0.15%；钢纤维长径比为 60，体积掺量分别取为 0.5%、1.0%、1.5%。②钢纤维长径比为 60，体积掺量为 1.0%；聚丙烯纤维体积掺量为 0.15%，长径比分别为 167、280、396。模拟分析结果如图 6-33 所示。从图中可以看出，建立的单元模型在拉压往复加载下，比较真实地呈现了纤维混凝土应力退化和刚度退化的现象以及随动硬化的特征，模型预测结果与试验结果的变化规律基本一致。

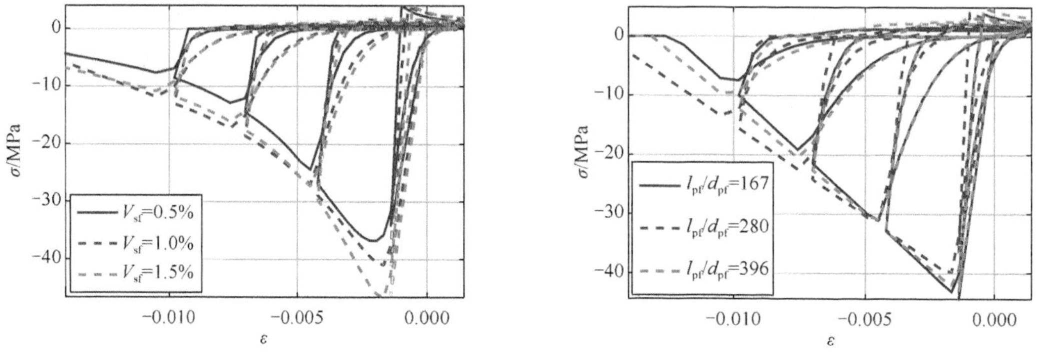

（a）钢纤维体积掺量的影响　　（b）聚丙烯纤维长径比的影响

图 6-33　纤维特征参数对模型模拟结果的影响

（2）构件层次的验算

为了进一步验证数据驱动的纤维混凝土滞回模型在实际构件分析中的适用性，同样对 6.4.2 节中的梁构件进行模拟分析，计算结果如图 6-34 所示。从图中可以看出，模型预测的荷载-挠度曲线与试验曲线基本吻合。模型计算的极限承载力分别为 109.4kN 和 121.3kN，与实测结果 114.8kN 和 123.1kN 的最大误差仅为 4.70%，表明模拟效果良好。

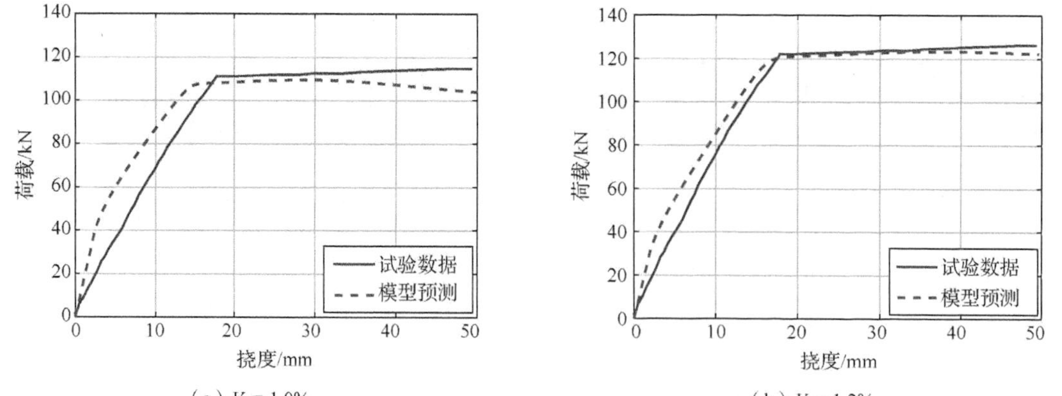

（a）V_{sf}= 1.0%　　（b）V_{sf}= 1.2%

图 6-34　模型预测的荷载-挠度曲线与试验曲线对比

参 考 文 献

[1] 陈华婷，王际芝，郭玉涛．结构试验科学数据库（SEbase）数据规范化与信息发布[C]//中国土木工程学会计算机应用分会第七届年会土木工程计算机应用文集．中国土木工程学会，中国力学学会，1999：175-179．

[2] 何庆锋．结构实验数据库系统的应用研究[D]．长沙：湖南大学，2005.
[3] 张元元．钢-聚丙烯混杂纤维混凝土单轴受压本构关系与受拉性能研究[D]．武汉：武汉大学，2010.
[4] 徐礼华，梅国栋，黄乐，等．钢-聚丙烯混杂纤维混凝土轴心受拉应力-应变关系研究[J]．土木工程学报，2014（7）：35-45.
[5] 池寅，黄乐，余敏．基于 ABAQUS 的钢-聚丙烯混杂纤维混凝土损伤塑性本构模型取值方法研究[J]．工程力学，2017，34（12）：131-142.
[6] 邓宗才．碳纤维，钢纤维混凝土低周抗压疲劳特性的试验研究[J]．水利学报，2001，2：39-43.
[7] 徐礼华，李彪，池寅，等．钢-聚丙烯混杂纤维混凝土单轴循环受压应力-应变关系研究[J]．建筑结构学报，2018，39（4）：140-152.
[8] 苏洁，池寅，孟宽．钢-聚丙烯混杂纤维混凝土的真三轴强度试验研究[J]．武汉大学学报（工学版），2018，51（1）：40-46.
[9] 刘昭．基于 PHP 的学生体育成绩管理系统的设计[J]．自动化与仪器仪表，2017（5）：254-256.
[10] 李小莲．对数据库范式的分析与应用[J]．电脑知识与技术，2018，14（8）：7-8.
[11] 邹琼．浅谈数据库设计中范式的应用[J]．湖北经济学院学报（人文社会科学版），2011，8（11）：170-171.
[12] 崔晓斌．基于 Access 数据库企业计量管理系统设计与开发[J]．上海计量测试，2019，46（5）：59-62.
[13] 王晓娅，薛莉，吴学谦，等．基于 Access 数据库的医疗设备档案精细化管理[J]．管理观察，2019（36）：189-190.
[14] 黄传禄．基于 Python 的 MYSQL 数据库访问技术[J]．现代信息科技，2017，1（4）：73-75.
[15] 梅国栋．钢-聚丙烯混杂纤维混凝土单轴受拉性能与本构关系研究[D]．武汉：武汉大学，2014.
[16] 李彪．钢-聚丙烯混杂纤维混凝土弹塑性损伤本构关系及数值实现[D]．武汉：武汉大学，2018.
[17] Cascardi A, Micelli F, Aiello M A. An artificial neural networks model for the prediction of the compressive strength of FRP-confined concrete circular columns[J]. Engineering Structures, 2017, 140: 199-208.
[18] Naderpour H, Nagai K, Fakharian P, et al. Innovative models for prediction of compressive strength of FRP-confined circular reinforced concrete columns using soft computing methods[J]. Composite Structures, 2019, 215: 69-84.
[19] 孙宇，曾卫东，赵永庆，等．基于 BP 神经网络 Ti600 合金本构关系模型的建立[J]．稀有金属材料与工程，2011，40（2）：220-224.
[20] 刘毅．混杂纤维混凝土性能研究及其基于 BP 神经网络的强度预测[D]．重庆：重庆大学，2008.
[21] 陈太聪，韩大建，苏成．参数灵敏度分析的神经网络方法及其工程应用[J]．计算力学学报，2004，21（6）：752-756.
[22] 李杰，吴建营，陈建兵．混凝土随机损伤力学[M]．北京：科学出版社，2014.
[23] Faria R, Oliver J, Cervera M. A strain-based plastic viscous-damage model for massive concrete structures[J]. International Journal of Solids and Structures, 1998, 35(14): 1533-1558.
[24] 李渊．岷江上游干旱河谷核心区土壤养分特征[D]．成都：四川农业大学，2014.
[25] 杨曼娟．ABAQUS 用户材料子程序开发及应用[D]．武汉：华中科技大学，2005.
[26] 吴平川，张卫波．ABAQUS 梁单元模型二次开发[J]．黑龙江科技信息，2014（7）：118.
[27] 尚兵，庄茁．基于 ABAQUS 梁单元的钢筋混凝土材料子程序[C]//北京力学会第 17 届学术年会论文集，北京，2011：424-430.
[28] 程东辉，羌震．钢纤维再生混凝土梁受弯承载力试验分析[J]．混凝土，2019（9）：31-35.
[29] 韩军，李英民，陈伟贤，等．基于 ABAQUS 三维梁单元的混凝土材料子程序二次开发[J]．建筑结构，2011，41（5）：111-114.

第 7 章　纤维混凝土黏结-滑移本构关系

纤维增强、阻裂和增韧作用的发挥程度主要取决于纤维与混凝土基体的黏结。在实际工程中，纤维混凝土与钢筋共同工作的基本前提是两者之间的可靠黏结、共同受力和协同变形。因此，深入研究纤维与混凝土基体、钢筋与纤维混凝土的黏结性能，揭示黏结机理，是优化纤维混凝土配合比设计，进而提升纤维混凝土材料及结构受力性能的关键所在，对促进纤维混凝土理论研究和工程应用具有重要的意义。本章主要论述混杂纤维混凝土中钢纤维-纤维混凝土界面和钢筋-纤维混凝土界面的黏结性能，阐明纤维特征参数对黏结应力-滑移全曲线、黏结强度、峰值滑移、耗能能力等关键性能指标的影响规律，建立黏结-滑移本构模型。

7.1　钢纤维与纤维混凝土的黏结应力-滑移本构关系

7.1.1　黏结应力-滑移全曲线

为研究钢纤维与纤维混凝土基体的黏结应力-滑移本构关系，考虑钢纤维的形状和体积掺量、聚丙烯纤维体积掺量、钢纤维埋置深度和基体混凝土强度等级等 5 个影响因素（表 7-1），设计制作 42 组混杂纤维混凝土试件，各组试件的设计参数列于表 7-2，试件浇筑装置和试件尺寸如图 7-1 所示。

表 7-1　纤维拔出试验考察的因素及水平

水平	钢纤维		聚丙烯纤维体积掺量 V_{pf}/%	钢纤维埋置深度 L_f/mm	混凝土强度等级
	形状	体积掺量 V_{sf}/%			
水平 1	圆直型	0.5	0.05	10	C40
水平 2	端钩型	1.0	0.10	20	C50
水平 3		1.5	0.15	30	

表 7-2　纤维拔出试验试件设计参数表

试件编号	钢纤维		聚丙烯纤维体积掺量 V_{pf}/%	钢纤维埋置深度 L_f/mm	混凝土强度等级
	形状	体积掺量 V_{sf}/%			
C40S00P00-30	圆直型			30	C40
C40S00P05-30	圆直型		0.05	30	C40
C40S00P10-30	圆直型		0.10	30	C40
C40S00P15-30	圆直型		0.15	30	C40
C40S05P00-30	圆直型	0.5		30	C40
C40S05P05-30	圆直型	0.5	0.05	30	C40
C40S05P10-30	圆直型	0.5	0.10	30	C40

续表

试件编号	钢纤维		聚丙烯纤维体积掺量 V_{pf}/%	钢纤维埋置深度 L_f/mm	混凝土强度等级
	形状	体积掺量 V_{sf}/%			
C40S05P15-30	圆直型	0.5	0.15	30	C40
C40S10P00-30	圆直型	1.0		30	C40
C40S10P05-30	圆直型	1.0	0.05	30	C40
C40S10P10-10	圆直型	1.0	0.10	10	C40
C40S10P10-20	圆直型	1.0	0.10	20	C40
C40S10P10-30	圆直型	1.0	0.10	30	C40
C40S10P15-30	圆直型	1.0	0.15	30	C40
C40S15P00-30	圆直型	1.5		30	C40
C40S15P05-30	圆直型	1.5	0.05	30	C40
C40S15P10-30	圆直型	1.5	0.10	30	C40
C40S15P15-30	圆直型	1.5	0.15	30	C40
C50S10P10-10	圆直型	1.0	0.10	10	C50
C50S10P10-20	圆直型	1.0	0.10	20	C50
C50S10P10-30	圆直型	1.0	0.10	30	C50
C40H00P00-30	端钩型			30	C40
C40H00P05-30	端钩型		0.05	30	C40
C40H00P10-30	端钩型		0.10	30	C40
C40H00P15-30	端钩型		0.15	30	C40
C40H05P00-30	端钩型	0.5		30	C40
C40H05P05-30	端钩型	0.5	0.05	30	C40
C40H05P10-30	端钩型	0.5	0.10	30	C40
C40H05P15-30	端钩型	0.5	0.15	30	C40
C40H10P00-30	端钩型	1.0		30	C40
C40H10P05-30	端钩型	1.0	0.05	30	C40
C40H10P10-10	端钩型	1.0	0.10	10	C40
C40H10P10-20	端钩型	1.0	0.10	20	C40
C40H10P10-30	端钩型	1.0	0.10	30	C40
C40H10P15-30	端钩型	1.0	0.15	30	C40
C40H15P00-30	端钩型	1.5		30	C40
C40H15P05-30	端钩型	1.5	0.05	30	C40
C40H15P10-30	端钩型	1.5	0.10	30	C40
C40H15P15-30	端钩型	1.5	0.15	30	C40
C50H10P10-10	端钩型	1.0	0.10	10	C50
C50H10P10-20	端钩型	1.0	0.10	20	C50
C50H10P10-30	端钩型	1.0	0.10	30	C50

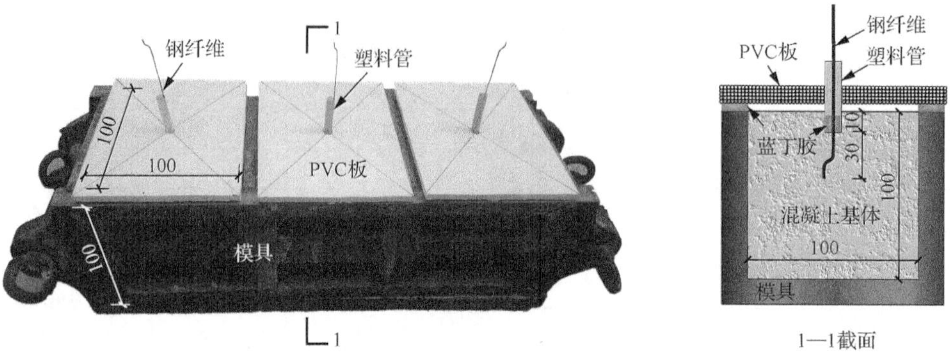

图 7-1　纤维拔出试验试件制作装置与尺寸

图 7-2 为钢纤维拔出试验测得的拉拔力-滑移（P-s）曲线。根据图中曲线，分析钢纤维的形状和体积掺量、聚丙烯纤维体积掺量、钢纤维埋置深度和基体混凝土强度等级等因素的影响规律。

1）选取圆直型钢纤维试件［图 7-2（a）～（d）］和端钩型钢纤维试件［图 7-2（e）～（h）］，分析钢纤维形状对拉拔力-滑移（P-s）关系曲线的影响规律。对比分析两类试件的拉拔力-滑移（P-s）关系曲线可以看出，对于圆直型钢纤维试件，拉拔力在达到峰值前线性增大，而后急剧下降，表明圆直型钢纤维从开始脱黏到完全脱黏历时非常短暂；随着钢纤维滑移的增加，拉拔力持续减小直至钢纤维完全拔出。对于端钩型钢纤维试件，由于端钩的机械咬合力，最大拉拔力明显高于圆直型钢纤维试件，峰后逐渐下降直至摩擦滑移阶段的残余值，下降段平缓。

2）选取如图 7-2（a）～（h）所示的纤维混凝土试件，分析纤维体积掺量的影响。由图可以看出，在钢纤维体积掺量不变的情况下，其最大拉拔力随着聚丙烯纤维体积掺量的增加而增大，但增大幅度随钢纤维体积掺量的增加而有所降低；对于圆直型钢纤维，聚丙烯纤维体积掺量较低（0.05%～0.10%）时，最大拉拔力随钢纤维体积掺量的增加而增大，而对于端钩型钢纤维，钢纤维体积掺量的变化对其拉拔力的影响并不明显。

3）选取如图 7-2（i）和（j）所示的圆直型钢纤维混凝土试件，分析钢纤维埋置深度的影响。由图可以发现，试件的 P-s 曲线斜率在到达峰值点前几乎不变，且钢纤维埋置越深，P_{max} 值越小，说明在滑移相同的情况下，埋置深度越浅的钢纤维，其与纤维混凝土界面的剪应力越大。此外，随着钢纤维埋置深度的增加，拉拔力的峰值增大，对应的钢纤维滑移也增大，表明埋置浅的钢纤维与混凝土脱黏时产生的变形比埋置深的纤维更小。端钩型钢纤维［图 7-2（k）和（l）］的 P-s 曲线变化规律与圆直型钢纤维的基本类似。

4）选取如图 7-2（i）～（l）所示的纤维混凝土试件，分析混凝土强度对 P-s 曲线的影响。从图中可以看出，随着混凝土强度的提高，钢纤维 P-s 曲线包围的面积越大。

彩图 7-2

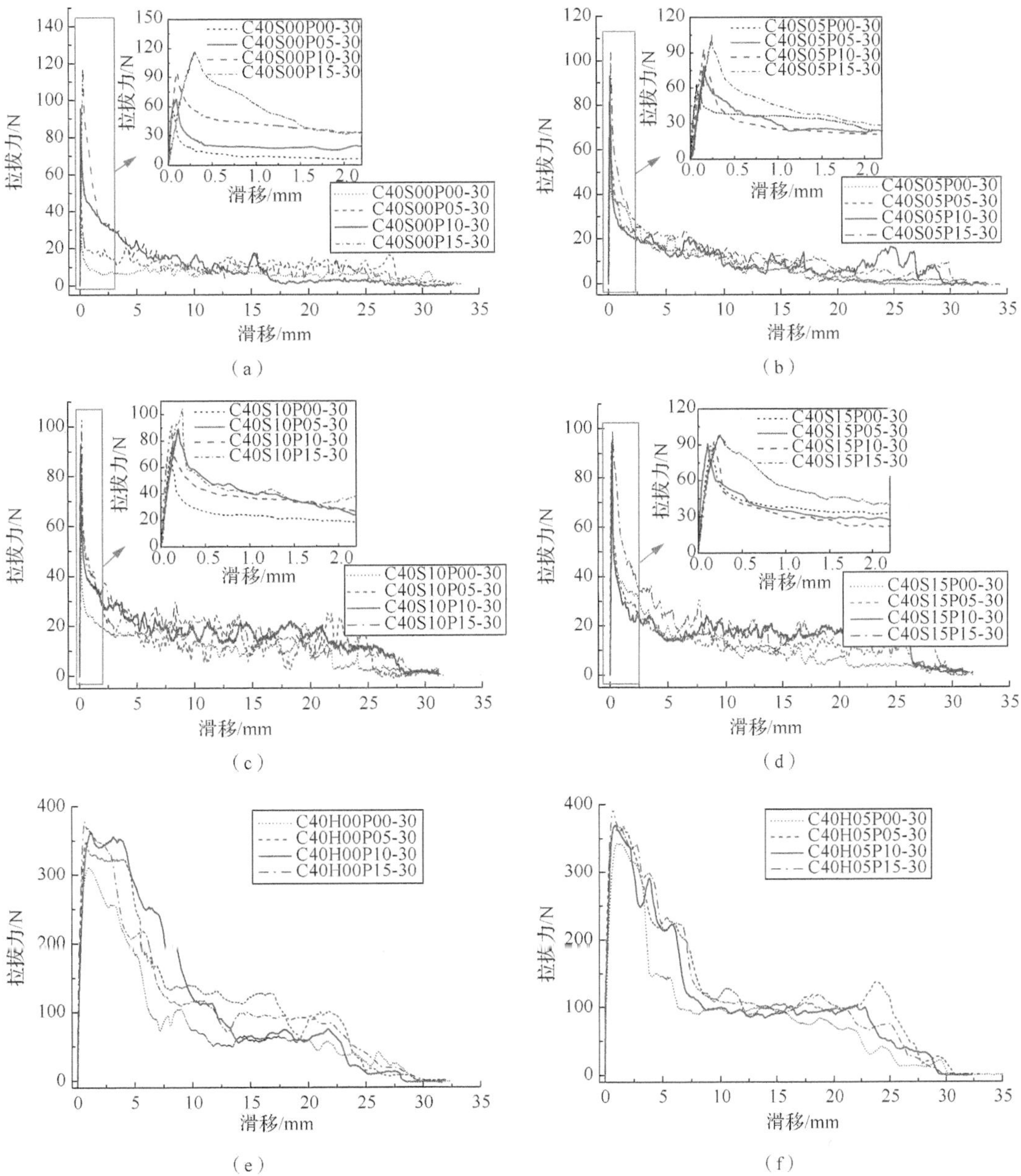

图 7-2　钢纤维-纤维混凝土界面的拉拔力-滑移（*P*-*s*）关系曲线

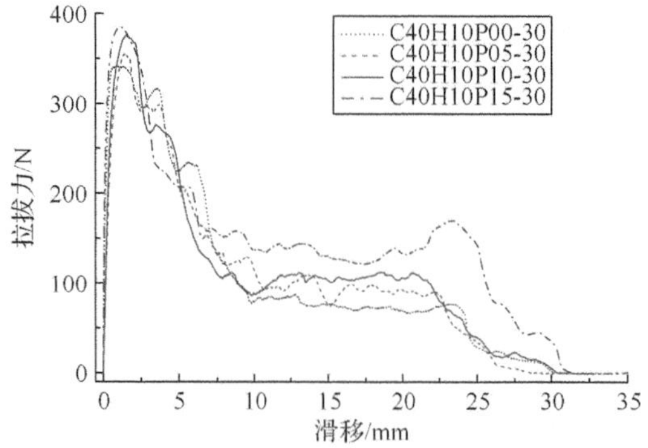

(g)

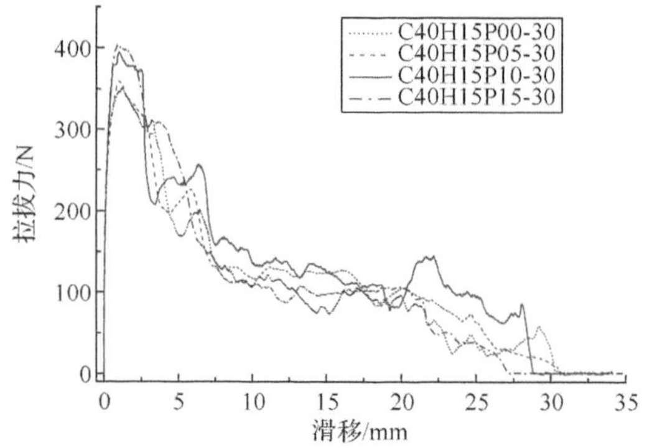

(h)

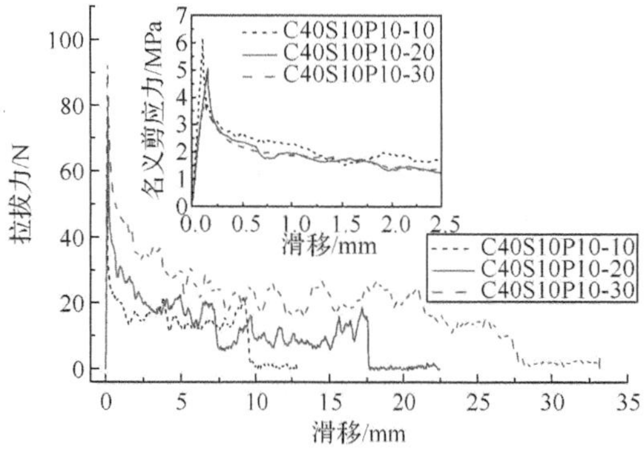

(i)

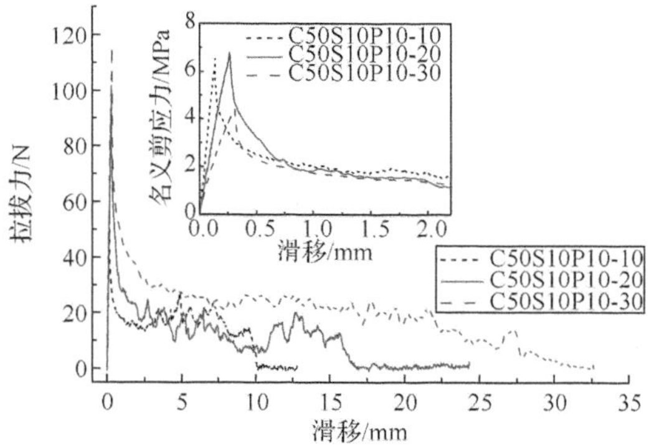

(j)

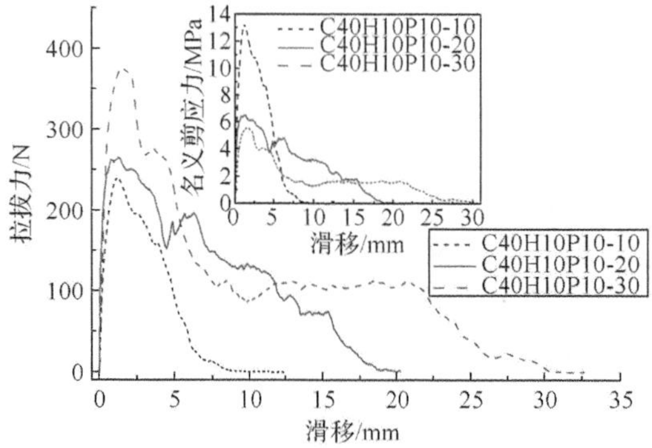

(k)

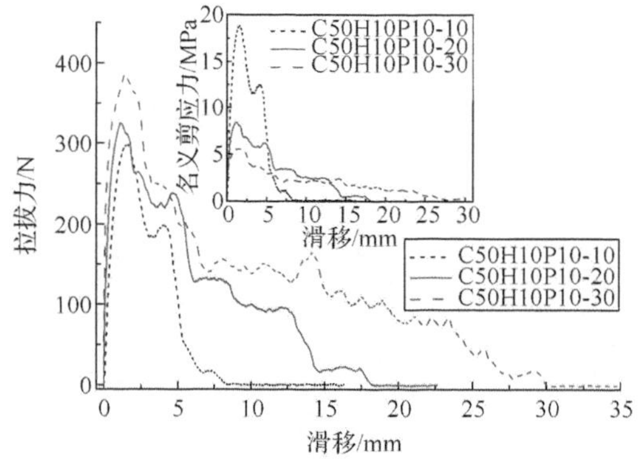

(l)

图 7-2（续）

注：圆直型钢纤维：(a)～(d) 纤维体积掺量的影响，(i) 和 (j) 钢纤维埋置深度和纤维混凝土强度的影响；
端钩型钢纤维：(e)～(h) 纤维体积掺量的影响，(k) 和 (l) 钢纤维埋置深度和纤维混凝土强度的影响。

7.1.2　破坏模式及黏结机理

试验中，所有圆直型钢纤维混凝土试件和端钩型钢纤维混凝土试件的破坏模式均为纤维拔出破坏，如图 7-3 所示。其中，对于端钩型钢纤维混凝土试件，当埋置深度为 20mm

和 30mm 时，可观察到纤维拔出后其端钩部分基本被完全拉直［图 7-3（b）］，混凝土未发生破损现象；当埋置深度为 10mm 时，可观察到纤维拔出后其端钩部分仅发生较大变形而未被完全拉直，纤维周围的混凝土基体出现碎裂的情况，如图 7-4 所示。上述现象表明，当端钩型纤维的埋置深度较深时，混凝土基体不足以抵抗纤维传递的荷载而发生局部碎裂，使得纤维拔出过程中受到的约束变小。

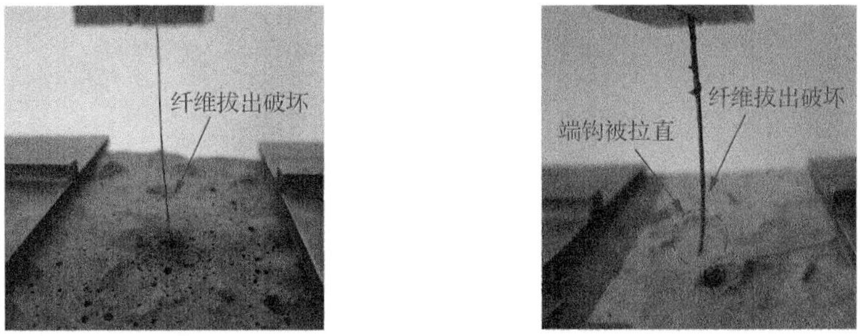

（a）圆直型钢纤维　　（b）端钩型钢纤维

图 7-3　纤维拉拔试验中不同类型钢纤维的破坏模式

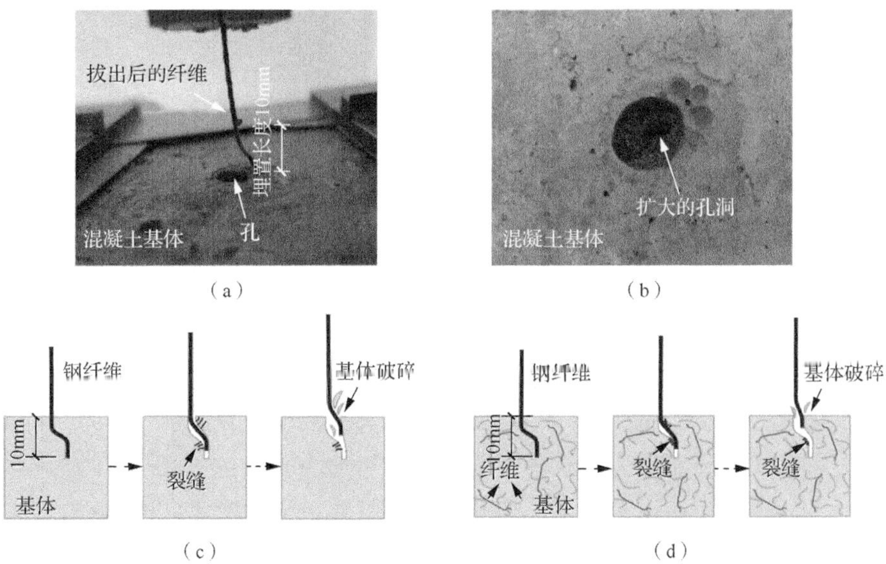

图 7-4　端钩型钢纤维埋置深度为 10mm 时纤维拔出的破坏现象

总结钢纤维拔出试验结果，绘制圆直型钢纤维和端钩型钢纤维的代表性拉拔力-滑移（P-s）关系曲线，分别如图 7-5 和图 7-6 所示。

（1）圆直型钢纤维的拉拔力-滑移（P-s）关系曲线

阶段 1：完全黏结阶段。当试件开始受力时，钢纤维与基体之间产生化学胶着力，对应的拉拔力与滑移呈近似线性关系，滑移量很小。随着荷载的增加，钢纤维附近的纤维混凝土基体内部产生了微裂缝，但抵抗拔出荷载的大部分作用力仍然是化学胶着力。在该阶段，基体中的钢纤维并无明显作用。

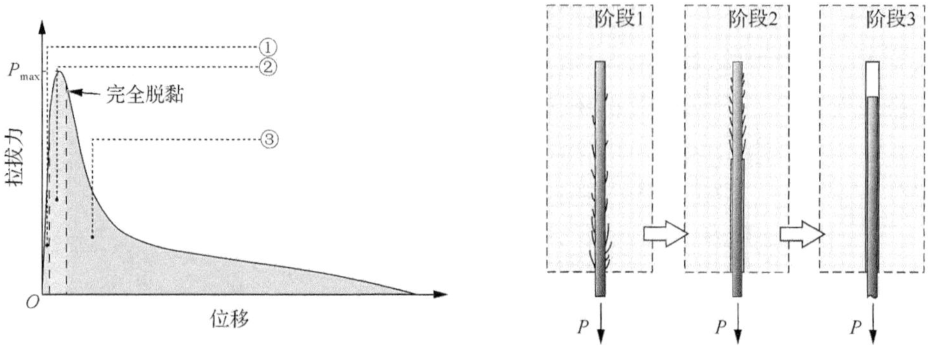

（a）拉拔力-滑移曲线　　（b）钢纤维拔出全过程

图 7-5　圆直型钢纤维的拔出

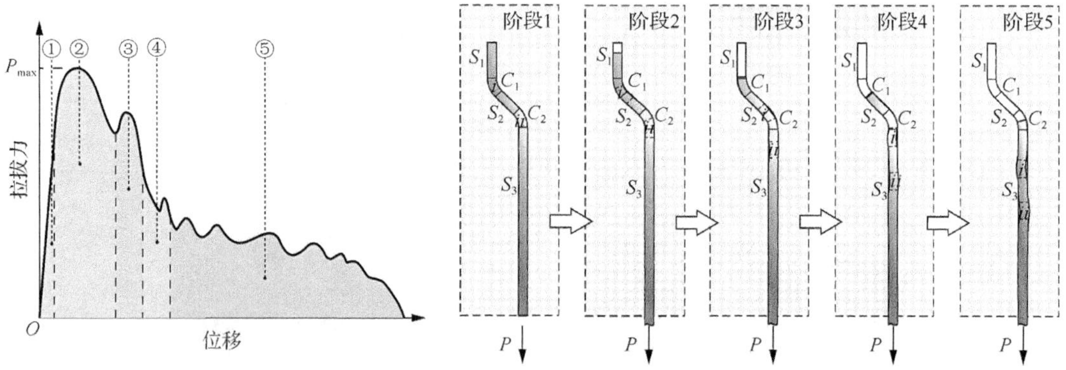

（a）拉拔力-滑移曲线　　（b）钢纤维拔出全过程

图 7-6　端钩型钢纤维的拔出

阶段 2：脱黏阶段。随着荷载的继续增加，钢纤维-混凝土基体界面的化学胶着力从外向内逐渐失效，已经脱黏部分的界面摩擦力和未脱黏部分的化学胶着力共同抵抗拉拔力。当脱黏区继续扩展，至钢纤维滑移量达到 0.1～0.2mm 时，拉拔力达到最大。此时，掺有更多纤维的基体更加致密，对脱黏部分钢纤维的拔出形成更大的摩擦力，拉拔力也相应更大。

阶段 3：摩擦滑移阶段。此阶段钢纤维-混凝土基体界面完全脱黏，钢纤维逐渐从混凝土基体中被拔出，拉拔力主要为钢纤维与基体间的摩擦力。随着钢纤维在基体内的剩余埋置长度逐渐减小，直至纤维被完全拔出，拉拔力也相应地减小到零，如图 7-5 所示。

（2）端钩型钢纤维的拉拔力-滑移（P-s）关系曲线

阶段 1：弹性和部分脱黏阶段。在该阶段，P-s 曲线包括线性段和非线性段，如图 7-6 所示，混凝土基体中的弯曲状通道 C_1、C_2 与钢纤维端钩初始弧段 i 和 ii 的位置基本一致。此阶段产生的滑移量占总滑移量的比例非常小。

阶段 2：塑性变形 I 阶段。钢纤维完全脱黏后，纤维的 *i* 和 *ii* 弧段部分开始分别进入直线通道 S_2、S_3，而直线通道 S_1 和 S_2 的钢纤维部分开始分别进入曲形通道［图 7-6（b）］。由于钢纤维的上述区段不断地经历弯曲和塑性变形，使得拉拔荷载显著增加，当滑移量达到 0.5～1.5mm 时，拉拔力达到最大。在该阶段，钢纤维的作用主要体现在增强基体强度和抑制裂缝扩展两个方面。混凝土基体中掺入纤维时，其强度提高，拉拔力随之增加。

阶段 3：塑性变形 II 阶段。拉拔力达到第一个峰值后开始逐渐减小，直至钢纤维 *i* 区段到达曲形通道 C_2 发生反向塑性变形，拉拔力又达到第二个峰值。在该阶段，基体中钢纤维的作用与上一阶段的类似。

阶段 4：塑性变形-摩擦滑移耦合阶段。当钢纤维 *i* 区段开始进入直线通道 S_3，拉拔力将缓慢降低，此阶段的拉拔力由直线通道 S_3 处的界面摩擦力和纤维塑性变形引起的抗力共同组成。一般地，混凝土基体中纤维越多，界面摩擦力越大，拉拔力也越大。

阶段 5：摩擦滑移阶段。当钢纤维弯钩部分的所有区段都进入到直线通道 S_3，拉拔力仅由界面摩擦力构成。端钩型钢纤维在摩擦滑移阶段受到的拉拔力比圆直型纤维大得多，这是因为前者的端钩部分进入最后直线通道时并未被完全拉直，仍有部分残余变形，产生的界面摩擦力相对较大。

7.1.3　黏结应力-滑移本构模型

在深入分析钢纤维拉拔试验结果的基础上，采用圆直型钢纤维界面黏结应力-滑移经验模型，对拉拔试验得到的拉拔力-滑移曲线进行反演分析，标定模型中的相关参数，计算端钩型钢纤维直线部分的受力；在此基础上，提出改进的理论模型，分别计算纤维的直线段、进入直线通道的端钩段和残余端钩段三个部分的受力；考虑纤维体积掺量的影响，引入附加摩擦力对模型进行修正，预测纤维混凝土中端钩型钢纤维的拔出行为；通过与试验结果对比分析，验证理论模型的合理性和适用性。

1. 圆直型钢纤维与混凝土的黏结应力-滑移本构模型

假设在弹性模量为 E_m、泊松比为 υ_m 的混凝土基体中埋置了一根直径为 d、弹性模量为 E 的圆直型钢纤维，埋置深度为 L。在拉拔力 P 的作用下，钢纤维自由端产生的滑移量为 s，如图 7-7（a）所示。此时，钢纤维与混凝土界面的黏结应力 τ 与滑移 s 之间满足如下关系：

$$\tau(s)=\begin{cases}Gs & s\leqslant s_0\\ \tau_{\max} & s_0<s\leqslant s_1\\ \tau_0+(\tau_{\max}-\tau_0)\exp\left[(s_1-s)/s_{\mathrm{ref}}\right] & s>s_1\end{cases}\tag{7-1}$$

式中，τ 为界面的平均剪应力；s 为钢纤维的相对滑移量；$G=E_m/\left[d(1+\upsilon_m)\ln(R/r)\right]$ 为弹性阶段的剪切模量，r 为纤维截面半径，R 为纤维截面中心到纤维外围基体边缘的径向长度；τ_{max} 为界面最大剪应力；τ_0 为摩擦滑移阶段钢纤维界面的残余剪应力；$s_0=\tau_{max}/G$ 为脱黏开始时钢纤维自由端的滑移量；s_1 为完全脱黏时钢纤维自由端的滑移量；s_{ref} 为控制曲线下降段形状的滑移参数。

将式（7-1）代入力的平衡方程和应变协调方程，即可得到纤维自由端的拉拔力 P 与滑移 s 的关系，如图 7-7（b）所示。

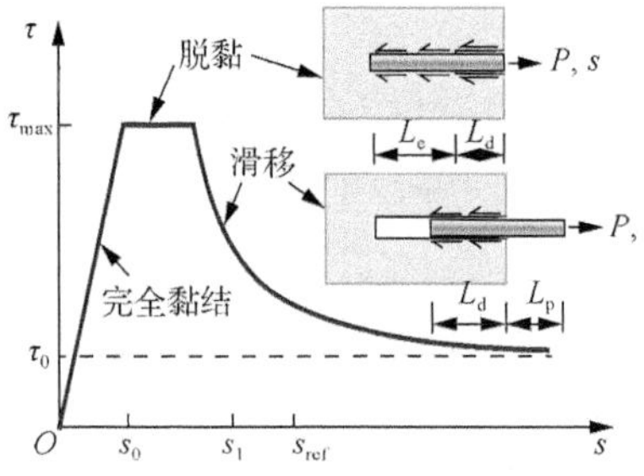

（a）理想τ-s关系曲线

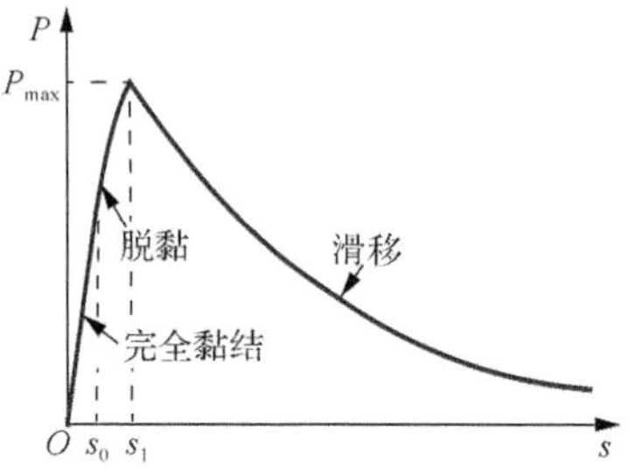

（b）P-s理论曲线

图 7-7　圆直型钢纤维与混凝土界面的黏结应力-滑移关系曲线

1）完全黏结阶段。

$$P=\frac{\pi dG\tanh(\lambda L)}{\lambda}s \tag{7-2}$$

式中，$\lambda^2=\pi dG/(AE)$，A 为纤维横断面面积；λ 为材料系数。

2）脱黏阶段。

$$\begin{cases}P(L_d)=P_e+\pi d\tau_{max}L_d\\ s(L_d)=s_0+\dfrac{\pi d\tau_{max}L_d^2}{2AE}+\dfrac{P_eL_d}{AE}\end{cases} \tag{7-3}$$

式中，$L_e=L-L_d$、$P_e=\pi d\tau_{max}\tanh(\lambda L_e)/\lambda$，分别表示纤维未脱黏部分的长度和承受的拔出力。

3）摩擦滑移阶段。

$$P=\pi d\cdot\tau\cdot(L-s+s_1) \tag{7-4}$$

式中，$\tau=\tau_0+(\tau_{max}-\tau_0)\exp\left[(s_1-s)/s_{ref}\right]$。

基于以上分析，可通过 τ-s 关系式得到圆直型钢纤维的 P-s 理论预测曲线，再通过试验测得的 P-s 曲线反推 τ-s 关系式中 τ_{max}、s_0、s_1 和 τ_0 等参数的值。

2. 端钩型钢纤维与混凝土的黏结应力-滑移本构模型

（1）纤维拔出受力分析

由于端钩型钢纤维的形状比较复杂，目前有关端钩型钢纤维拔出行为预测的理论模型有限。Chanvillard[1]、Alwan 等[2]、Sujivorakul 等[3]、董振英和李庆斌[4]、陈应波等[5]对端钩型钢纤维在水泥基体中的拉拔行为建立了分析模型。其中，Chanvillard[1]将钢纤维分成若干微段进行分析，将钢纤维拔出过程中的黏结、摩擦、机械锚固等作用沿钢纤维轴向进行积分，得到端钩型钢纤维拉拔力-滑移关系；Alwan 等[2]建立了端钩型钢纤维摩擦滑移模型，对钢纤维的拔出过程进行了理论研究；Sujivorakul 等[3]采用一个等效非线性弹簧来模拟钢纤维弯钩段的机械锚固作用；董振英和李庆斌[4]在前人研究工作基础上，考虑钢纤维弯钩段在拉拔过程中发生的塑性变形、弯曲和由弯曲作用引起的界面附加摩擦力等建立了端钩型钢纤维拔出的计算模型；陈应波等[5]在董振英和李庆斌所提出模型的基础上，对端钩型钢纤维末端平直段的压力进行求解，考虑钢纤维与混凝土基体摩擦渐近硬化、衰减效应等因素，推导得到与试验结果较吻合的预测结果。上述理论模型中各项参数虽然均有明确的物理意义，但除了 Alwan 等提出的摩擦滑移模型外，其他模型的推导过程和解析公式都比较烦琐。

本章在摩擦滑移模型的基础上，引入一个根据能量守恒原理计算的塑性变形等效作用力，建立端钩型钢纤维拔出行为的预测模型。为简化模型，提出如下几项基本假定：①钢纤维的应力-应变本构关系是理想弹塑性的，且与应变率无关；②钢纤维拔出时会不断经历“弯曲”和“拉直”，且不考虑包辛格效应；③由于端钩部分的长度占钢纤维总长度的比例很小，故不考虑端钩弹性和脱黏阶段的滑移，因此，钢纤维自由端总拉拔力可看成由直线区段的拉拔力和端钩机械咬合力两部分组成；④钢纤维拔出过程中端钩周围混凝土损伤不予考虑。

根据以上分析，钢纤维所受的总拉拔力 P 等于直线段和端钩段所受作用力的总和，其拉拔过程可以简化为以下四个阶段，如图 7-8 所示。

1）初始阶段［图 7-8（a）］：钢纤维直线段部分经历了弹性变形和界面部分脱黏，但端钩段还没开始发挥作用，因此，端钩段所受的力 T_e^1 为 0，总拉拔力 P_1 等于直线段上的力 ΔT_e^1。钢纤维完全脱黏之后，端钩段和直线段同步发生滑移，其中，端钩段开始产生塑性变形。

2）第二阶段［图 7-8（b）］：钢纤维脱黏后，端钩段开始滑移，原有的直线段变短，拔出过程中受到界面摩擦力的作用；而对于端钩段，部分进入直线通道，大部分仍留在端钩通道中。在此阶段，总的拉拔力 P_2 可看成由三部分组成（图 7-9）：残余端钩段的力 T_e^2，进入直线通道的部分端钩段所受的力 $\Delta T_e^{2(1)}$ 以及残余直线段的力 $\Delta T_e^{2(2)}$。钢纤维滑移过程中，端钩部分在塑性铰（plastic hinge，PH）处产生很大的塑性变形，导致总拉拔力明显增大。根据基本假定，T_e^2 可直接由塑性铰处钢纤维发生塑性变形产生的能量算得，只与塑性铰的个数相关，为恒定值。另一方面，进入直线通道的部分端钩段被拉直，在滑移过程中与基体之间产生摩擦力，即 $\Delta T_e^{2(1)}$。

3）第三阶段［图 7-8（c）］：与第二阶段类似，只是塑性铰的个数减少为 1 个。在此阶段，残余端钩段的贡献 T_e^3 比第二阶段的少，总拉拔力将减小到 P_3。

4）第四阶段［图 7-8（d）］：当钢纤维自由端的滑移量达到 s_4 时，钢纤维端钩段已经全部进入直线通道，机械咬合作用力消失，端钩段只考虑与基体间的摩擦作用 $\Delta T_e^{4(1)}$。在原始直线段全部拔出之后，$\Delta T_e^{4(2)}$ 将减小到零，只有端钩段存在于直线通道内。

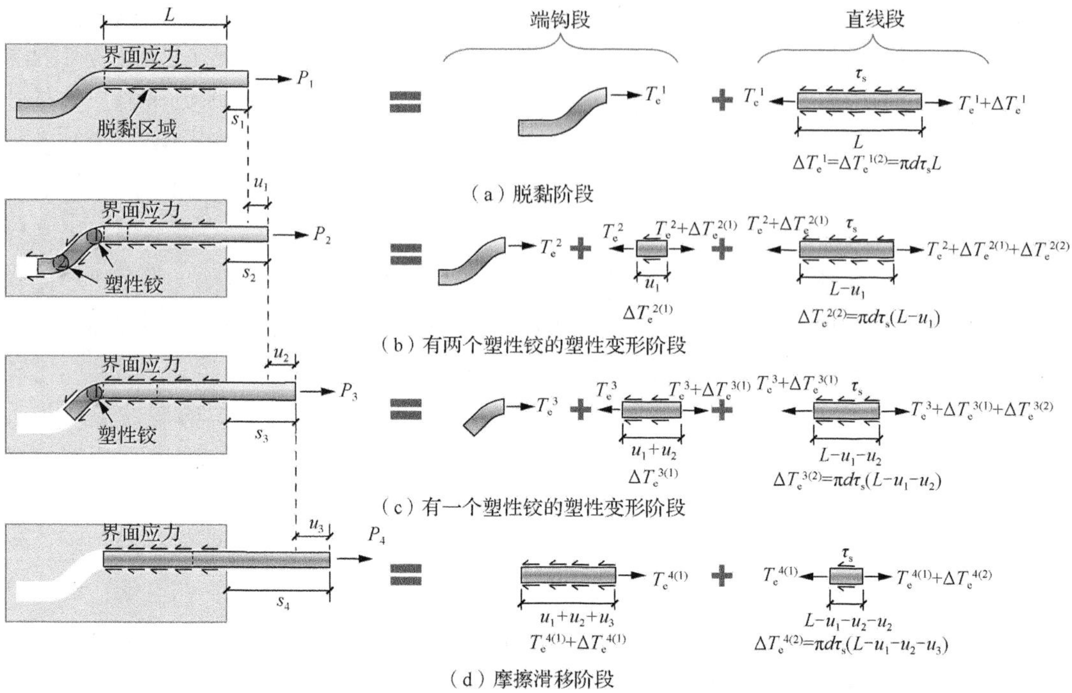

图 7-8　端钩型钢纤维拔出过程的四个阶段

在 T_e-s 关系曲线示意图（图 7-9）中，钢纤维端钩段的塑性铰作用简化为两个平台，在滑移值为 s_1 和 s_3 时，T_e 存在瞬时改变。为了使 T_e 的过渡更加接近真实情况，采用两段二次多项曲线对其进行等效处理：两个抛物线顶点的纵坐标分别为 T_e^2 和 T_e^3，在 x 轴处的对称跨度分别为 $u_1+u_2+3u_3/4$ 和 u_3。钢纤维端钩段的塑性变形引起的作用力 T_e 可由两段抛物线的叠加计算得到。

（2）黏结应力-滑移本构模型的建立

为建立端钩型钢纤维与混凝土的黏结应力-滑移本构模型，采用圆直型钢纤维拔出分析模型描述端钩型钢纤维直线段的受力过程，重点分析端钩段的作用力 T_e 和 $\Delta T_e^{(1)}$。为此，首先假定钢纤维的端钩段具有如图 7-10（a）所示的几何形状，然后引入改进的摩擦滑轮模型求解 T_e。

如图 7-10（b）所示，在该模型中，端钩型钢纤维被视为跨过两个塑性铰的柔性绳索，在拔出力（T_1 和 T_2）的作用下，钢纤维会产生转动摩擦阻力 F_{PH} 及切线方向摩擦阻力 f_1 和 f_2，以阻碍钢纤维的滑移。其中，转动摩擦阻力 F_{PH} 主要用于考虑端钩型钢纤维弯钩段的拉直作用，而切向摩擦力 f_1 和 f_2 则主要用于考虑纤维拔出过程中端钩段的弯曲部分在混凝土基体压力（R_1 和 R_2）作用下产生的库仑摩擦力。端钩型钢纤维在拔出过程中，不仅会消耗部分能量用于端钩段的拉直，而且还会消耗一部分能量用于抵抗端钩段在弯曲通道 C_1 和 C_2（图 7-6）产生的摩擦力。

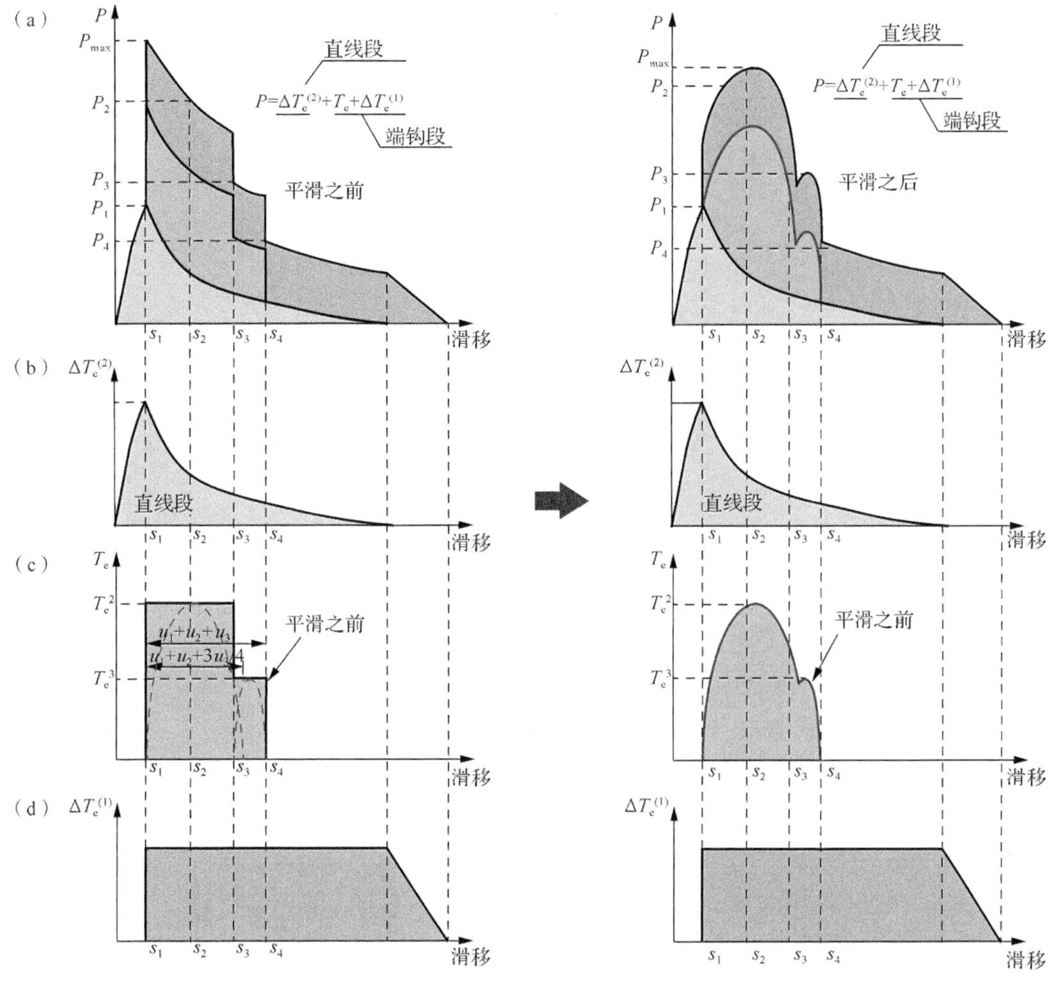

图 7-9　端钩型钢纤维拉拔力的三个组成部分在纤维脱黏过程中的变化情况

（a）总拉拔力；（b）残余直线段所受的力；（c）残余端钩段所受的力；（d）进入直线通道部分端钩段所受的力

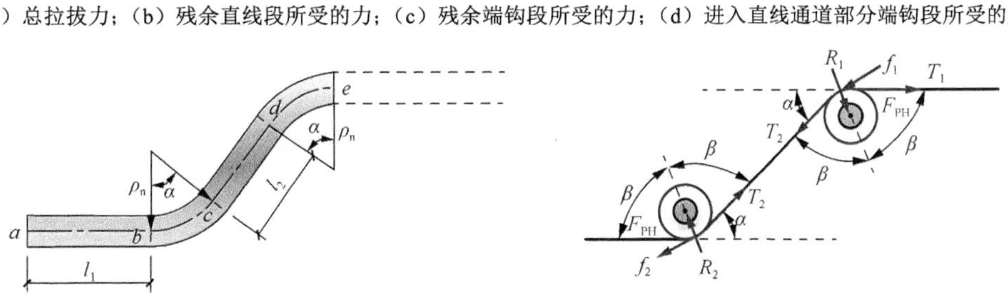

（a）钢纤维端钩段的几何形状　　　　（b）摩擦滑轮模型示意图

图 7-10　T_e 的求解示意图

1）计算摩擦滑轮模型中的拔出力（T_1 和 T_2）。

假定端钩转角为 α，则图 7-10（b）中的 $\beta=(180°-\alpha)/2$，此时 T_1、T_2 和 T_e 满足如下关系：

$$T_1=T_e^2 \tag{7-5}$$

$$T_2 = T_e^3 \tag{7-6}$$

再对两个滑轮分别进行受力分析，根据力的平衡写出如下公式：

$$T_1 = 2F_{PH} + f_1 + f_2 \tag{7-7}$$

$$T_2 = F_{PH} + f_2 \tag{7-8}$$

$$\begin{cases} f_1 = \mu R_1 \\ f_2 = \mu R_2 \end{cases} \tag{7-9}$$

$$\begin{cases} R_1 = (T_1 + T_2)\cos\beta \\ R_2 = T_2 \cos\beta \end{cases} \tag{7-10}$$

式中，μ 为钢纤维与混凝土基体间的摩擦系数。

联立式（7-7）～式（7-10），即可得到 T_1 与 T_2 的表达式：

$$T_1 = \frac{2F_{PH}}{(1-\mu\cos\beta)^2} \tag{7-11}$$

$$T_2 = \frac{F_{PH}}{1-\mu\cos\beta} \tag{7-12}$$

考虑到实际工程中钢纤维的加工误差，即便是同批次生产的端钩型钢纤维，其 α 值也往往在 30° 到 60° 间波动，由式（7-11）和式（7-12）计算得到：当 α 的误差为±15°时，T_1 和 T_2 的误差分别在 5%和 10%左右，影响并不大。因此，将只以端钩转角 α 为 45° 时对应的 T_1 和 T_2 作为基准值进行受力分析。

2）计算转动摩擦力 F_{PH}。

由于 T_1 和 T_2 的大小均与转动摩擦力 F_{PH} 有关，因此，F_{PH} 值的计算是建立本构模型的一个关键。Alwan 等认为在塑性铰处钢纤维的截面达到完全屈服，截面弯矩等于塑性极限弯矩 M_{pl}，因此可以直接用 M_{pl} 除以力臂 $d_f\cos\theta$ 得到 F_{PH}。但是，这种做法的物理意义并不十分明确，且计算结果通常比试验值大。因此，现从塑性耗能的角度重新推导 F_{PH} 的计算方法，具体如下。

将正在通过弯曲通道 C_1 和 C_2 的钢纤维区段视为圆形截面的弯曲梁，则钢纤维在弹性阶段、弹塑性变形阶段和塑性变形阶段的截面弯矩 M 与截面曲率半径 ρ 的关系可分别记为

$$M = \begin{cases} \dfrac{\pi E r^4}{4\rho} & \text{（弹性阶段）} \\ 4\sigma_y r^3\left[\dfrac{1}{\sin\theta_e}\left(\dfrac{\theta_e}{8} - \dfrac{\sin 4\theta_e}{32}\right) + \dfrac{\cos^3\theta_e}{3}\right] & \text{（弹塑性变形阶段）} \\ \dfrac{4}{3} r^3 \sigma_y & \text{（塑性变形阶段）} \end{cases} \tag{7-13}$$

式中，r 为钢纤维的截面半径；E 为钢纤维的弹性模量；σ_y 为钢纤维的屈服强度；$\theta_e = \arcsin(\rho\sigma_y / Er)$ 为截面塑性区与中轴线间的夹角，如图 7-11 所示。

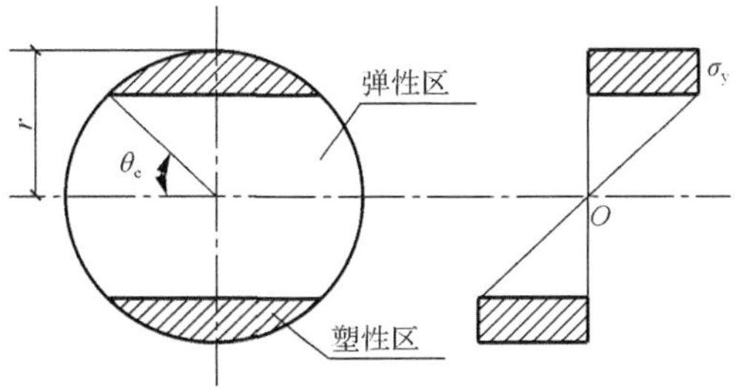

图 7-11　钢纤维截面的塑性屈服及应力分布示意图

如图 7-12（a）所示，假设钢纤维在两个弯曲拐点处近似为圆弧，在 F_{PH} 作用下被拔出 dx 微段。当 dx 进入硬化弯曲通道 C_1 或 C_2 时，发生弯曲变形；当 dx 从弯曲通道 C_1 或 C_2 中被拔出时，发生拉直变形。考虑到在该过程中钢纤维微段 dx 在通道 C_1 或 C_2 中的滑移过程并不消耗塑性功，只有 dx 段从状态 A_1 转变成状态 A_2 时［图 7-12（b）弯矩-曲率（M-$1/\rho$）关系中箭头所指的过程］才消耗塑性功，其大小等于图中阴影面积与 dx 的乘积。

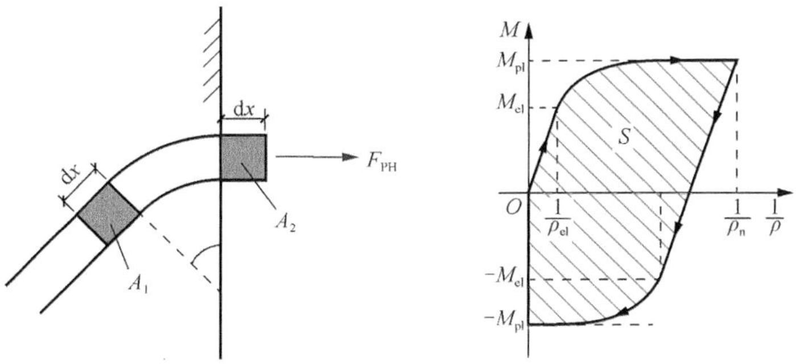

（a）纤维弯段塑性拉拔示意图　　（b）塑性功计算示意图

M_{el}—弹性阶段弯矩最大值；M_{pl}—塑性极限弯矩；ρ_n—弯曲通道的初始曲率半径；
ρ_{el}—弹性变形阶段钢纤维截面的曲率半径的最大值。

图 7-12　基于能量守恒的 F_{PH} 计算

根据能量守恒原理，塑性耗能等于外力所做的功，有

$$F_{PH}\cdot \mathrm{d}x = S\cdot \mathrm{d}x \quad \Rightarrow \quad F_{PH} = S \tag{7-14}$$

考虑到钢纤维拔出过程中弯曲拐点处的混凝土受到钢纤维的挤压作用而产生裂缝，刚度降低，钢纤维在弯曲通道中的实际曲率半径 ρ_{ac} 必然大于拉拔前弯曲通道的曲率半径 ρ_n，因此，需要将 ρ_n 乘以一个放大系数 ω，使得 $\rho_{ac}=\omega\rho_n$（对于不同种类的纤维混凝土，ω 的取值不同）。将计算得到的 F_{PH} 值代入式（7-6）中，即可得到第二阶段和第三阶段端钩段所受的拉力 T_e^2 和 T_e^3。

3）计算进入直线通道部分的端钩段所受的力 $\Delta T_e^{(1)}$。

当第一个弯段进入直线通道后，可将具有残余弯曲变形的区段看成长度为 $l_{arc}=\alpha\rho_{ac}$ 的简支梁，通道内壁相当于支座。考虑到此时该梁跨中截面弯矩等于塑性极限弯矩 M_{pl}，对跨中截面列弯矩平衡方程，可计算得到支座反力为 $g=4M_{pl}/l_{arc}$，即通道侧壁对钢纤维的接触压力，因此，该区段所受摩擦力大小为 $\Delta T_e^{(1)} = \mu g = 4\mu M_{pl}/l_{arc}$。另外，由于钢纤

维 d-e 区段［图 7-10（a）］进入直线通道 S_3 后受到侧壁挤压而产生塑性变形，同时侧壁受到纤维的挤压作用而变宽，后进入 S_3 通道的 a-d 区段将不再考虑其受到的摩擦力。所以，$\Delta T_{e}^{(1)}$ 将保持不变，直到端钩段从通道 S_3 拔出（图 7-9）。

（3）考虑纤维影响的模型修正

在上述圆直型钢纤维和端钩型钢纤维与混凝土黏结应力-滑移本构模型的建立过程中考虑了钢纤维几何形状的影响，但并未体现混凝土基体中纤维掺入的影响。图 7-13 为钢-聚丙烯混杂纤维混凝土中钢纤维附近区域的扫描电子显微镜（scanning electron microscope，SEM）图。通过对比可以看出，当混凝土基体中纤维掺量较高时，钢纤维周围的聚丙烯纤维数量更多，形成的水化产物也更加致密。分析产生这一现象的原因：一是由于聚丙烯纤维具有憎水性而钢纤维具有亲水性，使得水分子更倾向于聚集在钢纤维附近，从而导致附近的水泥颗粒水化更为充分、孔隙率更低；二是由于周围纤维的存在可以有效抑制钢纤维拔出时混凝土基体中微裂缝的萌生和扩展。因此，与普通混凝土相比，纤维混凝土中的钢纤维-混凝土基体界面的黏结性能得到明显改善。

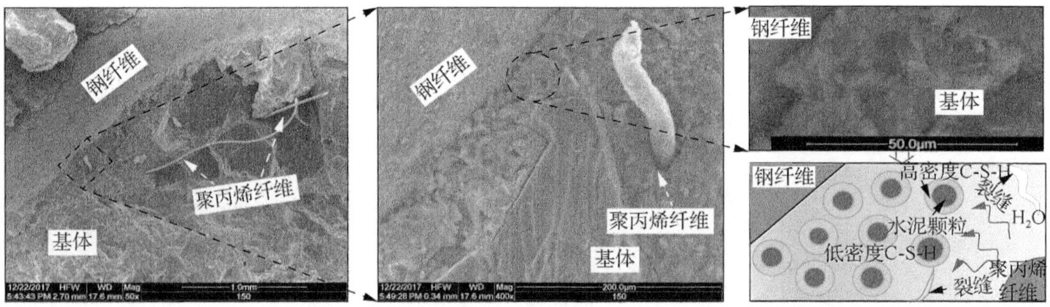

（a）聚丙烯纤维体积掺量为0.05%

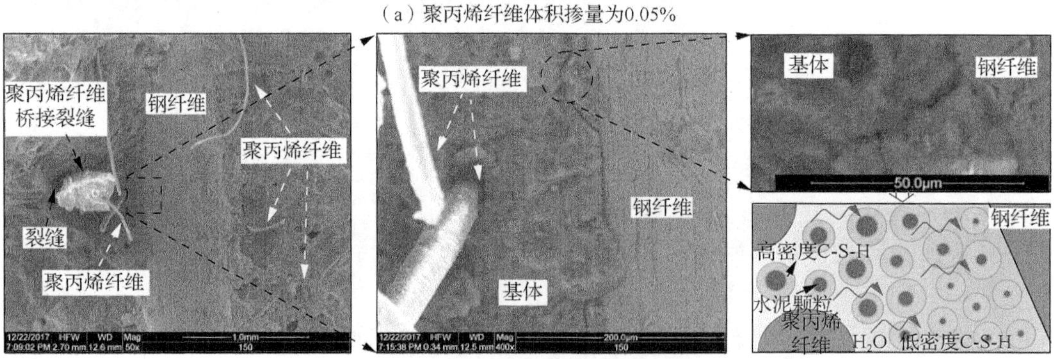

（b）聚丙烯纤维体积掺量为0.15%

图 7-13　钢-聚丙烯混杂纤维混凝土中钢纤维附近区域的 SEM 图

为了体现在钢纤维拔出过程中混凝土基体内纤维的有利作用，假定在混凝土基体中，不同纤维之间彼此桥联［图 7-14（a）］，可以形成类环状的结构包围在被拔出的钢纤维外侧［图 7-14（b）］，因此，与普通混凝土相比，纤维混凝土中的纤维相当于在被拔出的钢纤维外侧施加了一个径向的被动压力 P_{res}［图 7-14（c）］。对于圆直型钢纤维，P_{res} 越大，滑移摩擦阶段的摩擦力 f 越大；对于端钩型钢纤维，P_{res} 越大，钢纤维周围基体抵抗变形的能力越强，弯曲通道的曲率半径变化越小（即 ω 越小）。

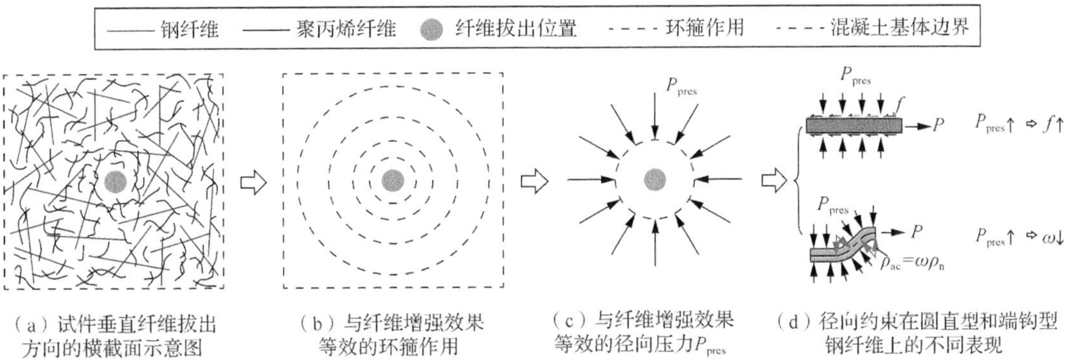

图 7-14　纤维增强作用等效示意图

1）根据圆直型钢纤维拔出试验结果量化分析纤维体积掺量的影响，预测端钩型钢纤维直线段的拔出响应。针对钢纤维拔出的各个阶段，在原拉拔力的基础上补充考虑与纤维体积掺量 V_{sf} 和 V_{pf} 有关的附加摩擦力 f。由试验结果可知，圆直型钢纤维的残余拉拔力与纤维体积掺量呈近似线性关系，即

$$P_{pres} = aV_{sf} + bV_{pf} \tag{7-15}$$

式中，a 和 b 分别为钢纤维和聚丙烯纤维的影响系数。

此时，附加摩擦力 f 的计算公式为

$$f = \mu P_{pres} \cdot \pi d(L - s + s_1) = \mu(aV_{sf} + bV_{pf}) \cdot \pi d(L - s + s_1) \tag{7-16}$$

式中，L 为圆直型钢纤维长度；s 为加载端测得的纤维与基体的相对滑移；s_1 为纤维完全脱黏时刻的纤维与基体的相对滑移。

因此，基于圆直型钢纤维拔出分析模型可得钢纤维在纤维混凝土中的最大拉拔力 $P'_{max\text{-}s}$ 为

$$P'_{max\text{-}s} = \left[\tau_{max} + \mu(aV_{sf} + bV_{sf})\right]\pi dL \tag{7-17}$$

式中，影响系数 a 和 b 可通过对拉拔试验的结果进行回归分析得到，建议取 a=1.22，b=28.74。

2）基于端钩型钢纤维拔出分析模型，补充考虑钢纤维直线段的附加摩擦力 f 和端钩段作用力 T'_e，修正后的拉拔力为

$$P'_h = T'_e + \Delta T'^{(1)}_e + \Delta T'^{(2)}_e + f \tag{7-18}$$

对于式中 T'_e 的取值，由于钢纤维对混凝土基体的增强作用，其端钩段弯曲部分的实际曲率半径 ρ'_{ac} 必然小于普通混凝土的曲率半径 ρ_{ac}，因此，图 7-12（b）中曲线包围的面积 S 将变大，导致 F_{PH} 和 T_e 也变大。通过对所有试验结果进行反演计算，发现 F_{PH} 值的变化范围很小（67～85N），说明纤维掺量对钢纤维端钩段机械锚固作用的影响并不太明显。因此，在确定钢纤维-混凝土界面的拉拔力时只补充考虑钢纤维直线段附加摩擦力 f 的贡献。

3. 本构模型的验证

为了验证所提钢纤维与混凝土的黏结应力-滑移本构模型的适用性，将试验结果与模型预测结果进行对比分析，模型参数的设置和对比分析结果分别如表 7-3 和图 7-15 所示。

表 7-3　端钩型钢纤维拔出理论模型的输入参数

参数		本书相关试验[6]	Zhan 和 Meschke[7]试验
混凝土基体	弹性模量 E_m	32.0GPa	33.5GPa
	泊松比 υ_m	0.20	0.20
钢纤维	弹性模量 E	120GPa	210GPa
	屈服强度 σ_y	1100MPa	2200MPa
	直径 d	0.72mm	0.72mm
	端钩几何形状信息 l_1, l_2, α 和 ρ_n	2.1mm, 1.7mm, 45°, 1.4mm	1.8mm, 1.3mm, 45°, 1.4mm
	曲率半径扩大系数 ω	1.25	1.25, 1.20, 1.10
界面	纤维埋置深度 L	30mm	20mm
	摩擦系数 μ	0.35	0.30, 0.40, 0.50

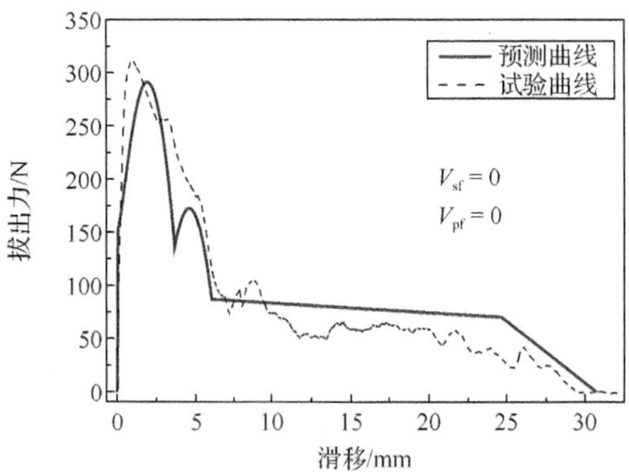

（a）本书相关试验[6]中的普通混凝土试件

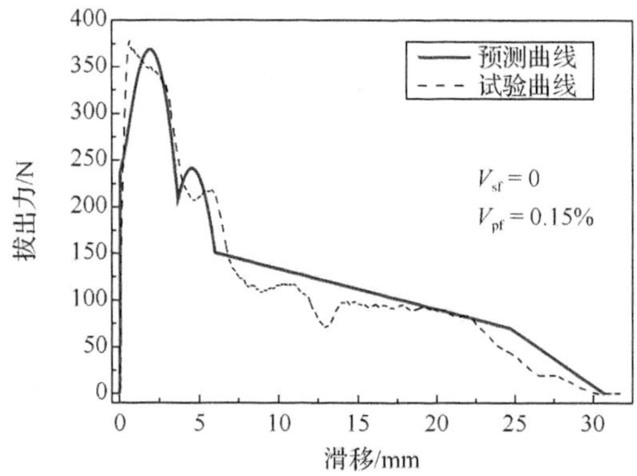

（b）本书相关试验[6]中的聚丙烯纤维混凝土试件

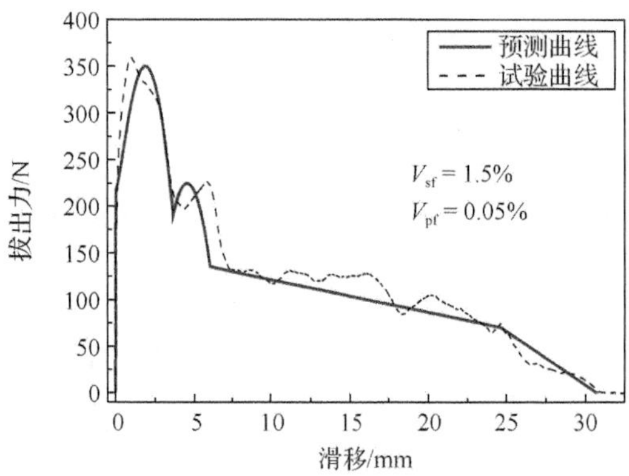

（c）本书相关试验[6]中的混杂纤维混凝土试件

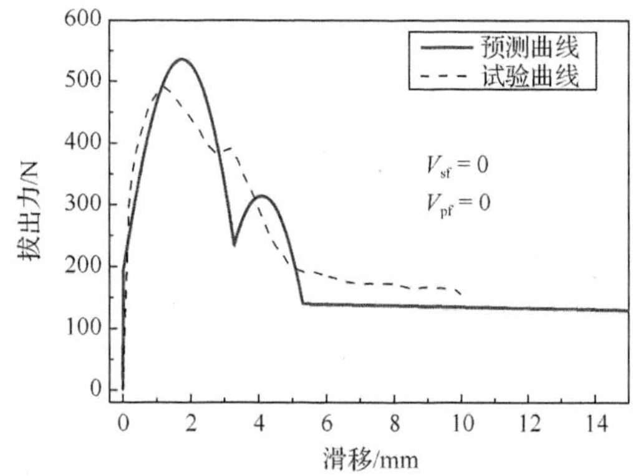

（d）Zhan和Meschke[7]试验中的普通混凝土试件

图 7-15　端钩型钢纤维 P-s 曲线试验实测值与模型预测值的对比

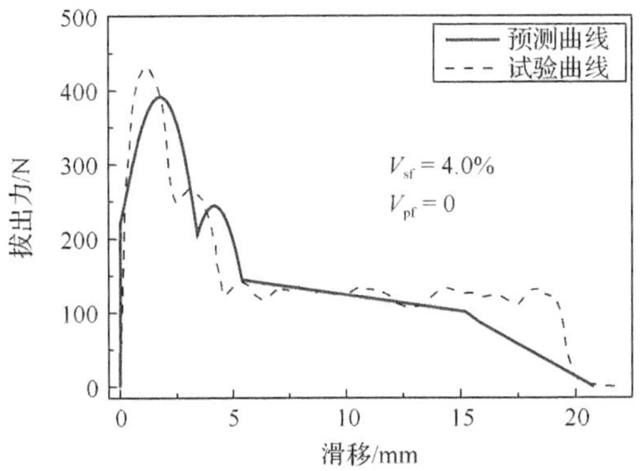

（e）Markovich等[8]试验中的钢纤维混凝土试件

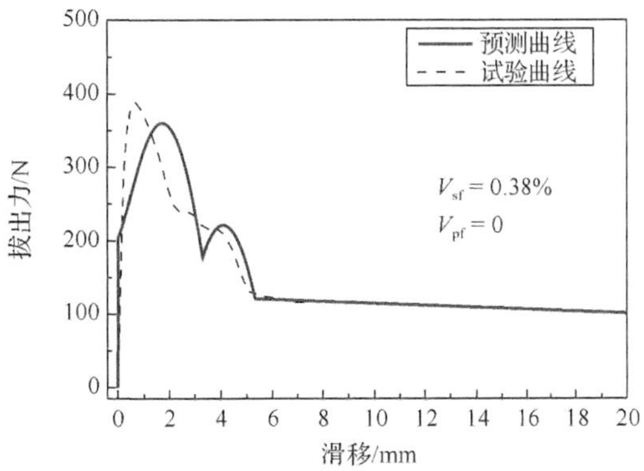

（f）Cunha等[9]试验中的钢纤维混凝土试件

图 7-15（续）

图 7-15（a）～（c）为代表性试件 C40H00P00-30，C40H00P15-30 和 C40H15P05-30（表 7-2）的实测曲线与模型预测曲线的对比图。对图中曲线进行对比分析可以看出，不论是曲线形态还是拉拔力峰值、残余拉拔力等，两者均吻合较好，表明提出的本构模型能够较为合理地反映钢纤维拔出过程中力学响应的主要特征。

本书选取文献中的一个普通混凝土试件和两个钢纤维混凝土试件，将三个试件的试验曲线与模型预测曲线绘制于图 7-15（d）～（f）。对图中曲线进行对比分析可以发现，三组曲线吻合较好，说明基于摩擦滑轮理论提出的钢纤维与混凝土的黏结应力-滑移本构模型适用性较好，可以定量描述端钩型钢纤维在纤维混凝土和普通混凝土中的拔出行为。

7.2　钢筋与纤维混凝土的黏结应力-滑移本构关系

钢筋与纤维混凝土的黏结是钢筋与其周围纤维混凝土之间的一种复杂的相互作用，通过它来传递二者间的应力，协调变形。黏结应力是指钢筋与纤维混凝土接触面上的剪应力。钢筋混凝土（纤维混凝土）结构黏结问题研究，不仅具有重要的理论意义，而且具有重要的工程应用价值。在理论上，剪切破坏、裂缝宽度计算、塑性铰转动能力以及弹塑性分析等，涉及黏结滑移问题；在实际工程中，钢筋的锚固、搭接及细部构造等，与黏结滑移问题紧密相关；在有限元分析中，更需要建立黏结应力-滑移关系曲线的数学表达式。

大量地震灾害的调查表明，地震作用下尤其是强震下很多钢筋混凝土结构毁于黏结锚固破坏。钢筋混凝土结构的动力反应，很大程度上取决于其恢复力特性，而黏结退化是结构承载力丧失和刚度降低的主要原因。与单调荷载作用相比，反复荷载作用下的黏结性能有本质的不同。目前关于纤维混凝土结构黏结性能还只是进行了有限的试验研究，很多问题有待进一步探索。考虑到普通光圆钢筋的黏结强度低，实际工程中极少被用作受力钢筋，因此，本书主要论述变形钢筋与纤维混凝土的黏结性能。

7.2.1　黏结应力-滑移全曲线

为分析钢筋与纤维混凝土的黏结性能及其黏结应力-滑移本构关系，在广泛查阅相关文献资料的基础上，参考本书前期研究成果和《纤维混凝土结构技术规程》（CECS 38—2004）[10]中相关规定，确定试验参数为钢纤维体积掺量和长径比、聚丙烯纤维体积掺量和长径比、混凝土强度等级、箍筋约束和加载方式（表 7-4），设计制作了 17 组纤维混凝土拔出试件。各组试件的参数如表 7-5 所示。试件浇筑的装置和试件尺寸如图 7-16 所示。

表 7-4　钢筋拔出试验考察的因素及水平

水平	钢纤维		聚丙烯纤维		混凝土强度等级	箍筋约束	加载方式
	体积掺量 $V_{sf}/\%$	长径比 l_{sf}/d_{sf}	体积掺量 $V_{pf}/\%$	长径比 l_{pf}/d_{pf}			
水平 1	0.5	30	0.05	167	C30	C	ML
水平 2	1.0	60	0.10	280	C40	U	CL
水平 3	1.5	80	0.15	396	C50		

注：箍筋约束：C 表示有约束，U 表示无约束；加载方式：ML 表示单调加载，CL 表示低周反复加载。

表 7-5　钢筋拔出试验的试件设计表

试件编号	钢纤维		聚丙烯纤维		混凝土强度等级	箍筋约束	加载方式
	体积掺量 $V_{sf}/\%$	长径比 l_{sf}/d_{sf}	体积掺量 $V_{pf}/\%$	长径比 l_{pf}/d_{pf}			
S000-P000-Ⅱ-C					C40	C	ML/CL
S000-P15A-Ⅱ-C			0.15	167	C40	C	ML/CL
S05B-P15A-Ⅱ-C	0.5	60	0.15	167	C40	C	ML/CL
S10B-P15A-Ⅱ-C	1.0	60	0.15	167	C40	C	ML/CL
S15B-P15A-Ⅱ-C	1.5	60	0.15	167	C40	C	ML/CL
S15B-P000-Ⅱ-C	1.5	60			C40	C	ML/CL
S15B-P05A-Ⅱ-C	1.5	60	0.05	167	C40	C	ML/CL
S15B-P10A-Ⅱ-C	1.5	60	0.10	167	C40	C	ML/CL
S15B-P15B-Ⅱ-C	1.5	60	0.15	280	C40	C	ML/CL
S15B-P15C-Ⅱ-C	1.5	60	0.15	396	C40	C	ML/CL
S15A-P15A-Ⅱ-C	1.5	30	0.15	167	C40	C	ML/CL
S15C-P15A-Ⅱ-C	1.5	80	0.15	167	C40	C	ML/CL
S15B-P15A-Ⅰ-C	1.5	60	0.15	167	C30	C	ML/CL
S15B-P15A-Ⅲ-C	1.5	60	0.15	167	C50	C	ML/CL
S15A-P15A-Ⅱ-U	1.5	30	0.15	167	C40	U	ML/CL
S15B-P15A-Ⅱ-U	1.5	60	0.15	167	C40	U	ML/CL
S15C-P15A-Ⅱ-U	1.5	80	0.15	167	C40	U	ML/CL

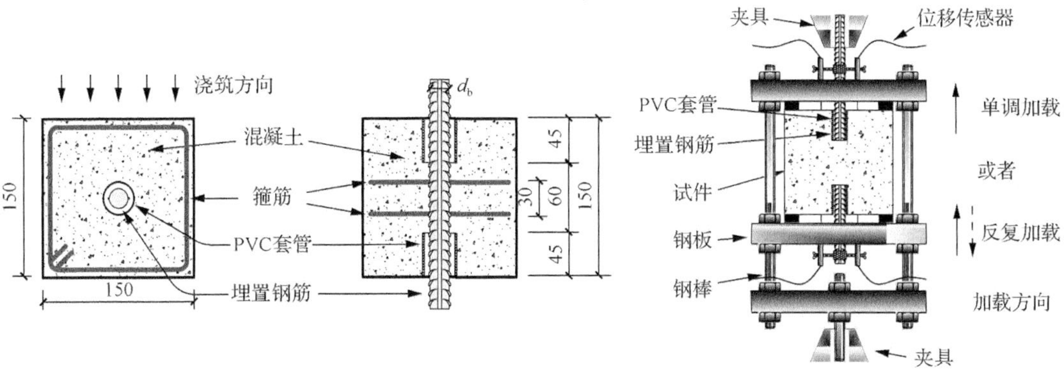

图 7-16　钢筋拔出试件尺寸与加载装置示意图

1. 单调加载下钢筋与纤维混凝土的黏结应力-滑移关系曲线

图 7-17 绘制了单调荷载作用下钢筋与纤维混凝土的黏结应力-滑移关系曲线，根据图中曲线对比分析钢纤维和聚丙烯纤维的特征参数（体积掺量和长径比）对黏结应力-滑移关系曲线的影响。结果表明，纤维的掺入可以有效地增强钢筋与纤维混凝土的黏结性能，其中，黏结强度、峰值滑移、峰后韧性和残余黏结强度等特征指标均有大幅度提高（定量分析详见后文）；相比于聚丙烯纤维，钢纤维的影响更明显。

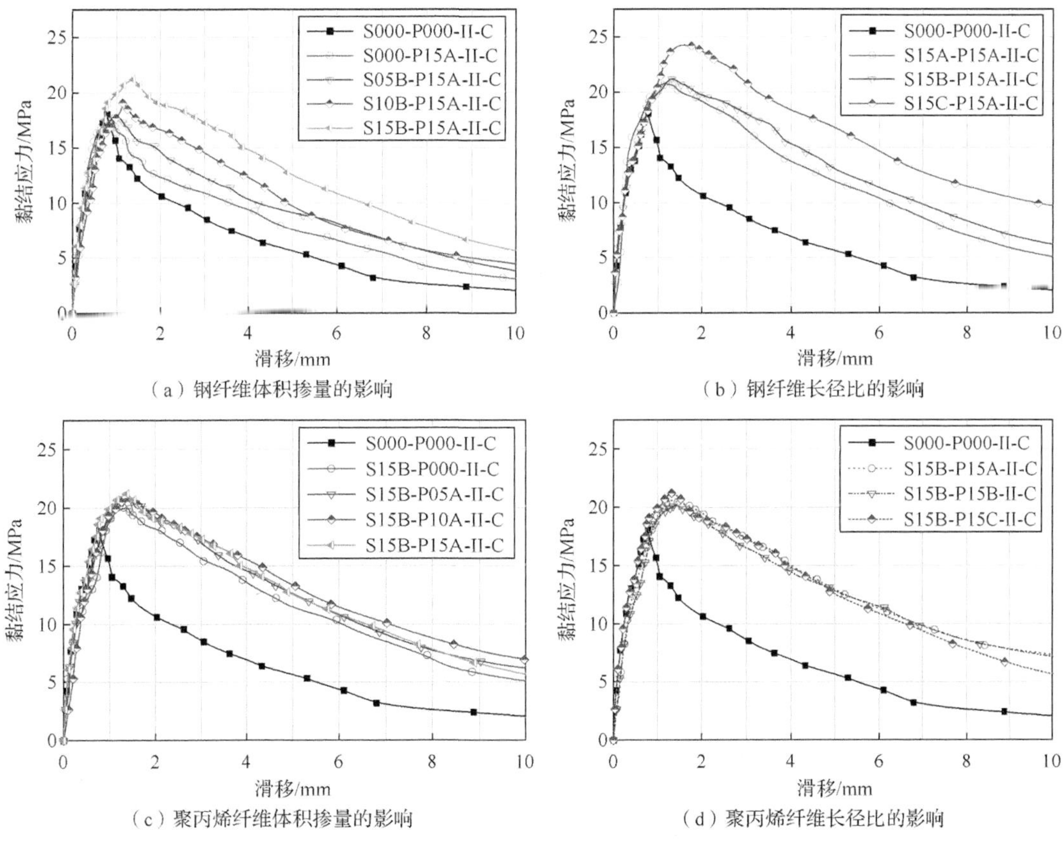

图 7-17　单调荷载作用下钢筋与纤维混凝土的黏结应力-滑移关系曲线

为定量分析钢纤维的体积掺量和长径比对钢筋与纤维混凝土黏结强度的影响，分别绘制对比图 7-18（a）和（b）。从图中可以看出，随着钢纤维体积掺量和长径比的增加，钢筋与纤维混凝土的黏结强度逐渐提高。与普通混凝土试件 S000-P000-Ⅱ-C 相比，当纤维混凝土试件中钢纤维的体积掺量依次为 0.5%、1.0%和 1.5%（聚丙烯纤维体积掺量保持为 0.15%）时，黏结强度相应地提高了−0.2%、6.1%和 18.2%；当纤维混凝土试件中钢纤维的长径比依次为 30、60 和 80（聚丙烯纤维长径比保持为 167）时，黏结强度相应地提高了 15.5%、18.2%和 35.7%。

为分析聚丙烯纤维的体积掺量和长径比对钢筋与纤维混凝土黏结强度的影响规律，分别绘制对比图 7-18（c）和（d）。分析结果表明，随着聚丙烯纤维体积掺量的增加，钢筋与混凝土的黏结强度也逐渐提高，但与钢纤维相比，提高的幅度不明显；随着聚丙烯纤维长径比的增大，黏结强度提高幅度呈下降趋势。与普通混凝土试件 S000-P000-II-C 相比，当纤维混凝土试件中聚丙烯纤维的体积掺量依次为 0.05%、0.10%和 0.15%（钢纤维体积掺量保持为 1.5%）时，黏结强度相应地提高了 15.3%、17.2%和 18.2%；当纤维混凝土试件中聚丙烯纤维的长径比依次为 167、280 和 396（钢纤维长径比保持为 60）时，黏结强度相应地提高了 18.2%、15.0%和 12.9%。

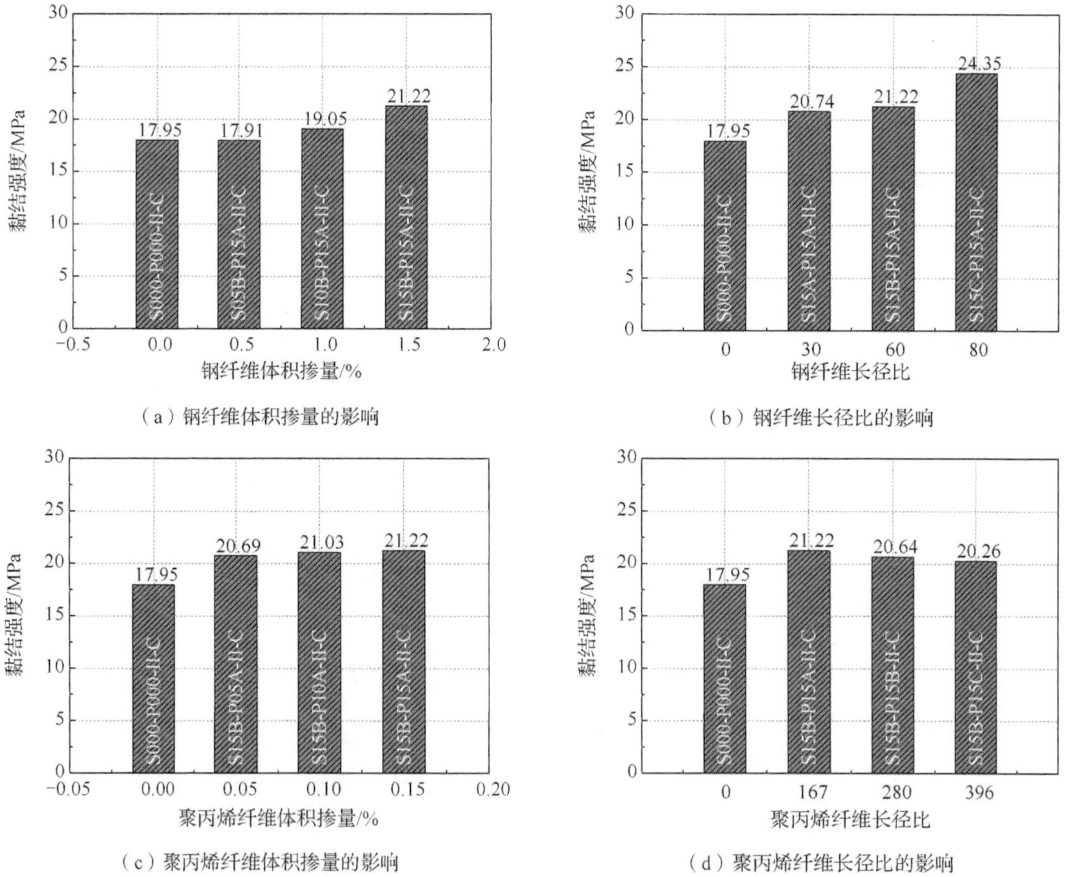

（a）钢纤维体积掺量的影响　　（b）钢纤维长径比的影响

（c）聚丙烯纤维体积掺量的影响　　（d）聚丙烯纤维长径比的影响

图 7-18　钢筋与纤维混凝土的黏结强度分析

图 7-19（a）和（b）分别反映钢纤维的体积掺量和长径比对钢筋与纤维混凝土之间峰值滑移的影响。通过分析发现，随着钢纤维体积掺量和长径比的增加，钢筋与混凝土界面的峰值滑移明显增大。与普通混凝土试件 S000-P000-II-C 相比，当纤维混凝土试件中钢纤维的体积掺量依次为 0.5%、1.0%和 1.5%（聚丙烯纤维体积掺量保持为 0.15%）时，峰值滑移对应地增大了 32.1%、46.2%和 75.6%；当纤维混凝土试件中钢纤维的长径比依次为 30、60 和 80（聚丙烯纤维长径比保持为 167）时，峰值滑移对应地增大了 37.2%、75.6%和 88.5%。

图 7-19（c）和（d）分别反映聚丙烯纤维的体积掺量和长径比对钢筋与纤维混凝土之间峰值滑移的影响。从图中可以看出，随着聚丙烯纤维体积掺量的增加，钢筋与混凝土界面的峰值滑移也逐渐增大，但增大幅度较小；随着聚丙烯纤维长径比的增大，峰值滑移增大幅度呈上下波动趋势。与普通混凝土试件 S000-P000-Ⅱ-C 相比，当纤维混凝土试件中聚丙烯纤维的体积掺量依次为 0.05%、0.10%和 0.15%（钢纤维体积掺量保持为 1.5%）时，峰值滑移相应地增大了 67.9%、74.4%和 75.6%；当纤维混凝土试件中聚丙烯纤维的长径比依次为 167、280 和 396（钢纤维长径比保持为 60）时，峰值滑移相应地增大了 75.6%、61.5%和 74.4%。

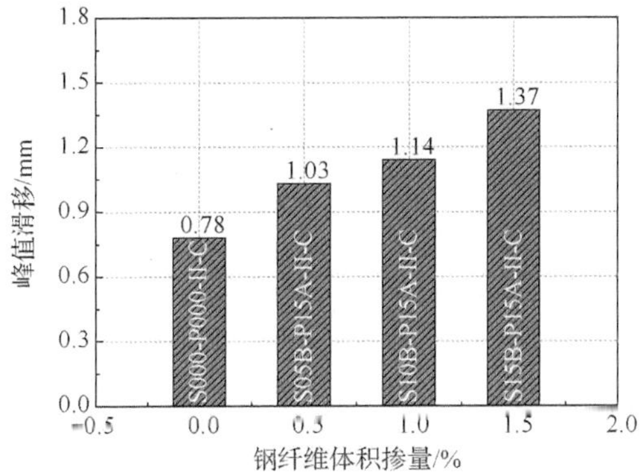

（a）钢纤维体积掺量的影响

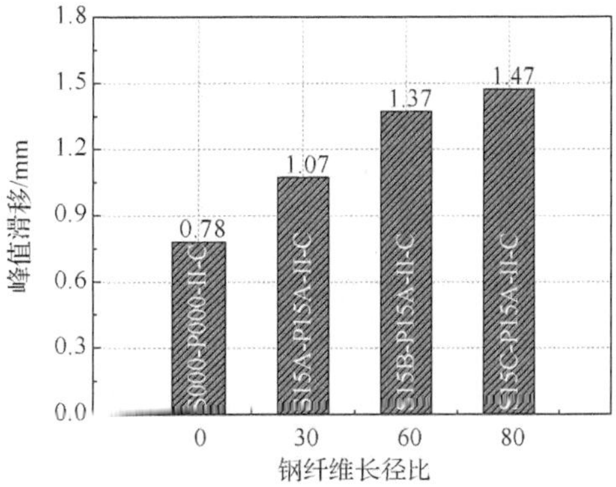

（b）钢纤维长径比的影响

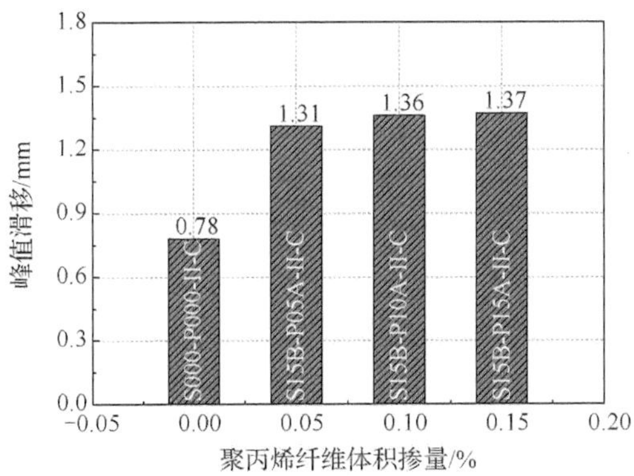

（c）聚丙烯纤维体积掺量的影响

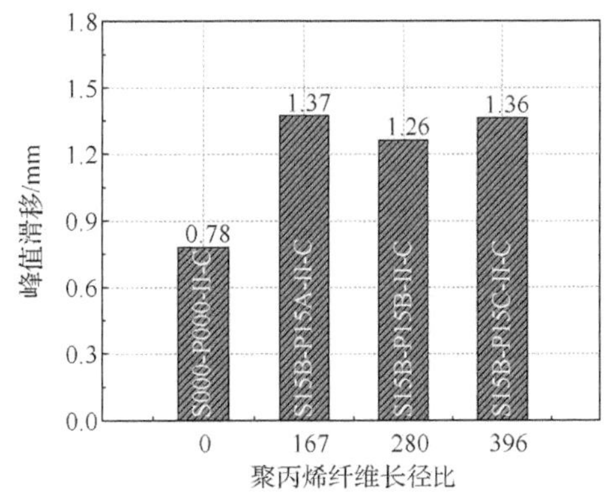

（d）聚丙烯纤维长径比的影响

图 7-19　纤维混凝土与钢筋黏结应力-滑移关系曲线峰值滑移的参数分析

纵观所有试件，其黏结应力-滑移关系曲线上升段基本相同，纤维特征参数的影响没有体现，分析其主要原因如下：①上升段的黏结应力取决于化学胶结力、界面摩阻力和机械咬合力[11]，而掺入的纤维既没有改变水泥晶体的化学反应，也没有影响界面粗糙程度和肋间混凝土强度；②钢筋肋的相对表面积对黏结刚度具有重要影响[12]，试验中所有试件均采用同一种变形钢筋；③纤维桥接作用从根本上讲是一种被动约束，需要裂缝张开一定宽度后才能发挥阻裂作用，而上升段的裂缝并未充分发展，其“微筋”增强作用没有得到体现。

2. 低周反复荷载作用下钢筋与纤维混凝土的黏结应力-滑移关系曲线

图 7-20 为低周反复荷载作用下钢筋与纤维混凝土的黏结应力-滑移关系曲线，分别反映了纤维种类、钢纤维和聚丙烯纤维的特征参数（体积掺量和长径比）及混凝土强度对界面黏结性能的影响。对比分析图中曲线可以看出，与普通混凝土试件相比，纤维的掺入有效提升了钢筋与混凝土的黏结性能，其中，黏结强度、峰值滑移、峰后韧性和残余黏结强度等性能指标均有大幅度提高和明显的改善，影响规律与单调加载的情况基本一致。但与单调加载相比，低周反复加载下各组试件的黏结应力均出现了明显的退化，尤其是在峰后阶段，由于前期循环加卸载阶段的累积滞回耗能，这一现象呈现得更为明显。

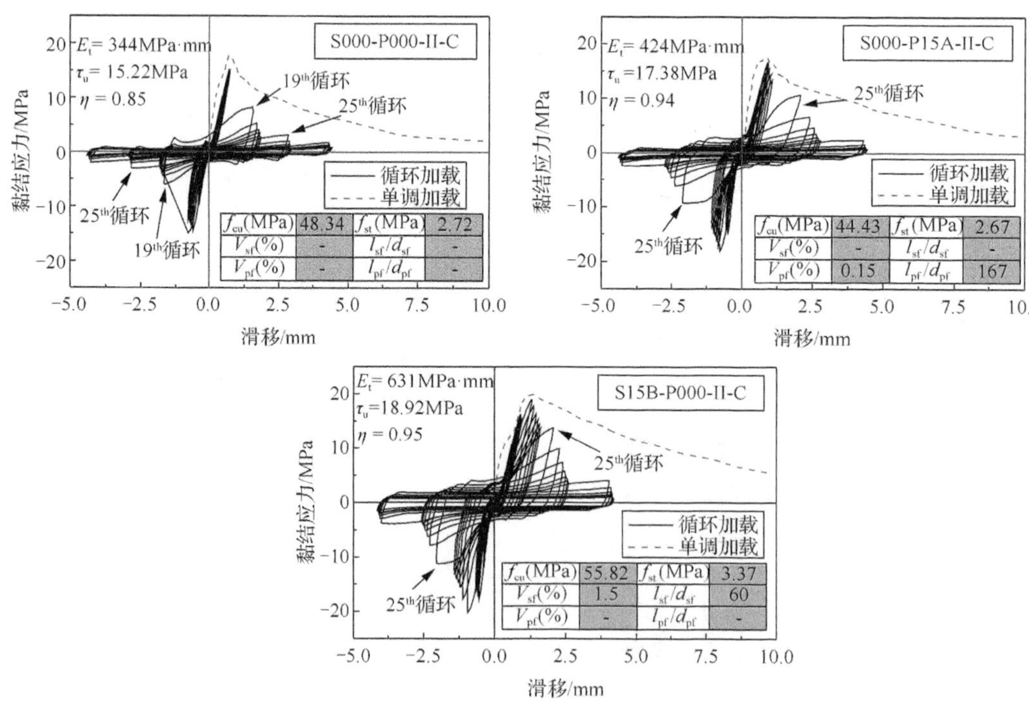

（a）纤维类型的影响

图 7-20　低周反复荷载作用下的黏结应力-滑移关系曲线

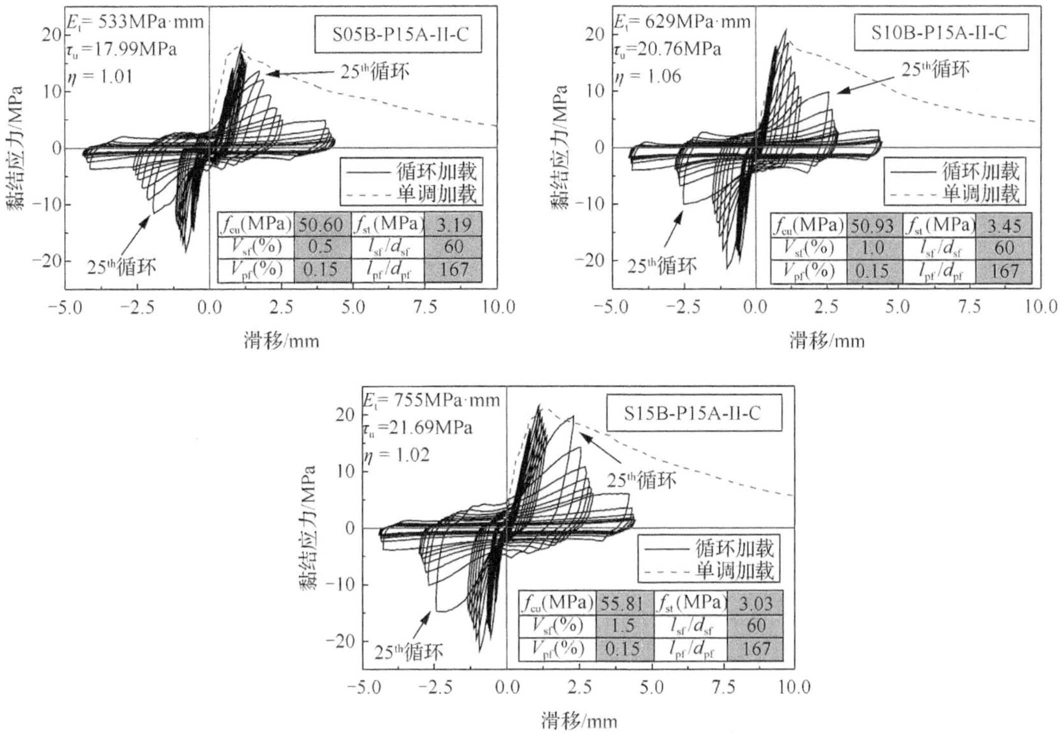

（b）钢纤维体积掺量的影响

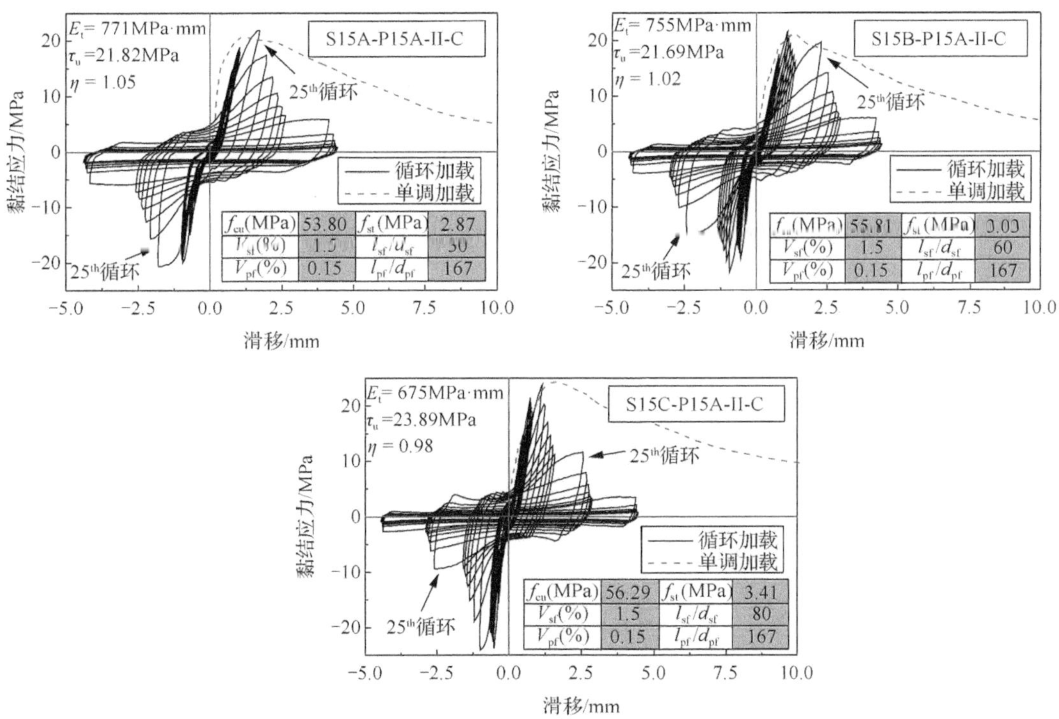

（c）钢纤维长径比的影响

图 7-20（续）

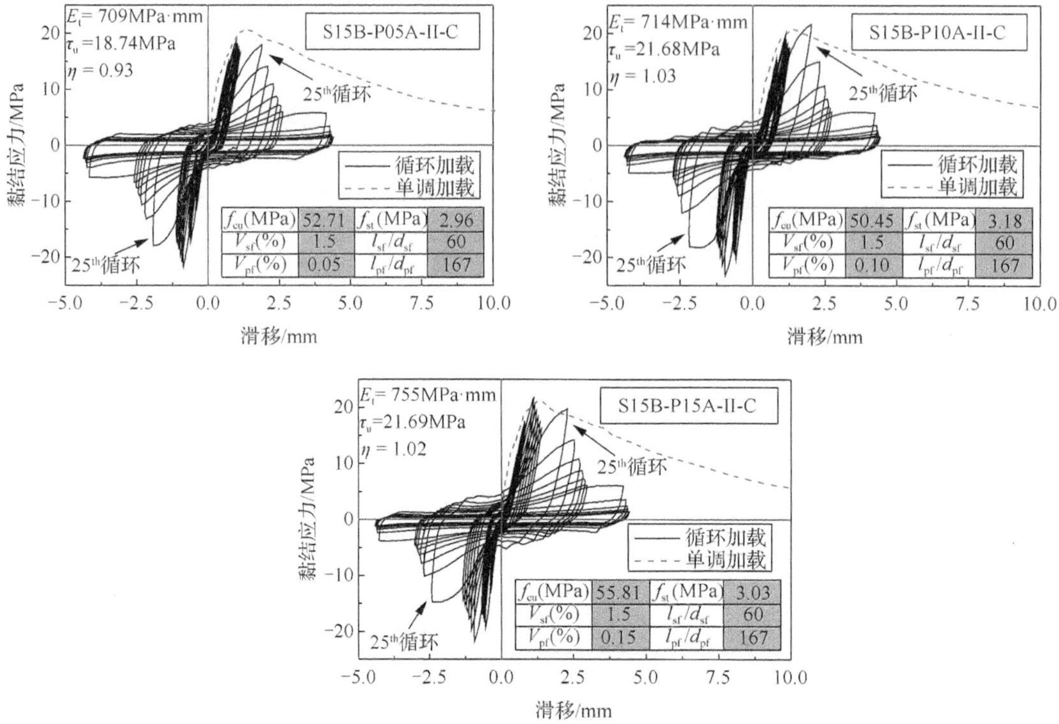

（d）聚丙烯纤维体积掺量的影响

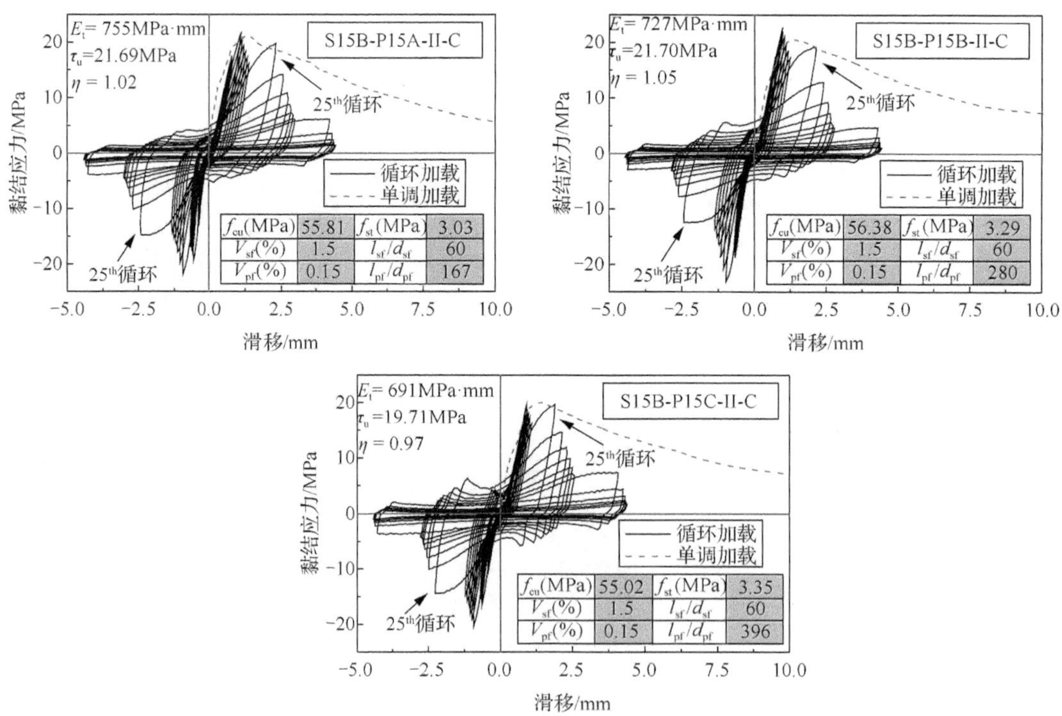

（e）聚丙烯纤维长径比的影响

图 7-20（续）

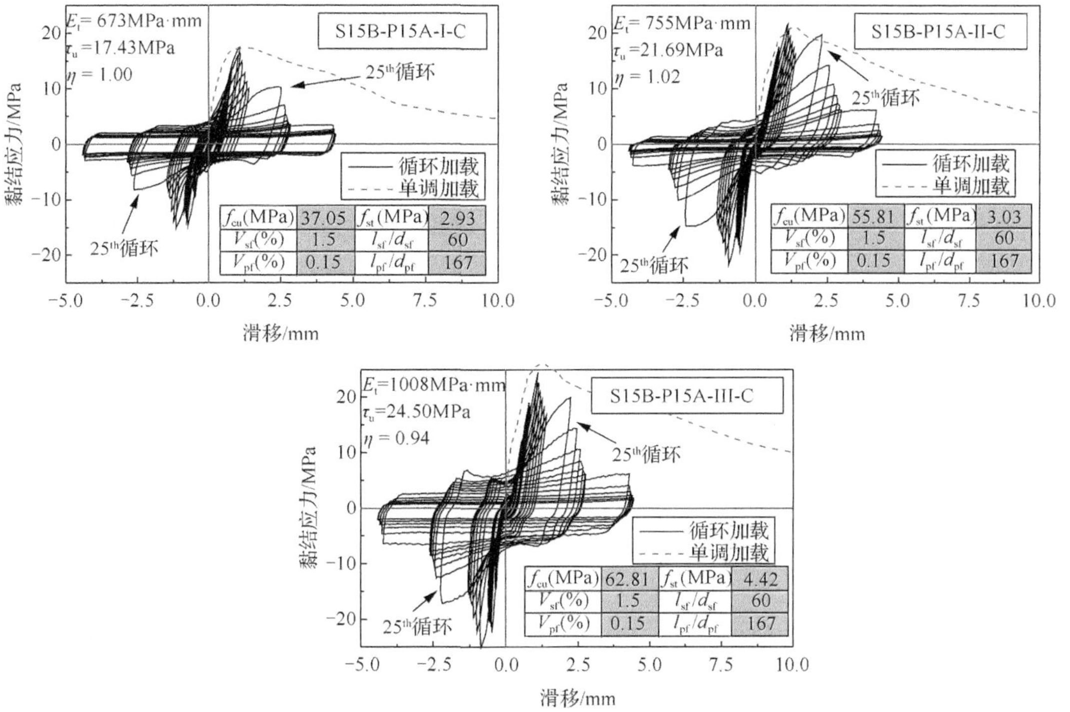

（f）混凝土强度的影响

E_t—累积滞回耗能；τ_u —循环加载时峰值黏结应力；

$\eta=\tau_{u,M}/\tau_{u,C}$—单调荷载作用下黏结强度 $\tau_{u,M}$ 与低周反复荷载作用下黏结强度 $\tau_{u,C}$ 的比值。

图 7-20（续）

滞回耗能作为衡量结构构件抗震性能的重要参数，综合反映了其塑性变形的大小和损伤累积的程度，因此，需要对钢筋与纤维混凝土界面的滞回耗能进行定量分析，重点讨论钢纤维和聚丙烯纤维的特征参数（体积掺量和长径比）对滞回耗能的影响规律。

钢筋与纤维混凝土界面的滞回耗能可以通过实测黏结应力-滑移滞回曲线所包围的面积来表征，即

$$E_t = \sum_{i=1}^{n} E_i \tag{7-19}$$

式中，E_t 为加载全过程的累积滞回耗能；E_i 为加载过程中某一闭合循环加载的滞回耗能，按下式计算：

$$E_i = \oint_{O\to N} \tau(s)\mathrm{d}s \tag{7-20}$$

图 7-21（a）和（b）分别反映钢纤维的体积掺量和长径比对钢筋与纤维混凝土界面滞回耗能的影响。对比分析图中数据可知，随着钢纤维体积掺量的增加，钢筋与纤维混凝土界面的滞回耗能明显增加，而随着钢纤维长径比的增大，滞回耗能增加幅度呈逐渐降低的趋势。与普通混凝土试件 S000-P000-Ⅱ-C 相比，当纤维混凝土试件中钢纤维的体积掺量依次为 0.5%、1.0%和 1.5%（聚丙烯纤维体积掺量保持为 0.15%）时，滞回耗能对应地增加了 54.9%、82.8%和 119.5%；当纤维混凝土试件中钢纤维的长径比依次为 30、60 和 80（聚丙烯纤维长径比保持为 167）时，滞回耗能对应地增加了 124.1%、119.5%和 96.2%。

图 7-21（c）和（d）分别反映聚丙烯纤维的体积掺量和长径比对钢筋与纤维混凝土界面滞回耗能的影响。对图中数据进行比较分析表明，随着聚丙烯纤维体积掺量的增加，钢筋与纤维混凝土界面的滞回耗能有所增加，而随着聚丙烯纤维长径比的增大，滞回耗能的增加幅度呈逐渐降低的趋势，但与钢纤维相比，增加程度总体偏弱。与普通混凝土试件 S000-P000-Ⅱ-C 相比，当纤维混凝土试件中聚丙烯纤维的体积掺量依次为 0.05%、0.10%和 0.15%（钢纤维体积掺量保持为 1.5%）时，滞回耗能相应地增加了 106.1%、107.6%和 119.5%；当纤维混凝土试件中聚丙烯纤维的长径比依次为 167、280 和 396（钢纤维长径比保持为 60）时，滞回耗能相应地增加了 119.5%、111.3%和 100.9%。

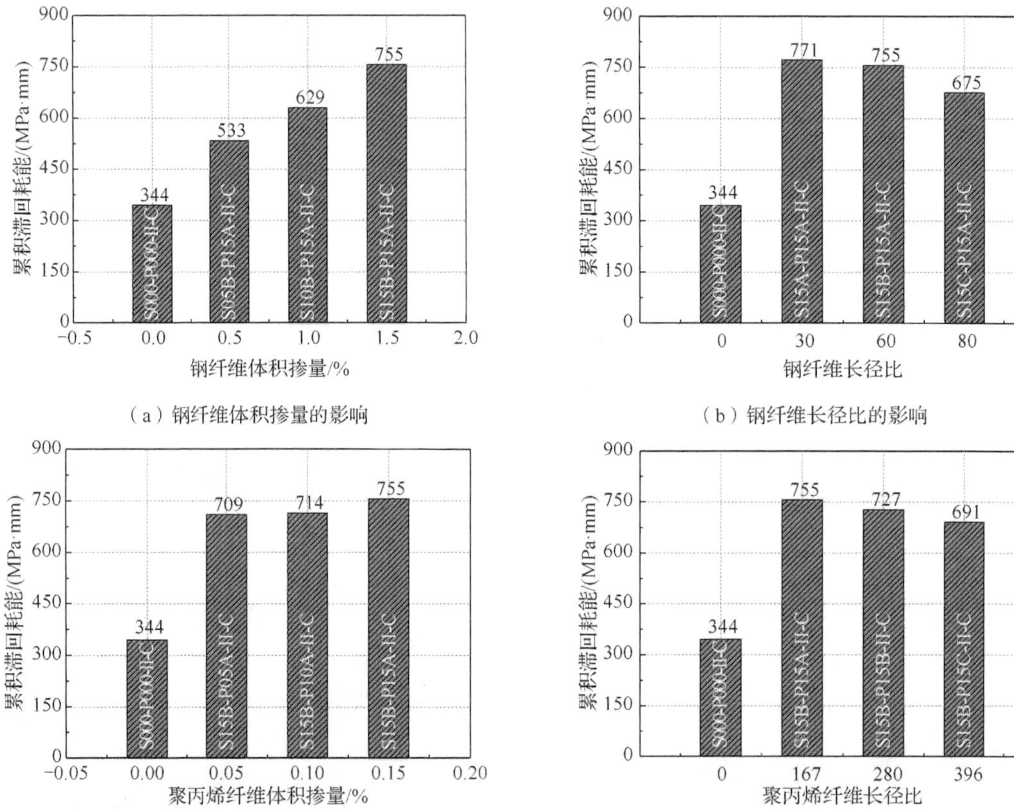

（a）钢纤维体积掺量的影响　　（b）钢纤维长径比的影响

（c）聚丙烯纤维体积掺量的影响　　（d）聚丙烯纤维长径比的影响

图 7-21　纤维混凝土与钢筋黏结应力-滑移关系曲线滞回耗能的参数分析

为了对比分析纤维混凝土中箍筋约束对界面黏结性能的影响，设计了 3 组未配置箍筋的试件，通过拔出试验得到了黏结应力-滑移滞回曲线，如图 7-22 所示。从图中可以看出，与配置箍筋的试件［图 7-20（c）］相比，未配置箍筋试件的黏结强度和峰值滑移基本保持不变，但峰后软化严重，黏结应力退化明显，滞回耗能降低 20%左右。这一现象说明，在纤维混凝土中，由于钢纤维和聚丙烯纤维对混凝土基体的增强、阻裂、增韧作用，箍筋的约束作用没有得到有效发挥。从这个角度来讲，掺入的纤维发挥了类似于箍筋的作用，因此，实际工程中可适当减少箍筋用量，有利于纤维混凝土结构中箍筋密集区域的混凝土浇筑。

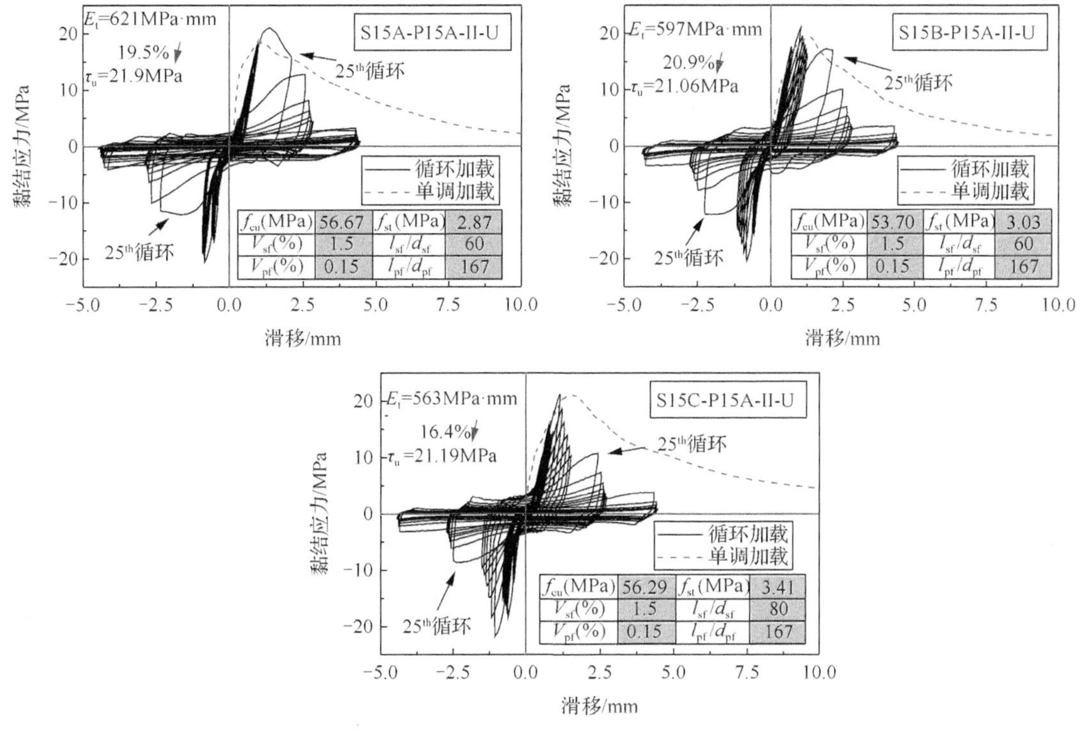

图 7-22　未设置箍筋约束试件的黏结应力-滑移滞回曲线

此外，为了评估钢纤维和聚丙烯纤维混杂掺入后对钢筋与混凝土界面黏结性能的混杂效应，采用 Banthia 等[13]建议的公式进行了定量分析，即

$$\text{synergy}=\frac{X_{\text{hf}}-X_{\text{c}}}{(X_{\text{sf}}-X_{\text{c}})+(X_{\text{pf}}-X_{\text{c}})}-1 \tag{7-21}$$

式中，X 表示黏结强度 τ_u、峰值位移 s_{peak} 等，X_{hf}、X_{sf}、X_{pf} 和 X_{c} 分别为混杂纤维混凝土、钢纤维混凝土、聚丙烯纤维混凝土和普通混凝土中相应性能指标的值。相比普通混凝土，如果混杂纤维混凝土的某一性能指标增量大于单一纤维混凝土的性能指标增量的总和，则混杂效应在数值上就大于 0，为正混杂效应；相反，则混杂效应在数值上就小于或等于 0，为负混杂效应。根据实测数据，对前述黏结强度 τ_u、峰值位移 s_{peak} 和滞回耗能 E_t 等性能进行混杂效应分析，结果列于表 7-6 中。

表 7-6　纤维对黏结性能关键指标的混杂效应分析

<table>
<tr><th>试件标号</th><th>黏结强度
τ_u/MPa</th><th>峰值滑移
S_{peak}/mm</th><th>滞回耗能 E_t/
(MPa·mm)</th><th colspan="2">$\Delta\tau_u$/
MPa</th><th colspan="2">ΔS_{peak} /
mm</th><th colspan="2">ΔE_t/
(MPa·mm)</th></tr>
<tr><td>S000-P000-Ⅱ-C</td><td>17.95</td><td>0.78</td><td>344</td><td colspan="2"></td><td colspan="2"></td><td colspan="2"></td></tr>
<tr><td>S000-P15A-Ⅱ-C</td><td>17.49</td><td>0.90</td><td>424</td><td>−0.46</td><td rowspan="2">1.65</td><td>0.12</td><td rowspan="2">0.60</td><td>80</td><td rowspan="2">367</td></tr>
<tr><td>S15B-P000-Ⅱ-C</td><td>20.06</td><td>1.26</td><td>631</td><td>2.11</td><td>0.48</td><td>287</td></tr>
<tr><td>S15B-P15A-Ⅱ-C</td><td>21.22</td><td>1.37</td><td>755</td><td colspan="2">3.27</td><td colspan="2">0.59</td><td colspan="2">411</td></tr>
<tr><td>混杂效应</td><td></td><td></td><td></td><td colspan="2">0.982</td><td colspan="2">−0.017</td><td colspan="2">0.120</td></tr>
</table>

分析表中数据可知，除峰值滑移外，钢纤维和聚丙烯纤维的混杂对钢筋与混凝土界面的黏结性能产生了明显的正混杂效应。分析其主要原因如下：

1）界面附近混凝土的破坏过程是裂缝的萌生、扩展和贯通的过程，界面各项力学性能指标取决于内部裂缝的扩展情况。通过试验观察，混凝土中的裂缝可分为两种：随机分布的微裂缝和方向一定的宏观裂缝，其中，微裂缝是宏观裂缝产生的源头，宏观裂缝是微裂缝萌发的驱动。

2）两种纤维可在混凝土基体中形成一个乱向、均匀分布，多层次、逐级阻裂作用的“级配筋”网络，在不同受力阶段实现分工耗能、协同工作，从而综合提高界面的黏结性能，如图 7-23 所示。在钢-聚丙烯混杂纤维体系中，钢纤维能够有效阻止宏观裂缝的扩展，提高混凝土的损伤阈值，增强其变形能力，但由于其数量较少，纤维间距较大，所以对微裂缝的抑制作用不明显；聚丙烯纤维数量多，可以明显钝化裂缝尖端的应力集中，抑制微裂缝的萌发，减少裂缝初始数量，使基体中的应力场更为连续均匀；同时，乱向分布的纤维能够不断地改变混凝土基体中裂缝的开裂路径，增强基体的耗能能力。

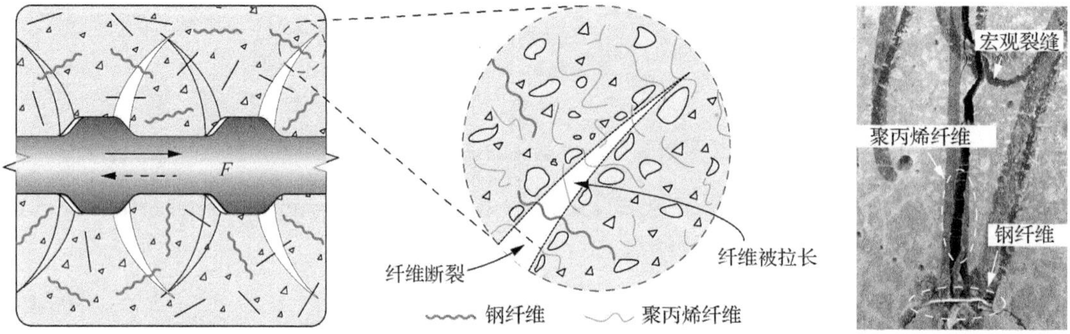

（a）裂缝形态　　（b）纤维桥接　　（c）放大示意图

图 7-23　混杂纤维相互协调作用示意图

因此，相比钢纤维和聚丙烯纤维，钢-聚丙烯混杂纤维更加有效地抑制界面附近裂缝的扩展，延缓肋前混凝土的破坏，从而明显降低钢筋与混凝土界面的损伤程度，获得更为优异的黏结性能。

因此，相比钢纤维混凝土和聚丙烯纤维混凝土试件，钢-聚丙烯混杂纤维混凝土能够更为有效地抑制界面附近裂缝的扩展，延缓肋前混凝土的破坏，从而显著降低钢筋与混凝土界面的损伤程度，获得更为优异的黏结性能。

7.2.2　破坏模式及黏结机理

试验中，所有试件的端面均可见 2～4 条不规则的放射状裂缝，其中，普通混凝土和单掺聚丙烯纤维混凝土试件裂缝的宽度较宽，但并未完全贯通，而单掺钢纤维混凝土和混杂纤维混凝土试件裂缝的宽度明显更细［图 7-24（a）和（b）］；钢筋拔出后，可以发现黏结区的混凝土齿基本被剪断、挤碎、磨平，呈粉末状，部分堆积于钢筋肋间［图 7-24（c）］。上述现象说明，钢筋在拔出过程中受到了较强约束，混凝土纵向劈裂裂缝的发展受到抑制，最终钢筋沿肋外径的圆柱面发生剪切滑动。由此判断，所有试件的破坏模式均为钢筋拔出破坏。

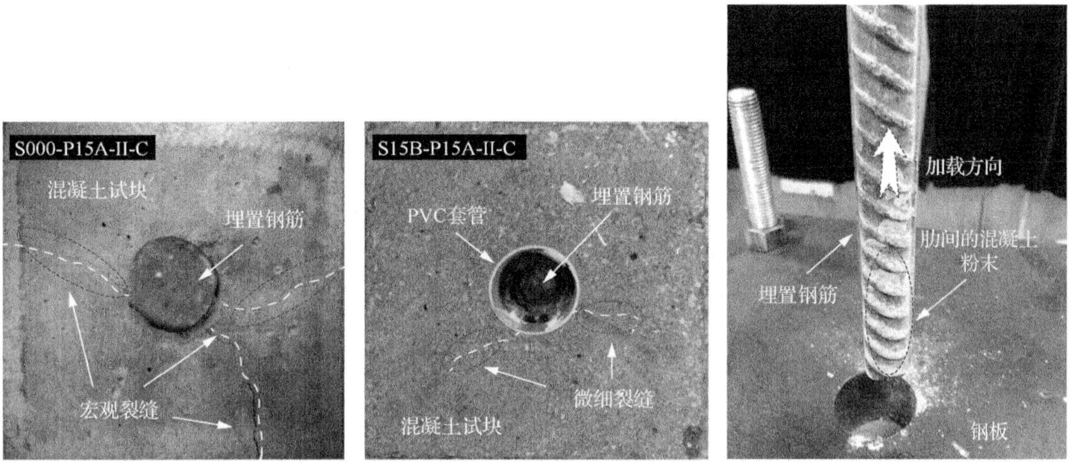

（a）宏观裂缝　　（b）微细裂缝　　（c）挤碎的混凝土粉末

图 7-24　钢筋拔出试验中的典型破坏现象

钢筋与纤维混凝土的黏结失效是由于界面附近混凝土基体内的裂缝起裂、扩展和失稳，以及纤维桥接约束裂缝的综合作用。根据黏结应力-滑移关系曲线的基本特征，绘制黏结失效过程的响应示意图，如图 7-25 所示。其中，图 7-25（a）为低周反复加载下某一闭合循环加载的黏结应力-滑移关系曲线，图 7-25（b）反映了不同加载阶段钢筋与混凝土界面附近裂缝开闭、钢筋滑移、混凝土破碎和纤维桥接等过程。

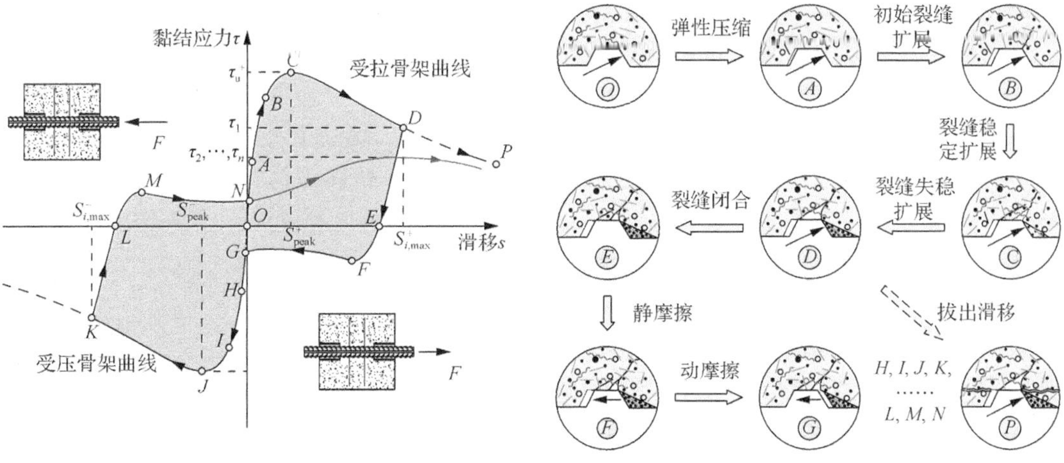

（a）黏结应力-滑移关系曲线示意图　　（b）不同加载阶段内裂缝开闭示意图

注：阴影区域表示第 i 次循环的耗能 E_i。

图 7-25　钢筋与纤维混凝土的黏结-滑移全过程

根据不同加载阶段黏结响应的变化特征，将钢筋与纤维混凝土的黏结-滑移全过程分为以下四个阶段：

（1）裂缝起裂阶段（路径 *OA* 段）

加载初期（图中 *O* 点附近），钢筋与混凝土黏结完好，化学胶结力起主要作用，但很脆弱，钢筋一旦发生相对滑移，化学胶结力就不复存在。此后，黏结力主要取决于界面摩阻力和机械咬合力。

继续加载到 40%的黏结强度（图中 *A* 点）之前，由于钢筋肋的挤压，黏结界面内及其附近的纤维混凝土中只有少数物质点上会产生应力集中，在开裂后这一现象立即得到缓和，并恢复力的平衡。在该阶段，微裂缝形核伊始，损伤释放的能量极小，状态非常稳定，测得的黏结应力-滑移关系曲线呈线性关系，实测滑移主要是混凝土材料的弹性变形。此时若进行卸载和再加载，黏结应力退化和刚度退化现象可以忽略不计。

（2）裂缝扩展阶段（路径 *AD* 段）

继续加载，由于混凝土微裂缝的进一步扩展、发育，以及肋前混凝土的破碎、压实，钢筋与纤维混凝土的黏结应力-滑移关系曲线开始逐渐偏离直线。

1）裂缝初始扩展阶段（路径 *AB* 段）。

在达到 80%的黏结强度（图中 *B* 点）之前，黏结性能退化现象仍不明显。由于钢筋肋的挤压力大幅度增大，肋前混凝土已经开始出现闭合的微裂缝，一旦卸载，这些微裂缝可以完全闭合。因此，这一阶段界面的黏结损伤仍然较小。

2）裂缝稳定扩展阶段（路径 *BC* 段）。

随着荷载的继续增大，界面微裂缝向混凝土试件中部扩展，逐渐演化成多尺度裂缝网络，且在达到黏结强度（图中 *C* 点）时，裂缝发展比较充分。这一阶段，由于存在横向箍筋、混凝土保护层和纤维的约束，裂缝的扩展速度比较缓慢且稳定。低周反复加载下黏结退化现象开始呈现，相邻两个循环加载的平均黏结应力退化率为 3%左右。

低周反复荷载下所有纤维混凝土试件的黏结强度与单调荷载下的相当，基本不存在黏结应力退化现象；而对于普通混凝土试件 S000-P000-Ⅱ-C，其黏结强度降低了将近 15%，且提前出现峰后软化现象，如图 7-20（a）所示。这主要是由于在峰值滑移附近时，混凝土中裂缝发展充分，裂缝宽度足够使纤维伸长、桥接裂缝并产生被动约束作用，导致纤维混凝土中应力重分配，从而延缓了裂缝扩展的速度与深度，有效约束了钢筋，从而增强了钢筋与纤维混凝土的黏结性能。

3）裂缝失稳扩展阶段（路径 *CD* 段）。

持续加载，多尺度的裂缝网络逐渐相互贯通，进入了不稳定扩展阶段，形成宏观裂缝；与此同时，钢筋肋前的纤维混凝土被进一步挤碎并压实，形成一个倾角更小（约 30°～40°）的新滑移面，如图 7-25（b）所示。这一系列的变化导致钢筋所受约束作用急剧下降，黏结应力-滑移关系曲线开始出现明显的软化。然而，与普通混凝土试件相比，纤维混凝土试件由于纤维的约束作用，其软化现象更为平缓。其中，混杂纤维混凝土试件的峰后软化缓和程度最为显著，钢纤维混凝土试件次之，聚丙烯纤维混凝土试件最弱。

若保持加载方向不变，进入破坏阶段（路径 DP 段），钢筋将沿横肋外径的圆柱面发生较大的剪切滑动，绝大部分的混凝土齿被完全剪断，机械咬合力丧失，黏结力仅剩界面摩阻力作用。

（3）裂缝闭合阶段（路径 DE 段）

从图中 D 点卸载，在极短的时间内尽管钢筋肋表面与纤维混凝土依旧保持接触，两者间的黏结应力却大幅降低，张开的裂缝也开始逐渐闭合。然而，混凝土之前的累积损伤已经造成了不可恢复的塑性变形，当荷载降至零（图中 E 点）时，仍然具有较大的残余滑移。对于任意给定的试件，其卸载黏结刚度与最大加载位移无关，大致等于初始黏结刚度[14]。

（4）摩擦滑移阶段（路径 EG 段）

外加荷载开始反向作用时，可以认为黏结-滑移过程进入了摩擦滑移阶段。按照摩擦的类型，该阶段可以细分为两个子阶段，即静摩擦阶段和动摩擦阶段。

1）静摩擦阶段（路径 EF 段）。

严格来讲，该阶段的黏结行为并不能简单定义为“静摩擦”，但它能够比较形象地反映这一阶段的黏结应力-滑移关系：钢筋经过较小的滑移（图中 F 点），其反向黏结应力就增大到约 25%的卸载点（图中 D 点）黏结应力；随后，钢筋发生较大的滑移，黏结应力又逐渐减小并保持某值基本不变。这一响应与力学中的静/动摩擦转换十分类似。

2）动摩擦阶段（路径 FG 段）。

这一阶段的黏结应力主要依赖于钢筋与混凝土间的界面摩阻力，与钢筋所受正压力和界面粗糙程度密切相关，其值约为 20%的卸载点（图中 D 点）黏结应力。因此，随着循环加载次数的增加，界面残余的纤维混凝土齿被逐渐挤碎、磨平，黏结应力慢慢减小。

根据上述黏结-滑移全过程的描述与分析，可以认为在混凝土基体中掺入纤维能够有效提高钢筋与混凝土的黏结性能，但主要集中体现在裂缝扩展阶段（路径 AD 段）。这是由于纤维的桥接本质上是一种被动约束，需要裂缝张开至一定宽度时，才能继而发挥抑制裂缝进一步扩展的作用。裂缝扩展阶段正好满足这一条件，相比于其他阶段，该阶段中纤维有利作用的体现更为明显。

7.2.3　黏结应力-滑移本构模型

黏结应力-滑移本构关系，是一个古老而又亟待解决的问题，但由于影响这一问题的因素繁杂，并且试验手段又难以精确量测相关参数，所以至今没有一个公认的本构关系。近几十年来，钢筋与混凝土间的黏结-滑移本构关系得到了越来越多的关注，为克服基于试验的经验本构模型存在模拟精度较差、适用范围较窄等缺陷，国内外学者开始尝试从理论上开展研究，提出了诸如线弹性模型、非线性弹性本构模型、弹塑性本构模型和弹塑性损伤本构模型等理论模型，取得了较为丰硕的研究成果。然而，实际应用中发现，这些理论模型也存在一些比较突出的问题，如无法准确反映循环加卸载时黏结应力和黏结刚度的退化现象，不能合理再现再加载过程中黏结应力的逐渐上升，只适用于描述钢筋小范围滑移、少循环加载时的情况，或严重依赖于受力情况、材料特性和加载路径等，明显影响了钢筋混凝土结构力学响应的预测精度。

与普通混凝土相比，钢筋与纤维混凝土的黏结性能和黏结应力-滑移本构关系具有明显不同的特征。因此，本节根据损伤力学和弹塑性理论，在热力学框架下建立一个弹塑性损伤黏结应力-滑移本构模型，以期真实反映钢筋与纤维混凝土的黏结-滑移全过程。

1. 本构模型的建立

在建立弹塑性损伤黏结应力-滑移本构模型时，将钢筋与混凝土的黏结界面某一微段简化为一个圆筒状的代表性体积单元，如图 7-26 所示。

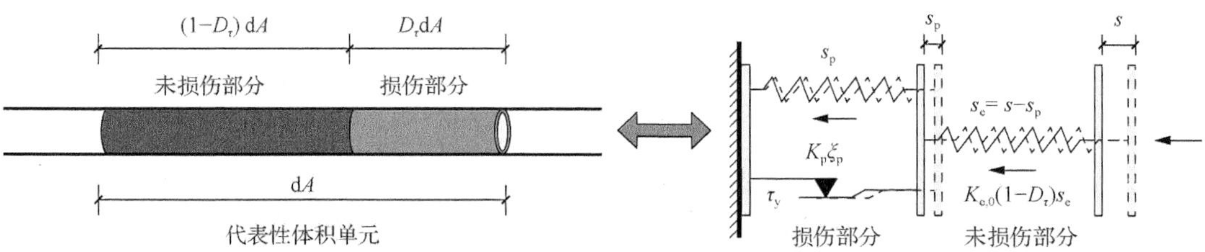

图 7-26　代表性体积单元的受力情况与位移分解

根据连续介质损伤力学，该代表性体积单元可以理想地分割成两部分，即未损伤部分和损伤部分，并假定：对于未损伤部分，考虑到相邻钢筋与纤维混凝土始终紧密黏结，它们之间的相对滑移可视为界面的弹性变形；而对于损伤部分，由于界面黏结应力的失效，钢筋与混凝土两者间的相对滑移即为钢筋的滑移值，分析其变化规律，可以发现该部分滑移具有典型的塑性特征，类似于弹塑性理论中塑性应变。因此，对于任意一个代表性体积单元的滑移 s，可以将其独立地分为弹性滑移和塑性滑移两部分，即

$$s = s_e + s_p \tag{7-22}$$

式中，s_e、s_p 分别表示相对滑移总量中的弹性滑移和塑性滑移。

（1）弹塑性 Helmholtz 自由能

首先定义一个 Helmholtz 自由能 ψ，用于表征黏结应力-滑移的热力学势函数，其同样也由两部分组成，且两者之间互不耦合，即

$$\psi = \psi_e + \psi_p \tag{7-23}$$

式中，ψ_e、ψ_p 分别表示可恢复的弹性自由能和不可恢复的塑性自由能。

研究表明，损伤变量 D_τ 仅取决于滑移的弹性部分 s_e[15-16]，因此，式(7-23)中 Helmholtz 自由能 ψ 可以进一步改写为

$$\psi(s_e,\xi,D_\tau) = \psi_e(s_e,D_\tau) + \psi_p(\xi) \tag{7-24}$$

式中，弹性自由能 $\psi_e(s_e,D_\tau)$ 和塑性自由能 $\psi_p(\xi)$ 分别定义为

$$\psi_e(s_e,D_\tau) = \frac{1}{2}(1-D_\tau)K_{e,0}s_e^2 \tag{7-25}$$

$$\psi_{\mathrm{p}}(\xi)=\frac{1}{2}K_{\mathrm{p}}\xi^{2} \tag{7-26}$$

式中，$K_{\mathrm{e},0}$为初始黏结刚度；K_{p}为随动硬化模量；ξ 为一个与随动硬化紧密相关的内变量。

为保证钢筋拔出过程中能量的守恒与不可逆，在建立本构模型时，热力学的第一定律和第二定律必须无条件满足，因此，对于等温过程，在引入 Helmholtz 自由能 ψ 后，上述两大定律可以统一改写成：

$$\tau\dot{s}-\dot{\psi}\geqslant 0 \tag{7-27}$$

也即 Clausius-Duhem（克劳修斯-杜安）不等式[17]。经进一步展开，式（7-27）可以写为

$$\left(\tau-\frac{\partial\psi}{\partial s_{\mathrm{e}}}\right)\dot{s}_{\mathrm{e}}+\tau\dot{s}_{\mathrm{p}}-\frac{\partial\psi}{\partial D_{\tau}}\dot{D}_{\tau}-\frac{\partial\psi}{\partial\xi}\dot{\xi}\geqslant 0 \tag{7-28}$$

式中，$\dot{s}$、$\dot{\psi}$、$\dot{s}_{\mathrm{e}}$、$\dot{s}_{\mathrm{p}}$、$\dot{D}_{\tau}$、$\dot{\xi}$ 表示相应变量的率。

由于对于任意一个可能的热力学过程，不等式（7-28）均始终成立，因此，黏结应力 τ、损伤能释放率 Y_{τ}和背应力 b 的定义式依次为

$$\tau=\frac{\mathrm{d}\psi}{\mathrm{d}s_{\mathrm{e}}}=(1-D_{\tau})K_{\mathrm{e},0}s_{\mathrm{e}}=(1-D_{\tau})K_{\mathrm{e},0}(s-s_{\mathrm{p}}) \tag{7-29}$$

$$Y_{\tau}=-\frac{\mathrm{d}\psi}{\mathrm{d}D_{\tau}}=\frac{1}{2}K_{\mathrm{e},0}s_{\mathrm{e}}^{2} \tag{7-30}$$

$$b=\frac{\partial\psi}{\partial\xi}=K_{\mathrm{p}}\xi \tag{7-31}$$

以上假定和公式推导对于建立弹塑性黏结应力-滑移损伤本构模型而言，仅仅只是提供了一个基本的理论框架和一些强制性约束条件，并不涉及具体内变量（如损伤变量、塑性滑移等）的演化规律，下面就此部分内容进行详细阐述。

（2）黏结损伤的演化

关于损伤演化规律的研究，最早是由 Lemaitre[15]类比于经典塑性力学，提出了损伤正交流动的概念；随后 Mazars[18]在建立弹性损伤模型时，引入了损伤屈服面；Ju[16]继承并发展了前人思想，建立了一套完整的基于损伤屈服面的正交流动理论。本书借鉴上述研究思维，基于损伤力学理论框架，运用损伤屈服面和损伤正交流动等概念来描述钢筋与纤维混凝土间黏结损伤的发展。

1）损伤变量的定义。

在外荷载作用下，钢筋与纤维混凝土界面黏结的损伤演化是一个连续渐进的过程，它与附近混凝土中微裂缝的形核、扩展和联通等密切相关。考虑到纤维混凝土在拉、压荷载作用下会表现出迥异的强度与刚度损伤演化特性，钢筋与纤维混凝土的黏结损伤演化将呈现出明显的方向性，如图 7-27 所示。

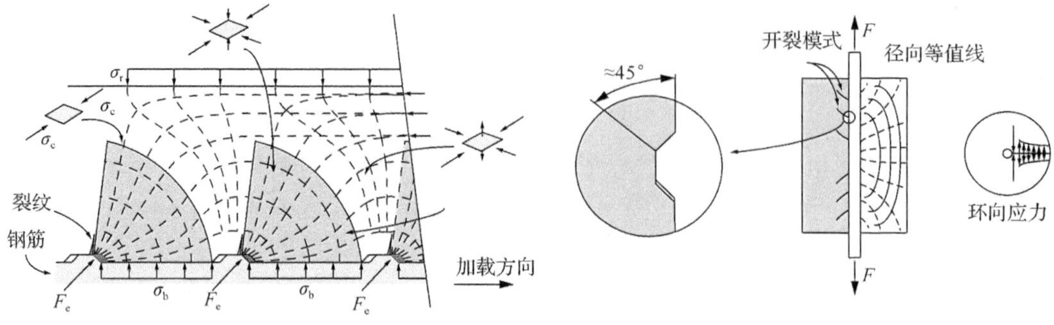

（a）应力状态　　（b）裂缝开展情况

图 7-27　钢筋与纤维混凝土界面的应力状态和裂缝开展情况示意图[19]

为真实反映这一现象，受 Mazars[20]研究的启发，即假定损伤变量 D 可以表示为受拉损伤变量 D_t 和受压损伤变量 D_c 的线性组合。因此，定义两个损伤变量，正向黏结损伤变量 D_τ^+ 和反向黏结损伤变量 D_τ^-，以表征不同方向荷载作用下钢筋与混凝土界面黏结损伤的演化规律。

$$D_\tau = \begin{cases} D_\tau^+ & s > 0 \\ D_\tau^- & s < 0 \end{cases} \tag{7-32}$$

式中，损伤变量的上标“+/−”代表了不同的加载方向（正向或反向）。为方便描述，损伤变量 D_τ 可以用一个公式统一表达，记作：

$$D_\tau = H(s)\cdot D_\tau^+ + \left[1 - H(s)\right]\cdot D_\tau^- \tag{7-33}$$

式中，$H(\cdot)$ 表示 Heaviside 函数，其运算法则为：当函数变量 $(\cdot)$ 为正时，其值等于 1；否则，等于 0。

$$H(x) = \begin{cases} 1 & x > 0 \\ 0 & x \leqslant 0 \end{cases} \tag{7-34}$$

2）损伤屈服函数的定义。

在损伤力学理论框架中，损伤能释放率集中反映了损伤耗能关于损伤演化的变化速度[16]，因此，通常情况下，它被用来作为损伤屈服函数的变量，即

$$F^\pm(Y_{\tau,n}^\pm) = f^\pm(Y_{\tau,n}^\pm) - f^\pm(r_{\tau,n}^\pm) \leqslant 0 \tag{7-35}$$

式中，$F^\pm(\cdot)$ 为损伤屈服函数，当 $F^\pm(\cdot) = 0$ 时确定的曲面称为损伤屈服面；$f^\pm(\cdot)$ 为一单调递增的标量函数；$Y_{\tau,n}^\pm$ 为当前时刻的损伤能释放率，定义如式（7-30）所示；$r_{\tau,n}^\pm$ 为当前时刻损伤能释放率的阈值，也称历史最大损伤能释放率，它决定了当前时刻损伤屈服面的大小，定义为

$$r_{\tau,n}^\pm = \max\left\{ r_{\tau,0}^\pm, \max_{m\in[0,n]} Y_{\tau,m}^\pm \right\} \tag{7-36}$$

式中，$r_{\tau,0}^\pm$ 为初始时刻损伤能释放率的阈值，对于任意时刻，均有 $r_{\tau,n}^\pm \geqslant r_{\tau,0}^\pm$；$\max Y_{\tau,m}^\pm$ 为各历史时刻损伤能释放率的最大值。这一准则表明，只有当损伤能释放率 $Y_{\tau,n}^\pm$ 超过当前时刻损伤能释放率的阈值 $r_{\tau,n}^\pm$ 时，黏结损伤才会进一步发展。

此外假定：正向加载导致的黏结损伤不会对反向加载的黏结作用产生任何影响，如正向黏结损伤变量 D_τ^+ 不会影响 $r_{\tau,n}^-$ 的大小。因此，正、反两方向的损伤能释放率演化规律可以如下表示。

正向加载：

$$\dot{r}_{\tau,n}^+ = \dot{Y}_{\tau,n}^+, \quad \dot{r}_{\tau,n}^- = 0 \tag{7-37}$$

反向加载：

$$\dot{r}_{\tau,n}^- = \dot{Y}_{\tau,n}^-, \quad \dot{r}_{\tau,n}^+ = 0 \tag{7-38}$$

为进一步描述损伤屈服面的演化，采用塑性力学中常用的关联流动法则和 Kuhn-Tucker 加卸载条件[16,21]：

$$\dot{D}_\tau = \dot{\lambda}_{\mathrm{d}} \frac{\partial f^\pm}{\partial Y_\tau^\pm}, \quad \dot{r}_{\tau,n}^\pm = \dot{\lambda}_{\mathrm{d}} \tag{7-39}$$

$$\dot{\lambda}_{\mathrm{d}} \geqslant 0, \quad F^\pm \leqslant 0, \quad \dot{\lambda}_{\mathrm{d}} F^\pm = 0 \tag{7-40}$$

式中，$\dot{\lambda}_{\mathrm{d}}$ 代表非负损伤演化因子。

因此，当损伤屈服面扩展时，对于任意情况，以下公式的推导始终成立：

$$\dot{D}_\tau = \dot{Y}_{\tau,n}^\pm \frac{\partial f^\pm}{\partial Y_{\tau,n}^\pm} = \dot{f}^\pm(Y_{\tau,n}^\pm) = \dot{f}^\pm(r_{\tau,n}^\pm) \tag{7-41}$$

考虑到初始时刻，钢筋与纤维混凝土间黏结良好，忽略界面损伤。因此，对式（7-41）进行积分，可以得到损伤变量的显式表达式：

$$D_\tau = f^\pm(r_{\tau,n}^\pm) \tag{7-42}$$

根据损伤变量 D_τ 的特性，以下三点要求必须同时且无条件地得到满足：

$$0 \leqslant D_\tau \leqslant 1, \quad D_{\tau,0} = 0, \quad \dot{D}_\tau \geqslant 0 \tag{7-43}$$

这意味着损伤演化函数 $f(\cdot)$ 并不能任意地选取和定义，它必须如实地反映损伤演化上述各项的物理意义。

本书选择采用两参数的韦布尔（Weibull）分布函数来表征损伤变量 D_τ 与损伤能释放率 $r_{\tau,n}^\pm$ 之间的变化关系，如下：

$$D_\tau = f^\pm(r_{\tau,n}^\pm) = 1 - \exp\left[-A^\pm\left(\sqrt{r_{\tau,n}^\pm} - \sqrt{r_{\tau,0}^\pm}\right)^{B^\pm}\right] \tag{7-44}$$

式中，$A^\pm$、$B^\pm$ 分别表示尺度参数和形状参数，控制着函数的分布范围和基本形状。考虑到：①拉压荷载作用下钢筋与混凝土间黏结应力-滑移关系曲线的对称性，定义 $A^+ = A^- = A$，$B^+ = B^- = B$；②只要钢筋一发生滑移，界面的黏结损伤就实际产生了，因此，假定初始时刻损伤能释放率的阈值 $r_{\tau,0}^\pm = 0$。

式（7-44）定义的函数完全满足式（7-43）中的所有要求，可以作为损伤演化的表达函数。选取单调加载试验测取的代表性黏结应力-滑移关系曲线，反算得到实测的损伤演化规律，将其与式（7-44）中建议的损伤演化曲线进行对比，两者曲线的基本形状吻合，进一步证实了该损伤演化函数的可靠性。

然而，对于同一控制位移处的循环加载，实测黏结应力在不同的加载次数间存在明显的退化现象，而式（7-44）中建议的损伤演化函数并不能真实反映。因此，为解决这个问题，对该函数进行修正，引入一个黏结应力退化参数 η：

$$D_\tau = f^{\pm}(r^{\pm}_{\tau,n}) = 1 - \eta \exp\left[-A\left(\sqrt{r^{\pm}_{\tau,n}}\right)^B\right] \tag{7-45}$$

其中，参数 η 的计算详见后文。

（3）塑性滑移的规律

由于塑性变形仅存在于有效应力空间（除去损伤的连续介质空间）中，因此，塑性硬化与损伤演化相互解耦，互不影响[22]。一般地，塑性滑移的确定主要涉及四个主要部分，即塑性屈服准则、塑性流动法则、塑性硬化模量和加卸载条件。

1）塑性屈服准则。大量试验结果表明，钢筋与纤维混凝土界面黏结应力-滑移关系曲线的屈服面中心时刻沿着塑性滑移的方向移动，且其应力幅的大小随滑移量的变化而变化[23]，如图 7-28 所示。这一现象意味着钢筋与纤维混凝土的黏结应力-滑移并不满足随动硬化和等向硬化的变化规律，实为一种混合硬化。

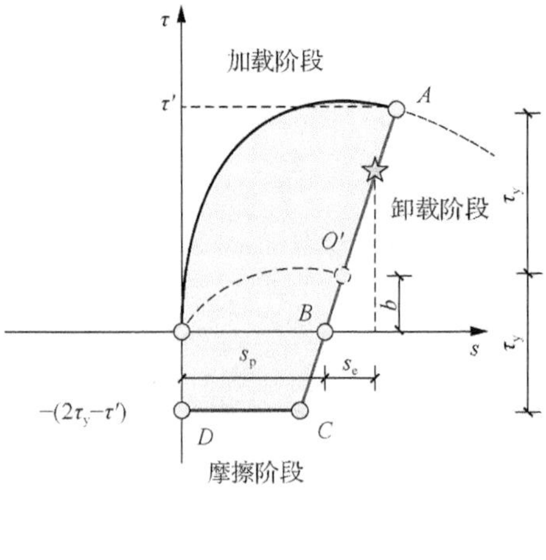

（a）硬化模型

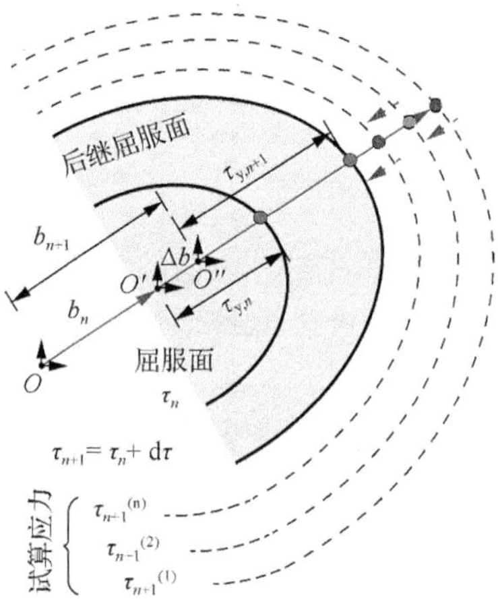

（b）屈服面演化

图 7-28　钢筋与混凝土界面的硬化规律

基于以上分析，塑性屈服准则可以表述为

$$g(\tau) = |\tau - b| - \tau_y \leqslant 0 \tag{7-46}$$

式中，b 为背应力，它决定了塑性屈服面的中心位置，其定义如式（7-31）所示；τ_y 为滑移阻力，它一般可以记作[24]：

$$\tau_y = \tau_{y,n} + K^{\pm}_{\alpha}\alpha \tag{7-47}$$

式中，$\tau_{y,n}$ 代表当前时刻滑移阻力的临界值，定义为初始时刻滑移阻力的临界值 $\tau_{y,0}$ 与黏结应力退化参数 η_1 的乘积，即 $\tau_{y,n}=\eta_1\cdot\tau_{y,0}$；$K_\alpha^{\pm}$为塑性硬化模量，其详细定义见后文；$\alpha$ 为一非负的硬化内变量：

$$\alpha = H(s)\cdot\alpha^{+} + \left[1 - H(s)\right]\cdot\alpha^{-} \tag{7-48}$$

式中，$H(\cdot)$ 表示 Heaviside 函数；α^{+} 和 α^{-} 的上标“+/−”代表了不同的加载方向（正向或反向）。

假定硬化内变量 α 的演化速率与单位时间内塑性滑移的绝对值 $|\dot{s}_{\mathrm{p}}|$ 成正比，且与 $\dot{s}_{\mathrm{p}}$ 的符号无关，因此，其演化规律的最简单形式可以表述为

正向加载：

$$\dot{\alpha}^{+}=|\dot{s}_{\mathrm{p}}|\cdot\mathrm{sign}(\dot{s}_{\mathrm{p}})=\dot{s}_{\mathrm{p}}\,,\quad \dot{\alpha}^{-}=0 \tag{7-49}$$

反向加载：

$$\dot{\alpha}^{-}=-|\dot{s}_{\mathrm{p}}|\cdot\mathrm{sign}(\dot{s}_{\mathrm{p}})=-\dot{s}_{\mathrm{p}}\,,\quad \dot{\alpha}^{+}=0 \tag{7-50}$$

2）塑性流动法则。对于钢筋与纤维混凝土的黏结-滑移过程中的塑性硬化，同样采用关联流动法则，即认为塑性势与塑性屈服面函数相同，塑性滑移增量与塑性屈服面正交，因此，相关内变量的演化规律为

$$\dot{s}_{\mathrm{p}}=\gamma\frac{\partial g}{\partial\tau}\,,\quad \dot{\xi}=-\gamma\frac{\partial g}{\partial b} \tag{7-51}$$

式中，γ 为非负塑性流动因子，表示塑性滑移增量的大小，可以结合塑性硬化规律和一致性条件求解得到。

将式（7-46）代入式（7-51）中，可得

$$\dot{s}_{\mathrm{p}}=\dot{\xi}=\gamma\mathrm{sign}(\tau-b) \tag{7-52}$$

式中，$\mathrm{sign}(\cdot)$ 代表 sign 函数，其运算法则为：当函数变量 $(\cdot)$ 为正时，其值等于 1；当函数变量 $(\cdot)$ 为 0 时，其值等于 0；否则，等于−1：

$$\mathrm{sign}(x)=\begin{cases}+1 & x>0\\ 0 & x=0\\ -1 & x<0\end{cases} \tag{7-53}$$

考虑到初始条件 $s_{\mathrm{p}0}=\xi_0=0$，可以进一步推导得到背应力的计算表达式为

$$b=K_{\mathrm{p}}^{\pm}s_{\mathrm{p}} \tag{7-54}$$

3）塑性硬化模量。塑性硬化模量的物理意义是有效黏结应力与塑性滑移（τ-s_{p}）关系曲线切线的斜率，它与塑性屈服面的演化密切相关，是弹塑性力学理论框架中十分重要的一个物理量。然而，关于如何推导并准确定义一个恰当的塑性硬化模量的研究成果还鲜见报道，现有的方法主要是通过试验研究结果反演分析得到。在这方面，经典的弹塑性力学研究中已经提出了许多计算公式，其方法和形式均可供参考借鉴。

通过分析和总结大量单调荷载作用下的试验结果[25-27]，建议了两个分别适用于表征随动硬化模量 K_{p} 和塑性硬化模量 K_{α} 的经验表达式：

$$K_{\mathrm{p}}^{\pm}=m_1\cdot\frac{\tau_{\mathrm{u}}}{s_{\mathrm{peak}}}\exp\left(\frac{1-\overline{s}_{\max}^{\pm^{n}}}{n}\right) \tag{7-55}$$

$$K_{\alpha}^{\pm}=m_2\cdot\frac{\tau_{\mathrm{u}}}{s_{\mathrm{peak}}}\exp\left(\frac{1-\overline{s}_{\max}^{\pm^{n}}}{n}\right) \tag{7-56}$$

式中，m_1、m_2 和 n 均为硬化相关参数；τ_{u} 和 s_{peak} 代表界面的黏结强度和对应的峰值滑移，若有试验结果，可直接代入，若无试验结果，可分别通过如下建议的经验公式求得：

$$\tau_u = (1 + 0.20\lambda_{sf} + 0.02\lambda_{pf}) \times 13.5\left(\frac{f_{cu}}{30}\right)^{0.5} \tag{7-57}$$

$$s_{peak} = (1 + 0.76\lambda_{sf} + 0.17\lambda_{pf}) \times 13.5\left(\frac{30}{f_{cu}}\right)^{0.5} \tag{7-58}$$

$\bar{s}_{max}^{\pm}$ 表示相应加载方向上的最大滑移 $s_{max}^{\pm}$ 与峰值滑移比值的绝对值：

$$\bar{s}_{max}^{\pm} = \frac{\left|s_{max}^{\pm}\right|}{s_{peak}} \tag{7-59}$$

这一定义可以巧妙地实现：①当钢筋的滑移量超过对应方向上的历史最大滑移值 $s_{max}^{\pm}$ 时，上述定义的随动硬化模量 K_p 和塑性硬化模量 K_α 均为变量，随着滑移值增大而变化；②当钢筋的滑移量不超过对应方向上的历史最大滑移值 $s_{max}^{\pm}$ 时，上述随动硬化模量 K_p 和塑性硬化模量 K_α 均为常量，不随着滑移值变化而变化。这一变化规律与钢筋和纤维混凝土在低周反复荷载作用下卸载阶段和再加载阶段中实测的黏结应力-滑移关系曲线保持高度一致。

需要指出的是，上述模量函数的构建主要是基于单调荷载作用下黏结应力-滑移曲线，没有充分考虑低周反复荷载作用下客观存在的黏结应力退化现象，如图 7-29 所示，因此，为真实反映这一现象，需要进一步对式（7-55）和式（7-56）进行适当的修正。

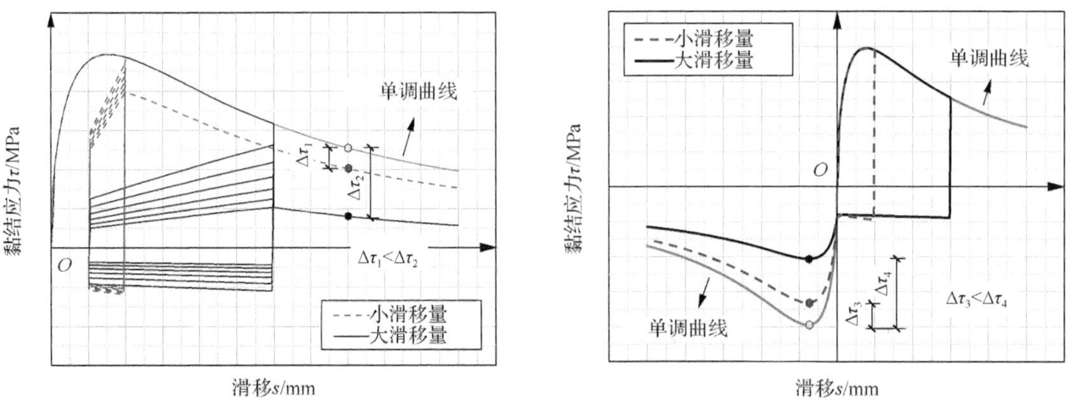

（a）正向加载　　　　（b）反向加载

图 7-29　低周反复荷载作用下钢筋与混凝土间的黏结应力退化示意图

结合前面有关黏结应力退化的试验结果分析，对于循环荷载作用下的随动硬化模量 K_p 和塑性硬化模量 K_α，引入了一个黏结应力退化系数 η，即

$$K_p^{\pm} = m_1 \cdot \eta \cdot \frac{\tau_{peak}}{s_{peak}} \exp\left(\frac{1 - \bar{s}_{max}^{\pm^{n}}}{n}\right) \tag{7-60}$$

$$K_\alpha^{\pm} = m_2 \cdot \eta \cdot \frac{\tau_{peak}}{s_{peak}} \exp\left(\frac{1 - \bar{s}_{max}^{\pm^{n}}}{n}\right) \tag{7-61}$$

一般地，钢筋与纤维混凝土间黏结应力的退化主要是受循环加载的次数和加载过程中经历的最大滑移量影响，且退化的程度随着上述两种因素水平的增加而越发明显；同

时，研究还发现，黏结应力的退化还与加载方向存在密切关系。综合考虑，假定对于任意循环加载路径，其黏结应力退化系数 η 都由两部分组成：

$$\eta = \eta_1 \cdot \eta_2 \tag{7-62}$$

其中，η_1 是黏结应力退化的基本影响系数，主要反映循环加载次数和加载过程中最大滑移量的影响：

$$\eta_1 = \left(1 - m_3 \cdot \frac{s_{\max}}{s_{\text{peak}}}\right)^{m_4 \cdot \left(\frac{\int \mathrm{d}s}{s_{\max}}\right)} \tag{7-63}$$

η_2 是黏结应力退化的补充影响系数，它客观反映了相反方向的最大滑移 $s_{\max}^{\mp}$ 对加载方向黏结应力退化的影响：随着反向最大滑移 $s_{\max}^{\mp}$ 的增大，加载方向的黏结应力退化愈加明显，且当反向最大滑移 $s_{\max}^{\mp}$ 达到钢筋肋间距 l_{r} 时（肋间混凝土此时可视为被完全剪断，机械咬合力丧失，只剩下摩阻力作用），加载方向的黏结应力减小至残余黏结强度 τ_{rev}（近似取 0.2 倍黏结强度），如图 7-29（b）所示：

$$\eta_2 = 1 - 0.8\frac{s_{\max}^{\mp}}{l_{\mathrm{r}}} \geqslant 0 \quad (s_{\max}^{\mp} \leqslant l_{\mathrm{r}}) \tag{7-64}$$

式中，m_3、m_4 为黏结退化参数；$\dfrac{\int \mathrm{d}s}{s_{\max}}$ 代表循环加载过程中曾经历的滑移值总和。

当为单调加载时，引入的黏结应力退化系数 η 始终等于 1，这意味着，上述修正后适用于表征循环加载时随动硬化模量 K_{p} 和塑性硬化模量 K_{α} 的计算式（7-60）和式（7-61）可退化为单调荷载下的计算式（7-55）和式（7-56）。

4）加卸载条件。Kuhn-Tucker 条件被用来约束前面描述的塑性滑移演化：

$$\gamma \geqslant 0, \quad g(\tau) \leqslant 0, \quad \gamma g(\tau) = 0 \tag{7-65}$$

从上式中三个约束条件的关系，可以发现：①当塑性势 $g(\tau) < 0$ 时，塑性流动因子可以得到唯一解，即 $\gamma = 0$；②当塑性势 $g(\tau) = 0$ 时，塑性流动因子的解析解并不唯一，即 $\gamma = 0$ 或 $\gamma > 0$ 均可能成立。

为此，需要引入一个附加的一致性条件来解决这一问题：

$$\gamma \dot{g}(\tau) = 0 \tag{7-66}$$

式中，塑性势的微分 $\dot{g}(\tau)$ 通过链式法则求解得到：

$$\dot{g}(\tau) = \frac{\partial g}{\partial \tau}\mathrm{d}\tau + \frac{\partial g}{\partial b}\mathrm{d}b + \frac{\partial g}{\partial \alpha}\mathrm{d}\alpha \tag{7-67}$$

将式（7-46）～式（7-51）代入式（7-67），可以得到：

$$\dot{g}(\tau) = \text{sign}(\tau - b)\left[(1 - D_{\tau})K_{\mathrm{e},0}(\dot{s} - \dot{s}_{\mathrm{p}}) - \dot{b}\right] - K_{\alpha}\dot{\alpha} \tag{7-68}$$

更进一步，将式（7-52）～式（7-54）代入式（7-68）可展开为

$$\dot{g}(\tau)=\operatorname{sign}(\tau-b)(1-D_\tau)K_{\mathrm{e},0}\dot{s}-\gamma\left[(1-D_\tau)K_{\mathrm{e},0}+(K_{\mathrm{p}}+K_{\alpha})\right] \tag{7-69}$$

当该点的应力状态位于塑性屈服面上时，$\dot{g}(\tau)=0$ 始终成立，由此可以推导得到塑性流动因子的计算表达式为

$$\gamma=\frac{\operatorname{sign}(\tau-b)(1-D_\tau)K_{\mathrm{e},0}\dot{s}}{(1-D_\tau)K_{\mathrm{e},0}+(K_{\mathrm{p}}+K_{\alpha})} \tag{7-70}$$

至此，模型中黏结损伤的演化和塑性滑移得到确定。

需要说明的是，虽然本模型中损伤的演化和塑性的发展是相互解耦、互不影响的，但它们始终是同时进行的。为方便描述钢筋与纤维混凝土发生相对滑移的过程中各内变量在不同加载阶段的变化情况，将其归纳总结统一列于表 7-7 中。

表 7-7　低周反复加载过程中各变量在不同加载阶段的变化规律

阶段	加载历程	内变量变化	阶段	加载历程	内变量变化
OC	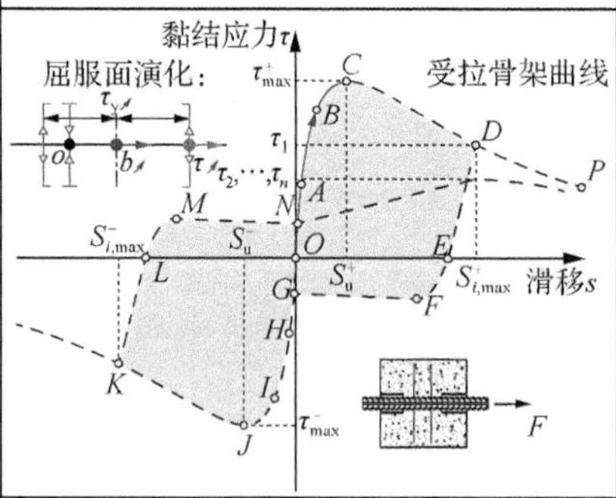	$\gamma>0$ $\dot{s}_{\mathrm{p}}>0$ $\dot{\alpha}>0$ $\dot{D}_\tau^+>0$ $\dot{D}_\tau^-=0$ $g(\tau)=0$	*CD*	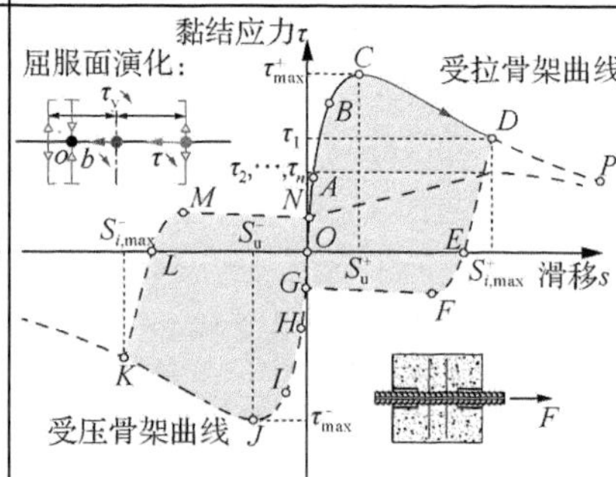	$\gamma>0$ $\dot{s}_{\mathrm{p}}>0$ $\dot{\alpha}>0$ $\dot{D}_\tau^+>0$ $\dot{D}_\tau^-=0$ $g(\tau)=0$
DF	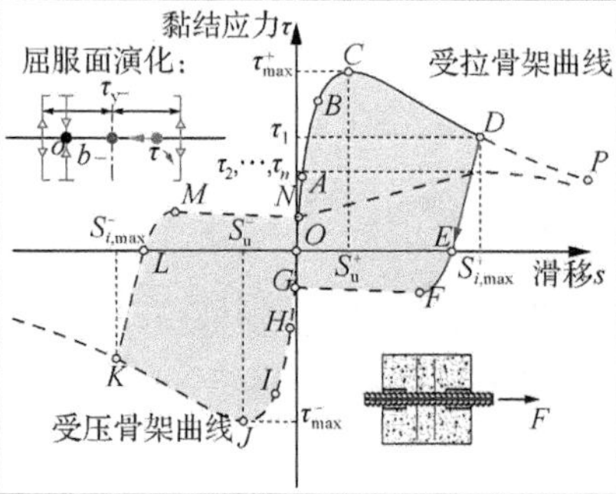	$\gamma=0$ $\dot{s}_{\mathrm{p}}=0$ $\dot{\alpha}=0$ $\dot{D}_\tau^+=0$ $\dot{D}_\tau^-=0$ $g(\tau)<0$	*FG*	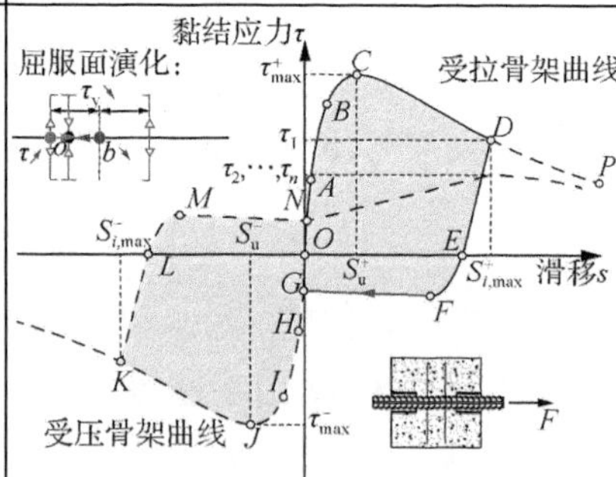	$\gamma>0$ $\dot{s}_{\mathrm{p}}<0$ $\dot{\alpha}<0$ $\dot{D}_\tau^+=0$ $\dot{D}_\tau^-=0$ $g(\tau)=0$
GJ	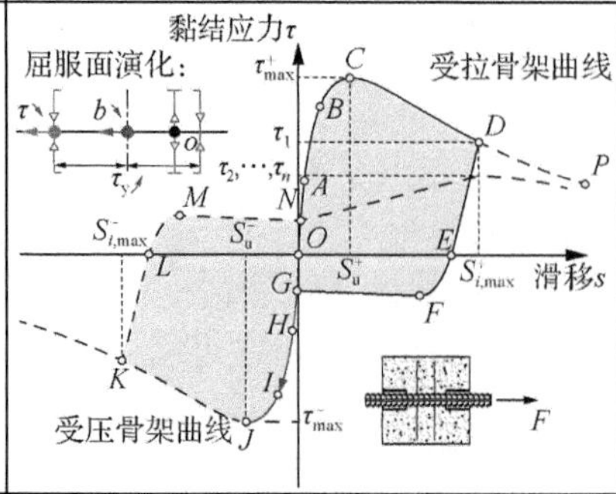	$\gamma>0$ $\dot{s}_{\mathrm{p}}<0$ $\dot{\alpha}>0$ $\dot{D}_\tau^+=0$ $\dot{D}_\tau^-<0$ $g(\tau)=0$	*JK*	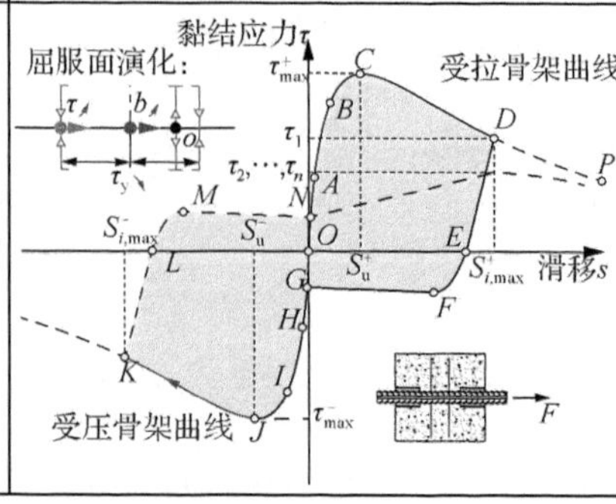	$\gamma>0$ $\dot{s}_{\mathrm{p}}<0$ $\dot{\alpha}>0$ $\dot{D}_\tau^+=0$ $\dot{D}_\tau^->0$ $g(\tau)=0$

续表

阶段	加载历程	内变量变化	阶段	加载历程	内变量变化
KM	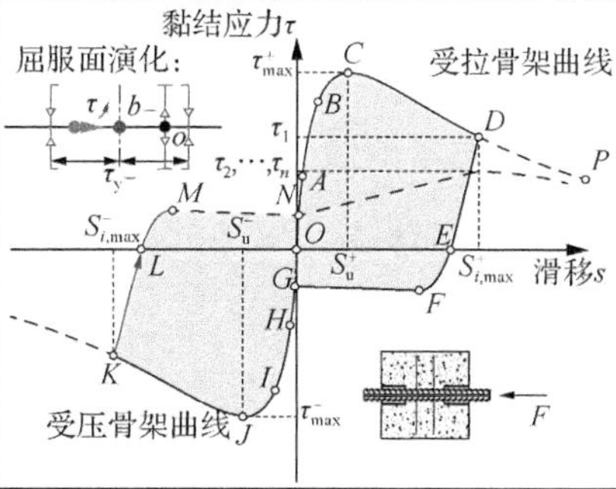	$\gamma=0$ $\dot{s}_p=0$ $\dot{\alpha}=0$ $\dot{D}_\tau^+=0$ $\dot{D}_\tau^-=0$ $g(\tau)<0$	MN	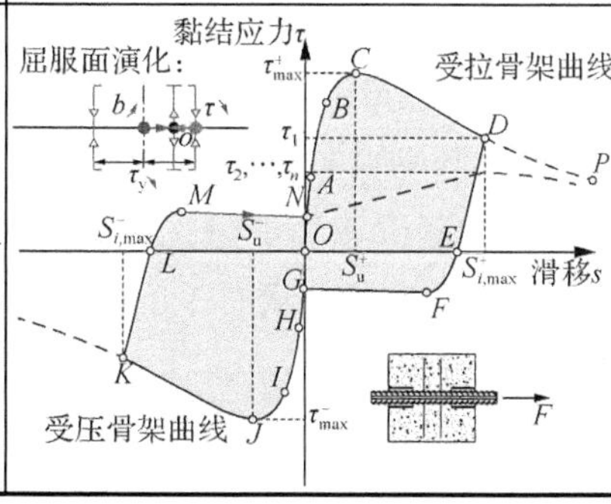	$\gamma>0$ $\dot{s}_p>0$ $\dot{\alpha}<0$ $\dot{D}_\tau^+>0$ $\dot{D}_\tau^-=0$ $g(\tau)=0$

（4）数值模型的实现

如前论述，建立了比较完整的钢筋与纤维混凝土黏结-滑移本构关系的理论框架，可以描述钢筋拔出过程中非线性黏结-滑移的全过程。但在实际计算时，由于该理论本构模型中偏微分方程组有很多，仅仅通过这些公式并不能直接得到准确的解析解，需要通过有限元方法，将其离散为无数的子计算步，利用数值算法得到一个无限逼近的数值解。

在求解常微分方程中用到的数值算法主要有两种：向前欧拉算法（显式积分方法）和向后欧拉算法（隐式积分方法）。其中，向前欧拉算法不需要迭代，表面上计算效率比较高，但是如果没有合适的校正算法，将不可避免地产生一些数值误差，且这些误差会逐渐累积，导致计算结果不稳定，发生不规律的漂移；向后欧拉算法具有向前欧拉算法同样的一阶收敛精度，计算过程中需要不停迭代，但其数值误差不会累积，是一种稳定的数值算法。在综合考虑求解精度和计算时间的基础上，本书选取了向后欧拉算法，其主要计算步骤如下所示：

首先，对于 t^n 时刻任意一个允许的应力状态（s_e^n、s_p^n、b^n、α^n 等），假定其下一个时间增量步 $\Delta t=t^{n+1}-t^n$ 中发生的滑移增量 Δs^n 都为弹性滑移增量，塑性滑移增量为零，即 $\Delta\gamma^n=\gamma^n\Delta t=0$。因此，下一时刻 t^{n+1} 应力状态中各主要变量的计算表达式为

$$s_{e,trial}^{n+1}=s_e^n+\Delta s^n \tag{7-71}$$

$$s_{p,trial}^{n+1}=s_p^n \tag{7-72}$$

$$b_{trial}^{n+1}=b^n \tag{7-73}$$

$$\alpha_{trial}^{n+1}=\alpha^n \tag{7-74}$$

式中，各变量的下标“trial”代表的是试算状态。

然后，将上述各变量代入式（7-46）中，得到试算状态下塑性屈服面的解，可以判断：

1）假如塑性屈服面的解 $g(\tau)_{\text{trial}}^{n+1} \leqslant 0$，意味着该试算状态下的应力状态为真实的应力状态，即 $(\cdot)^{n+1} = (\cdot)_{\text{trial}}^{n+1}$，且 t^{n+1} 时刻处于弹性状态或弹性卸载状态，该时间增量步Δt 中的迭代过程终止，如图 7-30（a）所示。

2）假如塑性屈服面的解 $g(\tau)_{\text{trial}}^{n+1} > 0$，意味着该试算状态下的应力状态不是真实的应力状态，t^{n+1} 时刻应该处于塑性加载状态，滑移增量 Δs^n 中发生了塑性滑移 $\Delta s_{\text{p}}^{n+1}$，即 $\Delta\gamma^n \neq 0$，因此，该试算状态下的应力状态需要更新为

$$s_{\text{e,trial}}^{n+1} = s_{\text{e}}^n + \Delta s^n - \Delta\gamma^n \text{sign}(\tau_{\text{trial}}^{n+1} - b_{\text{trial}}^{n+1}) \tag{7-75}$$

$$s_{\text{p,trial}}^{n+1} = s_{\text{p}}^n + \Delta\gamma^n \text{sign}(\tau_{\text{trial}}^{n+1} - b_{\text{trial}}^{n+1}) \tag{7-76}$$

$$b_{\text{trial}}^{n+1} = b^n + \Delta\gamma^n K_{\text{p}}^{n+1} \text{sign}(\tau_{\text{trial}}^{n+1} - b_{\text{trial}}^{n+1}) \tag{7-77}$$

$$\alpha_{\text{trial}}^{n+1} = \alpha^n + \Delta\gamma^n \tag{7-78}$$

经过一系列的迭代运算，试算状态下的应力状态不断被更新、校核，直到某一迭代步中的应力状态回映到塑性屈服面上，塑性一致性条件得到满足，迭代终止，该迭代步中最终的应力状态即为无限逼近的真实应力状态，如图 7-30（b）所示。

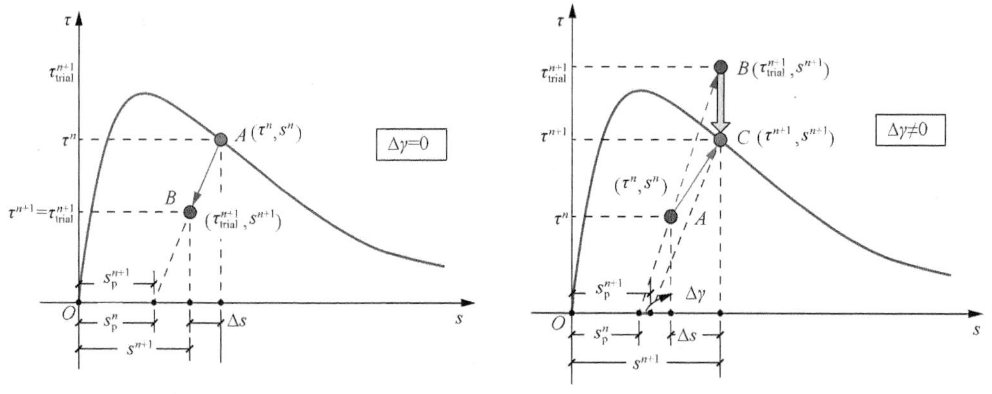

（a）弹性步骤　　（b）塑性步骤

图 7-30　试算应力与实际应力关系示意图

为了便于理解，采用流程图形式表述数值算法的实现步骤，如图 7-31 所示。

按照上述流程，将建议的钢筋与混凝土黏结-滑移理论本构模型在 MATLAB 中进行编译并运行。为初步验证该模型的适用性，选取了 6 种代表性的加载路径进行试运算：①小位移对称加载，0→1mm→-1mm→6mm；②大位移对称加载，0→4mm→-4mm→6mm；③单侧不完整加载，0→4mm→2mm→6mm；④大位移不对称加载，0→4mm→-2mm→6mm；⑤大位移不对称加载，0→4mm→-4mm→-2mm→-3mm→6mm；⑥大位移不对称加载，0→4mm→-4mm→3mm→2mm→6mm。

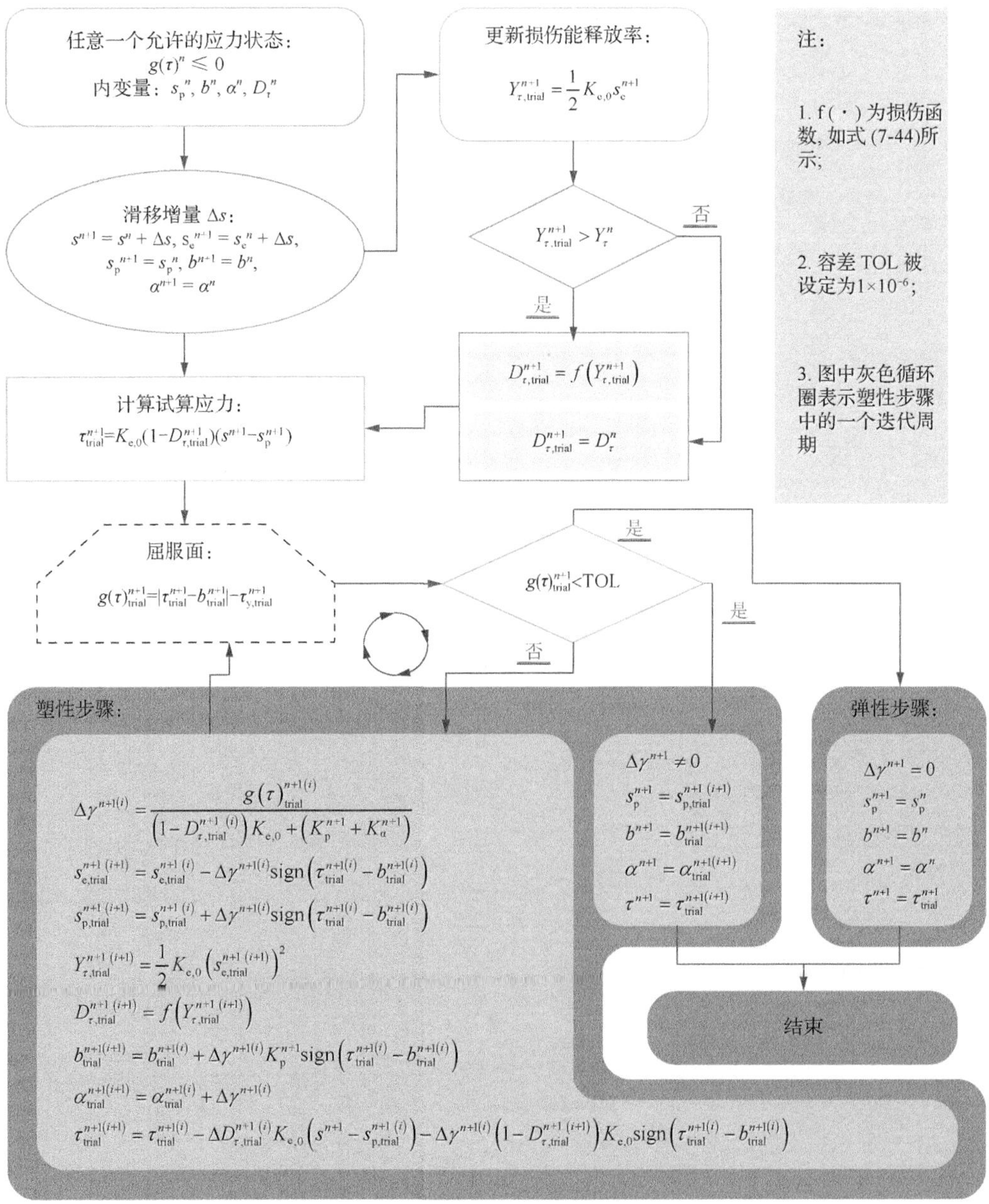

图 7-31　本构模型数值算法的流程示意图

将数值模拟结果绘制于图 7-32 中，对比分析图中曲线可以发现，所建立的理论本构模型能够真实地再现钢筋拉拔试验中所观察到的黏结-滑移全过程，且可以准确地反映不同阶段黏结应力和加卸载刚度的退化等现象。

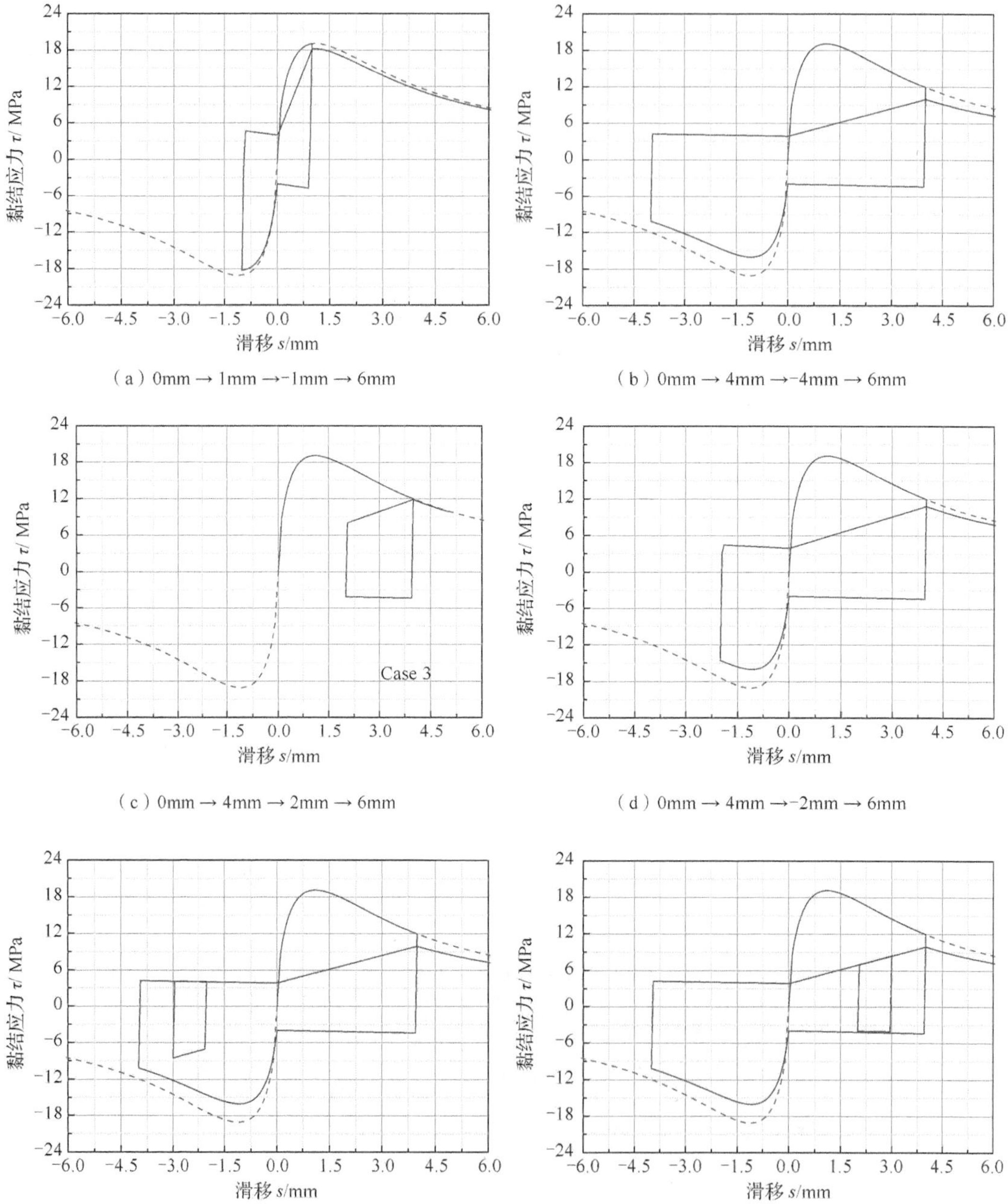

（a）0mm → 1mm →−1mm → 6mm

（b）0mm → 4mm →−4mm → 6mm

（c）0mm → 4mm → 2mm → 6mm

（d）0mm → 4mm →−2mm → 6mm

（e）0mm → 4mm →−4mm → −2mm → −3mm → 6mm

（f）0mm → 4mm →−4mm → 3mm → 2mm → 6mm

图 7-32　6 种代表性加载路径试运算的结果

2. 本构模型的参数标定与验证

（1）模型参数标定

已建立的弹塑性损伤黏结应力-滑移本构模型主要由 8 个关键参数决定，为进一步标定相关参数，选取了几篇代表性文献，其试件类型和尺寸如图 7-33 所示。

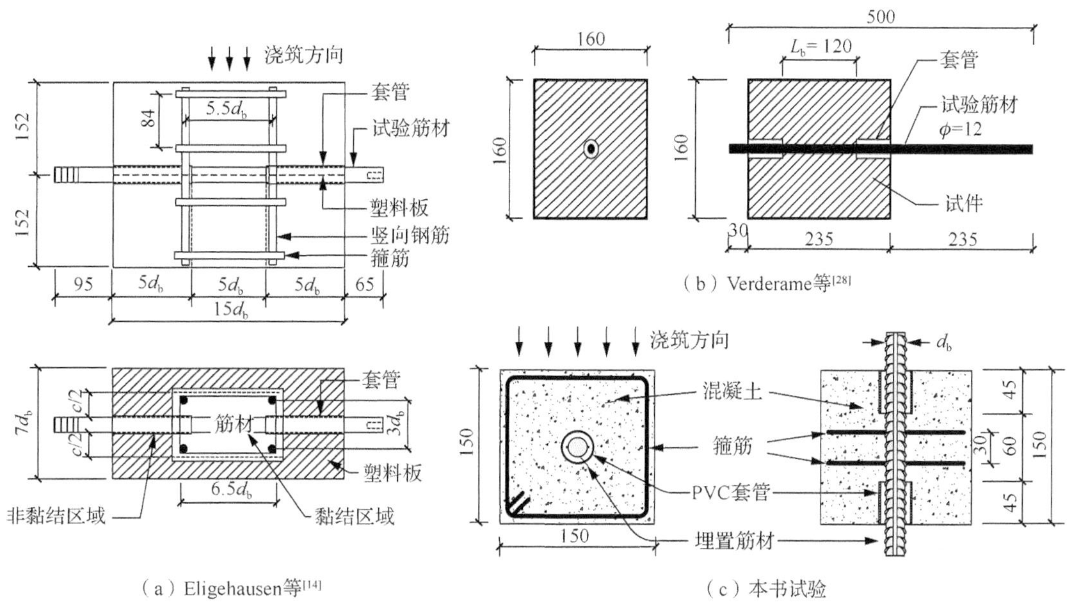

图 7-33　文献中常见的试件类型及尺寸（单位：mm）

综合各文献[6,14,28]的试验结果，提出模型中相关参数的取值方法如下：

1）初始黏结刚度 $K_{e,0}$。已有文献资料表明，钢筋与纤维混凝土间的初始黏结刚度 $K_{e,0}$ 主要受混凝土强度、钢筋肋相对表面积等因素影响[29]。根据钢筋与纤维混凝土的紧密接触程度，该值大约在 100～400N/mm^3 之间浮动。为便于取值，一般认为它与第一次卸载时的卸载刚度相等。

2）损伤演化参数 A、B。对于表征损伤演化的两参数 Weibull 方程，其尺度参数 A 的作用是确定了损伤分布的范围，而形状参数 B 则决定了损伤概率密度分布曲线的基本形状。随着这两个参数的变化，黏结损伤演化的先后、快慢会有较大差别，如图 7-34（a）所示。它们可以通过单调荷载作用下钢筋与纤维混凝土的黏结应力-滑移曲线进行标定：假定当达到峰值黏结强度时，钢筋相邻两个肋之间大约一半的纤维混凝土被剪坏，即 $D_\tau \approx 0.5$ [25]。根据模拟结果验证，发现当 A=0.6、B=0.5 时，损伤演化曲线与实际吻合良好。

3）塑性硬化参数 m_1、m_2、n。对于硬化函数，其内含的塑性硬化参数不仅决定了塑性屈服面的扩张与收缩程度，而且也决定着屈服面的中心位置。在其他条件相同的情况下，参数 m_1 和 m_2 分别决定了背应力和滑动摩阻力的大小，而参数 n 对上述两个作用力的峰后软化具有重大影响，如图 7-34（b）所示。根据试验结果和数值计算结果，建议各塑性硬化参数取值为 m_1=0.4，m_2=0.4，n=0.5。

4）黏结应力退化参数 m_3、m_4。为真实反映低周反复荷载作用下黏结应力的退化现象，模型中引入了一个黏结应力退化系数 η_1。根据式（7-63）的定义，参数 m_3 和 m_4 分别与加载过程中历史最大滑移和累积滑移对黏结应力退化的影响相关。根据数值试算结果可以发现，当参数 m_3 增大时，定义的黏结应力退化系数 η_1 在加载初期明显降低，而后逐渐缓慢降低；当参数 m_4 增大时，黏结应力的退化在各个加载阶段比较均匀，如

图 7-34（c）所示。依据上述影响规律，结合大量的数值计算结果和试验实测数据，建议参数 m_3 和 m_4 的取值分别为 0.01～0.05 和 0.5。

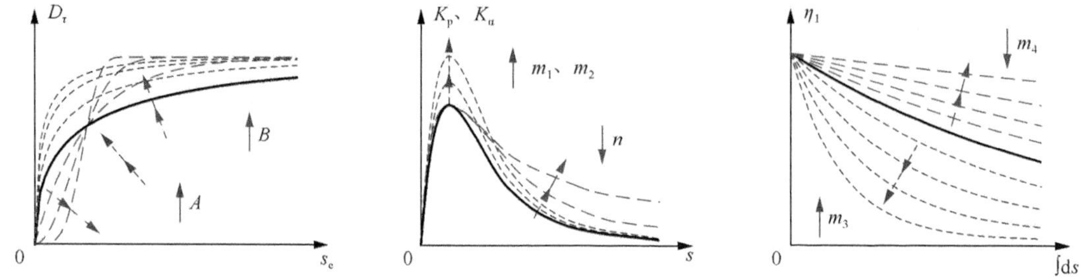

（a）损伤变量D_τ　　（b）硬化模量K_p、K_α　　（c）黏结应力退化系数η_1

图 7-34　各参数对模型变量的影响

考虑到不同工况下钢筋与纤维混凝土界面的黏结机理及其损伤演化规律不同，在对以上各参数进行标定时，还需要注意以下几点：

1）纤维的影响。

纤维的掺入有效提高了混凝土基体断裂能，阻止钢筋附近裂缝的扩展，延迟肋间混凝土的破碎，如图 7-35（a）和（b）所示。与普通混凝土相比，钢筋与纤维混凝土的黏结损伤演化速率更为缓慢，退化（软化）现象更不明显，即使纤维混凝土强度没有提高，但黏结性能提升仍然明显。对于纤维混凝土结构而言，黏结应力-滑移本构模型中的各参数（如 $K_{e,0}$、B、m_1、m_2 和 n）的取值比普通混凝土的相应值略大，而 A 和 m_3 则略小。在标定过程中，认为上述参数的变化与纤维的体积掺量和长径比成正比，然后通过不断地试算与校核，最终确定其参数值。

2）钢筋肋的影响。

钢筋的肋间距对钢筋与纤维混凝土黏结性能的退化有明显的影响。对于变形钢筋，其肋间距（即相邻两个肋之间的净距）容易测量，一般为 10mm 左右，如图 7-35（c）所示；对于光圆钢筋，由于其外表没有明显突起，肋间距很难准确定义。根据数值试算结果，光圆钢筋的“肋间距”依据其表面的粗糙程度可以大致假定为 1～2mm（远小于变形钢筋的 10mm）。由于光圆钢筋与混凝土间的黏结力中没有机械咬合力的贡献，导致其中摩阻力贡献的比例明显提高，为黏结强度的 30%～40%，高于普通混凝土的 20%[30]。对于此类情况，模型参数 $K_{e,0}$、B、m_1、m_2、m_3 和 n 的取值将小于建议的基准值。

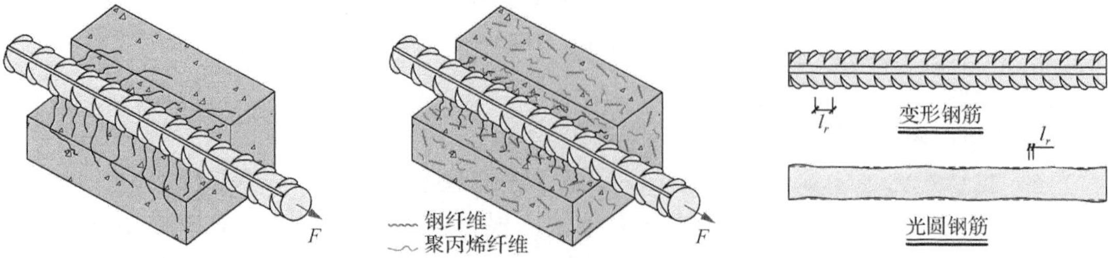

（a）普通混凝土　　（b）混杂纤维混凝土　　（c）变形钢筋与光圆钢筋

图 7-35　不同混凝土中钢筋附近内裂纹与不同钢筋的外形特征

综上分析，模型中各参数的取值均可以通过钢筋拔出试验进行标定。本书选取了其中最具代表性的几篇文献，包括普通混凝土、单一纤维混凝土和混杂纤维混凝土，光圆钢筋和变形钢筋，单调加载和低周反复加载等情况，基于试验结果对模型中各参数进行了标定，结果列于表 7-8 中。

表 7-8　模型中各参数的推荐取值

物理意义	符号	参数值				
		Campione 等[31]试验	Li 等[32]试验	黄乐[6]试验	Eligehausen 等[14]试验	Verderame 等[28]试验
初始黏结刚度	$K_{e,0}$	180	280	250	200	120
损伤参数	A	0.60	0.57	0.56	0.60	0.60
	B	0.50	0.52	0.55	0.50	0.40
硬化参数	m_1	0.38	0.38	0.40	0.38	0.32
	m_2	0.42	0.42	0.45	0.42	0.38
	n	0.50	0.52	0.55	0.50	0.40
退化参数	m_3	0.05	0.04	0.02	0.05	0.01
	m_4	0.50	0.50	0.50	0.50	0.50
材料类型	混凝土	钢纤维混凝土	混杂纤维混凝土	混杂纤维混凝土	普通混凝土	普通混凝土
	钢筋	变形钢筋	变形钢筋	变形钢筋	变形钢筋	光圆钢筋
加载方式	单调加载	√		√	√	√
	低周反复加载	√	√	√	√	√

（2）本构模型的验证

1）变形钢筋与钢纤维混凝土的黏结应力-滑移关系曲线。

为研究钢纤维体积掺量对钢筋与钢纤维混凝土黏结性能的影响，Campione 等[31]开展了系列试验研究，试件尺寸及其细部设计如图 7-33（a）所示。试验所用钢纤维为端钩型钢纤维，长径比为 60，体积掺量考虑了 3 个水平：0.5%、1.0%和 2.0%。其余主要试验参数详见表 7-9。

表 7-9　Campione 等试验的主要参数

混凝土抗压强度	纤维体积掺量	钢筋直径	加载速率
f_{cu}=26N/mm^2，27.5N/mm^2，29N/mm^2	V_{sf}=0.5%，1.0%，2.0%	d_b=12mm	v=0.5mm/min

对埋置钢筋施加低周反复荷载，采用 3 种加载路径，分别为：Ⅰ. 对称加载［0→±4mm→±8mm，图 7-36（a）］；Ⅱ. 非对称加载［0→+4mm→-10mm→+14mm，图 7-36（b）］；Ⅲ. 非对称加载［0→+8mm→-6mm→+14mm，图 7-36（c）］。

在路径Ⅰ中，由于第一级加载的控制位移±4mm 适中，肋间混凝土没有产生严重损伤，故施加反向荷载时，虽然钢筋与纤维混凝土间的黏结作用退化明显，但由于此时机械咬合力还未完全丧失，其反向黏结应力-滑移关系曲线与正向曲线形状较为类似；进入第二级加载时，控制位移为±8mm，此距离非常接近于肋间距，故黏结性能显著退化，机械咬合力几乎完全丧失，黏结应力仅由摩阻力提供。在路径Ⅱ中，初始加载区段（±4mm）的曲线形态与上一加载路径一致，但随后由于反向加载控制位移增大至-10mm

（约等于肋间距），此时肋间混凝土基本被剪断，机械咬合力完全丧失，因此后续正向加载时的黏结应力-滑移关系曲线基本与横坐标平行。在路径Ⅲ中，一开始加载的控制位移（+8mm）很大，对肋间混凝土造成严重损伤，因此相比前两种加载路径，其反向加载时的黏结性能退化更为明显，黏结强度下降近 60%；后续加载过程中，由于仅存在界面摩阻力的作用，其黏结应力-滑移关系曲线也基本与横坐标平行。采用本书所提出的本构模型对上述 3 种不同加载路径下钢筋与纤维混凝土的黏结应力-滑移关系曲线进行预测，并将结果绘于图 7-36（a）～（c）中，与试验曲线进行对比分析，结果表明，模型预测结果与试验实测结果吻合较好，能够合理地反映低周反复加载过程中各阶段黏结应力变化的基本特征。

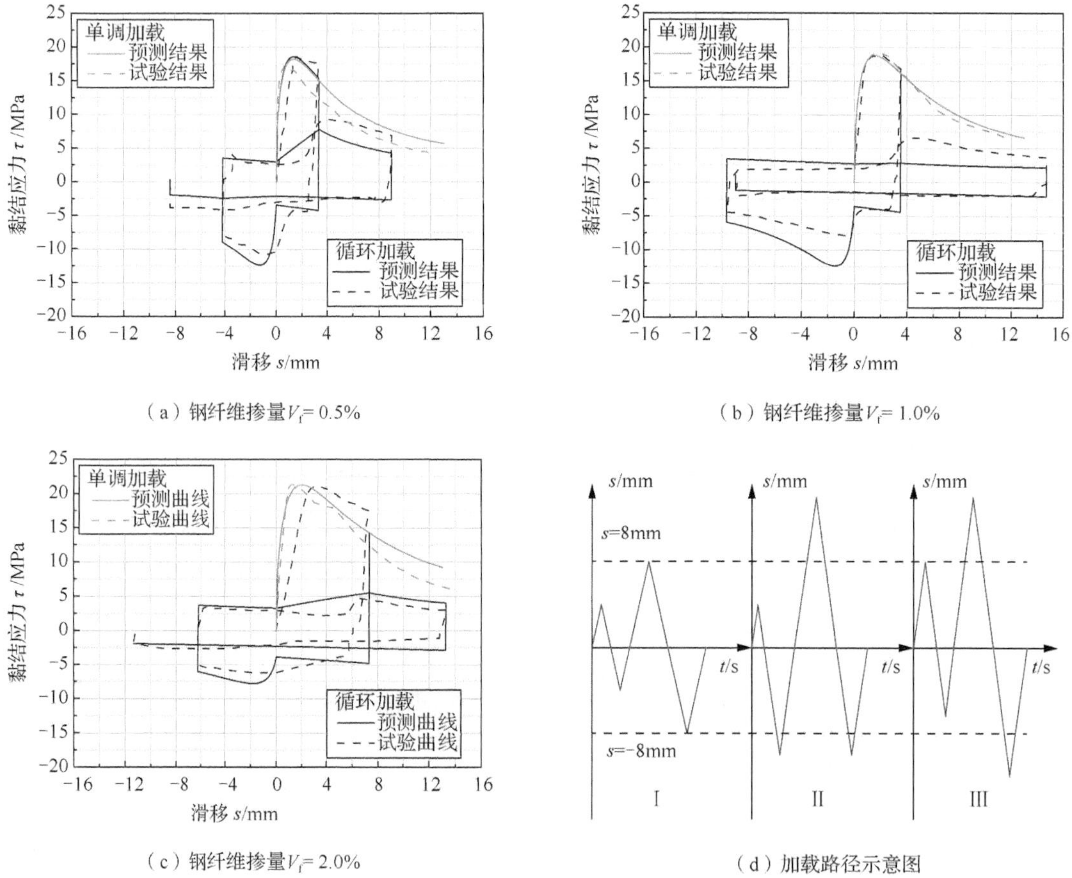

（a）钢纤维掺量 V_f= 0.5%　　（b）钢纤维掺量 V_f= 1.0%

（c）钢纤维掺量 V_f= 2.0%　　（d）加载路径示意图

图 7-36　模型预测结果与 Campione 等[31]试验研究部分结果的对比（考虑纤维不同体积掺量的影响）

2）变形钢筋与钢-碳混杂纤维混凝土的黏结应力-滑移关系曲线。

为研究钢纤维和碳纤维混杂掺入混凝土中后对钢筋与混凝土黏结性能的影响，Li 等[32]进行了系列拔出试验研究。试验时，为保证只发生拔出破坏，在变形钢筋的黏结段处额外地放置了足够的箍筋，其黏结段长度为 3 倍的钢筋直径，试件的尺寸示意图和主要参数分别如图 7-33（c）和表 7-10 所示。

表 7-10　Li 等[32]试验的主要参数

混凝土抗压强度	纤维体积掺量	钢筋直径	加载速率
f_{cu}=52.7N/mm^2	V_f=0.2% SF+0.3%CF	d_b=22mm	v=0.3mm/min

注：SF 代表钢纤维，CF 代表碳纤维。

选择 3 个最具代表性的试验结果与模型预测结果作对比，它们的加载路径分别为：Ⅰ. 等幅加载，0→±2.50mm，如图 7-37（a）所示；Ⅱ. 变幅加载，0→±0.10mm→±0.25mm→±1.00mm，如图 7-37（b）所示；Ⅲ. 变幅加载，0→±1.00mm→±0.25mm→±0.10mm，如图 7-37（c）所示。

分析图 7-37（a）和（c），可知本书提出的模型对于钢-碳混杂纤维混凝土与变形钢筋的峰后黏结强度有所偏差，低估了钢-碳混杂纤维对混凝土基体裂缝抑制作用的贡献，导致预测结果中黏结应力的软化现象比实际情况更为明显，加载后期出现一个较为陡峭的下降段。但这一现象主要发生在第一次加载时，在随后的循环加载中，试验结果与模型的预测结果均吻合良好。对比图 7-37（b）和（c），可以发现这两组试件的加载路径刚好相反，导致加载过程中钢筋与混凝土黏结损伤的演化规律截然不同，但所提出的模型仍能准确地模拟两种不同路径下的黏结-滑移全过程，有力地证明了建立的模型可以有效地再现黏结破坏过程中界面黏结损伤的不可逆性。

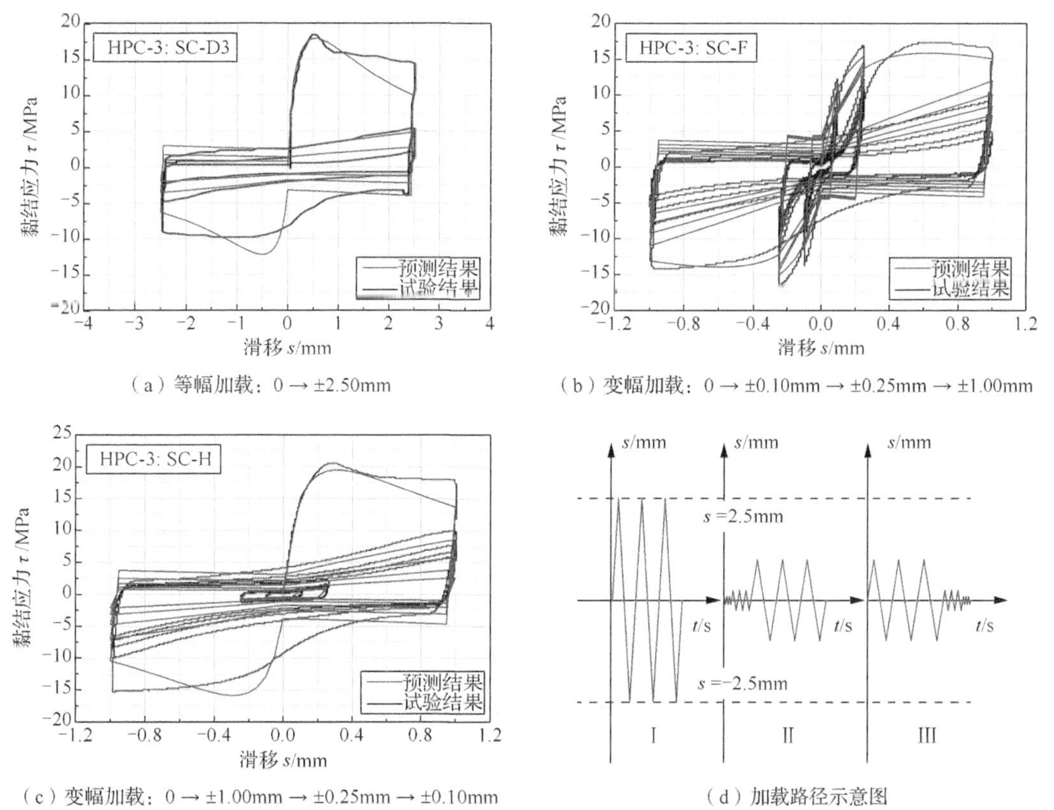

（a）等幅加载：0 → ±2.50mm　（b）变幅加载：0 → ±0.10mm → ±0.25mm → ±1.00mm

（c）变幅加载：0 → ±1.00mm → ±0.25mm → ±0.10mm　（d）加载路径示意图

图 7-37　模型预测结果与 Li 等[32]试验研究部分结果的对比（考虑不同加载路径的影响）

3）变形钢筋与钢-聚丙烯混杂纤维混凝土的黏结应力-滑移关系曲线。

为研究钢筋与钢-聚丙烯混杂纤维混凝土的黏结性能，分析混杂纤维的增强效果，揭示纤维特征参数对黏结性能的影响规律，作者所在课题组开展了系统的试验研究。采用单调加载和低周反复加载两种加载方式，其中，低周反复加载采用统一的变幅加载方式，即 0→±0.1mm→±0.5mm→±1.0mm→±1.5mm→±2.5mm→±4.5mm，且每个控制位移处循环加载 6 次，如图 7-38 所示。

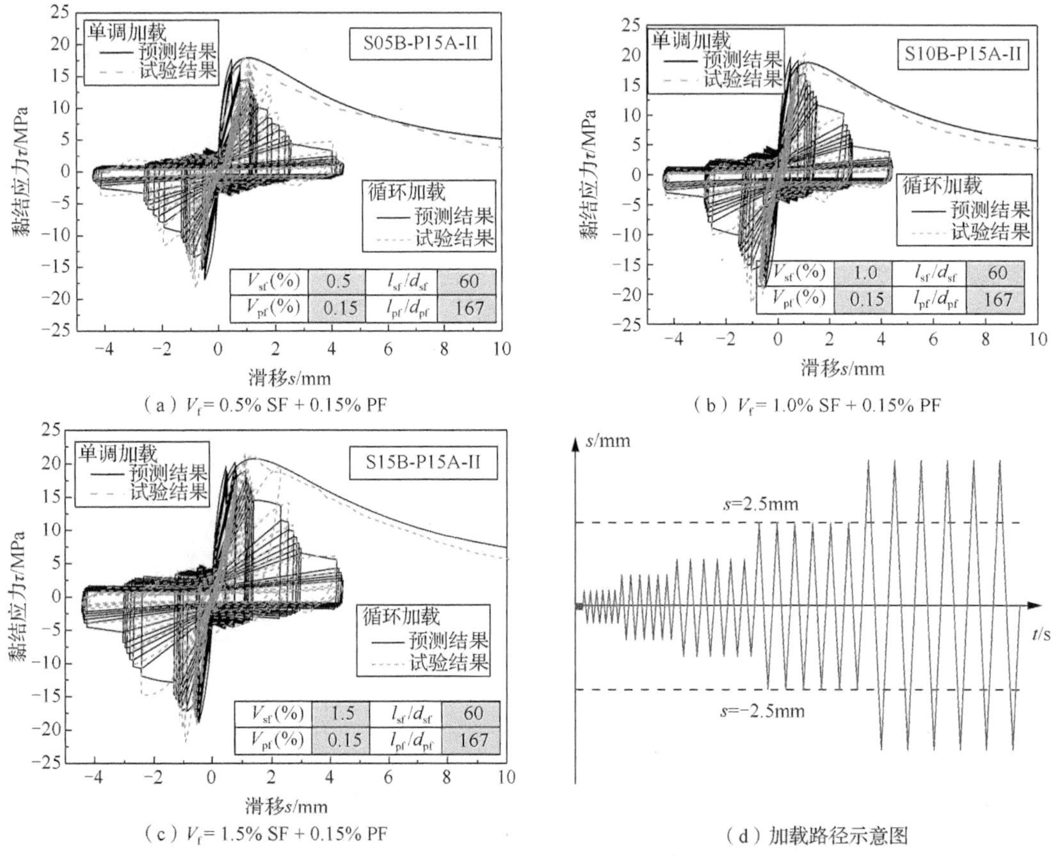

（a）V_f= 0.5% SF + 0.15% PF　（b）V_f= 1.0% SF + 0.15% PF

（c）V_f= 1.5% SF + 0.15% PF　（d）加载路径示意图

图 7-38　模型预测结果与本书相关试验研究部分结果的对比（考虑不同纤维体积掺量的影响）

选取 3 个最具代表性的试验结果作为对比组，其试件主要参数如表 7-11 所示。将模型预测结果与试验结果绘制于图 7-38，对比分析图中曲线可以看出，无论是单调荷载作用，还是低周反复荷载作用，提出的本构模型均能准确地模拟出变形钢筋与钢-聚丙烯混杂纤维混凝土（不同纤维特征参数）的黏结-滑移全过程，尤其是能够准确描述不同控制位移处黏结应力和加/卸载刚度的退化规律。

表 7-11　本书相关试验的主要参数

试件编号	混凝土抗压强度	纤维体积掺量	钢筋直径	加载速率
S05B-P15A	f_{cu}=50.60N/mm^2	V_f =0.5%SF+0.15%PF		
S10B-P15A	f_{cu}=50.93N/mm^2	V_f =1.0%SF+0.15%PF	d_b=20mm	v=3.0/6.0mm/min
S15B-P15A	f_{cu}=55.81N/mm^2	V_f =1.5%SF+0.15%PF		

注：SF 代表钢纤维，PF 代表聚丙烯纤维。

考虑到当前实际工程中，普通混凝土的应用最为广泛，光圆钢筋在部分特殊结构中也仍然使用，为进一步拓展该模型的适用范围，下面对已有文献中有关普通混凝土与变形/光圆钢筋的黏结性能试验进行了数值验证。

4）变形钢筋与普通混凝土的黏结应力-滑移关系曲线。

20 世纪 80 年代初，为了分析不同加载路径对梁柱节点处良好约束的钢筋与混凝土局部黏结性能的影响，Eligehausen 等[14]开展了系列室内试验。研究中采用的试件如图 7-33（a）所示，变形钢筋在箍筋约束下与混凝土黏结良好，埋置长度为 5 倍钢筋直径。每组试件均采用了单调加载和低周反复加载两种加载方式，其中后者一共进行了 8 种不同路径下的等幅循环加载，其控制位移分别为±0.44mm、±1.02mm、±1.65mm、±2.54mm、±4.57mm、±6.86mm、±9.20mm 和±15.70mm，涵盖了钢筋与混凝土黏结-滑移本构中的绝大部分范围。其余主要试验参数如表 7-12 所示。

表 7-12　Eligehausen 等试验的主要参数

混凝土抗压强度	钢筋直径	箍筋直径	加载速率
f_{cu}=30N/mm^2	#8(d_b=25.4mm)	#4(d_b=12.7mm)	v=1.7mm/min

对比模型预测结果与试验实测结果，如图 7-39（a）～（h）所示，可以发现对于单调加载，模型预测的黏结应力-滑移关系曲线光滑且连续，得到的黏结强度、峰值滑移和峰后软化规律与试验结果吻合良好；对于低周反复加载，试验中观察到的黏结应力退化规律在模拟结果中也得到了很好体现，特别是合理地反映了初始阶段、峰值阶段和峰后阶段等不同滑移阶段时黏结应力退化速率的差异。

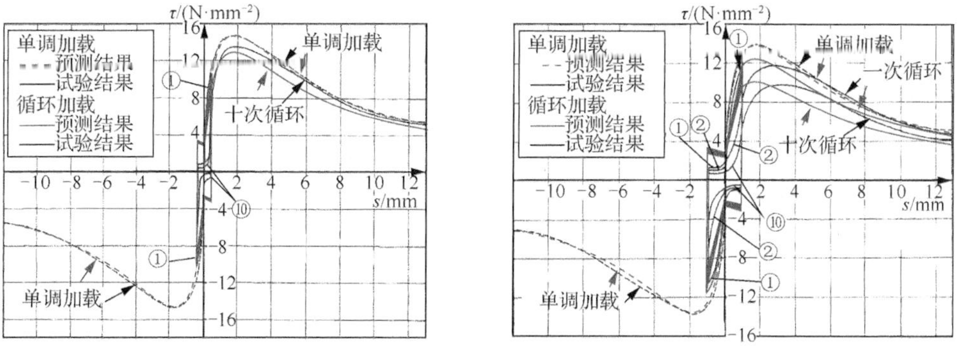

（a）等幅加载：0 → ±0.44mm　　（b）等幅加载：0 → ±1.02mm

图 7-39　模型预测结果与 Eligehausen 等[14]试验研究部分结果的对比（考虑不同加载路径的影响）

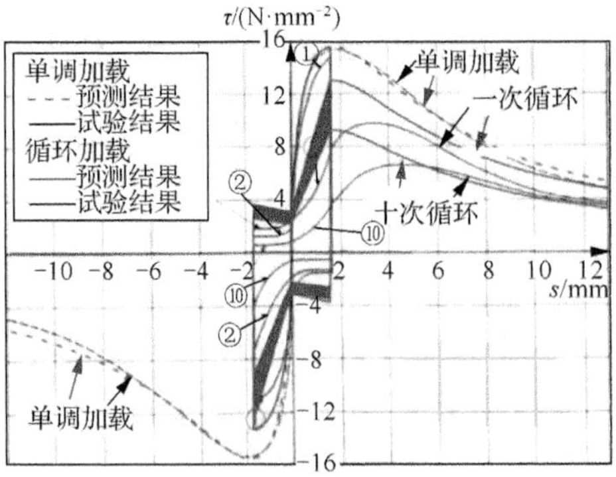

（c）等幅加载：0 → ±1.65mm

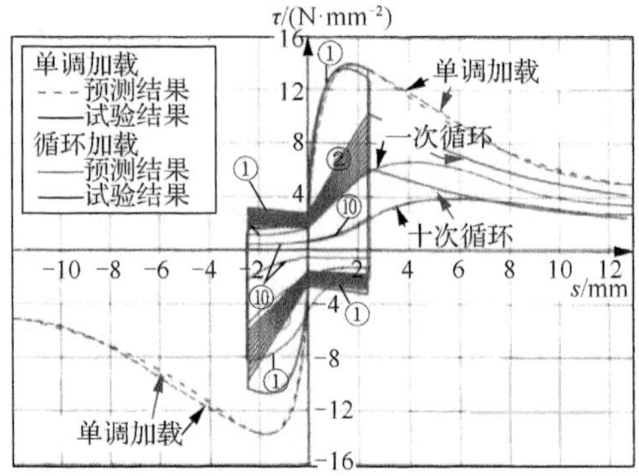

（d）等幅加载：0 → ±2.54mm

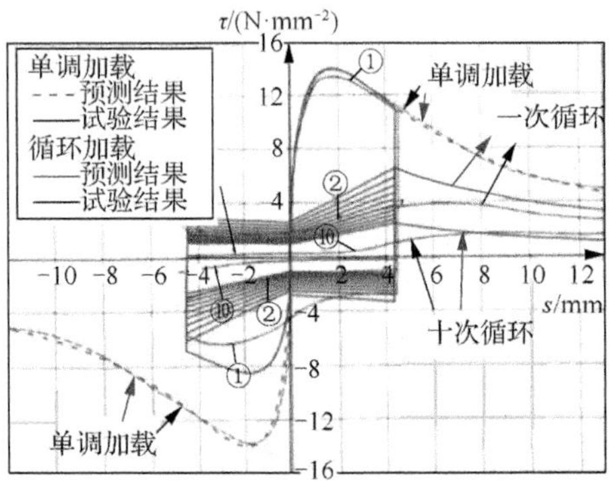

（e）等幅加载：0 → ±4.57mm

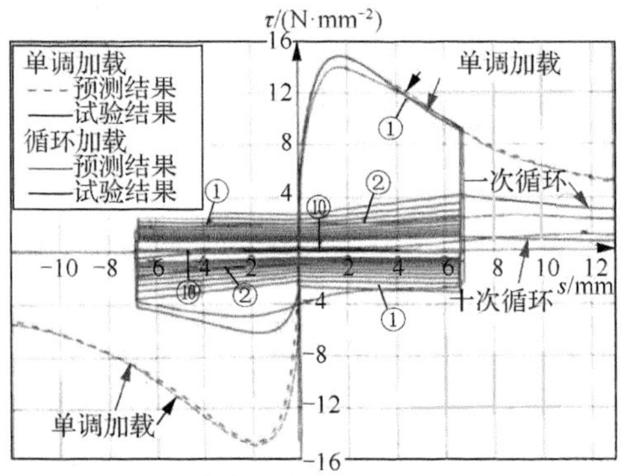

（f）等幅加载：0 → ±6.86mm

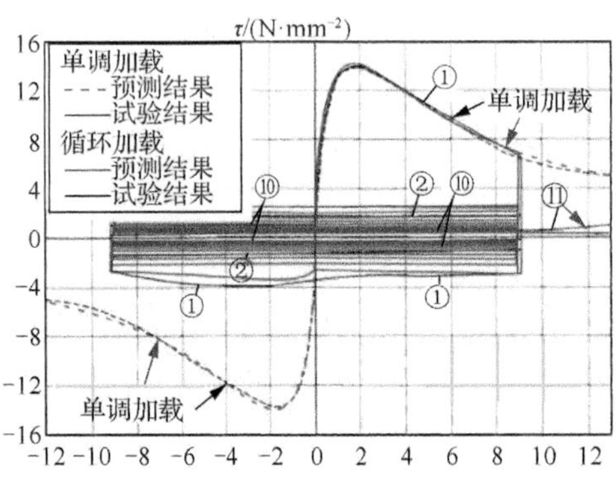

（g）等幅加载：0 → ±9.20mm

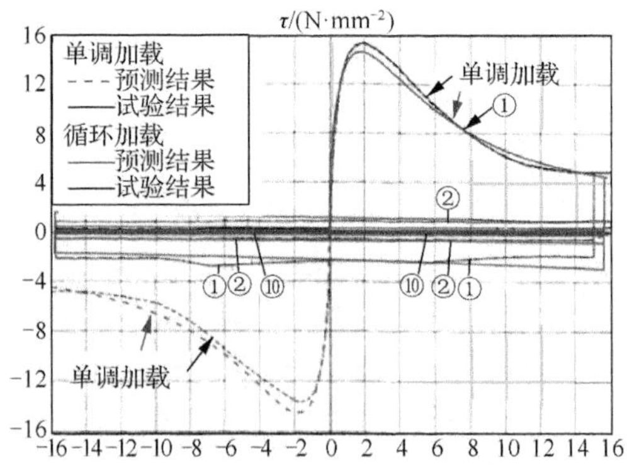

（h）等幅加载：0 → ±15.70mm

图 7-39（续）

5）光圆钢筋与普通混凝土的黏结应力-滑移关系曲线。

与目前国内外大多数学者均致力于混凝土与变形钢筋的黏结性能研究不同，Verderame 等[28]出于对 20 世纪 70 年代前建成的钢筋混凝土结构的安全性考虑，开展了一项评估光圆钢筋与普通混凝土黏结性能的试验研究。试验中，光圆钢筋被埋置于一个棱柱体试块中，由于光圆钢筋的黏结强度较低，其黏结段的长度为 10 倍钢筋直径，保护层厚度约为 6 倍钢筋直径，如图 7-33（b）所示，故而可视为约束良好。其余主要试验参数列于表 7-13 中。

表 7-13　Verderame 等试验的主要参数

混凝土抗压强度	钢筋直径	混凝土保护层厚度	加载速率
f_{cu}=19.20N/mm^2	d_b=12mm	c=74mm	v=0.6mm/min

为分析不同加载路径对混凝土与光圆钢筋黏结性能的影响，选取了 3 种加载方式，分别是：Ⅰ．单调加载，0→+6mm，如图 7-40（a）所示；Ⅱ．等幅加载，0→±2.0mm，如图 7-40（b）所示；Ⅲ．变幅加载，0→±0.5mm→±2.0mm→±4.0mm→±8.0mm，如图 7-40（c）所示。

对比分析图 7-40（a）～（c）中的试验结果与模型预测结果，可以发现无论是在单调荷载作用下，还是在低周反复荷载作用下，本书模型均能准确地模拟出光圆钢筋与普通混凝土的黏结-滑移全过程，尤其是峰后阶段的黏结应力软化现象和循环加卸载时的残余黏结应力，预测结果与试验结果均吻合良好，证明了该模型同样可以描述光圆钢筋与混凝土间黏结-滑移的本构关系。

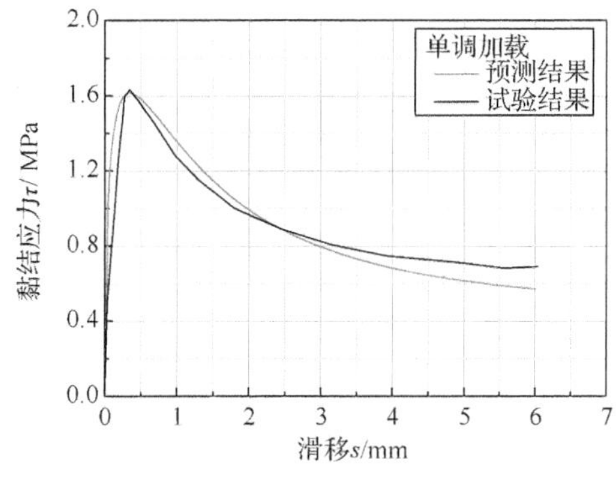

（a）单调加载：0 → +6mm

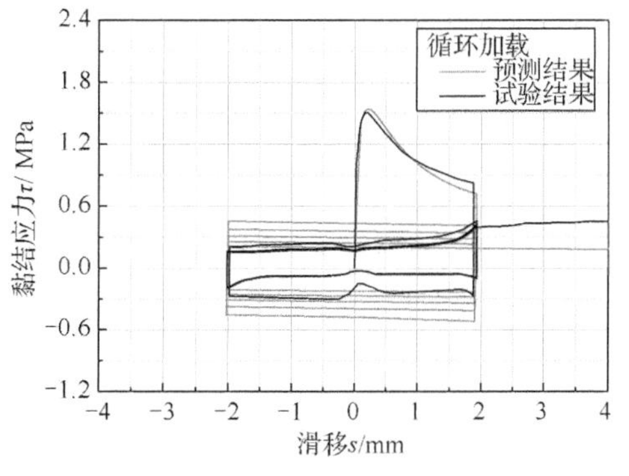

（b）等幅加载：0 → ±2.0mm

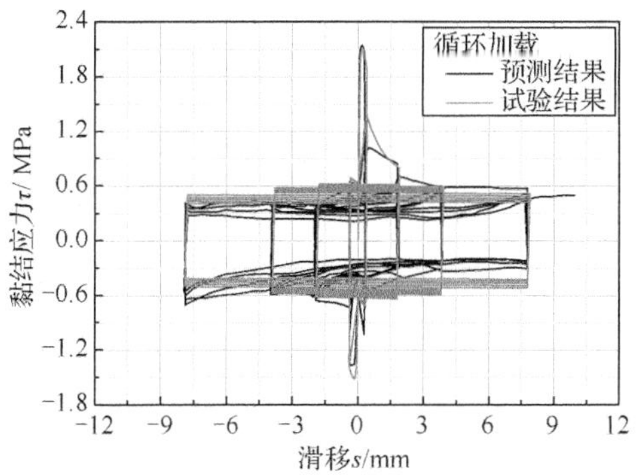

（c）变幅加载：0→±0.5mm→±2.0mm→±4.0mm→±8.0mm

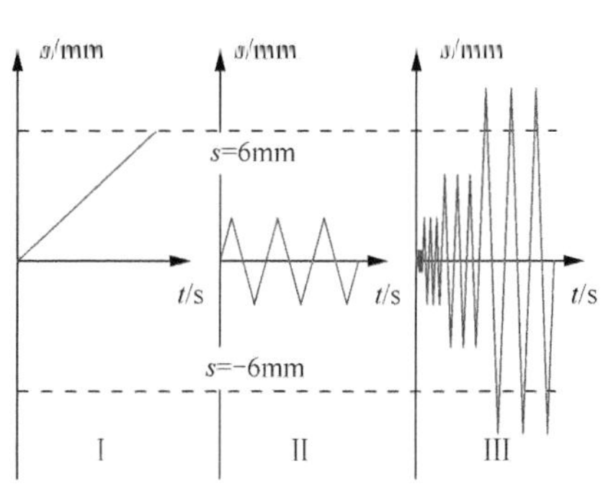

（d）加载路径示意图

图 7-40　模型预测结果与 Verderame 等[28]试验研究部分结果的对比（考虑不同加载路径的影响）

参 考 文 献

[1] Chanvillard G. Modeling the pullout of wire-drawn steel fibers[J]. Cement and Concrete Research, 1999, 29(7): 1027-1037.

[2] Alwan J M, Naaman A E, Guerrero P. Effect of mechanical clamping on the pull-out response of hooked steel fibers embedded in cementitious matrices[J]. Materials and Structures, 1999, 1(1): 15-25.

[3] Sujivorakul C, Waas A M, Naaman A E. Pullout response of a smooth fiber with an end anchorage[J]. Journal of Engineering Mechanics-Asce, 2000, 126(9): 986-993.

[4] 董振英，李庆斌．异型钢纤维拉拔界面模型[J]．工程力学，2004（6）：102-107.

[5] 陈应波，梅华东，范小春．非直钢纤维拔出过程的数值模拟[J]．武汉理工大学学报，2006（7）：78-81.

[6] 黄乐．钢-聚丙烯混杂纤维混凝土与变形钢筋粘结-滑移本构关系研究[D]．武汉：武汉大学，2017.

[7] Zhan Y, Meschke G. Analytical model for the pullout behavior of straight and hooked-end steel fibers[J]. Journal of Engineering Mechanics-Asce, 2014, 140: 0401409112.

[8] Markovich I, van Mier J G M, Walraven J C. Single fiber pullout from hybrid fiber reinforced concrete[J]. Delft University of Technology, 2001, 46(3): 191-200.

[9] Cunha V M C F, Barros J A O, Sena-Cruz J M. Pullout behavior of steel fibers in self-compacting concrete[J]. Journal of Materials in Civil Engineering, 2010, 22(1): 1-9.

[10] 中国工程建设标准化协会．纤维混凝土结构技术规程：CECS 38—2004[S]．北京：中国计划出版社，2004.

[11] CEB-FIP. International federation for structural concrete: Model Code 2010[S]. Lausanne, Switzerland, 2011.

[12] Viwathanatepa S, Popov E P, Bertero V V. Effects of generalized loadings on bond of reinforcing bars embedded in confined concrete blocks[R]. Oakland, CA, USA: University of California, Earthquake Engineering Research Center, 1979.

[13] Banthia N, Majdzadeh F, Wu J, et al. Fiber synergy in hybrid fiber reinforced concrete (HyFRC) in flexure and direct shear[J]. Cement and Concrete Composites, 2014, 48: 91-97.

[14] Eligehausen R, Popov E P, Bertero V V. Local bond stress-slip relationships of deformed bars under generalized excitations: UCB/EERC-83/23[R]. Berkeley, California: College of Engineering, University of California, 1983.

[15] Lemaitre J. A continuous damage mechanics model for ductile fracture[J]. Journal of Engineering Materials and Technology, 1985, 107(1): 83-89.

[16] Ju J W. On energy-based coupled elastoplastic damage theories: constitutive modeling and computational aspects[J]. International Journal of Solids and Structures, 1989, 25(7): 803-833.

[17] Truesdell C. The mechanical foundations of elasticity and fluid dynamics[J]. Journal of Rational Mechanics and Analysis, 1952, 1: 125-300.

[18] Mazars J. A description of micro-and macroscale damage of concrete structures[J]. Engineering Fracture Mechanics, 1986, 25(5-6): 729-737.

[19] Fernández R M. Bond mechanics in structural concrete[D]. Lausanne: École Polytechnique Fédérale de Lausanne, 2005.

[20] Mazars J. Application de la mécanique de l'endommagement au comportement non linéaire et à la rupture du béton de structure[D]. Paris: Université de Paris, 1984.

[21] Dougill J W. On stable progressively fracturing solids[J]. Journal of Applied Mathematics and Physics (ZAMP), 1976, 27: 423-437.

[22] 李杰，吴建营，陈建兵．混凝土随机损伤力学[M]．北京：科学出版社，2014.

[23] Harajli M H. Bond stress-slip model for steel bars in unconfined or steel, FRC, or FRP confined concrete under cyclic loading[J]. Journal of Structural Engineering, 2009, 135(5): 509-518.

[24] Simo J C, Hughes T J R. Computational inelasticity[M]. Springer Science & Business Media, 2006.

[25] Fédération Internationale du Béton. Bond of reinforcement in concrete: state-of-art report: 10(2000)(112)434[R]. Lausanne, Switzerland, 2000.

[26] Li J, Gao X, Zhang P. Experimental investigation on the bond of reinforcing bars in high performance concrete under cyclic loading[J]. Materials and Structures, 2007, 40: 1027-1044.

[27] García Taengua E J. Bond of reinforcing bars to steel fiber reinforced concrete (SFRC)[D]. València: Universitat Politècnica de València, 2013.

[28] Verderame G M, Ricci P, De Carlo G, et al. Cyclic bond behaviour of plain bars. Part I: Experimental investigation[J]. Construction and Building Materials, 2009, 23(12): 3499-3511.

[29] ACI Committee 408. Bond and development of straight reinforcing bars in tension: ACI 408R—03[S]. Michigan, USA, 2003.

[30] 赵卫平，肖建庄．带肋钢筋与混凝土间粘结滑移本构模型[J]．工程力学，2011，28（4）：164-171.

[31] Campione G, Cucchiara C, La Mendola L, et al. Steel-concrete bond in lightweight fiber reinforced concrete under monotonic and cyclic actions[J]. Engineering Structures, 2005, 27(6): 881-890.

[32] Li J, Gao X, Zhang P. Experimental investigation on the bond of reinforcing bars in high performance concrete under cyclic loading[J]. Materials and Structures, 2007, 40: 1027-1044.